Lutz H. Gade

Koordinationschemie

T0211444

Lehrbücher von WILEY-VCH

D. F. Shriver, P. W. Atkins, C. H. Langford
Anorganische Chemie
Übersetzung herausgegeben von J. Heck, W. Kaim,
M. Weidenbruch
1997, ISBN 3-527-29250-0

D. Wöhrle, M. W. Tausch, W.-D. Stohrer
Photochemie
Konzepte · Methoden · Experimente
1998, ISBN 3-527-29545-3

T. Linker, M. Schmittel
Radikale und Radikalionen
in der Organischen Synthese
1998, ISBN 3-527-29492-9

T. M. Klapötke, I. C. Tornieporth-Oetting
Nichtmetallchemie
1994, ISBN 3-527-29052-4

Lutz H. Gade

Koordinationschemie

Mit einem Geleitwort von
Lord Jack Lewis

WILEY-VCH

Weinheim · New York · Chichester
Brisbane · Singapore · Toronto

Lutz H. Gade
Institut für Anorganische Chemie
der Universität
Am Hubland
D-97074 Würzburg

Das vorliegende Werk wurde sorgfältig erarbeitet. Dennoch übernehmen Autor und Verlag für die Richtigkeit von Angaben, Hinweisen und Ratschlägen sowie für eventuelle Druckfehler keine Haftung.

Die Deutsche Nationalbibliothek – CIP-Einheitsaufnahme
Gade, Lutz H.:
Koordinationschemie / Lutz H. Gade. – 1. Aufl. – Weinheim ; New York ; Chichester ; Brisbane ; Singapore ; Toronto : Wiley-VCH, 1998
    ISBN 978-3-527-29503-6

© WILEY-VCH Verlag GmbH, D-69469 Weinheim (Federal Republic of Germany), 1998.
Gedruckt auf säurefreiem und chlorfrei gebleichtem Papier.

Titelbildentwurf: Dr. Peter Brinkmann, Iserlohn.
Satz: Hagedorn Kommunikation, Viernheim.

Für Uta, Nils und Christoph

Foreword

Co-ordination Chemistry was one of the first fields of Inorganic Chemistry to involve comparisons across a wide range of the elements in the periodic table. Werner, who was one of the principal architects in this field, was concerned with the stereochemical arrangements of the ligands around the metal centre in a co-ordination complex. He was initially trained as an organic chemist, and brought the techniques of organic chemistry to the determination of the structure of these complexes. His approach was based on isomer counting using both geometric and optical isomers. One of the main achievements of his work, the establishment of the octahedral stereochemistry for six co-ordinate metal systems, was widely accepted but his assertion of a planar structure for four co-ordinate species of platinum(II) and palladium(II) in 1893 was still a point of contention decades after the initial suggestion (even after the award of the Nobel Prize for chemistry in 1913). The dominant thinking in organic chemistry of the tetrahedral structure for four co-ordinate species was difficult to displace, and was only finally resolved in many people's eyes by the X-ray structural determination of complexes with this stereochemistry, namely the $[PtCl_4]^{2-}$ ion in 1922.

The advent of the wide availability of techniques to determine the structure of inorganic compounds was a feature of the post 1950 period and this revolutionised the development and approach to the study of Inorganic Chemistry. In particular the study of co-ordination chemistry exploded in the mid 1950s. This was due to a combination of two factors, the availability of a range of instrumentation for rapid determination of the spectroscopic properties such as electronic and vibrational spectra and the advent of ligand field theory which offered an approach to the interpretation of the electronic spectra of transition metal complexes. It is perhaps interesting to note that this theory had been well developed by the physics community in the 1930s but had not been taken up by the chemical community due to the dominance of considering bonding properties in terms of the valence bond theory.

The ready interpretation of the spectra of the transition elements principally of the first row, in terms of the variation in the splitting of the d-orbitals with the stereochemistry of the attending ligand groups, allowed the rapid determination of stereochemistry by relatively simple methods. The combination of spectroscopic and magnetic measurements gave for many metals direct information on both the stereochemistry within the complex being studied and the oxidation state of the metals. This provided for the first time a rapid method for studying the detailed chemistry of a whole series of related compounds that previously had been dependent on what was then the very time-consuming method of X-ray crystallography. Even in the 1950s an X-ray structure determination was measured in terms of months if not years of study.

Subsequent development in a wide range of physical techniques for structure determination has increased the pace at which structural details can be assessed and determined. The use of X-ray data has become commonplace in the study of co-ordination chemistry as rapid methods of computing and more sophisticated instrumentation have become available and reduced the time for the determination of a structure of many compounds down to a matter of days. However, determination of the X-ray structure, which was always considered as the final arbiter in any structural assessment, has the limitation of only applying to the solid state whereas much of chemistry is carried out in solution. Many of the new techniques in structural analysis are applicable to the liquid state.

The present book presents the background for the theoretical and experimental basis for the application of many of these techniques to the study of inorganic co-ordination compounds, and illustrates the vast potential and change that exists in the study of "modern" inorganic chemistry. The emphasis of this book is on the theoretical conceptual aspects of this area of chemistry and provides the armoury for application to the more common systematic account of the subject. The approach used by the author is demanding and may tax students who are not well versed in mathematics and physics, but the effort expended will be more than justified in providing a firm grounding in the underlying theory and understanding of the topics discussed. Any appreciation of a physical technique involves a knowledge of both the advantages and limitations of the method and this often only comes with an appreciation of the mathematics and physics on which it is based.

In a subject as vast as inorganic chemistry, there is considerable potential for overlap with other areas of scientific discipline. The present book highlights the interface of co-ordination chemistry with biology, material science and solid state chemistry. These are areas that have specific problems that are considered in the context of the approach used in the presentation of co-ordination chemistry. The final section is devoted to the subject of metal–metal bonding, an area of inorganic chemistry that has expanded considerably in the recent past. The author is an expert in this area and this gives him the opportunity to apply the ideas that have been developed in the text to this problem, illustrating much of the power of this approach to Inorganic Chemistry.

Cambridge, August 1998   *Jack Lewis*

Vorwort

„*Wir Lehrer finden es bequem, was wir gelernt haben, so zu lehren, wie wir es gelernt haben, mit den Büchern und Kollegheften, die wir uns von unseren Studienjahren her aufbewahrt haben. Ich spreche schon gar nicht von den Verfassern der Lehrbücher, die sich für das Buch, das sie schreiben, nur selten von der Hilfe des Werkes befreien können, das sie ersetzen wollen, und nicht von den Verlegern, die daran interessiert sind, das Leben eines Buches, dessen Kosten sie einmal getragen haben, zu verlängern.*"[1] Jules Marouzeaus warnende – etwas boshafte – Worte vor Augen, ist man zunächst verführt, die Existenz des eigenen Werks zu rechtfertigen, ehe man sich der Falle bewußt wird, in die man sich damit begibt.

In dem vorliegenden Buch wird versucht, Chemiestudenten in fortgeschrittenen Semestern das konzeptionelle Gerüst der Koordinationschemie der d-Block-Metalle zu vermitteln, wobei „klassische" Grundlagen mit modernen Forschungstendenzen verknüpft werden. Tatsache ist, daß die „klassische" Koordinationschemie in jüngerer Zeit eine bemerkenswerte Renaissance erfahren hat, die sich in der Entstehung mehrerer neuer Subdisziplinen wie der bioanorganischen-, der supramolekularen- oder Cluster-Komplexchemie widerspiegelt. Dieser Entwicklung und Diversifizierung soll Rechnung getragen werden, wobei die konzeptionellen Grundlagen immer vom Blickwinkel des „Kernfaches" aus vermittelt werden sollen. Die Beschränkung auf den d-Block des Periodensystems ergibt sich aus dem geplanten Umfang des Lehrbuchs.

Teile dieses Buches bildeten die Grundlage für drei Vorlesungen, die der Verfasser für Studenten im Hauptstudium in den vergangenen Semestern in Würzburg gehalten hat. Der Inhalt und dessen Organisation entsprechen aber nicht denen eines Vorlesungsskripts. Ein Lehrbuch kann nicht die eigentliche Lehrveranstaltung ersetzen, sondern diese im Idealfall begleiten. Dazu ist eine straffere Struktur des Inhalts notwendig, als dies in einer z.T. in Dialogform gehaltenen und von Übungen begleiteten Vorlesung möglich und auch wünschenswert ist.

Der Schwerpunkt liegt auf der Vermittlung der konzeptionellen Grundlagen der Koordinationschemie, die sich als hochgradig interdisziplinäres For-

---

[1] J. Marouzeau, *Das Latein – Gestalt und Geschichte einer Weltsprache*, DTB, München, 1969, S. 7.

schungsgebiet auf Methoden und Theorien aus den verschiedenen naturwissenschaftlichen Disziplinen stützt. Ungeachtet der Fülle an stoffchemischen Fakten, mit denen sich der anorganische Molekülchemiker konfrontiert sieht, bietet dieses „Geflecht" theoretischer Konzepte einen wichtigen Ansatz für eine integrierte Darstellung des Gebietes. Dabei wurde bewußt vermieden, theoretische Aspekte, die von vielen als abstrakt und für die Lehre wenig „inspirierend" angesehen werden, an den Rand der Darstellung zu schieben. Diese erst eröffnen den Zugang zur aktuellen Forschungsliteratur und bilden daher den Kern der vorliegenden Darstellung.

Bei der didaktischen Aufbereitung eines interdisziplinären Wissenschaftsgebiets stellt sich die Frage nach den Kenntnissen, die vorausgesetzt werden können und denjenigen, die erst erarbeitet werden müssen. Die Hörer meiner Vorlesungen für das 6. bis 8. Studiensemester in Würzburg besaßen ein recht solides Grundwissen in physikalischer Chemie und in den grundlegenden Methoden der Quantenmechanik, die für die chemischen Bindungstheorien und die Spektroskopie notwendig sind. Obwohl die Darstellungstheorie von Symmetriegruppen Teil der Ausbildung im Hauptstudium ist, bereitete sie doch häufig in ihrer Anwendung Schwierigkeiten. Dies wurde durch eine vorlesungsbegleitende einstündige Seminarveranstaltung überbrückt, deren Inhalt – aufbauend auf den Standardwerken für Chemiker auf diesem Gebiet – als Teil III mit eingebaut wurde. Das große Gebiet der metallorganischen Komplexchemie ist nicht Gegenstand dieses Lehrbuchs, obwohl bei der Abgrenzung davon auf „puristische" Grundsätze verzichtet wurde.

An dieser Stelle möchte ich allen danken, die mir durch wertvolle Anregungen und Kritik bei der Verfassung des Lehrbuchs geholfen haben. Besonderer Dank gilt dabei Helmut Werner (Würzburg), der nicht nur das gesamte Manuskript gelesen und kommentiert hat, sondern mich in dem langen, einsamen Prozeß seiner Vollendung immer wieder ermuntert (und kritisiert) hat. Teile des Manuskripts wurden von anderen Fachkollegen kommentiert, wobei ich besonders Lars-Ivar Elding (Lund), Volker Engel (Würzburg), Andreas Grohmann (Erlangen), Philipp Gütlich (Mainz), Horst Kisch (Erlangen), Ebbe Nordlander (Lund) und Dario Veghini (Würzburg) sowie zahlreichen Mitgliedern des Würzburger Instituts danken möchte.

Peter Gölitz und Thomas Kellersohn haben mich für dieses „Projekt" gewonnen, und Gudrun Walter, meine Lektorin, hat trotz wiederholter Terminüberschreitung nie ihre Fassung verloren. Ihnen und den Mitarbeitern bei Wiley-VCH danke ich für die ausgezeichnete Zusammenarbeit.

Am wichtigsten während der Entstehung des Manuskripts war mir jedoch die Unterstützung meiner Familie, der ich deshalb dieses Buch widme.

Würzburg, Juli 1998   *Lutz H. Gade*

Inhaltsverzeichnis

I Einführung

1 Komplexe, Koordinationsverbindungen

Gegenstand dieses Buches ist die Molekülchemie der Übergangsmetalle. Die Verbindungen, mit denen wir uns dabei beschäftigen, werden im folgenden als „Koordinationsverbindungen", als „Koordinationseinheiten" oder „Komplexe" bezeichnet. Dieses Nebeneinander der Begriffe mag manchem Leser verwirrend erscheinen, und deshalb wird in Kapitel 4 im Zusammenhang mit der Einführung der Nomenklatur der Koordinationschemie eine exakte Definition geboten. In diesem ersten historischen Abschnitt soll daher nur kurz eine vorläufige begriffliche Klärung stehen.

Der Komplexbegriff stammt aus dem letzten Jahrhundert und entstand bei den Bemühungen, Ordnungsprinzipien zur Klassifizierung der damals bekannten chemischen Verbindungen festzulegen. Dabei wurde zwischen sogenannten *Verbindungen erster Ordnung*, die aus Atomen gebildet wurden, und *Verbindungen höherer Ordnung*, die durch Zusammenschluß von Molekülen entstehen (zuweilen auch „Molekülverbindungen" genannt, s. Abschn. 2.2.1), unterschieden. Dieser allgemeine Komplexbegriff umfaßt auch Verbindungstypen, die nicht Gegenstand dieses Buches sind, z.B. organische Charge-Transfer-Komplexe, organische supramolekulare Aggregate, usw. (Abb. 1.1).[1]

Eine spezielle Klasse von Verbindungen höherer Ordnung waren die historisch bedeutenden Amminkomplexe von Cobalt und Platin, auf die wir im nächsten Kapitel ausführlicher eingehen werden. Diese Komplexe bildeten die Archetypen für die Koordinationslehre Alfred Werners. Werner nannte sie Koordinationsverbindungen, die aus einem *Zentral-Metallatom* (oder Zentral-Ion) und einer bestimmten Zahl koordinierter *Liganden* aufgebaut sind. Im Zusammenhang mit den von ihm untersuchten Verbindungen benutzte aber schon Werner die Begriffe Komplex und Koordinationsverbindung (exakt: *Koordinationseinheit*, s. Kap. 4) meist als Synonyme, obwohl

---

[1] Obwohl die Begriffe Molekülverbindung und Verbindung höherer Ordnung in ihrer ursprünglichen Bedeutung nicht mehr verwendet werden sollten, so haben sie in jüngster Zeit in der supramolekularen Chemie eine Renaissance „in neuem Gewand" erfahren (s. Kapitel 4).

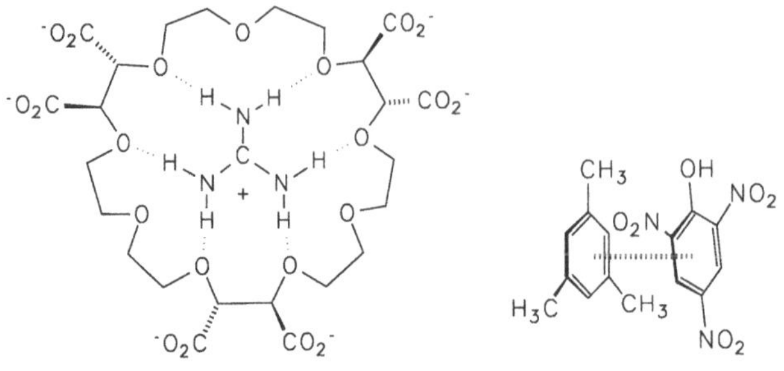

Abb. 1.1. Komplexe, die keine Koordinations- verbindungen sind.

streng genommen der Komplexbegriff allgemeiner war. Da die Liganden in den um die Jahrhundertwende untersuchten Koordinationsverbindungen in Lösung auch in dissoziierter Form stabil waren, entsprachen die Wernerschen Komplexe auch in dem ursprünglichen Sinne Verbindungen höherer Ordnung. Heutzutage treten immer stärker solche Ligandensysteme in den Vordergrund, für die es nicht sinnvoll ist, in Lösung Dissoziationsgleichgewichte zu formu- lieren, da diese Liganden im vom Metall dissoziierten Zustand nicht stabil sind. Dennoch gibt es *keinen Grund*, diese Verbindungen *nicht* als Komplexe oder Koordinationsverbindungen zu bezeichnen!

Ein wichtiges Kriterium für die Klassifizierung einer Verbindung als Koor- dinationsverbindung im Ordnungsprinzip Werners war die direkt an das Metallatom gebundene (koordinierte) Anzahl an Liganden (d. h. Koordinati- onszahl) die *größer* als die Wertigkeit (Oxidationszahl) des Zentral-Metall- atoms sein muß (s. Abschn. 2.2.2). Auch diese Einschränkung spielt heutzu- tage keine Rolle mehr, da die bindungstheoretischen Prinzipien und Struktur- phänomene der Molekülchemie der Übergangsmetalle allgemeinen Charakter haben (Abb. 1.2).

Zusammenfassend wollen wir also festhalten: *In der modernen Koordina- tionschemie werden die Begriffe Komplex und Koordinationsverbindung (-einheit) weitgehend synonym gebraucht und auf fast alle Molekülverbin- dungen der Übergangsmetalle, die sich aus einem Zentral-Metallatom und einem daran koordinierten Satz an Liganden zusammensetzen, angewendet.*

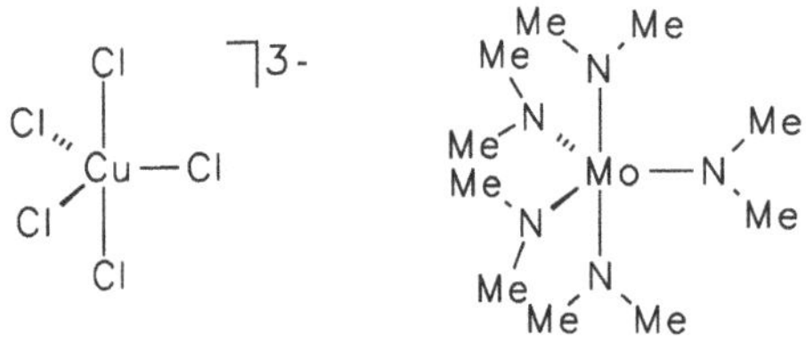

Abb. 1.2. Zwei Beispiele für Kom- plexe. Während in der Kupferverbindung die Koordinationszahl (5) größer ist als die formale Oxidationszahl des Zentral- Metallatoms Cu^{II} und diese damit im klassischen, engeren Sinne Teil einer Koordinationsverbindung ist, sind in der Molybdänverbindung Koordinationszahl und formale Oxidationsstufe des Metall- atoms gleich (V). Dennoch wäre es unsinnig, beide Verbindungen unter- schiedlich zu klassifizieren!

2   Die historische Entwicklung der Koordinationschemie: von einer Anzahl obskurer Einzelergebnisse zu einer interdisziplinären Wissenschaft

Einen Abriß der Geschichte der Koordinationschemie zu geben wird dadurch erschwert, daß es im eigentlichen Sinne keinen definierten Anfang gibt; ein äußerst frustrierender Umstand für jeden Historiker! Die Herstellung einzelner Substanzen, deren charakteristischer Inhaltsstoff eine Koordinationsverbindung ist, ist uns bereits aus dem Altertum überliefert. Koordinationsverbindungen in Form von Farblacken wie Alizarin oder auch in Naturstoffextrakten (Hämderivate aus Tierblut) wurden bereits in frühester Zeit verwendet und sind seit Herodot (450 v. Chr.) auch dokumentiert.

Seit Beginn der Neuzeit gab es die ersten wissenschaftlich belegten Substanzen, die jedoch erst sehr viel später als Komplexverbindungen charakterisiert wurden; erst zu Beginn des 19. Jahrhunderts wurde die Beschäftigung mit solchen Verbindungen Gegenstand chemischer Forschung. Als eigenständige Disziplin etablierte sich die Koordinationschemie im ausgehenden 19. Jahrhundert durch das Werk Alfred Werners, das zum grundlegenden Paradigma dieser Wissenschaft in unserem Jahrhundert wurde. Es soll daher hier zunächst versucht werden, die neuzeitliche Geschichte der Koordinationschemie bis zu den Arbeiten Werners anhand einzelner, für die frühe wissenschaftliche Entwicklung relevanter Verbindungen nachzuzeichnen.

2.1   Die Entwicklung der Koordinationschemie in der Zeit vor der Konstitutionstheorie Alfred Werners: die wichtigsten Komplexverbindungen

Der erste wissenschaftlich dokumentierte Beleg für die Bildung einer Koordinationsverbindung (1597) ist die Beschreibung des Tetramminkupfer(II)-Komplexes $[Cu(NH_3)_4]^{2+}$ durch den Hallenser Arzt und Alchimisten Andreas Libavius.[2] Dieser beobachtete bei Einwirkung einer Lösung aus $Ca(OH)_2$ und NH_4Cl auf Bronze (Kupfer-Zinn-Legierung) eine Blaufärbung, isolierte das dabei entstehende Produkt aber nicht in Substanz.

---

[2] Andreas Libau („Libavius"), * Halle 1550, † Coburg 1616. Studium der Chemie und Medizin in Halle, praktizierender Arzt in Halle; später tätig am Gymnasium in Rothenburg o. d. Tauber und schließlich als Direktor des Coburger Gymnasiums. Kritiker der Lehren von Paracelsus. Werke u. a. ein Lehrbuch der Chemie (1595) sowie Anleitungen zur Mineral- und Wasseranalyse: „Ars probandi minerali", „De judicio aquarum mineralium" (beide 1597). Ein Überblick über die Arbeiten Libaus ist in H. Kopp, *Geschichte der Chemie, Bd. I*, Braunschweig **1843**, S. 112 ff. gegeben.

$$\left[\begin{array}{cc} H_3N & NH_3 \\ & Cu \\ H_3N & NH_3 \end{array}\right]^{2+}$$

Im Falle von „Berliner Blau", $Fe_4[Fe(CN)_6]_3$ wurde eine Komplexverbindung erstmals isoliert und als Farbpigment eingesetzt (Diesbach und Dippel 1704).[3] Ihre Herstellung wurde zwanzig Jahre lang geheim gehalten und erst 1724 von John Woodward (basierend auf der Vorschrift Diesbachs) in den *Philosophical Transactions of the Royal Society of London* (**1724/25**, *33*, 15) veröffentlicht.[4] Die Darstellung erforderte ein Gemisch aus Kaliumhydrogentartrat, Kaliumnitrat und Holzkohle, ferner getrocknetes und fein pulverisiertes Rinderblut, calciniertes Eisen(II)sulfat, Kaliumalaun und Salzsäure, wobei die eigentliche Präparation äußerst aufwendig war. Eine genauere Untersuchung der Vorschrift Diesbachs zeigte bald, daß die Verwendung von Kaliumalaun unnötig war, nicht jedoch die eines Eisensalzes, das somit schon recht früh als wesentlicher Bestandteil der farbgebenden Komponente erkannt wurde.

Während der Zeit der Französischen Revolution (1798) berichtet ein gewisser „Citoyen Tassaert" über die Entstehung einer braunen Lösung bei der Reaktion von Cobaltnitrat oder -chlorid mit einem Überschuß an wäßrigem Ammoniak. Diese Beobachtung konnte er zwar nicht erklären, wollte sie aber im weiteren genauer studieren.[5] Wie man heutzutage weiß, handelte es sich um den Hexammincobalt(III)-Komplex $[Co(NH_3)_6]^{3+}$, und Tassaert wird daher von einigen Historikern als Entdecker dieser Substanzklasse angesehen. Die von ihm angekündigten weiteren Untersuchungen wurden jedoch nie veröffentlicht. Auch gibt es keine dokumentierten Angaben zu seiner Person, die damit zu den rätselhaften Figuren der Chemiegeschichte zählt.

---

[3] Nach einer Überlieferung (G. E. Stahl, *Experimenta, observationes, animadversiones CCC numero chymia et physica*, Berlin, **1731**, S. 281) beruhte die Entdeckung des Berliner Blaus auf einem glücklichen Zufall. Dazu führt Kopp (loc. cit. Bd. IV, S. 370) aus: „ Ein Farbenkünstler Diesbach wollte Florentinerlack [Karminlack] bereiten durch Niederschlagen eines Absuds von Cochenille [zermahlene flügellose Weibchen der C.-Schildlaus früher als Rohstoff zur Karmingewinnung verwendet] mit Alaun und etwas Eisenvitriol durch fixes Alkali; er bat den bekannten Alchemisten Dippel [Johann Konrad D. 1673–1734], ihm zu diesem Zweck etwas Kali zu überlassen, über welches Dippel das nach ihm benannte thierische Oel zur Reinigung mehrmals destillirt, und das er dann als unbrauchbar bei Seite gestellt hatte. Bei Anwendung dieses Alkalis erhielt Diesbach statt des erwarteten rothen Pigments ein blaues; er theilte die Beobachtung an Dippel mit, welcher sogleich einsah, die Bildung der blauen Farbe müsse auf der Einwirkung des gebrauchten Alkalis auf den Eisenvitriol beruhen.[...]"

[4] John Woodward, * Derbyshire 1665, † London 1728. Arzt und Naturforscher, der sich v. a. mit erdgeschichtlichen Themen beschäftigte. Professor am Gresham College, London. Nach ihm ist der Woodwardian chair in geology an der University of Cambridge benannt.

[5] „Analyse du Cobalt de Tunaberg, suivie de plusieurs moyens d'obtenir ce métal de pureté, et de quelques-unes de ses propriétés les plus remarquables", *Ann. Chim.* **1798**, *28*, 92.

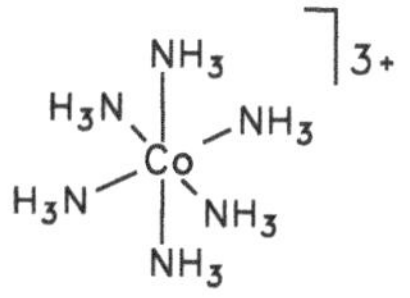

$$\left[\begin{array}{c} NH_3 \\ H_3N\diagdown \ \ \diagup NH_3 \\ Co \\ H_3N\diagup \ \ | \ \diagdown NH_3 \\ NH_3 \end{array} \right]^{3+}$$

Zu Beginn des 19. Jahrhunderts wurde in rascher Abfolge eine ganze Reihe von Komplexverbindungen synthetisiert und erstmals eine gezielte präparative Methodik etabliert. Die Komplexe wurden meist nach ihren Entdeckern benannt; einige bedeutende Beispiele sind in chronologischer Folge ihrer Entdeckung in Schema 2.1 aufgeführt.

Mit Sophus Mads Jørgensen betrat 1878 der wohl produktivste präparative Komplexchemiker des 19. Jahrhunderts die Bühne der Wissenschaft.[6] In den

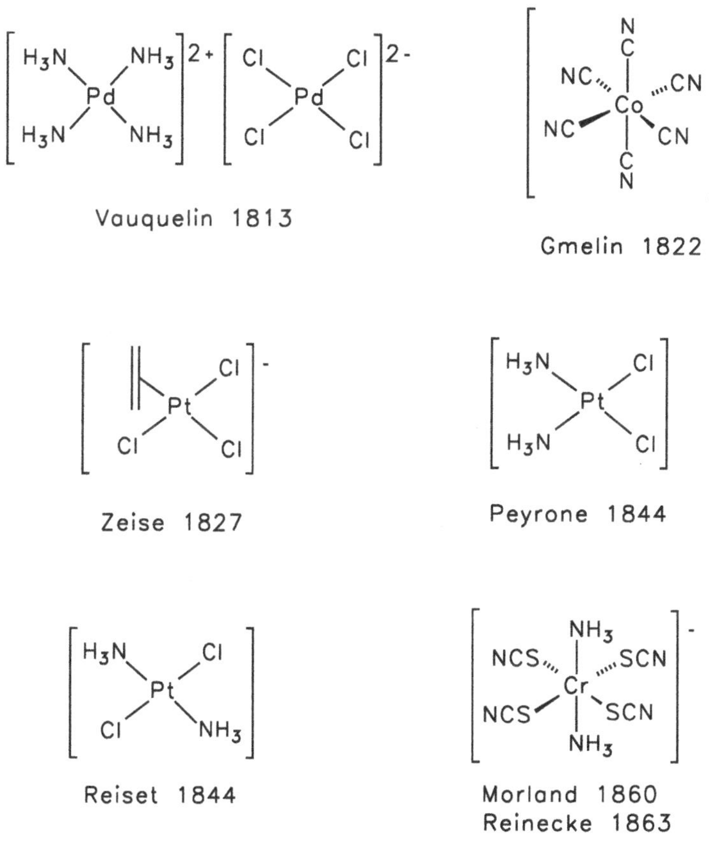

$$\left[\begin{array}{c} H_3N \diagdown \ \ \diagup NH_3 \\ Pd \\ H_3N \diagup \ \ \diagdown NH_3 \end{array} \right]^{2+} \left[\begin{array}{c} Cl \diagdown \ \ \diagup Cl \\ Pd \\ Cl \diagup \ \ \diagdown Cl \end{array} \right]^{2-}$$

Vauquelin 1813

$$\left[\begin{array}{c} N \\ C \\ NC_{\prime\prime\prime} \ | \ _{\prime\prime\prime} CN \\ Co \\ NC \diagup \ | \ \diagdown CN \\ C \\ N \end{array} \right]^{3-}$$

Gmelin 1822

$$\left[\begin{array}{c} Cl \\ | \\ Pt \\ Cl \diagup \ \diagdown Cl \end{array} \right]^{-}$$

Zeise 1827

$$\left[\begin{array}{c} H_3N \diagdown \ \ \diagup Cl \\ Pt \\ H_3N \diagup \ \ \diagdown Cl \end{array} \right]$$

Peyrone 1844

$$\left[\begin{array}{c} H_3N \diagdown \ \ \diagup Cl \\ Pt \\ Cl \diagup \ \ \diagdown NH_3 \end{array} \right]$$

Reiset 1844

$$\left[\begin{array}{c} NH_3 \\ NCS_{\prime\prime\prime} \ | \ _{\prime\prime\prime} SCN \\ Cr \\ NCS \diagup \ | \ \diagdown SCN \\ NH_3 \end{array} \right]^{-}$$

Morland 1860
Reinecke 1863

Schema 2.1.
Einige nach ihren Entdeckern benannte Koordinationsverbindungen (Die Pt-Komplexe von Peyrone und Reiset sind ein frühes Beispiel für Konfigurationsisomere; siehe Teil II).

[6] Sophus Mads Jørgensen, * Slagelse 1837, † Kopenhagen 1914, Dozent, später Professor für Chemie in Kopenhagen, grundlegende und sehr sorgfältig durchgeführte experimentelle Arbeiten zur Koordinationschemie der Übergangsmetalle, die die Grundlage für die Koordinationslehre Alfred Werners bildeten.

folgenden drei Jahrzehnten synthetisierte er systematisch eine Vielzahl von
Komplexverbindungen, führte u. a. den Chelatliganden Ethylendiamin in die
Koordinationschemie ein und schuf damit die Grundlage für die Koordina-
tionstheorie Alfred Werners. Beide Wissenschaftler waren lange Zeit Wider-
sacher in konzeptionellen Fragen und entfachten einen wissenschaftlichen
Wettstreit, der sich als äußerst fruchtbar erweisen sollte.

Bisher ist fast ausschließlich auf einzelne Entdeckungen in der Frühzeit der
Komplexchemie eingegangen worden, und der hinter den Forschungsleistun-
gen stehende jeweilige konzeptionelle Ansatz wurde bewußt außer acht gelassen. Das liegt vor allem daran, daß es bis zu den Arbeiten Werners zwar der
organischen Chemie entlehnte theoretische Vorstellungen zur Strukturchemie
von Komplexen gab, aber eine umfassende, in unserem heutigen Sinne widerspruchsfreie Konstitutionstheorie fehlte. Der Entwicklung hin zu Werners
Theorie und ihren wesentlichen Grundannahmen ist deshalb im folgenden
ein eigener Abschnitt gewidmet.

2.2   Alfred Werners Koordinationstheorie:
„Eine geniale Frechheit"[7]

2.2.1   Die Entwicklung der Konstitutionstheorie von Metallkomplexen
im 19. Jahrhundert

„........Wir sind ausgegangen von den Metallammoniaksalzen und sind hiermit
zu denselben zurückgekehrt. Ihre eingehende Betrachtung und ihre Beziehungen zu anderen Verbindungen haben uns zur Erkenntnis eines neuen, den Atomen innewohnenden Zahlenbegriffes geführt. Derselbe ist vielleicht berufen
als Grundlage für die Lehre von der Konstitution der anorganischen Verbindungen zu dienen, wie die Valenzlehre die Basis der Konstitutionslehre der
Kohlenstoffverbindungen gebildet hat....." (A. Werner, *Z. Anorg. Chem.*
1893, *3*, 267).

Soweit das Resumé der Arbeit des 26jährigen Privatdozenten Alfred Werner am Eidgenössischen Polytechnikum in Zürich, die im Dezember 1892
unter dem Titel „Beiträge zur Konstitution anorganischer Verbindungen" bei
der erst kurz zuvor gegründeten *Zeitschrift für Anorganische Chemie* einge-
reicht wurde. Diese Zeilen entstanden vermutlich in den späten Nachmittag-
stunden eines Tages im Spätherbst desselben Jahres, nachdem der Autor
nach eigenem Bekunden gegen zwei Uhr in der Nacht jäh aus dem Schlaf
gerissen wurde und die Lösung eines ihn bereits seit einiger Zeit beschäftigen-
den Problems vor Augen hatte. Er stand sofort auf und schrieb ununterbro-
chen, „sich mit starkem Kaffee gewaltsam wachhaltend" bis gegen fünf Uhr

---

[7] Ausführliche Abhandlungen über die historischen Entwicklungen, die zur Konstitutionstheorie Werners führten, findet man in den Werken des Wissenschaftshistorikers George
B. Kauffman, z.B. in *Inorganic Coordination Compounds, Nobel Prize Topics in Chemistry, Heyden, London, 1981* (s. Literaturanhang).

Abb. 2.1.   Alfred Werner, 1866–1919.

am folgenden Nachmittag seine Gedanken in einem Aufsatz nieder, der zu einem epochalen Beitrag in der modernen Chemie werden sollte, vor allem aber die anorganische Chemie aus dem Schatten der alles dominierenden organischen Chemie herausführte.

Worum handelte es sich bei dem Problem, das Werner gleichsam in einem Geniestreich löste?

Gegen Ende des neunzehnten Jahrhunderts befand sich die anorganische Strukturchemie in einer tiefen Krise. Das Konzept der „Valenz“ oder „Atomizität“, das je nach Zusammenhang in unserem heutigen Sprachgebrauch mit „Bindigkeit“, „Wertigkeit“ (oder mitunter auch „Oxidationszahl“)[8] gleichgesetzt wird, hatte sich als äußerst fruchtbar bei der Erklärung und strukturellen Kategorisierung der Kohlenstoffverbindungen in der organischen Chemie erwiesen. Von Kekulé 1858 erstmals eingeführt,[9] bildete der Valenzbegriff

---

[8] Alle drei Begriffe (und damit Konzepte) haben natürlich unterschiedliche Bedeutungen, die aber zur damaligen Zeit nicht immer erkannt wurden.

[9] Friedrich August Kekulé (von Stradonitz), * Darmstadt 1829, † Bonn 1896, 1858–65 Professor in Gent, danach in Bonn. Er formulierte 1858 (gleichzeitig mit A.S. Couper) die Vierwertigkeit des Kohlenstoffs, C-C-Ketten und Ringe; 1865 Postulat der Ringstruktur des Benzols mit alternierenden Einfach- und Doppelbindungen.

die Grundlage der von van't Hoff und Le Bel[10] entwickelten Theorie des vierbindigen („-wertigen"!) Kohlenstoffs. Für Kekulé war die Valenz eine
Eigenschaft der Atome und somit eine fundamentale Konstante jedes Elements, eine Vorstellung, die selbst bei einfachen Verbindungen zu verwirren-
den Anschauungen in bezug auf ihren chemischen Aufbau führte. Nahm man
beispielsweise für Phosphor die konstante Valenz III an (worunter in unserer
heutigen Sprache sowohl die Bindigkeit als auch implizit die Oxidationszahl
zu verstehen ist), so gab es bereits Schwierigkeiten bei der chemischen Formulierung einer Verbindung wie Phosphorpentachlorid. Ähnlich problematisch war die Formulierung der Hydrate und auch Ammoniakaddukte von
Übergangsmetallsalzen. Kekulé führte für derartige Verbindungen den Begriff
„Molekülverbindungen" ein und ersetzte damit „einen unklaren Begriff durch
ein schönes Wort" (A. Werner 1893). Als Schreibweise schlug er die auch
heute noch mitunter verwendeten „Punktformeln" vor, z. B.

Phosphorpentachlorid PCl_5 = $PCl_3 \cdot Cl_2$
Kupfer(II)-sulfat–Pentahydrat   = $CuSO_4 \cdot 5\,H_2O$
Hexaammincobalt(III)-chlorid   = $CoCl_3 \cdot 6\,NH_3$

Begründet wurde diese Schreibweise mit den thermischen Zerfallswegen
der Substanzen, eine Vorstellung, die durch die beiden ersten Beispiele
gestützt wird. Der Cobaltkomplex hingegen läßt sich thermisch nicht ohne
weiteres nach dem erwarteten Muster (gleichzeitiger Verlust der gebundenen
Ammoniakmoleküle) zersetzen, sondern bildet beispielsweise thermisch relativ stabile Penta-, Tetra- und Triamminderivate. Das Konzept der konstanten
Valenz wurde von Kekulés Zeitgenossen schon bald als unhaltbar erkannt
und aufgegeben. Das Problem der Struktur der Übergangsmetallverbindungen
war damit aber nicht gelöst.
  Die chemische Formulierung der Hydrate und Amminkomplexe der Übergangsmetalle gehörte zu den ungelösten Problemen der im ausgehenden
19. Jahrhundert ansonsten als wenig inspirierend angesehenen anorganischen
Chemie. Erstmals zu Beginn des Jahrhunderts (1822) von Gmelin[11] als

---

[10] Jacobus Henricus van't Hoff, * Rotterdam 1852, † Berlin 1911. Professor in Amsterdam
     (1878–95) und Berlin. Arbeiten zur Stereochemie des Kohlenstoffs, zur chemischen
     Kinetik, Gleichgewichtslehre, elektrolytischen Dissoziation. Erster Nobelpreisträger der
     Chemie 1901.
     Joseph Achille Le Bel, * 1847 Pechelbronn, † Paris 1930. Privatgelehrter in Paris. Mit-
     begründer der organischen Stereochemie, arbeitete ferner über kosmische Strahlung.
[11] Leopold Gmelin, * Göttingen 1788, † Heidelberg 1853, seit 1814 Professor in Heidelberg.
     Mitbegründer der physiolog. Chemie; arbeitete über Gallenfarbstoffe und -säuren (→ Gme-
     lin-Probe) und entdeckte u. a. das Cholesterin. G. verfaßte das „Handbuch der theoretischen
     Chemie", das unter dem Namen „Gmelins Handbuch der Anorganischen Chemie" bis heute
     weitergeführt wird.

Tabelle 2.1. Die Farbnomenklatur nach Frémy, das erste Nomenklatursystem der Koordinationschemie.

Präfix	Farbe	Beispiel
Flavo	braun-gelb	cis-$[Co(NH_3)_4(NO_2)_2]^+$
Croceo	gelb/orange	$trans$-$[Co(NH_3)_4(NO_2)_2]^+$
Luteo	gelb	$[Co(NH_3)_6]^{3+}$
Purpureo	purpur/rot	$[Co(NH_3)_5Cl]^{2+}$
Roseo	rosa/rot	$[Co(NH_3)_5(H_2O)]^{3+}$
Praseo	grün	$trans$-$[Co(NH_3)_4Cl_2]^+$
Violeo	violett/blau	cis-$[Co(NH_3)_4Cl_2]^+$

$[Co(NH_3)_6]_2(C_2O_4)_3$ in Substanz isoliert,[12] wurden vor allem die Komplexe von Cobalt (sowie der Platinmetalle) umfassend von Frémy und Jørgensen untersucht. Beide Forscher waren durch die außerordentliche Schönheit der vielfältigen Farben dieser Verbindungen zu ihren Studien angeregt worden, was sich auch in der von Frémy eingeführten und bis Ende des 19. Jahrhunderts verwendeten Nomenklatur für die verschiedenen bekannten „Serien" der Ammincobaltkomplexe widerspiegelt (Tabelle 2.1).[13] So wurden beispielsweise *cis*- und *trans*-$[Co(NH_3)_4Cl_2]^+$ als *Violeo*- bzw. *Praseokobaltiake* entsprechend ihrer violetten und grünen Farbe bezeichnet. In Verallgemeinerung der Bezeichnungsweise wurden die Hexaamminkomplexe anderer Übergangsmetalle ebenfalls als *Luteo*-Salze bezeichnet.[14]

Die theoretischen Ansätze zum Verständnis des Strukturaufbaus der Komplexe orientierten sich an den in der organischen Chemie so erfolgreich angewendeten Grundprinzipien (etwa repräsentiert durch die tetraedrische „gerichtete Valenz" des vierbindigen Kohlenstoffs). Vor allem zwei Konzepte stimulierten viele der frühen experimentellen Arbeiten über Komplexverbindungen: Die erste theoretische Formulierung der Metallamminkomplexe stammt von dem schottischen Chemiker Thomas Graham,[15] der die sogenannte „Ammoniumtheorie" in seinem Buch *Elements of Chemistry* (1837)

---

[12] Als Entdecker der Amminkomplexe wird mitunter der Franzose Tassaert genannt (s. Abschn. 2.1), der über seine Untersuchungen zur Extraktion eines skandinavischen Cobalterzes mit Ammoniak berichtete und dabei eine braune Lösung von $[Co(NH_3)_6]Cl_3$ erhielt. Da aber in dieser Arbeit keine weiteren Untersuchungen zu dieser Beobachtung durchgeführt wurden, gebührt Gmelin wohl die Anerkennung, die Existenz der Amminkobaltkomplexe belegt und diese als solche formuliert zu haben.

[13] E. Frémy, *Ann. Chim. Phys.* **1852**, *35*, 22.

[14] Die heutzutage verwendete Nomenklatur von Koordinationsverbindungen geht in ihren Grundzügen auf Alfred Werner zurück. Diesem Thema ist ein eigenes Kapitel (Kap. 4) gewidmet.

[15] Thomas Graham, * Glasgow 1805, † London 1869; Professor in Glasgow (1830–37) und London; ab 1835 Direktor des brit. Münzwesens; 1835 Mitglied der Royal Society und 1840 Mitbegründer der London Chemical Society. Wichtige Beiträge zur physikalischen Chemie (Diffusion und Absorption von Gasen); Begründer der Kolloidchemie.

erstmals formulierte. Danach hatte man sich Metallamminkomplexe als substituierte Ammoniumsalze vorzustellen. So erklärte er die Zusammensetzung
des von ihm als Diamminkupfer(II)-chlorid formulierten Komplexes durch
die Formel:

Wegen der seiner Meinung nach großen Ähnlichkeit zwischen Wasserstoff
und Kupfer, schlug er vor, daß ein (zweiwertiges!) Kupferatom je ein Wasserstoffatom der beiden Ammoniumkationen ersetze, das Komplexsalz also als
„Cuprammoniumsalz", analog etwa dem Ammoniumchlorid, aufzufassen
sei. Diese Vorstellungen wurden bis in die achtziger Jahre des letzten Jahrhunderts von einer ganzen Reihe eminenter Chemiker erweitert und verfeinert. So schlug beispielsweise August Wilhelm von Hofmann,[16] einem
zur Erkärung der Amminplatin(II)-Komplexe von Reiset entwickelten
Schema folgend, die nachfolgende Struktur für das oben bereits erwähnte
Hexaammincobalt(III)-chlorid vor:

Diese Struktur stellte insofern eine Erweiterung von Grahams Prinzip dar, als
die Wasserstoffatome einer Ammoniumgruppe nicht nur durch Metalle, sondern auch durch weitere Ammoniumeinheiten ersetzt werden konnten, was
dann zu einer Art Kettenbildung in den Komplexen führen sollte. Diese Art
der Formulierung erfreute sich großer Beliebtheit, bis 1886 S. M. Jørgensen
zeigte, daß auch Pyridin, also ein tertiäres Amin, mit Silber, Kupfer und Platin
Komplexe bilden konnte, ohne daß dadurch Wasserstoffatome substituiert
werden mußten.

Jørgensen selbst, ein konservativer, gewissenhaft und äußerst methodisch
vorgehender Präparator, war Anhänger eines Strukturkonzepts, das der
Schwede Christian W. Blomstrand[17] in seinem einflußreichen Werk *Die Chemie der Jetztzeit* entwickelt hatte. Dieses Konzept wurde ab 1870 unter dem

---

[16] August Wilhelm von Hofmann, * Gießen 1818, † Berlin 1892; Schüler J. von Liebigs,
1845–65 Professor am Royal College of Chemistry in London, danach in Berlin. Grundlegende Arbeiten über organ. Stickstoffverbindungen, Anilinfarbstoffe, Teerfarbenchemie.
1867 erster Präsident der von ihm mitbegründeten Deutschen Chemischen Gesellschaft.

[17] Christian Wilhelm Blomstrand, * Växjö 1826, † Lund 1897, ab 1862 Professor in Lund.
Experimentelle Arbeiten v. a. auf dem Gebiet der Chemie der V. Nebengruppe, sowie mine-
ralogische Studien.

Begriff „Kettentheorie" zum erfolgreichsten und am weitesten akzeptierten theoretischen Erklärungsansatz in der Komplexchemie. Inspiriert wurde Blomstrands Theorie durch Kekulés Formulierung der Diazoverbindungen, in denen die Molekülhälften durch direkte Bindungen zwischen den Stickstoffatomen miteinander verknüpft waren. Eine Möglichkeit, wie die „normale" Valenz (hier etwa „Bindigkeit" – bedingt durch die Oxidationsstufe) des Metalls in den Amminkomplexen erhalten werden konnte, war die Annahme von oligomeren Ammoniak-(Stickstoff-)Ketten, in denen der Stickstoff als formal fünfbindig formuliert wurde, z. B.:

Co—NH₃—Cl
$$\begin{array}{l} \diagup \text{NH}_3\text{—Cl} \\ \text{Co-NH}_3\text{—Cl} \\ \diagdown \text{NH}_3\text{—NH}_3\text{—NH}_3\text{—NH}_3\text{—Cl} \end{array}$$

Auch hier ist der Einfluß der organischen Strukturchemie unverkennbar. Trotz der uns heutzutage wahrhaft bizarr erscheinenden Formulierungen und der Widersprüche, zu denen der Ansatz Blomstrands führen sollte, hatte er doch eine stimulierende Wirkung auf die experimentelle Komplexchemie, allen voran auf die herausragenden präparativen Arbeiten Jørgensens. Ziel seiner Untersuchungen wurde die Bestätigung und der weitere Ausbau der Ideen Blomstrands. Die Art und Weise, in der Jørgensen argumentierte, soll anhand der Serie der Chloroammincobalt-Komplexe $[\text{Co}(\text{NH}_3)_x\text{Cl}_{6-x}]\text{Cl}_{x-3}$ (x = 3–6) veranschaulicht werden:

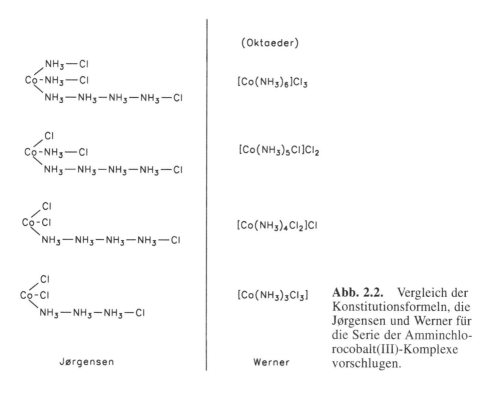

Abb. 2.2. Vergleich der Konstitutionsformeln, die Jørgensen und Werner für die Serie der Amminchlorocobalt(III)-Komplexe vorschlugen.

In Jørgensens Formulierung repräsentieren die an die Ammoniakmoleküle gebundenen Chloratome schwachgebundene Chloridionen (wenngleich er den eigentlichen ionischen Charakter nicht formulierte). Diese können z. B. mit Silbersalzen gefällt werden, während sich die direkt an das Metall gebundenen Chloratome inert verhalten. Wie man in dem Vergleich in Abbildung 2.2 sieht, vermag die Kettentheorie die Eigenschaften der ersten drei Komplexe in bezug auf die Rolle der Chloratome zu erklären, versagt allerdings im Falle des Triamminkomplexes. Die Anwendung der Kettenschreibweise wurde mit zunehmender Komplexität der Verbindungen derart schwierig, daß sie bestenfalls für eine Übergangzeit und in Ermangelung einer besseren Alternative akzeptabel erscheinen konnte. Ironischerweise waren es Jørgensens systematische Reihen substituierter Ammincobaltkomplexe, die die Grundlage für Alfred Werners revolutionäre Erneuerung der Komplextheorie bildeten (s. Abschn. 2.2.2).

Die hier geschilderten Umstände verdeutlichen die bereits oben erwähnte fundamentale Krise, in der sich die anorganische Strukturchemie zu Beginn der neunziger Jahre des letzten Jahrhunderts befand. Die auf den Denkkategorien der organischen Chemie („gerichtete Valenz" der Atome, orientiert an den Kettenstrukturen der Kohlenwasserstoffe, möglichst Wertigkeit = Bindigkeit) basierenden Erklärungsansätze versagten in zunehmendem Maße, als es darum ging, die experimentellen Ergebnisse zu erklären und in ein Ordnungsschema einzureihen. Die Anstrengungen Jørgensens, die Kettentheorie trotz ihrer offenkundigen Schwächen zu untermauern und durch immer neue Experimente zu modifizieren und auszubauen, sind ein typisches Beispiel für das Bestreben der Wissenschaftler, an den ihrer Forschung zugrundeliegenden Lehrmeinungen festzuhalten, solange eine bessere Alternative fehlt.

Paradigmen in der Wissenschaft

Der Wissenschaftstheoretiker Thomas S. Kuhn[18] hat „normale Wissenschaft" als eine auf einer oder mehreren wissenschaftlichen Leistungen in der Vergangenheit (*Paradigmen*) beruhende Forschung dininiert.[19] Diese grundlegenden Arbeiten (etwa Newtons „Principia Mathematica") haben die Methoden und Probleme (und Begriffe) eines Forschungsgebiets

---

[18] Thomas Samuel Kuhn, *Cincinnati 1922, † Boston 1996, Professor der Wissenschaftsgeschichte in Berkeley (1958), Princeton (1964) und am MIT (1979).

[19] Nach Platon sind *Paradigmen* die Urbilder der sinnlich wahrnehmbaren Dinge. Aristoteles überträgt den Begriff *P.* in den Bereich der Rhetorik, in der es ein rhetorisches Schlußverfahren und einzelne Fälle von ihm bezeichnet. In der Spätphilosophie Wittgensteins sind *P.* die „Muster" oder „Standards", nach denen die Erfahrung verglichen und beurteilt wird. Bei T.S. Kuhn bezeichnen *P.*, wie oben angedeutet, die Gesamtheit aller eine wissenschaftliche Disziplin in einem Zeitabschnitt beherrschenden Grundauffassungen, die Gegenstandsbereich und Methoden definieren.

festgelegt. Durch die Annahme eines Paradigmas wird eine vorher lediglich am Studium der Natur interessierte Gruppe zu einem Fachkollegium (Forscher sein somit zum Beruf!) und das Studium bestimmter natürlicher Phänomene zu einer wissenschaftlichen Disziplin. Neue Paradigmen setzen sich in Konkurrenz mit den bestehenden durch, verdrängen diese schließlich durch eine bessere Beschreibung der empirischen Befunde und durch größere Flexibilität und Offenheit bei der Bearbeitung ungelöster Probleme. Letztendlich ist es also die zunehmende Anhängerschaft eines neuen Paradigmas, das diesem zum Durchbruch verhilft. *T.S. Kuhn: Die Struktur wissenschaftlicher Revolutionen, Suhrkamp 1967.*

Die Leistung Werners, mit der die anorganische Strukturchemie auf eine neue Grundlage gestellt wurde, ist ein schönes Beispiel für die wissenschaftlichen Revolutionen, die schließlich zur Ablösung bestehender Erklärungsmodelle führen. Kuhn hat darauf hingewiesen, daß das neue Paradigma oftmals „ganz plötzlich, manchmal mitten in der Nacht, im Geist eines tief in die Krise verstrickten Wissenschaftlers [auftritt]" und daß diejenigen, denen dies widerfährt, „entweder sehr jung oder auf dem Gebiet, dessen Paradigma sie änderten, sehr neu" waren. Man möchte fast meinen, daß bei dieser Formulierung die eingangs geschilderten Umstände der Entstehung von Werners Theorie Vorbild waren! Ein weiterer bemerkenswerter Aspekt der Arbeit von 1893 war das Fehlen einer adäquaten empirischen Grundlage für die weitreichenden Thesen (er selber hatte nicht ein einziges Experiment auf diesem Gebiet bis zu dem Zeitpunkt durchgeführt!). Dieser Umstand veranlaßte später einmal einen deutschen Kollegen, die Wernersche Koordinationstheorie als eine *"geniale Frechheit"* zu bezeichnen. Es wurde das wissenschaftliche Lebenswerk Alfred Werners, diese geniale Frechheit auf eine sichere experimentelle Grundlage zu stellen.

Soweit die Ausleuchtung einiger Hintergründe und des geistigen Umfelds, in dem sich Werners revolutionäre geistige Tat ereignete. Im folgenden Abschnitt soll nun auf die Grundzüge der 1893 erstmals vorgestellten Koordinationstheorie eingegangen werden.

2.2.2 Die Grundzüge von Alfred Werners Koordinationstheorie und ihre experimentellen Grundlagen

Während sich die frühen Theorien zur Konstitution von Komplexverbindungen an der Entsprechung Valenz (Wertigkeit) = Bindigkeit (Koordinationszahl) aus der Chemie des Kohlenstoffs orientierten und damit zu den bereits besprochenen Kettentheorien führten, gab Werner bei der Formulierung seiner Koordinationstheorie diese Beschränkung auf. Jedes Zentralatom in einem Komplex besitzt neben seiner Valenzzahl (später von ihm umbenannt in „Hauptvalenz" = Oxidationszahl) eine charakteristische Koordinationszahl

(später wird von ihm auch der Begriff „Nebenvalenz"[20] hierfür verwendet).
Die bei weitem am häufigsten vorkommenden Koordinationszahlen waren
dabei sechs [Co(III), Cr(III), Pd(IV), Pt(IV)] und vier [Pd(II), Pt(II)].

Werner zeigte vor allem anhand der von Jørgensen synthetisierten Kom-
plexreihen, wie einfach und ohne zusätzliche Annahmen diese neue Vorstellung die (zunächst allerdings nur lückenhaft) vorhandenen experimentellen
Befunde erklärte. Die neutralen Liganden (meist NH_3 und organische
Amine) waren dabei direkt an das Metallatom gebunden, während die anionischen Liganden entweder „in der ersten Sphäre" direkt an das Metall gebunden waren oder „in der zweiten Sphäre" als Gegenion fungieren konnten.
Ein besonders attraktiver Aspekt des Koordinationskonzepts war die Erweiterung der Vorstellungen zur Konstitution der Amminkomplexe auf die Hydrate
und damit ihre Verknüpfung mit den damals noch jungen Theorien der Hydratation (Mendeleev) und elektrolytischen Dissoziation (Arrhenius).

Ein früher Erfolg der neuen Koordinationslehre war die vollständige Erklärung der Ergebnisse von Leitfähigkeitsmessungen an einer Reihe von Ammin-
cobaltkomplexen, die von Miolati und Werner durchgeführt wurden.

Für die Komplexe des Typs $[Co(NH_3)_6]A_3$, $[Co(NH_3)_5A]A_2$ und $[Co$-
$(NH_3)_4A_2]A$ (A = Anion) wurden die Leitfähigkeiten von Salzen gefunden,
die in vier, drei bzw. zwei Ionen dissoziieren, ein Umstand, der sowohl
durch Werner als auch durch Jørgensen erklärt werden konnte (s. auch Abb.
2.2). Das entscheidende Ergebnis in Abbildung 2.3 ist die Abwesenheit ionischer Leitfähigkeit bei der neutralen Verbindung $[Co(NH_3)_3(NO_2)_3]$. Dieser
Komplex sollte im Sinne der Blomstrand-Jørgensen-Theorie in ein Ionenpaar
dissoziieren:

In seiner Neuformulierung des Aufbaus der Metallkomplexe ging Werner weit
über die von ihm zunächst in den Vordergrund gestellte Frage der Konstitution
solcher Verbindungen hinaus. Vor dem Hintergrund seiner Ausbildung in
organischer Stereochemie unter dem Einfluß seines Doktorvaters Arthur
Hantzsch verwundert es nicht, daß er sich mit der Frage der Geometrie (d. h.
Konfiguration) solcher Verbindungen beschäftigte. Für die zur damaligen
Zeit am häufigsten beobachtete Koordinationszahl sechs (in allen von Jørgen-

---

[20] Die Begriffe *Hauptvalenz* und *Nebenvalenz* sind vor dem Hintergrund der damaligen Vorstellungen zur chemischen Bindung zu sehen. Bevor die Bindungstheorie durch die Quantenmechanik auf ein solides Fundament gestellt wurde, führte man die Entstehung von Verbindungen auf eine zwischen den Atomen wirksamen Affinität zurück. Diese Affinität
sollte z. B. bei einem dreiwertigen Metallatom durch drei einwertige anionische Liganden
abgesättigt sein. Werner postulierte nun eine gewisse „Restaffinität" des Metalls, die die
Koordination von zusätzlichen anionischen oder neutralen Liganden an das Metall ermög-
lichte.

C. Kobaltreihe.

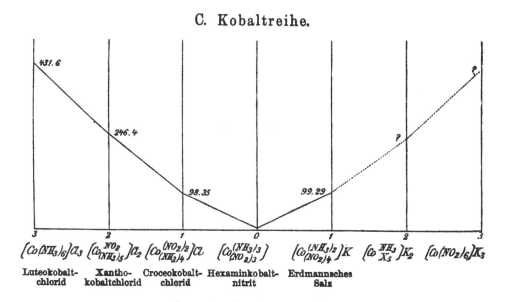

Abb. 2.3. Ergebnisse der von Miolati und Werner durchgeführten Leitfähigkeitsmessungen an Cobaltamminkomplexen (*Z. Phys. Chem.* 1894, *14*, 506.).

sen synthetisierten Cobaltkomplexen) bot sich das Oktaeder als „natürliches" Ligandenpolyeder an (Abb. 2.4), während für die vierfach koordinierten Pt(II)-Komplexe angesichts der beobachteten Konfigurationsisomeren eine quadratisch-planare Geometrie postuliert wurde.

Die auf der Anzahl der beobachteten Isomeren einer Verbindung basierende indirekte Argumentation für oder wider ein bestimmtes Ligandenpolyeder soll am Beispiel der Komplexe des Typs MA_4B_2 (M = Metallatom, A,B = Liganden) veranschaulicht werden. Von den in Abbildung 2.5 dargestellten drei Geometrien (oktaedrisch, hexagonal-planar, trigonal-prismatisch) gibt es für das Oktaeder zwei, für die beiden anderen Geometrien jedoch drei mögliche Konfigurationsisomere. Da sich von den Komplexen dieser Zusammensetzung aber nur zwei isomere Reihen synthetisieren ließen, war die oktaedrische Koordination als die wahrscheinlichste anzusehen.

Die Art der Argumentation lehnte sich eng an die Ideen van't Hoffs und Le Bels bei ihrer Formulierung des tetraedrischen Kohlenstoffs an und steht stellvertretend für das methodische Vorgehen in der Stereochemie, bevor im 20. Jahrhundert direkte analytische Techniken für die Strukturaufklärung zur Verfügung standen.

Werners Erfolg in den Jahren nach 1893 bei der Präparation der jeweils postulierten Anzahl isomerer Formen bestimmter vierfach oder sechsfach koordinierter Komplexverbindungen war jedoch nur ein indirekter Beleg für die von ihm postulierten Ligandenpolyeder, der die quadratisch-planare bzw. oktaedrische Geometrie der Komplexe nahelegte, sie aber nicht zwingend erwies.

Denken wir uns zunächst ein Molekül $\left(M\genfrac{}{}{0pt}{}{(NH_3)_5}{X}\right)$ also in fünf Ecken des Oktaeders Ammoniakmoleküle, im sechsten einen Säurerest.

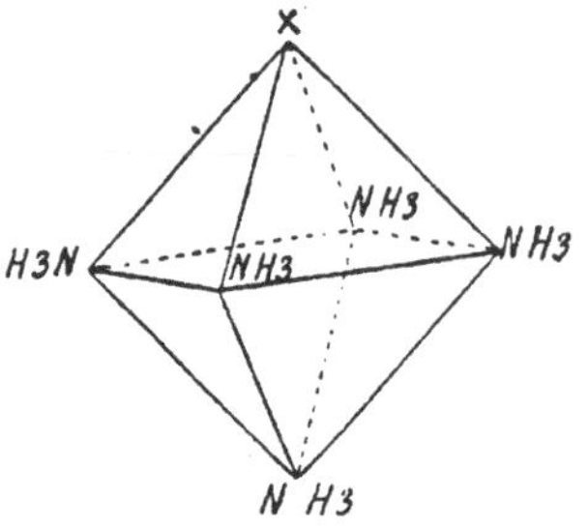

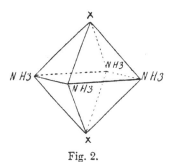

Substituieren wir in demselben ein zweites Ammoniakmolekül durch einen Säurerest, so können wir dies auf zwei verschiedene Arten thun.

Entweder können wir das zum Säureradikal axial gelegene Ammoniakmolekül substituieren, oder wir können eines der vier mit ihm an gleichen Kanten des Oktaeders befindlichen Ammoniakmoleküle substituieren, wie folgende Figuren zeigen werden.

Fig. 1.

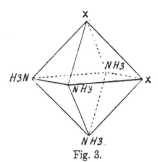

Fig. 2.   Fig. 3.

Wir müssen also zu zwei isomeren Molekülkomplexen $\left(M_{X_2}^{A_4}\right)$ gelangen.

Der Molekülkomplex $\left(M_{X_2}^{A_4}\right)$ findet sich aber in den schon früher erwähnten Praseosalzen, von der allgemeinen Formel $\left(Co_{(NH_3)_4}^{X_2}\right)X$.

Die Praseosalze müssen also in zwei isomeren Modifikatiouen auftreten.

Abb. 2.4.   Auszug aus der Arbeit von 1893.

Eine weitaus wichtigere experimentelle Stütze war der Beweis einer geometrischen Konsequenz des Oktaedermodells: Die Synthese optisch aktiver Metallkomplexe. Bei geeigneter Wahl der Liganden (v.a. von Chelatliganden) sollte es möglich sein, chirale Verbindungen zu erzeugen, deren Trennung in die Enantiomeren ein eleganter Beweis der Koordinationtheorie wäre. Obwohl diese Möglichkeit bereits 1899 erstmals in einer Veröffentlichung erwähnt wurde, gelang die Enantiomerentrennung eines Komplexracemats

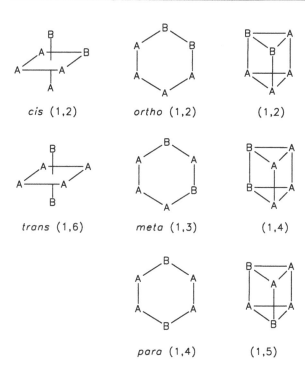

cis (1,2) · ortho (1,2) · (1,2)

trans (1,6) · meta (1,3) · (1,4)

para (1,4) · (1,5)

Abb. 2.5. Die möglichen Isomeren der Komplexe vom Typ MA_4B_2 bei den drei wichtigsten Koordinationsgeometrien.

erst 1911. Werners amerikanischer Doktorand Victor L. King[21] erreichte die Trennung des Racemats von $[Co(en)_2(NH_3)Cl]Cl_2$[22] mit Hilfe von (+)-Bromcamphersulfonat und erbrachte somit den endgültigen Beweis der stereochemischen Vorstellungen Werners.

m

---

[21] Die Trennung racemischer Komplexgemische war das Thema von Kings Doktorarbeit. Die Arbeiten daran machten zunächst sehr zähe Fortschritte und waren gekennzeichnet durch zahlreiche (über 2000!) frustrierende Fehlversuche an ähnlichen Systemen. King erinnerte sich später, daß er zu dieser Zeit von seinen Kommilitonen, die er außerhalb der Universität traf, mit dem spöttischen Ruf „Nun, dreht es schon?" gegrüßt wurde. (V. L. King, *J. Chem. Educ.* **1942**, *19*, 345)

[22] Diese Verbindung wurde 1890 erstmals von Jørgensen synthetisiert.

Chiralität konnte ebenfalls für mehrkernige Komplexe nachgewiesen werden,
so z. B. für [(en)₂Co(μ-NH₂)(μ-NO₂)Co(en)₂]X₄, das sowohl als (+)/(−)-
Enantiomerenpaar als auch in einer *meso*-Form existiert.

m

(meso-Form)

Den Höhepunkt der Arbeiten auf diesem Gebiet stellt sicherlich die Synthese
und Racematspaltung des vierkernigen „rein anorganischen" chiralen Komplexes [{(NH₃)₄Co(μ-OH)₂}₃Co]⁶⁺ dar, womit bewiesen war, daß Asymmetrie eine vom Element Kohlenstoff unabhängige Eigenschaft von Molekülen
ist. Bis zu seinem Tod 1919 gelang Werner und seinen Schülern die Enantiomerentrennung von über 40 chiralen Komplexverbindungen.

Es waren nicht zuletzt diese wissenschaftlichen Meisterleistungen, für die
Alfred Werner 1913 als erster (und für lange Zeit einziger) anorganischer
Chemiker den Nobelpreis für Chemie erhielt.

2.3 Die Entwicklung der Koordinationschemie im 20. Jahrhundert

2.3.1 Die Konsolidierung und Weiterentwicklung der Koordinationstheorie Alfred Werners: 1915–1930

Die Entwicklung der Komplexchemie nach Werners Tod stand zunächst ganz im Zeichen der experimentellen Absicherung und Erweiterung seiner Konstitutionslehre. Ein früher wichtiger Beitrag stammt von seinem Schüler Paul Pfeiffer,[23] der 1915 (also noch zu Werners Lebzeiten) darauf hinwies, daß sich kristalline Festkörper als extrem hochaggregierte Koordinationsverbindungen auffassen lassen, in denen bestimmte Atome (Ionen) die Zentralatome darstellen, um die sich jeweils ein Satz weiterer Atome (Gegenionen) in definierter symmetrischer Weise anordnet. Die chemischen Wechselwirkungen seien dabei die gleichen wie diejenigen, die in molekularen Komplexen wirksam sind. So besteht das kristalline NaCl aus einer gleichen Anzahl von oktaedrischen ($NaCl_6$)- und ($ClNa_6$)-Einheiten. Die Beziehung, die Pfeiffer zwischen Komplexgeometrien und Kristallgittern herstellte, war auch der Anstoß zu den ersten Kristallstrukturanalysen durch Röntgenbeugung und damit für den direkten Beweis der strukturellen Verhältnisse in diesen Verbindungen. 1921 bestimmten Wyckhoff und Posnjak die Kristallstruktur des ersten oktaedrischen Komplexes, $(NH_4)_2[PtCl_6]$, und ein Jahr später wies Dickinson die quadratisch-planare Koordination des zweiwertigen Platins in $K_2[PtCl_4]$ nach.

Während durch die Entwicklung der Röntgenkristallographie in den zwanziger Jahren der direkte Beweis für die strukturchemischen Postulate Werners erbracht wurde, war die Formulierung des „Trans-Effekts"[24] durch Tschernjajew (1926)[25] ein erstes wichtiges Konzept im Studium der Reaktivität von Komplexverbindungen. Ausgangspunkt für Tschernjajews Prinzip waren die klassischen Synthesen der beiden Konfigurationsisomeren des Diammin-(dichloro)platin(II) von Peyrone (1844) und Reiset (1844; später von Jørgen-

---

[23] Paul Pfeiffer, * Elberfeld 1875, † Bonn 1951. Schüler A. Werners. Professor in Rostock (1916–1919), Karlsruhe (1919–1922) und Bonn. Seine Arbeiten waren v.a. dem Ausbau der Werner'schen Koordinationslehre gewidmet.

[24] Der von Tschernjajew verwendete russische Begriff „Transwlijanije"(wörtlich: Trans-Einfluß) ist sowohl als „Trans-Effekt" als auch „Trans-Einfluß" übersetzt worden, wobei beide Begriffe meist als Synonyme verwendet wurden. In jüngerer Zeit sind die Begriffe schärfer gefaßt worden. Während der Trans-Effekt sich auf die Kinetik von Substitutionsreaktionen an Metallkomplexen bezieht (Basolo, Pearson) bezeichnet der Trans-Einfluß ein thermodynamisches Phänomen, nämlich die Schwächung der Bindung zum *trans*-ständigen Liganden. Eine eingehende Diskussion beider Effekte erfolgt in Abschnitt 9.3 und 26.2.

[25] Ilja Iljitsch Tschernjajew, * Spasskoje 1893, † Moskau 1966, Professor in Leningrad (1932) und Mitglied der Akad. der Wissenschaften der UdSSR (ab 1943). Tschernjajew leistete wichtige Beiträge zur Reingewinnung der Platinmetalle und ihrer Koordinationschemie.

sen eingehend untersucht) sowie die Reaktion beider Isomerer mit Thioharnstoff (Kurnakow, 1893):

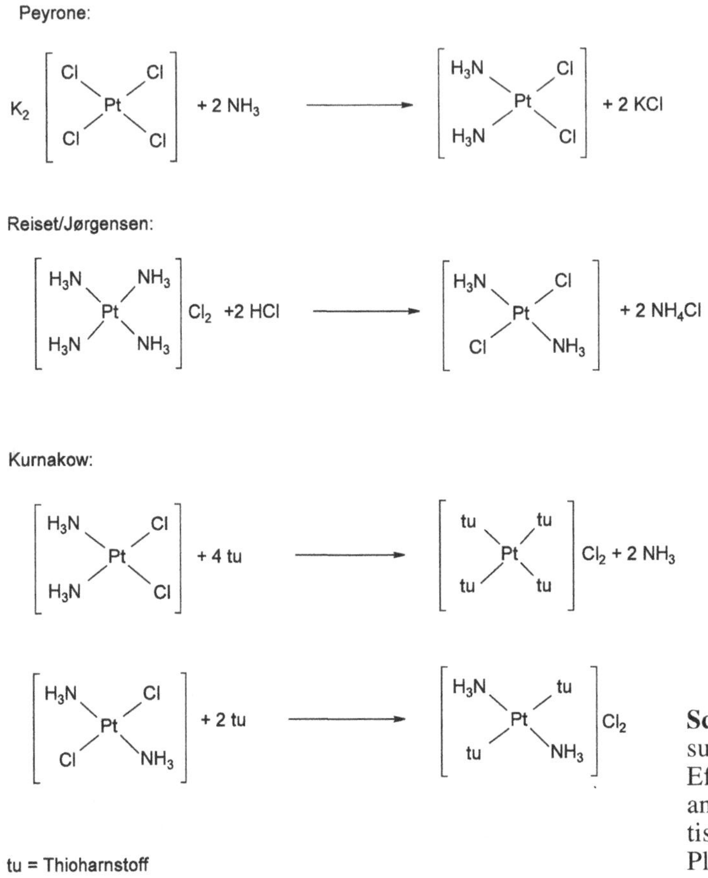

Peyrone:

$$K_2 \left[\begin{array}{cc} Cl & Cl \\ & Pt \\ Cl & Cl \end{array} \right] + 2\,NH_3 \longrightarrow \left[\begin{array}{cc} H_3N & Cl \\ & Pt \\ H_3N & Cl \end{array} \right] + 2\,KCl$$

Reiset/Jørgensen:

$$\left[\begin{array}{cc} H_3N & NH_3 \\ & Pt \\ H_3N & NH_3 \end{array} \right] Cl_2 \ +2\,HCl \longrightarrow \left[\begin{array}{cc} H_3N & Cl \\ & Pt \\ Cl & NH_3 \end{array} \right] + 2\,NH_4Cl$$

Kurnakow:

$$\left[\begin{array}{cc} H_3N & Cl \\ & Pt \\ H_3N & Cl \end{array} \right] + 4\,tu \longrightarrow \left[\begin{array}{cc} tu & tu \\ & Pt \\ tu & tu \end{array} \right] Cl_2 + 2\,NH_3$$

$$\left[\begin{array}{cc} H_3N & Cl \\ & Pt \\ Cl & NH_3 \end{array} \right] + 2\,tu \longrightarrow \left[\begin{array}{cc} H_3N & tu \\ & Pt \\ tu & NH_3 \end{array} \right] Cl_2$$

Schema 2.2. Untersuchung des Trans-Effekts (Abschn. 26.2) anhand der quadratisch-planaren Platin(II)-Komplexe.

tu = Thioharnstoff

Tschernjajew verallgemeinerte, daß negativ geladene Liganden an einem
Metall die Bindung des Metallatoms zu dem *trans*-ständigen Liganden schwächen und damit die Substitution in dieser Position begünstigen. In Schema 2.2
steigt der *trans*-dirigierende Charakter der Liganden in der Reihenfolge NH_3
$< Cl^- < SC(NH_2)_2$.

Weitere für die Entwicklung der Koordinationschemie bis in die frühen
dreißiger Jahre wichtige Entdeckungen sind im folgenden tabellarisch zusammengefaßt.

Wichtige Entwicklungen in der Koordinationschemie 1915–1930

1916 G. N. Lewis veröffentlicht das Elektronenpaarkonzept der *kovalenten chemischen Bindung*.

1916 W. Kossel: *Ionische Bindung*. Erste Berechnung der Energie einer Komplexverbindung auf der Grundlage eines rein elektrostatischen Modells.

1923 N. V. Sidgwick: Konzept der *Effective Atomic Number* („18-Elektronen-Regel") für Übergangsmetallkomplexe.

1925 I. I. Tschernjajew synthetisiert unter Berücksichtigung des von ihm später formulierten Trans-Effekts der Liganden die drei Isomeren von $[Pt(NH_3)(NH_2OH)(py)(NO_2)]^+$ und liefert damit einen weiteren indirekten Beweis für die quadratisch-planare Konfiguration von Pt(II)-Komplexen.

1925 P. Job: Erste systematische Studien der *Stabilitätskonstanten* von Komplexen.

1928 W. Hieber beginnt mit seinen systematischen Untersuchungen zur Chemie der *Metallcarbonyle*.

2.3.2 Anwendung der quantenmechanischen Bindungstheorie auf Komplexverbindungen: 1930–1950

Mit der Entwicklung der Quantenmechanik in den zwanziger Jahren wurde die Grundlage für die in dem folgenden Jahrzehnt beginnende Revolution der chemischen Bindungstheorie geschaffen. Dies begann mit der Berechnung des Wasserstoffmoleküls durch Heitler und London 1927[26] und der Weiterentwicklung der Methode zur *Valence Bond* (VB) Theorie durch Pauling und Slater und deren erster Anwendung auf komplexere Moleküle. Der vor allem von Pauling[27] durch sein epochales Werk *The Nature of the Chemical Bond* (1939) in der Chemie etablierte Begriff der Hybridisierung und sein „Kästchenmodell" zur Beschreibung der Bindungsverhältnisse in Übergangsmetallkomplexen bildeten für die meisten experimentell arbeitenden Komplexchemiker bis in die fünfziger Jahre hinein die Grundlage für die zumindest qualitative Erklärung der Komplexgeometrien und des magnetischen Verhaltens von Koordinationsverbindungen (s. Kap. 18). Fast gleich-

---

[26] Walter Heinrich Heitler, * Karlsruhe 1904, † 1981 Zürich, 1941–49 Professor in Dublin, danach in Zürich; weitere Arbeiten auf dem Gebiet der Strahlungstheorie, der kosmischen Höhenstrahlung und der Theorie der Kernkräfte.
Fritz London, * Breslau 1900, † Durham (North Carolina, USA) 1954; ab 1939 Professor an der Duke University, Arbeiten zur Molekülphysik.

[27] Linus Carl Pauling, *Portland (Oregon) 1901, † Palo Alto 1994; 1929–64 Professor in Pasadena, 1967–69 San Diego, ab 1969 Stanford Univ., Palo Alto; wichtige Beiträge zur Theorie der chemischen Bindung, chemischen Strukturtheorie (v.a. Strukturmotive in Proteinen); Nobelpreise 1954 (Chemie), 1962 (Frieden).

zeitig wurde durch Hund, Mulliken[28] und Lennard-Jones die Molekülorbital-
methode entwickelt, die in ihrer frühen Phase allerdings kaum in der Übergangsmetallchemie Anwendung fand (s. Kap. 16).

1929 publizierte Bethe,[29] angeregt durch eine Idee von Becquerel, eine
Untersuchung über den Einfluß von Symmetrie und Stärke eines Kristallfelds
auf die elektronische Struktur freier Ionen.[30] Diese Arbeit bildete die Grundlage für die Kristallfeldtheorie (Kap. 14), die in leicht abgewandelter Form
1932 von Van Vleck[31] erstmals auf chemische Problemstellungen angewandt
wurde. Unmittelbare Anwendung bei der Berechnung oktaedrischer Übergangsmetallverbindungen fand das 1937 von Jahn und Teller formulierte
Theorem, das die Instabilität nichtlinearer Moleküle in einem elektronisch
entarteten Zustand forderte (Abschn. 14.6.3). In den Jahren bis zum Zweiten
Weltkrieg konzentrierten sich die Bemühungen vornehmlich auf die Erklärung und Berechnung der magnetischen Eigenschaften von Komplexen
sowie erste Untersuchungen ihrer UV-VIS Spektren. Die meisten wichtigen
Beiträge zur Anwendung der Kristallfeldtheorie auf den Magnetismus von
Komplexverbindungen stammten in dieser Zeit von Van Vleck, so daß später
von Ballhausen der Begriff „the period of Van Vleck" geprägt wurde. Seit
Ende des Zweiten Weltkrieges wurde dann durch die Gruppe um Hartmann
das systematische Studium der spektroskopischen Eigenschaften von Komplexen begründet.

Wichtige Entwicklungen in der Koordinationschemie 1930–1950

1931   Paul Pfeiffer endeckt den nach ihm benannten *Pfeiffer-Effekt.*

1931   Pfeiffer, Breit, Lubbe und Tsumaki entdecken die *O_2-bindenden*
        Bis(salicylal)ethylendiimincobalt(II)-Komplexe. Die Interpreta-
        tion des Effekts erfolgt 1938 durch Tsumaki.

1933   J. F. Keggin: Kristallstrukturanalyse des *Isopolyoxometallats*
        $H_3PW_{12}O_{40}\cdot5H_2O$. Wesentliche Aspekte der auf MO_6-Oktaeder-
        einheiten basierenden Strukturchemie dieser Verbindungsklasse
        waren bereits 1929 von Pauling vorhergesagt worden.

1934   R. P. Linstead: Synthese der Eisen- und Kupfer-*Phthalocyanine.*

---

[28] Friedrich Hund, * Karlsruhe 1896, † Göttingen 1997, Professor in Rostock, Leipzig
    (1929–46), Jena, Frankfurt a.M. und Göttingen (1957–64), grundlegende Beiträge zur
    Molekülphysik, Festkörper- und Kernphysik.
    Robert Sanderson Mulliken, * Newburyport (Mass.) 1896, † Arlington (Va.) 1986. Ent-
    wickelte zusammen mit Hund die Molekülorbitaltheorie. Nobelpreis (Chemie) 1966.

[29] Hans Albrecht Bethe, * Straßburg 1906; Seit 1937 Prof an der Cornell Univ. Wichtige Bei-
    träge zur theoret. Festkörperphysik und der theoret. Kernphysik. Nobelpreis (Physik) 1967.

[30] J. Becquerel, *Z. Physik* **1929**, *58*, 205. H. Bethe, *Ann. Physik* **1929**, *3*, 135.

[31] John Hasbrouck Van Vleck, * Middletown (Conn.) 1899, † Cambridge (Mass.) 1980.
    Bedeutende Arbeiten zur theoretischen Festkörperphysik und Molekülphysik, Magnetis-
    mus; Nobelpreis (Physik) 1977.

1938   R. Tsuchida: *Spektrochemische Reihe* der Liganden.

1939   Powell, Ewens: Kristallstruktur von $Fe_2(CO)_9$: Erstmaliges
        Postulat einer Metall-Metall-Bindung zwischen Übergangs-
        metallen.

1946   Untersuchungen von G. Schwarzenbach zum Einsatz von Ethy-
        lendiamintetraacetat (*edta*) in komplexometrischen Titrationen.

1946/51 H. Ilse, H. Hartmann: Erklärung der Elektronenspektren von
        Übergangsmetallkomplexen mit Hilfe der Ligandenfeldtheorie.

1948   H. Irving und R. J. P. Williams stellen die nach ihnen benannte
        Stabilitätsreihe für Komplexverbindungen auf: „*Irving-Williams-
        Reihe*".

2.3.3   Die Entwicklung seit 1950

Nach dem Zweiten Weltkrieg setzte eine stürmische Entwicklung ein, die
heutzutage oftmals als „Renaissance der anorganischen Chemie" bezeichnet
wird. Die Verfeinerung der bindungstheoretischen Modelle ebenso wie die
Entwicklung der physikalischen analytischen Methoden (UV-, IR-, NMR-
Spektroskopie, Massenspektrometrie, Röntgenkristallographie) eröffneten
zuvor ungeahnte Möglichkeiten für die Entwicklung der Koordinationschemie. Aus ihr gingen rasch expandierende eigenständige Forschungsrichtun-
gen hervor, wie z. B. seit Mitte der fünfziger Jahre die metallorganische Chemie (getrieben vor allem von der zunehmenden industriellen Bedeutung der
homogenen Katalyse) oder in den sechziger Jahren die bioanorganische Chemie und die Clusterchemie. Anfang der siebziger Jahre befaßten sich ca. 70 %
der Beiträge in der Zeitschrift *Inorganic Chemistry* mit Themenstellungen,
die der Koordinationschemie zuzurechnen waren. Die Rasanz des wissenschaftlichen Fortschritts und die immer komplexere Aufgliederung der Koordinationschemie in den vergangenen vier Jahrzehnten verbietet eine ausführlichere historische Aufbereitung im Rahmen eines Lehrbuchs. Eine Auswahl
wesentlicher Fortschritte und Entdeckungen in diesem Zeitraum (ohne
Berücksichtigung der metallorganischen Chemie) ist im folgenden gegeben.

Wichtige Entwicklungen in der Koordinationschemie 1950–1970

1952   M. Wolfsberg und L. Helmholz entwickeln die *Extended-Hückel-
        MO*-Methode und wenden diese auf Übergangsmetallkomplexe
        an.

1954   Y. Tanabe und S. Sugano berechnen die nach ihnen benannten
        Energieniveau-Diagramme oktaedrischer Übergangsmetallkom-
        plexe (*Tanabe-Sugano-Diagramme*).

1956   Dorothy Hodgkin löst die *Kristallstruktur von Vitamin B_{12}*.

1956/65 R. A. Marcus: Theorie des Elektronentransfers in Redoxreaktio-
        nen („*Marcus-Theorie*").

1957   R. J. Gillespie, R. S. Nyholm: *VSEPR (valence shell electron pair repulsion)*-Theorie.

1957   L. F. Dahl: Kristallstruktur von $[Mn_2(CO)_{10}]$; *erste freie Metall-Metall-Bindung* ohne Stabilisierung durch Brückenliganden zwischen Übergangsmetallen.

1958   C. E. Schäffer, C. K. Jørgensen: *Nephelauxetische Reihe* von Liganden und Zentralatomen.

1961   L. Vaska entdeckt die *reversible Koordination von O_2* an $[Ir(PPh_3)_2(CO)Cl]$.

1963   F. A. Cotton: *Metall-Metall-Doppelbindungen* in $[Re_3Cl_{12}]^{3-}$.

1963   R. G. Pearson: Konzept der harten und weichen Säuren und Basen; „*HSAB*".

1964   F. A. Cotton: *Metall-Metall-Vierfachbindung* in $[Re_2Cl_8]^{2-}$.

1965   B. Rosenberg, L. Van Camp, T. Krigas: Biologische Aktivität von Pt(II)-Komplexen („*Cis-Platin*"). Die cancerostatische Aktivität dieser Verbindungen wurde 1966 erstmals von S. Kirschner beschrieben.

1965   (Untersuchungen seit 1953) H. Taube: Beweis des *Innensphären-Mechanismus* für die Redoxreaktion: $[Co(NH_3)_5Cl]^{2+}$ + $[Cr(H_2O)_6]^{2+} \rightarrow [Cr(H_2O)_5Cl]^{2+} + [Co(NH_3)_5(H_2O)]^{2+}$.

3   Gegenwärtige Trends

Die Koordinationschemie ist heutzutage eine interdisziplinäre Wissenschaft, die auf das gesamte Spektrum naturwissenschaftlicher Methoden zurückgreift. Dabei sind gerade in jüngster Zeit die Bezüge zu Nachbardisziplinen immer stärker in den Vordergrund gerückt. Dies wird auch in den aktuellen Trends koordinationschemischer Forschung deutlich.

1. Modellierung der Koordination von Metallionen in biologischen Systemen, z. B. Synthese funktioneller Enzym-Modelle und Modelle biologischer Carrier (s. auch Teil VI).

(S. J. Lippard, 1988)

2. Reaktivität von Metall-Metall-Einfach- und Metall-Metall-Mehrfachbindungen (s. auch Teil VIII).

(M. H. Chisholm et al., 1989)

3. Entwicklung hochspezifischer molekularer Katalysatoren (homogene Katalyse) (s. auch Teil VI).

[Kat] =

R   R

N   N

X   Mn   X

O   O

Cl

ᵗBu   ᵗBu

R¹   R³   NaOCl   R¹   O   R³

[Kat]

R²   H   R²   H

(E. N. Jacobsen, 1990)

4. Untersuchung der magnetischen Eigenschaften von Koordinationsverbindungen – ein „Evergreen" in der Koordinationschemie! (s. auch Teil V).

H₃C

H–Cu   V=O

magnet. Orbitale

$S = 0$

$J = 118\ cm^{-1}$

$S = 1$

(O. Kahn, 1982)

5. Supramolekulare Koordinationschemie (s. auch Teil VI).

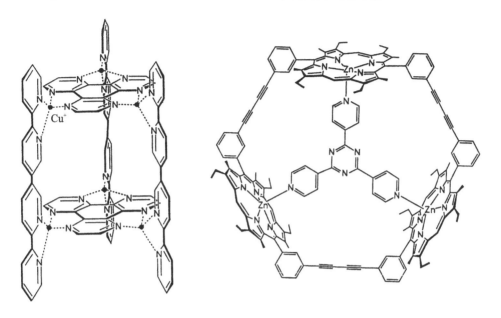

(J.-M. Lehn, 1992; J. K. M. Sanders, 1991)

Literaturauswahl
zur Geschichte der Koordinationschemie

1) Nachschlagewerke und Monographien.

H. Kopp, *Geschichte der Chemie, Bd. I – IV*, Braunschweig 1843–47, Reprograph. Nach-druck, Georg Olms, Hildesheim 1966.

C. C. Gillispie (Hrsg.), *Dictionary of Scientific Biography, Bd I ff*, C. Scribner, New York, ab 1970.

G. B. Kauffman, *Alfred Werner – Founder of Coordination Chemistry*, Springer Verlag, Heidelberg 1966.

G. B. Kauffman, *Inorganic Coordination Compounds (Nobel Prize Topics in Chemistry)*, Heyden, London 1981.

G. B. Kauffman (Hrsg.), *Werner Centennial*, American Chemical Society, Washington DC 1967.

2) Beiträge in Zeitschriften zu einzelnen Forschern (Festschriften, Nachrufe, etc.).

– Jørgensen
A. Werner, *Chemiker Zeitung* **1914**, *38*, 557.
G. B. Kauffman, *J. Chem. Ed.* **1959**, *36*, 521; *Chimia*, **1960**, *6*, 180;
Centaurus **1977**, *21*, 44.

– Blomstrand
P. Klason, *Ber. dt. Chem. Ges.* **1897**, *30*, 3227.
E. von Meyer, *J. prakt. Chem.* **1897**, *56*, 397.
Die gesamte Sept.-Ausgabe von *Svensk kemisk tidskrift* **1926**, *no. 9*, 234–314.

– Tschernjajew
G. B. Kauffman, *J. Chem. Educ.* **1977**, *54*, 86; *Platinum Met. Rev.* **1976**, *20*, 126.

– Pfeiffer
R. Wizinger, *Angew. Chem.* **1950**, *62*, 201; *Helv. Chim. Acta* **1953**, *36*, 2032.

– Werner
siehe Bibliographie in den oben aufgeführten Monographien G. B. Kauffmans.

II Strukturen

Mit der in Teil I nachgezeichneten Entwicklung der Koordinationschemie etablierte sich eine von der organischen Chemie weitgehend unabhängige Strukturchemie „anorganischer" Moleküle. Dieser Aspekt ist Gegenstand von Teil II dieses Lehrbuchs. Die wesentlichen *Lernziele* sind dabei:

1) Die korrekte *Benennung* von Komplexverbindungen, die eindeutige *Formulierung* und *Kodierung* ihrer strukturellen Besonderheiten (Kap. 4, 6 und 8).
2) Die Beziehung der *Komplexgeometrien* untereinander, die Beschreibung der *Ligandenpolyeder* und die wichtigen (v.a. sterischen) Einflußgrößen, die diese bestimmen (Kap. 5).
3) Der *Isomeriebegriff* und die verschiedenen *Isomerietypen* in der Koordinationschemie (Kap. 7).
4) Eine allgemeine Diskussion der *Stereochemie* von Komplexen (Kap. 8).
5) Die Kriterien für die *Stabilität* bestimmter Bindungen zwischen Zentralmetallatomen und Ligandenatomen (*harte/weiche Säuren/Basen*; σ- und π-*Donor-/Akzeptorwechselwirkungen*) (Abschn. 9.1 und 9.2).

Aufbauend auf diesen Grundlagen werden in Teil VI dann komplizierte Strukturen aus der supramolekularen und bioanorganischen Chemie diskutiert und die technischen Anwendungen der dabei gewonnenen Erkenntnisse vorgestellt.

4   Die Grundbegriffe: Nomenklatur von Komplexverbindungen (Teil I)

Viele der grundlegenden Begriffe sind bereits im vorigen Kapitel in ihrem historischen Kontext eingeführt worden. In diesem Abschnitt sollen noch einmal die wichtigsten Grundbegriffe rekapituliert und die derzeit gültige Nomenklatur in der Koordinationschemie erläutert werden.

4.1   Die Koordinationseinheit

Jede Koordinationsverbindung ist oder enthält[1] eine *Koordinationseinheit* (= *Komplex*), die aus einem *Zentralatom (= Koordinationszentrum)* und einer Gruppe daran gebundener *Liganden* (Atome oder Atomgruppen)[2] besteht. In Formeln wird die Koordinationseinheit – die geladen oder ungeladen sein kann – in eckige Klammern eingeschlossen. Beispiele: $[Ni(NH_3)_6]^{2+}$, $[CoCl_4]^{2-}$, $[Fe(CO)_5]$.

Welches Atom in einer Koordinationseinheit als Zentralatom angesehen wird, ist im Prinzip Definitionssache (und seine Lage im Molekül muß nicht zentral sein). Häufig ist dies jedoch ein zentral lokalisiertes Atom, das in der Nähe oder am Ort des Molekülschwerpunkts liegt. Bei den oben angeführten Beispielen sind dies Nickel, Cobalt und Eisen. Ein Komplex wird als *homoleptisch* bezeichnet, wenn alle Liganden[3] chemisch äquivalent sind, andernfalls ist er *heteroleptisch*. Die Zahl unterschiedlicher Liganden kann durch ein Präfix (bis-, tris-heteroleptisch, usw.) gekennzeichnet werden. Der Komplex $[Mo(CO)_6]$ ist homoleptisch, während z. B. $[Mo(CO)_4(PPh_3)_2]$ bis-heteroleptisch und $[RuClH(PPh_3)_3]$ tris-heteroleptisch ist.

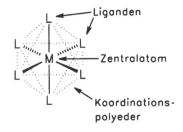

Koordinationseinheit

Abb. 4.1.   Der Aufbau einer Koordinationseinheit.

---

[1] Ist die Koordinationseinheit neutral, so *ist* diese die Koordinationsverbindung; ionische Koordinationseinheiten sind (als Kation oder Anion) *Teil* einer Koordinationsverbindung.

[2] Die direkt an das Zentralatom gebundenen Atome der Liganden werden im folgenden als *Ligandenatome* oder auch *Donoratome* bezeichnet.

[3] Die Liganden als ganzes, nicht nur die Ligandenatome!

Eine (einkernige) Koordinationseinheit[4] ist durch die *Koordinationszahl* und die *Oxidationszahl* des Zentralatoms gekennzeichnet. Als Koordinationszahl bezeichnet man die Anzahl der σ-Bindungen zwischen Liganden und Zentralatom. Dies setzt voraus, daß der Komplex eine wohl definierte *erste Koordinationssphäre* besitzt, d. h., daß man die *Ligandenatome* von den nicht an das Zentralatom kovalent gebundenen Atomen der Liganden eindeutig unterscheiden kann, was in der Regel der Fall ist.[5] Die Oxidationszahl eines Zentralatoms in einer Koordinationseinheit ist als die Ladung definiert, die es haben würde, wenn alle Liganden unter „Mitnahme der mit dem Zentralatom gemeinsamen Elektronenpaare" entfernt würden. Sie ist eine Kennziffer, die eine wichtige Bilanzfunktion in Elektronenübertragungsprozessen hat, aber nicht unbedingt die reale Elektronenverteilung zwischen Zentralatom und Liganden angibt.

Beispiele:

Komplex	Koordinationszahl	Liganden	Oxidationszahl des Zentralatoms
$[Ni(NH_3)_6]^{2+}$	6	6 NH_3	II
$[CoCl_4]^{2-}$	4	4 Cl^-	II
$[Co(CN)_5H]^{3-}$	6	5 CN^- + 1 H^-	III
$[Fe(CO)_5]$	5	5 CO	0
$[MnO_4]^-$	4	4 O^{2-}	VII
$[Mn(CO)_4]^{3-}$	4	4 CO	-III

Die Gesamtheit der an das Zentralatom eines Komplexes koordinierten Ligandenatome definiert häufig einen geometrischen Körper, der einem regulären Polyeder (Polygon) nahekommt. Unabhängig von der Regelmäßigkeit dieses Körpers spricht man von dem durch die Ligandenatome aufgespannten *Ligandenpolyeder*. Auf diesen für die Strukturchemie der Komplexe wichtigen Begriff werden wir in Kapitel 5 näher eingehen (s. auch Abschn. 2.2.2).

---

[4] Koordinationseinheiten, die nur ein Zentralatom besitzen, bezeichnet man als *einkernig*, solche mit mehreren Zentralatomen als *mehrkernig*. Sind in mehrkernigen Komplexen die Zentralatome gleich, so bezeichnet man sie als *homonuklear*, sind sie verschieden, als *heteronuklear*. Möchte man die Zahl der Metallatome in heteronuklearen Verbindungen ausdrücken, so kann man Komplexe auch als *heterodinuklear, heterotrinuklear*, usw. bezeichnen. Steht die Zahl der verschiedenen Metallatomsorten im Mittelpunkt des Interesses, so spricht man auch von *heterodimetallischen, heterotrimetallischen* usw. Verbindungen. Die Nomenklatur dieser Koordinationsverbindungen wird in Kapitel 7 näher erläutert.

[5] Dies gilt nicht für einige Beispiele aus der Organometallchemie, z. B. π-Komplexe mit ungesättigten Kohlenwasserstoff-Fragmenten als Liganden, auf die hier nicht näher eingegangen wird.

4.2 Formulierung und Benennung von Koordinations-
verbindungen

Wie im vorigen Abschnitt erwähnt, werden die Formeln von Koordinationseinheiten in eckige Klammern eingesetzt. Für die Schreibweise der Komplexe
gibt es eine Reihe von der IUPAC[6] aufgestellte Regeln, die die Reihenfolge
der Bestandteile festlegen. In der Praxis sind allerdings je nach Zielsetzung
Abweichungen vertretbar und werden in der derzeitigen chemischen Literatur
toleriert. Mit der zunehmenden Bedeutung von Datenbanken wird in Zukunft
eine einheitliche Nomenklatur immer wichtiger werden.

Die Nomenklatur der Koordinationsverbindungen geht in ihren Grundzü-
gen auf Alfred Werner zurück und löste die alte Farbnomenklatur Frémys ab
(Kap. 2). Der heutzutage verwendete Formalismus beruht auf der der Werner-
schen Koordinationslehre zugrundeliegenden Vorstellung einer additiven
Gruppierung der Liganden um das Zentralatom. Sowohl die *Benennung* der
Komplexe als auch die Formelschreibweise folgen daher einem *additiven
Prinzip*.

Beispiel:

Der Addition von Liganden an ein Zentralatom: $Ni^{2+} + 6\,NH_3 \rightarrow [Ni(NH_3)_6]^{2+}$ *entspricht
die Addition von Ligandnamen an einen Zentralatomnamen:* Hexaamminnickel(II).

In den Komplexformeln steht das Symbol des *Zentralatoms* (oder der Zentralatome) an *erster Stelle*, gefolgt von den Symbolen der *anionischen* und
dann der *neutralen* Liganden. Sind die Liganden mehratomig, werden deren
Formeln in runde Klammern gesetzt (dies gilt auch bei der Verwendung von
Abkürzungen, z. B. *en* für Ethan-1,2-diamin).

Beispiel:

$[CoCl(NH_3)_5]^{2+}$, $[PtCl_2(C_5H_5N)(NH_3)]$, $[Ni(CN)_5]^{3-}$, $[CoCl_2(en)_2]^+$

Die Liganden werden innerhalb der beiden Klassen (ionisch, neutral)
alphabetisch (nach dem ersten Symbol des Liganden) aufgeführt. Werden
Abkürzungen für Liganden verwendet (z. B. py für C_5H_5N), so werden sie
am gleichen Platz eingefügt, wo sie als Formeln stehen würden. Die Oxidationszahl eines Zentralatoms kann mit römischen Ziffern als Exponent am
Elementsymbol angegeben werden.

---

[6] IUPAC = International Union of Pure and Applied Chemistry.

Beispiel:

$[Cr^{III}(NCO)_4(NH_3)_2]^-$, $[Pt^{II}BrCl(NO_2)(NH_3)]^-$, $[Pt^{IV}BrClI(NO_2)(py)(NH_3)]$

IUPAC-Regeln für die Aufstellung von Komplexformeln (Teil I)

K1. Koordinationseinheit in eckige Klammern, ggf. Ladung als Exponent

K2. Zentralatom vor Liganden

K3. Anionische vor neutralen Liganden

K4. Alphabetische Reihenfolge innerhalb der Ligandenklassen (Abkürzungen wie Formeln)

K5. Mehratomige Liganden sowie Abkürzungen in runde Klammern

K6. Oxidationszahl als Exponent hinter dem Zentralatom

Die Benennung von Komplexen basiert im wesentlichen auf den besprochenen Formulierungsregeln. Wichtigste Abweichungen sind die *Nennung zuerst der Liganden und dann des Zentralatoms* und die strenge Einhaltung der *alphabetischen Reihenfolge* bei der Aufzählung der Liganden *unabhängig von der Ladung.* Die multiplikativen Präfixe (*Di-, Tri-, Tetra-,* oder bei komplexeren Liganden auch *Bis-, Tris-, Tetrakis-* usw.)[7] werden bei der Bestimmung der Ligandenreihenfolge nicht berücksichtigt. Die Oxidationszahlen werden nach einem Vorschlag von Alfred Stock[8] als römische Ziffern in runden Klammern unmittelbar an das Zentralatom angefügt.

Beispiel:

$[PtCl_2(PPh_3)\{SC(NH_2)_2\}]$: Dichloro(*t*hioharnstoff)(*t*riphenylphosphan)platin(II),
$[Mo(CO)_4(PPh_3)_2]$: Tetracarbonylbis(*t*riphenylphosphan)molybdän(0),
$[PtCl_2(py)(NH_3)]$: Ammindichloro(*p*yridin)platin(II).

---

[7] Die Präfixe Bis-, Tris- usw. werden bei komplizierten Formeln und zur Vermeidung von Mehrdeutigkeiten verwendet. Beispiel: Diammindichloroplatin für $[PtCl_2(NH_3)_2]$, aber Dichlorobis(methylamin)platin für $[PtCl_2(NH_2CH_3)_2]$, letzteres zur Unterscheidung von Dimethylamin. Bei der zweiten Art multiplikativer Präfixe werden die Liganden, auf die sie sich beziehen, in runde Klammern gesetzt.

[8] A. Stock, *Angew. Chem.* **1919**, *27*, 373. Mit der Angabe der Oxidationszahl der Zentralatome wird *indirekt* die Ladung der Koordinationseinheit spezifiziert.

Tabelle 4.1. Namen einfacher anionischer und neutraler Liganden.

Formel	Ligandname	Formel	Ligandname
F^-	Fluoro	H_2	Diwasserstoff
Cl^-	Chloro	O_2	Disauerstoff
O^{2-}	Oxo, Oxido	H_2O	Aqua
S^{2-}	Thio, Sulfido	H_2S	Sulfan, Hydrogensulfid
$(SH)^-$	Hydrogensulfido	H_2S_2	Disulfan, Hydrogendisulfid
$(C_2O_4)^{2-}$	Oxalato, Ethandionato	CO	Carbonyl
$(SO_4)^{2-}$	Sulfato	CS	Thiocarbonyl
N^{3-}	Nitrido	N_2	Distickstoff
P^{3-}	Phosphido	NH_3	Ammin
$(CN)^-$	Cyano	PH_3	Phosphan
$(NCO)^-$	Cyanato	P_4	Tetraphosphor
$(NCS)^-$	Thiocyanato	$(CH_3)_3N$	Trimethylamin
$(NH_2)^-$	Amido, Azanido	$(CH_3)_3P$	Trimethylphosphan
$(NH)^{2-}$	Imido, Azandiido	$HN=NH$	Diazen
$(PH_2)^-$	Phosphanido	$HP=PH$	Diphosphen
N_3^-	Azido	NO	Nitrosyl
$(NO_3)^-$	Nitrato	NS	Thionitrosyl
$(NO_2)^-$	Nitrito, Nitro (= Nitrito-*N*)	N_2O	Distickstoffoxid

Die Namen anionischer Liganden enden in der Regel auf *-o*, bei Anionen-namen, die auf *-id*, *-it*, oder *-at* enden, werden die Endungen *-ido* (bei Halogeniden: *-o*), *-ito*, bzw. *-ato* verwendet.[9] Namen für neutrale und kationi-sche[10] Liganden werden ungeändert verwendet, und, mit Ausnahme der in der Koordinationschemie allgegenwärtigen Liganden *Aqua* (H_2O), *Ammin* (NH_3), *Carbonyl* (CO) und *Nitrosyl* (NO/NO^+), in Klammern eingeschlossen. Direkt an das Metallatom gebundener Wasserstoff wird stets als formal anio-nisch betrachtet und in der Koordinationschemie der Übergangsmetalle als *Hydrido*-Ligand bezeichnet. In Tabelle 4.1 sind die Namen einer Auswahl einfacher anionischer und neutraler Liganden aufgeführt.

Anionische Koordinationseinheiten erhalten das Suffix *-at*, während es für neutrale und kationische Komplexe keine gesonderten Endungen gibt. Alter-nativ zur Oxidationszahl des Zentralatoms kann die *Ladungszahl der Koordi-nationseinheit* angegeben werden (im Anschluß an das Zentralatom in runden Klammern als *arabische Ziffer vor dem Ladungszeichen*).[11] Schließlich kön-

---

[9] Ausnahmen sind die formal anionischen Liganden in metallorganischen Komplexen, die über eine C-M-Bindung an das Zentralatom gebunden sind und für die die in der organischen Chemie üblichen Substituentennamen verwendet werden, z. B. $[Mo(CH_3)(C_5H_5)(CO)_3]$ Tricarbonyl(cyclopentadienyl)methyl-molybdän(II). Eine syste-matische Einführung in die äußerst komplexe und noch in der Entwicklung befindliche Nomenklatur der Organometallchemie geht über den Rahmen dieses Lehrbuchs hinaus.

[10] Beispiel: NO^+

[11] „Ewens-Bassett-System": R. V. G. Ewens, H. Bassett, *Chem. Ind.* **1949**, *27*, 131. Mit der Angabe der Ladung der Koordinationseinheit wird *indirekt* die Oxidationszahl des Zentral-atoms festgelegt.

nen die Proportionen der ionischen Einheiten in Koordinationsverbindungen mit geladenen Koordinationseinheiten durch multiplikative Präfixe (s.o.) an beiden Ionen angegeben werden (Kation vor Anion und durch Bindestrich getrennt).

Beispiele:

$K_3[Fe(CN)_6]$	Kalium-hexacyanoferrat(III) oder
	Kalium-hexacyanoferrat(3-) oder
	Trikalium-hexacyanoferrat
$K_2[PtCl_4]$	Kalium-tetrachloroplatinat(II)
$Na_2[Fe(CO)_4]$	Dinatrium-tetracarbonylferrat
$[Co(H_2O)_2(NH_3)_4)]Cl_3$	Tetraamindiaquacobalt(3+)-chlorid

IUPAC-Regeln für die Benennung von Komplexen (Teil I)

N1. Liganden in alphabetischer Reihenfolge vor dem Namen des Zentralatoms

N2. Angabe der Oxidationszahl (röm. Ziffern) des Zentralatoms oder der Ladungszahl der Koordinationseinheit (arab. Ziffern + Ladung) in runden Klammern hinter dem Namen des Zentralmetallatoms

N3. Namen anionischer Liganden enden auf -o, neutrale und formal kationische Liganden ohne den Ladungszustand bezeichnende Endung

N4. Neutralliganden werden in runde Klammern eingeschlossen (Ausnamen: Ammin, Aqua, Carbonyl, Nitrosyl)

Viele in der Koordinationschemie verwendete Liganden sind zu kompliziert, um sie in eindeutiger Weise mit ihrer Summenformel in eine Komplexformel aufzunehmen. Für diese Liganden werden in der Regel *Abkürzungen* verwendet, ähnlich denen, die in der organischen Chemie für bestimmte strukturelle Gruppen verwendet werden (z. B. Me für Methyl, Et für Ethyl, Ph für Phenyl etc.). Wichtig ist die einheitliche und in sich konsistente Verwendung von Ligandenkürzeln, weshalb man sich auf eine Reihe solcher häufig verwendeter Abkürzungen geeinigt hat (Tabelle 4.2). Alle Abkürzungen, für die *Kleinbuchstaben* empfohlen werden (mit der Ausnahme bestimmter Kohlenwasserstoffreste, s.o.), sollen in den Komplexformeln *in runden Klammern* stehen, wie z. B. in $[Mn(thf)_6][Mn(CO)_5]_2$ oder $[Co(en)_3]Cl_3$.

Tabelle 4.2.   Abkürzungen für Liganden und ligandbildende Verbindungen.

Abkürzung	Ligandname	Abkürzung	Ligandname
Hacac	Acetylaceton, Pentan-1,2-dion	py	Pyridin
thf	Tetrahydrofuran	Hpz	1*H*-Pyrazol
bipy (bpy)	2,2'-Bipyridin	terpy	2,2',2''-Terpyridin
Hedta	(Ethan-1,2-diyldinitrilo)-tetraessigsäure („Ethylen-diamintetraessigsäure")	en	Ethan-1,2-diamin, („Ethylendiamin")
		tmeda	Tetramethylethylendiamin
tren	Tris(2-aminoethyl)amin	pn	Propan-1,3-diamin
phen	Phenanthrolin	dabco	1,4-Diazabicyclo[2.2.2]octan
tu	Thioharnstoff	ur	Harnstoff
dppe	1,2-Bis(diphenyl-phosphano)ethan	H_2salen	Bis(salicyliden)ethylendiamin
		cyclam	1,4,8,11-Tetraazacyclo-tetradecan
dmso	Dimethylsulfoxid		
H_2dmg	Dimethylglyoxim	diars	*o*-Phenylenbis(dimethylarsan)

Übungsbeispiele:

1) Formulieren und benennen Sie die folgenden Komplexe!

Antwort:

a) $[RuClH(CO)(PPh_3)_3]$: Carbonylchlorohydridotris(triphenylphosphan)-ruthenium(II),

b) $[Co(CN)_2(NH_3)_2(OH_2)_2]^+$: Diammindiaquadicyanocobalt(III),

c) $[Co(en)_3][Ni(CN)_5]$: Tris(ethylendiamin)cobalt(III)-pentacyanonicke-lat(II)

2) Benennen Sie die folgenden Koordinationsverbindungen!
a) $[Ni(H_2O)_2(NH_3)_4]SO_4$, b) $Na_2[OsCl_5N]$, c) $[CoCl(NO_2)(NH_3)_4]Cl$,
d) $[CoCl(NH_2)(en)_2]NO_3$, e) $[FeH(CO)_3(NO)]$, f) $[PtCl(NH_2CH_3)_2(NH_3)]Cl$

Antwort:
a) Tetraammindiaquanickel(II)-sulfat,
b) Natrium-pentachloronitridoosmat(2-),
c) Tetraamminchloronitritocobalt(III)-chlorid,[12]
d) Amidochlorobis(ethylendiamin)cobalt(III)-nitrat,
e) Tricarbonylhydridonitrosyleisen,[13]
f) Amminchlorobis(methylamin)platin(II)-chlorid.

---

[12] In diesem Fall müßte eigentlich noch angegeben werden, über welches Ligandatom der Nitrito-Ligand an das Metallzentrum gebunden ist, z. B. über das Stickstoffatom in Tetra-amminchloronitrito-*N*-cobalt(III)chlorid. Mit diesem Aspekt der Komplexnomenklatur werden wir uns in Kapitel 7 näher beschäftigen.

[13] Sieht man den Nitrosyl-Liganden als formal kationisch (NO^+) an, so hat Eisen hier die Oxidationszahl 0. In Fällen, in denen die Zuordnung einer formalen Oxidationszahl nicht eindeutig ist, verzichtet man am besten auf deren Angabe.

5 Molekülgeometrie von Komplexen

Wir haben uns in den vorangegangenen Abschnitten bereits mehrfach mit dem räumlichen Aufbau von Koordinationseinheiten beschäftigt und dabei Aussagen gemacht wie: „Der Komplex $[Co(NH_3)_4Cl_2]^+$ ist oktaedrisch koordiniert". Man spricht im Zusammenhang mit solchen oder ähnlichen Koordinationseinheiten von „oktaedrischen Komplexen", im Falle von Verbindungen des Typs $[M(L)_4]$ von „tetraedrischen" oder „quadratisch-planaren Komplexen". Was ist damit gemeint? Geht man der Bedeutung dieser Begriffe auf den Grund, so ergeben sich rasch scheinbare Widersprüche. Denn die Struktur (Symmetrie) der meisten realen Komplexe entspricht nicht der von regulären Polyedern, sei dies aufgrund der Koordination unterschiedlicher Liganden an das Zentralatom (wie in den beiden Isomeren von $[CoCl_2(NH_3)_4]^+$), unterschiedlicher Metall-Ligand-Bindungslängen in homoleptischen Komplexen (z. B. Jahn-Teller-Verzerrung, s. Abschn. 14.6.3) oder der unterschiedlichen lokalen Symmetrie der Ligandenatome und der Polyederecken. Der letztgenannte Fall läßt sich leicht am Beispiel der Struktur von $[Ni(NH_3)_6]^{2+}$ erläutern (Abb. 5.1).

Ein reguläres Oktaeder hat an seinen Ecken lokale C_{4v}-Symmetrie. Ein Ligand, dessen Donoratom eine davon abweichende lokale Symmetrie hat, wird folglich die Punktsymmetrie des Gesamtsystems reduzieren. Dies ist bei fast allen mehratomigen Liganden der Fall, und die maximale Molekülsymmetrie des Komplexes wird durch die gemeinsame Untergruppe der lokalen Punktsymmetriegruppe des Zentralatoms (die bei einem heteroleptischen Komplex von niedrigerer Ordnung als O_h sein kann) und der lokalen Punktsymmetriegruppe des Ligandenatoms repräsentiert (s. auch Kap. 11.3). Bei entsprechender Anordnung der NH_3-Liganden ist die maximale Punktsymmetrie des Komplexes $[Ni(NH_3)_6]^{2+}$ daher C_s.

Um den Begriff „oktaedrisch koordinierter Komplex" klar zu fassen, ist es zweckmäßig, zwischen der *Molekülsymmetrie* und der *Molekülgeometrie* zu unterscheiden. In der Koordinationschemie bedeutet das die Abgrenzung der Begriffe *Koordinationssymmetrie* bzw. *Koordinationsgeometrie*. Schließlich kann man erst nach der Bestimmung der metrischen Parameter eines Moleküls eine vollständige Beschreibung der *Molekülstruktur* erreichen.

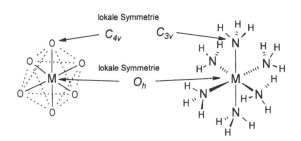

Abb. 5.1. Lokale Symmetrien in einem oktaedrischen $[M(NH_3)_6]$-Komplex.

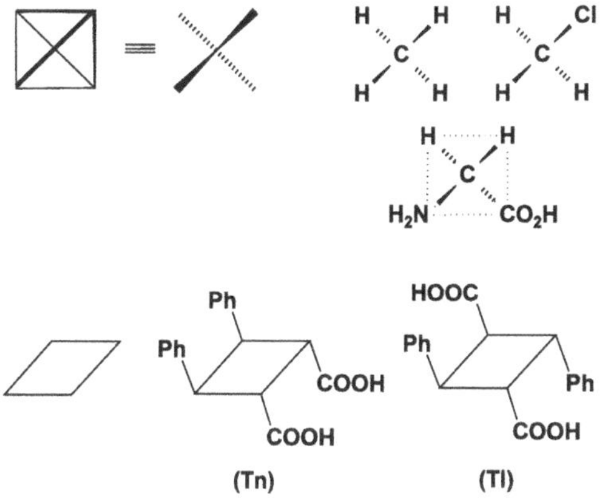

Abb. 5.2. (a) Das Tetraeder als geometrisches Templat am Beispiel von CH_4, CH_3Cl und H_2NCH_2COOH. (b) Truxin- (Tn) und Truxilsäure (Tl).

Wenn man in der Chemie von *Molekülgeometrien* spricht, so ist damit in der Regel eine Identifizierung der aus mehreren analytischen Techniken hergeleiteten Molekülgestalt mit einfachen geometrischen Formen (Körpern) gemeint. In diesem Sinne hat der Begriff „Geometrie" idealisierenden Charakter. Die Frage nach der *Molekülstruktur*, d. h. der exakten metrischen Anordnung der Atome in einem Molekül, ist sehr viel komplizierter und kann je nach experimenteller Technik unterschiedliche Antworten hervorbringen.[14] Einem Vorschlag aus jüngster Zeit folgend, bezeichnen wir die Diskussion der Molekülgeometrien sowie Molekülsymmetrien als Gegenstand der *topographischen Stereochemie*, während sich die *metrische Stereochemie* mit den Molekülstrukturen beschäftigt.[15] Dieses und die folgenden Kapitel sind zunächst einigen grundlegenden Aspekten der topographischen Stereochemie von Komplexen gewidmet. Metrische Aspekte von Molekülstrukturen werden in späteren Kapiteln des Buchs angesprochen.

In vielen Situationen bietet es sich an, die Gestalt eines Moleküls zu beschreiben, indem man sich auf einen Teil des Gesamtsystems beschränkt und die Anordnung der dazu gehörenden Atome mit einem geometrischen Körper höherer Symmetrie, dem *geometrischen Templat*, identifiziert. So ist das geometrische Templat von Methan, Chlormethan, Dichlormethan, Chloroform oder auch der Aminosäure Glycin das Tetraeder, in dessen Zentrum ein Kohlenstoffatom liegt (Abb. 5.2). In der gleichen Weise lassen sich Truxin- und Truxilsäure (*Tn* und *Tl* in Abb. 5.2) auf der Grundlage eines Cyclobutantemplats beschreiben, die gewellten Sechsringstrukturen der Cyclohexosen mit dem geometrischen Templat Cyclohexan identifizieren und der bereits erwähnte Komplex $[CoCl_2(NH_3)_4]^+$ mit einem Oktaeder. In allen diesen Fäl-

---

[14] Je nach analytischer Methode variiert die Zeitskala der Strukturbestimmung, d. h. die erhaltenen Strukturdaten repräsentieren nur die jeweilige zeitlich gemittelte Anordnung der Atome. Siehe z. B.: I. R. Beattie, *Chem. Soc. Rev.* **1975**, *4*, 107.

[15] Siehe: A. v. Zelewski, *Stereochemistry of Coordination Compounds*, Wiley Sons, Chichester **1996**.

len läßt sich also die Molekülgeometrie einer Verbindung unter Bezugnahme auf ein höhersymmetrisches Referenzsystem beschreiben.

5.1 Koordinationsgeometrien: die Koordinationspolyeder

In Abschnitt 4.1 wurde darauf hingewiesen, daß die geometrische Anordnung der Ligandenatome in Komplexen mit regulären Polyedern (oder Polygonen) identifiziert werden kann, den *Koordinationspolyedern* (bei niederkoordinierten Komplexen auch *Koordinationspolygonen*), die die *Koordinationsgeometrie* einer solchen Komplexbaueinheit im Sinne der oben diskutierten

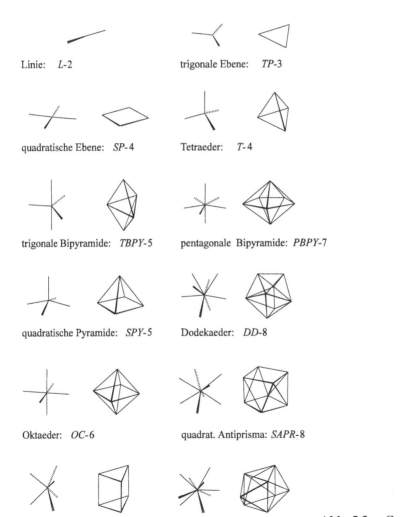

Linie: *L*-2   trigonale Ebene: *TP*-3

quadratische Ebene: *SP*-4   Tetraeder: *T*-4

trigonale Bipyramide: *TBPY*-5   pentagonale Bipyramide: *PBPY*-7

quadratische Pyramide: *SPY*-5   Dodekaeder: *DD*-8

Oktaeder: *OC*-6   quadrat. Antiprisma: *SAPR*-8

trigonales Prisma: *TPR*-6   dreifach überdachtes

trigonales Prisma: *TPRS*-9

Abb. 5.3. Gerüst-Template, Koordinationspolyeder und Polyedersymbole.

Vorstellungen repräsentieren. Als alternative Beschreibungsweise bieten sich idealisierte *Gerüst-Template* an,[16] bei denen das Hauptaugenmerk auf den Zentralatom-Ligand-Konnektivitäten liegt. Diese Darstellung der Konnektivitäten bildet die Grundlage für die meisten Strukturzeichnungen von Koordinationsverbindungen in diesem Buch. Für die häufigsten Koordinationsgeometrien gibt es darüberhinaus standardisierte Polyeder-Symbole, die bei der vollständigen Formulierung von Koordinationseinheiten herangezogen werden. Sie bilden auch die Grundlage für die stereochemische Nomenklatur, die in Kapitel 8 vorgestellt wird. In Abbildung 5.3 sind die wichtigsten Gerüst-Template, Koordinationspolyeder und die dazugehörigen Polyeder-Symbole zusammengefaßt.

Im Prinzip gibt es eine große Anzahl denkbarer Molekülgeometrien selbst bei Komplexen mit Koordinationszahlen kleiner als Neun. Wie im folgenden Abschnitt näher erläutert wird, sind die meisten der Polyeder *Deltaeder,* d. h. sie bestehen gänzlich aus Dreiecksflächen.[17]

5.2 Ein einfaches Modell zur Erklärung von Komplexgeometrien: das VSEPR-Modell und seine Modifikation durch Kepert

Die Molekülstrukturen von *Hauptgruppenverbindungen* lassen sich in den meisten Fällen auf einfache Weise mit Hilfe des VSEPR(*Valence Shell Electron Pair Repulsion*)-Modells voraussagen und erklären.[18] In diesem Modell wird die räumliche Anordnung der Atome/Liganden um ein Zentralatom einzig durch die Zahl solcher Liganden sowie die Anzahl der einsamen Elektronenpaare der Valenzschale des Zentralatoms bestimmt. Grundlegende Wechselwirkung für die Anordnung der Liganden ist die Abstoßung zwischen den Bindungselektronenpaaren und den (stereochemisch aktiven!) einsamen Elektronenpaaren, die zu den bevorzugten Koordinationspolyedern führt (Tabelle 5.1). Die Gesamtzahl der Liganden und einsamen Elektronenpaare bestimmt das Koordinationspolyeder, von dem sich die Molekülstruktur ableitet. Die VSEPR-Theorie ist in bezug auf ihre theoretische Begründung im Laufe ihrer Entwicklung verfeinert (Elektronendomänen-Modell), vor allem aber für die praktische Anwendung geeignet parametrisiert worden, so daß in vielen Fällen erfolgreiche quantitative Aussagen zu Molekülstrukturen möglich sind.

In der Koordinationschemie der *Übergangsmetalle in mittleren und höheren Oxidationsstufen* ist ein mit der VSEPR-Theorie eng verwandtes,

---

[16] Koordinationspolyeder und Gerüst-Templat sind also zueinander komplementäre geometrische Template.

[17] Darauf haben erstmals E. L. Muetterties und L. J. Guggenberger hingewiesen: *J. Am. Chem. Soc.* **1974**, *96*, 1748.

[18] R. J. Gillespie, E. A. Robinson, *Angew. Chem.* **1996**, *108*, 534.

Tabelle 5.1. Von der VSEPR-Theorie vorhergesagte bevorzugte Koordinations-polyeder (-polygone) für verschiedene Koordinationszahlen.

Koordinationszahl	Polyeder
2	lineare Anordnung
3	gleichseitiges Dreieck
4	Tetraeder
5	trigonale Bipyramide
6	Oktaeder
7	pentagonale Bipyramide
8	Dodekaeder[19] oder quadratisches Antiprisma
9	dreifach überdachtes trigonales Prisma

auf einfachen Grundannahmen beruhendes Modell ebenfalls äußerst erfolg-reich angewendet worden. In der von D. L. Kepert entwickelten Methode sind die Liganden auf einer Kugeloberfläche um das Zentralatom herum ange-ordnet,[20] d. h. die Abstände zwischen dem Zentralmetall und den Donorato-men sind auf den Kugelradius fixiert (Abb. 5.4). Abgesehen von den festge-legten Abständen zwischen Donoratomen in Chelat-Liganden erlaubt das Modell die freie Bewegung der Liganddonoratome (oder Chelat-Gruppen) auf der Kugeloberfläche, wobei zwischen den Liganden eine rein repulsive Wechselwirkung der Form $1/r_{ij}^{-n}$ (r_{ij} = Abstand zwischen Ligand i und Ligand j) wirksam ist. Die Winkelkoordinaten der Ligandenatome werden dann durch Minimierung der gesamten Ligand-Ligand-Abstoßungsenergie innerhalb einer Koordinationseinheit bestimmt.

Das zunächst erstaunliche Ergebnis des Kepertschen Modells ist, daß die-ser einfache Ansatz, der keinerlei Aspekte der Metall-Ligand-Bindung oder der elektronischen Struktur des Zentralatoms explizit berücksichtigt, in den meisten Fällen zu optimierten Molekülgeometrien führt, in denen die *Winkel-*

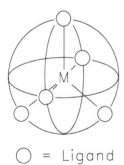

○ = Ligand

Abb. 5.4. Das von Kepert bei seinen Geometrieopti-mierungen zugrundegelegte Modell der Liganden auf einer Kugeloberfläche. Im Zentrum der Kugel liegt das Zentralmetallatom.

---

[19] Hiermit ist ein Dreiecksdodekaeder gemeint.

[20] D. L. Kepert, *Inorganic Stereochemistry*, Springer Verlag, Berlin **1982**. Siehe auch D. L. Kepert in *Comprehensive Coordination Chemistry. Vol. 1* (Hrsg. G. Wilkinson, J. A. McCleverty, R. D. Gillard, Pergamon, Oxford **1987**, S. 31.

koordinaten der Ligandenatome von den experimentell bestimmten Werten um weniger als 2° abweichen! Darüber hinaus scheinen die durch Variation der Winkelkoordinaten erhaltenen Energieminima auch nur in geringem Maße von der Wahl des Exponenten n im Abstoßungsterm abzuhängen, der in der Regel willkürlich als $n = 6$ gesetzt wird.

Einige Überlegungen zu Erfolg und Grenzen des Kepert-Modells

Der Erfolg eines molekülgeometrischen Modells, das ausschließlich auf *Ligand-Ligand-Abstoßung* beruht, läßt den Schluß zu, daß die *Richtungsabhängigkeit* der Bindungskräfte zwischen Zentralmetallatom und Liganden schwach ist. Bei Koordinationseinheiten des „Werner-Typs", d. h. mit Übergangsmetallen der *ersten Übergangsreihe in mittleren und höheren Oxidationsstufen* (+II – +IV), läßt sich diese Situation aus der elektronischen Konfiguration der Zentralatome verstehen. Hier sind die 3d-Orbitale der Metalle so stark kontrahiert, daß nur noch schwache Überlappung mit den Ligandorbitalen möglich ist, und somit das *räumlich isotrope* 4s-Orbital einen wesentlichen Beitrag zur Metall-Ligand-Bindung liefert (vgl. die ausführlichere Diskussion in Kap. 14).

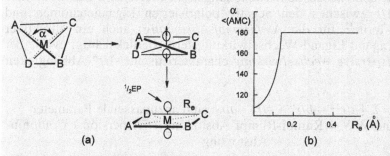

Abb. 5.5 Umwandlung einer tetraedrischen in eine quadratisch-planare Komplexgeometrie als Folge von außerhalb des Molekülschwerpunkts lokalisierter Elektronenladung.

Eine wesentliche Schwäche des Repulsionsmodells ist sein Unvermögen, die quadratisch-planare Koordinationsgeometrie der zahlreich vorkommenden vierfach koordinierten d^8-Komplexe wie z. B. $[PtCl_4]^{2-}$, $[Ni(CN)_4]^{2-}$ und $[AuCl_4]^-$ ohne zusätzliche Annahmen zu erklären. Die Ligand-Ligand-Abstoßung in diesen Komplexen ist bei einer *tetraedrischen* Anordnung der Liganden minimiert. Kepert fand allerdings, daß die Plazierung zweier Punktladungen (je ca. 0.2 e in ca. 0.15 Å Abstand vom Metall) an entgegengesetzten Seiten des Zentralatoms zwischen jeweils zwei Liganden des Koordinationstetraeders die Umwandlung in die quadratisch-planare Koordinationsgeometrie bewirkt (Abb. 5.5). Wie später noch im einzelnen erläutert wird, entspricht dies der Ladung in einem besetzten d_{z^2}-Orbital, die gewissermaßen als „zwei halbe einsame Elektronenpaare" (*trans* zueinander in einem Oktaeder angeordnet) stereochemisch aktiv ist. Dieser stereoelektronische Einfluß des elektronisch offenschaligen Übergangsmetall-Zentralatoms macht sich in der Regel in seiner Wirkung auf die Metall-Ligand-Bindungslängen bemerkbar. Die Winkelabhängigkeit der Ligandpositionen, wie im Falle der quadratisch-planaren Komplexe, wird jedoch viel seltener direkt davon bestimmt.

Die auf der Grundlage des Kepert-Modells als energetisch begünstigt identifizierten Koordinationspolyeder sind, wie bereits erwähnt, Deltaeder sowie mit diesen geometrisch eng verwandte Polyeder, in denen die Ligandenatome am „gleichmäßigsten" auf der Oberfläche der Ligandensphäre verteilt sind. Außerdem ist in Deltaedern die Anzahl der Nachbarschafts-Kontakte maximiert (maximale Konnektivität der Polyederecken). Dieser Umstand gewinnt an Bedeutung, wenn man in einem verfeinerten Ligand-mechanischen Modell auch anziehende Wechselwirkungen zwischen Liganden berücksichtigt.

Eine derartige Weiterentwicklung des reinen Ligandenabstoßungsmodells ist das *Atom-Atom-Interaction-Model (AAIM)* von Schipper, Rodger und Johnson,[21] in dem neben dem Abstoßungsterm (bestehend aus *Coulomb-Abstoßung* $1/r$ zwischen den negativ polarisierten Ligandenatomen und einem $1/r^{12}$-Term[22] für die *Atomrumpf-Abstoßung*) auch ein attraktiver dispersiver Ligand-Ligand-Wechselwirkungsterm berücksichtigt wird, der die für die *dispersive Wechselwirkung* charakteristische $-1/r^6$-Abhängigkeit zeigt:

$$E(L\text{-}L) = \Sigma \{a/r^{12} - b/r^6 + c/r\} \; ; ab,c \text{ sind anzupassende Parameter}$$
Ligand-Ligand-WW. = Rumpf-Rumpf-Abstoßung + Dispersion + Coulomb-Abstoßung

Falls Ligand-Ligand-Abstoßung der dominierende Faktor ist, sowie bei einer dicht „gepackten" Koordinationssphäre, werden die gleichen Polyeder erhalten, die das Kepert-Modell vorhersagt. Ist die Packung der Liganden weniger dicht, so bewirken anziehende Kräfte zwischen den Liganden offenere Koordinationspolyeder (s. Abschnitt 5.3).

Diese beiden einfachen stereochemischen Modelle für die Plausibilisierung von Komplexstrukturen (Keperts Variante der VSEPR-Theorie und AAIM) basieren auf der Annahme, daß ein Molekül die geometrische Anordnung einnimmt, die der niedrigsten durch Variation der freien Parameter erreichbaren Gesamtenergie entspricht. Behandelt man das Problem auf einem anspruchs-

[21] A. Rodger, B. F. G. Johnson, *Inorg. Chim. Acta* **1988**, *146*, 37.
[22] Dies ist auch der Abstoßungsterm im Lennard-Jones-Potential (Siehe Lehrbücher der Physikalischen Chemie).

volleren Niveau, so entspricht dieser Prozeß dem Auffinden der Minima einer quantenchemisch berechneten Potentialhyperfläche der Moleküls. Die oben erwähnten einfachen Modelle berücksichtigen bestimmte Beiträge zur Gesamtenergie des Moleküls nicht und versuchen die strukturellen Trends mit den verbleibenden Variablen sowie einigen Ad-hoc-Annahmen zu beschreiben.

In jüngster Zeit sind in zunehmendem Maße quantenchemische Ab-initio-Methoden zur Berechnung von Komplexgeometrien herangezogen worden, auf deren Möglichkeiten und Grenzen in Teil IV näher eingegangen wird. Dennoch sollte schon hier betont werden, wie aufwendig die Anwendung dieser Methoden ist und wie schwierig „einfache" Aussagen sowie die Diskussion von Strukturtrends auf der Grundlage solcher Rechnungen sind.

Als Alternative zu quantenchemischen Verfahren haben sich molekülmechanische Methoden etabliert, die neben sterischen auch stereoelektronische Effekte berücksichtigen (z. B. Kraftfeldrechnungen, siehe auch den „Exkurs" am Ende des Kapitels). Diese Methoden sind erfolgreich bei der Berechnung der Strukturparameter von Koordinationsverbindungen eingesetzt worden.

5.3 Die geometrische Beziehung zwischen den Ligandenpolyedern

Eine unmittelbare geometrische Beziehung zwischen den verschiedenen Ligandenpolyedern besteht bei Anwendung einer einfachen „Öffnungs-Sequenz" auf die Deltaeder. Man kann den Bezug dieses zugegebenermaßen abstrakten geometrischen Prozesses zu der „komplexchemischen Realität" durch ein Gedankenexperiment verdeutlichen: Nehmen wir an, das Zentralmetallatom in einem Komplex mit deltaedrischer Koordinationsgeometrie wird langsam vergrößert (bei unveränderter Größe der Liganden L). Bei gleichbleibender Geometrie werden damit die L-L-Abstände vergrößert bis zum Verlust des Kontakts, und damit auch der dispersiven Anziehung zwischen ihnen. Wenn man nun die Relaxation des Ligandenpolyeders zuläßt, so wird die Geometrie mit den meisten L-L-Kontakten angestrebt, d. h. die Deltaederkante wird gebrochen, die den größten Gewinn an L-L-Attraktion im dann resultierenden Polyeder ermöglicht. Dabei wird eine gemeinsame Kante zweier benachbarter Dreieckflächen „gebrochen" wodurch eine quadratische Polyederfläche entsteht. Auf diese Weise können nicht nur die verschiedenen Koordinationspolyeder, die für eine bestimmte Koordinationszahl charakteristisch sind (z. B. die trigonale Bipyramide und die quadratische Pyramide für die Koordinationszahl 5), erzeugt werden. Vielmehr kann durch Überdachung der durch den Öffnungsvorgang erhaltenen quadratischen Polyederfläche das jeweils höhere Deltaeder gewonnen werden. In Abbildung 5.6 ist die zu öffnende Kante jedes Deltaeders durch einen Pfeil gekennzeichnet.

Durch Verknüpfung der bisher nicht benachbarten Ecken der offenen quadratischen Fläche und Wiederausbildung zweier Dreiecksflächen wird ein neues Deltaeder erhalten. Dieser *Diamond-Square-Diamond-Prozeß*

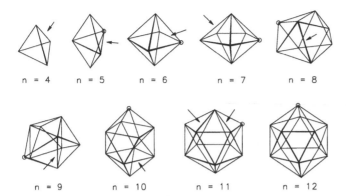

$n = 4$ $n = 5$ $n = 6$ $n = 7$ $n = 8$

$n = 9$ $n = 10$ $n = 11$ $n = 12$

Abb. 5.6. Erzeugung der wichtigsten Koordinationspolyeder durch sukzessive Kantenöffnung. Für jedes Polyederpaar (n) und (n+1) gilt: „o" in (n+1) ist der die in (n) durch den Öffnungsvorgang erhaltene quadratische Polyederfläche überdachende Eckpunkt. Man beachte, daß beim Übergang von n = 11 nach n = 12 (Ikosaeder) *zwei* Kanten geöffnet werden müssen.

(Abb. 5.7)[23] ist der Prototyp für die Visualisierung einer *polytopen* (d. h. mehrere Ligandpositionen gleichzeitig betreffenden) *Umlagerung*.

Ein einfaches Beispiel für eine polytope Liganden-Umlagerung, die sich gut mit Hilfe des Diamond-Square-Diamond-Mechanismus beschreiben läßt, ist die *Berry-Pseudorotation* fünffach koordinierter Komplexe (Abb. 5.8). Der Bruch der Polyederkante und die Öffnung zur quadratischen Fläche entspricht dabei der Umwandlung eines trigonal-bipyramidal koordinierten in ein quadratisch-pyramidales Molekül, und die Neubildung der komplementären Deltaederkante bewirkt die Vervollständigung der Berry-Umlagerung. Polytope Umlagerungen in Komplexen können also als Umwandlungen zwischen verschiedenen Koordinationspolyedern aufgefaßt werden.

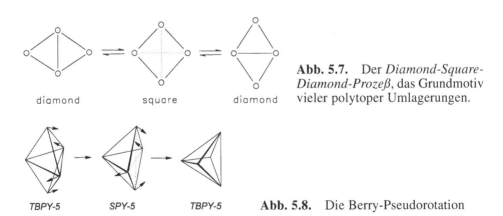

diamond   square   diamond

Abb. 5.7. Der *Diamond-Square-Diamond-Prozeß*, das Grundmotiv vieler polytoper Umlagerungen.

TBPY-5   SPY-5   TBPY-5   **Abb. 5.8.** Die Berry-Pseudorotation

---

[23] Im Englischen wird die Raute bzw. das Karo (Spielkartenfarbe) als „diamond" bezeichnet. Wir benutzen den englischen Begriff , der sich in der Literatur durchgesetzt hat.

Molekülmechanische Rechnungen an Koordinationsverbindungen[24]

Die oben vorgestellten mechanischen Modelle zur Berechnung und Erklärung bevorzugter Koordinationsgeometrien sind die einfachsten Beispiele für molekülmechanische (MM) Methoden. Sie basieren aber auf einer Vielzahl spezifischer Ad-hoc-Annahmen und lassen sich nur schwer auf Komplexe mit komplizierter gebauten Ligandensystemen anwenden. Die Entwicklung allgemein anwendbarer MM-Strategien ist zunächst durch die stereochemische Analyse von Komplexen mit mehrzähnigen Liganden inspiriert worden und basiert auf den Kraftfeld-Methoden, die für organische Moleküle seit etwa 1970 entwickelt wurden.

Ziel einer molekülmechanischen Rechnung ist die *Minimierung sterischer Spannung* innerhalb einer Molekülstruktur, indem die metrischen Parameter auf geeignete Weise variiert werden. Die sterische Spannungsenergie setzt sich aus mehreren Komponenten zusammen, die die Abweichungen von einem empirisch festgelegten Idealwert beschreiben:

$$E_{gEs} = E_B + E_\theta + E_\phi + E_{NB}$$

1) *Bindungslängendeformation E_B*, in der Regel ausgedrückt durch ein harmonisches Potential: $E_B = \frac{1}{2} k_B (r_{ij} - r_0)^2$ (k_B = Kraftkonstante für die Bindungslängendehnung/-stauchung, r_{ij} = Länge, auf die die Bindung zwischen den Atomen i und j gedehnt ist; r_0 = spannungsfreier Idealwert).

2) *Valenzwinkeldeformation E_θ*, die die L-M-L'-Winkelspannung beschreibt. Hierfür gibt es unterschiedliche mechanische Modelle, die auf verschiedenen physikalischen Annahmen beruhen. In neueren Programmen wird die durch Ligand-Ligand-Abstoßung/Anziehung bedingte Winkeldeformationsenergie durch den Term E_{NB} (s.u.) beschrieben. E_θ repräsentiert dann nur noch die durch die offene d-Schale bedingte Anisotropie der M-L-Wechselwirkung.[25]

3) *Torsionsspannung E_ϕ* innerhalb des organischen Ligandgerüsts, die die Rotationsbarrieren um C-C- und C-Heteroatom-Bindungen modelliert: $E_\phi = \frac{1}{2} k_\phi [1 + \cos(n\phi)]$ (k_ϕ = Torsionskraftkonstante, ϕ = Torsionswinkel).

4) *Nichtbindende Wechselwirkung E_{NB}* zwischen den Liganden und zwischen den Donoratomen und anderen Atomen innerhalb von mehrzähnigen Liganden. Hierbei müssen starke repulsive (für kurze Kern-Kern-Abstände) und schwache attraktive Wechselwirkungen (für Abstände

[24] Siehe z. B.: M. R. Snow, *J. Am. Chem. Soc.* **1970**, *92*, 3610; T. W. Hambley, C. J. Hawkins, J. A. Palmer, M. R. Snow, *Aust. J. Chem.* **1981**, *34*, 45; B. V. Bernhardt, P. Comba, *Inorg. Chem.* **1992**, *31*, 2638. Zusammenfassende Übersichten: R. D. Hancock, *Prog. Inorg. Chem.* **1989**, *37*, 187 und P. Comba, T. W. Hambley, *Molecular Modeling of Inorganic Compounds*, VCH Weinheim, **1995**.

[25] P. Comba, T. W. Hambley, M. Ströhle, *Helv. Chim. Acta* **1995**, *78*, 2042.

nahe der Summe der van-der-Waals-Radien) berücksichtigt werden. Diese werden z. B. durch die Buckingham-Formel ausgedrückt: E_{NB} = $a \exp(-br_{ij}) - c/r_{ij}^{6}$, r_{ij} = Kern-Kern-Abstand der beiden wechselwirkenden, nicht aneinander gebundenen Atome; a, b, c = empirische Konstanten).

Zwischen den einzelnen Beiträgen zur gesamten sterischen Spannung gibt es die folgende hierarchische Beziehung nach abnehmender Bedeutung:

$$E_{NB} > E_{B} > E_{\phi} > E_{\theta} \approx E_{NB}$$

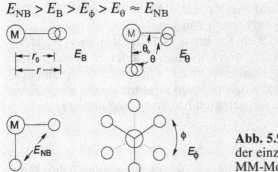

Abb. 5.9. Graphische Darstellung der einzelnen Spannungsterme in MM-Modellen.

Die Berechnung von Komplexstrukturen und ihrer metrischen Parameter mit molekülmechanischen Methoden hat mittlerweile breite Anwendung gefunden. Beispiele sind ihr Einsatz in Kombination mit der Röntgenkristallographie (s.u.) sowie die Ermittlung von Strukturparametern, auf deren Grundlage Elektronenspektren und Elektronenspinresonanz-Spektren mit Hilfe von Ligandenfeld- und Angular-Overlap-Methoden (AOM) berechnet werden (s. Kap. 14 und 15).

MM-Methoden sind erfolgreich bei der Lösung von Fehlordnungsproblemen in Kristallstrukturanalysen von Komplexen eingesetzt worden. So kamen z. B. die Autoren der ursprünglichen Veröffentlichung einer Kristallstrukturanalyse der Komplexverbindung [Ni(daco-$\kappa^2 N,N'$)$_2$](ClO$_4$)$_2$ (daco = 1,5-Diazacyclooctan) zu einigen merkwürdigen strukturellen Ergebnissen, die in Abbildung 5.10 (a) gezeigt sind.[26] Danach sollten die C-C-N und C-C-C-Winkel in dem gesättigten Kohlenwasserstoffgerüst des Liganden ca. 120° betragen, bei stark verkürzten Einfachbindungslängen (z. B. d(C-C) 1.35 Å). Die stark anisotropen Schwingungsellipsoide der beteiligten Atome deuteten aber schon auf Probleme bei der Strukturlösung hin. Eine 12 Jahre später durchgeführte MM-Analyse der Molekülstruktur dieses Komplexes führte zu den in Abbildung 5.10 (b) gezeigten Gerüstkonformationen.[27] Die berechneten Strukturen bildeten die Grund-

---

[26] D. J. Royer, V. H. Schiefelbein, A. R. Kalyanaramen, J. A. Bertrand, *Inorg. Chim. Acta* **1972**, *6*, 307.

[27] J. C. A. Boeyens, C. C. Fox, R. D. Hancock, *Inorg. Chim. Acta* **1984**, *87*, 1.

lage für eine erfolgreiche Auflösung der Fehlordnung der Liganden im Kristall.

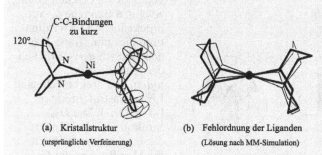

Abb. 5.10. (a) Die ursprünglich veröffentlichte Struktur von $[Ni(daco-\kappa^2 N,N')_2]^{2+}$. (b) MM-optimierte Strukturen der Verbindung, mit deren Hilfe die vorher nicht erkannte Fehlordnung aufgelöst werden konnte.

(a) Kristallstruktur
(ursprüngliche Verfeinerung)

(b) Fehlordnung der Liganden
(Lösung nach MM-Simulation)

Völlig andere Anforderungen an Kraftfeld-Methoden stellte die Berechnung der Ligandenstrukturen von Carbonylcluster-Komplexen, d. h. mehrkernigen Carbonylkomplexen mit Metall-Metall-Bindungen. In diesen Systemen ist *eine der Grundvoraussetzungen* der konventionellen MM-Methoden *nicht mehr gültig, nämlich die einer eindeutigen Festlegung der Konnektivität der Atome,* und damit der lokalen Festlegung der Komponenten der sterischen Spannung (s. o.!). Verantwortlich hierfür ist die Eigenschaft der CO-Liganden, ohne signifikante Veränderung ihrer Bindungsenergie von einfacher „end-on"-Koordination in unterschiedlich stark verbrückende Formen der Koordination überzugehen (Abb. 5.11).

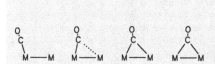

Abb. 5.11. Fließender Übergang eines CO-Liganden von einer „end-on"-Koordination an ein Metallzentrum zu einer verbrückenden Koordination an zwei Metallzentren. Die gezeigten Geometrien sind annähernd isoenergetisch.

Für Komplexe dieser Art wurde von Lauher ein Kraftfeld entwickelt, das das Metallgerüst gewissermaßen als „Zentralatom" auffaßt.[28] Dabei werden die Zwischenräume zwischen den als Kugeln modellierten Metallatomen in einem dreidimensionalen „Rollprofil" geglättet, wodurch ein „Oberflächen-Kraftfeld" entsteht (Abb. 5.12, oben). Die Anordnung der CO-Liganden ergibt sich durch Optimierung (d. h. Minimierung) der Ligand-Ligand-Abstoßung (E_{NB} wie oben sowie Coulomb-Wechselwirkung.), der M^*-CO-Bindungslängendeformation (wobei M^* der gesamte Metallkern ist) und der M-C-O-Winkeldeformation.

[28] J. W. Lauher, *J. Am. Chem. Soc.* **1986**, *108*, 1521: „A Surface Force Field Model for the Molecular Mechanics Simulation of Ligand Structures in Transition Metal Carbonyl Clusters."

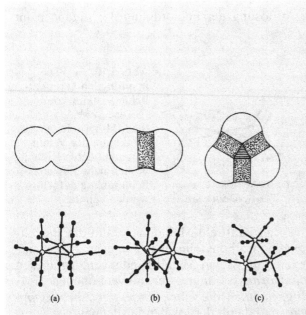

Abb. 5.12 *oben*: Cluster-
oberflächen für zwei- und
dreikernige Cluster. Die
gepunkteten Flächen kenn-
zeichnen Bereiche μ_2-ver-
brückender CO-Koordina-
tion, die schraffierte Fläche
den Bereich μ_3-verbrücken-
der Koordination;
unten: Die drei berechneten
Ligandenstrukturen von
$[M_3(CO)_{12}]$. Die D_{3h}-
Struktur (a) repräsentiert
die Festkörperstrukturen
für M = Ru, Os, die C_{2v}-
Struktur (b) die von
$[Fe_3(CO)_{12}]$. Die Struktur
mit D_3-Symmetrie (c)
wurde als Hauptisomer der
letztgenannten Verbindung
in Lösung postuliert.

Auf diese Weise können nicht nur die kristallographisch ermittelten Festkörperstrukturen gut reproduziert werden, sondern auch Postulate zu Strukturen von Carbonylclustern in Lösung auf ihre energetische Realisierbar-
keit überprüft werden (Abb. 5.12, unten).

6 Einzähnige/mehrzähnige Liganden, mehrkernige Komplexe: Nomenklatur von Komplexverbindungen (Teil II)

6.1 Klassifizierung der Ligandtypen

Die Liganden sind die strukturbildenden Elemente einer Koordinationseinheit, ihre Anzahl, Struktur und Anordnung um das Zentralatom definieren die im vorigen Kapitel diskutierten Komplexgeometrien und -symmetrien. Bei der Beschreibung von Komplexen haben sich daher eine Reihe einfacher Klassifizierungen von Liganden und Metall-Ligand-Strukturelementen etabliert, um den immer komplizierteren Molekülstrukturen gerecht zu werden. Die Klassifizierung der Liganden erfolgt nach mehreren Gesichtspunkten:

1) nach der *Art und Anzahl der Ligandenatome* in einem Liganden, d. h. der Atome, die direkt an das Koordinationszentrum gebunden sind (s. Abschn. 4.1).[29] Die Zahl der Ligandenatom-Metall-Bindungen eines Liganden wird als *Zähnigkeit* des Liganden bezeichnet. *Einzähnige* Liganden sind im einfachsten Fall *einatomige* Liganden, wie z. B. F^-, Cl^-, Br^-, I^-, O^{2-}, S^{2-}, Te^{2-}, N^{3-}, P^{3-}, usw., können aber auch mehratomige Moleküle mit komplizierten Konnektivitäten aber nur einem Ligandenatom sein, z. B. R_3N, R_2N^-, RN^{2-}, R_2O, RO^-, usw. Durch *mehrzähnige* Liganden werden mehrere Ligandenatom-Metall-Wechselwirkungen möglich, deren Geometrie durch die Ligandstruktur und deren Bindungssituation mit dem Metall durch die Art der Ligandenatome festgelegt wird (Kap. 9).

2) nach der *Topologie der Liganden* (bzw. der Ligandgerüste) bei mehrzähnigen Liganden. Im einfachsten Fall haben wir es mit *zweizähnigen* Liganden zu tun, die auch als *Chelatliganden* bezeichnet werden.[30] Die geschlossene, das Metallzentrum miteinbeziehende Einheit, die durch einen Chelatliganden definiert wird, wird auch als *Chelatring* bezeichnet (Abb. 6.1).
Die Kombination von mehr als zwei Ligandenatomen in Liganden kann zu komplizierteren Ligandtopologien führen. Dabei repräsentieren Ketten (verknüpfter Ligandenatome) unterschiedlichen Verzweigungsgrades die topologische Familie der *Podanden*, während Ringstrukturen die Vielzahl

---

[29] Der Begriff „Ligandenatom" (Abschn. 4.1) wird in diesem Buch in der Bedeutung verwendet, die in der englischen Literatur den Ausdrücken *ligand atom* und *ligating atom* zukommt. In den meisten Zusammenhängen kann auch der Begriff „Donoratom" verwendet werden.

[30] Der Begriff „Chelatligand" wird auch für drei-, vier- und mehrzähnige Liganden verwendet.

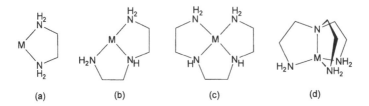

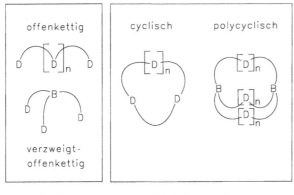

Abb. 6.1. Beispiel für die Bildung eines einfachen Chelatrings (a), sowie die Kombination mehrerer Chelatringe durch drei- und mehrzähnige Liganden (b – d).

Abb. 6.2. Topologie und Klassifizierung mehrzähniger Liganden (D = neutrales oder anionisches Ligandenatom, B = Brückenkopf-Funktion, die ebenfalls als Ligandenatom fungieren kann).

der *monomakro-* und *polymakrozyklischen* Ligandtypen kennzeichnen (Abb. 6.2).

Polymakrozyklische Liganden können zu *Käfigstrukturen* führen, auf die in Teil VI noch näher eingegangen wird.

3) nach der Anzahl und Art von Metallzentren, an die *Brückenliganden* in mehrkernigen Koordinationsverbindungen gebunden sind (s. Abschn. 6.3).

4) nach der Art der an das Koordinationszentrum *gebundenen und nicht gebundenen Ligandenatome* in Liganden. Diese Unterscheidung betrifft Liganden, die zwei oder mehrere potentielle Ligandenatome enthalten, die aber nicht gleichzeitig an ein Zentralatom koordiniert sein können. *Ambidente* Liganden fallen in diese Kategorie; sie besitzen mindestens zwei unterschiedliche Ligandenatome, von denen eines an das Metall koordiniert, während das andere frei ist. Beispiele für ambidente Liganden sind NO_2^-, NCO^-, NCS^-, CN^-, für die jeweils zwei Koordinationsarten an ein Zentralatom möglich sind:

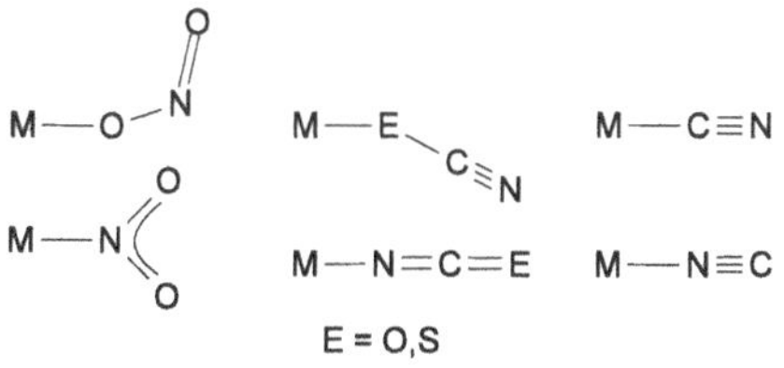

Die auf diese Weise erhaltenen isomeren Komplexstrukturen werden wir in Kap. 8 näher kennenlernen. Kommen mehrzähnige Liganden in Koordinationseinheiten vor, so können diese unter Umständen auch nur mit einem Teil ihrer potentiellen Ligandenatome an das Zentralatom binden. Solche Liganden bezeichnet man als *flexidentat*. Sind die Bindungsstellen für das Metallatom äquivalent, wird häufig der Begriff *alterdentat* verwendet (Beispiele in Abb. 6.3).

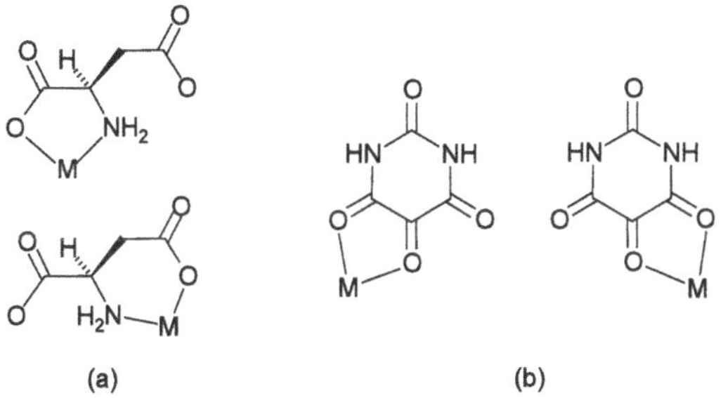

Abb. 6.3. Beispiele für flexidentate (a) und alterdentate (b) Liganden.

6.2 Formeln und Namen für Komplexe mit mehrzähnigen Liganden

Mehrzähnige Liganden haben mehr als ein Ligandenatom, von denen einige oder alle an der Koordination an das Zentralatom beteiligt sein können. In den einfachsten Fällen reicht es aus, die Ligandenatome durch ihre kursiv geschriebenen Atomsymbole an den Ligandnamen anzuhängen. Für den Dithiooxalatoliganden ergeben sich drei mögliche Koordinationsarten:

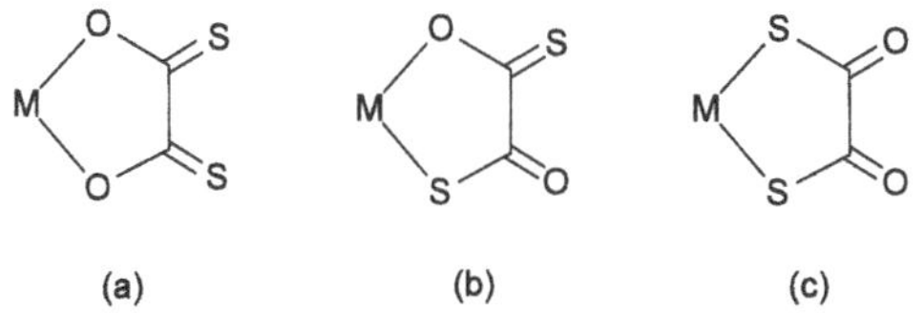

Je nach den beteiligten Donoratomen wird der Ligandname zu Dithiooxalato-*O,O* (a), Dithiooxalato-*O,S* (b) oder Dithiooxalato-*S,S* (c).

Übungsbeispiel:

Bezeichnen Sie die folgenden beiden Koordinationsarten des Pentan-2,4-dionato-Liganden (Acetylacetonato-Liganden: „acac"):

(a)   (b)

Antwort:
a) Pentan-2,4-dionato-O, O', b) Pentan-2,4-dionato-C^3.

Besitzt ein organisches Molekül, das als Ligand fungiert, mehrere gleichartige Donoratome an nicht-äquivalenten Positionen im Molekül, so wird deren Position durch die Prioritätszahlen der an die jeweiligen Ligandenatome gebundenen Kohlenstoffatome festgelegt. Die Numerierung im Kohlenwasserstoffgerüst des Liganden erfolgt nach der in der organischen Chemie üblichen Praxis.[31] Die verschiedenen zweizähnigen Koordinationsarten des Tartratoliganden verdeutlichen diese Situation:

Tartrato(3-)-O^1,O^2 Tartrato(4-)-O^2,O^3 Tartrato(2-)-O^1,O^4

6.2.1 Die Kappa-Symbolik

Mit steigender Komplexität der Liganden und folglich auch der Ligandnamen wird ein allgemeines System zur Benennung der koordinierenden Ligandenatome von größerer Bedeutung. In der Koordinationschemie hat sich zu diesem Zweck eine Nomenklatur etabliert, bei der die koordinierenden Atome eines Ligandmoleküls (wie oben bereits gezeigt) durch kursiv geschriebene

---

[31] siehe z. B. K. P. C. Vollhardt, *Organische Chemie*, VCH Weinheim, **1995**.

Elementsymbole angegeben werden, denen der Buchstabe kappa, κ, vorangestellt wird. Bei einem ambidenten Liganden wird auf diese Weise das koordinierende Atom festgelegt, z. B. $[O=N-O-Co(NH_3)_5]^{2+}$ ist ein Pentaamminnitrito-κO-cobalt(III)-Ion. Zwei oder mehrere gleichartige koordinierende Gruppen werden durch einen Exponent mit dem kappa-Symbol gekennzeichnet.

Beispiel:

[TiBr{H_3CC(CH$_2$NSiMe$_3$)$_3$}]
Bromo[1,1,1-tris(trimethylsilylamidomethyl)ethan-κ³N]titan(IV) oder
Bromo[1,1,1-tris(trimethylsilylamido-κN-methyl)ethan]titan(IV)

Die Anwendung der Kappa-Konvention zur Unterscheidung isomerer Strukturen von Komplexen mit mehrzähnigen Liganden soll anhand der Koordination des Tetraamin-Liganden N,N'-Bis(2-aminoethyl)ethan-1,2-diamin an Pt^{II} veranschaulicht werden:

(a)   (b)   (c)

Bei der Benennung beider Komplex-Kationen bildet der Ligandname den Ausgangspunkt, die koordinierenden Atome werden mit der Kappa-Symbolik festgelegt: Komplex (a) ist eindeutig durch [N,N'-Bis(2-amino-κN-ethyl)-ethan-1,2-diamin-κN]chloroplatin(II) benannt, Komplex (b) durch [N-(2-Amino-κN-ethyl)-N'-(2-aminoethyl)ethan-1,2-diamin-κ²N,N']chloroplatin(II).

Ein verwandtes Beispiel (c) bietet der Name einer Molybdänverbindung, in der ein potentiell vierzähniger makrozyklischer Thioether-Ligand, 1,4,8,12-Tetrathiocyclopentadecan, über drei Donoratome an das Metallzentrum gebunden ist: Triiodo(1,4,8,12-tetrathiocyclopentadecan-κ³-S^1,S^4,S^8)molybdän(III), oder kürzer Triiodo(1,4,8,12-tetrathiocyclo-pentadecan-κ³-$S^{1,4,8}$)-molybdän(III).

Übungsbeispiel:

Benennen Sie die folgenden vier Komplexe des mehrzähnigen (Ethan-1,2-diyldinitrilo)tetraacetato-Liganden (bekannt unter dem Namen edta: „Ethylendiamintetraacetat"):

Antwort:

(a) Dichloro[(ethan-1,2-diyldinitrilo-$\kappa^2 N,N'$)tetraacetato]platinat(4−),

(b) Dichloro[(ethan-1,2-diyldinitrilo-κN)tetraacetato-κO]platinat(II);
     diese Bezeichnung ist eindeutig, wenn man nur fünfgliedrige Chelatringe
     zuläßt,

(c) [(Ethan-1,2-diyldinitrilo-$\kappa^2 N,N'$)tetraacetato-$\kappa^2 O,O''$]platinat(2−);
     da N- und O-Atome nicht gleich indiziert werden dürfen, wird beim Sauer-
     stoff der doppelte Anführungsstrich anstatt des einfachen verwendet,

(d) Aqua[(ethan-1,2-diyldinitrilo-$\kappa^2 N,N'$)tetraacetato-$\kappa^4 O,O'',O'''',O''''''$]-
     cobaltat(1−).

6.3 Nomenklatur mehrkerniger Komplexe

Wir sind bereits in Teil I dieses Buches und in den vorigen Kapiteln einer Reihe von mehrkernigen Komplexen begegnet, die eine wichtige Rolle bei der experimentellen Absicherung von Alfred Werners Koordinationstheorie spielten. Dieses sind Beispiele aus der großen strukturellen Vielfalt von Viel-kern-Verbindungen, die in allen Bereichen der modernen Koordinationsche-mie eine Rolle spielen. In diesem Abschnitt beschäftigen wir uns mit den Grundbegriffen und einfachen Nomenklaturfragen von zwei Typen von Mehr-

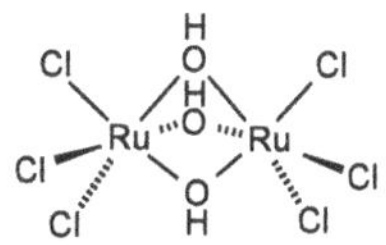

Abb. 6.4. Beispiele für einfache Ligand-verbrückte Mehrkernkomplexe (A und B) und solche mit Metall-Metall-Bindungen (C und D).

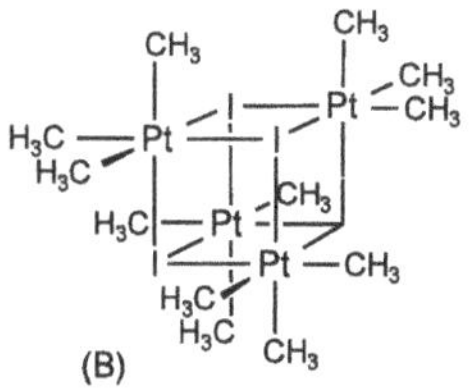

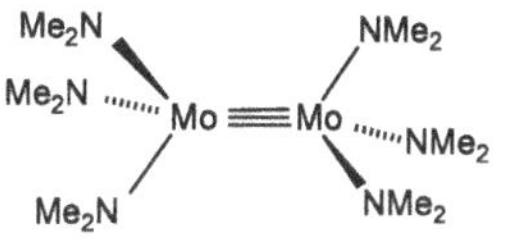

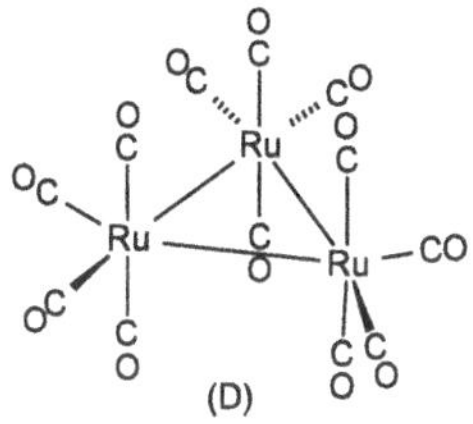

kernkomplexen: solchen, in denen die Metallzentren über *Brückenliganden* verknüpft sind und solchen, in denen kovalente Metall-Metall-Bindungen zwischen den Metallzentren existieren (Abb. 6.4.).

Die einfachste Bezeichnung für Mehrkernverbindungen ist analog zu der in Kapitel 5 besprochenen für Einkernkomplexe und basiert zunächst nur auf der stöchiometrischen Zusammensetzung der Systeme, d. h. der Formulierung der Bestandteile des Komplexes (Zentralatome, Liganden mit den entsprechenden multiplikativen Präfixen).

Beispiele:

$[Os_3(CO)_{12}]$	Dodecacarbonyltriosmium
$[Rh_3H_3\{P(OCH_3)_3\}_6]$	Trihydridohexakis(trimethylphosphit)trirhodium
$[Rh_2(H_2O)_2(O_2CCH_3)_4]$	Diaquatetrakis(μ-acetato)dirhodium

Brückenliganden werden durch den griechischen Buchstaben μ *vor dem Ligandnamen* gekennzeichnet und von diesem durch einen Bindestrich getrennt. Tritt ein Brückenligand mehrmals auf, werden wiederum multiplikative Präfixe verwendet, z. B. „Tri-μ-chloro...". Der *Brückenindex* bezeichnet die Zahl der durch den Brückenliganden verknüpften Koordinationszentren, z. B. für einen drei Metallzentren verknüpfenden Chloro-Liganden „μ_3-Chloro...". Allgemein wird ein Brückenligand durch das Symbol „μ_n-Ligand" bezeichnet, wobei für $n = 2$, d. h. einfach verbrückende Situationen, in der Regel auf den Brückenindex verzichtet wird.

Für symmetrische zweikernige Komplexeinheiten gibt es eine einfache strukturelle Nomenklatur, die die oben genannten Prinzipien berücksichtigt; symmetrische Baueinheiten können dabei durch multiplikative Präfixe modifiziert werden.

Beispiele:

$[\{RuCl_5\}_2(\mu\text{-}OH)]^{3-}$	μ-Hydroxo-bis(pentachlororuthenat)
$[\{RuCl_4\}_2(\mu\text{-}OH)_2]^{2-}$	Di-μ-hydroxo-bis(tetrachlororuthenat)
$[\{Co(NH_3)_5\}_2(\mu\text{-}OH)]Cl_5$	μ-Hydroxo-bis(pentaammincobalt)(5+)-pentachlorid

Metall-Metall-Bindungen werden im Komplexnamen durch kursiv geschriebene Atomsymbole der beteiligten Metalle angegeben, getrennt durch einen langen Strich und in runde Klammern eingeschlossen.

Beispiele:

$[Re_2Cl_8]^{2-}$	Bis(tetrachlororhenat)(*Re–Re*)(2–)
$[Mn_2(CO)_{10}]$	Decacarbonyldimangan (*Mn–Mn*) oder
	Bis(pentacarbonylmangan)(*Mn–Mn*)

Tabelle 6.1

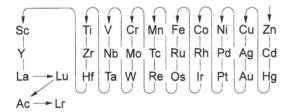

steigende Priorität entlang der Pfeilrichtung

Sind verschiedene Metallzentren miteinander verknüpft oder gleiche Zentralatome mit unterschiedlichen Koordinationssphären, müssen zusätzliche strukturelle Aspekte berücksichtigt werden. Die verschiedenen Zentralmetallatome werden im Komplexnamen in *alphabetischer Reihenfolge* genannt. Die Numerierung der Zentralatome von Heterodimetallkomplexen basiert auf den *Prioritäten* der in Tabelle 6.1 aufgeführten Metalle: Das Zentralatom höherer Priorität erhält die Nummer 1 (auch wenn, wie oben erwähnt, im Komplexnamen die Zentralatome in alphabetischer Reihenfolge genannt werden!), die Atome mit niedrigerer Priorität die Nummer(n) 2 (3, 4,...).

Übungsbeispiel:

Benennen Sie die Verbindung [CoRe(CO)₉] unter Berücksichtigung der bisher besprochenen Regeln. Welches Metallzentrum hat die höhere Priorität?

Antwort:
Nonacarbonylcobaltrhenium(*Co–Re*). Rhenium hat hier eine höhere Priorität als Cobalt. Die Reihenfolge der Metalle im Komplexnamen ist durch die alphabetische Stellung der Elemente gegeben.

Bei homo-zweikernigen Koordinationseinheiten mit unterschiedlichen Koordinationssphären um die Metallzentren hat in der Regel das Metallatom mit der größeren Koordinationszahl die höhere Priorität.[32]

6.3.1 Das Kappa-Symbol bei der Benennung von Mehrkernkomplexen

Zur genaueren Festlegung der Konstitution eines mehrkernigen Komplexes, d. h. der Konnektivitäten zwischen Ligandenatomen und den Zentralatomen wird *nach* den Liganden im Komplexnamen das folgende Symbolmultiplett verwendet: Das Ligandenatom L wird durch das Verknüpfungssymbol κ mit dem Zentralatom der Priorität 1 (2, 3....) verbunden, ähnlich, wie wir dies im vorigen Abschnitt bei mehrzähnigen Liganden getan haben. Die Prioritätsnummer des Zentralmetalls 1 (2, 3.....) steht dabei *vor* dem Kappa, die Zahl der Ligandenatome, die an 1 (2, 3....) gebunden ist, erscheint als Exponent von κ; am Ende des Multipletts steht das Ligandenatom. Ein solches Symbolmultiplett hat also die Struktur: Prioritätsnummer des betreffenden Zentralatoms, Kappa, Exponent (= Zahl der an das Zentralatom koordinierten Ligandenatome L), Spezifikation des Ligandenatoms (kursive Buchstaben): z. B. $1\kappa^n L$. Sind Liganden des gleichen Typs an mehrere Zentralatome gebunden, werden nach dem Ligandnamen mehrere Symbolmultipletts (durch Kommata getrennt) aufgelistet. Dadurch ergibt sich folgende Struktur für die Namen mehrkerniger Komplexe: $[M^1M^2(L)_{m+n}]$ hätte den allgemeinen Namen:

Multiplikator-Ligandname-$1\kappa^n L,2\kappa^m L$-Metall(1)Metall(2)

---

[32] Die systematische Nomenklatur der weit häufiger vorkommenden Fälle gleicher Koordinationszahlen an beiden Metallatomen geht über den Rahmen dieses Buchs hinaus. Eine ausführliche Diskussion dieser Fälle findet sich in *Nomenklatur der Anorganischen Chemie, International Union of Pure and Applied Chemistry*, VCH Weinheim **1993**, Abschnitt I-10.8.3.2.

Beispiel:

[CoRe(CO)$_9$]	Nonacarbonyl-1κ^5C,2κ^4C-cobaltrhenium(Co–Re)

Das Symbolmultiplett hinter dem Ligandnamen bedeutet:
– an das Metallzentrum der Priorität 1 (hier: Re) sind fünf der Carbonylliganden jeweils über das Ligandenatom C gebunden,
– an das Metallzentrum der Priorität 2 (hier: Co) sind vier der Carbonylliganden jeweils über das Ligandenatom C gebunden.

Wie schon erwähnt, wird ein Brückenligand mit dem Präfix μ angezeigt. Erfolgt die Verbrückung über verschiedene Atome des Liganden, werden die Prioritätsziffern der betroffenen Metallzentren und die Symbole der Ligandenatome durch einen Doppelpunkt voneinander getrennt, z. B. μ-Nitrito-1κN:2κO in:

Das Chromatom hat hier eine höhere Priorität als das Cobaltatom; der vollständige Name dieses Komplexes lautet also: Octaammin-1κ^4N,2κ^4N-(μ-hydroxo)(μ-nitrito-1κN:2κO)chrom(III)cobalt(III).
Die Verwendung der Symbolik für Brückenliganden und die Kappa-Symbolik soll an zwei weiteren Beispielen erläutert werden:

(A)   (B)

Verbindung A: Das Ir-Zentrum hat eine höhere Priorität als das Hg-Zentrum (Tabelle 6.1). Die Reihenfolge der Liganden und Zentralatome ist wiederum jeweils alphabetisch:
Carbonyl-1κC-trichloro-1κ^2Cl,2κCl-bis(triphenylphosphan-1κP)-iridiumquecksilber(Hg–Ir);
Verbindung B: Der Zweikernkomplex ist symmetrisch, d. h. beide Metallatome haben die gleiche Priorität: Tetrakis(μ-acetato-κO,$\kappa O'$)bis[(pyridin)kupfer(II)].

7 Komplex-Isomerien ein- und mehrkerniger Koordinationsverbindungen

In der Molekülchemie definiert man Isomere als Verbindungen, die zwar die gleiche stöchiometrische Zusammensetzung besitzen (gleiche Summenformel) und die gleiche Molekülmasse,[33] aber durch chemische oder physikalische Analysenmethoden unterscheidbar sind. Wie wir in Kapitel 2 bereits erfahren haben, wurde durch das Studium der Isomere von Komplexen die experimentelle Grundlage für Alfred Werners Koordinationstheorie geschaffen. Werner führte damit ein Konzept, das bis 1893 eine Domäne der organischen Chemie war, in die anorganische Molekülchemie ein und erweiterte und verfeinerte die bis dahin existierenden Anschauungen zum räumlichen Bau von Molekülen.

Isomere lassen sich generell in zwei Klassen einteilen: (1) *Struktur-* oder *Konstitutionsisomere* und (2) *Stereo-* oder *Konfigurationsisomere.*

Konstitutionsisomere sind durch unterschiedliche Konnektivitäten zwischen den Atomen im Molekülverband gekennzeichnet.
Stereoisomere sind Moleküle mit der gleichen Konstitution, aber unterschiedlicher räumlicher Anordnung der Atome.[34]

7.1 Konstitutionsisomerie in Koordinationsverbindungen

Konstitutionsisomere von Koordinationsverbindungen unterscheiden sich oft erheblich in ihren physikalischen und chemischen Eigenschaften, weshalb in möglichen Gleichgewichten zwischen ihnen häufig nur eine Spezies nachweisbar ist. Diese Situation ist wohl der Grund dafür, daß z. B. von den beiden bisher bekannten Konstitutionsisomeren der Komplexe $[M_4(OH)_6(NH_3)_{12}]^{6+}$ (M = Cr, Co) für beide Metalle M jeweils nur eines charakterisiert werden konnte (Abb. 7.1).

Die Typeneinteilung der Konstitutionsisomere von Komplexen geht noch auf Alfred Werner zurück:

---

[33] Dies bezieht sich nicht nur auf neutrale Moleküle; bei Ionenpaaren (z. B. auch Komplexverbindungen, die zwei oder mehrere geladene Koordinationseinheiten enthalten) ist die Summe aus Kationen- und Anionenmassen gemeint.

[34] Eine präzisere, aber weniger anschauliche Definition wurde von Ugi et al. vorgeschlagen: „Man nennt zwei Moleküle Stereoisomere, wenn sie die gleiche Konstitution besitzen aber chemisch nicht identisch sind" (wobei es unmöglich ist, *chemisch identische* Moleküle auf chemischem Weg zu trennen). I. Ugi, J. Dugundji, R. Kopp, D. Marquarding, *Perspectives in Theoretical Stereochemistry*, Springer, Berlin **1984**.

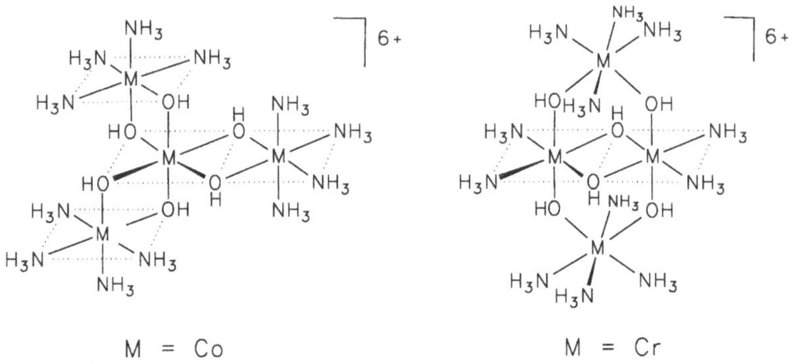

M = Co   M = Cr

Abb. 7.1 Konstitutionsisomere der Formel $[M_4(OH)_6(NH_3)_{12}]^{6+}$ (M = Cr, Co). Der Cobaltkomplex wurde erstmals von Alfred Werner und Mitarbeitern dargestellt und durch Racematspaltung enantiomerenrein erhalten. Dieses war der erste „rein anorganische" chirale Komplex (s. auch Abschn. 2.2.2).

7.1.1 *Ionisations-, Hydrat- und Koordinationsisomerie*

Hierbei bezieht sich der Isomerenbegriff jeweils auf die Verbindungen, nicht jedoch auf die Koordinationseinheiten, die sich in ihrer Zusammensetzung unterscheiden.

Ionisations- und *Hydratisomerie* beschreiben isomere Formen, in denen ein Ligand entweder in der *inneren* oder *äußeren* Koordinationssphäre eines Komplexes lokalisiert ist. Ionisationsisomerie kennzeichnet diese Situation für einen anionischen Liganden, der in der äußeren Koordinationssphäre als Gegenion fungiert, während Hydratisomerie die analoge Situation für den Neutralliganden H_2O charakterisiert (als Metall-gebundener Ligand oder Kristallwasser im Festkörper).

Für beide Typen der Konstitutionsisomerie gibt es zahlreiche Beispiele, wobei der „Austausch" eines Liganden zwischen der inneren und äußeren Komplexsphäre häufig mit spektakulären Farbveränderungen verknüpft ist. So ist z. B. der Komplex *trans*-$[CoCl_2(en)_2]NO_2$ grün, während die ionisa-

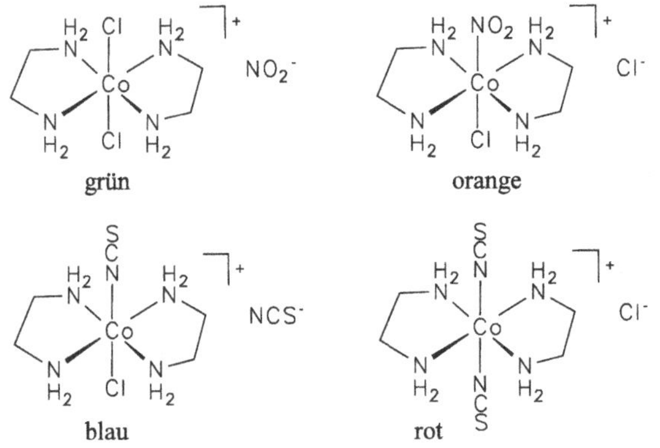

grün   orange

blau   rot

Abb. 7.2. Beispiele für Ionisationsisomere.

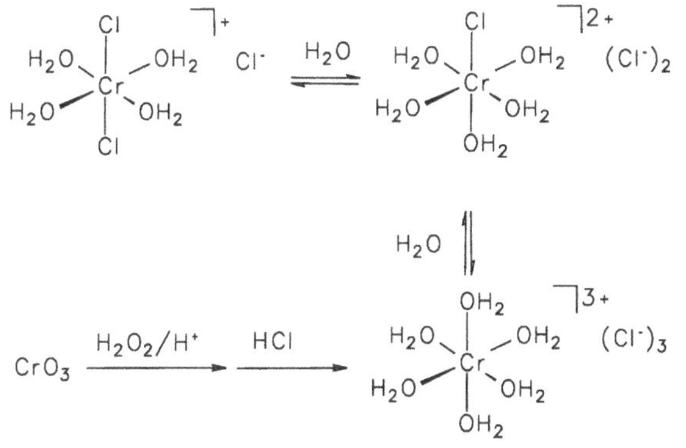

Abb. 7.3. Hydratisomerie am Beispiel des Chrom(III)chlorid-Hydrats.

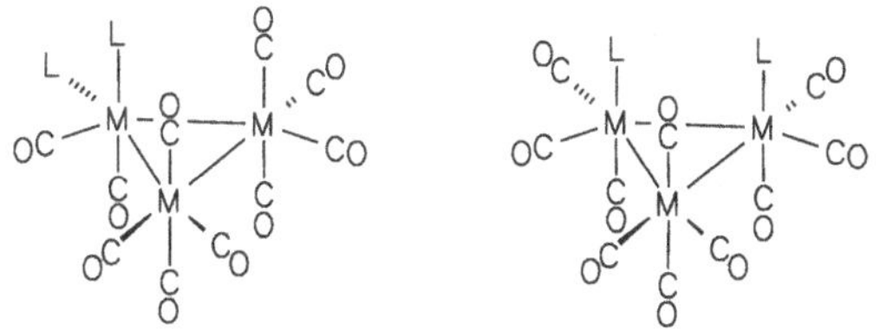

Abb. 7.4. Koordinationsisomerie in einem dreikernigen Clusterkomplex (M = Ru, Os; L = PR_3).

tionsisomere Verbindung *trans*-[CoCl(NO$_2$)(en)$_2$]Cl orange ist; *trans*-[CoCl(NCS)(en)$_2$]NCS ist blau, *trans*-[Co(NCS)$_2$(en)$_2$]Cl hingegen tiefrot (Abb. 7.2).

Die klassischen Beispiele für Hydratisomerie bieten die Aquakomplexe von Chrom(III)chlorid: [CrCl$_2$(H$_2$O)$_4$]Cl (tiefgrün), [CrCl(H$_2$O)$_5$]Cl$_2$ (hellgrün) und [Cr(H$_2$O)$_6$]Cl$_3$ (violett) (Abb. 7.3.).

Voraussetzung für das Vorliegen von *Koordinationsisomerie* ist das Vorhandensein mindestens zweier Metallzentren, an die mindestens zwei unterschiedliche Ligandtypen gebunden sind. Beispiele aus der klassischen Komplexchemie Alfred Werners sind die Isomerenpaare [Cr(NH$_3$)$_6$][Co(CN)$_6$]/ [Co(NH$_3$)$_6$][Cr(CN)$_6$] und [Cr(en)$_3$][Cr(ox)$_3$]/[Cr(en)$_2$(ox)][Cr(ox)$_2$(en)]. Eine modernere Variante bieten die isomeren Formen substituierter Carbonylclusterkomplexe (Abb. 7.4, s. auch Teil VIII).

7.1.2 Bindungs- und Ligandenisomerie

Die *Bindungsisomerie* ist die am intensivsten untersuchte Form der Konstitutionsisomerie von Koordinationsverbindungen. Sie wird in Komplexen beobachtet, die Liganden mit mindestens zwei nicht-äquivalenten Ligandenatomen enthalten. Dies betrifft die in Kapitel 6 vorgestellten ambidenten und flexidentaten Liganden. Die ersten gut charakterisierten Bindungsisomere waren die von Jørgensen synthetisierten Komplexe [Co(ONO)(NH$_3$)$_5$]Cl$_2$ (orange) und [Co(NO$_2$)(NH$_3$)$_5$]Cl$_2$ (gelb) (s. auch Abschn. 6.2.1).[35] Jørgensen erhielt

[35] S. M. Jørgensen, *Z. Anorg. Chem.* **1894**, *5*, 168.

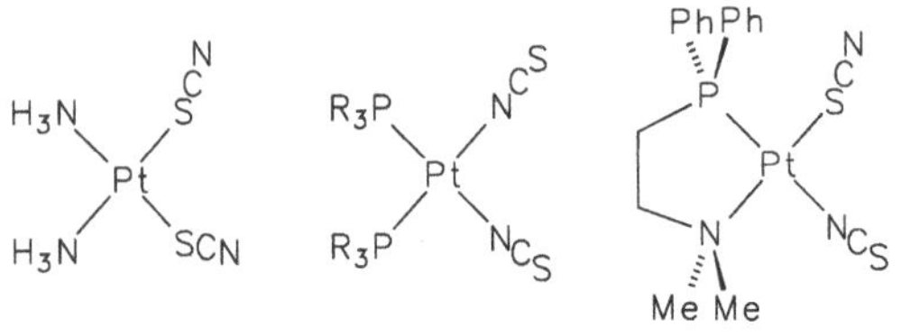

Abb. 7.5. Drei Komplexe, die den *trans*-Einfluß (s. Abschn. 9.3) anderer Liganden auf die SCN-Bindungsisomerie verdeutlichen.

beide Isomere, indem er den Chlorokomplex $[CoCl(NH_3)_5]Cl_2$ zunächst mit NH_3 und dann mit HCl und $NaNO_2$ behandelte. Aus der Reaktionslösung ließ sich in der Kälte der orange-rote κO-Nitritokomplex durch Kristallisation isolieren, während nach Erhitzen und Zugabe konzentrierter HCl der isomere gelbe κN-Nitrito-(„Nitro"-)Komplex ausgefällt wurde. Der thermisch weniger stabile κO-Nitritokomplex isomerisiert langsam zu dem stabileren κN-Isomer, wobei sowohl die Kinetik erster Ordnung als auch Markierungsexperimente einen *intramolekularen* Mechanismus nahelegen.[36]

Bindungsisomerie in Thiocyanatokomplexen ist besonders systematisch untersucht worden, wobei der Raumbedarf der anderen im Komplex gebundenen Liganden sowie ihre Bindungseigenschaften („elektronische" Eigenschaften) die Bevorzugung des κS- oder κN-Bindungsisomers beeinflussen (Abb. 7.5). In quadratisch-planar konfigurierten Komplexen scheint ein π-Akzeptor-Ligand (der Phosphanligand, s. Abschn. 9.2) in *trans*-Stellung die Koordination über das Stickstoffatom zu begünstigen, während S-gebundene SCN-Liganden *trans* zu den reinen N-σ-Donorliganden gefunden werden.

Führen die beiden möglichen Bindungsformen eines ambidenten Liganden zu sterisch unterschiedlichen strukturellen Anordnungen in der Koordinationssphäre des Metalls, so kann der Raumbedarf der anderen Liganden die Ausbildung des einen oder anderen Isomers ebenfalls beeinflussen. Diese Situation trifft auch für SCN-Komplexe zu, da Koordination über den Schwefel zu einer gewinkelten, die Bindung über das Stickstoffatom hingegen zu einer linearen Metall-Ligand-Anordnung führt.

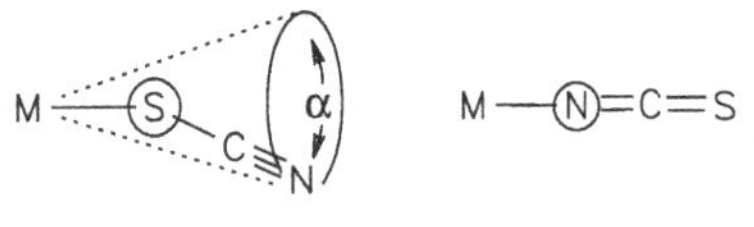

Die Beeinflussung der Stabilität der SCN-Bindungsisomeren durch den sterischen Einfluß der anderen Liganden wird in einer Serie quadratisch-planarer Pd-Komplexe mit zweizähnigen Phosphanliganden deutlich.

---

[36] Siehe: B. Adell, *Z. Anorg. Chem.* **1944**, *252*, 272 (Kinetik) und R. K. Murmann, H. Taube, *J. Am. Chem. Soc.* **1956**, *78*, 4886 (^{18}O-Isotopenmarkierung).

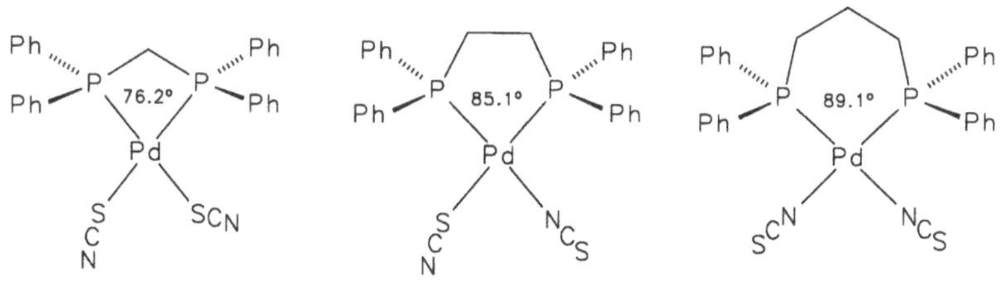

Mit der Verlängerung der Brücke im Chelatphosphan und folglich der Einschränkung des Koordinationsraums für die SCN-Liganden wird die lineare κN-Koordination günstiger (bei im wesentlichen unveränderten Bindungseigenschaften der Phosphan-Ligandenatome).

Beispiele einfacher ambidenter Liganden sind bereits in Abschnitt 6.1 diskutiert worden, einige weitere Bindungsisomere mit komplexeren Liganden sind in Abbildung 7.6 aufgeführt.

Isomerien, die auf der Koordination von Metallen an unterschiedliche *Bindungsstellen* im Liganden beruhen, haben in der bioanorganischen Chemie (s. Kap. 23) große Bedeutung erlangt, wobei vor allem Aminosäuren und Peptide vielfältige Bindungsmöglichkeiten für Metallionen bieten.

Als eine Variante der Bindungsisomerie kann man die *Ligandenisomerie* auffassen, die unterschiedliche Konnektivitäten in den Liganden kennzeichnet. Ein charakteristisches Beispiel bietet das Paar von quadratisch-planaren Platin(II)-Komplexen und die Reihe zweikerniger Rutheniumkomplexe, die in Abbildung 7.7 gezeigt sind.

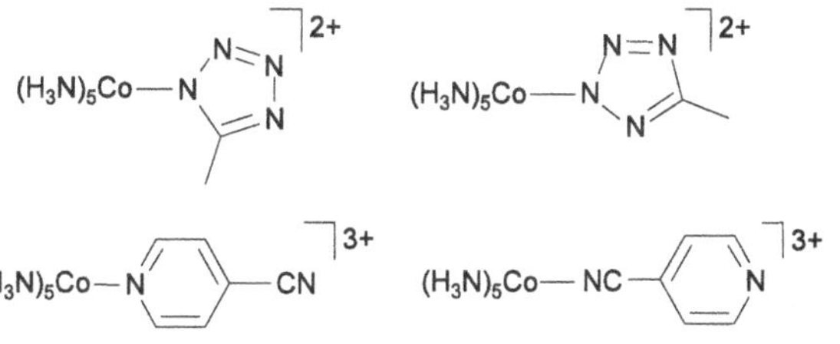

Abb. 7.6. Beispiele für Bindungsisomere mit den Liganden 5-Methyltetrazol und 4-Cyanopyridin.

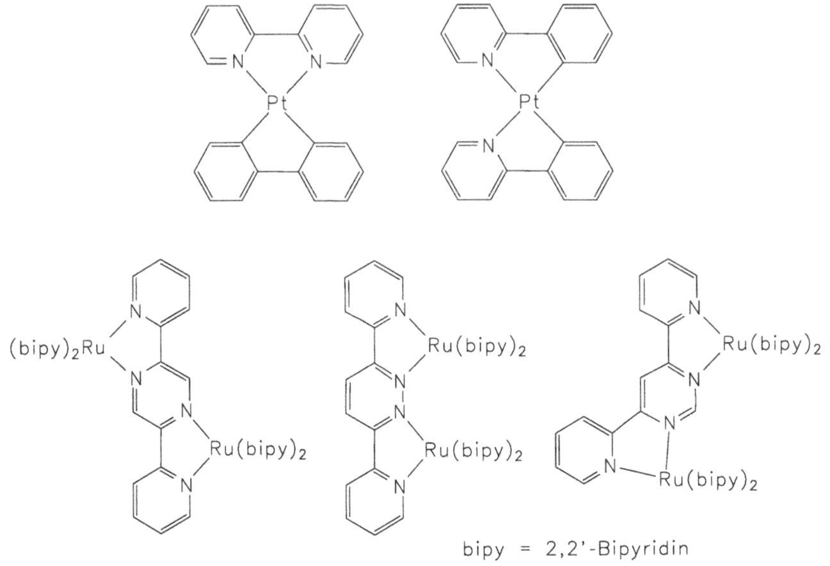
Pt
Pt
(bipy)$_2$Ru
Ru(bipy)$_2$
bipy = 2,2'-Bipyridin

Abb. 7.7. Verschiedene Formen der Ligandenisomerie am Beispiel von Pt(II)- und Ru(II)-Komplexen.

Verbrückende Cyanoliganden, Berliner Blau und verwandte Verbindungen

Ein weiteres klassisches Beispiel für mögliche Bindungsisomerie durch einen ambidenten Liganden bieten die Cyanokomplexe. In Einkernkomplexen kommt der CN^--Ligand fast immer C-gebunden vor. Die Verbindung $[Co(NC)(dmgH)_2]$ ($dmgH_2$ = Dimethylglyoxim), die durch Zersetzung von $[Co(dmgH)_2(NH_3)_2][Ag(CN)_2]$ in siedendem Wasser erhalten wurde, ist ein seltenes Beispiel für einen Isocyanokomplex. Sehr viel häufiger trifft man Bindungsisomerie in mehrkernigen Cyanokomplexen an, in denen CN^- als Brückenligand fungiert. Beispiel:

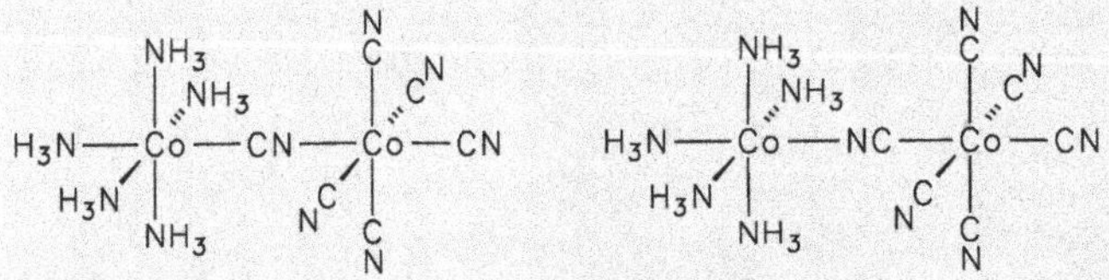
H$_3$N—Co—CN—Co—CN
H$_3$N—Co—NC—Co—CN

Diese μ-CN-verbrückten Komplexe enthalten das wesentliche Strukturmerkmal des schon in Kapitel 2 erwähnten „Berliner Blau", das durch Zugabe von Fe^{III}-Salzen zu $[Fe(CN)_6]^{4-}$ erhalten wird:[37]

$$4\ Fe^{3+} + 3\ [Fe(CN)_6]^{4-} \rightarrow Fe_4[Fe(CN)_6]_3$$

[37] oder nach der Methode von Diesbach und Dippel, (s. Kap. 2).

Bei Zugabe von Fe^{II}-Salzen zu $[Fe(CN)_6]^{3-}$ entsteht „Turnbulls Blau", das mit dem Berliner Blau chemisch identisch ist. Die Struktur dieser Verbindung ist durch ein unendliches $Fe(CN)_6$-Gitter gekennzeichnet, wobei die CN-Brückenliganden über den Kohlenstoff an die Fe^{II}-Zentren und über die N-Atome an die Fe^{III}-Zentren koordiniert sind (Abb. 7.8).[38] Je nach Präparationsbedingungen werden wechselnde Mengen Kristallwasser oder auch andere Ionen (zumeist Alkalimetallkationen) in die Hohlräume des Gitters eingelagert.

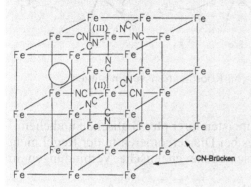

Abb. 7.8. Ausschnitt aus der Struktur von Berliner Blau. Die interstitiellen H_2O-Moleküle in den Gitterhohlräumen sind der Übersichtlichkeit wegen nur in einer möglichen Position als Kreis angedeutet.

7.2 Stereoisomerie in Koordinationsverbindungen

Stereoisomere lassen sich in zwei Klassen einteilen; *Enantiomere* und *Diastereomere*.

Ein *Enantiomer* gehört zu einem Paar von Molekülen, die sich zueinander wie Bild und Spiegelbild verhalten. Es ist selbst nicht deckungsgleich mit seinem eigenen Spiegelbild. Ein solches Molekül bezeichnet man auch als *chiral*.[39]
Stereoisomere, die nicht Enantiomere sind, heißen *Diastereomere*.

---

[38] Ein Viertel der Fe^{II}-Gitterplätze im Berliner Blau ist durch Wassermoleküle besetzt, wodurch die Zahl der CN-Brücken ebenfalls reduziert ist. Die freien Koordinationsstellen werden durch H_2O-Moleküle besetzt. H. J. Buser, D. Schwarzenbach, W. Petter, A. Ludi, *Inorg. Chem.* **1977**, *16*, 2704.

[39] Eine für die chemische Praxis wichtige Variante des Chiralitätsbegriffs stammt von Ugi et al.: Ein Molekül ist *chemisch achiral* unter den Untersuchungsbedingungen, wenn jede momentane Geometrie des Moleküls mit seinem Spiegelbild zur Deckung gebracht werden kann unter Zuhilfenahme von Rotationen, Translationen und *intramolekularen Bewegungen, die auf der Zeitskala des Experiments ablaufen*. Ein Molekül, das nicht chemisch achiral ist, bezeichnet man als *chemisch chiral*. Chirale Moleküle, die auf der Zeitskala des Experiments schnell racemisieren, sind also chemisch achiral. I. Ugi, J. Dugundji. R. Kopp, D. Marquarding, *Perspectives in Theoretical Stereochemistry*, Springer, Berlin **1984**.

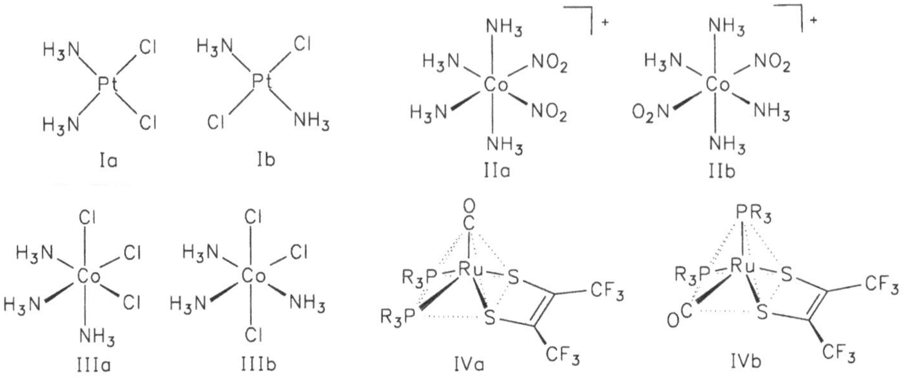

Abb. 7.9. Beispiele für Stereoisomerie von Koordinationsverbindungen.

Während sich Enantiomere in den meisten ihrer physikalischen und chemischen Eigenschaften gleichen, ist dies bei Diastereomeren in der Regel nicht der Fall, weshalb sie auch als verschiedene chemische Verbindungen in Erscheinung treten.

Wir werden in Kapitel 10 eine Fülle von Beispielen für Stereoisomerie in Komplexen mit unterschiedlichen Koordinationszahlen und -geometrien kennenlernen. Aus der Vielzahl der Formen von Stereoisomeren sind in Abbildung 7.8 einige Beispiele gezeigt. Die Diastereomere, die man durch Vertauschung der Liganden zwischen verschiedenen Polygon-/Polyederecken erhält, wurden früher als „geometrische Isomere" bezeichnet. Paradebeispiele hierfür bieten die quadratisch-planaren Komplexe des allgemeinen Typs $[M(A)_2(B)_2]$ und die oktaedrisch konfigurierten Verbindungen der Typen $[M(A)_4(B)_2]$ und $[M(A)_3(B)_3]$. Die beiden Diastereomere von $[PtCl_2(NH_3)_2]$ und $[CoCl_2(NH_3)_4]^+$ (Beispiele IIa und IIb in Abb. 7.9) lassen sich eindeutig mit Hilfe der *cis-trans*-Nomenklatur benennen, während die Isomere von $[Co(NO_2)_3(NH_3)_3]$ (Beispiele IIIa und IIIb) ebenso eindeutig durch die Bezeichnungen *fac* und *mer* definiert sind.[40] Befinden sich jedoch mehr als zwei verschiedene Liganden in einer Koordinationseinheit, führt diese Bezeichnungsweise zu Widersprüchen und es muß mit Konfigurationsindizes gearbeitet werden (s. auch Kap. 8.1).

An dieser Stelle sei noch auf eine Form der Diastereomerie in Koordinationsverbindungen hingewiesen, für die es in der Organischen Chemie keine Entsprechung gibt, die *polytope Isomerie* oder auch *Allogonie* (αλλοσ γονα = anderer Winkel). Als Allogone bezeichnet man Komplexe mit identischem Zentralatom und identischem Satz von Liganden, die aber verschiedene Koor-

---

[40] *fac* steht für *facial* und bedeutet, das die drei Liganden die Ecken einer Dreiecksfläche des Koordinationspolyeders besetzen; *mer* steht für *meridional* und bedeutet, das die Liganden Punkte auf einem Meridian der Kugel besetzen, in die das Ligandenpolyeder einbeschrieben ist.

dinationspolyeder ausbilden. Das klassische Beispiel hierfür ist das Pentacyanonickel(II)-Trianion, das sowohl trigonal-bipyramidal als auch quadratischpyramidal konfiguriert sein kann. Während sich in Lösung beide Formen rasch ineinander umwandeln, kann man sie im Festkörper getrennt nachweisen. In Kristallen der Verbindung $[Co(en)_3][Ni(CN)_5]$ wurden sogar zwei kristallographisch unabhängige Komplexanionen nachgewiesen, ein trigonalbipyramidal und ein quadratisch-pyramidal konfiguriertes.[41] Diese Verbindung ist der Archetypos eines *Interallogons* (s. auch Kap. 10).

7.2.1 Chiralität in Koordinationsverbindungen

Die modernen stereochemischen Konzepte der Koordinationschemie bauen auf den in der organischen Chemie etablierten auf. Dies ist verständlich, sobald man sich vergegenwärtigt, daß funktionalisierte Kohlenwasserstoffe einen unmittelbaren Bezug zu Mehrkernkomplexen haben (wobei die meist tetraedrisch konfigurierten Kohlenstoffatome den Zentralatomen entsprechen). Die Vorstellungen zum Begriff der Chiralität waren lange Zeit mit dem „asymmetrischen Kohlenstoffatom" verknüpft, doch hat eine detaillierte Analyse über die Beziehung zwischen lokaler Chiralität und Stereoisomerie gezeigt, daß dies zu Widersprüchen führen kann. Stattdessen hat sich das Konzept des *stereogenen Zentrums*, das allgemeiner gefaßt ist als das asymmetrische C-Atom, als Ausweg aus dem Dilemma erwiesen.

Man bezeichnet ein Atom in einer Verbindung als *stereogenes Zentrum*, wenn der Austausch zweier Liganden zu einem Stereoisomer führt. Wenn das so erhaltene Stereoisomer das andere eines Paars von Enantiomeren ist, spricht man von einem *chiralen Zentrum*. Beispiele für stereogene aber nicht chirale Zentren in Komplexen bieten die beiden Cobalt-Komplexe *cis*- und *trans*-$[CoBr_2(NH_3)_4]^+$ (Abb. 7.10), die durch Austausch von Br^- und NH_3 ineinander überführbar sind.

Die lokale Beschreibung der Stereochemie von Komplexen erlaubt eine Klassifizierung von Liganden in Komplexen mit bestimmten Koordinationsmustern. In Abbildung 7.11 sind drei stereochemisch unterschiedliche Koordinationssphären in oktaedrisch konfigurierten Komplexen dargestellt. Dabei seien die Liganden L als freie Moleküle identisch, d. h. *homomorph*.

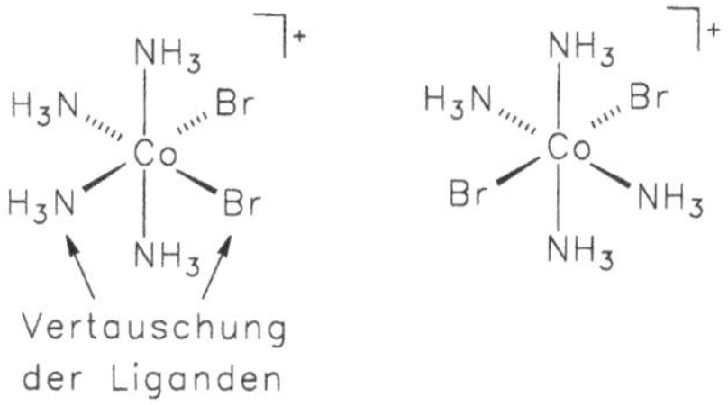

Abb. 7.10. Beispiele für achirale stereogene Zentren. Der Austausch eines Br- und eines NH_3-Liganden überführt die Stereoisomere ineinander.

[41] K. N. Raymond, P. W. R. Corfield, J. A. Ibers, *Inorg. Chem.* **1968**, *7*, 1362.

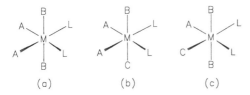

Abb. 7.11. Komplexe mit stereochemisch unterschiedlichen Koordinationssphären.

Im Fall (a) sind die Liganden L *homotop*, d. h. durch eine Drehoperation ineinander überführbar. Substitution des einen oder anderen Liganden L in (a) führt zu *identischen* Molekülen.

In Komplex (b) sind beide Liganden L *enantiotop*, d. h. durch eine Spiegelung oder Drehspiegelung (nicht aber durch eine einfache Drehung!) ineinander überführbar. Die Substitution eines der beiden Liganden L führt jeweils zu einem *Enantiomer* eines Enantiomerenpaars.

Die Liganden L in (c) sind *diastereotop*, d. h. durch keine Symmetrieoperation des Moleküls ineinander überführbar. Ihre Substitution führt zu einem *Diastereomeren*-Paar.

Die Liganden L in (b) und (c) bezeichnet man auch als *heterotop*. Das Konzept der Homo- und Heterotopie von Liganden läßt sich auch für die beiden Seiten einer quadratisch-planaren Koordinationseinheit verallgemeinern, wenn man diese in ein Oktaeder einbeschreibt, in dem zwei gegenüberliegende Positionen (die Normalen der Ebene, in der die Liganden liegen) mit „Phantomliganden" besetzt sind. In diesem Fall können die beiden Seiten entweder homotop oder enantiotop sein.

Da im Fall (b) durch Substitution eines der beiden enantiotopen Liganden ein chiraler Komplex entsteht, bezeichnet man diese Koordinationseinheit auch als *prochiral*. Prochiralität basiert auf enantiotopen Liganden (die auch „Phantomliganden" sein können), die wiederum eine Spiegelung/Drehspiegelung als Symmetrieoperation voraussetzen.[42]

---

[42] Hieraus ergeben sich zwei wichtige Folgerungen: 1) Ein Molekül kann chiral *oder* prochiral sein, aber nicht beides gleichzeitig. 2) Heterotope Liganden in einem chiralen Molekül sind diastereotop. (Weshalb?)

Übungsbeispiel:

Geben Sie allgemeine Beispiele für quadratisch-planare Komplexe mit homo- und enantiotopen Seiten.

Antwort:

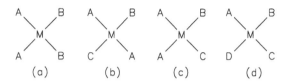

(a) und (b) haben homotope, (c) und (d) enantiotope Seiten.

Bei der Analyse der Chiralität in organischen Verbindungen werden *Elemente der Chiralität* identifiziert: *chirale Zentren, chirale Achsen* und *chirale Ebenen*. Die Identifizierung dieser chiralen Elemente folgt zumeist einer mehr oder weniger willkürlichen Zerlegung eines Moleküls in einzelne Segmente. Bei (einkernigen) Koordinationsverbindungen bietet sich ebenfalls eine Segmentierung an, und zwar in Zentralatom und Liganden. Die Chiralität eines Komplexes kann dann sowohl durch die Konfiguration des Metallatoms als auch die strukturellen Charakteristika der Liganden bedingt sein. Wie vielfältig die Ursachen für Chiralität in Komplexen sein können, soll an einigen Beispielen erläutert werden:

1) Chiralität aufgrund der Koordination eines Satzes voneinander verschiedener Liganden:

2) Chiralität aufgrund der Bildung helikaler Strukturen in Chelat-Komplexen:

3) Chiralität durch die Erzeugung stereogener Zentren an Liganddonorato-
men bei der Koordination an das Zentralmetallatom. Das „klassische" Beispiel sind unsymmetrisch substituierte sekundäre Amine, deren rasche
Inversion in freier Form durch Koordination an das Metallatom blockiert
wird:

4) Chiralität durch Koordination chiraler Liganden:

5) Chiralität durch Koordination zweier Liganden, deren Symmetrieelemente
inkompatibel sind (s. auch Abschn. 10.1):

8 Stereodeskriptoren, Chiralitätssymbole: Nomenklatur von Komplexverbindungen (Teil III)

Mit den in Abschnitt 5.1 eingeführten *Polyedersymbolen* wird zwar die Komplexgeometrie festgelegt, die relative und auch absolute Anordnung der Liganden, die die im vorigen Abschnitt diskutierte Stereochemie von Koordinationseinheiten festlegt, bedarf jedoch genauerer Spezifikation. Uns interessiert zunächst nur die relative Konfiguration von Komplexen mit einzähnigen Liganden, die durch die *Konfigurationsindices* beschrieben werden. Polyedersymbol und Konfigurationsindex werden somit zu einem *Stereodeskriptor* für eine Koordinationseinheit.[43]

8.1 Der Konfigurationsindex

Für eine symbolische Codierung der Konfiguration einer Koordinationseinheit ist es zunächst notwendig, die Liganden zu ordnen. Die Festlegung dieser Ordnung basiert auf der Zuordnung von *Prioritätszahlen* für die Liganden. Das Verfahren zur Festlegung der Prioritätszahlen leitet sich von der in der organischen Chemie für die eindeutige Indizierung der Atome in einem Molekül üblichen Methode ab. Die hierfür von Cahn, Ingold und Prelog festgelegten Regeln (CIP-Regeln) wurden ursprünglich anhand der stereochemischen Besonderheiten der Kohlenwasserstoffderivate formuliert, sie sind aber so allgemein gehalten, daß sie sich problemlos auf Koordinationsverbindungen der Metalle übertragen lassen.

Die mit einem Koordinationszentrum verknüpften Liganden werden geordnet, indem man vom Zentralatom ausgehend den aufeinanderfolgenden Bindungen eines jeden Liganden folgt. Die Liganden werden dann bei jedem dieser Schritte, d. h. nach „Zurücklegen" einer Bindung, miteinander verglichen. Wo sich die Pfade verzweigen, verfolgt man denjenigen, der dem Liganden die höhere Priorität verleihen würde. Die Prozedur wird unter Anwendung der im folgenden aufgeführten *Standard-Unterregeln* (UR) solange wiederholt, bis eine vollständige Ordnung der Liganden erreicht wurde.[44] Vorrang hat:

(UR1) Die höhere Ordnungszahl von Atomen vor der niedrigeren.

(UR2) Die höhere Massenzahl von Atomen vor der niedrigeren.

---

[43] Zu dem vollständigen Stereodeskriptor kommt noch das Chiralitätssymbol hinzu (s. Abschn. 8.2).

[44] Vervollständigt werden die Unterregeln durch die „0-te" Unterregel: „Vorrang hat das nähere Ende einer Achse bzw. die nähere Seite einer Ebene vor dem fernen Ende bzw. der ferneren Seite." Diese Unterregel spielt bei einkernigen Komplexen keine Rolle und wird in diesem Buch nicht verwendet.

Im Einzelfall kann es daher notwendig sein, einen ganzen Entscheidungs-
baum bei der Prioritätszuordnung zu durchlaufen (s.u.). Besitzen mehrere
Liganden nach Anwendung dieser Regeln die gleiche Prioritätszahl, so ist
bei der Benennung von Komplexen derjenige Ligand vorzuziehen, der sich
trans oder gegenüber (auf einer strukturellen Achse) dem Ligandenatom mit
der höchsten Prioritätszahl (d. h. niedrigsten Priorität) befindet (Prinzip der
trans-Maximaldifferenz).

Übungsbeispiel:

Ordnen Sie die Liganden in den Komplexen unter Anwendung der Sequenz-
regeln

(a)   (b)

Antwort:
a) UR1: Höhere Ordnungszahl vor niedrigerer. Prioritätsfolge $Br > Cl > PPh_3$
   und $PPh_3 > NMe_3 > CO$.
b) UR1: Höhere Ordnungszahl vor niedrigerer. Untersuchung der Ligandstruktur durch Fortschreiten entlang der Verzweigungen.

Insgesamt ergeben sich damit die Prioritätszahlen in den oben gezeigten For-
melabbildungen.

Die konsequente Anwendung der Sequenzregeln läßt sich am Beispiel eines
oktaedrisch konfigurierten Metallkomplexes beispielhaft verdeutlichen, der
ausschließlich Liganden mit Stickstoff-Donoratomen enthält:[45]

---

[45] Die Regeln zur Indizierung der Atome in aromatischen Molekülen gehen über den Rahmen
    dieses Buches hinaus. Siehe: R. S. Cahn, C. Ingold, V. Prelog, *Angew. Chem.* **1966**, *78*,
    413.

(1)

(2)

(3)

(4)

(5)

(6)

Prioritätsfolge   **Schritte: 1   2   3**

Sind die Prioritätszahlen der Liganden einmal festgelegt, so kann mit ihnen die relative Konfiguration eines Komplexes eindeutig festgelegt werden. Der Konfigurationsindex kann je nach Ligandenpolyeder aus einer oder mehreren Zahlen bestehen. Im Rahmen dieses Kapitels werden wir uns nur mit der Benennung quadratisch-planar und oktaedrisch konfigurierter Komplexe beschäftigen.

Für quadratisch-planar konfigurierte Komplexe (Polyedersymbol *SP*-4, s. Abschn. 5.1) ist der Konfigurationsindex eine einzelne Ziffer, die die Prioritätszahl für dasjenige Ligandenatom angibt, das *trans* zum koordinierenden Atom mit der höchsten Priorität steht, d. h. für das die Prioritätszahl 1 ist. Als allgemeines Beispiel dient zunächst der Komplex [M(A)(B)(C)(D)] mit der Prioritätsfolge A > B > C > D, und folglich der Prioritätszahlenfolge 1 < 2 < 3 < 4.

SP-4-4   SP-4-2   SP-4-3

Polyedersymbol und Konfigurationsindex werden bei der Benennung von Komplexen dem Komplexnamen vorangestellt, z. B. [*SP*-4-3]-Name

---

Übungsbeispiel:

Benennen Sie die beiden quadratisch-planaren Platinkomplexe eindeutig unter Verwendung von Polyedersymbol und Konfigurationsindex:

(a)   (b)

Antwort:
Die Prioritätsfolge der Liganden ist Cl > py > CH_3CN.
In Komplex (a) haben beide *trans*-ständigen Cl-Liganden gleiche Priorität (1), der Konfigurationsindex ist folglich 1: [*SP*-4-1](Acetonitril)dichloro(pyridin)platin(II).
In Komplex (b) hat der zum CH_3CN *trans*-ständige Chloroligand bei der Benennung den Vorrang (*trans*-Maximaldifferenz). Der Konfigurationsindex ist also die Prioritätszahl des CH_3CN-Liganden, 3: [*SP*-4-3](Acetonitril)dichloro(pyridin)platin(II).

Zur stereochemischen Benennung von oktaedrischen Komplexen (Polyedersymbol *OC*-6) wird ein aus zwei Ziffern bestehender Konfigurationsindex verwendet. Die erste Ziffer ist die Prioritätszahl des Ligandenatoms, das sich *trans* zu dem Ligandenatom mit der höchsten Priorität (d. h. Prioritätszahl = 1) befindet. Es gilt auch hier die Zusatzregel der *trans*-Maximaldifferenz. Dadurch wird die Bezugsachse des Oktaeders festgelegt. Die zweite Ziffer ist die Prioritätszahl desjenigen Ligandenatoms in der Ebene senkrecht zu der Bezugsachse (äquatoriale Ebene), das *trans* zu dem äquatorialen Liganden

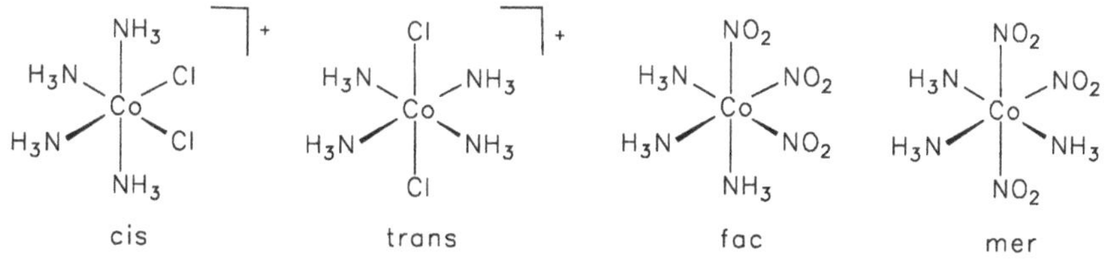

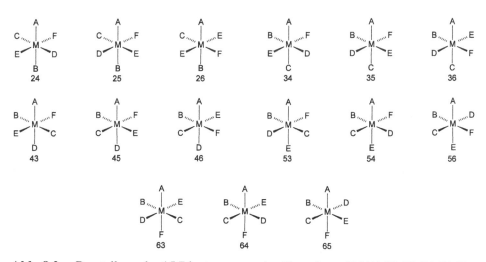

Abb. 8.1. Die „*cis/trans*"- und „*mer/fac*"-Nomenklatur am Beispiel zweier bis-heteroleptischer Cobalt-Komplexe.

mit der höchsten Priorität (niedrigsten Prioritätszahl) lokalisiert ist. Gibt es zwei Liganden höchster Priorität in der Ebene, so wird nach dem *trans*-Maximalprinzip benannt (s. o.).

Die Benennung der Isomere oktaedrischer Komplexe läßt sich leicht anhand der „klassischen" *cis-trans*- und *mer-fac*-Isomerenpaare der Komplexe $[CoCl_2(NH_3)_4]^+$ bzw. $[Co(NO_2)_3(NH_3)_3]$ verdeutlichen (Abb. 8.1).

Im Tetraammindichlorocobalt(III)-Komplex haben die Chloroliganden die höhere Priorität, im Triammintrinitrocobalt(III)-Komplex die NO_2-Liganden. Während bei diesen beiden Beispielen die *cis-trans*- und *mer-fac*-Nomenklatur eine eindeutige Benennung erlaubt, ist dies im allgemeinen nicht so.

Die 15 möglichen Diastereomere des oktaedrischen hexakis-heteroleptischen Komplexes[46] [M(A)(B)(C)(D)(E)(F)] lassen sich anhand ihrer Konfigurationsindizes ordnen. Es gilt die Prioritätsfolge A > B > C > D > E > F (Abb. 8.2).

Abb. 8.2. Darstellung der 15 Diastereomere des Komplexes [M(A)(B)(C)(D)(E)(F)] mit ihren Konfigurationsindizes.

---

[46] Dies kann man als koordinationschemisches Äquivalent des „asymmetrischen" Kohlenstoffatoms auffassen.

Übungsbeispiele:

1) Geben Sie den Konfigurationsindex für die beiden folgenden Komplexe an:

(a)   (b)

Antwort:

a) Die Liganden haben die Folge fallender Priorität $I^- > Br^- > Cl^- > NO_2^- >$ py > NH_3, denen folglich die Prioritätszahlen 1–6 in dieser Reihenfolge zugeordnet werden. Zu I^- in *trans*-Stellung befindet sich NO_2^- mit der Prioritätszahl 4. Höchste Priorität unter den „äquatorialen" Liganden hat Br^-, *trans* dazu steht Cl^- (Prioritätszahl 3). Der Konfigurationsindex ist folglich 43, der Stereodeskriptor also *OC*-6-43.

b) Hier gilt die Prioritätenfolge $AsPh_3$ > NO > CH_3CN > CO. Der Konfigurationsindex ist ebenfalls 43!

2) Bestimmen Sie die Konfigurationsindizes der in Abbildung 8.1 dargestellten Komplexe.

Antwort:
Von links nach rechts: 22, 12, 22, 12.

8.2 *Chiralitätssymbole (I): das A/C*-System

Die stereochemische Nomenklatur für Koordinationsverbindungen lehnt sich eng an die *R/S*-Nomenklatur für das tetraedrisch koordinierte „asymmetrische" Kohlenstoffatom in der organischen Chemie an. Die ausgezeichnete Achse eines oktaedrischen Komplexes ist die das Ligandenatom höchster Priorität enthaltende Achse (s. auch oben bei der Festlegung der Konfigurationsindizes). Blickrichtung ist von dem Liganden mit der Prioritätszahl 1 in Richtung des dazu *trans*-ständigen Liganden, und betrachtet werden die äquatorialen Liganden. Wenn der Gang von der höheren zur niedrigeren Priorität der Liganden im Uhrzeigersinn erfolgt, liegt *C*-Chiralität vor; erfolgt sie entgegen dem Uhrzeigersinn, wird das Chiralitätsymbol *A* verwendet.[47]

---

[47] *C* und *A* leiten sich von *clockwise* und *anti-clockwise* her.

Mit dem Chiralitätssymbol steht nunmehr der vollständige Stereodeskriptor für oktaedrische Komplexe zur Verfügung:

Polyedersymbol-Konfigurationsindex-Chiralitätssymbol

Übungsbeispiele:

1) Geben Sie den vollständigen Stereodeskriptor für die folgenden Komplexe an:

(a)   (b)   (c)

2) Welche absolute Konfiguration haben die 15 Diastereomere des Komplexes [M(A)(B)(C)(D)(E)(F)] in Abbildung 8.2?

Antworten:
1) (a) *OC*-6-32-*C* (beachten Sie die Regel der *trans*-Maximaldifferenz!); (b) *OC*-6-24-*A* ; (c) *OC*-6-32-*A*.
2) Alle Komplexe haben die absolute Konfiguration *A*.

8.3 Chiralitätssymbole (II): die Konvention der „windschiefen Geraden" für oktaedrische Komplexe

Außer den auf der Prioritätenfolge basierenden Chiralitätssymbolen gibt es für oktaedrische Komplexe eine weitere Konvention, die vor allem bei Vorliegen mehrzähniger Liganden verwendet wird. Für oktaedrisch konfigurierte chirale Koordinationseinheiten mit zwei oder drei zweizähnigen Liganden werden Chiralitätssymbole verwendet, die sich auf die helikale Anordnung zweier „windschiefer Geraden" beziehen („skew-line-convention").

Bevor auf die Grundprinzipien dieser Konvention näher eingegangen wird, wenden wir uns dem einfachen Fall eines Komplexes mit drei zweizähnigen Liganden zu, wie z. B. [Co(en)$_3$]$^{3+}$. Blickt man entlang der dreizähligen Achse dieses Komplexes, so erkennt man die helikale Struktur. Für den Fall der rechtshändigen Schraube spricht man vom Δ-Isomer, sein Enantiomeres ist dann das linkshändig helikale Λ-Isomer (Abb. 8.3).

Diese Beschreibung der Chiralität von oktaedrischen Chelatkomplexen mit drei zweizähnigen Liganden läßt sich folgendermaßen verallgemeinern: Zwei

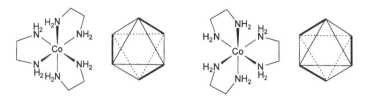

Abb. 8.3. Die beiden Enantiomere von $[Co(en)_3]^{3+}$. Zur Verdeutlichung der unterschiedlichen Konfigurationen ist der Tris(chelat)-Komplex auf das entsprechende Koordinationspolyeder (Oktaeder) abgebildet worden, wobei die durch die Chelatliganden überbrückten Polyederkanten fett gezeichnet sind.

windschiefe Geraden, die nicht orthogonal zueinander sind, besitzen eine *und nur eine* gemeinsame Senkrechte. Sie definieren ein helikales System, wie man leicht anhand der geometrischen Konstruktion in Abbildung 8.4 erkennt.

Das Prinzip der Helikalität zweier windschiefer Geraden läßt sich leicht auf das bereits besprochene Beispiel $[Co(en)_3]^{3+}$ anwenden, wenn man wie in Abbildung 8.3 die Ligandenatome der Chelatliganden jeweils durch eine Gerade verbindet (die durch die fett gezeichneten Kanten des Oktaeders gekennzeichnet sind). Orientiert man das Oktaeder wie in Abbildung 8.5 gezeigt um, ergibt sich genau die in Abbildung 8.4 unten links gezeigte Anordnung der Geraden. Wie man sieht, führen beide Betrachtungsweisen, die in Abbildung 8.3 und die in Abbildung 8.5, zu dem gleichen Chiralitätssymbol.

Die hier erläuterten Fälle von Chiralität in Koordinationsverbindungen, die Chelatliganden enthalten, wurden bereits von Alfred Werner in einer 1899 erschienenen Veröffentlichung anhand der Koordinationseinheit

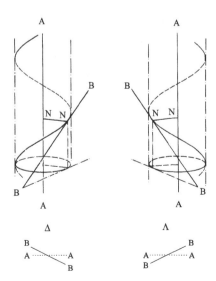

Abb. 8.4. Zwei nicht zueinander rechtwinklige Geraden (AA, BB) definieren eine Helix. Dabei sei AA die Achse eines Zylinders, dessen Radius durch die den beiden windschiefen Geraden gemeinsame Normale NN bestimmt ist. Die Gerade BB ist eine Tangente am Zylinder im Schnittpunkt mit NN, die auf dem Zylinder eine Helix definiert; im Fall (links) eine Rechtshelix, im Fall (rechts) eine Linkshelix. Betrachtet man die beiden Geraden AA und BB in der Anordnung unter den Zylindern, wobei AA unterhalb von BB liegt, so wird die Definition der beiden Helices auf das Wesentliche reduziert.

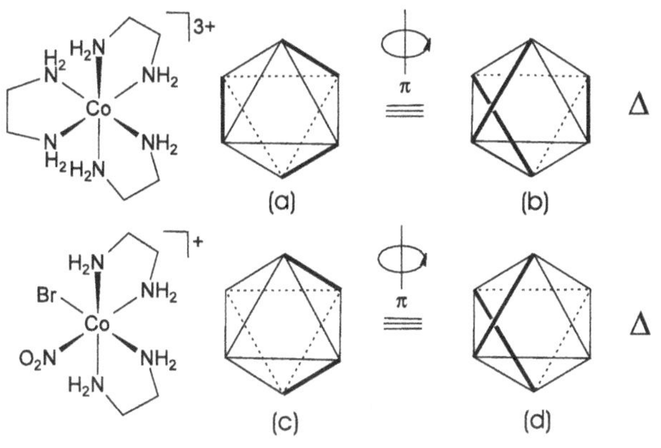

Abb. 8.5. Aus beiden Orientierungen (a) und (b) erhält man das gleiche Chiralitätssymbol. Die Analogie zwischen der Anordnung (b) des Tris(chelat)-Komplexes und der Anordnung (d) des Bis(chelat)-Komplexes ergibt die Verallgemeinerung der Nomenklatur auch für Komplexe des Typs $[M(AA)_2(B)_2]$ und $[M(AA)_2(B)(C)]$.

$[M(en)_2(C_2O_4)]$ diskutiert,[48] und ein Komplex dieses Typs wurde auch erstmals von V. L. King durch Racematspaltung enantiomerenrein dargestellt (s. Kap. 2).

Übungsbeispiel:

Geben Sie die Chiralitätssymbole (Δ/Λ-Konvention) der beiden Koordinationseinheiten an:

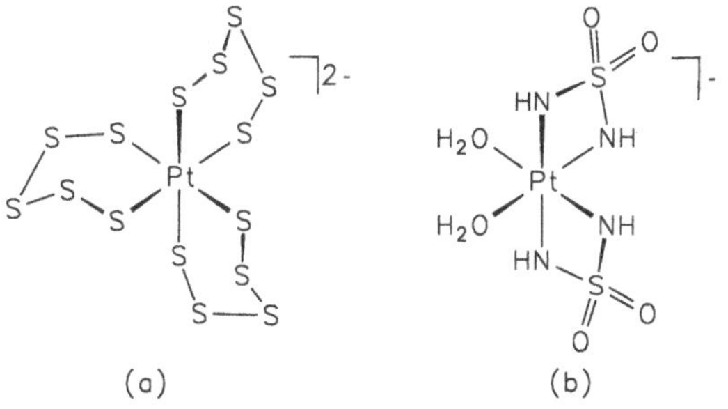

Antwort: Beide Δ.

---

[48] A. Werner, A. Vilmos, *Z. Anorg. Allg. Chem.* **1899**, *21*, 145.

Die Symbolik zur Beschreibung der helikalen Chiralität läßt sich nicht nur wie oben geschehen bei der Bezeichnung chiraler Konfigurationen verwenden, sondern auch auf chirale Konformationen in nicht-planaren Chelatringen verallgemeinern. Diesem Aspekt der Stereochemie von Chelatkomplexen werden wir uns im nächsten Kapitel zuwenden.

8.4 Stereochemie nicht-planarer Chelatringe in Chelatkomplexen

Bei der Diskussion der helikalen Chiralität von Chelatkomplexen im vorigen Abschnitt wurden die möglichen Konformationen der Chelatringe zunächst nicht berücksichtigt. Daher gelten die dabei gewonnenen Aussagen unabhängig von der genaueren Struktur der Liganden. Obwohl einige wichtige zweizähnige Liganden mehr oder weniger exakt planare Chelatringe bei der Koordination an ein Metallzentrum bilden (2,2′-Bipyridin, 1,10-Phenanthrolin, Acetylacetonat, u. a.), ist dies bei den meisten Chelatliganden nicht der Fall. Das klassische Beispiel ist das bereits mehrfach erwähnte Ethan-1,2-diamin (*en*), das bei Koordination an ein Metallatom einen gewellten, helikal-chiralen Chelatring ausbildet (Abb. 8.6).

Berücksichtigt man die in Abbildung 8.6 gezeigten Ringkonformationen, so ergeben sich z. B. für quadratisch-planar und tetraedrisch konfigurierte Komplexe des Typs [M(*en*)$_2$] jeweils drei Stereoisomere (Konformere): Das racemische Paar δδ/λλ mit molekularer C_2-Symmetrie und die achirale δλ-Form (C_s). Da die Energiebarriere für die Umwandlung der einzelnen Formen und die Energiedifferenz zwischen den Konformeren sehr gering ist, können diese Stereoisomeren nicht als solche isoliert werden.

Von größerer Bedeutung als die vierfach koordinierten Komplexe sind die oktaedrischen Verbindungen des Typs [M(*en*)$_3$]. Wie gezeigt wurde, besitzen diese bereits ohne Berücksichtigung der Ligandkonformationen helikale Chiralität (Δ/Λ). Berücksichtigt man die nicht planaren Ringkonformationen in diesen Komplexen, so gibt es für die Koordinationseinheit die folgenden Konformere, die jeweils als Δ/Λ-Enantiomerenpaare auftreten: Δ(δδδ)/Λ(λλλ), Δ(δδλ)/Λ(λλδ), Δ(δλλ)/Λ(λδδ), Δ(λλλ)/Λ(δδδ). Die Koordinationseinheiten mit Chelatringen gleicher Konformation sind D_3-symmetrisch, während diejenigen mit unterschiedlichen Ligandkonformationen C_2-Symmetrie besitzen. Dies wird besonders deutlich, wenn man die in Abbildung 8.7 gezeigten Molekülansichten wählt.

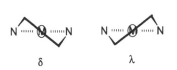

Abb. 8.6. Die beiden chiralen Konformationen des *en*-Liganden an einem Metallzentrum. Die λ/δ-Nomenklatur beruht auch hier auf der in Abbildung 8.4 erläuterten Regel der windschiefen Geraden: Die Gerade AA (Abb. 8.4) wird durch die beiden Ligandenatome, die Gerade BB durch die dazu benachbarten C-Atome definiert.

δ   λ

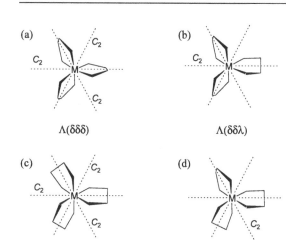

Abb. 8.7. Projektion der $\Lambda(\delta\delta\delta)$-, $\Lambda(\delta\delta\lambda)$-, $\Lambda(\delta\lambda\lambda)$-, $\Lambda(\lambda\lambda\lambda)$-Konformere von $[M(en)_3]$ entlang der dreizähligen (oder für $\Lambda(\delta\delta\lambda)$ und $\Lambda(\delta\lambda\lambda)$ pseudo-dreizähligen) Molekülachsen.

Im Fall (a) in Abbildung 8.7 liegen die C-C-Bindungen der Chelatringe fast parallel zur Molekülachse, in (c) sind sie gegenüber der C_3-Achse geneigt (ca. 30°). In den gemischten Fällen (b) und (d) findet man beide Orientierungen vor. Aufgrund der konformationsabhängigen Lage der C-C-Vektoren relativ zur (Pseudo-)-C_3-Achse der Moleküle schlugen Corey und Bailar, die als erste die Stereochemie von Chelatringen systematisch untersuchten, eine noch heute gebräuchliche Nomenklatur vor: „lel" (von *parallel*) für Ringe mit parallel ausgerichteter C-C-Bindung, „ob" (von *oblique*[49]) für Ringe mit gegenüber der Referenzachse geneigten C-C-Bindungen.[50] In unserem Fall bedeutet das:

$\Lambda(\lambda\lambda\lambda) \leftrightarrow \Lambda(ob,ob,ob)$ und $\Lambda(\delta\delta\delta) \leftrightarrow \Lambda(lel,lel,lel)$

und für die Enantiomeren:

$\Delta(\lambda\lambda\lambda) \leftrightarrow \Delta(lel,lel,lel)$ und $\Delta(\delta\delta\delta) \leftrightarrow \Delta(ob,ob,ob)$

Während die Bezeichnungen λ und δ für jeden einzelnen Chelatring eindeutig sind, läßt sich die lel/ob-Nomenklatur nur auf (oktaedrische) Koordinationseinheiten mit mindestens zwei Chelatringen anwenden. Durch die Ligandenatome der Chelatliganden und die beiden *cis*-ständigen einzähnigen Liganden ist die Pseudo-C_3-Referenzachse festgelegt, die die drei jeweiligen *cis*-Positionen ineinander überführt.

Die verschiedenen Konformere des Komplexes $[M(en)_3]$ repräsentieren lokale Minima auf der Energiehyperfläche der Moleküle. Die gemischten Konformationen sind aufgrund ihres höheren statistischen Gewichts entro-

---

[49] oblique: (engl.) schief, schräg.
[50] E. J. Corey, J. C. Bailar, *J. Am. Chem. Soc.* **1959**, *81*, 2620.

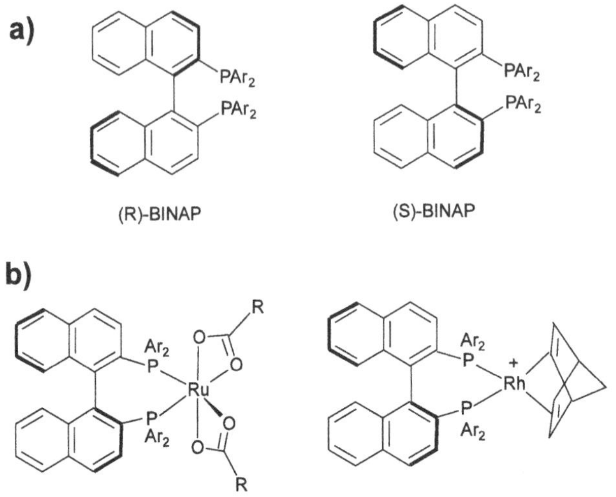

Abb. 8.8. (a) (*S*)- und (*R*)-BINAP [2,2′-Bis(diarylphosphano)-1,1′-binaphthyl]. (b) Zwei Beispiele für chirale Komplexe, die für verschiedene katalytische Transformationen Anwendung gefunden haben. Bei ihrer Benennung hat sich die Anwendung der organisch-chemischen Nomenklatur der Liganden und nicht die Ringnomenklatur der Koordinationschemie durchgesetzt.

pisch bevorzugt, was die Vorhersage des globalen Minimums der freien Enthalpie zusätzlich erschwert. Die Umwandlungen der Konformere lassen sich mitunter durch dynamische NMR-Spektroskopie verfolgen. Die Untersuchung von Chelatring-Konformationen bietet darüberhinaus das Beispiel par exellence für die Anwendung der in Kapitel 5 vorgestellten molekülmechanischen Methoden.

Die rasche Umwandlung der Ringkonformere ineinander macht ihre Isolierung in der Regel unmöglich. Sorgt man allerdings dafür, daß die Ligandkonformationen durch starke sterische Wechselwirkungen einzelner Gruppen innerhalb des Ligandgerüsts stereochemisch fixiert sind, daß also die Nicht-Planarität des Chelatringes gewissermaßen „starr" ist, so läßt sich die helikale Chiralität des Liganden zur Synthese enantiomerenreiner chiraler Komplexe ausnutzen. Das für die praktische Anwendung wichtigste Beispiel hierfür bieten die atropisomeren zweizähnigen Phosphanliganden (*S*)- und (*R*)-BINAP,[51] deren Rhodium- und Rutheniumkomplexe wichtige chirale Hydrierkatalysatoren sind (Abb. 8.8).

---

[51] Eine strenge Anwendung der Nomenklaturregeln in Kapitel 4 würde eine Kleinschreibung als „binap" fordern. Hierbei handelt es sich um ein Beispiel „praktischer" Nomenklatur, bei dem sich die IUPAC-Regeln nicht durchgesetzt haben.

Übungsbeispiel:

Benennen Sie die (S)- und (R)-BINAP-Metall-Fragmente nach der δ/l-Ring-Nomenklatur. Die beiden P-Atome definieren die AA'-Achse, die ipso-C-Atome die BB'-Achse.

Antwort:
$\{(S)\text{-BINAP}\}M : \delta; \{(R)\text{-BINAP}\}M : \lambda$

8.5 Chiralität in Mehrkern-Komplexen: ein klassisches Beispiel

In den Kapiteln 2 und 8 haben wir bereits die erste „rein anorganische" chirale Koordinationsverbindung kennengelernt, die von Alfred Werner durch Racematspaltung enantiomerenrein erhalten wurde, $[\text{Co}\{\text{Co}(\text{NH}_3)_4(\text{OH})_2)\}_3]^{6+}$. Diesen Mehrkernkomplex kann man sich aus einem Co^{3+}-Zentralion und drei $\{cis\text{-Co}^{III}(\text{NH}_3)_4(\text{OH})_2\}^+$-"Chelatliganden" aufgebaut vorstellen. Die von Werner isolierten Enantiomere waren daher das Δ und das Λ-Enantiomer, die in Abbildung 8.9 gezeigt sind.

Berücksichtigt man, daß die OH-Brückenliganden nicht trigonal-planar konfiguriert sind, so ergeben sich aufgrund der dadurch bedingten unterschiedlichen $\text{Co}(\mu\text{-OH})_2\text{Co}$-Ringkonformationen zusätzliche chirale Konformere, die sich aber in Lösung rasch ineinander umwandeln und daher für die meisten Belange keine Rolle spielen.

Alfred Werner war gut beraten, die peripheren einzähnigen NH_3-Liganden zu verwenden, statt des ihm ebenfalls wohlbekannten zweizähnigen Ethan-

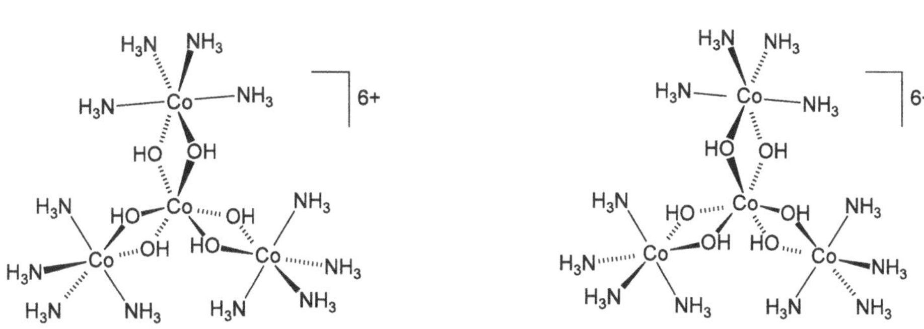

Abb. 8.9. Die Λ- und Δ-Enantiomere, die 1914 von Werner durch Racematspaltung mit Bromcamphersäure getrennt wurden.

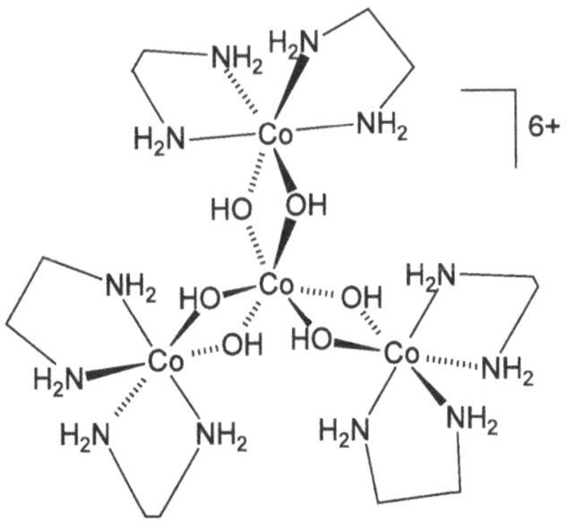

Abb. 8.10. Ein C_3-symmetrisches Stereoisomer von [Co{Co(en)$_2$(OH)$_2$}$_3$]$^{6+}$.

1,2-diamin (en). Dadurch wäre nämlich die Stereochemie des Vierkernkom-
plexes ungleich komplizierter geworden.[52] So liegen in [Co{Co(en)$_2$-
(OH)$_2$}$_3$]$^{6+}$ (Abb. 8.10) vier helikal-chirale Co-Zentren vor, die vier Enan-
tiomerenpaare bilden können: $\Delta(\Delta)_3/\Lambda(\Lambda)_3$, $\Delta\{(\Delta)_2\Lambda\}/\Lambda\{(\Lambda)_2\Delta\}$, $\Delta\{(\Lambda)_2\Delta\}/$
$L\{(\Delta)_2\Lambda\}$, $\Delta(\Lambda)_3/\Lambda(\Delta)_3$) (der erste Stereodeskriptor bezeichnet dabei die
Konfiguration des zentralen Co^{3+}-Ions).

Berücksichtigt man die δ/l-Konformationen der Chelatringe, erhält man
208 Stereoisomere; nimmt man die Nichtplanarität der Sauerstoffatome in
den OH-Brückenliganden noch hinzu, so ergeben sich 2912 Konformere...
und die anorganische Stereochemie wäre für immer in den Kinderschuhen
steckengeblieben! Diese „diffuse" Stereochemie von Mehrkernkomplexen
überwindet man durch Verwendung enantiomerenreiner Liganden, die sowohl
die Komplexkonfiguration als auch die Chelatring-Konformationen im
wesentlichen festlegen.[53] Das ist in den Metalloenzymen in lebenden Organismen der Fall, in denen die Seitenketten der chiralen Biopolymere die
Liganden darstellen.

---

[52] U. Thewalt, J. Ernst, Z. *Naturforsch. B.* **1975**, *30*, 818; U. Thewalt, K. A. Jensen, C. E.
Schäffer, *Inorg. Chem.* **1972**, *11*, 2129.
[53] Einige Beispiele für diese Strategie werden in Teil VI vorgestellt.

9 Die Wechselwirkung zwischen Ligand und Metallzentrum

9.1 Stabilitäts-Trends für Metall-Ligand-Wechselwirkungen

Die Frage der thermodynamischen Stabilität von Komplexen und ihrer quantitativen Beschreibung, die mikroskopisch durch die Summe aller interatomaren Wechselwirkungen bestimmt ist, wird uns in Teil VI dieses Buches näher beschäftigen. Hier und im folgenden Kapitel interessiert uns zunächst die Bindung zwischen Zentralatom und Ligand, die – wie wir sehen werden – als eine Lewis-Säure/Base-Wechselwirkung aufgefaßt werden kann.[54]

9.1.1 Die Irving-Williams-Reihe

In der Koordinationschemie wurden bereits frühzeitig einige grundlegende Trends erkannt, die die Stabilität von Komplexverbindungen mit bestimmten Ligand-Zentralatom-Kombinationen betreffen. Solche zunächst rein empirisch gewonnenen Erkenntnisse sind in Form von Stabilitätsreihen formuliert worden oder durch Klassifizierungen von Zentralatomen und Liganden. Ein lehrreiches Beispiel für eine solche Stabilitätsreihe wurde von Irving und Williams aufgestellt (*Irving-Williams-Reihe*).[55]

Betrachtet man die Stabilitätskonstanten (s. Teil VI) von oktaedrischen Komplexen der Metall-Dikationen $[M(L)_6]^{2+}$, so findet man ein Ansteigen der Komplexstabilität in der Reihenfolge:

$$Ba^{2+} < Sr^{2+} < Ca^{2+} < Mg^{2+} < Mn^{2+} < Fe^{2+} < Co^{2+} < Ni^{2+} < Cu^{2+} > Zn^{2+}$$

Sieht man einmal von Ligandenfeldeffekten ab (Kap. 14), so spiegelt diese Reihe die Abnahme der Ionenradien von links nach rechts wider, d. h. der Trend in den Stabilitätskonstanten ist im wesentlichen ein elektrostatischer Effekt.[56] Betrachtet man die Irving-Williams-Reihe allerdings für verschiedene Ligandtypen, so erkennt man, daß man die Stabilität von Komplexen nicht allein als Ladungsdichte-Effekt erklären kann (Abb. 9.1).

Die Ligandenatome der Liganden in Abbildung 9.1 sind O, N und S. Während in allen Fällen der Irving-Williams-Effekt beobachtet wird, so scheint er sich doch je nach der an das Metallzentrum gebundenen Atomsorte unter-

---

[54] Das Donor-Akzeptor-Bild der Bindung von Liganden an Metallzentren ist nicht immer stimmig, beschreibt die Bindungsverhältnisse in den meisten uns interessierenden Komplexen jedoch qualitativ recht gut.

[55] H. Irving, R. J. P. Williams, *Nature* **1948**, *162*, 746.

[56] Das Zn^{2+}-Ion hat eine abgeschlossene d-Elektronenschale (d^{10}-Konfiguration). Dadurch ist die Rumpfladung besser abgeschirmt als bei den Dikationen mit unvollständig besetzter d-Schale.

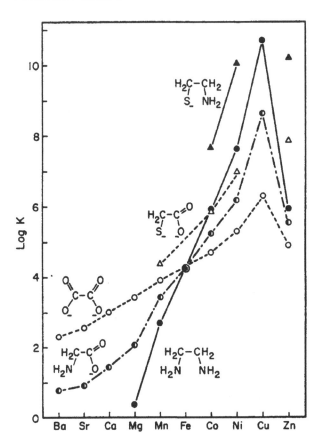

Abb. 9.1. Die Irving-Williams-Reihe für fünf verschiedene Liganden. K entspricht der Bruttostabilitätskonstanten β_2 für die Koordination der Chelatliganden (s. Kap. 19).[57]

schiedlich stark auszuwirken. Offenbar bindet ein O-Donor fester an ein Zentralion links von Mangan (z. B. die Erdalkalimetall-Dikationen) als ein N- oder S-Donor, der Trend kehrt sich bei den Metallen rechts von Mn^{2+} jedoch um. Der Vergleich der Stabilitätskonstanten der Komplexe mit verschiedenen Liganden zeigt also, daß es außer den oben erwähnten Ladungseffekten weitere Kriterien für die Komplexstabilität gibt.

9.1.2 „Gleich und Gleich gesellt sich gern": die Typeneinteilung der Zentralatome und Liganden

Grundlage einer frühen, rein empirischen Typeneinteilung von Zentralatomen (-ionen) und Liganden war die Beobachtung, daß bestimmte Liganden mit Metallionen wie z. B. Cu^+, Ag^+, Hg^{2+} und Pt^{2+} ihre stabilsten Koordinationsverbindungen bilden, andere Liganden hingegen bevorzugt an Sc^{3+}, „Ti^{4+}", Fe^{3+} oder Co^{3+} koordinieren. Ahrland, Chatt und Davies[58] klassifizierten

---

[57] H. Sigel, D. B. McCormick, *Acc. Chem. Res.* **1970**, *3*, 201.
[58] S. Ahrland, J. Chatt, N. R. Davies, *Quart. Rev. Chem. Soc.* **1958**, *12*, 265.

die zur letzteren Kategorie gehörenden Metalle als solche vom Typ A, zu dem
außerdem die Alkali- und Erdalkalimetalle sowie die leichten Übergangsmetalle in hohen Oxidationsstufen zählen. Typ B repräsentiert dann die erstge-
nannten, vor allem schweren Übergangsmetalle in niedrigeren Oxidationsstufen.

Je nachdem ob Liganden bevorzugt an Ionen des Typs A oder B koordinieren, werden diese ebenfalls als Typ-A- bzw. Typ-B-Liganden eingeordnet.
Betrachtet man nur die Ligandenatome, so ergeben sich die folgenden Tendenzen:

Stabilitätsreihe der Metall-Ligandenatom-Wechselwirkung von Typ A-Ionen	*Stabilitätsreihe der Metall-Ligandenatom-Wechselwirkung von Typ B-Ionen*
N >> P > As > Sb	N << P > As > Sb
O >> S > Se > Te	O << S J Se ≈ Te
F > Cl > Br > I	F < Cl < Br < I

Demnach gehören Liganden mit den Donoratomen N, O, F zu Typ A, während solche, die Derivate der schwereren Homologe sind, als Typ-B-Liganden
bezeichnet werden. Die in dieser Tabelle zusammengefaßten Trends geben die
Beobachtung wieder, daß z. B. Phosphane und Thioether mit Metallen des
Typs B, also Ag^+, Hg^{2+}, Pt^{2+} etc. stabile Komplexe bilden, während Fluoro-,
Ammin- und Aqua-Liganden bevorzugt an Be^{2+}, Al^{3+}, "Ti^{4+}" und Co^{3+} koordinieren. Zusammenfassend bedeutet diese Klassifizierung also, daß Metallionen und Liganden *von jeweils gleichem Typ* die stabilsten Komplexe bilden.

9.1.3 Das Konzept der harten und weichen Säuren und Basen

Die im vorigen Abschnitt vorgestellte ursprüngliche Kategorisierung von
Metallionen und Liganden wurde von R. G. Pearson im Rahmen eines verallgemeinerten Konzepts zur Klassifizierung von Lewis-Säuren und -Basen verfeinert und ausgebaut.[59] Das Konzept umfaßt Bereiche von Säure-Base-
Wechselwirkungen, die weit über die Koordinationschemie hinausgehen. Es
läßt sich aber besonders gut auf Metallkomplexe anwenden, wenn man
berücksichtigt, daß die Komplexbildung auch als Wechselwirkung zwischen
Lewis-Säuren (Zentralatom/ion) und -Basen (Liganden) aufgefaßt werden
kann.

Ionen und Ligandenatome des Typs A sind qualitativ gesehen kleine (bei
Kationen häufig höhergeladene), nur schwach polarisierbare Spezies und
erhielten die Bezeichnung *harte Säuren* und *Basen*. Vertreter des Typs B

---

[59] R. G. Pearson, *J. Am. Chem. Soc.* **1963**, *85*, 3533. Siehe auch: R. G. Pearson, *Hard and
Soft Acids and Bases*, Dowden, Hutchinson and Ross, Stroudsburg, **1973**; T.-L. Ho, *Hard
and Soft Acids and Bases Principle in Organic Chemistry*, Academic Press, New York,
1977; R. G. Pearson, *Inorg. Chim. Acta.* **1995**, *240*, 93. Eine gut verständliche Einführung
in die Thematik bietet: H. Werner, *Chem. in Unserer Zeit* **1967**, 135.

sind hingegen größere, polarisierbare Metallionen und Liganden, die Pearson daher auch *weiche Säuren* und *Basen* nennt. Für die Bindung harter und weicher Säuren und Basen gilt die Regel:

S + :B → S-B
- *Harte Basen B binden bevorzugt an harte Säuren S.*
- *Weiche Basen B binden bevorzugt an weiche Säuren S.*

Diese Regel drückt die thermodynamische Bevorzugung der Kombinationen weich-weich und hart-hart gegenüber den gemischten Komplexen aus:

$$\text{hw} + \text{wh} \rightleftarrows \text{ss} + \text{ww} \quad \Delta H < 0$$
$$[\text{h} = \text{hart, w} = \text{weich}]$$

Diese einfache Reaktionsgleichung bildet den Kern des Pearson-Konzepts, wirft aber gleichzeitig eine grundsätzliche Frage auf: Wie lassen sich die hier eingeführten Begriffe quantifizieren? Problematisch scheint dies vor allem, da in der Definition der harten und weichen Säuren und Basen keine eigentliche Aussage über die *Stärke* der Säuren und Basen gemacht wird.[60]

Ein früher Vorschlag von Pearson ist die zweiparametrische empirische Beziehung für die Bindungsenergie: $-\Delta H_{\text{Bind}} = S_S S_B + \sigma_S \sigma_B$, wobei $S_{S/B}$ die „intrinsische" Säure/Basenstärke und $\sigma_{S/B}$ ein Parameter für die „Weichheit" einer Säure/Base ist. Diese Art der Parametrisierung ist unbefriedigend und ähnelt einem Ansatz von Drago und Wayland,[61] in dem die Bindungsenergie in ionische und kovalente Anteile aufgeteilt wird: $-\Delta H = E_S E_B + C_S C_B$ ($E_{S/B}$ und $C_{S/B}$ sind Parameter, die den Anteil der ionischen bzw. kovalenten Bindungsenergie an der Gesamtenergie repräsentieren). Beide Konzepte lassen sich nicht miteinander in Beziehung setzen und letzteres ist zudem stark von dem Medium abhängig, in dem die Säure/Base-Gleichgewichte untersucht werden.

Auch wenn es daher keine universelle Beziehung für die Härte von Säuren und Basen gibt, so bieten sich doch eine Reihe experimenteller Möglichkeiten an, die Härte (Weichheit) von Metallionen und Liganden relativ zueinander festzulegen, wie im folgenden Abschnitt erläutert wird.

9.1.4. Experimentell gewonnene Härte-Skalen für Metallionen und Liganden

Die Grundlage für eine empirische Reihe relativer Härte von Lewis-Säuren und -Basen bildet die Gleichgewichtsreaktion in der Gasphase:

---

[60] Es ist lediglich von einer *bevorzugten* Bindung die Rede!
[61] R. S. Drago, B. B. Wayland, *J. Am. Chem. Soc.* **1965**, *87*, 3571.

$$S\text{-}B'_{(g)} + S'\text{-}B_{(g)} \rightleftarrows S\text{-}B_{(g)} + S'\text{-}B'_{(g)}$$
(S,S' = Lewis-Säuren; B,B' = Lewis-Basen)

Betrachtet man auf der Grundlage dieses Gleichgewichts die Härte von Monokationen, so ist es sinnvoll, ihre Wechselwirkung (Bindungsenergie) mit
Monoanionen von bekanntermaßen sehr unterschiedlicher Härte zu vergleichen. Fluorid und Iodid sind eine häufig gewählte Kombination, zumal eine
Fülle von Bindungsenergie-Daten zur Verfügung steht.[62] Untersucht wird
also das Gleichgewicht:

$$SF_{(g)} + S'I_{(g)} \rightleftarrows SI_{(g)} + S'F_{(g)}$$

wobei die Differenz $\Delta = D°_{SF} - D°_{SI}$ ($D°$ = *Standardbindungsenergie*) ein
Maß für die Härte von S ist; je größer Δ ist, desto härter ist also S^+! Wendet
man diese Methode auf einwertige Metallkationen an, so erhält man eine Här-
teskala der Kationen (Tabelle 9.1)

Tabelle 9.1.   Empirische Härteparameter Δ für Metall-Monokationen.

Kation (Lewissäure)	$D°_{SF}$ [kJ·mol^{-1}]	$D°_{SI}$ [kJ·mol^{-1}]	Δ [kJ·mol^{-1}]
Li$^+$	574	344	230
Na$^+$	515	289	226
Tl$^+$	440	268	172
Cs$^+$	494	344	150
Cu$^+$	427	314	113
Ag$^+$	365	256	109

Mit abnehmendem Wert Δ werden die Kationen weicher, wobei sich der
Trend mit der älteren Einteilung in Typ A und B deckt. Für höher geladene
Kationen, wie sie im Zentrum der Komplexe des Werner-Typs vorkommen,
lassen sich prinzipiell auf ähnliche Weise Reihen relativer Härte erstellen.
    Die vergleichende Klassifizierung von Basen (Liganden) wird ganz analog
durchgeführt, indem man die Differenzen der Bindungsenergien mit Säuren
sehr unterschiedlicher Härte bildet. Häufig werden dabei die Kombinationen
H^+ (hart) / CH_3^+ (weich) oder H^+ (hart) / CH_3Hg^+ (weich) zugrundegelegt.
Eine solche Reihe ist in Tabelle 9.2. wiedergegeben, wobei $\Delta' = D°_{HB} -
D°_{CH_3B}$:

---

[62] Eine ausführliche Darstellung des methodischen Vorgehens findet man in: R. G. Pearson, *J. Am. Chem. Soc.* **1988**, *110*, 7684.

Tabelle 9.2. Empirische Härteparameter für Monoanionen.

Anion (Lewisbase)	$D°_{HB}$ [kJ·mol^{-1}]	$D°_{CH_3B}$ [kJ·mol^{-1}]	Δ' [kJ·mol^{-1}]
F$^-$	570	456	114
OH$^-$	499	385	114
Cl$^-$	432	356	76
Br$^-$	369	293	76
SH$^-$	381	310	71
I$^-$	297	235	62
CN$^-$	520	511	9
H$^-$	436	440	-4

Die hier vorgestellten empirischen Härteskalen für Monokationen und -anionen lassen sich in ähnlicher Weise für neutrale und mehrfach geladene Spezies gewinnen. In Tabelle 9.3 sind die wichtigsten Metallkationen und Liganden nach den meist verwendeten drei Kategorien der Härte (harte Säure/Base, weiche Säure/Base, Grenzfall) eingeteilt. Zu beachten ist dabei, daß die Grenzen zwischen den Kategorien nicht scharf gezogen werden können und in einigen Fällen eine Zuordnung allein über das Ligandenatom nicht möglich ist. Letzteres ist z. B. bei Stickstoff-Donorliganden der Fall. Während Stickstoff als kleines, elektronegatives Atom der zweiten Periode in der Regel als hart eingestuft wird, ist der Pyridin-Ligand, der wesentlich weicher als z. B. NH$_3$ zu sein scheint, als Grenzfall einzustufen. Wie wir später sehen werden, hängt dies mit der Fähigkeit des Pyridins zu π-Wechselwirkungen mit dem Zentralatom zusammen (s. Abschn. 9.2).

Tabelle 9.3. Einteilung der wichtigsten Metallkationen und Liganden nach ihrer Härte.

harte Säuren	Grenzfälle	weiche Säuren
Li$^+$, Na$^+$, K$^+$, Rb$^+$, Cs$^+$, Be^{2+}, Mg^{2+}, Ca^{2+}, Sr^{2+}, Ba^{2+}, Sc^{3+}, Ln$^{3/4+}$, An$^{3/4+}$,[63] Ti^{4+}, Zr^{4+}, VO^{2+}, Cr^{3+}, Mn^{3+}, Fe^{3+}, Co^{3+}	Fe^{2+}, Co^{2+}, Ni^{2+}, Cu^{2+}, Zn^{2+}, Rh^{3+}, Ir^{3+}, Ru$^{2+/3+}$, Os^{2+}	Pd^{2+}, Pt^{2+}, Cu$^+$, Ag$^+$, Au$^+$, Cd^{2+}, Hg$_2^{2+}$, Hg^{2+}, Tl$^+$, Tl^{3+}, alle Metallatome in der Oxidationsstufe 0

harte Basen	Grenzfälle	weiche Basen
NH$_3$, RNH$_2$, N$_2$H$_4$, H$_2$O, ROH, R$_2$O, OH$^-$, NH$_2^-$, O^{2-}, RO$^-$, NO$_3^-$, SO$_4^{2-}$, F$^-$, Cl$^-$	py, N$_2$, N$_3^-$, NO$_2^-$, SO$_3^{2-}$, Br$^-$	RNC, CO, R$_3$P, (RO)$_3$P, R$_3$As, R$_2$S, RSH, H$^-$, CN$^-$, RS$^-$, I$^-$

Das Konzept der harten und weichen Säuren und Basen war ursprünglich zur Erklärung von Komplexbildungsreaktionen in wässriger Lösung formu-

---

[63] Ln = Lanthanoide, An = Actinoide.

liert worden. Metallionen wurden in Hinblick auf ihre bevorzugte Komplexierung durch bestimmte Ligandentypen (s. o.) als hart oder weich eingestuft. Bei der Diskussion von Gleichgewichten in wässriger Lösung muß die Solvatation der beteiligten Komplexe und Liganden berücksichtigt werden und natürlich die Tatsache, daß das Reaktionsmedium selber ein harter Ligand ist! Betrachten wir das Ligandenaustausch-Gleichgewicht:

$$[ML_n(H_2O)](aq) + Y(aq) \rightleftarrows [ML_nY](aq) + H_2O$$

Hier sind insgesamt vier Säure-Base-Wechselwirkungen zu berücksichtigen: ML_n mit H_2O, ML_n mit Y, Y mit dem Lösungsmittel H_2O, und dieses mit sich selbst (als konstant anzusetzen).[64] Ist ML_n eine harte Säure und Y ein weicher Ligand, so wird $\Delta G°$ positiv oder bestenfalls schwach negativ sein, das Gleichgewicht wird also wahrscheinlich auf der linken Seite liegen. Ist Y ein harter Ligand, so konkurriert er mit dem ebenfalls harten Liganden Wasser bei der Bindung an M, zudem wird Y auch noch gut solvatisiert. Die Lage des Gleichgewichts ist mit dem Pearson-Konzept nicht vorherzusagen. Eindeutig ist die Situation, wenn sowohl ML_n als auch Y weich sind. In diesem Fall ist eine stark negative freie Reaktionsenthalpie $\Delta G°$ zu erwarten.

Für Komplexgleichgewichte *in wässriger Lösung* kann man aus dieser Diskussion schließen, daß harte Säuren nicht nur keine stabilen Komplexe mit weichen Basen bilden, sondern selbst von harten Basen unter Umständen nur schwach komplexiert werden. Weiche Säuren und Basen bilden hingegen stabile Komplexe in wässriger Lösung, und nimmt man die weiche Säure Pd^{2+}(aq) als Referenzsystem, so ergibt sich die folgende Stabilitätsreihe: $Cl^- \ll Br^- \approx N_3^- \approx SCN^- < RS^- < CN^-$.

Bereits kurz nach der Formulierung des Konzepts der harten und weichen Säuren wies C. K. Jørgensen auf eine besondere Manifestation des Prinzips in oktaedrischen Komplexen hin, die er mit dem Begriff *Symbiose* beschrieb.[65] Unter Symbiose verstand er die Beobachtung, daß die Koordination harter Liganden an ein Zentralatom dessen Härte erhöht und dieses damit zu einem guten Akzeptor für weitere harte Liganden wird. Umgekehrt erhöht die Koordination weicher Liganden die Fähigkeit eines Metallzentrums, weitere weiche Liganden zu binden. Während das Cobaltzentrum in $[Co(NH_3)_5]^{3+}$ ein harter Ligandenakzeptor (harte Lewis-Säure) ist, ist das Komplexfragment $[Co(CN)_5]^{2-}$ eine weiche Säure. Dieser Unterschied zeigt sich in der bindungsisomeren Koordination des Thiocyanatoliganden:

---

[64] Die Solvatationsenergie der beiden beteiligten Komplexe ist als ungefähr gleich anzunehmen und wird daher nicht berücksichtigt.

[65] Das Postulat der Symbiose ist in der Koordinationschemie, wenn überhaupt, dann nur auf oktaedrische Komplexe anwendbar und sollte auch dort eher als „Faustregel" verstanden werden. In quadratisch-planar konfigurierten Koordinationsverbindungen gilt eher der umgekehrte Trend, daß es auf die „richtige Mischung" verschiedener Ligandtypen ankommt (Antisymbiose). Auf die Gründe hierfür wird in Abschnitt 10.3 eingegangen.

$[Co(NH_3)_5(NCS)]^{2+}$ aber $[Co(CN)_5(SCN)]^{3-}$

Mit Hilfe des Konzepts der Symbiose lassen sich die bevorzugten Bindungsformen ambidenter Liganden in oktaedrischen Komplexen in vielen Fällen
recht gut vorhersagen.

9.1.5 Die theoretische Begründung des Konzepts

Die Überlegungen des vorigen Abschnitts beschreiben einen Aspekt der
Wechselwirkung zwischen Lewis-Säuren und -Basen bei der Bildung von
Komplexen. Die Vorstellungen zur chemischen Härte oder Weichheit einer
Säure/Base, die empirisch gewonnen wurden, sind eng verknüpft mit der
Größe und Polarisierbarkeit der Elektronenhüllen der beteiligten Atome/
Moleküle. Ihre theoretische Beschreibung muß also von der Elektronendich-
teverteilung der untersuchten Moleküle (Atome) ausgehen. Eine leistungsfä-
hige Methode zur Beschreibung von Elektronendichteverteilungen und -ver-
schiebungen zwischen Molekülfragmenten ist die Dichtefunktionaltheorie.

An dieser Stelle genügt es, darauf hinzuweisen, daß die Energie eines
Atoms oder Moleküls in seinem Grundzustand eindeutig durch die Elektronendichteverteilung dieses Grundzustands bestimmt ist, damit also ein Funktional $E\{\rho\}$ der Elektronendichteverteilung ρ ist.[66] Die Elektronendichteverteilung ist wiederum abhängig von dem Potential der Atomkerne $v(r)$ (deren
Anordnung und Kernladung) und der Gesamtzahl der Elektronen des
Systems. Die Tendenz eines Atoms oder Moleküls, ein Elektron aus der
Hülle abzugeben, ist als das *chemische Potential* des Systems $\mu = (\partial E/\partial N)_v$
definiert.[67] Dieser Differentialquotient kann als Mittelwert der beiden Differenzenquotienten der Energie, die mit der Ionisation, und der Energie, die
mit der Aufnahme eines Elektrons verküpft sind, angenähert werden („Drei-
punktnäherung" Abb. 9.2).

Bei Anwendung dieser Näherung ergibt sich

$$\mu \approx -\frac{(I + A)}{2} \qquad\qquad (9.1)$$

---

[66] Ein Funktional ist allgemein ein Operator, der eine Menge von Elementen (hier: Funktionen) in eine Menge von reellen oder komplexen Zahlen abbildet, also in diesem Falle
eine „Funktion von Funktionen". Beispiele für Funktionale sind das bestimmte Integral
oder der Erwartungswert einer quantenmechanischen Observablen, der ein Funktional der
Wellenfunktion ist.

[67] Die partielle Ableitung der Energie E nach der Zahl der Elektronen N wird bei konstant
gehaltenem Kernpotential $v(r)$ gebildet. Siehe: R. G. Parr, W. Yang, *Density-Functional
Theory of Atoms and Molecules*, Oxford University Press, Oxford, **1989**, S. 70 ff.

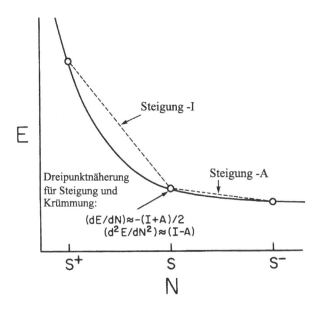

Abb. 9.2. Die Gesamtenergie des Systems S (Atom oder Molekül) als Funktion der Elektronenzahl N. Obwohl Elektronen nur als ganze abgegeben oder aufgenommen werden können, ist die Behandlung von E(N) als stetige und differenzierbare Funktion vor dem Hintergrund der Tatsache gerechtfertigt, daß wir später auch kleinere „Störungen" (Elektronenverschiebungen) bei Donor-Akzeptor-Komplexen behandeln wollen, die weniger als einer Ladungseinheit entsprechen.

wobei die beiden Differenzenquotienten I und A der E(N)-Kurve die Ionisierungsenergie bzw. die Elektronenaffinität von S sind. Bis auf das Vorzeichen ist dieser Ausdruck formal identisch mit Mullikens Definition der Elektronegativität und wird deshalb als *absolute Elektronegativität* χ bezeichnet:[68]

$$\chi = \frac{(I + A)}{2} \qquad\qquad (9.2)$$

---

[68] Die absolute Elektronegativität bezieht sich auf Moleküle, Ionen, Radikale und freie Atome. Sie ist also beispielsweise eine Eigenschaft des freien Atoms im Grundzustand. Mulliken betrachtete hingegen Atome in Molekülen in ihren „Valenzzuständen", und darauf beziehen sich auch die Größen I und A in Mullikens Definition. Während Mullikens Elektronegativität sich mit Paulings ursprünglicher Definition in Bezug setzen läßt, gilt dies nicht für die absolute Elektronegativität. Es ist deshalb auch vorgeschlagen worden, den Elektronegativitätsbegriff nicht im Zusammenhang mit der Thematik dieses Kapitels zu verwenden und sich stattdessen ausschließlich auf das chemische Potential zu beziehen. Da er in der Literatur zum Konzept der harten und weichen Säuren und Basen in der hier vorgestellten Weise ausgiebig Verwendung findet, schließen wir uns dieser Forderung nicht an. Zur aktuellen Kontroverse um den Elektronegativitätsbegriff siehe z. B.: R. G. Pearson, *Acc. Chem. Res.* **1990**, *23*, 1 sowie L. C. Allen, *Acc. Chem. Res.* **1990**, *23*, 175.

Drückt das chemische Potential also die Entweichungstendenz eines Elektrons aus der Elektronenwolke aus, so quantifiziert die absolute Elektronegativität (aufgrund des entgegengesetzten Vorzeichens) die Tendenz, ein Elektron aufzunehmen, eine Betrachtungsweise, die der ursprünglichen Definition Paulings nahekommt (aber nicht identisch mit ihr ist, siehe Fußnote 68).

Mit der absoluten Elektronegativität (bzw. dem chemischen Potential) läßt sich also eine für die Chemie wichtige Eigenschaft von Atomen und Molekülen ausdrücken. Die zweite uns interessierende Eigenschaft ist nicht durch die Steigung, sondern die Krümmung der E(N)-Kurve in Abbildung 9.2 gegeben und entspricht damit der zweiten partiellen Ableitung von E nach N:

$$\eta = \left(\frac{\partial^2 E}{\partial N^2}\right)_v \qquad (9.3)$$

Diese Größe wurde von Parr und Pearson als *absolute Härte* definiert.[69] Um sie chemisch zu verstehen, drücken wir die Krümmung von E(N) näherungsweise durch die Differenz der beiden Differenzenquotienten aus:[70]

$$\eta \approx \frac{(I - A)}{2} \qquad (9.4)$$

Betrachten wir die Reaktion $S + S \rightarrow S^+ + S^-$, so ergibt sich aus Abbildung 9.2 dafür eine Reaktionsenergie von $\Delta E = I - A$. Dies ist aber nichts anderes als das in dem vorangegangenen Abschnitt eingeführte Konzept der Härte: Geringe Härte (d. h. kleine Werte von η) bedeutet, daß der Elektronentransfer von S nach S leicht ist, was sicherlich dann der Fall ist, wenn S polarisierbar, also „weich", ist. Die hier diskutierte absolute Härte η läßt sich daher mit der empirisch festgelegten Härte in Beziehung setzen. Eine wesentliche Einschränkung gibt es allerdings! Die quantitative Anwendung der Beziehungen *(9.1)* und *(9.4)* ist streng genommen nur bei neutralen Molekülen möglich, da ansonsten die bereits diskutierte Näherung in *(9.1)* und *(9.4)* ihre Gültigkeit verliert. In Tabelle 9.4 sind aus I und A berechnete Werte einer Reihe neutraler Metallatome und Liganden zusammengestellt.

---

[69] R. G. Parr, R. G. Pearson, *J. Am. Chem. Soc.* **1983**, *105*, 7512. Die inverse Größe $\sigma = 1/\eta$ wird häufig als Weichheit (softness) eines Teilchens definiert.

[70] Krümmung = Änderung der Steigung. Der Faktor 1/2 ist willkürlich gewählt aus Gründen der Symmetrie zur Definition von μ.

Tabelle 9.4. Mit Gleichungen *(9.1)* und *(9.4)* berechnete absolute Elektronegativitäten χ und absolute Härten η von neutralen Liganden und Metallatomen (in eV) unter Verwendung experimentell bestimmter Werte für I und A.

Metallatome					Neutralliganden				
Atom	I	A	χ	η	Ligand	I	A	χ	η
Fe	7.87	0.25	4.06	3.81	N_2	15.60	−2.20	6.70	8.90
Co	7.80	0.70	4.30	3.60	CO	14.00	−1.80	6.10	7.90
Ni	7.64	1.15	4.40	3.25	CH_3CN	12.20	−2.80	4.70	7.50
Ru	7.40	1.50	4.50	3.00	PF_3	12.30	−1.00	5.65	6.65
Rh	7.46	1.14	4.30	3.16	C_2H_4	10.50	−1.80	4.35	6.15
Pd	8.34	0.56	4.45	3.89	Me_2S	8.70	−3.30	2.70	6.00
W	7.98	0.82	4.40	3.58	Me_3P	8.60	−3.10	2.75	5.85
Os	8.70	1.10	4.90	3.80	Me_3As	8.70	−2.70	3.00	5.70
Ir	9.10	1.60	5.35	3.75	CS	11.71	0.20	5.96	5.23
Pt	9.00	2.10	5.55	3.55	py	9.30	−0.60	4.35	4.95

Übungsbeispiel (Vergleich der Härte von Ca^{2+} und Fe^{2+}):

a) *Berechnen Sie die absolute Elektronegativität und Härte der beiden Dikationen Ca^{2+} und Fe^{2+} mit Hilfe der Näherungsformeln (9.1) und (9.4) ($I_{(2)}$ und $I_{(3)}$ sind jeweils die zweite und dritte Ionisierungsenergie der Atome).*

	Ca^{2+}	Fe^{2+}
$I_{(2)}$	9.87 eV	16.18
$I_{(3)}$	51.21	30.64

b) *Interpretieren Sie das Ergebnis.*

Antwort:

a) Für beide Dikationen ist $I = I_{(3)}$ und $A = I_{(2)}$, d. h. der Wert der zweiten Ionisierungsenergien der Atome entspricht den Werten der Elektronenaffinitäten der Dikationen.

Ca^{2+}: $\chi = 30.54$ eV, $\eta = 20.67$ eV; Fe^{2+}: $\chi = 23.41$ eV, $\eta = 7.23$ eV.

b) Das Ergebnis gibt die Erfahrungstatsachen qualitativ korrekt wieder: Fe^{2+} ist weicher als Ca^{2+}, und beide Kationen sind wesentlich elektronegativer[71] als die Neutralatome (s. Tabelle 9.4). Jedoch entspricht z. B. $I_{(3)}$ von Calcium nicht mehr einer Ionisation aus der Valenzschale, weshalb die daraus gewonnenen Parameter (χ und η) sicherlich keine quantitative

---

[71] Im Sinne der Definition der aboluten Elektronegativität (s. o.).

Aussage über das Bindungsverhalten des Dikations erlauben. Mit anderen Worten, aus den atomaren Parametern von Kationen (und vor allem auch Anionen) lassen sich die Werte χ und η nicht auf einfache Weise bestimmen. Da die meisten Zentralatome und Liganden in Koordinationsverbindungen ionisch sind, bedeutet dies eine erhebliche Einschränkung, was die quantitative Anwendbarkeit der hier skizzierten Theorie betrifft. Es gibt bis dato keine allgemeine Theorie der absoluten Härte, die alle Teilchenarten umfaßt.

Um das Prinzip der harten und weichen Säuren und Basen aus dem theoretischen Blickwinkel noch etwas näher zu beleuchten, betrachten wir die Folgen der Komplexbildung aus einer Lewis-Säure und Lewis-Base. Bei der Bildung eines solchen Säure-Base-(Metall-Ligand-)-Komplexes S-B findet eine Elektronenverschiebung von B nach S statt, bis sich die chemischen Potentiale (also auch die absolute Elektronegativität) in beiden Komplexhälften angeglichen haben.[72] Die mit der Elektronenverschiebung ΔN veränderte Energie der Komponenten S und B läßt sich durch den folgenden Reihen-Ansatz ausdrücken:

$$E_S = E_{S^\circ} + \mu_{S^\circ}(\Delta N) + \eta_S(\Delta N)^2 + ...$$
$$E_B = E_{B^\circ} - \mu_{B^\circ}(\Delta N) - \eta_B(\Delta N)^2 + ...$$

Für die chemischen Potentiale von S und B gilt im Komplex:[73]

$$\mu_S = \mu_{S^\circ} + 2\eta_S\Delta N = \mu_B = \mu_{B^\circ} - 2\eta_B\Delta N \qquad (9.5)$$

Die Elektronenverschiebung ΔN zwischen S und B ist daher gegeben durch:

$$\Delta N = \frac{(\mu_{B^\circ} - \mu_{S^\circ})}{2\,(\eta_S + \eta_B)} \qquad (9.6)$$

Diese einfache Näherungsformel für die Ladungsverschiebung zwischen S und B läßt sich unmittelbar interpretieren. Die Triebkraft für den Elektronenfluß ΔN ist die Differenz der chemischen Potentiale (Differenz der Elektronegativitäten!) von S und B. Als „Widerstand" wirkt diesem Ladungstransfer die

---

[72] Dieses Prinzip der Angleichung der Elektronegativität verschiedener Atome oder Molekülgruppen innerhalb eines Moleküls wurde erstmals von Sanderson 1951 formuliert: R. T. Sanderson, *Science* **1951**, *114*, 670. Es scheint allerdings, als ob Sandersons Bedingung nur für die absolute Elektronegativität (also das chemische Potential) gilt, nicht jedoch für andere Konzepte der Elektronegativität. L. C. Allen, *Acc. Chem. Res.* **1990**, *23*, 175.

[73] Diese Beziehung wird durch partielle Differentiation der beiden Energie-Ausdrücke nach N (s. Definition von μ!) und Gleichsetzung der chemischen Potentiale erhalten.

Summe der absoluten Härte von S und B entgegen.[74] Je weicher S und B sind, desto mehr Elektronendichte wird von B nach S verschoben und die Bindung zwischen beiden Komponenten kann als im wesentlichen kovalent (koordinativ) aufgefaßt werden. Sind S und B jedoch hart, so findet fast kein Ladungstransfer statt, die Bindung ist in diesem Falle ionisch. Bei den Kombinationen hart/weich tritt weder eine Stabilisierung durch kovalente noch durch starke ionische Wechselwirkung ein.

Man kann die Definitionen der absoluten Härte auch vom Standpunkt der Molekülorbitaltheorie verstehen.[75] Nach Koopmans Theorem sind die Grenzorbitalenergien gegeben durch:

$$-\varepsilon_{HOMO} = I \quad \text{und} \quad -\varepsilon_{LUMO} = A$$

In Abbildung 9.3. ist das Grenzorbitalschema für zwei Teilchen unterschiedlicher Härte, aber gleicher Elektronegativität skizziert. Die Elektronegativität ist durch die horizontale gestrichelte Linie wiedergegeben, während die unterschiedliche Härte durch die vertikalen gestrichelten Linien repräsentiert wird.

Die Abbildung verdeutlicht, daß harte Moleküle durch einen großen, weiche hingegen einen kleinen HOMO-LUMO-Abstand charakterisiert sind. Das verträgt sich gut mit den ursprünglichen empirischen Vorstellungen zur Härte: Weiche Säuren und Basen haben eine hohe Polarisierbarkeit. Aus dem quantenmechanischen Ausdruck für die Polarisierbarkeit folgt, daß Moleküle mit kleinem HOMO-LUMO-Abstand eine hohe, solche mit größem HOMO-LUMO-Abstand eine geringe Polarisierbarkeit besitzen.[76]

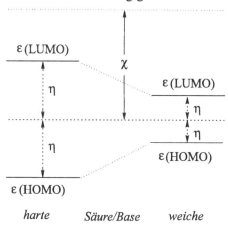

Abb. 9.3. Molekülorbitalschema, das die Beziehung zwischen der Energiedifferenz der Grenzorbitale und der Härte zweier Systeme gleicher absoluter Elektronegativität zeigt.

---

[74] Es handelt sich hierbei um eine typische lineare Fluß-Gleichung, wie sie z. B. auch das Ohmsche Gesetz darstellt.

[75] R. G. Pearson, *Inorg. Chem.* **1988**, *27*, 734; *Chem. Br.* **1991**, 444.

[76] Ein Näherungsausdruck für die Polarisierbarkeit eines Moleküls ist $\alpha = \frac{h^2 e^2 N}{4\pi^2 m_e \Delta^2}$, wobei Δ der HOMO-LUMO-Abstand ist. Siehe auch: P. W. Atkins, *Molecular Quantum Mechanics*, 2. Aufl., Oxford University Press, Oxford, **1982**, S. 349 ff.

Die Beziehung zwischen der Weichheit ($\sigma = 1/\eta$) eines Liganden (einer Lewis-Base) und dem HOMO-LUMO-Abstand erklärt auch, weshalb Liganden mit energetisch niedrig liegenden Akzeptor-Orbitalen (mit π-Symmetrie) Beispiele für ausgesprochen weiche Liganden sind. Je besser die Orbitalüberlappung zwischen besetzten Metall-zentrierten (d-)Orbitalen und den Ligand-Akzeptor-Orbitalen ist, desto ausgeprägter ist die Ladungsverschiebung zwischen beiden Zentren, umso weicher sind folglich die an der Wechselwirkung beteiligten Bindungspartner. Das erklärt auch, weshalb bei vergleichenden Studien zur Weichheit (Härte) von Liganden nicht unbedingt diejenigen mit den schwereren (also polarisierbareren!) Ligandenatomen die stabileren Metall-Ligand-Bindungen zu weicheren Metallzentren bilden. So zeigen beispielsweise Phosphor und Schwefel das ausgeprägteste weiche Verhalten unter den Elementen dieser Gruppen, da sie besser als ihre schwereren Homologen zu π-Wechselwirkungen mit weichen Metallzentren befähigt sind. Vor diesem Hintergrund sollten auch die in Tabelle 9.4. angegebenen Werte für die absolute Härte der Neutralliganden mit einer gewissen Vorsicht interpretiert werden. Das σ- und π-Bindungsvermögen verschiedener Ligandklassen werden wir in Abschnitt 9.2 näher kennenlernen.

Daß es eine Korrespondenz zwischen Weichheit und π-Akzeptorvermögen eines Liganden gibt, läßt sich anhand einer Reihe typischer „π-Säuren" (s. Abschn. 9.2) verdeutlichen. Aufgrund einer Reihe empirischer Kriterien, die in Abschnitt 9.2 erläutert werden, nimmt das π-Bindungsvermögen wie folgt ab:

$$CS > CO \approx PF_3 > N_2 > C_2H_4 > PR_3 \geq AsR_3 \approx R_2S > CH_3CN > py \qquad (I)$$

Diese Reihe läßt sich nun mit derjenigen abfallender absoluter Weichheit vergleichen. Am besten geschieht dies, wenn man den Ladungstransfer, der zwischen den Liganden und einem neutralen (weichen) Zentralatom bei der Bindung an dieses stattfindet, vergleicht. Als Zentralatom wählen wir das Nickelatom ($\chi = 4.40$ eV, $\eta = 3.25$ eV). Unter Anwendung von Gleichung (9.6) ergibt sich für ΔN folgende Reihe:

$$CS > N_2 > CO > PF_3 \gg py \approx CH_3CN > C_2H_4 \gg AsR_3 > PR_3 > R_2S \qquad (II)$$

Die ersten vier Liganden, also die „weichsten", sind durch ausgeprägte π-Wechselwirkung gekennzeichnet. Die Abweichungen von der Reihe (I) ergeben sich durch die Nichtberücksichtigung des π-Überlappungsvermögens zwischen Ligand- und Metallatom (z. B. bei der falschen relativen Anordnung von CO und N_2 und der Überschätzung des Ladungsaustausches bei der Koordination von CH_3CN) und zeigen damit Grenzen des hier vorgestellten Konzepts auf. Um die Wechselwirkung zwischen Zentralatom und Liganden besser zu verstehen, müssen wir uns daher detaillierter mit den Grenzorbitalen beider Komplexkomponenten und dem sich daraus ergebenden jeweiligen Bindungsvermögen beschäftigen.

9.2 σ- und π-Donor/Akzeptor-Wechselwirkungen zwischen Ligand und Zentralatom

Das klassische Bild einer kovalenten Bindung zwischen Ligand und Zentralatom ist das einer σ-Donor-Akzeptor-Bindung zwischen einem Elektronenpaar in einem nichtbindenden (Donor-)Orbital des Liganden und einem Akzeptororbital des Zentralatoms (Abb. 9.4).

Eine reine Metall-Ligand-σ-Bindung liegt jedoch in den seltensten Fällen vor. Zusätzliche Ligand-Metall-π-Wechselwirkungen können in vielen der „klassischen" Koordinationsverbindungen einen entscheidenden Einfluß auf die elektronischen Eigenschaften des Komplexes haben (s. Kap. 16). Eine besondere Rolle spielt das π-Bindungsvermögen der Liganden in Metalloproteinen, die z. B. an Elektronenübertragungs-Ketten beteiligt sind. Dadurch

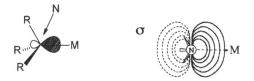

Abb. 9.4. σ-Metall-Ligand-Bindung eines koordinierten Amins; rechts: Konturdiagramm des bindenden Molekülorbitals.

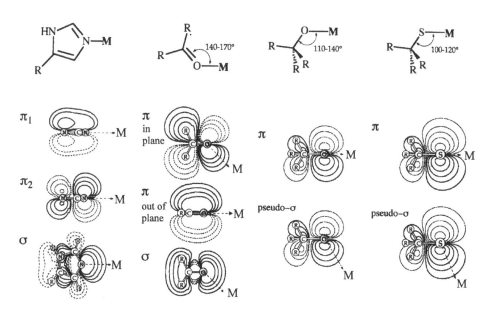

Abb. 9.5. Das σ- und π-Bindungsvermögen typischer Liganden in der bioanorganischen Chemie [aus: R. H. Holm, P. Kennepohl, E. I. Solomon, *Chem. Rev.* **1996**, *96*, 2239].

kann das Redoxpotential der Metallzentren sowie die Möglichkeit eines Elektronentransfers zwischen verschiedenen Zentren über das Ligand-(Protein-)Bindungsgerüst („Superaustausch", s. Abschn. 18.6) beeinflußt werden. Die σ- und π-Wechselwirkungen von funktionellen Gruppen in der Seitenkette von Proteinen mit Metallen (Metallionen) sind in Abbildung 9.5 zusammengefaßt.

Bei den in Abbildung 9.5 zusammengefaßten Beispielen sind die Liganden σ- und π-Donoren. Das σ- und π-Donorvermögen der harten Alkoxo- und Aryloxoliganden spielt eine wichtige Rolle bei ihrer Verwendung zur Stabilisierung von Komplexen, in denen das Metallzentrum in einer hohen Oxidationszahl vorliegt und damit elektronenarm ist.[77] In ganz ähnlicher Weise bewirken dies Dialkylamido-Liganden, in denen das Stickstoffatom das harte Donorzentrum ist. Sowohl Alkoxo- als auch Amidoliganden haben daher breite Anwendung in der Koordinationschemie der frühen Übergangsmetalle gefunden, die in der Regel in hohen Oxidationsstufen vorliegen (Abb. 9.6).

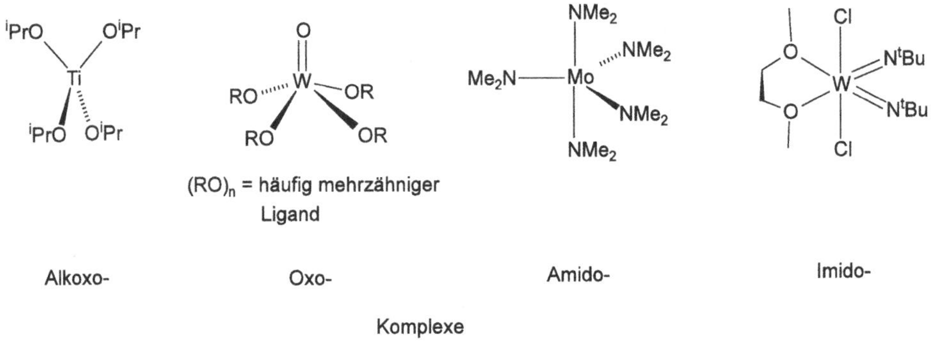

Abb. 9.6. Beispiele für Alkoxo-, Oxo-, Amido- und Imido-Komplexe von Metallen in hohen Oxidationsstufen.

π-Donorbindungen zwischen Ligand und Metall spielen eine noch größere Rolle in Komplexen mit Imido- oder Oxo-Liganden, in denen die Liganden neben der σ-Donorbindung zwei π-Bindungen zum Zentralatom ausbilden können (Abb. 9.7).

---

[77] Die Wechselwirkung zwischen den formal hochgeladenen harten Metallzentren und den geladenen harten Liganden hat einen erheblichen ionischen Charakter, wie auch das Pearson-Konzept nahelegt.

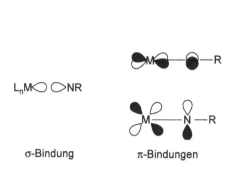

L$_n$M○ ○NR

σ-Bindung   π-Bindungen

Abb. 9.7. Vereinfachtes Grenzorbital-schema für eine Imido-Metall-Bindung. Sofern das Metallzentrum geeignete π-Akzeptororbitale hat, ist die Ausbildung der beiden π-Bindungen möglich, was sich in der annähernden Linearität der R-N=M-Einheit manifestiert. Ist dies nicht der Fall, findet man gewinkelte Ligandstrukturen, wobei der Grad der Abwinkelung fast kontinuierlich variierbar ist und im wesentlichen von den Eigenschaften der anderen an das Metall gebundenen Liganden abhängt.[78]

9.2.1 Die π-Rückbindung und der σ-Donor-π-Akzeptor-Synergismus

Im vorigen Abschnitt wurden Beispiele für π-Donorwechselwirkungen von Liganden mit Metallzentren diskutiert. Hierbei sind die Zentralatome in der Regel in höheren Oxidationsstufen, die leeren d-Orbitale können also als π-Akzeptor-Orbitale fungieren. Bei den elektronenreichen, späten Übergangsmetallen können besetzte Metall-d-Orbitale aber auch Donororbitale *zum* Liganden sein. Die wichtigste Klasse von Komplexverbindungen, deren Strukturen und chemische Eigenschaften durch solche Metall-Ligand-"Rückbindungen" charakterisiert sind, sind die Metallcarbonyle.

Obwohl sich CO nur als schwache Lewis-Base z. B. gegenüber BH$_3$ verhält, bildet es dennoch äußerst stabile Komplexe mit Übergangsmetallen in niedrigen Oxidationsstufen. Dieser Befund läßt sich nicht allein auf die Eigenschaften der Metall-Ligand-σ-Bindung zurückführen, vielmehr liegt hier ein Beispiel für eine Metall-Ligand-Bindung vor, deren Stabilität wesentlich durch eine π-Wechselwirkung bestimmt wird. In einer einfachen Grenzorbital-Betrachtung werden die in Abbildung 9.8 skizzierten bindenden Wechselwirkungen berücksichtigt.

Den größten Anteil an der Stärke der Metall-Ligand-Bindung hat die σ-Donor-Wechselwirkung des nichtbindenden (bezüglich der C-O-Bindung schwach antibindenden) Orbitals am C-Atom des Carbonyl-Liganden[79] mit einem Akzeptor-d-Orbital des Zentralatoms. Dadurch wird die negative Ladung am Metallzentrum erhöht, die wiederum durch die π-Rückbindung teilweise an den Liganden zurückgegeben wird. Dies wird durch Überlappung eines besetzten d-Orbitals geeigneter Symmetrie (s. auch Kap. 16) mit einem leeren π*-Orbital des CO's erreicht. Der „Rückfluß" von Elektronendichte

---

[78] Eine detaillierte Diskussion der elektronischen und strukturellen Eigenschaften von Imido-komplexen findet man z. B. in : T. R. Cundari, *J. Am. Chem. Soc.* **1992**, *114*, 7879.

[79] Dieses Donororbital ist schwach antibindend bezüglich der C-O-Bindung, weshalb die Koordination an einen reinen σ-Akzeptor wie z. B. BH$_3$ auch zu einer Stärkung der CO-Bindung führt. Das zeigt sich experimentell in einer höheren Frequenz der C-O-Streck-schwingung in einem solchen Komplex (v = 2164 cm^{-1}) im Vergleich zu freiem CO (v = 2143 cm^{-1}).

Orbital-Korrelationsdiagramm von CO

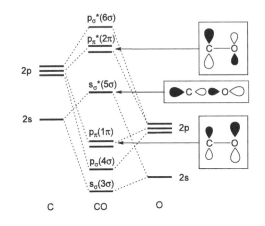

C   CO   O

Bindung von CO an Übergangsmetalle

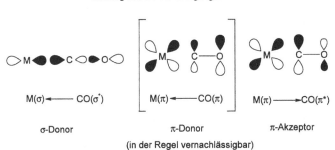

σ-Donor   π-Donor   π-Akzeptor
                    (in der Regel vernachlässigbar)

Abb. 9.8. Oben: Orbital-Korrelationsdiagramm von CO. Die an der Metall-CO-Bindung beteiligten Orbitale sind rechts abgebildet. Unten: σ-(und π-)Donor und π-Akzeptor-Wechselwirkung der Grenzorbitale des Fragments M-CO (M = Übergangsmetall). Die π-Donor-Wechselwirkung kann für alle praktischen Belange vernachlässigt werden.

zum Liganden über die π-Bindung erhöht dann seinerseits das σ-Donorvermögen des Donor-Orbitals am Kohlenstoffatom. σ-Donor- und π-Rückbindung beeinflussen sich also gegenseitig im Sinne einer Stärkung der Metall-Ligand-Bindung, weshalb man auch vom *σ-Donor/π-Akzeptor-Synergismus* spricht.[80]

Die experimentellen Belege für das postulierte Bindungsmodell stammen vor allem aus kristallographischen Daten der Carbonylkomplexe und der IR-Spektroskopie. Metall-CO-Abstände sind deutlich kürzer, als dies für Einfachbindungen zu erwarten wäre. Beim Strukturvergleich besteht allerdings die Unsicherheit über den Kovalenzradius des Übergangsmetalls. Man vergleicht daher am besten Metall-C-Bindungen innerhalb desselben Komplexes, wie z. B. in dem Carbonylderivat [Re(CH$_3$)(CO)$_5$]. Dabei wird die Methyl-Re-Bindung als reine Einfachbindung angenommen und beim Bindungslängenvergleich die bekannten Kovalenzradien für sp^3- (CH$_3$) und sp-hybridisierten (CO) Kohlenstoff zugrundegelegt:

---

[80] Das hier diskutierte Bindungsmodell wird auch nach seinen Urhebern als „Dewar-Chatt-Duncanson-Modell" bezeichnet.

$d(\text{Re-CH}_3) - r_{\text{kov.}}(\text{sp}^3\text{-C}) = 231\,\text{pm} - 77\,\text{pm} = 154\,\text{pm}$ (Kovalenzradius von Re)

$r_{\text{kov.}}(\text{Re}) + r_{\text{kov.}}(\text{sp-C}) = 154\,\text{pm} + 70\,\text{pm} = 224\,\text{pm}$ („Einfachbindungslänge" für Re-CO)

Der in der Kristallstruktur von $[\text{Re(CH}_3)(\text{CO})_5]$ gefundene Re-CO-Abstand von 200.4(4) pm ist also ca. 24 pm kürzer als einer theoretischen Einfachbindung entspräche. Solche M-C-Bindungsverkürzungen um 20–40 pm gegenüber den für reine Einfachbindungen zu erwartenden Werten sind charakteristisch für Metallcarbonylkomplexe und geben einen Hinweis auf den Mehrfachbindungscharakter der M-CO-Bindung.

Die zur Untersuchung der π-Akzeptor-Wechselwirkung aussagekräftigste spektroskopische Methode ist die IR-Spektroskopie, mit der man den Grad der Rückbindung in die CO-π^*-Orbitale und damit die CO-Bindungsschwächung anhand der Frequenzen der C-O-Streckschwingung bestimmen kann. Wie empfindlich die C-O-Streckschwingung von der elektronischen Population der π^*-Orbitale abhängt, zeigt die drastische Verringerung der ν(C-O)-Frequenz, die mit der Anregung eines Elektrons aus dem n-Orbital [σ^*(2s)-Orbital in Abb. 9.8] am Kohlenstoffatom in ein π^*-Orbital einhergeht: 2143 cm^{-1} für den elektronischen Grundzustand, 1489 cm^{-1} für den Singulett-Zustand der Anregung in ein π^*-Orbital.

Die Bedeutung der π-Rückbindung zeigt sich in der Absenkung der ν(CO)-Frequenzen bei steigender negativer Komplexladung (Tabelle 9.5).

Tabelle 9.5. IR-Frequenzen einiger Metallcarbonyl-Komplexe.

Verbindung	ν(CO) [cm^{-1}]
$[\text{Mn(CO)}_6]^+$	2090
$[\text{Cr(CO)}_6]$	2000
$[\text{V(CO)}_6]^-$	1860
$[\text{Ti(CO)}_6]^{2-}$	1748

Die Empfindlichkeit der Carbonyl-Streckschwingungsfrequenzen gegenüber Veränderungen der elektronischen Verhältnisse in CO-Komplexen läßt sich ihrerseits als „Sonde" zur Untersuchung der π-Akzeptor-Eigenschaften anderer Liganden nutzen. Diese Möglichkeit wurde bei der Auswertung der IR-Spektren einfach substituierter Hexacarbonylkomplexe des Chroms, Molybdäns und Wolframs berücksichtigt. Die entscheidende Vorstellung bei der Interpretation der Ergebnisse ist der „Wettbewerb" zweier *trans*-ständiger Liganden bei der π-Wechselwirkung mit einem d-Orbital des Zentralmetallatoms (Abb. 9.9).

Eine geeignetere Meßgröße für die C-O-Bindungsstärken als die IR-Frequenzen sind die C-O-Kraftkonstanten, die sich aus den ν(CO)-Banden-Spektren berechnen lassen. Eine in der Vergangenheit häufig verwendete Näherung, mit der ohne großen Aufwand die CO-Kraftkonstanten bestimmt werden können, und die deshalb bei vergleichenden Untersuchungen zum σ-

(a)   (b)

Abb. 9.9.   π-Akzeptor-Wechselwirkung zweier *trans*-ständiger Liganden. (a) Gleich starke π-Bindung bei zwei zueinander *trans*-ständigen CO-Liganden. (b) Ist L ein schwächerer π-Akzeptor-Ligand als CO, so wird das d-Orbital in Richtung des Carbonylliganden polarisiert und erreicht damit eine bessere π-Überlappung. Schwächere *trans*-ständige π-Akzeptoren als CO stärken daher die M-CO π-Bindung, was sich sowohl in den Strukturdaten niederschlägt als auch an einer niedrigeren ν(CO)-Frequenz festzustellen ist.

Donor- und π-Akzeptor-Verhalten von Liganden an Carbonylkomplex-Fragmenten verwendet worden ist, stammt von Cotton und Kraihanzel („CK-Methode")[81] Die dabei wichtigste Näherung ist die Annahme, daß die CO-Kraftkonstanten allein aus den CO-Schwingungsfrequenzen berechnet werden können, weil diese bei viel höheren Wellenzahlen (> 1850 cm^{-1}) beobachtet werden als die anderen Schwingungen (< 700 cm^{-1}) in den meisten einfachen Metallcarbonylen und deren Derivaten. Eine weitere Näherung ist die Behandlung des Schwingungsproblems als ein rein harmonisches[82] sowie die Vorstellung, daß sich der Einfluß eines Liganden auf die CO-Kraftkonstanten der *cis*- und *trans*-ständigen CO-Liganden unterschiedlich, aber in einem konstanten Verhältnis auswirkt. Durch die aus solchen Untersuchungen gewonnenen CO-Kraftkonstanten ergibt sich die folgende Reihe abnehmender π-Akzeptorstärke:

$$NO > CO > RNC > PF_3 > PCl_3 > P(OR)_3 > PR_3 > RCN > R_3N > R_2O > ROH$$

---

[81] F. A. Cotton, C. S. Kraihanzel, *J. Am. Chem. Soc.* **1962**, *84*, 4432.

[82] Diese Näherung ist eigentlich nicht gerechtfertigt, da die Anharmonizitätseffekte der CO-Schwingungen im Bereich von 20–30 cm^{-1} liegen können, bei Differenzen der Bandenlagen in den Spektren von z.T. J 100 cm^{-1}.

Übungsbeispiel:

Versuchen Sie, mit den Ergebnissen der Cotton-Kraihanzel-Näherung, die σ- und π-Effekte der Liganden L auf die Carbonyl-Schwingungsfrequenzen in den oktaedrischen Komplexen [M(L)(CO)$_5$] zu separieren. Machen Sie dabei folgende Annahmen:

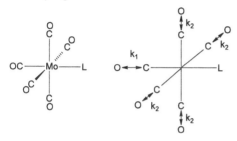

1) Die Kraftkonstante der ν(CO)-Schwingung trans zu L sei k$_1$, die der CO-Liganden cis-ständig zu L sei k$_2$. Die Unterschiede der beiden Kraftkonstanten in zwei verschiedenen Komplexen [M(L)(CO)$_5$], Δk$_1$ und Δk$_2$ seien auf das Zusammenspiel der unterschiedlichen σ-Donor und π-Akzeptoreigenschaften, Δσ und Δπ, zurückzuführen.

2) Die Ladungsübertragung auf dem σ-Donor-Weg wirkt sich auf alle CO-Liganden gleich aus: Δk$_1$ = Δk$_2$ = Δσ.

3) Die Änderung des π-Akzeptorverhaltens (Δπ) beim Vergleich von L und L' wird Δk$_1$ stärker beeinflussen als Δk$_2$, und zwar um den Faktor 2. (Das läßt sich damit begründen, daß der CO-Ligand trans zu L mit zwei π-Orbitalen von L über zwei d-Orbitale des Metalls wechselwirkt, während die cis-ständigen CO-Liganden nur über ein d-Orbital mit L wechselwirken können.)

Antwort:[83]
Aus den Annahmen 2 und 3 ergibt sich für die Gesamtänderungen der Kraftkonstanten k$_1$ und k$_2$ (die aus der CK-Analyse der IR-Spektren gewonnen werden können) aufgrund der σ- *und* π-Wechselwirkung:

$$\Delta k_1 = \Delta\sigma + 2\Delta\pi \text{ und } \Delta k_2 = \Delta\sigma + \Delta\pi \tag{9.7}$$

Dieses Gleichungssystem *(9.7)* erlaubt eine Separierung der Δσ- und Δπ-Werte zweier Liganden L und L' in Komplexen des oben erwähnten Typs. Als Bezugssystem für eine Δσ- und Δπ-Skala wird am besten ein Ligand gewählt, der ausschließlich σ-Donor-Charakter hat. Unter Verwendung von Cyclo-

[83] W. A. G. Graham, *Inorg. Chem.* **1968**, *7*, 315.

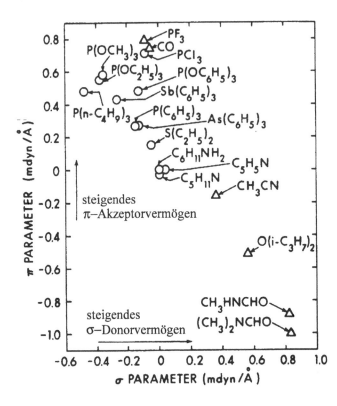

Abb. 9.10. Relative σ und π-Parameter für Pentacarbonylmolybdän-Derivate (W. A. G. Graham, *Inorg. Chem.* **1968**, *7*, 315).

hexylamin als Bezugsligand wurde eine Δσ- und Δπ-Skala für eine Reihe von Liganden L in den Komplexen [Mo(L)(CO)$_5$] aufgestellt (Abb. 9.10)

Wie man in Abbildung 9.10 sieht, haben Phosphan-Liganden ausgeprägte π-Akzeptor-Eigenschaften und zwar umso stärker, je elektronegativer die Substituenten am Phosphor sind. Die Frage, welche Rolle die nicht besetzten 3d-Orbitale des Phosphors bei der π-Akzeptorwechselwirkung koordinierter Phosphane spielen, war lange Zeit umstritten. Aufgrund quantenchemischer Studien hat sich die Vorstellung durchgesetzt, nach der in PX$_3$-Liganden die P-X-σ*-Orbitale primär an der π-Akzeptor-Wechselwirkung beteiligt sind.[84] Das erklärt auch die verstärkte π-Bindung bei elektronegativen Substituenten X, da mit steigender Polarität der P-X-Bindung in Richtung X die Orbitalkoeffizienten der σ*-Orbitale am Phosphor größer werden, was wiederum eine bessere Überlappung mit den Metall-d-Orbitalen ermöglicht. Die d-Orbitale sind nur indirekt an der π-Bindung durch Hybridisierung mit den P-X-σ*-Orbitalen beteiligt. Sie spielen die Rolle von Polarisationsfunktionen, die ebenfalls eine Verstärkung der π-Überlappung mit den d-Orbitalen des Zentralatoms bewirken (Abb. 9.11).[85]

---

[84] S.-X. Xiao, W. C. Trogler, D. E. Ellis, Z. Berkovich-Yellin, *J. Am. Chem. Soc.* **1983**, *105*, 7033; D. S. Marynick, *J. Am. Chem. Soc.* **1984**, *106*, 4064.

[85] G. Pacchioni, P. S. Bagus, *Inorg. Chem.* **1993**, *31*, 4391.

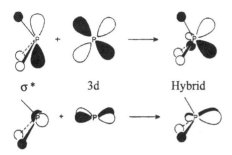

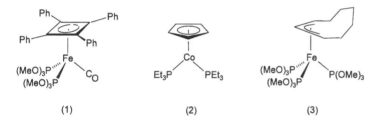

Abb. 9.11. σ^*-3d-Hybridisierung der π-Akzeptor-Orbitale in PX_3.

Da die P-X-σ^*-Orbitale an der π-Rückbindung mit dem Metallzentrum beteiligt sind, müßte sich ihre partielle Population mit d-Elektronen des Metalls, und damit die Stärkung (Verkürzung) der M-P-Bindung, in einer Schwächung (Verlängerung) der P-X-Bindung ausdrücken. Von einer Reihe Phosphan-substituierter Übergangsmetallkomplexe wurden Kristallstruktur-analysen sowohl vom Neutralkomplex als auch vom monokationischen Produkt einer Einelektronenoxidation durchgeführt. Anhand dieser ansonsten identisch substituierten Verbindungspaare läßt sich der hier beschriebene Effekt verdeutlichen (Tabelle 9.6):[86]

Tabelle 9.6. M-P- und P-X-Abstände in Phosphan-Komplexen (die Abstände sind jeweils Mittelwerte). Wie erwartet geht mit einer Verringerung der Elektronendichte am Metall (Oxidation) eine Absenkung der M-P-Bindungsordnung (schwächere M→P π-Rückbindung) und damit eine Stärkung der P-X-Bindungen (geringere Population der P-X-σ^*-Orbitale) einher.

Verbindung	Ladung	Gegenion	d(M-P) / [Å]	d(P-X) / [Å]
1	0		2.146(1)	1.598(3)
	+1	BF_4^-	2.262(2)	1.579(6)
2	0		2.218(1)	1.846(3)
	+1	BF_4^-	2.230(1)	1.829(3)
3	0		2.138(1)	1.621(1)
	+1	BF_4^-	2.153(2)	1.600(2)

[86] A. G. Orpen, N. G. Connelly, *J. Chem. Soc., Chem. Commun.* **1985**, 1311.

9.2.2 π-Bindung, Polarisierbarkeit und die Beziehung zum Pearson-Konzept: ein Beispiel

Das Vorhandensein einer Metall-Ligand π-Bindung läßt sich mitunter direkt aus der Polarisierbarkeit eines Moleküls entlang einer bestimmten molekularen Achse ableiten, sofern man ein geeignetes Bezugssystem hat, in dem von einer reinen σ-Bindung ausgegangen werden kann. Die Vorgehensweise, die – jenseits aller indirekten Hinweise auf eine π-Bindung aus Strukturdaten oder spektroskopischen Daten – das Verhalten der Elektronen mehr oder weniger direkt erfaßt, soll an einem gut dokumentierten Beispiel erläutert werden.[87]

Es handelt sich dabei um das „Komplexpaar" $[M(CO)_5\{P(OCH_2)_3CMe\}]$ und $[M(CO)_5\{N(CH_2CH_2)_3CH\}]$ (M = Cr, Mo, W) (Abb. 9.12), wobei die Frage nach dem π-Akzeptorcharakter des Phosphitliganden im Vordergrund des Interesses steht. Bezugssystem sind die Komplexe mit dem Chinuclidin-Liganden, in denen von einer reinen N-M-σ-Bindung ausgegangen werden kann.

Erste Hinweise auf Unterschiede in den Metall-Ligand Bindungen offenbart die Messung der elektrischen Dipolmomente (Tabelle 9.7).

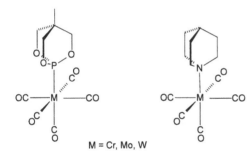

Abb. 9.12. Molekülstrukturen der Komplexe $[M(CO)_5\{P(OCH_2)_3CMe\}]$ (links) und $[M(CO)_5\{N(CH_2CH_2)_3CH\}]$ (rechts); $N(CH_2CH_2)_2CH$ = „Chinuclidin" häufig als *qncd* abgekürzt. Die Molekülachse liegt in der z-Achse des Koordinatensystems, auf das sich in der weiteren Diskussion bezogen wird.

M = Cr, Mo, W

Tabelle 9.7. Elektrische Dipolmomente der Komplexe $[M(CO)_5\{P(OCH_2)_3CMe\}]$ und $[M(CO)_5(qncd)]$ sowie der freien Liganden (in Dioxan bei 298 K gemessen).

Verbindung	Elektr. Dipolmoment $\mu/10^{-30}$ C·m
$N(CH_2CH_2)_3CH$ (*qncd*)	3.8
$P(OCH_2)_3CMe$	13.8
$[Cr(CO)_5\{N(CH_2CH_2)_3CH\}]$	18.8
$[Mo(CO)_5\{N(CH_2CH_2)_3CH\}]$	21.0
$[W(CO)_5\{N(CH_2CH_2)_3CH\}]$	21.5
$[Cr(CO)_5\{P(OCH_2)_3CMe\}]$	23.0 (ber.: 28.8)
$[Mo(CO)_5\{P(OCH_2)_3CMe\}]$	24.3 (ber.: 31.0)
$[W(CO)_5\{P(OCH_2)_3CMe\}]$	25.2 (ber.: 31.5)

[87] M. J. Aroney, M. S. Davies, T. W. Hambley, R. K. Pierens, *J. Chem. Soc., Dalton Trans.* **1994**, 91.

Die in Klammern gesetzten Werte in der rechten Spalte von Tabelle 9.7 wurden unter der vereinfachenden Annahme der Vektoradditivität der Dipolmomente und der Beziehung

$$\mu_{ber.} = \mu[M(CO)_5(qncd)] - \mu[qncd] + \mu[P(OCH_2)_3CMe]$$

erhalten. Es ist unwahrscheinlich, daß die starke Abweichung der gemessenen Werte von denen unter der Annahme der Additivität der Dipolmomente berechneten lediglich auf ein unterschiedliches σ-Donorvermögen des tertiären Amin- und Phosphitliganden zurückzuführen ist.[88] Vielmehr kann man annehmen, daß ein partieller Ladungsausgleich durch eine π-Rückbindung für die Reduktion des Gesamtdipolmoments in den Phosphitkomplexen verantwortlich ist. Dennoch erlaubt diese Messung noch keine Trennung der σ- und π-Bindungseffekte. Der direkte Nachweis einer π-Wechselwirkung wird erst möglich, wenn man die unterschiedlichen Polarisierbarkeitstensoren beider Moleküle mit Hilfe des elektrooptischen Kerr-Effekts bestimmt, wobei man annimmt, das sich eine π-Bindung durch eine erhöhte Polarisierbarkeit des Moleküls entlang dieser Achse manifestieren sollte.[89]

Während für die *qncd*-substituierten Komplexe negative Kerr-Konstanten bestimmt wurden, was bedeutet, daß die Maximalkomponente (das maximale Diagonalelement) des Polarisierbarkeitstensors *senkrecht* zur Molekülachse (und damit auch zur N-M-Bindung) liegt, findet man für die Phosphit-substituierten Komplexe die Maximalkomponente des Polarisierbarkeitstensors hingegen *in Richtung* der Molekül- also auch der P-M-Achse. Die Differenz zwischen den Parallel- und Transversalkomponenten der Polarisierbarkeitstensoren der Phosphitkomplexe ist zudem wesentlich größer, als bei Vorhandensein reiner M-P-σ-Bindungen zu erwarten wäre.[90]

Die hier skizzierten Ergebnisse lassen sich nur mit der Annahme eines Ligand-π-Akzeptor-Charakters des Phosphitliganden vereinbaren und bieten

---

[88] Diese Annahme wird gestützt durch die Ähnlichkeit der elektrischen Dipolmomente von Me₃NBH₃ und Me₃PBH₃ (16.1 bzw. 16.6 · 10⁻³⁰ C·m).

[88] Diese Annahme wird gestützt durch die Ähnlichkeit der elektrischen Dipolmomente von Me_3NBH_3 und Me_3PBH_3 (16.1 bzw. 16.6 · 10^{-30} C·m).

[89] *Elektrischer Kerr-Effekt:* Unter Einwirkung eines elektrischen Feldes auftretende Doppelbrechung von sonst isotropen Flüssigkeiten oder Gasen, deren Moleküle ein permanentes elektrisches Dipolmoment und einen anisotropen Polarisierbarkeitstensor besitzen. Die Ausrichtung der Moleküle im elektrischen Feld bewirkt, daß ein Lichtstrahl, der senkrecht zum äußeren elektrischen Feld das Medium durchdringt, in zwei linear polarisierte Strahlen zerlegt wird, die sich mit unterschiedlicher Geschwindigkeit ausbreiten. Für Licht der Wellenlänge λ ergibt sich dabei nach Durchlaufen einer Strecke l ein experimentell bestimmbarer Gangunterschied Δl/λ = K·l·E² (E = elektr. Feld), so daß es die Versuchsanordnung (Kerr-Zelle) elliptisch polarisiert verläßt. Die *Kerr-Konstante* ist ein charakteristischer Stoffwert, aus dessen Größe und Vorzeichen sich die Differenz der Komponenten (Diagonalelemente) des Polarisierbarkeitstensors parallel und senkrecht zum Dipolvektor des Moleküls ergibt. Ist K positiv, so ist die Komponente des Polarisierbarkeitstensors parallel zum elektrischen Dipolvektor größer als diejenige senkrecht dazu. Bei negativen Werten von K gilt das Umgekehrte.

[90] Die Argumentation ist ähnlich wie für die Dipolmomente (s. o.).

gleichzeitig einen direkten Einblick in die elektronischen Konsequenzen einer solchen π-Wechselwirkung. Zudem wird die experimentell bestimmte Polarisierbarkeit (des Moleküls) mit der Polarisierbarkeit der Bindung und damit dem π-Charakter in Beziehung gesetzt. Die Rolle, die die Polarisierbarkeit bei der Charakterisierung der π-Bindung spielt, erinnert an die Diskussion zur Weichheit von π-Akzeptorliganden am Ende von Abschnitt 9.1.4!

9.3 Der *Trans*-Einfluß

Mit Abbildung 9.9 wurde bereits qualitativ auf die gegenseitige Beeinflussung von in *trans*-Stellung zueinander angeordneten Liganden an einem Übergangsmetallatom eingegangen. Die Koordination zweier Liganden mit unterschiedlich starkem π-Akzeptorcharakter (CO und Phosphan) führt zu einer Stärkung der π-Rückbindung und damit der Metall-Ligand-Bindung des besseren π-Akzeptors. Zwei *trans*-ständige CO-Liganden, die um die gleichen Metall-d-Orbitale für ihre Rückbindung „konkurrieren", schwächen sich gegenseitig in bezug auf ihre Bindung an das Metallzentrum. Die Beeinflussung, vor allem die *Schwächung* einer Metall-Ligand-Bindung durch einen *trans*-ständigen Liganden bezeichnet man allgemein als *Trans-Einfluß* dieses Liganden.[91]

Der *Trans*-Einfluß ist in erster Linie mit Hilfe von röntgenkristallographischen, schwingungs- und NMR-spektroskopischen Methoden untersucht worden. In Kristallstrukturen wird die Verlängerung einer *trans* angeordneten M-L-Bindung als Hinweis auf einen *Trans*-Einfluß gewertet. Eine nützliche spektroskopische Sonde zur Untersuchung des *Trans*-Einflusses ist die ^1J(ML)-NMR-Kopplungskonstante, sofern das Metallatom M und das Ligandenatom L NMR-aktive Kerne haben.

Es gibt mehrere theoretische Modelle zur Erklärung des *Trans*-Einflusses von Liganden. Die Ergebnisse von MO-Berechnungen lassen sich auf die allgemeine Aussage reduzieren, daß es ungünstig ist, wenn sich zwei Liganden für ihre Metall-Ligand-Bindungen das gleiche Metallatom-Orbital teilen, wie wir dies ja bereits bei den Carbonylkomplexen gesehen haben.

Pearson hat darauf hingewiesen, daß sich zwei zueinander *trans*-ständige weiche Liganden an einem weichen Metallzentrum gegenseitig destabilisieren. Das ist in der Komplexchemie der quadratisch-planar konfigurierten Pt(II)-Verbindungen besonders ausgeprägt. Die Bevorzugung der *trans* zueinander angeordneten Ligand-Kombinationen hart/weich wird auch als *Anti-*

---

[91] Man beachte den bereits in Kapitel 2 erwähnten Unterschied zu dem Begriff „Trans-Effekt", der die *kinetische* Labilisierung einer M-L Bindung durch einen *trans*-ständigen Liganden bezeichnet. Auf den Trans-Effekt werden wir später in Abschnitt 26.2 bei der Besprechung der Substitutionsreaktionen an Komplexen eingehen. Literatur zum Trans-Einfluß: T. G. Appleton, H. C. Clark, L. E. Manzer, *Coord. Chem. Rev.* **1973**, *10*, 335; E. M. Shustorovich, M. A. Porai-Koshits, Y. A. Buslaev, *Coord. Chem. Rev.* **1975**, *17*, 1.

symbiose in solchen Komplexen bezeichnet.[92] Beispiele für dieses antisymbiotische Verhalten findet man z. B. bei der Auflösung von Pd^{2+}- und Pt^{2+}-Salzen in Dimethylsulfoxid (dmso). Die Solvatkomplexe enthalten jeweils zwei S- und zwei O-gebundene dmso-Liganden.

Neben solchen elektronischen Einflüssen können aber auch sterische Wechselwirkungen der Liganden zu einer Verlängerung einer *trans*-M-L-Bindung führen. Eine solche sterisch bedingte Verlängerung einer Metall-Ligand-Bindung wurde bei der Diskussion der Kristallstruktur von $K_2[OsNCl_5]$ postuliert.[93] Danach soll der durch den kurzen Os-N-Abstand nahe am Metallzentrum lokalisierte Nitrido-Ligand die dazu *cis*-ständigen vier Chloro-Liganden stark abstoßen, so daß es zu einer Abwinklung der Cl-M-Bindungen von der N-Os-Achse weg kommt. Diese Verschiebung der äquatorialen Chloroliganden führt wiederum zu einer stärkeren sterischen Wechselwirkung mit dem *trans*-Cl-Liganden, welcher dieser durch Verlängerung des Os-Cl-Abstands ausweicht.

Die Ergebnisse einer in jüngerer Zeit durchgeführten MO-Berechnung dieses Komplexes deuten jedoch auch auf erhebliche elektronische Wechselwirkungen der Liganden hin.[94] Wie so häufig, läßt sich das Problem nicht auf eine einzige griffige Formel reduzieren!

---

[92] Man vergleiche die Aussagen zum Konzept der Symbiose in Komplexen in Abschnitt 9.1.4. Siehe auch: R. G. Pearson, *Inorg. Chem.* **1973**, *12*, 712.

[93] D. Bright, J. A. Ibers, *Inorg. Chem.* **1969**, *8*, 709.

[94] P. D. Lyne, D. M. P. Mingos, *J. Chem. Soc., Dalton Trans.* **1995**, 1635.

10 Komplexe mit Koordinationszahlen 2–12 und ihre stereochemischen Besonderheiten

10.1 Koordinationseinheiten mit niedrigen Koordinationszahlen (2–4)

Komplexe mit der Koordinationszahl 2 sind relativ selten und werden vorwiegend von den Metallen der 11. Gruppe und Quecksilber gebildet. Die klassischen Beispiele sind $[Ag(NH_3)_2]^+$, $[AgCl_2]^-$, $[AuX_2]^-$ (X = Cl, Br, I), $Hg(CN)_2$, $[Ag(CN)_2]^-$ und $[Au(CN)_2]^-$, wobei das Dicyanoaurat(I) große Bedeutung im technischen Prozeß der Goldgewinnung hat („Cyanidlaugerei").

Eine Möglichkeit, niedrige Koordinationszahlen zu „erzwingen", ist die Einführung sterisch anspruchsvoller Liganden. Beispiele hierfür sind die Amidoliganden $[N(SiMePh_2)_2]^-$ und $[N(Mes)BMes_2]^-$,[95] die bei Koordination an Mn^{2+}, Fe^{2+}, Co^{2+} und Ni^{2+} zu linear koordinierten Komplexen führen (Abb. 10.1).[96]

Während die Koordinationszahl 3 lange Zeit als äußerst selten galt und nur in einigen „Exoten" der Koordinationschemie beobachtet wurde, ist das Interesse an solchen niederkoordinierten Komplexen in jüngster Zeit stark gewachsen. Durch Wahl geeigneter, in der Regel sterisch anspruchsvoller Liganden läßt sich die Aggregation über Ligandbrücken oder Metall-Metall-Bindungen (s. Teil VIII) unterdrücken, wobei hochreaktive dreifach koordinierte Metallkomplexe kinetisch stabilisiert werden. Ein spektakuläres Bei-

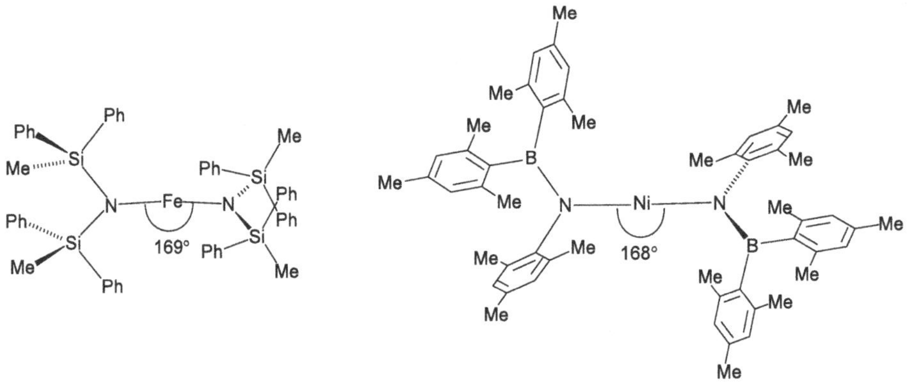

Abb. 10.1. Lineare Komplexe des Typs $[M(L)_2]$.

---

[95] Mes = 2-Mesityl ($C_6H_2Me_3$).
[96] P. P. Power, *Comments Inorg. Chem.* **1989**, 8, 177.

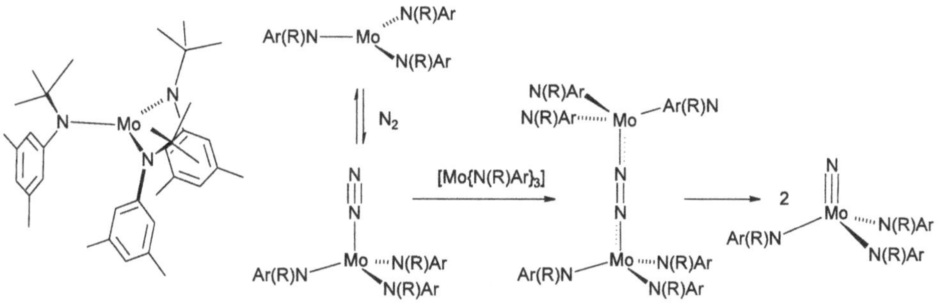

Abb. 10.2. (a) Molekülstruktur von [Mo{N(tBu)C$_6$H$_3$Me$_2$}$_3$] im Kristall; (b) Spaltung von N$_2$ durch die Komplexverbindung.

spiel ist der Komplex [Mo{N(tBu)C$_6$H$_3$Me$_2$}$_3$], der einerseits durch die sperrigen Substituenten in den Amidoliganden als Monomer stabilisiert ist, für den aber andererseits eine Reihe ungewöhnlicher Reaktionen mit verschiedenen „Substraten" gefunden wurde (Abb. 10.2).[97]

Wie bedeutend die Wahl der Liganden ist, beweisen die „einfacheren" und seit langem bekannten analogen Molybdän(III)-Verbindungen mit Dialkylamidoliganden, die sowohl in Lösung als auch im Festkörper als Zweikernkomplexe mit einer Metall-Metall-Dreifachbindung vorliegen.

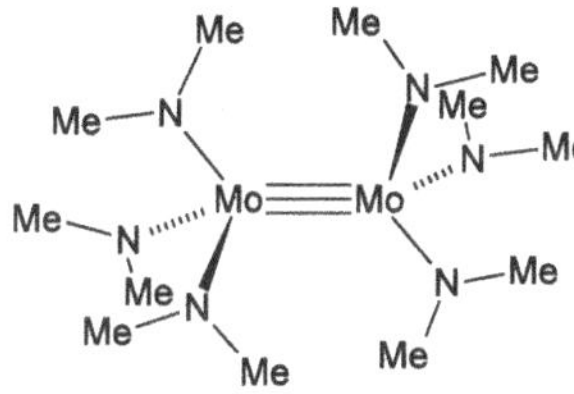

Zu den „klassischen" Vertretern trigonal-planarer Koordination zählen die Bis(trimethylsilyl)amido-Komplexe der dreiwertigen Übergangsmetalle, [M{N(SiMe$_3$)$_2$}$_3$], das Triiodomercurat-Anion und Tris(triphenylphosphan)-platin(0). Diese und andere Beispiele sind in Abbildung 10.3 wiedergegeben.

Die Koordinationszahlen 2 und 3 bieten nur eine sehr begrenzte Strukturchemie. Stereochemisch interessanter sind hingegen tetrakoordinierte Komplexverbindungen, da hier mehrere Koordinationspolyeder/polygone beobachtet werden können.

Sind die sterischen Wechselwirkungen zwischen koordinierten Liganden der bestimmende Faktor für die Koordinationsgeometrie eines Komplexes

---

[97] C. E. Laplaza, M. J. A. Johnson, J. C. Peters, A. L. Odom, E. Kim, C. C. Cummins, G. N. George, I. J. Pickering, *J. Am. Chem. Soc.* **1996**, *118*, 8623.

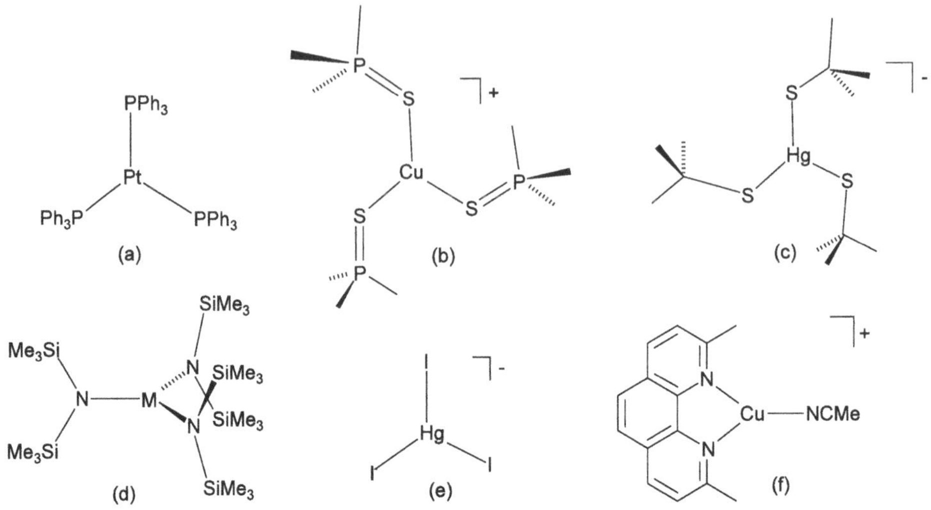

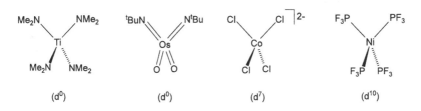

Abb. 10.3. Trigonal-planar konfigurierte Koordinationseinheiten. Verbindung (f) ist ein Beispiel für eine stark verzerrte trigonale Geometrie.

[M(L)$_4$], so wird eine tetraedrische Anordnung der Liganden bevorzugt sein. Dies ist natürlich bei stark raumerfüllenden Liganden gegeben, aber auch bei Metallzentren mit mehr oder weniger isotroper Ladungsverteilung, d. h. solchen mit d^0 und d^{10}-Konfiguration. Ferner werden Komplexe des Typs [M(L)$_4$] mit einer d-Elektronenkonfigurationen, die keine signifikante Ligandenfeld-Stabilisierungsenergie für eine bestimmte Koordinationsgeometrie erfahren, wie z. B. Co^{2+} (d^7), ebenfalls bevorzugt Liganden-Tetraeder ausbilden. Eine Auswahl tetraedrisch konfigurierter Komplexe ist in Abbildung 10.4 zusammengestellt.

Ein einkerniger tetraedrischer Komplex kann keine geometrischen Isomeren besitzen. Ganz allgemein ist die Bildung von Diastereomeren nicht möglich. Bei einer Ligandensphäre aus vier verschiedenen einzähnigen Liganden und bei Koordination von unsymmetrischen Chelatliganden können aufgrund der dadurch bedingten Chiralität der Komplexe lediglich Enantiomerenpaare vorliegen. Zur stereochemischen Beschreibung eines tetraedrischen Komple-

Abb. 10.4. Beispiele für Komplexe [M(L)$_4$] mit tetraedrischer Konfiguration.

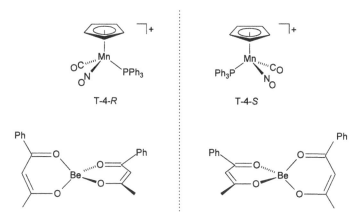

Abb. 10.5. Enantiomerenpaare der chiralen Komplexe [Mn(Cp)CO(NO)(PPh$_3$)]$^+$ und [Be(benzoylacetonat)$_2$].

xes braucht man deshalb auch nur das Polyedersymbol (T-4) und einen Chiralitätsdeskriptor (*R* oder *S*, bei Anwendung der CIP-Regeln).

Die meisten tetraedrischen Komplexe sind substitutionslabil und daher nicht enantiomerenrein isolierbar. Ausnahmen gibt es unter den metallorganischen Halbsandwich-Verbindungen, sofern man akzeptiert, daß der Cyclopentadienyl-Ligand nur eine Koordinationsstelle am Zentralatom besetzt (Abb. 10.5). Als Beispiel für einen tetraedrischen Komplex, dessen Chiralität von der Koordination zweier unsymmetrischer Chelatliganden herrührt, sei hier Bis(benzoylacetonato)beryllium genannt.

Die quadratisch-planare Anordnung von vier Liganden um ein Zentralatom ist sterisch weniger günstig als die Tetraeder-Konfiguration. Darüber hinaus können zu einer quadratisch-planaren Koordinationssphäre mit wenig raumerfüllenden Liganden ohne größere sterische Abstoßung zwei weitere Liganden addiert werden unter Ausbildung eines Koordinationsoktaeders. In Kapitel 5 wurde bereits darauf hingewiesen, daß molekülmechanische Modelle, die lediglich auf Ligand-Ligand-Wechselwirkung beruhen, die Existenz quadratisch-planarer Komplexe nicht befriedigend erklären. Vielmehr bedarf es dazu besonderer *elektronischer* Eigenschaften des Zentralatoms und der Liganden (s. auch Teil IV). Die bekanntesten Beispiele für quadratisch-planare Komplexe besitzen d^8-Zentralatome wie z. B. Ni^{II}, Pd^{II}, Pt^{II}, Co^I, Rh^I, Ir^I, Au^{III} (Abb. 10.6). Vereinzelt gibt es auch Beispiele dieser Geometrie mit Cu^{II} (d^9), Co^{II} (d^7) und Cr^{II} (d^4). Voraussetzung für die Stabilität von quadratisch-planaren Komplexen ist in der Regel die Koordination sterisch anspruchsloser Liganden (die ein „starkes Ligandenfeld" erzeugen, s. Teil IV) mit ausgeprägtem π-Bindungsvermögen (in der Regel π-Akzeptorvermögen). So ist z. B. das Tetracyanonickelat(II) quadratisch-planar konfiguriert, während die Tetrahalogenonickelate tetraedrisch sind. Bei den schweren Übergangsmetallen mit d^8-Konfiguration überwiegen hingegen die quadratisch-planaren Komplexe unabhängig von den Liganden (z. B. [PtCl$_4$]$^{2-}$).

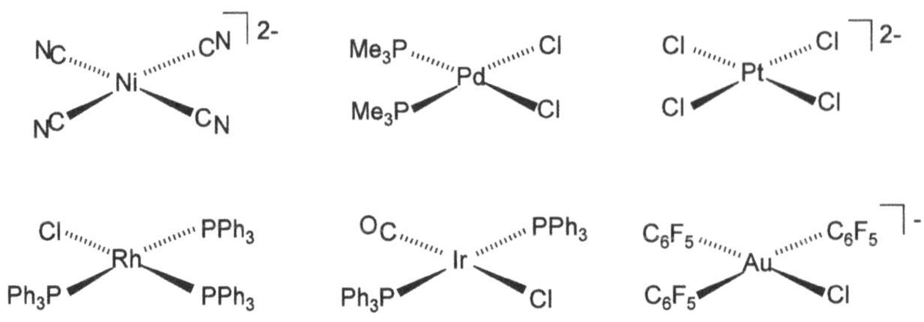

Abb. 10.6. Quadratisch-planar konfigurierte Koordinationseinheiten.

Obwohl sich die tetraedrischen und quadratisch-planaren Komplexgeometrien meist gegenseitig auszuschließen scheinen, also eine Koordinationseinheit $[M(L)_4]$ entweder die eine oder die andere Molekülgeometrie in Lösung und im Festkörper besitzt, gibt es einige gut belegte Beispiele für polytope Isomerie (Allogonie, s. Kap. 8) in der Chemie vierfach koordinierter Komplexe. Am intensivsten ist das Nebeneinander solcher isomerer Formen bei einer Reihe von Ni^{II}-Komplexen des Typs $[NiX_2(PR_3)_2]$ untersucht worden. In bestimmten Fällen, wie z. B. bei $[NiBr_2(PBzPh_2)_2]$ (Bz = CH_2Ph) kommen beide Allogone nebeneinander im Kristall vor, weshalb man hier auch von einem *Interallogon* spricht. Ein weiteres Beispiel für Allogonie tetraedrischer und quadratisch-planarer Komplexe bietet der Chelatkomplex Bis(*N*-methylsalicylaldiminato)nickel(II), für den sowohl in Lösung als auch im Festkörper beide Koordinationsgeometrien beobachtet werden (Abb. 10.7).

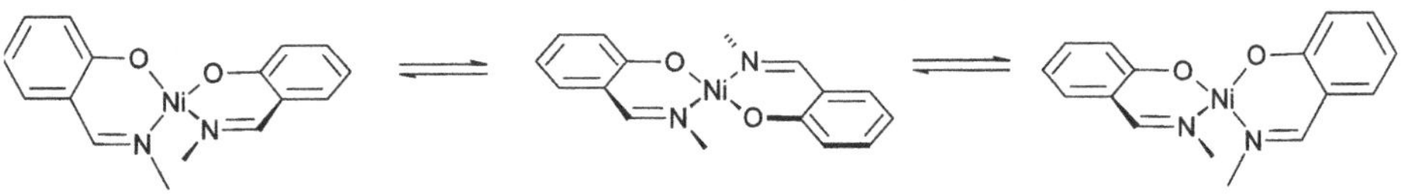

Abb. 10.7. Gleichgewicht zwischen der tetraedrischen und quadratisch-planaren Form von Bis(*N*-methylsalicylaldiminato)nickel(II). Man beachte, daß die tetraedrischen Komplexe chiral sind. Die Racemisierung verläuft über die achirale quadratisch-planare Form.[98]

---

[98] Quadratisch-planare Komplexe sind in der Regel achiral (die Ausnahmefälle besitzen chirale Liganden). Bei geeigneter Kombination achiraler Chelatliganden sind auch Ausnahmen möglich, wie in Abschnitt 8.2.1. gezeigt wurde.

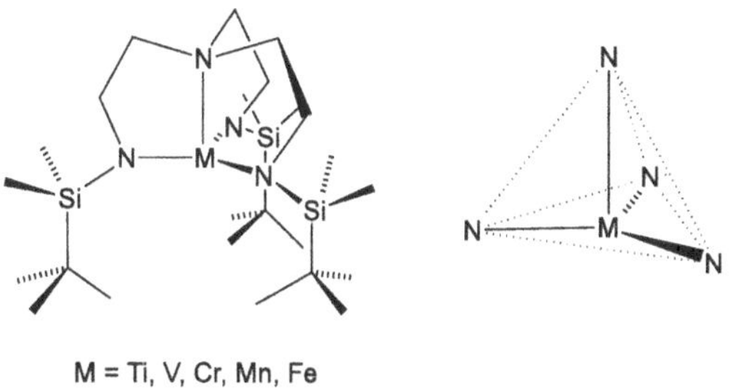

M = Ti, V, Cr, Mn, Fe

Abb. 10.8. Die trigonal-pyramidalen Komplexe [M{N(CH$_2$CH$_2$-NSiMe$_2t$Bu)$_3$-κ^4-N}].

Werden mehrzählige Liganden verwendet, deren Strukturen die Koordinationsgeometrie vorgeben, so lassen sich auch Geometrien „erzwingen", die bei Komplexen mit einzähnigen Liganden nicht beobachtet werden. Ein Beispiel hierfür sind die Verbindungen der dreiwertigen 4d-Übergangsmetalle mit dem vierzähnigen Podanden[99] [N(CH$_2$CH$_2$NSiMe$_2t$Bu)$_3$]$^{3-}$, in denen das Zentralatom *trigonal-pyramidal* konfiguriert ist (Abb. 10.8).

10.2 Koordinationseinheiten mit den Koordinationszahlen 5 und 6

Eine Besonderheit der Strukturen fünffach koordinierter Komplexe ist die stark unterschiedliche sterische Umgebung der Koordinationsstellen in den regulären Strukturtypen, der trigonalen Bipyramide und der quadratischen Pyramide. In der trigonalen Bipyramide sind die apikalen Liganden stärkerer sterischer Abstoßung ausgesetzt als die äquatorialen, während in der quadratischen Pyramide dies für die basalen Liganden im Vergleich zum apikalen Liganden gilt (Abb. 10.9).

Diese sterische „Unausgewogenheit" der Ligandensphäre ist ein Grund für die Beobachtung vieler Molekülgeometrien, die sich durch mehr oder weniger starke Verzerrung einer der beiden Idealgeometrien verstehen lassen. Auch sind die Aktivierungsbarrieren für ihre jeweilige Umwandlung dadurch häufig derart niedrig, daß in Lösung beispielsweise weder die eine noch die andere Form auf der Zeitskala der NMR-Spektroskopie „eingefroren" werden

A = apikal, E = äquatorial, B = basal

Abb. 10.9. Die Ligandpositionen in den trigonal-bipyramidalen und quadratisch-pyramidalen Strukturen fünffach koordinierter Komplexe.

---

[99] S. Kap. 6 und Kap. 20.

kann. Den Mechanismus für die konzertierte Umwandlung der trigonal-bipy-ramidalen in die quadratisch-pyramidale Molekülgeometrie, die Berry-Pseudorotation, haben wir bereits in Kapitel 5 ausführlich diskutiert.[100] Fünffach koordinierte Koordinationseinheiten bieten daher zahlreiche Beispiele für Allogonie, und geringe Änderung äußerer Kräfte, wie z.B. „Kristallpackungseffekte", können jeweils die Ausbildung der einen oder anderen Form, oder sogar beider nebeneinander, bewirken.

Ein bereits in Kapitel 8 erwähntes Beispiel für ein Interallogon ist die Komplexverbindung [Cr(en)$_3$][Ni(CN)$_5$]·1.5 H$_2$O, in der quadratisch-pyramidale und trigonal-bipyramidale [Ni(CN)$_5$]$^{3-}$-Einheiten nebeneinander im Kristall vorliegen. Ändert man lediglich den Chelatliganden am Chromzentrum (Propan-1,3-diamin: tn, anstatt Ethan-1,2-diamin), so findet man ausschließlich die quadratisch-pyramidale Form in kristallinem [Cr(tn)$_3$][Ni(CN)$_5$]. Aufgrund der extremen Labilität von [Ni(CN)$_5$]$^{3-}$ in Lösung beschränken sich die gesicherten Erkenntnisse bisher auf die Festkörper. Polytope Isomerie kann zu drastischen Änderungen der Komplexfarbe führen, wie die beiden Formen von [CoCl(dppe)$_2$]$^+$ zeigen. Während die Modifikation mit den quadratisch-pyramidalen Komplexkationen tiefrot ist, ist die trigonal-bipyramidale Form grün (Abb. 10.10).

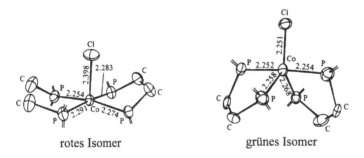

rotes Isomer   grünes Isomer

Abb. 10.10. Die Strukturen der roten quadratisch-pyramidalen (links) und der grünen trigonal-bipyramidalen Form (rechts) des Komplexkations [CoCl(dppe)$_2$]$^+$.

[100] Die in Kapitel 5 und 11.4 vorgestellte Berry-Pseudorotation, nimmt nur im Falle homoleptischer Komplexe den gezeigten hoch-symmetrischen Reaktionsverlauf. In Komplexen mit sehr unterschiedlichen Liganden (bezügl. des Bindungsvermögens, der „Masse" und der Gruppenelektronegativität), vor allem aber in fünffach koordinierten Komplexen mit mehrzähnigen Liganden, kann der „Bewegungsablauf" des Berry-Mechanismus so stark modifiziert werden, daß der Verlauf der Umlagerungen eher dem von Ugi vorgeschlagenen „Turnstile-Mechanismus" ähnelt: I. Ugi, D. Marquarding, H. Klusacek, G. Gokel, P. Gillespie, *Angew. Chem.* **1970**, *82*, 741. Siehe auch: P. Wang, D. K. Agrafiotis, A. Streitwieser, P. v. R. Schleyer, *J. Chem. Soc., Chem. Commun.* **1990**, 201.

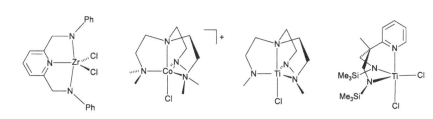

Abb. 10.11.   Fünffach koordinierte Komplexe mit mehrzähnigen Liganden.

Die Koordinationszahl 5 läßt sich besonders gut mit Hilfe mehrzähniger Liganden, die einer Koordinationseinheit eine vorgegebene Geometrie aufprägen, verwirklichen. Einige Beispiele hierfür sind in Abbildung 10.11 gezeigt.

Die Koordinationszahl 6 und das zugehörige bevorzugte Koordinationsoktaeder sind allgegenwärtig in der Komplexchemie der Übergangsmetalle, etwa so, wie das tetraedrisch konfigurierte Kohlenstoffatom in der organischen Chemie. Die stereochemischen Besonderheiten oktaedrischer Komplexe sind an vielen Stellen dieses Buches bereits ausführlich diskutiert worden und waren nicht zuletzt die Grundlage der Koordinationstheorie Alfred Werners (Kap. 2). Deshalb soll an dieser Stelle kurz auf die zweite wichtige Komplexgeometrie, die mit der Koordinationszahl 6 verknüpft ist, eingegangen werden, das trigonale Prisma.

Der erste trigonal-prismatisch konfigurierte Komplex, $[Re\{S_2C_2(C_6H_5)_2\}_3]$ wurde erst 1965 durch eine Kristallstrukturanalyse charakterisiert;[101] in der Folgezeit wurden dann noch eine Reihe weiterer trigonal-prismatischer Komplexe mit Ethen-1,2-dithiolato-Liganden synthetisiert [(a) in Abb. 10.12].

Es gibt einige Beispiele für (z.T. verzerrte) trigonal-prismatische Komplexe mit einzähnigen Liganden, wie z. B. $[Zr(CH_3)_6]^{2-}$ und $[W(CH_3)_6]$ (b).

Im Gegensatz zu den oktaedrischen Tris(chelat)-Komplexen sind die trigonal-prismatischen Verteter achiral.[102] Wie bereits in Abschnitt 6.4 besprochen, spielen sie allerdings eine Rolle in der konzertiert ablaufenden Racemi-

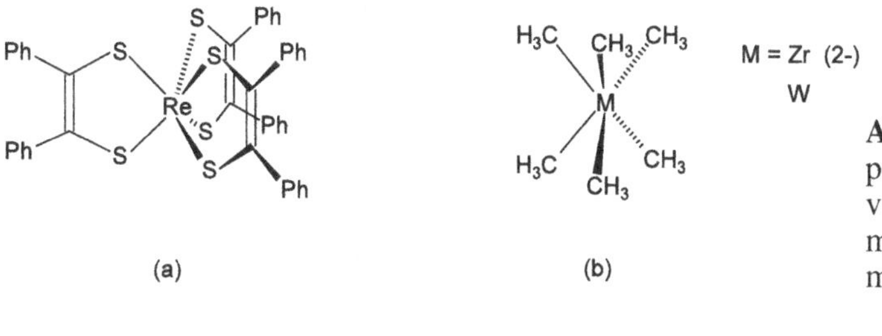

Abb.10.12. Trigonalprismatische und verzerrt trigonal-prismatische Übergangsmetallkomplexe.

---

[101] R. Eisenberg, J. A. Ibers, *J. Am. Chem. Soc.* **1965**, *87*, 3776.
[102] Sofern die Liganden selber keine Chiralitätselemente besitzen.

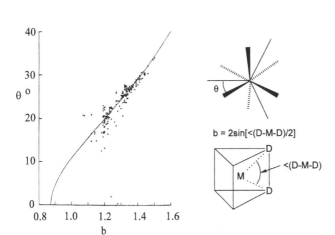

Abb.10.13. Abhängig-
keit des Torsionswin-
kels θ vom Biß b des
Chelatliganden. Die
berechnete Kurve wurde
mit dem in Kapitel 5
vorgestellten einfachen
Repulsionsmodell von
Kepert erhalten.[103] Die
Punkte repräsentieren
ca. 100 aus Kristall-
strukturen gewonnene
Meßwerte. Für b = $\sqrt{2}$ =
1.414 ist natürlich das
Oktaeder stark bevor-
zugt (θ = 30°). Bei klei-
neren b findet man hin-
gegen eine Verzerrung
in Richtung der trigo-
nal-prismatischen Kon-
figuration (θ = 0).

sierung oktaedrischer Chelatkomplexe nach dem Bailar- oder dem Rây-Dutt-
Mechanismus (Abschn. 11.4). Eine Vielzahl oktaedrischer Chelatkomplexe
ist ohnehin in Richtung einer trigonal-prismatischen Geometrie verzerrt,
wobei sich in vielen Fällen eine direkte Abhängigkeit des Torsionswinkels θ
von der Größe des Winkels <(D-M-D) im Chelatring ergibt. In diesem Zusammenhang führte Kepert den „Biß" b eines Chelatliganden ein, wobei b =
2sin[<(D-M-D)/2] ist (Abb. 10.13).

10.3 Koordinationseinheiten
mit den Koordinationszahlen 7–12

In Koordinationseinheiten mit der Koordinationszahl 7 gibt es ähnlich wie bei
den fünffach koordinierten Komplexen mehrere energetisch ähnliche Ligandenpolyeder, und zwar die pentagonale Bipyramide, das überdachte Oktaeder
und das tetragonal überdachte trigonale Prisma (Abb. 10.14)
   Eine auf einfachen Prinzipien beruhende Vorhersage der experimentell
gefundenen Polyeder ist vor allem bei Komplexen mit einzähnigen Liganden
nicht möglich. Während das Komplexdikation in [Mo(CNtBu)$_7$](PF$_6$)$_2$ überdacht trigonal-prismatisch koordiniert ist, ist die Komplexgeometrie in

---

[103] Die Betrachtungen Keperts zur Abhängigkeit des Torsionswinkels θ von b lassen sich
    nicht auf die bereits erwähnten Ethan-1,2-dithiolato-Komplexe anwenden. Wie bei allen
    wirklichen trigonal-prismatischen Komplexen spielt hier nicht die sterische Ligand-
    Repulsion sondern spielen die elektronischen Verhältnisse die entscheidende Rolle.

(a)   (b)   (c)

Abb. 10.14. Die drei wichtigsten Koordinationspolyeder von $[M(L)_7]$: (a) pentagonale Bipyramide, (b) überdachtes Oktaeder und (c) tetragonal überdachtes trigonales Prisma.

$[Mo(CNPh)_7](PF_6)_2$ annähernd überdacht oktaedrisch. Die anionischen Cyanokomplexe in $K_5[Mo(CN)_7]\cdot H_2O$, und $K_4[Re(CN)_7]\cdot 2H_2O$ sind hingegen verzerrt pentagonal-bipyramidal. Wie auch bei den fünffach koordinierten Komplexen findet in Lösung meist eine schnelle Umwandlung der Koordinationspolyeder statt. Verläuft sie konzertiert, dann vermutlich nach einem polytopen Mechanismus, der auf der in Kapitel 5 vorgestellten „Diamond-Square-Diamond"-Folge beruht.

Häufiger als in Komplexen mit einzähnigen Liganden findet man die Koordinationszahl 7 in solchen mit mehrzähnigen Liganden. Einige Beispiele hierzu sind in Abbildung 10.15 zusammengestellt.

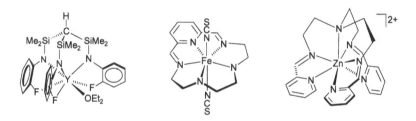

Abb. 10.15. Siebenfach koordinierte Komplexe mit mehrzähnigen Liganden.

Die Koordinationszahl 8 (Abb. 10.16) kommt nach 6 und 4 am häufigsten vor, und zwar vor allem in Verbindungen der Metalle der zweiten und dritten Übergangsmetallreihe, der Lanthanoiden und Actinoiden in höheren Oxidationszuständen und mit kleinen (elektronegativen) Liganden. Die Koordinationsgrundpolyeder sind das Dreiecksdodekaeder, das quadratische Antiprisma und der Würfel, wobei letzterer äußerst selten gefunden wird.[104]

Koordinationseinheiten mit neun einzähnigen Liganden sind die Aquakomplexe der Lanthanoide $[Ln(H_2O)_9]^{3+}$ und die Hydridokomplexe $[MH_9]^{2-}$ des Technetiums und Rheniums, deren Ligandenpolyeder das dreifach überdachte trigonale Prisma ist. In Koordinationseinheiten mit Chelatliganden werden auch überdacht quadratisch-antiprismatische Strukturen beobachtet, wie z. B. in $[Th(CF_3COCHCOCH_3)_4(H_2O)]$ (Abb. 10.17).

---

[104] Zu den wenigen Komplexen, die im Kristall eine kubische Ligandatom-Geometrie besitzen, gehören $(NEt_4)_2[U(NCS)_8]$ und $[U(bipy)_4]^{4+}$.

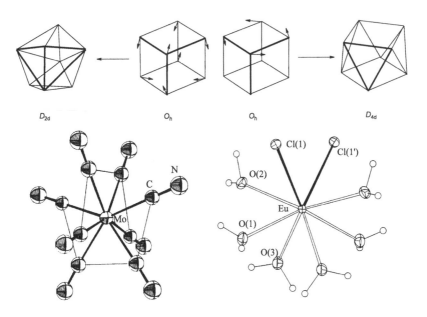

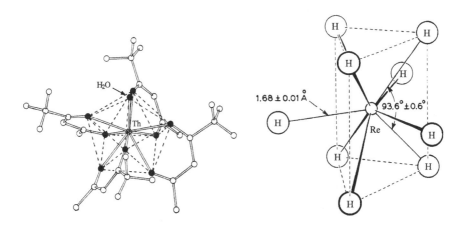

Abb. 10.16. Oben: Die geometrische Beziehung zwischen den drei wichtigsten Koordinationspolyedern achtfach koordinierter Komplexe. Durch zwei bzw. vier konzertierte „Diamond-Square"-Öffnungssequenzen lassen sich das Dodekaeder zum quadratischen Antiprisma und dieses zum Würfel öffnen. Unten: Zwei Beispiele für achtfach koordinierte Komplexe: $[Mo(CN)_8]^{3-}$ und $[EuCl_2(H_2O)_6]$.

Abb. 10.17. Komplexe mit der Koordinationszahl 9. Links: $[Th(CF_3COCH\text{-}COCH_3)_4(H_2O)]$; rechts: $[ReH_9]^{2-}$.

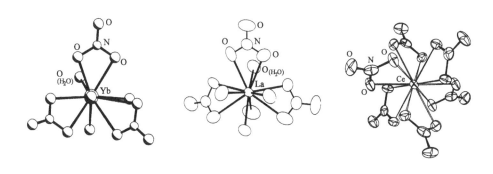

Abb. 10.18.   Komplexe mit den Koordinationszahlen 10, 11 und 12. Die idealisierten Koordinationspolyeder sind das zweifach überdachte tetragonale Antiprisma, das „Ecken-fusionierte" Ikosaeder bzw. das Ikosaeder (s. auch Abb. 5.8).

Es sind bis heute keine Komplexe mit Koordinationszahlen von 10 oder auch größer bekannt, die ausschließlich einzähnige Liganden besitzen. Zehn- bis zwölffach koordinierte Komplexe findet man jedoch in der Chemie der Lanthanoide und Actinoide mit harten Anionen wie z. B. NO_3^- und $C_2O_4^{2-}$, die als zweizähnige Liganden koordinieren. Beispiele sind $[Yb(NO_3)_3(H_2O)_4]$ (KZ 10), $[La(NO_3)_3(H_2O)_5]$ (KZ 11), $[Ce(NO_3)_6]^{3-}$ (KZ 12) (Abb. 10.18).

III Symmetrie

In Teil II wurden die wichtigsten Aspekte der Struktur von Komplexverbindungen diskutiert, wobei besonders ausführlich auf das Konzept der Komplexgeometrie und seine Abgrenzung vom Begriff der Molekülsymmetrie (Kap. 5) eingegangen wurde. Auch wenn nur wenige Komplexe Strukturen hoher Symmetrie besitzen, so lassen sich doch wichtige allgemeine Betrachtungen anhand solcher besonders einfach durchführen. Dies gilt beispielsweise für die Symmetrie-Auswahlregeln bei konzertiert ablaufenden Reaktionen oder, in doch stärkerem Maße, für die theoretische Behandlung der elektronischen Verhältnisse (vor allem der Zentralatome) und der daraus resultierenden physikalischen Eigenschaften.

Das mathematische Gerüst für die Beschreibung von Symmetrie bietet die Gruppentheorie, deren Methoden und Symbolik in der Koordinationschemie allgegenwärtig sind und daher hier näher vorgestellt und diskutiert werden. Die wesentlichen *Lernziele* sind dabei:

1) Die Anwendung einfacher *gruppentheoretischer Konzepte* auf die Beschreibung der *Symmetrieeigenschaften* der Strukturen von Koordinationsverbindungen (s. Abschn. 11.1–11.3).
2) Die Beschreibung konzertiert ablaufender polytoper Umlagerungen mit Hilfe der „klassischen Symmetrieauswahlregel" (s. Abschn. 11.4).
3) Die Grundlagen der Darstellungstheorie von Gruppen, vor allem die Verwendung von Charaktertafeln bei der Analyse der Darstellungen von Symmetriegruppen (Kap. 12).

Aufbauend auf den vor allem in Kapitel 12 behandelten gruppentheoretischen Grundlagen werden wir dann in Teil IV und V einen einfachen Zugang zur theoretischen Beschreibung der Bindungssituation in Komplexen und der physikalischen Eigenschaften von Koordinationsverbindungen finden.

11   Punktsymmetriegruppen (I)[1]

11.1   Symmetrieelemente, Symmetrieoperationen

Bei der Diskussion von Komplexstrukturen haben wir zwischen Koordinationsgeometrie und -symmetrie unterschieden. Während im vorangegangenen Kapitel grundlegende Aspekte der Molekülgeometrie im Blickpunkt standen, sollen nunmehr die Grundlagen zur Beschreibung von Molekülsymmetrien gelegt werden.

Die Symmetrie eines Moleküls ist durch seine *Symmetrieelemente* und die damit erzeugten *Symmetrieoperationen* festgelegt. Eine Symmetrieoperation kann man auffassen als eine Bewegung[2] eines Körpers, nach deren Ausführung jeder Punkt mit einem äquivalenten Punkt dieses Körpers in seiner ursprünglichen Orientierung zusammenfällt. Ein Symmetrieelement ist ein geometrisches Objekt, wie z. B. eine Linie (Achse), Ebene oder ein Punkt, bezüglich dessen die Symmetrieoperation ausgeführt wird. Molekülsymmetrien lassen sich mit vier Symmetrieelementen und ihren zugehörigen Symmetrieoperationen vollständig beschreiben, die in Tabelle 11.1 zusammengefaßt sind.

Tabelle 11.1.   Symmetrieelemente und -operationen zur Beschreibung von Molekülsymmetrien.[3]

Symmetrieelement	Symmetrieoperation(en)	Symbol
1. Ebene	Spiegelung in der Ebene	σ_h, σ_v, σ_d
2. Symmetrie (Inversions-) zentrum	Inversion aller Atome durch das Zentrum	i
3. Rotationsachse	Eine oder mehrere Rotationen um die Achse	C_n (C_n^1, C_n^2, ..)
4. Drehspiegelachse	Eine oder mehrere Wiederholungen der Folge: Rotation + Spiegelung an einer Ebene $\perp$ zur Achse	S_n (S_n^1, S_n^2, ...)

---

[1] Dieses Kapitel kann der mit den Grundlagen der Theorie der Punktgruppen vertraute Leser überschlagen.

[2] Mathematisch faßt man eine winkel- und längentreue Abbildung eines geometrischen Körpers als *Bewegung* auf.

[3] h bedeutet „horizontal", d. h. senkrecht zur Hauptachse, die in der Standardprojektion senkrecht auf der Papierebene steht; v und d bedeuten „vertikal" bzw. „diagonal" und bezeichnen Spiegelebenen, die die Hauptachse enthalten und damit beide orthogonal zur Papierebene sind. Letztere halbieren die Winkel zwischen vorhandenen zweizähligen Drehachsen, senkrecht zur Referenzachse oder zwischen vorhandenen Spiegelebenen σ_v.

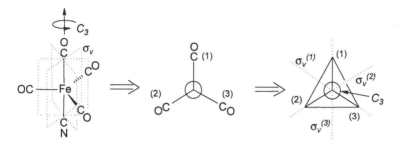

Abb. 11.1. Bestimmung der Symmetrieelemente der anionischen Koordinationseinheit $[Fe(CN)(CO)_4]^-$: Diese und die zugehörigen Symmetrieoperationen lassen sich am einfachsten veranschaulichen, wenn man die dreizählige Hauptachse senkrecht zur Papierebene wählt. Der symmetrieäquivalente geometrische Körper ist die trigonale Pyramide.

Hat man alle Symmetrieelemente eines Moleküls erfaßt, so können die dazugehörigen Symmetrieoperationen aufgelistet werden. Dies soll am Beispiel der Koordinationseinheit $[Fe(CN)(CO)_4]^-$ durchgeführt werden (Abb. 11.1). Die Symmetrieelemente des Komplexes $[Fe(CN)(CO)_4]^-$ sind:
– Eine dreizählige Achse C_3 mit den beiden zugehörigen Symmetrieoperationen C_3^1 [Drehung um $^{2\pi}/_3$, entspricht der zyklischen Permutation der Liganden (123)] und C_3^2 [Drehung um $^{4\pi}/_3$, entspricht der Permutation (132)].[4]
– Drei vertikale Spiegelebenen $\sigma_v^{(1)}$, $\sigma_v^{(2)}$ und $\sigma_v^{(3)}$ [entspricht den Permutationen (12), (13) bzw. (23)].

Wie man sieht, sind nur die äquatorialen CO-Liganden symmetrieäquivalent, während die beiden apikalen Liganden in der trigonal-bipyramidalen Koordinationseinheit nicht durch Symmetrieoperationen in andere Positionen überführt werden.

Es ist nun möglich, zu untersuchen, zu welchen Ligandvertauschungen zwei nacheinander ausgeführte Symmetrieoperationen (O_1, O_2) führen. Eine solche Folge wird auch als *Produkt* zweier Symmetrieoperationen O_1O_2 bezeichnet, das – wie wir sehen werden – im allgemeinen nicht kommutativ ist. Die Durchführung dieser Multiplikation von Symmetrieoperationen geschieht am einfachsten mit Hilfe einer *Multiplikationstafel*, in der aus Gründen der Vollständigkeit (siehe unten) auch noch die Identitätsoperation (die das Objekt unverändert läßt) hinzugenommen wird (Abb. 11.2).

Als *Inverses* einer Symmetrieoperation O wird diejenige Operation O^{-1} bezeichnet, für die $O^{-1}O = OO^{-1} = E$ ist. Wie man aus der Multiplikationstafel ersieht, existiert zu jeder Symmetrieoperation ein eindeutiges Inverses, da in jeder Spalte und Zeile jeweils einmal die Identität vorkommt (Beispiel C_3^2 ist das Inverse von C_3^1, da $C_3^2C_3^1 = C_3^1C_3^2 = E$, alle Spiegelungen sind zu sich selbst

---

[4] Die Permutationssymbolik (abc) bedeutet die Verschiebung der Elemente a,b und c nach: a→b, b→c, c→a.

	E	C_3^1	C_3^2	$\sigma_v^{(1)}$	$\sigma_v^{(2)}$	$\sigma_v^{(3)}$
E	E	C_3^1	C_3^2	$\sigma_v^{(1)}$	$\sigma_v^{(2)}$	$\sigma_v^{(3)}$
C_3^1	C_3^1	C_3^2	E	$\sigma_v^{(3)}$	$\sigma_v^{(1)}$	$\sigma_v^{(2)}$
C_3^2	C_3^2	E	C_3^1	$\sigma_v^{(2)}$	$\sigma_v^{(3)}$	$\sigma_v^{(1)}$
$\sigma_v^{(1)}$	$\sigma_v^{(1)}$	$\sigma_v^{(2)}$	$\sigma_v^{(3)}$	E	C_3^1	C_3^2
$\sigma_v^{(2)}$	$\sigma_v^{(2)}$	$\sigma_v^{(3)}$	$\sigma_v^{(1)}$	C_3^2	E	C_3^1
$\sigma_v^{(3)}$	$\sigma_v^{(3)}$	$\sigma_v^{(1)}$	$\sigma_v^{(2)}$	C_3^1	C_3^2	E

Abb. 11.2. Multiplikationstafel der Symmetrieoperationen, die dem Komplex $[Fe(CN)(CO)_4]^-$ zugeordnet werden können (erst wird die Spalten-, dann die Zeilenoperation ausgeführt).

invers!). Weiterhin ist bemerkenswert, daß durch Multiplikation der Symmetrieoperationen wieder der gleiche Satz an Operationen erzeugt wird. Die Menge der Symmetrieoperationen ist also *vollständig*.

Übungsbeispiel:

Bei der Aufzählung der Symmetrieoperationen, die sich aus den Symmetrieelementen der Koordinationseinheit $[Fe(CN)(CO)_4]^-$ ergeben, wurden oben bereits die entsprechenden Permutationen der Liganden, die an dem trigonal-bipyramidalen Gerüst-Template lokalisiert sind, hingewiesen. Stellen Sie die Multiplikationstafel unter Verwendung der Permutationen auf.

Antwort:

	E	(123)	(132)	(12)	(13)	(23)
E	E	(123)	(132)	(12)	(13)	(23)
(123)	(123)	(132)	E	(23)	(12)	(13)
(132)	(132)	E	(123)	(13)	(23)	(12)
(12)	(12)	(13)	(23)	E	(123)	(132)
(13)	(13)	(23)	(12)	(132)	E	(123)
(23)	(23)	(12)	(13)	(123)	(132)	E

11.2 Gruppen

Die Menge der in der oben abgebildeten Multiplikationstafel aufgelisteten Symmetrieoperationen hat die Eigenschaften (die „Struktur") einer *mathematischen Gruppe*. Eine *Gruppe G* ist eine – endliche oder unendliche – *Menge* zusammen mit einer *binären Operation* (wie oben, in der Regel „Multiplikation" genannt), die jedem geordneten Paar von Elementen (A, B) {A, B ∈ G} ein Element AB ∈ G zuordnet. Folgende vier Bedingungen müssen von einer Gruppe erfüllt werden:

Gruppenaxiome

G1 (Vollständigkeit) Das Produkt zweier Elemente einer Gruppe ist wieder ein Element der Gruppe.

G2 (Existenz der Identität) Es gibt ein Element $E \in G$ (Eins-Element oder Identität), das mit allen Elementen der Gruppe kommutiert und diese unverändert läßt: $EA = AE = A$, für alle $A \in G$.

G3 (Assoziativität) Die Produktbildung ist assoziativ, d.h. es gilt $(AB)C = A(BC)$ für alle $A, B, C \in G$.

G4 (Existenz eines Inversen) Jedes Element A von G hat ein Inverses A^{-1}, das ebenfalls Element von G ist: $AA^{-1} = A^{-1}A = E$.

Die Gruppenstruktur der Menge der Symmetrieoperationen eines Körpers (in dem uns interessierenden Fall: eines Moleküls) ermöglicht nun die Anwendung einer leistungsfähigen mathematischen Theorie, der *Gruppentheorie*, auf das Problem der Molekülsymmetrien. Analog zu dem oben besprochenen Beispiel, der Koordinationseinheit $[Fe(CN)(CO)_4]^-$, läßt sich für jedes beliebige Molekül (jeden geometrischen Körper) zeigen, daß die Symmetrieoperationen eine Gruppe bilden. Diese Gruppen werden auch als *Punktsymmetriegruppen* oder *Punktgruppen* bezeichnet, weil bei allen Symmetrieoperationen mindestens ein Punkt im Raum (darunter der Schwerpunkt) fest bleibt. Die Gesamtzahl der Elemente (= Symmetrieoperationen) einer Punktgruppe bezeichnet die *Ordnung* der Gruppe.

Die begrenzte Anzahl möglicher Punktsymmetrieoperationen (siehe oben) begrenzt auch die Vielfalt der möglichen Punktgruppen, die im folgenden zusammen mit den von Schoenflies eingeführten Gruppensymbolen aufgeführt sind:

Gruppen[5]	Symmetrieelemente	Symmetrieoperationen	Ordnung
C_n (zyklische Gruppe)	n-zählige Rotationsachse	$E, C_n^1, C_n^2, \ldots\ldots C_n^{n-1}$	n
Spezialfall:	kein Symmetrieelement: nichtaxiale Gruppe C_1	E	1
S_{2n}	2n-zählige Drehspiegelachse fällt mit C_n zusammen;	$E, S_{2n}, S_{2n}^2 (= C_{2n}^2 \sigma^n = C_n), \ldots S_{2n}^{2n-1}$	2n
Spezialfall:	nichtaxiale Gruppe: n = 1: C_i	E, i	2
D_n (Diedergruppe)	n-zählige Referenzachse C_n und n 2-zählige Drehachsen $\perp$ dazu: $C_2^{(1)}, \cdots C_2^{(n)}$	$E, C_n^1 \ldots\ldots C_n^{n-1},$ $C_2^{(1)} \ldots\ldots C_2^{(n)}$	2n
C_{nv}	C_n und n Spiegelebenen, deren Schnittgerade die Referenzachse ist	$E, C_n^1 \ldots\ldots C_n^{n-1},$ $\sigma_v^{(1)}, \ldots\ldots \sigma_v^{(n)}$	2n
C_{nh}	C_n und $\sigma_h \perp$ zur Referenzachse	$E, C_n^1 \ldots\ldots C_n^{n-1},$ $\sigma_h C_n^1 = S_n^1 \ldots\ldots S_n^{n-1}$	2n
	nichtaxiale Gr.: $C_{1h} = C_s$: nur eine Spiegelebene	E, σ_h	2
D_{nh}	Symmetrieelemente von D_n sowie eine Spiegelebene $\perp$ zu C_n	Alle $O \in D_n$ sowie alle $O\sigma_h$	4n
D_{nd}	Symmetrieelemente von D_n sowie n Spiegelebenen, die C_n enthalten und die Winkel zwischen den n $C_2^{(n)}$ halbieren	Alle $O \in D_n$ sowie alle $O\sigma_d$ (für ungerade n ist dies gleich Oi)	4n
T_d (Tetraedergruppe)	4 C_3 durch die Ecken, 3 C_2 durch die Mittelpunkte jeweils gegenüberliegende Kanten, 6 σ durch jew. eine Kante und den Mittelpunkt, 3 S_4 kolinear mit C_2	Insgesamt 24 Symmetrieoperationen	24
O_h (Oktaedergruppe)	3 C_4 durch die Ecken, 4 C_3 durch die Mitten jeweils gegenüberliegender Flächen, 6 C_2 durch die Mitten gegenüberliegender Kanten, 3 $\sigma_h \perp$ zu C_4, 3 S_4 kolinear zu C_4, 4 S_6 kolinear zu C_3, 6 σ_d und i	Insgesamt 48 Symmetrieoperationen	48
I_h (Ikosaedergruppe)	Alle Symmetrieelemente eines Ikosaeders	Insgesamt 120 Symmetrieoperationen	120

---

[5] Die hier verwendete Gruppensymbolik wird auch als *Schoenflies-Symbolik* bezeichnet.

Kehren wir zurück zu dem in Abbildung 11.1 gezeigten Komplex $[Fe(CN)(CO)_4]^-$, dessen Symmetrieoperationen die Punktsymmetriegruppe C_{3v} kennzeichnen. Die Multiplikationstafel der Symmetrieoperationen in Abbildung 11.2 ist daher ein Beispiel für eine *Gruppenmultiplikationstafel*, durch die eine Gruppe vollständig (aber in der Praxis etwas umständlich) charakterisiert ist.

Eine Teilmenge U von Elementen einer Gruppe G heißt *Untergruppe* von G, wenn U bezüglich der in G definierten Verknüpfungsrelation selbst eine Gruppe ist.[6] Erzeugt man in einer endlichen Gruppe, wie z. B. den oben aufgeführten Punktgruppen, aus einem beliebigen Gruppenelement O die Elemente $O, O^2, O^3, \ldots\ldots O^n = E$, so bilden diese eine *zyklische Untergruppe* von G.[7] Die kleinste natürliche Zahl n, für die diese Relation gilt, bezeichnet man als *Ordnung des Gruppenelements* O. Die Ordnung einer Untergruppe ist Teiler der Gruppenordnung (Satz von Lagrange).[8] Da sich aus allen Gruppenelementen zyklische Untergruppen von der Ordnung des Elements bilden lassen, sind auch die Ordnungen aller Elemente Teiler der Gruppenordnung.

Für die Punktgruppe C_{3v} mit den Elementen $E, C_3^1, C_3^2, \sigma_v^{(1)}, \sigma_v^{(2)}, \sigma_v^{(3)}$ ergeben sich vier zyklische Untergruppen $\{E, C_3^1, C_3^2\}$, $\{E, \sigma_v^{(1)}\}$, $\{E, \sigma_v^{(2)}\}$, $\{E, \sigma_v^{(3)}\}$, deren Gruppenordnungen (3 bzw. 2) Teiler der Gruppenordnung von C_{3v} (6) sind. Bei näherer Betrachtung der Gruppenmultiplikationstabelle in Abbildung 11.2 erkennt man leicht die Multiplikationstabellen der Untergruppen.

	E	C_3^1	C_3^2			E	$\sigma_v^{(k)}$
E	E	C_3^1	C_3^2		E	E	$\sigma_v^{(k)}$
C_3^1	C_3^1	C_3^2	E		$\sigma_v^{(k)}$	$\sigma_v^{(k)}$	E
C_3^2	C_3^2	E	C_3^1				

Während die linke Multiplikationstabelle die Punktgruppe C_3 repräsentiert, steht die rechte Tabelle für die Punktgruppe C_s. Das bedeutet, daß C_3 und C_s die nichttrivialen Untergruppen der Punktgruppe C_{3v} sind. Diese Beziehun-

---

[6] Jede Gruppe hat zwei *triviale* Untergruppen: die ganze Gruppe G und das Eins-Element E, das für sich allein alle Gruppenaxiome erfüllt. Im folgenden interessieren uns nur die nichttrivialen Untergruppen.

[7] Eine Gruppe aus den Elementen $O, O^2, O^3, \ldots\ldots O^n = E$ bezeichnet man ganz allgemein als eine *zyklische* Gruppe der Ordnung n. Beispiele für zyklische Gruppen sind die Punktsymmetriegruppen C_n, bei denen der Index im Gruppensymbol nach Schoenflies die Gruppenordnung angibt. Weitere Beispiele für zyklische Punktgruppen sind C_s und C_i mit den Elementen σ und $\sigma^2 = E$ bzw. i und $i^2 = E$ (Ordnung jeweils 2).

[8] Der (einfache) Beweis dieses Satzes ist z. B. gegeben in: F. A. Cotton, *Chemical Applications of Group Theory*, 3rd Ed., J. Wiley Sons, New York **1990**, S. 12.

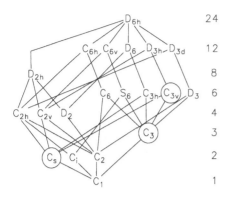

Abb. 11.3. Untergruppenhierarchie der Punktgruppe D_{6h}. Die Gruppenordnungen der Punktgruppen sind rechts angegeben und die oben entwickelte Beziehung zwischen C_{3v} und C_3 und C_s besonders hervorgehoben.

gen kennzeichnen eine *Hierarchie* der Punktgruppen, die in Abbildung 11.3 für die Untergruppen der Punktgruppe D_{6h} zusammengefaßt sind.

Übungsbeispiel:

Erzeugen Sie ausgehend von [Fe(CN)(CO)$_4$]$^-$ mit der Punktsymmetrie C_{3v} durch geeignete „Ligandsubstitution" Komplexe der Symmetrieuntergruppen C_3 und C_s. Aus welchem Komplex (Punktsymmetrie) kann man sich [Fe(CN)(CO)$_4$]$^-$ abgeleitet vorstellen?

Antwort:

(C_s) (C_{3v}) (C_3)

Höchstsymmetrische Stammverbindung ist [Fe(CO)$_5$] mit der Punktsymmetrie D_{3h} [D_{3h} hat die Untergruppen C_{3v} und C_{2v} (s. Abb. 11.3)].

Die Identifikation der Untergruppen einer Gruppe und ihrer hierarchischen Beziehungen offenbart einen Aspekt der Struktur einer mathematischen Gruppe. Eine weitere wichtige strukturelle Beziehung besteht zwischen den Gruppenelementen, die diese in verschiedene *Äquivalenzklassen* fallen läßt. Eine solche strukturelle Differenzierung legen die oben diskutierten unterschiedlichen Elementordnungen der Symmetrieelemente einer Punktgruppe nahe.

Zwei Elemente O, P aus G heißen zueinander *konjugiert* (sind einander *ähnlich*), wenn es ein Element $T \in$ G gibt, so daß folgende *Äquivalenzrelation*[9] gilt:

$$T^{-1}OT = P.$$

Mit Hilfe solcher Äquivalenzrelationen lassen sich die Elemente einer Gruppe in *Äquivalenzklassen* einteilen.

Anhand der Gruppenmultiplikationstafel in Abbildung 11.2 leiten sich unmittelbar die Äquivalenzklassen der Punktgrupe C_{3v} her: $\{E\}$,[10] $\{C_3^1, C_3^2\}$ und $\{\sigma_v^{(1)}, \sigma_v^{(2)}, \sigma_v^{(3)}\}$.

Alle Elemente einer Klasse haben die gleiche Ordnung, im Falle von C_{3v} also 1, 3 bzw. 2.[11]

Übungsbeispiel:

Zeigen Sie, daß $\{C_3^1, C_3^2\}$ und $\{\sigma_v^{(1)}, \sigma_v^{(2)}, \sigma_v^{(3)}\}$ Äquivalenzklassen in C_{3v} sind.

Antwort:
Zunächst muß gezeigt werden, daß für $T \in C_{3v}$ bei der Bildung von $T^{-1}C_3^1T$ und $T^{-1}C_3^2T$ jeweils nur C_3^1 und C_3^2 erzeugt werden. Dabei wird berücksichtigt, daß $(C_3^1)^{-1} = C_3^2$ und $(\sigma_v^{(k)})^{-1} = \sigma_v^{(k)}$ ist:

$C_3^1 C_3^1 C_3^2 = C_3^1,$	$C_3^1 C_3^2 C_3^2 = C_3^2,$	$EC_3^1E = C_3^1$
$\sigma_v^{(1)}C_3^1\sigma_v^{(1)} = C_3^2,$	$\sigma_v^{(1)}C_3^2\sigma_v^{(1)} = C_3^1,$	$EC_3^2E = C_3^2$
$\sigma_v^{(2)}C_3^1\sigma_v^{(2)} = C_3^2,$	$\sigma_v^{(2)}C_3^2\sigma_v^{(2)} = C_3^1,$	
$\sigma_v^{(3)}C_3^1\sigma_v^{(3)} = C_3^2$	$\sigma_v^{(3)}C_3^2\sigma_v^{(3)} = C_3^1$	

In analoger Weise kann man zeigen, daß die Produkte $T^{-1}\sigma_v^{(k)}T$ wiederum eine der drei Spiegelungen $\sigma_v^{(k)}$ erzeugen. Die beiden Drehoperationen und die drei

---

[9] Diese Äquivalenzrelation erfüllt folgende Eigenschaften:
   1) (Reflexivität) Jedes Element einer Gruppe ist zu sich selbst konjugiert, da $T^{-1}OT = O$ für $T = E$ immer erfüllt werden kann.
   2) (Symmetrie) Wenn O zu P konjugiert ist, dann auch P zu O.
   3) (Transitivität) Wenn O zu P und P zu R konjugiert sind, dann auch O zu R.

[10] Das Einselement E bildet immer eine Klasse für sich, denn E ist nur zu sich selbst konjugiert, wegen $T^{-1}ET = T^{-1}TE = EE = E$ (für alle $T \in$ G).

[11] Seien O und P Elemente einer Klasse und $O^n = E$, dann auch $P^n = (T^{-1}OT)^n = (T^{-1}OT)\ldots$ $(T^{-1}OT) = T^{-1}O^nT = T^{-1}ET = E$.

Spiegelungen sind also einander jeweils *ähnlich*, d. h. sie haben als Symmetrieoperationen ähnliche Eigenschaften. Dagegen sind Drehungen und Spiegelungen als Symmetrieoperationen wesentlich voneinander verschieden. Im allgemeinen wird eine Klasse durch einen Repräsentanten typisiert, weshalb die drei Klassen in C_{3v} in Tabellenwerken auch kurz als $\{E\}$, $\{2C_3\}$ und $\{3\sigma_v\}$ angegeben werden.

11.3 Lokale Symmetrie

In Abschnitt 11.1 haben wir uns mit den Grundlagen der Molekülsymmetrie, d. h. der Symmetrie ganzer Moleküle beschäftigt. Bei der Diskussion der Beziehung zwischen Komplexsymmetrie und -geometrie in Kapitel 5 war es hilfreich, auf ein Konzept *lokaler Symmetrien* in Molekülen, d. h. der Symmetrieeigenschaften einzelner Molekülsegmente oder auch Atompositionen, zurückzugreifen. Dieses wird anhand der lokalen Symmetrien der Ligandenatompositionen in den folgenden Komplextypen deutlich (Abb. 11.4).

In Molekülen mit der Punktsymmetrie D_n oder höher kann nur ein Atom eine lokale Symmetrie besitzen, die der vollen Molekülsymmetrie entspricht; alle anderen Atome haben niedrigere lokale Symmetrien.[12]

Insgesamt gilt die folgende wichtige Beziehung zwischen lokaler und molekularer Symmetrie: *Kein Molekülsegment darf ein Symmetrieelement enthalten, das nicht zu den Elementen der Molekülsymmetrie gehört.*[13]

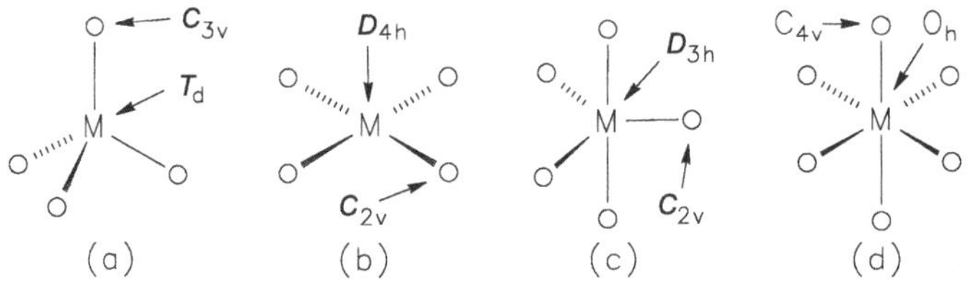

Abb. 11.4. Lokale Symmetrien der Zentralatome und Ligandenatome (einatomiger Liganden) in tetraedrischen (a), quadratisch-planaren (b), trigonal-bipyramidalen (c) und oktaedrischen Komplexen (d).

---

[12] In Molekülen mit C_n-Symmetrie besitzen alle Atome auf der C_n-Achse die volle Molekülsymmetrie, alle anderen hingegen lokale C_1-Symmetrie.

[13] Ferner gilt: Alle Segmente eines chiralen Moleküls sind chiral (s. Kap. 8), während Teile eines achiralen Moleküls entweder achiral oder chiral sein können. Siehe auch: K. Mislow, J. Siegel, *J. Am. Chem. Soc.* **1984**, *106*, 3319.

Übungsbeispiel:

Bestimmen Sie die lokale Symmetrie der Atome in dem (hypothetischen) quadratisch-planar konfigurierten Komplex $[Pt(NH_2)_4]^{2-}$ (die Ebenen der NH_2-Liganden stehen senkrecht auf der PtN_4-Ebene):

Antwort:

11.4 Die „klassische Symmetrieauswahlregel" für konzertierte Reaktionen

Eine Analyse der Symmetrie eines Komplexes oder Ligandenpolyeders kann wertvolle Hinweise auf mögliche konzertierte Umlagerungen der Liganden geben. Bei Anwendung der *klassischen Symmetrieauswahlregel* betrachtet man die durch die Normalmoden[14] eines Moleküls bewirkten Änderungen der Molekülsymmetrie.

Für Reaktionen, die adiabatisch (d. h. ohne Änderung des elektronischen Zustands) entlang eines harmonischen Tals (bezüglich aller Bewegungen mit Ausnahme derer entlang der Reaktionskoordinate) auf der Energiehyperfläche verlaufen, erhält man dabei drei grundlegende Regeln:

1) Die räumliche Bewegung der Liganden im Verlauf der Reaktion wird an jedem Punkt durch eine Normalmode[14] des Systems beschrieben; eine Regel, die schon durch die genannten Voraussetzungen gegeben ist.

2) Die Änderungen der Molekülsymmetrie finden nur an den Punkten der Reaktionskoordinate statt, die den Edukt-Zustand E, den Übergangszustand T und den Produktzustand P repräsentieren.

3) Existiert eine Normalkoordinate für das Edukt, die dieses entlang der symmetrieerlaubten Reaktionskoordinate (siehe unten) in den Produktzustand überführt, kann die Reaktion konzertiert ablaufen.

---

[14] Eine Normalmode ist eine Molekülschwingung, die (in massegewichteten Koordinaten ausgedrückt) bis zur zweiten Ordnung von den anderen Schwingungen entkoppelt ist.

Die zweite der Regeln läßt sich besonders gut anhand der Berry-Pseudorotation für trigonal-bipyramidale Komplexe veranschaulichen. Die Liganden 1–5 seien dabei gleichartig aber prinzipiell unterscheidbar. Der Prozeß ist hier noch einmal dargestellt.

$$G_E = D_{3h} \qquad\qquad G_T = C_{4v} \qquad\qquad G_P = D_{3h}$$

Links befindet sich das Edukt (Punktgruppe G_E, in diesem Fall D_{3h}), rechts das Produkt der Umlagerung (Punktgruppe G_P, in diesem Fall ebenfalls D_{3h}). Die Symmetrieoperationen von Edukt und Produkt lassen sich durch die in Abschnitt 11.1 eingeführte Permutationssymbolik bequem ausdrücken:
– Drehungen um die C_3-Achse: (154), (145);
– Drehungen um die drei C_2'-Achsen: (23)(45), (23)(15), (23)(14);
– σ_h: (23);
– $\sigma_v^{(k)}$: (45), (15), (14).

Das Produkt hat die Symmetrieoperationen: (123), (132), (23)(45), (12)(45), (13)(45), (23), (45), (12), (13).
Dann werden die gemeinsamen Symmetrieoperationen des Edukts und Produkts, die die Gruppe G_{EP} bilden, ermittelt: G_{EP} = {(23)(45), (23), (45)} = C_{2v}. Dies sind die Symmetrieoperationen, die im Verlauf des gesamten Umlagerungsprozesses erhalten bleiben. Das reagierende System hat also an allen Punkten der Reaktionskoordinate die Symmetrie C_{2v} außer an den Punkten E, T und P, wo sie höher sein kann. Falls keine Normalmode existiert, die die Symmetrie des Systems, repräsentiert durch G_E, auf G_{EP} reduziert, so kann die Reaktion nicht nach einem konzertierten Mechanismus ablaufen. Für die Berry-Pseudorotation gibt es eine Normalschwingung dieser Art, so daß diese Umlagerung konzertiert verlaufen kann.[15]
Falls die Molekülgeometrien von Edukt und Produkt unterschiedlich sind, hat auch der Übergangszustand T die Symmetrie G_{EP}, bei *gleicher Skelettgeometrie von E und P* ist der Übergangszustand *höhersymmetrisch*. Bei der Berry-Umlagerung ist die Symmetrie von T C_{4v} (die wohlbekannte quadratische Pyramide!).
Ein weiteres Beispiel für die Anwendung der klassischen Symmetrieauswahlregeln bietet die Racemisierung oktaedrischer Tris(chelat)-Komplexe (s. auch Abschn. 9.3 und 9.4). Geht man davon aus, daß die Isomerisierung konzertiert verläuft, so ergeben sich die in Abbildung 11.6 zusammengefaßten vier symmetrieerlaubten Reaktionswege.

---

[15] Die möglichen Symmetrie-Erniedrigungen über Normalschwingungen sind für alle Punktgruppen in der Literatur tabelliert: A. Rodger, P. E. Schipper, *J. Phys. Chem.* **1987**, *91*, 189.

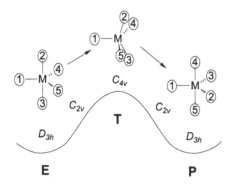

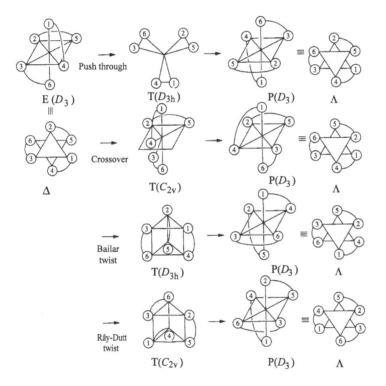

Abb. 11.5. Reaktionskoordinate der Berry-Pseudorotation mit den Symmetrien aller *trans*ienten und stationären (E und P) Zustände.

Abb. 11.6. Die vier symmetrieerlaubten, konzertierten Reaktionswege für die Racemisierung oktaedrischer Tris(chelat)-Komplexe.[16] Die Symmetriegruppen G_T der Übergangszustände sind jeweils angegeben. Da $G_E = G_P$ sind wie bei der Berry-Pseudorotation die Übergangszustände höhersymmetrisch als G_{EP}.

---

[16] A. Rodger, B. F. G. Johnson, *Inorg. Chem.* **1988**, *27*, 3061.

Der „Push-Through-" (mit sechs koplanaren Ligandenatomen im Übergangszustand) und der „Cross-Over"-Mechanismus (mit vier koplanaren Ligandenatomen) erfordern eine drastische Aufweitung von Metall-Ligand-Bindungen und sind daher energetisch unwahrscheinlich. Günstiger sind die beiden „Twist"-Mechanismen, der *Bailar-Twist* und der *Rây-Dutt-Twist*. Während der Bailar-Twist eine Verdrillung der Chelatliganden um die dreizählige Molekülachse beinhaltet, wird in dem Rây-Dutt-Twist eine nicht mit der C_3-Achse verknüpfte Dreieckseite des Oktaeders über einen C_{2v}-Übergangszustand in das Spiegelbild gedreht. In beiden Übergangszuständen ist das Metallzentrum trigonal-prismatisch konfiguriert. Eine experimentelle Unterscheidung beider Mechanismen ist schwierig, auch wenn es theoretische Betrachtungen über die Bedingungen gibt, unter denen jeweils einer von den beiden bevorzugt ist.[17]

Übungsbeispiel:

Bestimmen Sie die Symmetriegruppe G_{EP} des Bailar- und Rây-Dutt-Twists.

Antwort:
Bailar Twist (Abb. 11.6): $G_E = G_{EP} = G_P = D_3$
Rây-Dutt-Twist: G_E hat die Symmetrieoperationen: C_3 : (123)(456), (132)(465) und C_2' : (25)(16)(34), (36)(24)(15), (14)(35)(26); G_P hat die Symmetrieoperationen: (263)(154), (236)(145), (24)(56)(13), (16)(34)(25), (35)(12)(46). D.h.: G_{EP} hat als einzige Symmetrieoperation (25)(16)(34) und damit die Punktsymmetrie C_2.

---

17 D. L. Kepert, *Prog. Inorg. Chem.* **1977**, *23*, 1.

12 Punktsymmetriegruppen (II): Darstellung von Gruppen[18]

12.1 Die Wirkung von Symmetrieoperationen auf „Basisobjekte": die Matrix-Darstellung der Elemente von Symmetriegruppen

Die in Kapitel 11 diskutierten Symmetrieoperationen der Punktgruppen und ihre Kombinationen waren geometrisch-anschaulich eingeführt worden. Die damit ebenfalls eingeführte Symbolik und ihre Verknüpfungsrelationen, wie z. B. $i = \sigma_h C_2$, ist allerdings abstrakt und bietet keinen direkten Zugang zu einem Symmetriegruppen-Kalkül. Dazu ist es notwendig, die Symmetrieoperationen so darzustellen, daß man sie algebraisch manipulieren und mit ihnen rechnen kann. Erst durch die geeignete *Darstellung* der Gruppenelemente wird eine detaillierte Untersuchung der mathematischen Strukturen der Punktgruppen möglich.

Die Nicht-Kommutativität der Symmetrieoperationen[19] legt ihre Darstellung durch quadratische Matrizen nahe, bei deren Multiplikation ebenfalls die Reihenfolge wichtig ist. Es gibt prinzipiell unendlich viele Möglichkeiten, Symmetrieoperationen durch Matrizen darzustellen. Die Darstellungen hängen davon ab, wie man die mathematischen *Basisobjekte* wählt, auf die die Symmetrieoperationen angewendet werden. Als Basisobjekte können Vektoren, ihre Kombination zu Koordinatensystemen, aber auch mathematische Funktionen (z. B. Atom- und Molekülorbitale) dienen. Wie man auf diese Weise zu unterschiedlichen Darstellungen der Symmetrieoperationen einer Punktgruppe kommt, soll am Beispiel der bereits in Kapitel 11 genauer betrachteten Gruppe C_{3v} (repräsentiert z. B. durch NH_3, PCl_3, oder ähnliche Moleküle) erläutert werden (Abb. 12.1).

Wählen wir als Basisobjekt den am N-Atom von NH_3 lokalisierten Einheitsvektor in z-Richtung (also senkrecht zur Papierebene), so erhalten wir die folgenden 1×1-Matrizen Γ_i (de facto also die multiplikativen Faktoren) der sechs Symmetrieoperationen:

$$\Gamma(E) = 1, \ \Gamma(C_3^1) = 1, \ \Gamma(C_3^2) = 1, \ \Gamma(\sigma_v^{(1)}) = 1, \ \Gamma(\sigma_v^{(2)}) = 1, \ \Gamma(\sigma_v^{(3)}) = 1. \qquad (12.1)$$

---

[18] Eine ausgezeichnete, strenge, aber für Chemiker gut zugängliche Behandlung des Themas bietet: D. Steinborn, *Symmetrie und Struktur in der Chemie*, VCH, Weinhein, **1993**. Weitere didaktisch gut aufbereitete Darstellungen findet man in: F. A. Cotton, *Chemical Applications of Group Theory*, Wiley, New York, **1990**, Kapitel 4. P. W. Atkins, *Molecular Quantum Mechanics*, 2. Aufl., Oxford University Press, **1983**, Kapitel 6. J. Reinhold, *Quantentheorie der Moleküle*, Teubner, Stuttgart, **1994**, S. 333 ff.

[19] Das bedeutet, daß die Reihenfolge wichtig ist. Wenn R und S Symmetrieoperationen sind, dann ist im allgemeinen $RS \neq SR$ (s. Kap. 11).

a)
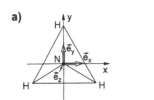

b)
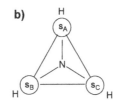

Abb. 12.1. Wahl des Koordinatensystems für NH_3 und Beispiele für verschiedene Basisobjekte: (a) Die Einheitsvektoren $\vec{e}_x$, $\vec{e}_y$, $\vec{e}_z$; (b) die 1s-Orbitale der H-Atome.

Alle Symmetrieoperationen lassen den Basis-Einheitsvektor e_z unverändert, dieser Vektor ist damit eine *totalsymmetrische Darstellung* der Punktgruppe C_{3v}. Gleichzeitig handelt es sich um eine *eindimensionale Basis*, wenn man die Zahl der Basisobjekte als die *Dimension* einer Basis bezeichnet. Die Symmetrieoperationen über einer n-dimensionalen Basis werden im allgemeinen durch $n \times n$-Matrizen dargestellt. Wählt man nun das ganze am N-Atom lokalisierte Dreibein e_x, e_y, e_z als Basis, so erhalten wir die folgenden sechs 3×3-Darstellungsmatrizen:

$$\Gamma(E) = \begin{bmatrix} 1 & 0 & 0 \\ 0 & 1 & 0 \\ 0 & 0 & 1 \end{bmatrix} \quad \Gamma(C_3^1) = \begin{bmatrix} -\frac{1}{2} & -\frac{\sqrt{3}}{2} & 0 \\ \frac{\sqrt{3}}{2} & -\frac{1}{2} & 0 \\ 0 & 0 & 1 \end{bmatrix} \quad \Gamma(C_3^2) = \begin{bmatrix} -\frac{1}{2} & -\frac{\sqrt{3}}{2} & 0 \\ -\frac{\sqrt{3}}{2} & -\frac{1}{2} & 0 \\ 0 & 0 & 1 \end{bmatrix}$$

$$\Gamma(\sigma_v^{(1)}) = \begin{bmatrix} -1 & 0 & 0 \\ 0 & 1 & 0 \\ 0 & 0 & 1 \end{bmatrix} \quad \Gamma(\sigma_v^{(2)}) = \begin{bmatrix} \frac{1}{2} & \frac{\sqrt{3}}{2} & 0 \\ \frac{\sqrt{3}}{2} & -\frac{1}{2} & 0 \\ 0 & 0 & 1 \end{bmatrix} \quad \Gamma(\sigma_v^{(3)}) = \begin{bmatrix} \frac{1}{2} & -\frac{\sqrt{3}}{2} & 0 \\ -\frac{\sqrt{3}}{2} & -\frac{1}{2} & 0 \\ 0 & 0 & 1 \end{bmatrix}$$

$$(12.2)$$

Übungsbeispiel:

Was fällt Ihnen an der Struktur der Transformationsmatrizen auf?

Antwort:
Alle sechs Matrizen haben Diagonal- oder Blockdiagonalform. Die z-Komponente eines Vektors wird immer in sich selbst transformiert, während die x- und y-Komponenten „gemischt" werden. Offenbar fallen die gewählten Basisobjekte bezüglich ihrer Transformation in der Punktgruppe C_{3v} in zwei Kategorien. Man kann auch sagen: Sie unterscheiden sich in ihrem „Charakter". Auf die tiefere mathematische Bedeutung dieser Beobachtung kommen wir in Abschnitt 12.3 zurück.

In Abbildung 12.1 (b) wurden die drei 1s-Atomorbitale der H-Atome von NH_3, s_A, s_B und s_C, als Basisobjekte gewählt. Wie für die Transformation des Dreibeins am N-Atom können auch hier die sechs Symmetrieoperationen durch 3×3-Matrizen ausgedrückt werden, die auf Tripel („Vektoren") der Basisfunktionen (s_A, s_B, s_C) wirken:

$$\Gamma(E) = \begin{bmatrix} 1 & 0 & 0 \\ 0 & 1 & 0 \\ 0 & 0 & 1 \end{bmatrix} \quad \Gamma(C_3^1) = \begin{bmatrix} 0 & 0 & 1 \\ 1 & 0 & 0 \\ 0 & 1 & 0 \end{bmatrix} \quad \Gamma(C_3^2) = \begin{bmatrix} 0 & 1 & 0 \\ 0 & 0 & 1 \\ 1 & 0 & 0 \end{bmatrix}$$

$$\Gamma(\sigma_v^{(1)}) = \begin{bmatrix} 1 & 0 & 0 \\ 0 & 0 & 1 \\ 0 & 1 & 0 \end{bmatrix} \quad \Gamma(\sigma_v^{(2)}) = \begin{bmatrix} 0 & 1 & 0 \\ 1 & 0 & 0 \\ 0 & 0 & 1 \end{bmatrix} \quad \Gamma(\sigma_v^{(3)}) = \begin{bmatrix} 0 & 0 & 1 \\ 0 & 1 & 0 \\ 1 & 0 & 0 \end{bmatrix}$$

$$(12.3)$$

Übungsbeispiel:

Wir haben oben festgestellt, daß dem Produkt zweier Symmetrieoperationen das Produkt der entsprechenden Matrizen entspricht. Prüfen Sie dies für die beiden Darstellungen (12.2) und (12.3) nach.

Antwort:
Exemplarisch für $\sigma_v^{(1)} C_3^2 = \sigma_v^{(2)}$:

Darstellung (12.2):

$$\begin{bmatrix} -1 & 0 & 0 \\ 0 & 1 & 0 \\ 0 & 0 & 1 \end{bmatrix} \begin{bmatrix} -\frac{1}{2} & \frac{\sqrt{3}}{2} & 0 \\ -\frac{\sqrt{3}}{2} & -\frac{1}{2} & 0 \\ 0 & 0 & 1 \end{bmatrix} = \begin{bmatrix} \frac{1}{2} & \frac{\sqrt{3}}{2} & 0 \\ \frac{\sqrt{3}}{2} & -\frac{1}{2} & 0 \\ 0 & 0 & 1 \end{bmatrix}$$

$$\Gamma(\sigma_v^{(1)}) \qquad \Gamma(C_3^2) \qquad \Gamma(\sigma_v^{(2)})$$

Darstellung (12.3):

$$\begin{bmatrix} 1 & 0 & 0 \\ 0 & 0 & 1 \\ 0 & 1 & 0 \end{bmatrix} \begin{bmatrix} 0 & 1 & 0 \\ 0 & 0 & 1 \\ 1 & 0 & 0 \end{bmatrix} = \begin{bmatrix} 0 & 1 & 0 \\ 1 & 0 & 0 \\ 0 & 0 & 1 \end{bmatrix}$$

$$\Gamma(\sigma_v^{(1)}) \qquad \Gamma(C_3^2) \qquad \Gamma(\sigma_v^{(2)})$$

Zusammenfassend gilt folgendes für die Matrix-Darstellung von Gruppen:

1) Die $n \times n$-Matrizen, auf die die Gruppenelemente einer Symmetriegruppe G eindeutig („homomorph") abgebildet werden,[20] bilden ebenfalls eine Gruppe, d. h. die Gruppenmultiplikationstafeln, die wir in Kapitel 11 kennengelernt haben, sind identisch mit denen der entsprechenden Matrizen.

2) Alle Matrizengruppen, die homomorph zu G sind, sind *Darstellungen* von G, deren *Dimension* durch die Zahl der Basisobjekte bestimmt wird. Der durch die Basis aufgespannte Raum wird auch als *Darstellungsraum* bezeichnet.

3) Eine besondere Rolle spielen eindimensionale Abbildungen, bei denen den Gruppenelementen lediglich Zahlen (+1, −1) zugeordnet werden. Werden alle Gruppenelemente auf die Zahl 1 abgebildet, so liegt die *totalsymmetrische* Darstellung vor. Dies war z.B. der Fall, wenn die Gruppe C_{3v} nur durch den Einheitsvektor in Richtung der dreizähligen Hauptachse dargestellt wird (siehe oben).

Übungsbeispiel:

Untersuchen Sie das Transformationsverhalten einer Rotation R_z um die z-Achse im NH_3-Molekül (Abb. 12.1).

Antwort:
Hierbei handelt es sich wiederum um eine eindimensionale Darstellung der Gruppe C_{3v}:

$$\Gamma(E) = 1, \, \Gamma(C_3^1) = 1, \, \Gamma(C_3^2) = 1, \, \Gamma(\sigma_v^{(1)}) = -1, \, \Gamma(\sigma_v^{(2)}) = -1, \, \Gamma(\sigma_v^{(3)}) = -1. \quad (12.4)$$

Der Unterschied zur totalsymmetrischen Darstellung ist die Umkehr des Drehsinns bei Spiegelungen. Wir haben also bisher zwei unterschiedliche eindimensionale Darstellungen von C_{3v} gefunden!

Es gibt unendlich viele Darstellungen einer Punktsymmetriegruppe beliebiger Dimension, wie unmittelbar aus ihrer Definition folgt. Bei den Darstellungen gleicher Dimension unterscheidet man zwischen zueinander *äquivalenten* und *inäquivalenten*. Äquivalente Darstellungen lassen sich durch Ähnlichkeitstransformationen ineinander überführen, was einem Übergang zu einer neuen Basis im Darstellungsraum („Basistransformation") entspricht:

---

[20] Diese Abbildung der Gruppe auf einen Satz von Matrizen Γ_i ist eindeutig (Homomorphismus), nicht aber die Umkehrung. Ein Satz von Matrizen läßt sich daher im allgemeinen nicht eindeutig mit einer Gruppe identifizieren.

$$\Gamma'(R) = S^{-1}\Gamma(R)S \qquad (12.5)$$

für alle Symmetrieoperationen $R \in G$, wobei S eine beliebige $n \times n$-Matrix ist. Von besonderem Interesse sind Ähnlichkeitstransformationen, die zu Darstellungsmatrizen mit Blockdiagonalform führen:

$$\Gamma(R) = \begin{bmatrix} \Gamma^1(R) & & & \\ & \Gamma^2(R) & & \\ & & \Gamma^3(R) & \\ & & & \Gamma^4(R) \end{bmatrix} \qquad (12.6)$$

Wie im folgenden Abschnitt gezeigt wird, ermöglichen solche Transformationen die Auswahl weniger fundamentaler Darstellungen aus der Vielzahl der möglichen.

12.2 Reduzible und irreduzible Darstellungen

Wir haben bereits erkannt, daß die Darstellungsmatrizen der Darstellung *(12.2)* Blockdiagonalform haben und daß der Basisvektor $\mathbf{e}_z$ bei jeder Operation unverändert bleibt. Das bedeutet aber, daß die Basis geteilt werden kann, und zwar in die eindimensionale Basis $\mathbf{e}_z$ und die zweidimensionale Basis $\mathbf{e}_x$, $\mathbf{e}_y$. Die dreidimensionale Darstellung *(12.2)* wird daher in eine ein- und eine zweidimensionale Basis aufgeteilt:

E	C_3^1	C_3^2	$\sigma_v^{(1)}$	$\sigma_v^{(2)}$	$\sigma_v^{(3)}$	Basis
$\begin{bmatrix} 1 & 0 \\ 0 & 1 \end{bmatrix}$	$\begin{bmatrix} -\frac{1}{2} & -\frac{\sqrt{3}}{2} \\ \frac{\sqrt{3}}{2} & -\frac{1}{2} \end{bmatrix}$	$\begin{bmatrix} -\frac{1}{2} & \frac{\sqrt{3}}{2} \\ -\frac{\sqrt{3}}{2} & -\frac{1}{2} \end{bmatrix}$	$\begin{bmatrix} -1 & 0 \\ 0 & 1 \end{bmatrix}$	$\begin{bmatrix} \frac{1}{2} & \frac{\sqrt{3}}{2} \\ \frac{\sqrt{3}}{2} & -\frac{1}{2} \end{bmatrix}$	$\begin{bmatrix} \frac{1}{2} & -\frac{\sqrt{3}}{2} \\ -\frac{\sqrt{3}}{2} & -\frac{1}{2} \end{bmatrix}$	$\mathbf{e}_x, \mathbf{e}_y$
1	1	1	1	1	1	$\mathbf{e}_z$

Auf diese Weise erhalten wir zwei neue Darstellungen niedrigerer Dimension der Gruppe C_{3v}, ein Prozeß, der als *Reduktion* der Darstellung *(12.2)* bezeichnet wird. Umgekehrt kann man auch die dreidimensionale Darstellung *(12.2)* als *direkte Summe* dieser beiden Darstellungen auffassen: $\Gamma = \Gamma^{(xy)} \oplus \Gamma^{(z)}$.

Eine weitere Reduktion von $\Gamma^{(xy)}$ ist nicht möglich, weshalb man sie auch als *irreduzible Darstellung der Punktgruppe* C_{3v} bezeichnet, und da $\Gamma^{(z)}$ als eindimensionale Darstellung ohnehin nicht reduzibel ist, haben wir Γ als direkte Summe einer ein- und einer zweidimensionalen irreduziblen Darstellung ausgedrückt.

Übungsbeispiel:

Bringen Sie die Darstellungsmatrizen der Darstellung (12.3) durch Ähnlichkeitstransformation mit der Matrix S auf Blockdiagonalform. Wie sieht die neue Basis aus?

$$S = \begin{bmatrix} 1 & 2 & 0 \\ 1 & -1 & 1 \\ 1 & -1 & -1 \end{bmatrix} \qquad S^{-1} = \frac{1}{6} \begin{bmatrix} 2 & 2 & 2 \\ 2 & -1 & -1 \\ 0 & 3 & -3 \end{bmatrix}$$

Antwort:
Durch Ähnlichkeitstransformation der Matrizen von (12.3) mit S erhält man den folgenden Satz von Matrizen in Blockdiagonalform:

$$\Gamma(E) = \begin{bmatrix} 1 & 0 & 0 \\ 0 & 1 & 0 \\ 0 & 0 & 1 \end{bmatrix} \qquad \Gamma(C_3^1) = \begin{bmatrix} 1 & 0 & 0 \\ 0 & -\frac{1}{2} & -\frac{1}{2} \\ 0 & \frac{3}{2} & -\frac{1}{2} \end{bmatrix} \qquad \Gamma(C_3^2) = \begin{bmatrix} 1 & 0 & 0 \\ 0 & -\frac{1}{2} & \frac{1}{2} \\ 0 & -\frac{3}{2} & -\frac{1}{2} \end{bmatrix}$$

$$\chi(E) = 3 \qquad\qquad \chi(C_3^1) = 0 \qquad\qquad \chi(C_3^2) = 0 \qquad (12.7)$$

$$\Gamma(\sigma_v^{(1)}) = \begin{bmatrix} 1 & 0 & 0 \\ 0 & 1 & 0 \\ 0 & 0 & -1 \end{bmatrix} \qquad \Gamma(\sigma_v^{(2)}) = \begin{bmatrix} 1 & 0 & 0 \\ 0 & -\frac{1}{2} & \frac{1}{2} \\ 0 & \frac{3}{2} & \frac{1}{2} \end{bmatrix} \qquad \Gamma(\sigma_v^{(3)}) = \begin{bmatrix} 1 & 0 & 0 \\ 0 & -\frac{1}{2} & -\frac{1}{2} \\ 0 & -\frac{3}{2} & \frac{1}{2} \end{bmatrix}$$

$$\chi(\sigma_v^{(1)}) = 1 \qquad\qquad \chi(\sigma_v^{(2)}) = 1 \qquad\qquad \chi(\sigma_v^{(3)}) = 1$$

Ebenfalls angegeben ist die Summe der Matrix-Diagonalelemente, die *Spur* $\chi(R)$ der jeweiligen Matrix, die bei einer Ähnlichkeitstransformation unverändert ist.

$$\chi^i(R) = \sum_{k=1}^{g_i} \Gamma^i(R)_{kk} \qquad\qquad (12.8)$$

Man beachte, daß die *Spuren der Darstellungsmatrizen von Symmetrieoperationen, die zu einer Äquivalenzklasse gehören, gleich* sind. Aus der Blockdiagonalform ergibt sich wiederum, daß die Darstellung *(12.3)* reduzibel und die direkte Summe einer totalsymmetrischen eindimensionalen und einer zweidimensionalen Darstellung ist. Transformiert man die Basis (s_A, s_B, s_C) mit der Transformationsmatrix S, so ergibt sich als neue Basis (s_1, s_2, s_3):

$$s_1 = s_A + s_B + s_C \, , \, s_2 = 2s_A - s_B - s_C \, , \, s_3 = s_b - s_C.$$

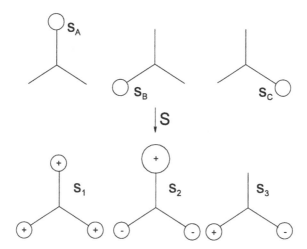

Die Reduktion der dreidimensionalen Darstellung bedeutet nun aber, daß die Basis (s_1, s_2, s_3) aufgeteilt wird in die Basis (s_1) einer totalsymmetrischen Darstellung und die Basis (s_2, s_3) einer zweidimensionalen irreduziblen Darstellung. Ein Blick auf die oben skizzierten neuen Basisobjekte genügt, um zu entscheiden, daß sich s_1 von s_2 und s_3 in seiner Symmetrie unterscheidet. Die beiden irreduziblen Darstellungen repräsentieren also zwei unterschiedliche *Symmetrierassen* innerhalb der Gruppe C_{3v}. Wenn man sich vergegenwärtigt, daß wir von den 1s-Orbitalen der H-Atome in NH_3 ausgegangen sind, so bedeutet die Transformation durch die Matrix S die Überführung der Orbitale in solche, die irreduzible Darstellungen in der Punktgruppe des Moleküls sind, also Symmetrierassen dieser Gruppe repräsentieren.

Für endliche Gruppen wie die hier diskutierten Punktsymmetriegruppen gelten die folgenden Sätze:[21]

1) Die Reduktion einer reduziblen Darstellung nach ihren irreduziblen Bestandteilen ist *eindeutig* (bis auf Äquivalenztransformationen).
2) Die *Zahl der irreduziblen Darstellungen* einer Symmetriegruppe ist gleich der *Zahl ihrer Äquivalenzklassen*. Damit hat man aus der unendlichen Anzahl von Darstellungen eine relativ geringe Anzahl ausgewählt, auf die sich alle anderen zurückführen lassen (durch Bildung direkter Summen und Ähnlichkeitstransformationen).
3) Die Dimensionen der irreduziblen Darstellungen sind Teiler der Gruppenordnung. Beispiel: C_{3v} hat die Gruppenordnung 6. Die bisher erhaltenen

---

[21] Die Beweise zu diesen Sätzen findet man z. B. in D. Steinborn, loc. cit.

irreduziblen Darstellungen sind ein- und zweidimensional, genügen also dieser Bedingung.

4) Die Summe der Quadrate der Dimensionen g_i aller m irreduziblen Darstellungen Γ^i einer Gruppe ist gleich der Gruppenordnung h:

$$g_1^2 + g_2^2 + ... + g_m^2 = h \qquad (12.9)$$

Bei der Ausreduktion der reduziblen Darstellungen von C_{3v} haben wir eine totalsymmetrische eindimensionale und eine zweidimensionale irreduzible Darstellung der Punktgruppe erhalten. Damit die Gleichung erfüllt ist ($h = 6$), muß es also eine weitere eindimensionale irreduzible Darstellung geben. Dieser sind wir bereits bei der Untersuchung der Symmetrietransformationen einer Rotation um die z-Achse in *(12.4)* begegnet! Für die Gruppe C_{3v} ergeben sich daher die beiden eindimensionalen irreduziblen Darstellungen:

$$\Gamma^1 = 1, 1, 1, 1, 1, 1 \text{ und } \Gamma^2 = 1, 1, 1, (-1), (-1), (-1)$$

sowie die zweidimensionale Darstellung, die man aus *(12.7)* erhält:

$$\Gamma^3 = \begin{bmatrix} 1 & 0 \\ 0 & 1 \end{bmatrix} \begin{bmatrix} -\frac{1}{2} & -\frac{1}{2} \\ \frac{3}{2} & -\frac{1}{2} \end{bmatrix} \begin{bmatrix} -\frac{1}{2} & \frac{1}{2} \\ -\frac{3}{2} & -\frac{1}{2} \end{bmatrix} \begin{bmatrix} 1 & 0 \\ 0 & -1 \end{bmatrix} \begin{bmatrix} -\frac{1}{2} & \frac{1}{2} \\ \frac{3}{2} & \frac{1}{2} \end{bmatrix} \begin{bmatrix} -\frac{1}{2} & -\frac{1}{2} \\ -\frac{3}{2} & \frac{1}{2} \end{bmatrix}$$

5) Für die Matrixelemente Γ^i_{kl}, Γ^j_{kl} zweier d-dimensionaler irreduzibler Darstellungen Γ^i und Γ^j gilt die Orthogonalitätsrelation:

$$\sum_R \Gamma^i(R)^*_{kl} \, \Gamma^j(R)_{k'l'} = (h/d) \, \delta_{ij}\delta_{kk'}\delta_{ll'} \text{ [22]} \qquad (12.10)$$

Diese Beziehung bedeutet, daß man, wenn man ein beliebiges Matrixelement der Matrix einer irreduziblen Darstellung mit einem Matrixelement einer anderen multipliziert und diese Produkte für alle Gruppenelemente aufsummiert, als Ergebnis Null erhält, sofern man sich nicht auf die gleiche irreduzible Darstellung sowie von ihrer Stellung in der Matrix her gleiche Zahlen beschränkt. Für die Produkte der „Matrixelemente" der totalsymmetrischen Darstellung Γ^1 in C_{3v} gilt beispielsweise:

$$1 \times 1 + 1 \times 1 + 1 \times 1 + 1 \times 1 + 1 \times 1 + 1 \times 1 = 6/1 = h/d$$

Bisher war es notwendig, bei der Matrixdarstellung der Symmetrieoperationen eine bestimmte Basis auszuwählen. Im folgenden Abschnitt wird gezeigt, daß man wichtige Aspekte des gruppentheoretischen Kalküls ohne die konkrete Formulierung der Matrizen entwickeln kann.

---

[22] Da die Matrixelemente von Darstellungsmatrizen im allgemeinen Fall auch komplex sein können, tauchen in den Produkten die komplex konjugierten Matrixelemente $\Gamma^i(R)^*_{kl}$ auf.

12.3 Die Charaktere der Symmetriegruppen und ihre praktische Bedeutung in der Darstellungstheorie

Wir haben bereits im vorigen Abschnitt festgestellt, daß sich die Spur einer Darstellungsmatrix bei einer Ähnlichkeitstransformation nicht ändert, und daß die Spuren aller Elemente einer Äquivalentklasse gleich sind. Außerdem unterscheiden sich die Matrizen der irreduziblen Darstellungen, d. h. der Symmetrierassen, in ihren Spuren. Die Spur der Darstellungsmatrix einer Symmetrieoperation ist also eine für sie charakteristische Größe, weshalb man sie als *Charakter* des Gruppenelements (= Symmetrieoperation) bezeichnet.

Die Kenntnis der Charaktere der irreduziblen Darstellungen einer Gruppe ist, wie wir sehen werden, von zentraler Bedeutung für fast alle darstellungstheoretischen Fragestellungen. Ausgangspunkt hierfür ist die Orthogonalitätsrelation *(12.10)*, aus der man die wichtige Beziehung *(12.11)* für die Charaktere zweier irreduzibler Darstellungen Γ^i und Γ^j durch Summation über die Diagonalelemente ($k = l$, $k' = l'$) erhält:

$$\sum_R \chi^i(R)^* \chi^j(R) = h\delta_{ij} \qquad (h = \text{Ordnung der Gruppe}) \qquad (12.11)$$

Da die Charaktere der Darstellungsmatrizen innerhalb einer Äquivalentklasse von Gruppenelementen identisch sind, kann man *(12.11)* als Summe über die Klassen formulieren:

$$\sum_k h_k \chi^i(R_k)^* \chi^j(R_k) = h\delta_{ij} \quad (h_k = \text{Anzahl der Elemente der Klasse } k) \qquad (12.12)$$

Übungsbeispiel:

Überprüfen Sie (12.11) und (12.12) anhand der irreduziblen Darstellungen (12.1) und (12.4) der Punktgruppe C_{3v}.

Antwort:

a) Multiplikation der Charaktere von *(12.1)* und *(12.4)* nach Gleichung *(12.11)* ergibt:

$$1 \times 1 + 1 \times 1 + 1 \times 1 + 1 \times (-1) + 1 \times (-1) + 1 \times (-1) = 0 \ (i \neq j)$$

b) Multiplikation der Charaktere von z. B. *(12.4)* mit sich selbst (i = j):

$$1^2 + 1^2 + 1^2 + (-1)^2 + (-1)^2 + (-1)^2 = 6$$

c) Die Punktgruppe C_{3v} besteht aus den Äquivalenzklassen $\{E\}$, $\{C_3^1, C_3^2\}$ und $\{\sigma_v^{(1)}, \sigma_v^{(1)}, \sigma_v^{(1)}\}$ mit den Charakteren in *(12.4)* von 1,1 und –1. Damit wird *(12.12)*:

$$1 \times 1^2 + 2 \times 1^2 + 3 \times (-1)^2 = 6$$

Mit Hilfe von Gleichung *(12.11)* und *(12.12)* kann man im Falle i = j überprüfen, ob eine Darstellung einer Gruppe reduzibel oder irreduzibel ist. Eine Darstellung ist dann und nur dann irreduzibel, wenn für ihre Charaktere gilt:

$$\sum_R \chi(R)^* \chi(R) = \sum_k h_k \chi(R_k)^* \chi(R_k) = h \tag{12.13}$$

Auf diese Weise läßt sich leicht zeigen, daß die Darstellungen *(12.2)* und *(12.3)* reduzibel sind: $3^2 + 0^2 + 0^2 + 1^2 + 1^2 + 1^2 = 12 \neq 6$.

Die Orthogonalitätsrelationen *(12.11)* und *(12.12)* bieten die Grundlage für die in der Anwendung der Darstellungstheorie so wichtige „Ausreduktion" reduzibler Darstellungen einer Gruppe. Eine reduzible Darstellung läßt sich, wie bereits erwähnt wurde, als *direkte Summe* irreduzibler Darstellungen ausdrücken:

$$\Gamma = c_1 \Gamma^1 \oplus c_2 \Gamma^2 \oplus c_3 \Gamma^3 \oplus \dots \tag{12.14}$$

Auf diese Weise werden die „Matrixblöcke" der irreduziblen Darstellungen zu einer höherdimensionalen Matrix in Blockdiagonalform zusammengesetzt, und die Charaktere der irreduziblen Darstellungen addieren sich zum Charakter der so erhaltenen reduziblen Darstellung:

$$\chi(R) = \sum_j c_j \chi^j(R) \ (R \in G) \tag{12.15}$$

Nach Multiplikation von *(12.15)* mit $\chi^i(R)^*$ und Summation über alle Gruppenelemente (bzw. über alle Klassen) erhält man unter Ausnutzung der Orthogonalitätsrelation *(12.11)*:

$$\sum_R \chi^i(R)^* \chi(R) = \sum_j c_j \sum_R \chi^i(R)^* \chi^j(R) = \sum_j c_j h \delta_{ij} = c_i h$$

$$\Leftrightarrow c_i = (1/h) \sum_R \chi^i(R)^* \chi(R) = (1/h) \sum_k h_k \chi^i(R_k)^* \chi(R_k) \tag{12.16}$$

Gleichung *(12.16)* bietet die Möglichkeit, die *Reduktionskoeffizienten* c_i in *(12.15)* zu berechnen. Als Beispiele untersuchen wir die reduziblen Darstellungen *(12.2)* und *(12.3)* der Gruppe C_{3v}. Sie haben jeweils die gleichen Charaktere: $\chi(E) = 3$, $\chi(C_3) = 0$, $\chi(\sigma_v) = 1$. Dazu fassen wir zunächst die Charaktere der im vorigen Abschnitt vorgestellten irreduziblen Darstellungen dieser Gruppe zusammen:

	E	$2C_3$	$3\sigma_v$
Γ^1	1	1	1
Γ^2	1	1	−1
Γ^3	2	−1	0

(12.17)

Unter Anwendung von *(12.16)* erhält man für $c_1 - c_3$:

$c_1(\Gamma^1) = \frac{1}{6}[1\times\mathbf{1}\times3 + 2\times\mathbf{1}\times0 + 3\times\mathbf{1}\times1] = 1$

(Charaktere von Γ^i aus *12.17* sind fett dargestellt)

$c_2(\Gamma^2) = \frac{1}{6}[1\times\mathbf{1}\times3 + 2\times\mathbf{1}\times0 + 3\times(\mathbf{-1})\times1] = 0$

$c_3(\Gamma^3) = \frac{1}{6}[1\times\mathbf{2}\times3 + 2\times(\mathbf{-1})\times0 + 3\times\mathbf{0}\times1] = 1$

Das bedeutet, daß die Darstellungen *(12.2)* und *(12.3)* die direkten Summen der irreduziblen Darstellungen Γ^1 und Γ^3 in C_{3v} sind:

$\Gamma = \Gamma^1 \oplus \Gamma^3$

Übungsbeispiel:

Überprüfen Sie die Richtigkeit der oben durchgeführten Ausreduktion, indem Sie die Charaktere der erhaltenen irreduziblen Darstellungen aufsummieren:

Antwort:

$\chi(E) = 1\times\chi^1(E) + 1\times\chi^3(E) = 1\times1 + 1\times2 = 3$

$\chi(C_3) = 1\times\chi^1(C_3) + 1\times\chi^3(C_3) = 1\times1 + 1\times(-1) = 0$

$\chi(\sigma_v) = 1\times\chi^1(\sigma_v) + 1\times\chi^3(\sigma_v) = 1\times1 + 1\times0 = 1$

Dies sind wieder die Charaktere der Darstellungen *(12.2)* und *(12.3)*!

Die Zusammenstellung der Charaktere von C_{3v} in *(12.17)* ist ein einfaches Beispiel für eine *Charaktertafel*. Anhand der Ausreduktion der reduziblen Darstellungen *(12.2)* und *(12.3)* wird deutlich, daß diese Art der Zusammenstellung ein bequemes und wirkungsvolles Hilfsmittel in der Darstellungstheorie von Gruppen sein kann. Im folgenden Abschnitt werden wir uns zunächst mit der symbolischen Kennzeichnung der Symmetrierassen irreduzibler Darstellungen beschäftigen, ehe wir in Abschnitt 12.3.2 näher auf den Aufbau und die Anwendung solcher Charaktertafeln eingehen.

12.3.1 Die „Mulliken-Symbolik" für die irreduziblen Darstellungen von Punktgruppen

Die irreduziblen Darstellungen der Punktsymmetriegruppe C_{3v} wurden in recht willkürlicher Weise durch die Symbole $\Gamma^1 - \Gamma^3$ gekennzeichnet, ohne daß dadurch ihre Dimension oder Symmetrieeigenschaften (Symmetrierasse) ausgedrückt werden. In der Molekülchemie hat sich daher eine Bezeichnungsweise für irreduzible Darstellungen durchgesetzt, die vor allem von Mulliken populär gemacht wurde und daher in der angelsächsischen Literatur auch „Mulliken-Symbolik" genannt wird. Dabei gelten die folgenden Regeln:

1) Eindimensionale Darstellungen werden mit den Buchstaben A oder B, zweidimensionale mit E und dreidimensionale irreduzible Darstellungen mit T gekennzeichnet.
   Beispiel: Die irreduziblen Darstellungen von Γ^1 und Γ^2 sind vom A-Typ, die zweidimensionale Darstellung Γ^3 wird mit E bezeichnet.
2) Eindimensionalen Darstellungen, die symmetrisch bezüglich einer Rotation um $2\pi/n$ um die Hauptachse C_n sind [wobei „symmetrisch" bedeutet, daß $\chi(C_n) = 1$], wird das Symbol A zugeordnet, während solche, die antisymmetrisch in diesem Sinne sind [$\chi(C_n) = -1$] zum B-Typ gehören.[23]
3) Eindimensionale irreduzible Darstellungen, die symmetrisch oder
. antisymmetrisch bezüglich einer C_2-Achse senkrecht zur Hauptachse sind, erhalten die tiefgestellten Indizes 1 bzw. 2. Sind solche C_2-Achsen nicht vorhanden, so können die tiefgestellten Indizes 1 und 2 die Symmetrie bzw. Antisymmetrie bezüglich der Spiegelung an einer vertikalen Spiegelebene kennzeichnen.
   Beispiel: Die beiden eindimensionalen Darstellungen Γ^1 und Γ^2 werden daher durch A_1 bzw. A_2 symbolisiert.
   Die Regeln für die Zahlenindizes mehrdimensionaler Darstellungen gehen über den Rahmen dieses Buches hinaus.
4) Hochgestellte Striche oder Doppelstriche bezeichnet die irreduziblen Darstellungen, die symmetrisch bzw. antisymmetrisch bezüglich einer Spiegelebene σ_h sind, sofern dieses Symmetrieelement in einer Punktsymmetriegruppe vorhanden ist (z. B. in D_{3h}).
5) In Punktsymmetriegruppen mit Inversionszentrum kennzeichnen die tiefgestellten Indizes g und u irreduzible Darstellungen, die symmetrisch bzw. antisymmetrisch bezüglich der Inversion am Ursprung sind („gerade" bzw. „ungerade").

---

[23] Das bedeutet, daß nur solche Punktsymmetriegruppen irreduzible Darstellungen des *B*-Typs haben können, bei denen die Zähligkeit der Hauptachse ganzzahlig ist.

Mit Hilfe der Regeln 1) – 5) können wir nunmehr die irreduziblen Darstellungen einer Punktgruppe durch ihre Symmetrierassen kennzeichnen.

12.3.2 Charaktertafeln von Punktgruppen

Mit Hilfe der Mullikensymbolik läßt sich das Schema *(12.17)* zu einer Charaktertafel der Punktgruppe C_{3v} vervollständigen:

C_{3v}	E	$2C_3$	$3\sigma_v$		
A_1	1	1	1	z	z^2
A_2	1	1	-1	R_z	
E	2	-1	0	$(x,y)(R_x, R_y)$	$(x^2 - y^2,\ xy)(xz,\ yz)$
I		*II*		*III*	*IV*

Da die Anzahl der irreduziblen Darstellungen gleich der der Äquivalenzklassen einer Gruppe ist, ist die Charaktertafel ein quadratisches Schema, wobei die Mulliken-Symbole der irreduziblen Darstellungen in Spalte *I*, die Charaktere nach Klassen geordnet in Spalte *II* wiedergegeben werden. Aus Spalte *III* ist ersichtlich, nach welchen Symmetrierassen die Koordinaten x, y, z und die Drehungen R_x, R_y und R_z transformiert werden. Die Eintragungen folgen unmittelbar aus den Darstellungen in *(12.2)* und *(12.4)*. In Spalte *IV* sind die Quadrate und binären Produkte der Koordinaten nach ihren irreduziblen Darstellungen geordnet, wobei einige der Zuordnungen ohne weitere Rechnung sofort ersichtlich sind. Da z durch alle Symmetrieoperationen unverändert bleibt, ist dies auch für z^2 zu erwarten, und die Transformationseigenschaften von xz und yz sollten die gleichen wie die von x und y sein.

Wie wir in den nächsten Kapiteln sehen werden, haben diese Funktionen als Basisobjekte der irreduziblen Darstellungen eine wichtige physikalische Bedeutung. So stehen die Koordinaten x, y und z für die Atomorbitale p_x, p_y, p_z, und die drei Komponenten des molekularen Dipoloperators, während die d-Orbitale und die Komponenten des Polarisierbarkeitstensors sich wie die binären Produkte der Koordinaten transformieren.

Für die ligandenfeldtheoretischen Betrachtungen in den folgenden Kapiteln sind die Charaktertafeln der kubischen Punktgruppen T_d und O_h von Bedeutung, weshalb sie an dieser Stelle kurz vorgestellt werden sollen.[24]

---

[24] Für die Untergruppe *O*, aus derem direkten Produkt (s. Abschn. 12.4) mit C_i die Gruppe O_h erzeugt wird, stellt der obere linke Block die Charaktertafel dar, wobei die der Index *g* entfällt. Die Funktionen x, y und z transformieren dann – wie auch die Rotationen R_x, R_y, R_z – wie die irreduzible Darstellung T_1.

T_d	E	$8C_3$	$3C_2$	$6S_4$	$6\sigma_d$	
A_1	1	1	1	1	1	$x^2+y^2+z^2$
A_2	1	1	1	-1	-1	
E	2	-1	2	0	0	$(2z^2-x^2-y^2, x^2-y^2)$
T_1	3	0	-1	1	-1	(R_x, R_y, R_z)
T_2	3	0	-1	-1	1	(x, y, z), (xy, xz, yz)

O_h	E	$8C_3$	$3C_2$	$6C_4$	$6C_2'$	i	$8S_6$	$3\sigma_h$	$6S_4$	$6\sigma_d$	
A_{1g}	1	1	1	1	1	1	1	1	1	1	$x^2+y^2+z^2$
A_{2g}	1	1	1	-1	-1	1	1	1	-1	-1	
E_g	2	-1	2	0	0	2	-1	2	0	0	$(2z^2-x^2-y^2, x^2-y^2)$
T_{1g}	3	0	-1	1	-1	3	0	-1	1	-1	(R_x, R_y, R_z)
T_{2g}	3	0	-1	-1	1	3	0	-1	-1	1	(xy, xz, yz)
A_{1u}	1	1	1	1	1	-1	-1	-1	-1	-1	
A_{2u}	1	1	1	-1	-1	-1	-1	-1	1	1	
E_u	2	-1	2	0	0	-2	1	-2	0	0	
T_{1u}	3	0	-1	1	-1	-3	0	1	-1	1	(x, y, z)
T_{2u}	3	0	-1	-1	1	-3	0	1	1	-1	

Aus den Charaktertafeln kann man direkt ersehen, daß die p-Orbitale die Symmetrierassen T_2 und T_{1u} in den Punktgruppen T_d bzw. O_h besitzen, während die d-Orbitale nach den irreduziblen Darstellungen E (d_{z^2}, $d_{x^2-y^2}$) und T_2 (d_{xy}, d_{xz}, d_{yz}) in T_d und E_g (d_{z^2}, $d_{x^2-y^2}$) und T_{2g} (d_{xy}, d_{xz}, d_{yz}) in O_h transformieren.

Übungsbeispiel:

Welche Symmetrierassen haben Molekülorbitale, die durch Linearkombination der vier 1s-Orbitale der H-Atome in CH_4 gebildet werden?

Antwort:
CH_4 hat die Molekülsymmetrie T_d, deren Charaktertafel oben abgebildet ist. Die Charaktere der einzelnen Symmetrieoperationen in der Basis (H_a, H_b, H_c, H_d) kann man durch die Zahl N der H-Atome, die bei Anwendung der Symmetrieoperationen an ihrem ursprünglichen Ort bleiben, ausdrücken. Diese Vorgehensweise funktioniert, da für jede unveränderte Atomposition

eine 1 in der Diagonalposition der Transformationsmatrix auftaucht, die Charaktere ergeben sich dann als $N \times 1$. Für die Gruppenelemente E, C_3, C_2, S_4, und σ_d ergeben sich die Charaktere 4,1,0,0,2, und die Gruppenordnung h von T_d ist 24. Dann erhält man unter Anwendung von *(12.16)*:

$$c(A_1) = (\tfrac{1}{24})[(4 \times 1) + 8(1 \times 1) + 3(0 \times 1) + 6(0 \times 1) + 6(2 \times 1)] = 1$$

$$c(A_2) = (\tfrac{1}{24})[(4 \times 1) + 8(1 \times 1) + 3(0 \times 1) - 6(0 \times 1) - 6(2 \times 1)] = 0$$

$$c(E) = (\tfrac{1}{24})[(4 \times 2) - 8(1 \times 1) + 3(0 \times 1) - 6(0 \times 0) - 6(2 \times 0)] = 0$$

$$c(T_1) = (\tfrac{1}{24})[(4 \times 3) + 8(1 \times 0) - 3(0 \times 1) + 6(0 \times 1) - 6(2 \times 1)] = 0$$

$$c(T_2) = (\tfrac{1}{24})[(4 \times 1) + 8(1 \times 0) - 3(0 \times 1) - 6(0 \times 1) + 6(2 \times 1)] = 1$$

Die einzelnen H-Atome (H_a, H_b, H_c, H_d) bilden die Basis einer reduziblen Darstellung der Punktgruppe T_d, die sich zu den irreduziblen Darstellungen $A_1 + T_2$ ausreduzieren läßt. Ohne weitere Herleitung ist die neue Basis hier skizziert:

12.4 Direkte Produkte von Darstellungen

Die Überlegungen in diesem Abschnitt bilden die Grundlage für die spätere Untersuchung der Symmetrieeigenschaften von Mehrteilchen-Wellenfunktionen, die aus Orbitalen bekannter Symmetrierasse ϕ_i durch Bildung der Produkt-Funktionen $\Psi = \phi_i \, \phi_j$.... konstruiert werden. Wenn also die Einteilchenfunktionen Basen für irreduzible Darstellungen bilden, was für Symmetrieeigenschaften haben die Mehrteilchenfunktionen Ψ? Der zugrundeliegende mathematische Formalismus ist die Bildung des *direkten Produktes* der Darstellungen.[25]

Das direkte Produkt zweier Darstellungen Γ^1 und Γ^2 einer Gruppe wird wie folgt symbolisiert:

[25] Man kann ganz allgemein das *direkte Produkt* zweier *Gruppen* formulieren: Wenn alle Elemente a einer Gruppe G_A mit allen Elementen b einer Gruppe G_B kommutieren (d. h. $ab = ba$), dann heißt die Gruppe G_C, die aus der Menge aller Produkte ab besteht, das *direkte Produkt* der Gruppen G_A und G_B: $G_A \otimes G_B = G_C$. Beispiele hierfür haben wir im Prinzip schon in Kapitel 11 bei der Besprechung der einzelnen Punktsymmetriegruppen kennengelernt. So sind z. B. die Gruppen C_{nh} die direkten Produkte aus C_n und C_s, d. h. $C_n \otimes C_s = C_{nh}$. In ähnlicher Weise ist $D_n \otimes C_s = D_{nh}$ oder $D_n \otimes C_i D_{nd}$ (für gerades n).

$$\Gamma = \Gamma^1 \otimes \Gamma^2 \qquad\qquad\qquad (12.18)$$

Die die Symmetrieoperationen in der direkten Produkt-Darstellung repräsentierenden Matrizen werden durch Bildung der direkten Produkte der entsprechenden Matrizen für Γ^1 und Γ^2 erhalten. Das direkte Produkt T zweier Matrizen R und S ist gegeben durch:

$$R = \begin{bmatrix} r_{11} & r_{12} & r_{13} \\ r_{21} & r_{22} & r_{23} \\ r_{31} & r_{32} & r_{33} \end{bmatrix} \quad T = R \otimes S = \begin{bmatrix} r_{11}s_{11} & r_{12}s_{11} & r_{13}s_{11} & r_{11}s_{12} & r_{12}s_{12} & r_{13}s_{12} \\ r_{21}s_{11} & r_{22}s_{11} & r_{23}s_{11} & r_{21}s_{12} & r_{22}s_{12} & r_{23}s_{12} \\ r_{31}s_{11} & r_{32}s_{11} & r_{33}s_{11} & r_{31}s_{12} & r_{32}s_{12} & r_{33}s_{12} \\ r_{11}s_{21} & r_{12}s_{21} & r_{13}s_{21} & r_{11}s_{22} & r_{12}s_{22} & r_{13}s_{22} \\ r_{21}s_{21} & r_{22}s_{21} & r_{23}s_{21} & r_{21}s_{22} & r_{22}s_{22} & r_{23}s_{22} \\ r_{31}s_{21} & r_{32}s_{21} & r_{33}s_{21} & r_{31}s_{22} & r_{32}s_{22} & r_{33}s_{22} \end{bmatrix}$$
$$S = \begin{bmatrix} s_{11} & s_{12} \\ s_{21} & s_{22} \end{bmatrix}$$

Die auf diese Weise gebildeten Produktmatrizen $\Gamma(R) = \Gamma^1(R) \otimes \Gamma^2(R)$ für alle Symmetrieoperationen R der betrachteten Gruppe bilden wiederum eine Gruppe. Aus der Definition des direkten Produkts Γ zweier Darstellungen Γ^1 und Γ^2 folgt unmittelbar, daß die Dimension g von Γ gleich dem Produkt der Dimensionen von Γ^1 und Γ^2 ist:

$$g = g_1 g_2$$

Für die Charaktere von Γ, Γ^1 und Γ^2 gilt:

$$\chi(R) = \chi^1(R)\chi^2(R) \qquad\qquad\qquad (12.19)$$

Für Produktdarstellungen gilt:

1) Sind beide Darstellungen eindimensional (d. h. auch irreduzibel), dann ist das direkte Produkt auch eindimensional und irreduzibel;
2) Ist mindestens eine der Darstellungen des direkten Produkt reduzibel, dann ist auch die Produktdarstellung reduzibel;
3) Sind beide Darstellungen irreduzibel, und mindestens eine davon eindimensional, dann ist auch das direkte Produkt beider Darstellungen irreduzibel;
4) Sind beide Darstellungen irreduzibel, und beide höherdimensional, dann ist das direkte Produkt beider Darstellungen reduzibel und läßt sich in seine irreduziblen Bestandteile zerlegen:

$$\Gamma^1 \otimes \Gamma^2 = \sum_i c_i \Gamma^i \qquad\qquad\qquad (12.20)$$

In der praktischen Anwendung von *12.20* wird zunächst die reduzible Produktdarstellung ermittelt, die dann mit Hilfe der in Abschnitt 12.3 vorgestellten Methoden in ihre irreduziblen Bestandteile zerlegt wird.

Übungsbeispiel:

1) Nach welcher irreduziblen Darstellung der Gruppe C_{3v} transformiert die Produktbasis (xz, yz)?

2) Nach welchen Symmetrierassen in C_{3v} läßt sich das direkte Produkt der Basis (x, y) mit sich selbst zerlegen?

Antwort:

1) Die Basis (xz, yz) erhält man durch Bildung des direkten Produkts der Basen (x, y) und (z), die, wie wir bereits gezeigt haben, wie E bzw. A_1 transformieren. Die Charaktere dieser irreduziblen Darstellungen sind 2, −1, 0 bzw. 1,1,1. Die Charaktere der Produktbasis sind mit *(12.19)* folglich: 2, −1, 0, also gleich den Charakteren von E. Die Produktbasis (xz, yz) ist also eine Basis für E, d. h. $A_1 \otimes E = E$.[26]

2) Die Basis (x, y) transformiert wie E, d. h. wir bilden das direkte Produkt $E \otimes E$, das die Charaktere 4, 1, 0 besitzt. Diese Darstellung ist reduzibel und läßt sich wie folgt ausreduzieren:

$$c_1(A_1) = \tfrac{1}{6}[1 \times 4 + 2 \times 1 \times 1 + 3 \times 1 \times 0] = 1$$

$$c_2(A_2) = \tfrac{1}{6}[1 \times 4 + 2 \times 1 \times 1 + 3 \times (-1) \times 0] = 1$$

$$c_1(E) = \tfrac{1}{6}[2 \times 4 + 2 \times (-1) \times 1 + 3 \times 0 \times 0] = 1$$

Damit erhalten wir: $E \otimes E = A_1 + A_2 + E$ mit der Basis (x^2, xy, yx, y^2).[27]

Die Zerlegung der direkten Produktdarstellungen nach ihren irreduziblen Darstellungen ist in den folgenden beiden Tabellen für die wichtigsten Punktsymmetriegruppen zusammengefaßt.

---

[26] Die totalsymmetrische irreduzible Darstellung ist also das „Einselement" bei der Bildung des direkten Produkts.

[27] Die Basisfunktionen xy und yx sind nicht unabhängig voneinander, man spricht daher von einer „entarteten Darstellung". Die Entartung kann beseitigt werden, indem man die Symmetrierassen der symmetrisierten und antisymmetrisierten Produkte $\tfrac{1}{2}(xy + yx)$ bzw. $\tfrac{1}{2}(xy - yx)$ bestimmt. Die Symmetrierasse des antisymmetrisierten Produkts wird bei der Zerlegung der direkten Produktdarstellung dann nur in Klammern gesetzt angegeben. Im vorliegenden Fall ist dies A_2, d. h. $E \otimes E = A_1 + [A_2] + E$.

Tabelle 12.1. Die direkten Produkte der irreduziblen Darstellungen der Punktgruppen C_2, C_{2v}, C_{2h}, C_3, C_{3v}, C_{3h}, D_3, D_{3h}, D_{3d}, C_6, C_{6v}, C_{6h}, D_6, S_6.

$\otimes$	A_1	A_2	B_1	B_2	E_1	E_2
A_1	A_1	A_2	B_1	B_2	E_1	E_2
A_2		A_1	B_2	B_1	E_1	E_2
B_1			A_1	A_2	E_2	E_1
B_2				A_1	E_2	E_1
E_1					$A_1 + [A_2] + E_2$	$B_1 + B_2 + E$
E_2						$A_1 + [A_2] + E_2$

Tabelle 12.2. Die direkten Produkte der irreduziblen Darstellungen der Punktgruppen T, T_h, T_d, O, O_h.

$\otimes$	A_1	A_2	E	T_1	T_2
A_1	A_1	A_2	E	T_1	T_2
A_2		A_1	E	T_2	T_1
E			$A_1 + [A_2] + E$	$T_1 + T_2$	$T_1 + T_2$
T_1				$A_1 + E + [T_1] + T_2$	$A_2 + E + T_1 + T_2$
T_2					$A_1 + E + [T_1] + T_2$

12.5 Atomorbitale als Basis für irreduzible Darstellungen der Rotationsgruppe

Die Symmetrie eines Systems bestimmt seine quantenmechanischen Eigenschaften, die durch den Hamiltonoperator H ausgedrückt werden. Dieser muß invariant bezüglich aller Symmetrieoperationen R des Systems sein, d. h. RH = H.[28] Damit folgt für die Schrödingergleichung:

$$RH\psi_i = (RH)(R\psi_i) = HR\psi_i = ER\psi_i$$

Aus dieser Beziehung erkennt man, daß jede Symmetrieoperation der Punktsymmetriegruppe des beschriebenen Systems mit dem Hamiltonoperator kommutiert[29] und daß die Funktionen $R\psi_i$ denselben Energieeigenwert besitzen. Allgemein gilt, *daß Eigenfunktionen, die durch Symmetrieoperationen ineinander überführt werden können, energetisch entartet sind.* Der vollständige Satz energetisch entarteter Eigenfunktionen bildet eine Basis für eine irreduzible Darstellung der Symmetriegruppe, und der *Grad der Entartung*

---

[28] Mit anderen Worten, der Hamiltonoperator (und damit die physikalischen Eigenschaften) kann nicht von der Orientierung des Koordinatensystems abhängen.

[29] Diese Eigenschaft kann man auch als Definition einer Symmetrieoperation auffassen: *Eine Transformation ist eine Symmetrieoperation, wenn sie mit dem Hamiltonoperator des Systems kommutiert.*

ist gleich der Dimension der irreduziblen Darstellung. Damit läßt sich jede Eigenfunktion (und der zugehörige Energieeigenwert) durch die irreduzible Darstellung kennzeichnen, nach der sie sich bei Anwendung der Symmetrie-operationen einer Punktgruppe transformieren.

Betrachtet man Molekülsymmetrien, die durch die im vorigen Kapitel dis-kutierten Punktgruppen ausgedrückt werden, so ergibt sich eine höhere als zweifache Entartung nur bei den kubischen und ikosaedrischen Gruppen,[30] bei denen dreifach bzw. vier- und fünffach entartete Eigenzustände existieren. Liegt eine Rotationshauptachse vor (C_n, $n > 2$ entlang der z-Achse), so sind lediglich x und y äquivalente Koordinaten, die sich nach einer zweidimensio-nalen irreduziblen Darstellung transformieren.

Betrachtet man hingegen Systeme mit Kugelsymmetrie, wie z. B. Atome, so haben wir es erstmals mit einer unendlichen Gruppe, der Rotationsgruppe R_3, zu tun, die irreduzible Darstellungen beliebiger Dimension besitzt. Die vollständige Theorie der Rotationsgruppe geht über den Rahmen dieses Buchs hinaus, allerdings lassen sich bereits einige für die weitere Diskussion wichtige Eigenschaften aus den Symmetrieeigenschaften der Atomorbitale, die als Basis für ihre Darstellung verwendet werden können, erkennen.

Atomorbitale haben die allgemeine Form:

$$\psi = R(r)Y(\theta,\phi)\sigma(s)$$

wobei die Funktion $R(r)$ und $\sigma(s)$ nur vom radialen Kernabstand r bzw. der Spinkoordinate s abhängen, also bei Rotationen im Ortsraum unverändert bleiben. Die Winkelabhängigkeit der Wasserstoff-artigen Atomorbitale hängt damit von den Funktionen $Y(\theta,\phi)$ ab, die, wie wir in Kapitel 13 sehen werden, auch Eigenfunktionen des vom Bahndrehimpuls L abgeleiteten Ope-rators L^2 (Quantenzahl l) sowie der Projektion von L auf die Rotationsachse (in der Regel wird hierbei die z-Achse gewählt) L_z (Quantenzahl m) sind. Mit den Funktionen $Y(\theta,\phi)$ als Eigenfunktionen von L^2 und L_z läßt sich die Winkelabhängigkeit bei allen kugelsymmetrischen Zweikörperproblemen beschreiben.[31] Zu jeder Drehimpulsquantenzahl l gibt es $m = 2l + 1$ energetisch

---

[30] Das bedeutet bei kubischer Symmetrie geometrisch, daß alle drei Raumrichtungen äquiva-lent sind.

[31] Ein wichtiger Satz der theoretischen Physik ist das *Noethersche Theorem,* das besagt, daß aus der Symmetrie bezüglich einer Koordinatentransformation ein Erhaltungssatz folgt. Speziell folgt aus der Kugelsymmetrie eines Systems der Drehimpulserhaltungssatz. In der Quantenmechanik bedeutet dies, daß L^2 und L_z Erhaltungsgrößen sind, daß die Eigen-funktionen des Hamiltonoperators also auch Eigenfunktionen dieser Größen sein müssen. Reduziert man beispielsweise die Kugelsymmetrie auf die Symmetrie bezüglich einer aus-gezeichneten Rotationsachse (Zylindersymmetrie), wie dies bei zweiatomigen Molekülen der Fall ist, so bleibt lediglich L_z eine Observable.
Die allgemeine Formulierung dieses Theorems geht auf die Mathematikerin Emmy Noether (1882–1935) zurück, die 1922 als eine der ersten Frauen eine außerordentliche Professur an einer deutschen Universität erhielt (Göttingen) und 1933 emigrieren mußte. Sie verstarb kurze Zeit später im amerikanischen Exil.

entartete Eigenfunktionen[32] $Y_{lm}(\theta,\phi)$, die *Kugelflächenfunktionen*, die durch Rotationen ineinander bzw. in ihre Linearkombinationen überführbar sind (Tabelle 12.3). Nach dem oben Gesagten über die Beziehung zwischen Entartungsgrad eines Eigenzustands und der Dimension der damit verknüpften irreduziblen Darstellung bedeutet dies, daß die Kugelflächenfunktionen einer Drehimpulsquantenzahl l, $Y_{l,l}$, $Y_{l,l-1}$, ..., $Y_{l,-l}$ die Basis für eine (irreduzible) $2l + 1$-dimensionale Darstellung der Rotationsgruppe sind.

Tabelle. 12.3.   Die Kugelflächenfunktionen $Y_{lm}(\theta,\phi) = \Theta_{lm}(\theta)\Phi_m(\phi)$.

l	m	$Y_{lm}(\theta,\phi)$
0	0	$\frac{1}{2}\frac{1}{\sqrt{\pi}}$
1	0	$\frac{1}{2}(\frac{3}{\pi})^{\frac{1}{2}}\cos\theta$
	± 1	$(-\frac{1}{2})(\frac{3}{2\pi})^{\frac{1}{2}}\sin\theta e^{\pm i\phi}$
2	0	$\frac{1}{4}(\frac{5}{\pi})^{\frac{1}{2}}(3\cos^2\theta-1)$
	± 1	$(-\frac{1}{2})(\frac{15}{2\pi})^{\frac{1}{2}}\cos\theta\sin\theta e^{\pm i\phi}$
	± 2	$(\frac{1}{4})(\frac{15}{2\pi})^{\frac{1}{2}}\sin^2\theta e^{\pm 2i\phi}$

Wie man aus Tabelle 12.3. ersehen kann, haben die Kugelflächenfunktionen die allgemeine Form: $Y_{lm}(\theta,\phi) = \Theta_{lm}(\theta)e^{im\phi}$, so daß sie bei einer Rotation C^z um die z-Achse um den Winkel a in die Funktionen $\Theta_{lm}(\theta)e^{im(\phi-a)}$ transformiert werden. Die Darstellungsmatrix für diese Operation, die auf die Basis $\{Y_{ll}(\theta,\phi),......,Y_{l0}(\theta,\phi),......, Y_{l-l}(\theta,\phi)\}$ angewandt wird, ist dann:

$$
\begin{bmatrix}
e^{-ila} & \cdots & 0 & \cdots & 0 \\
0 & e^{-(l-1)a} & & & \vdots \\
0 & 0 & \ddots & & \vdots \\
\vdots & \vdots & & \ddots & \vdots \\
0 & 0 & \cdots & \cdots & e^{ila}
\end{bmatrix}
$$

---

[32] $m = -l, -l+1,.....,0,......, l-1, l$

Die Charaktere der irreduziblen Darstellungen einer Rotation um den Winkel sind damit die Summen:[33],[34]

$$\chi(a) = e^{ila} + e^{i(l-1)a} + \cdots + e^{-ila} = e^{-ila}(1 + e^{ia} + e^{2ia} + \cdots + e^{2ila}) = \frac{\sin(l + \frac{1}{2})a}{\sin\frac{1}{2}a} \quad (12.21)$$

Auf diesen Ausdruck für die Charaktere der Rotationsgruppe werden wir zurückkommen, wenn wir in Kapitel 14 den Einfluß einer nicht-kugelsymmetrischen Umgebung (Ligandenfeld) auf ein freies Metallion betrachten. Dabei werden wir die Aufhebung der Entartung von Eigenzuständen bei Übergang von einem System hoher Symmetrie zu einem niedrigerer Symmetrie untersuchen.

Gruppentheoretisch wird eine solche Symmetrieerniedrigung durch den Übergang von einer Punktgruppe G zu einer Untergruppe U ausgedrückt, und der Hamiltonoperator des Systems ist dann nur noch bezüglich der Symmetrieoperationen von U invariant. Eine wichtige Konsequenz ist die Tatsache, daß die höherdimensionalen irreduziblen Darstellungen von G zu reduziblen Darstellungen in U werden, die mit den in den vorigen Abschnitten vorgestellten Methoden ausreduziert werden können. Physikalisch entspricht dies der Aufspaltung eines entarteten Energieniveaus. Am drastischsten manifestiert sich dies, wenn wir die Kugelsymmetrie von freien Atomen oder Ionen z. B. durch ein äußeres Feld stören.

Übungsbeispiel:

Angenommen ein Atom befindet sich in einem Eigenzustand, der durch die Drehimpulsquantenzahl l = 3 gekennzeichnet ist.[35] Wie wird dieser siebenfach entartete Eigenzustand in einem externen Feld mit Oktaedersymmetrie aufspalten?

---

[33] Hierbei handelt es sich um eine endliche geometrische Reihe des Typs $a + ar + ar^2 + \cdots + ar^n$ = $a(r^{n+1}-1)/(r-1)$, mit $r = e^{ia}$, $n = 2l$ und $a = e^{-ila}$. Die Summenformel kann in den Sinus-Ausdruck umgeformt werden. Dies wird dem Leser als Übung empfohlen.

[34] Der Charakter des Symmetrieelemens E (Identität) ist gleich der Dimension der Darstellung (da E durch die Einheitsmatrix repräsentiert wird, ist dies unmittelbar einsichtig). Im Fall der Rotationsgruppe bedeutet dies $a = 0$. Da dies für die Charaktere zu einem „unbestimmten Ausdruck" führt, bildet man den Grenzwert für $a \to 0$, der sich mit Hilfe der Regel von de l'Hospital zu $\chi(a \to 0) = 2l+1$ ergibt. Dies haben wir bereits oben bei der Diskussion der Kugelflächenfunktionen allgemein festgestellt. Siehe auch: R. Courant, *Vorlesungen über Differential- und Integralrechnung, Bd. 1*, Springer Verlag, Berlin, **1971**, S. 295.

[35] In Kapitel 14 werden wir diesem Beispiel wieder begegnen. Der Grundzustand eines solchen Atoms wird dann durch einen *F*-Term ausgedrückt, der in die Ligandenfeld-Terme A_2, T_1 und T_2 aufspaltet.

Antwort:

Zunächst betrachtet man die Rotationen, die sowohl in der Rotationsgruppe als auch in O enthalten sind, und berechnet ihre Charaktere in R_3 unter Ausnutzung von Gleichung *(12.21)*: $\alpha = 0$ (E), $\alpha = \frac{2\pi}{3}$ (C_3), $\alpha = \pi$ (C_2), $\alpha = \frac{\pi}{2}$ (C_4) und $\alpha = \pi$ (C_2'). Aus *(12.21)* folgt: $\chi(\alpha) = \sin(\frac{7\alpha}{2})/\sin(\frac{\alpha}{2})$, und damit sind die Charaktere der gemeinsamen Rotationen $\chi = (7, 1, -1, -1, -1)$ für (E, C_3, C_2, C_4, C_2'). Dann wird die so gewonnene reduzible Darstellung mit Hilfe der Charakterentafel für O ausreduziert, was zu folgendem Ergebnis führt: In einem Oktaederfeld spaltet der siebenfach „bahnentartete" Zustand des Atoms in drei Zustände mit den Symmetrierassen A_2, T_1 und T_2 auf. Betrachtet man Orbitale, so läßt sich dies folgendermaßen umformulieren: Die sieben f-Orbitale $(l = 3)$ sind im freien Atom (Ion) energetisch entartet und spalten im Oktaederfeld in drei „Niveaus" (Kap. 14) der Symmetrierassen a_2, t_1 und t_2 auf.[36]

---

[36] Wie in den nächsten Kapiteln verdeutlicht wird, benützt man zur Kennzeichnung der Symmetrierassen von Orbitalen (Einelektronenwellenfunktionen) kleine Buchstaben, während die von Mehrelektronen-Zuständen durch Großbuchstaben gekennzeichnet werden.

IV Das Zentralmetallatom

In diesem Teil werden die Grundlagen für das Verständnis der faszinierenden physikalischen und chemischen Eigenschaften der Übergangsmetallkomplexe vorgestellt und diskutiert. Dabei werden wir zunächst von der elektronischen Struktur der einzelnen Metallatome ausgehen und daraus dann ein theoretisches Modell für die Komplexe entwickeln. Alfred Werner faßte Komplexe als aus mehreren für sich existenten Segmenten (Zentralatom + Liganden) aufgebaute Moleküle auf. Analog wird bei der theoretischen Beschreibung der physikalischen Eigenschaften von Koordinationsverbindungen verfahren, bei der das Zentralmetallatom im Blickpunkt steht und die Liganden ein mehr oder weniger starkes „Störfeld" darstellen. Die Stärken und Schwächen dieser Vorstellung werden im Mittelpunkt der folgenden Kapitel stehen. Die wesentlichen *Lernziele* sind dabei:

1) Die Beschreibung der elektronischen Eigenschaften der Übergangsmetallatome auf der Grundlage von Slaters Atomtheorie (Kap. 13).
2) Das Verständnis der Konzepte der Ligandenfeldtheorie, ihrer Formulierung auf der Grundlage gruppentheoretischer Prinzipien und der Grenzen ihrer Anwendbarkeit (Kap. 14).
3) Die lokale Formulierung des Ligandenfeld-Konzepts im Rahmen des „Angular-Overlap-Modells" bei der Beschreibung von Komplexen mit niedriger Symmetrie (Kap. 15).
4) Die Beschreibung der Bindungsverhältnisse in Komplexen mit Hilfe der Molekülorbitaltheorie und die Interpretation der Ligandenfeldparameter ausgehend davon (Kap. 16).

Auf der Grundlage der in den Kapiteln 14–16 diskutierten theoretischen Modelle werden wir uns in Teil V mit den charakteristischen physikalischen Eigenschaften von Koordinationsverbindungen der Übergangsmetalle beschäftigen.

13   Die elektronische Struktur der Übergangsmetallatome und -ionen

13.1   Die Elektronenkonfigurationen der Übergangsmetalle

Den Aufbau des Periodensystems kann man mit Hilfe des Orbital-Konzepts und des Pauli-Prinzips verstehen, wobei die Orbitale die Einelektronenwellenfunktionen sind, mit denen man die Wellenfunktionen für die Elektronen in Atomen (und Molekülen) konstruiert (Abschnitt 13.4). Ausgangspunkt für die Orbitalbeschreibung ist das atomare „Kepler-Problem" des Wasserstoffatoms, das man geschlossen lösen kann. Eine geschlossene Lösung ist für Mehrelektronenatome nicht mehr möglich, weshalb man das komplizierte Vielteilchen-Problem mit dem Verfahren der *effektiven Wechselwirkungen* zu lösen versucht. Dabei ersetzt man die Zweiteilchen-Wechselwirkungen (Elektron-Kern-Anziehung, Elektron-Elektron-Abstoßung) zwischen den einzelnen Teilchen durch ein *globales Feld*, das zwar nicht von vornherein bekannt ist, aber zum Beispiel iterativ bestimmt werden kann. Hängt dieses globale Potential nur vom Kernabstand ab, so spricht man von der *Zentralfeld-Näherung*, auf die wir im Zusammenhang mit der Atomtheorie von Slater in Abschnitt 13.4 noch zurückkommen werden. Die bei der Lösung der Schrödinger-Gleichung des Mehrelektronensystems in der Zentralfeld-Näherung erhaltenen Orbitale ähneln denen des Wasserstoffatoms.

Eine Folge der Coulomb-Wechselwirkung der Elektronen untereinander, die näherungsweise durch die Wechselwirkung jedes Elektrons mit einem globalen Feld ausgedrückt werden kann, ist die Aufhebung der Entartung der Energien der Orbitale mit gleicher Hauptquantenzahl. Im Bild dieser Näherung verursacht dies die unterschiedliche räumliche Aufenthaltswahrscheinlichkeit von Elektronen der Orbitale verschiedener Drehimpulsquantenzahl (unterschiedlichen „Durchdringung" des Atomrumpfs) und die dadurch bedingten Unterschiede in der *Abschirmung* der Kernladung. Wie sich die Atomorbitalenergien in Abhängigkeit von der Kernladungszahl verändern, ist in Abbildung 13.1 schematisch dargestellt.

Wie man in Abbildung 13.1 sieht, verändert sich die relative Energie der Orbitale in Abhängigkeit von Z. So liegt beispielsweise das 3d-Orbital im Wasserstoffatom energetisch niedriger als das 4s-Orbital, dies ändert sich jedoch bereits im Bereich von $Z = 7$ (Stickstoff). Zwischen $Z = 7$ und 20 liegt das 4s-Orbital hingegen energetisch unter dem 3d-Orbital, eine Folge der besseren Durchdringung des Atomrumpfs durch das 4s-Orbital (Abb. 13.2).

Obwohl die 3d-Orbitalenergie ab $Z = 20$ unter der der 4s-Orbitale liegt, sind die Konfigurationen der elektronischen Grundzustände der 3d-Metalle mit wenigen Ausnahmen (s. u.) $3d^n4s^2$. Weshalb befinden sich die Valenzelektronen im Grundzustand also nicht alle in den energetisch tiefer liegenden 3d-Orbitalen, haben die 3d-Metalle also nicht die Grundzustandskonfiguration

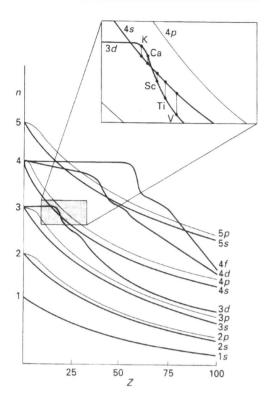

Abb. 13.1. Atomorbitalenergien von neutralen Mehrelektronenatomen als Funktion der Ordnungszahl (Kernladungszahl). Der vergrößerte Ausschnitt zeigt die energetische Reihenfolge im Bereich von $Z = 20$ (Ca), in dem die Reihe der 3d-Übergangsmetalle beginnt. Aufgrund der größer werdenden Anziehung der Elektronen durch die Kernladung mit steigender Kernladungszahl fallen die Orbitalenergien ab. Der Abfall ist für die „inneren" Orbitale am stärksten, da die Abschirmung des Kerns für diese Elektronen am schwächsten ist.

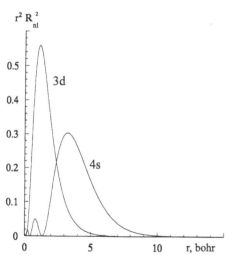

Abb. 13.2. Aufenthaltswahrscheinlichkeitsdichte für ein Elektron in Abhängigkeit vom Kernabstand in einem 3d- und 4s-Orbital von Scandium.[1] Obwohl die inneren Maxima des 4s-Orbitals die Durchdringung des Atomrumpfs bewirken, befindet sich beim Scandium – wie auch bei den übrigen 3d-Metallen – das Maximum des 3d-Orbitals näher am Kern als das äußere Maximum des 4s-Orbitals. Daher erfährt das 3d-Orbital die Erhöhung der Kernladung um jeweils eine Einheit fast ohne Abschirmung beim Gang von Kalium ($Z = 19$) über Ca ($Z = 20$) zu Scandium ($Z = 21$).

---

[1] Berechnet für die $4s^2 3d^1$-Konfiguration.

$3d^{n+2}$? Eine Erklärung mit Hilfe des Orbitalbildes ist dann möglich, wenn wir als Orbitalenergien den Mittelwert der verschiedenen Terme, die zu einer Konfiguration gehören, bilden (*Konfigurations-Mittelwerte*) und die einzelnen Multiplettzustände zunächst einmal nicht berücksichtigen.[2]

Im Falle von Scandium ($3d^14s^2$) ist die Orbitalenergie ε_{3d} gleich der Energie eines Elektrons, das sich im Feld der Ladung des Atomrumpfs und der beiden 4s-Elektronen befindet. Sie unterscheidet sich daher sicherlich von ε_{3d} der Konfigurationen $3d^24s^1$ und $3d^3$. Ebenso hängt ε_{4s} von der Grundzustandskonfiguration ab, was verdeutlicht, daß die Darstellung in Abbildung 13.1 für die Erklärung der Grundzustandskonfigurationen der Übergangsmetalle zu oberflächlich ist.

Die Konfigurationen der Grundzustände werden dann verständlich, wenn man sich vergegenwärtigt, daß das 4s-Orbital viel raumerfüllender und folglich diffuser als die 3d-Orbitale ist (Abb. 13.2). Zwei Elektronen in 3d-Orbitalen stoßen sich also stärker ab als zwei 4s-Elektronen, so daß für die Elektron-Elektron-Wechselwirkung die folgende Hierarchie gilt: (4s,4s) < (3d,4s) < (3d,3d).[3] Aus der Abhängigkeit der Orbitalenergien von der Elektronenkonfiguration $3d^m4s^n$:

$$\varepsilon_{3d} = h_{3d} + (m-1)(3d,3d) + n(3d,4s)$$

$$\varepsilon_{4s} = h_{4s} + (n-1)(4s,4s) + m(3d,4s)$$

– wobei h die effektive Einelektronenenergie eines 3d- oder 4s-Elektrons, die kinetische Energie und Elektron-Kern-Anziehung, im globalen Feld des Atomrumpfs ist – folgt für die Orbitalenergien:

$$\varepsilon_{3d}(3d^n4s^2) < \varepsilon_{3d}(3d^{n+1}4s^1) < \varepsilon_{3d}(3d^{n+2}4s^0)$$

$$\text{und: } \varepsilon_{4s}(3d^n4s^2) < \varepsilon_{4s}(3d^{n+1}4s^1)$$

Dies bedeutet, daß *sowohl* ε_{3d} *als auch* ε_{4s} mit zunehmender Besetzung der 3d-Orbitale ansteigen (Abb. 13.3).

Da das 4s-Orbital das höchste besetzte Orbital in den Übergangsmetallionen von Sc bis Zn ist, sollte man erwarten, daß eine Ionisation bevorzugt

---

[2] L. G. Vanquickenborne, K. Pierloot, D. Devoghel, *Inorg. Chem.* **1989**, *28*, 1805. Eine ausgezeichnete Diskussion findet man in: L. G. Vanquickenborne, K. Pierloot, D. Devoghel, *J. Chem. Educ.* **1994**, *71*, 469. Wir werden im späteren Verlauf dieses Kapitels noch lernen, daß es zu einer gegebenen Elektronenkonfiguration in einem Atom mehrere Zustände (die sich in Terme gruppieren) gibt, die durch die entsprechenden Gesamtwellenfunktionen ausgedrückt werden. Die Orbitale zu jedem dieser Zustände haben unterschiedliche Energien, was an dieser Stelle nicht berücksichtigt werden soll. Wir betrachten daher die erwähnten „Konfigurations-Mittelwerte" für die Orbitalenergien.

[3] (3d,3d): mittlere Abstoßungsenergie zweier Elektronen in der 3d-Schale; (3d,4s): mittlere Abstoßungsenergie jeweils eines Elektrons in der 3d- und 4s-Schale; (4s,4s): mittlere Abstoßungsenergie zweier Elektronen in der 4s-Schale.

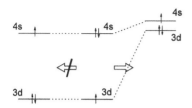

Abb. 13.3. Schematische Darstellung des Übergangs $3d^14s^2 \rightarrow 3d^24s^1$ im Scandiumatom. Der denkbare Energiegewinn eines Übergangs von 4s in das energetisch niedriger liegende 3d-Orbital wird durch den damit verbundenen Anstieg der 3d- und 4s-Orbitalenergien mehr als ausgeglichen.

aus diesem Orbital stattfindet. Dies ist die korrekte Schlußfolgerung auf der Basis einer *falschen* Argumentation.[4] Der Grund für die d^n-Konfiguration aller Übergangsmetallionen ist vielmehr eine Folge der Stabilisierung sowohl der 4s- als auch 3d-Orbitale bei steigender Kernladung und der Vergrößerung der 4s-3d-Energiedifferenz. Letzteres folgt schon aus der Darstellung in Abbildung 13.2, in der auf die stärkere Wechselwirkung der 3d-Orbitale mit dem Atomrumpf hingewiesen wird. Vergleicht man also beispielsweise die Konfigurationen der isoelektronischen Teilchen Mn und Co^{2+}, so ergibt sich die in Abbildung 13.4 dargestellte Verschiebung der Orbitalenergien und Inversion der Gesamtenergien der $3d^54s^2$- und $3d^7$-Konfigurationen.

Abweichungen von den allgemeinen Regeln für die Grundzustandskonfigurationen der neutralen Übergangsmetallatome ergeben sich dann, wenn zum Beispiel in der Mitte oder am Ende des d-Blocks halb- oder vollständig gefüllte d-Schalen gebildet werden können. So entspricht beispielsweise der Grundzustand des Cr-Atoms der Konfiguration $3d^54s^1$, wobei sich dies konkret auf den Term des Grundzustands, ^7S, bezieht. Wie wir im nächsten Abschnitt feststellen werden, sind jeder Elektronenkonfiguration ein oder mehrere Terme zuzuordnen. Betrachten wir den *Energie-Mittelwert* der Terme der $3d^54s^1$- und $3d^44s^2$-Konfigurationen von Cr, so liegt auch hier die $3d^44s^2$-Konfiguration energetisch unter der $3d^54s^1$-Konfiguration.

Während bei Kupfer die Zuordnung des Grundzustands ($3d^{10}4s^1$) eindeutig ist, gibt es in der Literatur scheinbar Widersprüchliches zum Nickelatom. Der Grundzustand des Nickelatoms ist energetisch fast entartet, wobei das niedrig-

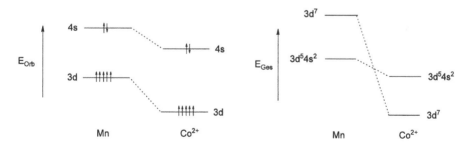

Abb. 13.4. Verschiebung der Orbitalenergien (links) und Inversion der Gesamtenergien der $3d^54s^2$ und $3d^7$-Konfigurationen (rechts) in Mn und Co^{2+}.

---

[4] Wenn dies so wäre, müßte ein Übergang in ein 3d-Orbital ebenfalls begünstigt sein, was aber – wie gezeigt wurde – nicht der Fall ist.

ste Energieniveau zu dem Spin-Bahn-aufgespaltenen ^{3}F-Term der Konfiguration $3d^84s^2$ gehört (Abschn. 13.3), weshalb diese Konfiguration meist in Lehrbüchern als Grundzustandskonfiguration angegeben ist. Betrachtet man jedoch die Energien der *Spin-Bahn-gemittelten* Terme, so wird ein ^{3}D-Term der Konfiguration $3d^94s^1$ zum Grundzustand, wenn auch nur 0.03 eV unterhalb des Spin-Bahn-gemittelten ^{3}F-Terms der $3d^84s^2$-Konfiguration liegend. Die korrekte Berechnung dieser experimentell gefundenen Fast-Entartung des elektronischen Grundzustands des Nickelatoms ist bis heute eines der schwierigsten Probleme der Quantenchemie.

Bei den Atomen der 4d- und 5d-Metalle werden in einzelnen Fällen ebenfalls Abweichungen von der d^ns^2-Konfiguration festgestellt. Hier spielt in noch stärkerem Maße die elektronische Spin-Bahn-Wechselwirkung bei der Festlegung der Grundzustandskonfigurationen eine Rolle. Diese sind in Tabelle 13.1 für alle d-Block-Metalle zusammengefaßt.

Tabelle 13.1.   Valenzelektronenkonfigurationen der Übergangsmetallatome.

Sc	$3d^14s^2$	Y	$4d^15s^2$	La	$5d^16s^2$
Ti	$3d^24s^2$	Zr	$4d^25s^2$	Hf	$5d^26s^2$
V	$3d^34s^2$	Nb	$4d^45s^1$	Ta	$5d^36s^2$
Cr	$3d^54s^1$	Mo	$4d^55s^1$	W	$5d^46s^2$
Mn	$3d^54s^2$	Tc	$4d^65s^1$	Re	$5d^56s^2$
Fe	$3d^64s^2$	Ru	$4d^75s^1$	Os	$5d^66s^2$
Co	$3d^74s^2$	Rh	$4d^85s^1$	Ir	$5d^76s^2$
Ni	$3d^84s^2$	Pd	$4d^{10}5s^0$	Pt	$5d^96s^1$
Cu	$3d^{10}4s^1$	Ag	$4d^{10}5s^1$	Au	$5d^{10}6s^1$
Zn	$3d^{10}4s^2$	Cd	$4d^{10}5s^2$	Hg	$5d^{10}6s^2$

13.2   Konfiguration – Term – Mikrozustand

Im vorigen Abschnitt haben wir uns auf die Elektronenkonfigurationen der elektronischen Grundzustände der Übergangsmetalle beschränkt und bei der Diskussion der Orbitalenergien – wie betont wurde – Konfigurations-Mittelwerte herangezogen. Damit wurde bereits deutlich, daß die Zustände in Mehrelektronenatomen durch Angabe der Konfiguration nur unvollständig beschrieben werden. Eine bestimmte Konfiguration kann zu mehreren verschiedenen atomaren *Mikrozuständen* führen, die sich in ihrer Energie gleichen oder unterscheiden, je nachdem ob die Elektron-Elektron-Abstoßung gleich oder unterschiedlich groß ist. Bei einer Konfiguration $3d^2$ können die beiden Elektronen z. B. Orbitale mit unterschiedlicher Bahndrehimpuls-Orientierung (charakterisiert durch die magnetische Quantenzahl $m_l = -2,.....,+2$) besetzen. Darüberhinaus sind auch unterschiedliche Spinorientierungen (charakterisiert durch die Spinquantenzahl $s = \pm\frac{1}{2}$) möglich, so daß insgesamt verschiedene Gesamtdrehimpulse vorliegen.

Man kann nun zeigen, daß bei vernachlässigbarer Spin-Bahn-Kopplung die Mikrozustände einer gegebenen Konfiguration, die die gleiche Energie besitzen, den gleichen Gesamtbahndrehimpuls L und Gesamtspin S besitzen.[5] Eine Gruppe derartiger Mikrozustände mit gleichen Werten für L und S, die zu einer bestimmten Konfiguration gehören, bezeichnet man in der Atomphysik auch als *Term*. Die relativen Energien atomarer Terme lassen sich direkt aus den Elektronenspektren der Atome ermitteln.[6] Bei einem gegebenen Wert für die Bahndrehimpulsquantenzahl L kann die magnetische Quantenzahl M_L 2L+1 Werte zwischen -L und L annehmen (dies entspricht 2L+1 Einstellungsmöglichkeiten des Drehimpulsvektors relativ zur Hauptachse z); für einen bestimmten Wert von S ergeben sich 2S+1 entartete Zustände, so daß der durch L und S charakterisierte Term (2L+1)(2S+1)-fach entartet ist. Bei der Definition der Terme eines Atoms spielen offenbar Bahndrehimpuls und Spin die entscheidende Rolle, weshalb wir in Abschnitt 13.3 näher darauf eingehen werden.

Bei der Beschreibung eines Mehrelektronenatoms gibt es also die folgende Hierarchie: Zu einer bestimmten *Elektronenkonfiguration* gehören einer oder mehrere *Terme*, die wiederum aus einem oder mehreren *Mikrozuständen* bestehen.

13.3 Die Terme der d^n-Konfigurationen und das Russel-Saunders-Kopplungsschema

Die Eigenfunktionen des Hamiltonoperators für das Wasserstoffatom (Wasserstoff-Atomorbitale) sind ebenfalls Eigenfunktionen der Bahndrehimpulsoperatoren l^2 und l_z, da diese mit dem Hamiltonoperator kommutieren.[7] In Mehrelektronenatomen vertauscht der Hamiltonoperator zwar nicht mehr mit den einzelnen $l^2(r_i)$ und $l_z(r_i)$, wohl aber – in Abwesenheit von Spin-Bahn-Kopplung – mit den Operatoren L^2 und L_z, wobei L gleich der Summe der Einzeldrehimpulse ist $L = \Sigma_i l_i(r_i)$ und L_z der Summe der Projektionen der Bahndrehimpulsvektoren auf eine beliebige Vorzugsachse im Raum (i.a. als z-Achse definiert).[8] Die zu den Operatoren L^2 und L_z gehörenden Quantenzahlen sind dann entsprechend die Gesamtdrehimpulsquantenzahl L

[5] E. C. Kemble, *The Fundamental Principles of Quantum Mechanics*, McGraw-Hill, Dover, New York, **1958**, Kap. 63a.

[6] Ein Term ist damit ein *spektroskopisch nachweisbares Energieniveau*.

[7] Zwei Observable, deren Operatoren O und P kommutieren (vertauschen), $[OP - PO]\psi = 0$ können gleichzeitig beobachtet werden und haben ein gemeinsames System von Eigenfunktionen.

[8] Die Addition der Einelektronen-Drehimpulsvektoren zu Mehrelektronen-Drehimpulsvektoren erfolgt natürlich vektoriell, und zwar so, daß die Projektion der Mehrelektronen-Drehimpulsvektoren auf die Vorzugsachse nur Vielfache von $\hbar$ ergibt. Dies gilt sowohl für den Gesamtbahndrehimpuls (ganzzahlige Vielfache) als auch für den Gesamtspin (ganzzahlige Vielfache für gerade, halbzahlige Vielfache für ungerade Elektronenzahl).

und die magnetische Quantenzahl M_L. Die Vertauschbarkeit mit dem Hamiltonoperator gilt ebenfalls für die Operatoren des Gesamtspins S_z und S^2 mit den Quantenzahlen M_S und S.

Bei der theoretischen Behandlung eines Mehrelektronenatoms in der Zentralfeld-Näherung bestimmen wir also zunächst, welche Eigenfunktionen von L^2 und S^2 bei einer gegebenen Konfiguration möglich sind. Auf dieser Basis lassen sich die Mikrozustände einer Konfiguration zu Termen ordnen, da – wie im vorigen Abschnitt bereits erwähnt wurde – Mikrozustände mit gleichem L und S energetisch entartet sind. Die Terme, d. h. die Gruppen entarteter Zustände des Mehrelektronenatoms, lassen sich dann entsprechend ihrem Gesamtdrehimpuls bzw. ihrem Gesamtspin durch *Termsymbole* kennzeichnen. In Analogie zu den Einelektronenwellenfunktionen (Orbitalen), für die die Bezeichnungen s, p, d, f, ... verwendet werden, wenn die dadurch repräsentierten Elektronen einen Bahndrehimpuls l = 0, 1, 2, 3, ... besitzen, benutzt man die Großbuchstaben S, P, D, F, ... für Terme mit dem Gesamtbahndrehimpuls L = 0, 1, 2, 3, ... Den Gesamtspin eines Atoms gibt man als *Multiplizität* des Terms, als 2S+1, an. Ein Termsymbol besteht dann aus dem Buchstaben für den Wert von *L* und oben links daneben der Spinmultiplizität:

$$^{2S+1}L$$

So bezeichnet beispielsweise das Termsymbol ^3F („Triplett-F") einen Term mit L = 3 und S = 1. An dieser Stelle soll daran erinnert werden, daß die Winkelabhängigkeit der Orbitale des H-Atoms – ausgedrückt durch die Kugelflächenfunktionen Y_l^m (Kapitel 12) – durch die Quantenzahlen l und m bestimmt wird. *Dies gilt ebenfalls für die atomaren Wellenfunktionen des Mehrelektronenatoms*, die näherungsweise als Slaterdeterminanten und deren Linearkombinationen (Kapitel 14) ausgedrückt werden können, nur daß hier die Funktionen Y_L^M deren Winkelabhängigkeit bestimmen. So ist beispielsweise das winkelabhängige Verhalten der sieben Bahndrehimpuls-entarteten Wellenfunktionen („Mikrozustände") des oben erwähnten ^3F-Terms gleich dem der sieben 4f-Orbitale des Wasserstoffatoms. Diese wichtige Analogie zwischen den zu Termen gruppierten Wellenfunktionen der Mehrelektronenatome und den Wasserstoff-ähnlichen Orbitalen wird in der Ligandenfeldtheorie (Kap. 14) von Bedeutung sein.

Wie erhält man nun die zu einer vorgegebenen Elektronenkonfiguration gehörenden Terme? Zunächst muß man berücksichtigen, daß für „abgeschlossene" Schalen (s^2, p^6, d^{10}, usw.) sich stets ein ^1S-Zustand ergibt, was bedeutet, daß sich Bahndrehimpulse und Spins jeweils aufheben. Daraus folgt, daß nur „offene" Schalen berücksichtigt werden müssen. Für das V^{3+}-Ion braucht also beispielsweise nur die Konfiguration d^2 berücksichtigt zu werden.[9] Da es

---

[9] Das Prozedere ist natürlich unabhängig von der Hauptquantenzahl und damit im Prinzip gleich für Ionen mit $4d^2$-, $5d^2$- oder $6d^2$-Konfiguration. Allerdings sind für die schweren Elemente *L* und *S* keine Observablen mehr.

zehn verschiedene d-Einelektronenzustände ($m_l = -2$ bis 2; $m_s = \pm\frac{1}{2}$) gibt, resultieren für die d^2-Konfiguration $\binom{10}{2} = 45$ verschiedene Mehrelektronenzustände. Zu Beginn der Analyse einer Konfiguration faßt man die Mikrozustände nach den zugehörigen M_L- und M_S-Werten in einer Tabelle zusammen (Tabelle 13.2), und anschließend werden die Werte für L und S nach einer Art Abzählverfahren für die Mikrozustände ermittelt.

Tabelle 13.2. Mikrozustände der d^2-Konfiguration nach M_L und M_S geordnet.[10]

M_L	M_S		
	-1	0	$+1$
4		$(2^+, 2^-)$	
3	$(2^-, 1^-)$	$(2^+, 1^-)\,(2^-, 1^+)$	$(2^+, 1^+)$
2	$(2^-, 0^-)$	$(2^+, 0^-)\,(2^-, 0^+)\,(1^+, 1^-)$	$(2^+, 0^+)$
1	$(2^-, -1^-)\,(1^-, 0^-)$	$(2^+, -1^-)\,(2^-, -1^+)\,(1^+, 0^-)$ $(1^-, 0^+)$	$(2^+, -1^+)\,(1^+, 0^+)$
0	$(1^-, -1^-)\,(2^-, -2^-)$	$(1^+, -1^-)\,(1^-, -1^+)\,(2^+, -2^-)$ $(2^-, -2^+)\,(0^+, 0^-)$	$(1^+, -1^+)\,(2^+, -2^+)$
-1 bis -4			

Die in Tabelle 13.2 aufgeführten Klammerausdrücke sind die Slater-Determinanten (antisymmetrisierten Produkte, s. Abschn. 13.4) der relevanten besetzten d-Orbitale, wobei die Ziffer den m_l-Wert des d-Orbitals und das hochgestellte Zeichen die Spinquantenzahl $s = +\frac{1}{2}$ (+) oder $-\frac{1}{2}$ (−) wiedergibt.[11] Aus der Tabelle lassen sich die Atomterme systematisch ermitteln, wenn man berücksichtigt, daß es zu jedem Wert von L und S jeweils $(2L+1)(2S+1)$ entartete Zustände mit unterschiedlichen M_L und M_S gibt. Man betrachtet zunächst den Zustand mit den maximalen Werten L und S und eliminiert dann die $(2L+1)(2S+1)$ dazu energetisch entarteten Zustände aus der Tabelle. Dann wiederholt man dieses Verfahren mit den nächstkleineren Werten von L und S usw. solange, bis sämtliche Mikrozustände zugeordnet sind.

Der maximale Wert für M_L im Falle der in der Tabelle dargestellten d^2-Konfiguration ist 4. Dieser Mikrozustand muß zu einem Term mit L = 4 und (aufgrund des Pauli-Prinzips) S = 0 gehören, also einem ^{1}G-Term. Wenn wir folglich aus der mittleren Spalte ($M_S = 0$) die neun zu diesem Term gehörenden Mikrozustände streichen, bleiben noch 36 Mikrozustände übrig. Das nächstkleinere Wertepaar ist $M_L = 3$ und S = 1 und gehört damit zu einem Triplett-F-Term (^{3}F), der $3 \times 7 = 21$-fach entartet ist. Wenn wir auf jedem der 21 Felder ($M_L = -3$ bis 3, $M_S = -1$ bis 1) einen Mikrozustand eliminieren, verblieben

---

[10] Die Einträge für $M_L = (-1) - (-4)$ sind spiegelbildlich zu der oberen Hälfte der Tabelle.
[11] D.h.: $2^+ = \phi_{n=2,s=+\frac{1}{2}}(i)$ und $(2^+, 2^-) = 2^+(1)2^-(2) - 2^+(2)2^-(1)$. S. auch Abschn. 13.4.

weiterhin 15. Führt man dieses Verfahren weiter (was dem Leser als Übung überlassen bleibt), so erhält man für die d^2-Konfiguration die Terme ^1G, ^3F, ^1D, ^3P und ^1S, in die sich die 45 erlaubten Mikrozustände der Konfiguration gruppieren. Zur d^2-Konfiguration gehören also fünf spektroskopisch unterscheidbare Energieniveaus, die sich – wie wir in Abschnitt 13.4. sehen werden – im Rahmen der Slater-Theorie durch die Elektron-Elektron-Wechselwirkung unterscheiden. In Tabelle 13.3. sind die Terme zusammengefaßt, die sich aus den d^n-Konfigurationen ergeben.

Tabelle 13.3.   Die zu den Konfigurationen d^n gehörenden Terme. Man beachte, daß sich *Löcher* (d. h. „fehlende" Elektronen) in ihren Drehimpulseigenschaften wie Elektronen verhalten, was zu identischen Sätzen von Termen für die Konfigurationen d^n und d^{10-n} führt. Die Grundterme sind jeweils fettgedruckt.

Konfiguration	Terme
d^1, d^9	^2D
d^2, d^8	^3F, ^3P, ^1G, ^1D, ^1S
d^3, d^7	^4F, ^4P, ^2H, ^2G, ^2F, ^2D
d^4, d^6	^5D, ^3H, ^3G, ^3F, ^3D, ^3P, ^1I, ^1G, ^1F, ^1D, ^1S
d^5	^6S, ^4G, ^4F, ^4D, ^4P, ^2I, ^2H, ^2G, $^2G'$, ^2F, $^2F'$, ^2D, $^2D'$, ^2P, ^2S
d^{10}	^1S

Zur Bestimmung des Grundterms wurde von Friedrich Hund die nach ihm benannte Regel aufgestellt:

Hundsche-Regel: Der Term mit der höchsten Multiplizität besitzt die niedrigste Energie, und bei gegebener Multiplizität ist die Energie um so niedriger, je größer der Wert von L ist.[12]

Damit ergibt sich unmittelbar, daß der ^3F-Term der Grundterm ist. Im allgemeinen läßt sich die Regel nicht zur Ordnung der angeregten Terme heranzie-

---

[12] Der Grund für die niedrigere Energie von z. B. Triplett- gegenüber Singulettzuständen in Atomen ist folgender: Als Folge der „Pauli-Abstoßung" zwischen Elektronen gleichen Spins ist der mittlere Winkel zwischen deren Radiusvektoren in einem Triplett-Term ^3L größer als für den Singulett-Term ^1L (höhere „Winkelkorrelation"). Dadurch ist die Kernabschirmung für ^3L geringer als für ^1L, was zu einer Kontraktion der Valenzschale und folglich einer stärkeren Kern-Elektron-Attraktion im Triplett-Zustand führt. Diese überkompensiert die *höhere* Elektron-Elektron-Repulsion in dem Zustand höherer Spinmultiplizität. R. E. Boyd, *Nature* **1984**, *310*, 480. In vielen Lehrbüchern findet man immer noch die irrtümliche, auf der Slaterschen Störungstheorie für Atome beruhende Aussage, daß die Elektron-Elektron-Abstoßung im Triplettzustand geringer als im Singulettzustand sei.

hen, wie das Beispiel des Ti^{2+}-Ions zeigt. Während die Hundsche-Regel (auch auf die angeregten Zustände angewandt) die energetische Reihenfolge $^3F < {}^3P < {}^1G < {}^1D < {}^1S$ voraussagt, findet man im Experiment: $^3F < {}^1D < {}^3P < {}^1G < {}^1S$.

Das magnetische Moment, das mit dem Bahndrehimpuls $l(\mathbf{r_k})$ verknüpft ist, und das magnetische Moment des Elektronenspins $s(\mathbf{r_k})$ wechselwirken miteinander, was durch einen Korrekturterm H_{SB} im Hamiltonoperator wiedergegeben wird:[13]

$$H_{SB} = \Sigma_k \xi(r_k) l(\mathbf{r_k}) s(\mathbf{r_k}), \; \xi(r_k) = \text{„Radialfaktor" der Spin-Bahn-Wechselwirkung}$$

Im Gegensatz zum oben diskutierten Fall ohne Spin-Bahn-Wechselwirkung kommutiert der um den Störoperator H_{SB} erweiterte Hamiltonoperator nicht mehr mit L^2 und S^2 bzw. L_z und S_z, sondern nur mit J^2 und J_z, wobei J der Operator des Gesamtdrehimpulses ist:

$$J = \Sigma_k j_k, j_k = l_k + s_k \qquad (13.1)$$

Das bedeutet aber, daß in diesem Fall eine Klassifizierung der Terme nach Bahndrehimpuls und Spinmultiplizität streng genommen nicht mehr möglich ist. Ist die Spin-Bahn-Wechselwirkung jedoch klein und „zwingen" wir unsere Wellenfunktionen durch einen geeigneten störungstheoretischen Ansatz, auch Eigenfunktionen von L^2 und S^2 zu sein, läßt sich der Gesamtdrehimpuls J als Vektorsumme von L und S darstellen:

$$J = L + S \qquad (13.2)$$

und der Spin-Bahn-Operator als:

$$H_{SB} = \lambda L \cdot S \qquad (13.3)$$

Diese Form der schwachen Spin-Bahn-Wechselwirkung bezeichnet man als *Russel-Saunders-Kopplung* oder auch *LS-Kopplung*. Die Addition der Vektoren erfolgt so, daß die Projektion von J auf eine Vorzugsachse (z-Achse) nur die Werte $M_J \hbar$ annehmen kann. Für die Gesamtdrehimpulsquantenzahl J ergeben sich damit die möglichen Werte:

$$J = |L - S|, |L - S| + 1, \ldots, L + S$$

Aufgrund der Spin-Bahn-Wechselwirkung sind die Eigenenergien der Termzustände nicht mehr energetisch entartet (Aufspaltung zu „Multipletts"), die Entartung bleibt nur für Zustände mit gleichem J erhalten und beträgt $2J+1$. Die Energiedifferenz zwischen den *Niveaus* der Quantenzahlen $J+1$ und J ergibt sich zu:

---

[13] Die Spin-Bahn-Wechselwirkung wird hier „ad hoc" als Störoperator eingeführt. Eine theoretische Begründung erhält sie erst im Rahmen der relativistischen Quantenmechanik.

$$\Delta E_{J,J+1} = \lambda(J+1) \qquad\qquad\qquad\qquad\qquad\qquad (13.4)$$

Um diese unterschiedlichen *Niveaus* der Multipletts zu kennzeichnen, fügt man den Wert von J als Index unten rechts an das Termsymbol an:

$$^{2S+1}L_J$$

So spaltet beispielsweise ein ^4F-Term (L = 3, S = $\frac{3}{2}$) in ein Quartett von Niveaus auf:

$$^4F_{\frac{9}{2}}, \,^4F_{\frac{7}{2}}, \,^4F_{\frac{5}{2}}, \,^4F_{\frac{3}{2}}$$

Gehört dieses Multiplett zu einer Konfiguration mit weniger als halb gefüllter d-Schale, so ist der Mehrelektronen-Spin-Bahn-Wechselwirkungsparameter $\lambda > 0$ und das Niveau mit niedrigstem J-Wert (J = |L – S|) das energetisch niedrigste. Ist also der ^4F-Term der Grundzustand einer d^3-Konfiguration, so ergibt sich für die Spin-Bahn-Energieniveaus die folgende Reihe mit steigender Energie: $^4F_{\frac{3}{2}} < \,^4F_{\frac{5}{2}} < \,^4F_{\frac{7}{2}} < \,^4F_{\frac{9}{2}}$.

Im Zusammenhang mit den in Tabelle 13.3 zusammengefaßten Termen der verschiedenen Konfigurationen ist zu beachten, daß die Spin-Bahn-Multipletts der Terme, die sich von den d^n-Konfigurationen ableiten, gegenüber denen von d^{10-n}-Konfigurationen *invers aufgespalten* sind. Das bedeutet, daß Löcher zwar in vieler Hinsicht wie Elektronen behandelt werden können, sie aber einen Drehimpuls „in der umgekehrten Richtung" besitzen. Für den ^4F-Term der d^7-Konfiguration gilt also $^4F_{\frac{9}{2}} < \,^4F_{\frac{7}{2}} < \,^4F_{\frac{5}{2}} < \,^4F_{\frac{3}{2}}$. Man spricht dann von einem *invertierten Multiplett*.

Die hier diskutierten Zusammenhänge sind in Abbildung 13.5 anhand der Spin-Bahn-Multiplett-Aufspaltung der Terme der d^2- und d^8-Konfigurationen noch einmal zusammengefaßt.

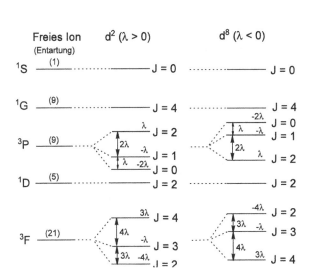

Die Russel-Saunders-Kopplung ist eine gute Näherung für die 3d-Übergangsmetalle, in denen die Valenzelektronen, wie generell bei leichten Atomen, auf geringem Raum konzentriert sind. Bei Schweratomen domi-

Abb. 13.5. Die durch Spin-Bahn-Kopplung aufgespalteten Terme der d^2- und d^8-Konfigurationen.

niert jedoch die Kopplung des Bahndrehimpulses mit dem Spin für jedes einzelne Elektron zum Gesamtdrehimpuls $j = l + s$, die dann untereinander zum atomaren Gesamtdrehimpuls J koppeln. Dieser als *jj-Kopplung* bezeichnete Grenzfall dominiert dann für die Schweratome der sechsten Periode.

13.4 Die Grundzüge der Slater-Condon-Shortley-Theorie für die Übergangsmetallatome

Im vorigen Abschnitt haben wir mit der Hundschen-Regel bereits einen zunächst rein empirisch begründeten Anhaltspunkt für die relativen Energien der Terme von Atomen erhalten. Die Energieunterschiede der Terme einer Konfiguration sind die Folge der Wechselwirkung der Elektronen untereinander, ein Umstand, der – wie bereits eingangs dieses Kapitels betont wurde – die theoretische Behandlung des Vielteilchenatoms zu einem schwierigen Problem macht. Eine Möglichkeit für eine Näherungslösung bietet ein störungstheoretischer Ansatz, der auf J. C. Slater zurückgeht und dessen formale Behandlung des Atoms die Grundlage für die in Kapitel 14 und 15 diskutierten Komplextheorien bietet.

Der Hamiltonoperator H des Atoms besteht aus einer Summe von Einelektronentermen $\Sigma_i h(r_i)$, durch die die kinetische Energie der Elektronen und die Elektron-Kern-Anziehung ausgedrückt wird, und einem Zweielektronenterm $\Sigma_{(i<j)} g(r_i, r_j)$, der die Elektron-Elektron-Abstoßung repräsentiert:[14]

$$H = -\frac{1}{2}\sum_{i=1}^{N} \Delta_i - \sum_{i=1}^{N} \frac{Z}{r_i} + \sum_{i<j}^{N} \frac{1}{r_{ij}} \qquad (13.5)$$

$$\underbrace{\qquad}_{\sum_i h_i(r_j)} \quad \underbrace{\qquad}_{\sum_{i>j} g(r_j, r_i)}$$

Würde man nun im Sinne eines störungstheoretischen Ansatzes das ungestörte Problem mit den Summen der Einteilchenoperatoren $\Sigma_i h(r_i)$ und die Störung mit dem Zweiteilchenoperator $\Sigma_{(i<j)} g(r_i, r_j)$ identifizieren, so wäre die grundlegende Voraussetzung für einen solchen Ansatz, nämlich daß die Störenergien (d. h. die Summe aller Elektron-Elektron-Abstoßungsenergien) klein gegenüber der Energiedifferenz benachbarter Eigenwerte des ungestörten Systems sind, sicherlich nicht erfüllt. Die Wechselwirkung der Elektronen untereinander ist nicht wesentlich geringer als die mit dem Kern. Man greift daher auch hier zu einem bereits in Abschnitt 13.1 diskutierten Kunstgriff, in dem man ein *effektives Potential* für das Elektron i einführt, das aus der Kernanziehung und der Wechselwirkung mit einem globalen Abschirmfeld

---

[14] Hier, wie im folgenden, werden in allen Formeln der Übersichtlichkeit halber *atomare Einheiten* verwendet. Dabei werden die Elektronenladung e, die Elektronenmasse m_e und die Planck-Konstante $\hbar$ gleich Eins gesetzt.

der anderen Elektronen besteht. Nimmt man für die Wechselwirkung mit dem abschirmenden Feld der anderen Elektronen im Atom eine Coulomb-artige Form σ/r_i ($\sigma > 0$ sei die „Abschirmungskonstante") an, so ergibt sich das effektive Kernpotential zu:

$$U_{eff}(r_i) = -Z/r_i + \sigma/r_i = -(Z - \sigma)/r_i = -Z_{eff}/r_i, \text{ wobei } Z_{eff} = Z - \sigma \qquad (13.6)$$

Wir nehmen zunächst einmal vereinfachend an, daß σ und Z_{eff} unabhängig von i sind. Man kann dann durch Addition und gleichzeitige Subtraktion des Ausdrucks für U_{eff} im Hamiltonoperator diesen in eine Form überführen, die eine physikalisch vernünftige Aufteilung in einen ungestörten und einen Störoperator ($H^0 + H^1$) ermöglicht:

$$H = -\frac{1}{2}\sum_{i=1}^{N} \Delta_i + \sum_{i=1}^{N} U_{eff}(r_i) - \sum_{i=1}^{N} \frac{Z}{r_i} - \sum_{i=i}^{N} U_{eff}(r_i) + \sum_{i<j}^{N} \frac{1}{r_{ij}}$$

$$= -\frac{1}{2}\sum_{i=1}^{N} \Delta_i - \sum_{i=1}^{N} \frac{Z_{eff}}{r_i} \qquad - \sum_{i=1}^{N} \frac{\sigma}{r_i} + \sum_{i<j}^{N} \frac{1}{r_{ij}} \qquad (13.7)$$

$$\underbrace{\hspace{8cm}}_{H^0} \quad + \quad \underbrace{\hspace{6cm}}_{H^1}$$

Mit der hier erreichten Aufteilung des Hamiltonoperators sind die Voraussetzungen für die Durchführung einer Störungsrechnung erfüllt. Das ungestörte Problem ist das Elektron-Elektron-Wechselwirkungs-freie System, dessen Lösungen Ψ^0_i mit den Wasserstoff-ähnlichen Orbitalen $\phi^0(n,l,m,s)$ gebildete Slater-Determinaten sind, deren Radialanteil durch die Einführung der effektiven Kernladung modifiziert ist.[15, 16] Der Störoperator H^1 besteht aus einem Einelektronenterm $\sum_i f(r_i) = -\sum_i(\sigma/r_i)$ und dem Zweielektronenterm $\sum_{i<j} g(r_i,r_j) = \sum_{i<j}(1/r_{ij})$. Bei Atomen mit offenen Elektronenschalen, wie z. B. den Übergangsmetallen, sind die Lösungen des

---

[15] Der Störoperator steht also für die *Differenz* der Zweielektronen-Wechselwirkung und der Wechselwirkungen der Elektronen mit dem *effektiven* Potential. Durch geschickte Wahl der Abschirmungskonstanten σ_i bzw. der effektiven Kernladungszahlen Z_{eff} kann die Störung durch die Elektron-Elektron-Wechselwirkung minimiert werden. Das führt dann zu möglichst genauen Ergebnissen der Störungsrechnung.

[16] Aufgrund des Pauli-Prinzips müssen die Mehrteilchen-Wellenfunktionen für Elektronen antisymmetrisch bezüglich der Elektronenvertauschung sein. Konstruiert man die Mehrelektronen-Wellenfunktionen durch Produktbildung aus den Orbitalen $\phi(n,l,m,s)$, so müssen diese Produktfunktionen noch zusätzlich antisymmetrisiert werden. Mathematisch läßt sich das einfach durch Darstellung als Determinanten erreichen, die nach einem der Pioniere der Atomtheorie als *Slater-Determinanten* bezeichnet werden. Eine alternative Darstellung verwendet der Antisymmetrisierungsoperator $A = (1/N!)^{\frac{1}{2}}\Sigma(-1)^P P$, wobei P der Operator für die Permutationen der Produktfunktionen ist. Eine Slater-Determinate läßt sich damit wie folgt schreiben: $\Psi^0 = A\phi_1(1)\phi_2(2)...\phi_n(n)$.

ungestörten Problems (H^0) entartet, so daß sich nach der quantenmechanischen Störungstheorie für entartete Zustände die Störenergien der einzelnen Zustände E^1_i aus der Säkulargleichung *(13.8)* ergeben:[17]

$$|H^1_{ij} - S_{ij}E'| = 0 \qquad (13.8)$$

Hierbei sind die Integrale $H^1_{ij} = \langle\Psi^0_i|H^1|\Psi^0_j\rangle$ und $S_{ij} = \langle\Psi^0_i|\Psi^0_j\rangle$. In den meisten Fällen brauchen nur die Diagonalelemente der Matrix H^1_{ij} berücksichtigt zu werden, wobei sich das Problem auf die Berechnung von drei Integraltypen reduziert. Ausgehend von den Slater-Determinanten des ungestörten Problems $\Psi^0_i = A\phi_1(1)\phi_2(2)...\phi_n(n)$ ergibt sich für H^1_{ii}:

$$H^1_{ii} = \sum_k I_k + \sum_{k>l}(J_{kl} - K_{kl}) \qquad (13.9)$$

Der Ausdruck auf der rechten Seite ist die Summe der Einelektronenintegrale I_k und Zweielektronenintegrale J_{kl} und K_{kl}. Hierbei repräsentiert $I_k = \langle\phi_k(i)|f_i(r_i)|\phi_k(i)\rangle$ die Coulomb-Wechselwirkung des *i*-ten Elektrons im Orbital ϕ_k mit dem Abschirmpotential σ/r_i, das *Coulomb-Integral* $J_{kl} = \langle\phi_k(i)\phi_l(j)|1/r_{ij}|\phi_k(i)\phi_l(j)\rangle$ die Abstoßung des *i*-ten Elektrons mit der Ladungsverteilung $\phi_k(i)\phi_k(i)$ mit dem *j*-ten Elektron mit der Ladungsverteilung $\phi_l(j)\phi_l(j)$, während das *Austausch-Integral* $K_{kl} = \langle\phi_k(i)\phi_l(j)|1/r_{ij}|\phi_k(j)\phi_l(i)\rangle$ ein durch die Antisymmetrie der Mehrelektronen-Wellenfunktion bedingter quantenmechanischer Korrekturterm ist.

Bei der Bestimmung der Eigenwerte der Störmatrix und damit der Energien der zu einer Konfiguration gehörenden Terme müssen die Integrale I_k, J_{kl} und K_{kl} berechnet werden, wobei im Falle der Zweielektronenintegrale zudem der Operator $1/r_{ij}$ für die Zentralfeld-Näherung geeignet dargestellt werden muß. Dies erfolgt am besten durch eine Reihenentwicklung nach den Produkten der Kugelflächenfunktionen (Abschn. 12.5), da diese in den Orbitalen ebenfalls vorkommen:

$$\frac{1}{r_{ij}} = \sum_{k=0}^{\infty} \frac{4\pi}{2k+1} \frac{r^k_<}{r^{k+1}_>} \sum_{m=-l}^{l} Y^m_l(\theta_i, \phi_i)\, Y^{m*}_l(\theta_j, \phi_j) \qquad \begin{array}{l} r_< = \min(r_i, r_j) \\ r_> = \max(r_i, r_j) \end{array} \qquad (13.10)$$

Da die Wasserstoff-ähnlichen Atomorbitale von H^0 die Form $\phi = R(r)Y(\theta, \phi)\sigma(s)$ haben, läßt sich die Integration über die Radial-, Winkel- und Spin-Koordinaten separieren. Nach Integration über die Spin-Koordinaten kann man die Coulomb- und Austauschintegrale in *(13.9)* als Summe von Produkten darstellen, von denen jedes einzelne aus einem Radialintegral (bezüglich der Radialkoordinaten r_i und r_j) und zwei Winkelintegralen (jeweils bezüglich der Winkel-

---

[17] Siehe z. B.: E. Merzbacher, *Quantum Mechanics*, Wiley, New York **1970**, S. 425 ff. Gute Einführungen für Chemiker in die quantenmechanische Störungstheorie bieten: W. Kutzelnigg, loc. cit., Bd. 1, S. 97 ff. H.-H. Schmittke, loc. cit., S. 70 ff. und J. Reinhold, *Quantentheorie der Moleküle*, Teubner, Stuttgart, **1994**, S. 93 ff.

koordinaten θ_i, ϕ_i eines Elektrons) besteht. Die Winkelintegrale für Produkte aus Kugelflächenfunktionen sind nur für wenige Indexkombinationen ungleich Null, so daß von der unendlichen Reihe in *(13.10)* nur wenige Glieder übrig bleiben, während für die verbleibenden Integrale einfache Zahlenwerte erhalten werden. Diese sind als *Condon-Shortley-Koeffizienten*, a^k und b^k, in der Literatur tabelliert.[18] Das bedeutet, daß sich die Zweielektronenintegrale J_{kl} und K_{kl} als Koeffizienten-gewichtete Summen der Radialintegrale F^k darstellen lassen, z. B.:

$$J_{k'l'} = \sum_{k=0}^{2l} a^k F^k \qquad F^k = \int |R(i)|^2 |R(j)|^2 \frac{r_<^k}{r_>^{k+1}} r_i^2 r_j^2 dr_i dr_j \qquad (13.11)$$

Es ist – wie wir sehen werden – für viele Problemstellungen ausreichend, die Integrale F^k als *Slater-Condon-Parameter* unbestimmt zu lassen und die Term-Energien lediglich durch diese Parameter auszudrücken. Für die offene d-Schale der Übergangsmetalle sind überhaupt nur die Parameter F^0, F^2 und F^4 zu berücksichtigen, die – um die Koeffizienten zu vereinfachen – meist durch die gewichteten Parameter $F_0 = F^0$, $F_2 = 1/49 F^2$ und $F_4 = 1/441 F^4$ ersetzt werden.

Auf diese Weise erhält man beispielsweise für die Terme der nd^2-Konfiguration die Energien:

$$E(^3F) = 2 I_{dd} + F_0 - 8F_2 - 9F_4$$
$$E(^3P) = 2 I_{dd} + F_0 + 7F_2 - 84F_4$$
$$E(^1G) = 2 I_{dd} + F_0 + 4F_2 + F_4$$
$$E(^1D) = 2 I_{dd} + F_0 - 3F_2 + 36F_4$$
$$E(^1S) = 2 I_{dd} + F_0 + 14F_2 + 126F_4$$

Hierbei ist I_{dd} das Integral des Einelektronenoperators, das für alle Terme einer Konfiguration identisch ist und – da irrelevant für die Termenergiedifferenzen – häufig nicht berücksichtigt wird.

Die Energieausdrücke für die Terme der d^n-Konfigurationen lassen sich noch übersichtlicher darstellen, wenn man geeignete Linearkombinationen von F_0, F_2 und F_4 als neuen Parametersatz A, B, C wählt:

$$A = F_0 - 49F_4 \, , B = F_2 - 5F_4 \, , C = 35F_4$$

Dieser Satz von Parametern stammt von G. Racah,[19] der eine mathematisch elegantere Auswertung des Mehrelektronenatom-Problems unter Verwendung der Tensoralgebra vorgeschlagen hat. Ausgedrückt durch die *Racah-Parameter* ergibt sich für die Termenergien der d^2-Konfiguration (ohne die I_{dd}):

---

[18] E. U. Condon, G. H. Shortley, *The Theory of Atomic Spectra*, Cambridge Univ. Press, **1967**.

[19] Racah, Giulio, * 9. 2. 1909 (Florenz), † 28. 8. 1965 (Jerusalem). Prof. für Physik in Florenz und Pisa, ab 1939 an der Hebrew University in Jerusalem.

$E(^3F) = A - 8B$
$E(^3P) = A + 7B$
$E(^1G) = A + 4B + 2C$
$E(^1D) = A - 3B + 2C$
$E(^1S) = A + 14B + 7C$

Da die Racah-Parameter B und C positive Werte haben, sieht man unmittelbar, daß der Triplett-F-Zustand der Grundzustand der d^2-Konfiguration sein muß, während die energetische Reihenfolge der anderen Terme von der relativen Größe von B und C abhängt (s. Abschn. 13.5).

An dieser Stelle soll unsere Vorgehensweise bei der Beschreibung des Mehrelektronenatoms nach Slater noch einmal kurz zusammengefaßt werden:

1) Ausgangspunkt ist ein störungstheoretischer Ansatz, bei dem die Elektron-Elektron-Wechselwirkung in geeignet gewählter Weise als Störung eines wechselwirkungsfreien Atoms behandelt wird. Die Zustände dieses „Idealatoms" werden durch Slater-Determinanten aus Wasserstoff-ähnlichen Atomorbitalen repräsentiert.
2) Durch Einführung eines effektiven Abschirmfeldes für die Kernladung wird die Elektron-Elektron-Wechselwirkung implizit zu einem erheblichen Teil bereits in dem wechselwirkungsfreien Idealatom berücksichtigt. Als Störoperator bleibt die Differenz zwischen dem Operator der Zweiteilchen-Wechselwirkung und dem des Abschirmfeldes. Diese „Rest-Wechselwirkung" ist hinreichend klein zur Durchführung der Störungsrechnung erster Ordnung.
3) Die bei der Berechnung der energetischen Aufspaltung der Terme durch die Elektron-Elektron-Wechselwirkung entscheidenden Beiträge werden durch die Coulomb- und Austausch-Integrale wiedergegeben, die sich bei geeigneter Entwicklung des Operators $1/r_{ij}$ nach Integration über die Winkelkoordinaten des Atoms als gewichtete Summen der Radialintegrale darstellen lassen. Diese wiederum werden als *Condon-Shortley-Parameter* zur Berechnung der Termenergien herangezogen.
4) Eine für die Diskussion der offenen d-Elektronenschalen nützliche Parametrisierung der Elektron-Elektron-Wechselwirkung bieten die *Racah-Parameter*, die Linearkombinationen der Condon-Shortley-Parameter sind.
5) Die zur Berechnung der Racah-Parameter benutzten Wasserstoff-ähnlichen Atomorbitale sind die des *wechselwirkungsfreien* Atoms (mit globalem Abschirmpotential).[20] Bei der Interpretation der Racah-Parameter im folgenden Abschnitt muß also berücksichtigt werden, daß die Orbitale innerhalb dieser Näherung nicht auf die Störung „reagieren" und daß die durch sie definierte räumliche Verteilung der Elektronen nicht unbedingt gut mit der der realen Atome übereinstimmt.

---

[20] Wir haben hier Störungstheorie erster Ordnung bezüglich der Energie-Eigenwerte verwendet. Dazu benutzten wir die Wellenfunktionen „nullter" Ordnung, also die des ungestörten Problems.

13.5   Die Racah-Parameter und ihre physikalische Bedeutung

Wir haben im Rahmen der Slater-Condon-Shortley-Theorie der Übergangsmetallatome eine Parametrisierung der Elektron-Elektron-Wechselwirkung erhalten. Mit den Racah-Parametern A, B und C ist diese in eine für die offenen d-Schalen der Übergangsmetalle besonders übersichtliche Form gebracht worden. In Tabelle 13.4 sind die Termenergien der d^n-Konfigurationen durch die Racah-Parameter ausgedrückt worden. In der Praxis werden wir nur die Ausdrücke für die Terme niedrigster Energie gebrauchen.

Tabelle 13.4.   Termenergien der d^n-Konfiguration für n J 5, die identisch sind zu den relativen Energien der Terme von d^{10-n} (der Grundzustandsterm ist jeweils fett dargestellt).

d^2	d^3
$^3F = A - 8B$	$^4F = 3A - 15B$
$^3P = A + 7B$	$^4P = 3A$
$^1G = A + 4B + 2C$	$^2H = {}^2P = 3A - 6B + 3C$
$^1D = A - 3B + 2C$	$^2G = 3A - 11B + 3C$
$^1S = A + 14B + 7C$	$^2F = 3A + 9B + 3C$
	$^2D = 3A + 5B + 5C \pm (193B^2 + 8BC + 4C^2)^{\frac{1}{2}}$

d^4	d^5
$^5D = 6A - 21B$	$^6S = 10A - 35B$
$^3H = 6A - 17B + 4C$	$^4G = 10A - 25B + 5C$
$^3G = 6A - 12B + 4C$	$^4F = 10A - 13B + 7C$
$^3F = 6A - 5B + 5\frac{1}{2}C \pm \frac{3}{2}(68B^2 + 4BC + C^2)^{\frac{1}{2}}$	$^4D = 10A - 18B + 5C$
$^3D = 6A - 5B + 4C$	$^4P = 10A - 28B + 7C$
$^3P = 6A - 5B + 5\frac{1}{2}C \pm \frac{1}{2}(912B^2 - 24BC + 9C^2)^{\frac{1}{2}}$	$^2I = 10A - 24B + 8C$
$1I = 6A - 15B + 6C$	$^2H = 10A - 22B + 10C$
$^1G = 6A - 5B + 7\frac{1}{2}C \pm \frac{1}{2}(708B^2 - 12BC + 9C^2)^{\frac{1}{2}}$	$^2G = 10A - 13B + 8C$
$1F = 6A + 6C$	$^2G' = 10A + 3B + 10C$
$^1D = 6A + 9B + 7\frac{1}{2}C \pm \frac{3}{2}(144B^2 - 8BC + C^2)^{\frac{1}{2}}$	$^2F = 10A - 9B + 8C$
$1S = 6A + 10B + 10C \pm 2(193B^2 + 8BC +$ $4C^2)^{\frac{1}{2}}$	$^2F' = 10A - 25B + 10C$
	$^2D' = 10A - 4B + 10C$
	$^2D = 10A - 3B + 11C \pm 3(57B^2 + 2BC + C^2)^{\frac{1}{2}}$
	$^2P = 10A + 20B + 10C$
	$^2S = 10A - 3B + 8C$

Da A, B und C, die im Rahmen der Slaterschen Störungstheorie Elektron-Elektron-Abstoßungskräfte repräsentieren, positive Werte haben, wird in allen Fällen die Hundsche-Regel für den elektronischen Grundterm bestätigt.

Man beachte, daß der jeweilige Koeffizient für den A-Parameter innerhalb jeder Konfiguration identisch ist. Ist man also nur an Energieunterschieden der Terme interessiert, so sind lediglich die Werte von B und C relevant. In einigen Fällen gibt es zwei identische Terme zu einer Konfiguration. In einem solchen Fall ist der Zustand durch Angabe von Konfiguration und Term noch nicht eindeutig charakterisiert und erfordert im Zusammenhang mit dem dabei zu lösenden Eigenwertproblem einen weiteren Matrixdiagonalisierungs-Schritt, aus dem man die Energien als Lösungen quadratischer Gleichungen erhält (siehe z. B. die Form des ^{2}D-Terms der d^3-Konfiguration).

In der Praxis werden die Racah-Parameter meist nicht berechnet, sondern als freie Parameter aus dem Vergleich mit dem Experiment (den Elektronenspektren der Metallatome) bestimmt. Da die Zahl der beobachteten Übergänge zwischen den Termen immer viel größer als die Zahl der anzupassenden Parameter ist, können die Werte für B und C durch Mittelwertbildung mehrerer unabhängiger Termenergie-Differenzen bestimmt werden. Die auf diese Weise experimentell angepaßten Racah-Parameter einer Reihe von Übergangsmetallatomen und -ionen sind in Tabelle 13.5 zusammengefaßt.

Tabelle 13.5. Der Racah-Parameter B einiger Übergangsmetallatome und -ionen (in cm^{-1}). Die Zahl in Klammern ist das Verhältnis C/B. Die Werte für die schwereren Metalle sind mit gewissen Ungenauigkeiten behaftet.

Ladung → Element ↓	0	1+	2+	3+	4+
Ti	560 (3.3)	680 (3.7)	720 (3.7)		
Zr	250 (7.9)	450 (3.9)	540 (3.0)		
V	580 (3.9)	660 (4.2)	765 (3.9)	860 (4.8)	
Nb	300 (8.0)	260 (7.7)	530 (3.8)	600 (2.3)	
Ta	350 (3.7)	480 (3.8)			
Cr	790 (3.2)	710 (3.9)	830 (4.1)	1030 (3.7)	1040 (4.1)
Mo	460 (3.9)	440 (4.5)			
W	370 (5.1)				
Mn	720 (4.3)	870 (3.8)	960 (3.5)	1140 (3.2)	
Re	850 (4.4)	470 (4.0)			
Fe	805 (4.4)	870 (4.2)	1060 (4.1)		
Ru	600 (5.4)	670 (3.5)	620 (6.5)		
Co	780 (5.3)	880 (4.4)	1120 (3.9)		
Ni	1025 (4.1)	1040 (4.2)	1080 (4.5)		
Cu		1220 (4.0)	1240 (3.8)		

Wie bereits erwähnt wurde, sind die Termenergie-Differenzen der Mehrelektronenatome im störungstheoretischen Bild, das wir in Abschnitt 13.4 entwickelt hatten, auf Unterschiede in der Elektron-Elektron-Abstoßung – als Folge unterschiedlicher Besetzung der fünf energetisch entarteten d-Orbitale – zurückzuführen. Die Racah-Parameter B und C drücken diese abstoßende Wechselwirkung aus, was bedeutet, daß man die mit der Hundschen-Regel in Einklang stehenden Grundterme in Tabelle 13.4 als Zustände niedrigster Elektron-Elektron-Abstoßung interpretieren kann. In den angeregten Termen müßte die Abstoßung daher größer sein, was auch aus den Ausdrücken in Tabelle 13.4 hervorgeht.

Wie bereits in Abschnitt 13.3 angedeutet wurde, spiegelt sich diese auf der Grundlage einer modellhaften Näherung begründete Interpretation der Hundschen-Regel nicht in den Ergebnissen sehr genauer Rechnungen an Übergangsmetallatomen aus jüngerer Zeit wider. Vielmehr findet man beispielsweise, daß der $^3F(3d^84s^2)$-Grundzustand des Nickelatoms der Term mit der *größten Elektron-Elektron-Wechselwirkung* ist. Die Relationen bezüglich der Zweielektronen-Energien sind vielmehr *umgekehrt* zu den durch die Störungstheorie vorausgesagten, was vor allem an den Einelektronen-Beiträgen, genauer gesagt der Elektron-Kern-Anziehung liegt. Diese Tendenz kann man auf *vereinfachende* Weise mit Hilfe des Orbitalbildes wie folgt verstehen:

In der Slater-Condon-Shortley-Theorie befinden sich die Elektronen – unabhängig vom Zustand – in den Orbitalen des wechselwirkungsfreien Idealatoms, mit anderen Worten, zur Beschreibung der angeregten Zustände werden dieselben Einelektronen-Wellenfunktionen verwendet wie für den Grundzustand. Das bedeutet aber, daß wir auf diese Weise in den angeregten Zuständen ein zu hohes Maß an Elektron-Elektron-Abstoßung in den Orbitalen erzwingen. Läßt man die Wellenfunktion des angeregten Zustands hingegen relaxieren, so kann die unverhältnismäßig hohe Zweielektronenenergie reduziert werden.[21] In der Tat findet man, daß bei der Relaxation der Wellenfunktionen des angeregten Zustands die Abstoßung zwischen den Elektronen geringer ist als im Grundzustand, und die höhere Energie vielmehr auf Änderungen in der Einelektronenenergie (Elektron-Kern-Anziehung) zurückzuführen ist.

Die hier vorgestellten Überlegungen sollen verdeutlichen, daß die Interpretation der Racah-Parameter als „Repulsionsparameter"[22] und die sich daraus ergebenden Konsequenzen für die verschiedenen atomaren Terme wohl ihre Berechtigung im *fiktiven Bild* der störungstheoretisch begründeten Atomtheorie hat. Eine absolute Bedeutung bei der Interpretation der elektronischen Struktur der Mehrelektronenatome besitzen sie aber nicht!

---

[21] Man kann diese Vorgehensweise durch das *Virialtheorem* der Quantenmechanik für Moleküle theoretisch begründen. Dieses legt fest, daß Energieänderungen der Zustände eines Moleküls mit der Änderung der kinetischen Energie der Elektronen verknüpft sein sollten durch E = –T. Da die Störungstheorie erster Ordnung für die Energien aber die gleichen Orbitale verwendet und $T = -\frac{1}{2}\Delta\varphi$ ist, haben alle Zustände einer Konfiguration dieselbe kinetische Energie (und darüberhinaus dieselbe Einelektronenenergie). Die Relaxation der Orbitale (als Folge der Elektron-Elektron-Wechselwirkung) führt aber nunmehr zu einer Änderung der kinetischen Energie der Elektronen und dies so weit, bis das Virialtheorem erfüllt ist. Eine ausführliche Diskussion des Virialtheorems findet man in: I. N. Levine, *Quantum Chemistry*, 4. Aufl., Prentice Hall, N. J., **1991**, S. 434 ff.

[22] Wörtlich z. B. in: B. N. Figgis, *Introduction to Ligand Fields*, Wiley-Interscience, New York, **1967**, S. 50.

14 Grundlagen der Kristall-/Ligandenfeldtheorie

Die Pioniere der Koordinationschemie fühlten sich vor allem wegen der schönen Farben der meist gut kristallisierenden Metallkomplexe zur Molekülchemie der Übergangsmetalle hingezogen (Kap. 2). Vergleicht man in der Tat die Elektronenspektren ähnlicher Komplexe der Hauptgruppen- und Übergangsmetalle, so findet man wesentliche, sehr charakteristische Unterschiede. Dies ist in Abbildung 14.1 anhand des „klassischen" Beispiels der Absorptionsspektren der Komplextrianionen $[Al(ox)_3]^{3-}$ und $[Cr(ox)_3]^{3-}$ wiedergegeben.

Während der Aluminium(III)-Komplex ein wenig strukturiertes Absorptionsspektrum besitzt und oberhalb einer Wellenlänge von ca. 350 nm transparent ist, zeichnet sich das Spektrum der Chrom(III)-Verbindung durch zwei wenig intensive Banden mit Maxima zwischen 400 und 650 nm sowie eine sehr schwache scharfe Absorption bei ca. 700 nm aus. Diese zusätzlichen Absorptionsbanden im sichtbaren Spektrum sind also offenbar das Charakteristikum von Metallkomplexen mit offener d-Schale und verdanken ihren Ursprung den elektronischen Übergängen innerhalb der d-Schale („d-d-Übergänge"). Die intensiveren Absorptionsbanden bei Wellenlängen von in der Regel < 350 nm entsprechen „Charge-Transfer-Übergängen" zwischen

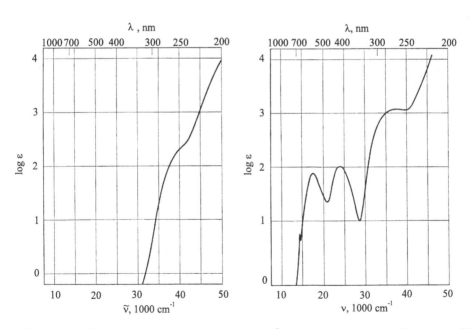

Abb. 14.1. Absorptionsspektren von $[Al(ox)_3]^{3-}$ (links) und $[Cr(ox)_3]^{3-}$ (rechts).[23]

---

[23] Aus: H. L. Schläfer, G. Gliemann, *Einführung in die Ligandenfeldtheorie*, Akademische Verlagsgesellschaft, Frankfurt a.M., 1967, S.10 ff.

Metallatom und Liganden sowie Übergängen, die im wesentlichen in den Liganden lokalisiert sind.

Wir werden die spektroskopischen Eigenschaften der Übergangsmetall-komplexe ausführlich in Teil V betrachten. Die in ihren Absorptionsspektren beobachteten d-d-Übergänge sind allerdings eine wichtige experimentelle „Sonde", die uns Aufschluß über die elektronische Struktur der Übergangs-metallverbindungen gibt. Hiermit werden wir uns in diesem Kapitel im Rahmen der Ligandenfeldtheorie beschäftigen, die wir „schrittweise" erschließen werden. Nach jedem „Schritt" werden wir das Ergebnis anhand der spektro-skopischen Befunde interpretieren und überprüfen.

14.1   Der Modellcharakter der „klassischen" Ligandenfeldtheorie

Bei der Beschreibung der Komplexeigenschaften im Rahmen der Liganden-feldtheorie werden Zentralatom und Liganden nicht als „gleichwertig" behan-delt. Vielmehr steht das Zentralatom – genauer, die d-Schale des Zentralatoms – im Mittelpunkt,[24] während die Liganden ein „Störfeld" erzeugen, das die Entartung der d-Elektronenzustände aufhebt. In diesem Sinne haben wir es mit einer systematischen Erweiterung der Slaterschen Atomtheorie des vorigen Kapitels zu tun. Die Beschränkung auf die d-Orbitale des Zentral-atoms und die explizite Nichtberücksichtigung der anderen Metall- und Ligandenorbitale, die die Grundlage des Ligandenfeldmodells bilden, bedeu-ten aber auch, daß nur solche Eigenschaften durch das Ligandenfeldmodell beschrieben werden, die ausschließlich auf die elektronischen Verhältnisse in der d-Schale zurückzuführen sind.

Im einfachsten Fall werden die Liganden als negative Punktladungen, die um das Zentralatom herum gruppiert sind, aufgefaßt. Das dadurch erzeugte äußere Feld führt zu einer Aufhebung der Bahnentartung der d-Orbitale und der entarteten Mehrelektronenzustände (Terme) des Zentralatoms (-ions), eine Wechselwirkung, die man als intramolekularen Stark-Effekt auffassen kann.[25] In dem auch als „Kristallfeldoperator" H_{KF} bezeichneten Störoperator (s. Abschn. 14.2.2)[26] werden die Wechselwirkung mit den Liganden-Punkt-

---

[24] Betrachtet man die Lanthanoiden, so gilt dies natürlich für die f-Elektronenschale. Die systematische theoretische Behandlung ist ganz analog, geht aber über den Rahmen dieses Buches hinaus. Wir werden später noch einmal kurz darauf zurückkommen.

[25] Als „Stark-Effekt" bezeichnet man die Aufspaltung atomarer bzw. molekularer Terme in elektrischen Feldern, die 1913 von J. Stark (1874–1957) entdeckt wurde. Diese Entdeck-ung wurde 1919 mit dem Nobelpreis für Physik gewürdigt.

[26] Die Bezeichnung „Kristallfeldoperator" und das sich daraus ergebende theoretische Modell als „Kristallfeldtheorie" hat historische Gründe. Die theoretische Behandlung des Problems wurde erstmals von H. Bethe durchgeführt, der die Aufspaltung der Terme in Ionenkristallen untersuchte (*Ann. Physik* **1929**, *3*, 135). Der theoretische Ansatz wurde in der Folgezeit von Van Vleck, Hartmann und anderen auf Koordinationsverbindungen übertragen (s. Kap. 2).

ladungen und die Elektron-Elektron-Abstoßung innerhalb der d-Schale berücksichtigt.

$$H_{KF} = \sum_{i<j} 1/r_{ij} + \sum_i V_{KF}(r_i) \qquad (14.1)$$

Das Kristallfeldpotential V_{KF} enthält dabei explizit die Abstände der Liganden zum Metallion und deren Ladungen. Als Basis werden die d-Orbitale des freien Ions verwendet. Obwohl die Überlegungen im Zusammenhang mit der Konstruktion des Ligandenfeldpotentials lehrreich sind und uns in Abschnitt 14.2.2 näher beschäftigen werden, versagt dieser Ansatz völlig bei dem Versuch der quantitativen Wiedergabe der Eigenschaften von Komplexen, die durch die d-Elektronen bestimmt sind. Man kann die quantitative Aussagekraft der Theorie verbessern und gleichzeitig die formale Struktur dieser als „Kristallfeldtheorie" bezeichneten Näherung erhalten, wenn man – wie in der Theorie des freien Atoms – mit effektiven Operatoren arbeitet, in denen die Wechselwirkungen nicht explizit formuliert werden, sondern deren Matrixelemente geeignet parametrisiert sind. Die Elektron-Elektron-Abstoßung wird wiederum durch die Racah-Parameter wiedergegeben, während die Wechselwirkung des Zentralatoms mit den Liganden durch geeignete *Ligandenfeld-Parameter* ausgedrückt wird. Damit läßt sich der Störoperator in *(14.1)* zu einem *Ligandenfeldoperator* H_{LF} umformulieren:

$$H_{LF} = \sum_{i<j} U_{ij} + \sum_i V_{LF}(r_i) \qquad (14.2)$$

Hierbei sind U_{ij} und V_{LF} die nicht näher formulierten effektiven Operatoren für die Elektron-Elektron-Abstoßung in der d-Schale bzw. das Ligandenfeldpotential. Die Wechselwirkung der Elektronen in den anderen Metall- und Ligandenorbitalen ist implizit in den effektiven Operatoren enthalten, auch wenn diese Orbitale in dem eigentlichen Kalkül nicht berücksichtigt werden. Gleichung *(14.2)* bildet die Grundlage der *Ligandenfeldtheorie*, die man daher auch als eine *parametrisierte Form der Kristallfeldtheorie* auffassen kann.

Das bemerkenswerte Ergebnis der Anwendung der Ligandenfeldtheorie ist – wie wir noch sehen werden – die zum Teil ausgezeichnete quantitative Übereinstimmung der berechneten, die d-Elektronen betreffenden Eigenschaften (UV-Vis-Spektren, Magnetismus, siehe Teil V) mit den experimentellen Daten. Das ist erstaunlich, da mit der Beschränkung der Theorie ausschließlich auf die d-Elektronen und damit der Beschreibung der physikalischen Eigenschaften ausschließlich in einer d-Orbital-Basis eine sehr drastische Näherung zugrundeliegt. Diese Situation erinnert an den Erfolg der Hückel-Theorie bei der Beschreibung von π-Elektronensystemen in organischen Molekülen. Der Hückel-Operator ist ebenfalls ein effektiver Operator, der die für das π-Elektronensystem relevanten Wechselwirkungen nicht explizit enthält und dessen Basis nur ein Teil der Molekülorbitale (π-Orbitale) ist. Der Einfluß z. B. des σ-Elektronensystems ist implizit im Hückel-Operator und den sich davon ableitenden Parametern enthalten. Der Erfolg der Hückel-

Theorie basiert auf der Orthogonalität der σ- und π-Molekülorbitale, die ihre separate theoretische Behandlung erlaubt. Daher sollte man annehmen, daß der Erfolg der Ligandenfeldtheorie bei der Beschreibung einiger der physikalischen Eigenschaften von Koordinationsverbindungen des Werner-Typs ebenfalls auf der „Entkopplung" der d-Elektronen des Zentralatoms von allen anderen Elektronen des Moleküls beruht.

Bis zu welchem Grad die d-Elektronen als vom Rest des Moleküls entkoppelt gelten können, ist umstritten. Eine extreme Interpretation der Ligandenfeldtheorie fußt auf dem Postulat, daß die Metall-Ligand-Bindungen ausschließlich durch die s-Orbitale (und in geringerem Maße p-Orbitale) der Valenzschale der Übergangsmetalle beschrieben werden können.[27] Zumindest für die 3d-Übergangsmetalle in mittleren Oxidationsstufen kann aufgrund ihrer starken Kontraktion eine direkte Beteiligung der d-Orbitale an der Ligand-Metall-Bindung vernachlässigt werden. Die Wechselwirkung der Liganden mit den d-Elektronen erfolgt dann nicht direkt, sondern über die unterschiedliche Abschirmung der Kernladung durch das stärker penetrierende 4s-Orbital sowie die Wechselwirkung mit den Elektronen im äußeren s-Orbital. Diese Sichtweise ist bei der Interpretation der Ligandenfeldparameter sehr nützlich, und wir werden sie später noch genauer entwickeln. Sie steht allerdings im Widerspruch zu quantenchemischen Rechnungen auf hohem Niveau aus jüngerer Zeit, die einen wesentlichen Beitrag der d-Elektronen zur Metall-Ligand-Bindung ergaben. Wie wir bereits anhand des Slater-Condon-Shortley-Modells der Atome und Ionen gesehen hatten, beschreiben die verschiedenen Modelle fiktive Systeme, was bei der Interpretation ihrer Kenngrößen immer berücksichtigt werden muß.

14.2   Der d^1-Fall: Ligandenfeldaufspaltung der d-Orbitale in oktaedrischen Komplexen

Bei der Interpretation der Metall-Ligand-Bindung macht die Ligandenfeldtheorie einige extreme Annahmen, vor allem de facto die Nichtbeteiligung der d-Orbitale an der Metall-Ligand-Bindung. Auch wird die Wechselwirkung der d-Elektronen mit den anderen Elektronen des Moleküls nicht explizit, sondern durch effektive Operatoren (bzw. deren Matrixelemente in der d-Orbital-Basis) ausgedrückt. Nimmt man jedoch an, daß diese Wechselwirkung schwach ist, was bedeutet, daß das Zentralatom (-ion) als ein gestörtes freies Atom (Ion) behandelt werden kann, so läßt sich die Aufspaltung der atomaren Terme im Ligandenfeld allein auf der Grundlage von Symmetrieargumenten herleiten. Dies soll im folgenden durchgeführt werden.

[27] M. Gerloch, *Coord. Chem. Rev.* **1990**, *99*, 199. M. Gerloch, E. C. Constable, *Transition Metal Chemistry – The Valence Shell in d-Block Chemistry*, VCH, Weinheim, **1994**.

Symmetrische und unsymmetrische Störungen

Sowohl die Slater-Theorie der Atome als auch die Ligandenfeldtheorie sind Anwendungen der quantenmechanischen Störungstheorie auf den hypothetischen Idealfall des in der d-Schale Elektron-Elektron-Wechselwirkungsfreien Atoms (ausgedrückt durch H^0). Einige wichtige Aussagen über die Wirkung der Störung auf das Idealsystem kann man ohne weitere Rechnung gewinnen, wenn man die *Symmetrie der Störung* (Symmetrie des Störoperators) betrachtet.

Man spricht von einer *symmetrischen Störung*, wenn der Störoperator H^1 invariant gegenüber allen Elementen der Symmetriegruppe von H^0 ist. Dann gilt folgender Satz:

Ist die entartete Darstellung der Symmetriegruppe von H^0 über der Basis $\psi_1, ..., \psi_g$ *irreduzibel*, so führt eine symmetrische Störung nicht zur Aufhebung der Entartung.

Dieser Fall liegt bei der Störungstheorie des Slater-Modells vor, die die volle Rotationssymmetrie der Atome unverändert läßt und folglich als Eigenzustände des gestörten Systems ebenfalls Basisfunktionen der irreduziblen Darstellungen der Rotationsgruppe (Kugelflächenfunktionen) liefert.

Ist der Störoperator H^1 von niedrigerer Symmetrie als H^0, so spricht man von *unsymmetrischer Störung*. Ein solcher Fall liegt in der Ligandenfeldtheorie vor, und es gilt dann folgender gruppentheoretischer Satz:

Unter dem Einfluß einer unsymmetrischen Störung H^1 kann ein im ungestörten System entarteter Term, dessen Basisfunktionen sich nach der (nunmehr reduziblen) Darstellung Γ der Gruppe des Störoperators transformieren, aufspalten in n_1 Terme der Symmetrierasse Γ^1, n_2 Terme der Rasse Γ^2, usw. Die Entartung des Folgeterms ist gleich der Dimension der irreduziblen Darstellung, der dieser angehört.

Für die fünffach energetisch entarteten d-Orbitale des freien Atoms bedeutet die unsymmetrische Störung durch das Ligandenfeld folglich die Aufspaltung in mehrere Terme mit niedrigerem Entartungsgrad.

Wir sind am Ende von Kapitel 12 bereits auf die Darstellungen der Rotationsgruppe eingegangen und haben die Kugelflächenfunktionen Y^l_m als $2l+1$-dimensionale Basen für deren irreduzible Darstellungen kennengelernt. Diese drücken das winkelabhängige Verhalten der Wasserstoff-ähnlichen Atomorbitale aus, die wir zur Beschreibung der Mehrelektronenatome verwenden. Die Charaktere der Darstellungen der Rotationsgruppe sind durch $\chi(\alpha) = \sin(1 + \frac{1}{2})\alpha/\sin(\frac{\alpha}{2})$ gegeben. Befindet sich ein Metallatom nun im Feld beispielsweise oktaedrisch angeordneter Liganden, so wird die Rotationssymmetrie zur Oktaedersymmetrie erniedrigt, die irreduziblen Darstellungen der Rotationsgruppe werden damit zu reduziblen Darstellungen. Physikalisch bedeutet dies, daß die $2l+1$-fache Entartung der Orbitale mit der

Drehimpulsquantenzahl l aufgehoben wird. Für die d-Orbitale ist $l = 2$, d. h. die fünffache Bahndrehimpulsentartung wird im Ligandenfeld aufgehoben.

Um die irreduziblen Darstellungen der d-Orbitale im oktaedrischen Ligandenfeld zu erhalten, gehen wir nun wie folgt vor. Zunächst bestimmen wir mit Hilfe des Ausdrucks von $\chi(\alpha)$ die Charaktere für die einzelnen Symmetrieoperationen der Punktgruppe O (diese enthält alle für das Problem relevanten Symmetrieoperationen von O_h):[28]

$$\chi(C_2) = \sin(\tfrac{5\pi}{2})/\sin(\tfrac{\pi}{2}) = 1, \qquad\qquad \chi(C_4) = \sin(\tfrac{5\pi}{4})/\sin(\tfrac{\pi}{4}) = -1,$$

$$\chi(C_3) = \sin(\tfrac{5\pi}{3})/\sin(\tfrac{\pi}{3}) = -1 \qquad\qquad \chi(E) = \lim_{\alpha \to 0} \sin(1 + \tfrac{1}{2})\alpha/\sin(\tfrac{\alpha}{2}) = 5 \;^{29}$$

Die fünfdimensionale Darstellung der Rotationsgruppe hat in der Oktaedergruppe O damit folgende Charaktere:[30]

O	E	$8C_3$	$3C_2\,(=C_4{}^2)$	$6C_4$	$6C_2$
Γ^d	5	-1	1	-1	1

Ausreduktion der Darstellung in der Gruppe O ergibt die direkte Summe der irreduziblen Darstellungen $E + T_2$. In der Punktgruppe O_h ergibt dies aufgrund der Inversionssymmetrie der d-Orbitale:

$$\Gamma^d = E_g + T_{2g}$$

Da wir hier die energetische Aufspaltung von Einelektronenzuständen betrachten, werden im folgenden die in der Literatur verwendeten Kleinbuchstaben zur Kennzeichnung der irreduziblen Darstellungen benutzt, nach denen die Orbitale transformieren:

$$\Gamma^d = e_g + t_{2g}$$

Man kann denselben Formalismus auf die anderen Typen von Orbitalen in Umgebungen unterschiedlicher Symmetrie anwenden. Deren Aufspaltung in verschiedenen Umgebungen ist in Tabelle 14.1 zusammengefaßt.

---

[28] Die Gruppe O_h ist die direkte Produktgruppe aus O und C_i. Da die d-Orbitale ohnehin inversionssymmetrisch sind, sind lediglich die Symmetrieoperationen von O hier von Interesse.

[29] Der Grenzwert wurde wieder mit Hilfe der Regel von de l'Hospital berechnet. (s. Kap. 12).

[30] Die Matrix, die die Identität E repräsentiert, ist die 5 x 5 Einheitsmatrix, deren Spur 5 ist, d. h. $\chi(E) = 5$.

Tabelle 14.1. Ausreduktion der Darstellungen $\Gamma^{(l)}$ ($l = 0, ..., 4$) in verschiedenen Punktsymmetriegruppen. Dies entspricht der Aufspaltung der entsprechenden Orbitale.

l	O_h	T_d	D_{4h}	D_3	D_{2d}
0 (s)	a_{1g}	a_1	a_{1g}	a_1	a_1
1 (p)	t_{1u}	t_2	$a_{2u}+e_u$	a_2+e	b_2+e
2 (d)	e_g+t_{2g}	$e+t_2$	$a_{1g}+b_{1g}+b_{2g}+e_g$	a_1+2e	$a_1+b_1+b_2+e$
3 (f)	$a_{2u}+t_{1u}+t_{2u}$	$a_2+t_2+t_1$	$a_{2u}+b_{1u}+b_{2u}+2e_u$	a_1+2a_2+2e	$a_1+a_2+b_{1u}+b_2+2e$
4 (g)	$a_{1g}+e_g+t_{1g}+t_{2g}$	$a_1+e+t_1+t_2$	$2a_{1g}+a_{2g}+b_{1g}+b_{2g}+2e_g$	$2a_1+a_2+3e$	$2a_1+a_2+b_1+b_2+2e$

Im Fall der oben näher betrachteten Oktaedersymmetrie bilden die drei reellen d-Funktionen d_{xy}, d_{xz} und d_{yz} eine Basis für die irreduzible Darstellung t_{2g}, während die Orbitale d_{z^2} und $d_{x^2-y^2}$ die Basis für die Symmetrierasse e_g darstellen. Die energetische Aufspaltung der beiden Niveaus kann durch *einen einzigen Ligandenfeldparameter Δ_{okt}* beschrieben werden:

$$\Delta_{okt} = E(e_g) - E(t_{2g})$$

$$d_{xy} = f(r)\,\frac{x \cdot y}{r^2} \qquad d_{xz} = f(r)\,\frac{x \cdot z}{r^2} \qquad d_{yz} = f(r)\,\frac{y \cdot z}{r^2} \qquad d_{z^2} = \frac{1}{2\sqrt{2}}\,f(r)\,\frac{3z^2 - r^2}{r^2} \qquad d_{x^2-y^2} = \frac{1}{2}\,f(r)\,\frac{x^2 - y^2}{r^2}$$

Die hier durchgeführten Überlegungen sind unabhängig von der Art der Wechselwirkung zwischen Zentralatom und Liganden, und lediglich durch die Symmetrie bestimmt. Eine Aussage über die relative Energie der verschiedenen Einelektronenniveaus (im Falle des Oktaeders: das Vorzeichen von Δ_{okt}!) kann auf der Grundlage gruppentheoretischer Überlegungen nicht getroffen werden und erfordert die Annahme eines konkreten Ligandenfeldpotentials. Die Vorgehensweise werden wir am Beispiel des Kristallfeldpotentials in Gleichung *(14.1)* in Abschnitt 14.2.2 näher untersuchen. Im folgenden Abschnitt soll jedoch gezeigt werden, daß man mit einfachen Plausibilitätsbetrachtungen bereits die qualitativ korrekten Ligandenfeldaufspaltungen erhalten kann.

Übungsbeispiel:

Führen Sie die Ausreduktion der reduziblen Darstellung Γ^d in der Oktaedergruppe O durch.

Antwort:
Die reduzible Darstellung Γ^d hat die Charaktere 5, −1, 1, −1, 1 und kann mit Hilfe der Charaktertafel für die Punktgruppe O ausreduziert werden.

O	E	$8C_3$	$3C_2$	$6C_4$	$6C_2{}'$
A_1	1	1	1	1	1
A_2	1	1	1	−1	−1
E	2	−1	2	0	0
T_g	3	0	−1	1	−1
T_2	3	0	−1	−1	1

$c(A_1) = (\frac{1}{24})[(5 \times 1) + 8(-1 \times 1) + 3(1 \times 1) + 6(-1 \times 1) + 6(1 \times 1)] = 0$

$c(A_2) = (\frac{1}{24})[(5 \times 1) + 8(-1 \times 1) + 3(1 \times 1) - 6(-1 \times 1) - 6(1 \times 1)] = 0$

$c(E) = (\frac{1}{24})[(5 \times 2) - 8(-1 \times 1) + 3(1 \times 2) - 6(-1 \times 0) - 6(1 \times 0)] = 1$

$c(T_1) = (\frac{1}{24})[(5 \times 3) + 8(-1 \times 0) - 3(1 \times 1) + 6(-1 \times 1) - 6(1 \times 1)] = 0$

$c(T_2) = (\frac{1}{24})[(5 \times 3) + 8(-1 \times 0) - 3(1 \times 1) - 6(-1 \times 1) + 6(1 \times 1)] = 1$

d. h. $\Gamma^d = E + T_2$.

14.2.1   Eine anschauliche Plausibilisierung der Ligandenfeldaufspaltung

Die relative Lage der im Ligandenfeld aufgespaltenen Orbitalenergien kann man durch eine einfache Plausibilitätsbetrachtung qualitativ herleiten. Grundlage ist die Kristallfeld-Näherung, in der die Liganden durch Punktladungen repräsentiert sind. Betrachtet wird dann die Winkelabhängigkeit der d-Orbitale und damit auch der d-Elektronendichten und die relative Orientierung der „Orbitallappen" zu den Punktladungen.

Die qualitativen Ergebnisse der Ligandenfeldberechnungen lassen sich auf diese Weise durch ein anschauliches Gedankenexperiment erhalten (Abb. 14.2). Ausgangspunkt sind die fünf energetisch entarteten d-Orbitale des freien Ions, die in das Zentrum einer isotropen, auf einer Kugeloberfläche lokalisierten negativen Ladungsverteilung gesetzt werden. Die elektrostatische Abstoßung zwischen den d-Elektronen und der isotropen negativen Ladungsverteilung führt zu einer energetischen Anhebung der fünf Orbitalenergien um ε_0, ohne daß die Entartung aufgehoben wird. In einem zweiten

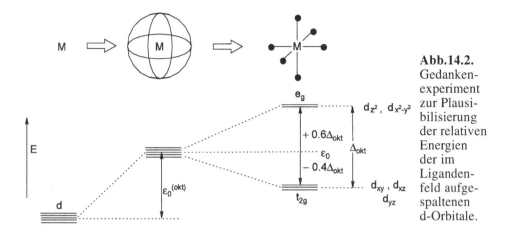

Abb.14.2. Gedanken-experiment zur Plausibilisierung der relativen Energien der im Ligandenfeld aufgespaltenen d-Orbitale.

Gedankenschritt wird die Gesamtladung der Kugeloberfläche auf die sechs Ecken eines darin einbeschriebenen Oktaeders „kondensiert". Dies führt zur Aufhebung der Entartung der d-Orbitale.

Durch die Lage des Oktaeders ist das Koordinatensystem der d-Orbitale festgelegt. Es gibt, wie im vorigen Abschnitt streng gezeigt wurde, zwei Typen von d-Orbitalen im Oktaederfeld. Zum einen sind dies das d_{z^2}- und das $d_{x^2-y^2}$-Orbital, die mit ihren Orbitallappen in Richtung der Punktladungen zeigen. Die Abstoßung der Elektronen in beiden Orbitalen durch die Liganden ist gleich groß, weshalb diese energetisch entartet sind. Dies macht man sich leicht klar, wenn man bedenkt, daß sich das d_{z^2}-Orbital als Linearkombination der beiden Orbitale $d_{y^2-z^2}$ und $d_{x^2-z^2}$, die durch 90°-Rotationen aus $d_{x^2-y^2}$ erhalten werden, darstellen läßt:

$$d_{z^2} = \frac{1}{\sqrt{2}} \, d_{x^2-z^2} + \frac{1}{\sqrt{2}} \, d_{y^2-z^2}$$

Die Wechselwirkung mit dem Ligandenfeld ist proportional der Ladungsdichte der Elektronen im d_{z^2}-Orbital, die wiederum gleich dem Betragsquadrat der Wellenfunktion ist. Dann ergibt sich:

$$(d_{z^2})^2 = \frac{1}{2}(d_{x^2-z^2})^2 + \frac{1}{2}(d_{y^2-z^2})^2$$

das entspricht der Wechselwirkung von $(d_{x^2-y^2})^2$

Dabei nutzt man die Äquivalenz der Elektronendichteverteilungen von $d_{x^2-y^2}$, $d_{y^2-z^2}$ und $d_{x^2-z^2}$ in einem oktaedrischen Kristallfeld aus. Die Orientierung der e_g-Orbitale in Richtung der Liganden hat deren energetische Destabilisierung zur Folge, während die t_{2g}-Orbitale, deren Orbitallappen zwischen die Achsen zeigen, gegenüber der isotropen Ladungsverteilung energetisch abgesenkt werden. Da der Übergang von der isotropen Ladungsverteilung zum Oktaederfeld bei unveränderter elektrostatischer Gesamtenergie verläuft, erfolgt

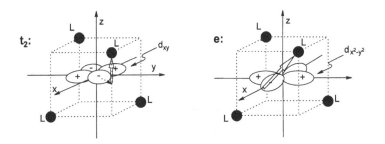

Abb. 14.3. Ligandenfeldaufspaltung in einem tetraedrischen Komplex. Die Orbital-lappen der t_2-Orbitale d_{xy}, d_{xz} und d_{yz} zeigen in Richtung der Mittelpunkte der Wür-felkanten, während die e-Orbitale in Richtung der Würfelflächen-Mittelpunkte orien-tiert sind. Damit sind letztere von den Liganden weiter entfernt als die t_{2g}-Orbitale und folglich energetisch tiefer liegend. Die Entfernung der vier Würfelkanten (Ligan-den), die nicht zum Tetraeder gehören, verändert die relative Aufspaltung nicht.

die damit einhergehende Aufspaltung der Orbitalenergien nach dem „Schwer-punktsatz", d. h. unter Gesamtenergieerhaltung. Die t_{2g}-Orbitale werden folg-lich um $\frac{2}{5}\Delta_{okt}$ abgesenkt, während die e_g-Orbitale um $\frac{3}{5}\Delta_{okt}$ destabilisiert wer-den.

Eine ähnliche Plausibilitätsbetrachtung läßt sich auch für andere Koordina-tionspolyeder durchführen. Die Ligandenfeldaufspaltung eines Tetraeders läßt sich leicht aus der eines Würfels, in den es einbeschrieben ist, erhalten (Abb. 14.3).

Da in einem Tetraederfeld keine direkte Ausrichtung der Orbitale in Rich-tung der Ligandenachsen vorliegt, ist die Ligandenfeldaufspaltung Δ_{tet} gerin-ger als die des Oktaederfeldes.

Übungsbeispiel:

Führen Sie die oben skizzierte Plausibilisierung der relativen Ligandenfeld-aufspaltung für die quadratisch-planare und die trigonal-bipyramidale Koordinationsgeometrie durch.

Antwort:
Im quadratisch-planaren Fall liegt ein Komplex der Punktsymmetrie D_{4h} vor. Aus Tabelle 14.1 wissen wir bereits, daß die d-Orbitale die Symmetrierassen a_{1g}, b_{1g}, b_{2g} und e_g haben, daß also eine Aufspaltung in 4 Niveaus stattfindet. Nimmt man an, daß die Liganden entlang der x- und y-Achse angeordnet sind, so wird das $d_{x^2-y^2}$-Orbital, dessen Orbitallappen in Richtung der Liganden orientiert sind, am stärksten destabilisiert, während über die relative energeti-sche Anordnung der anderen Orbitale keine allgemeingültige Aussage mög-lich ist.

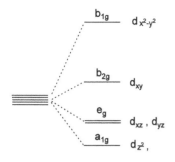

In einem trigonal-bipyramidalen Ligandenfeld spalten die d-Orbitale in drei Niveaus auf $a_1 + 2e$. Die direkte Orientierung des d_{z^2}-Orbitals (a_1) in Richtung der axialen Liganden bewirkt dessen starke Destabilisierung, während die energetisch entarteten d_{xz}- und d_{yz}-Orbitale (e) am schwächsten mit den Punktladungen wechselwirken und daher stabilisiert werden. Die beiden Orbitale in der äquatorialen Ebene d_{xy} und $d_{x^2-y^2}$ haben ebenfalls die Symmetrierasse e und werden schwach destabilisiert. Insgesamt gilt also die folgende relative Aufspaltung:

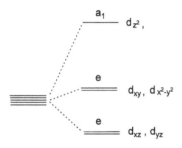

14.2.2 Die Konstruktion des Ligandenfeldoperators

Wie bereits in Abschnitt 14.1 angedeutet wurde, wird im Ligandenfeldmodell ein störungstheoretischer Ansatz verwendet. Dabei wird das in Kapitel 13 diskutierte freie Metallion ohne d-d-Elektronenwechselwirkung als ungestörtes Problem behandelt. Der Ligandenfeldoperator, der sowohl die d-Elektronenwechselwirkung als auch das Ligandenfeldpotential repräsentiert, fungiert als Störoperator. Um die Strategie der Vorgehensweise zu erläutern, beschränken wir uns in diesem Abschnitt auf die *Kristallfeld-Näherung* für oktaedrische Komplexe, d. h. auf den in Gleichung *(14.1)* definierten Fall.

Die Wirkung des Kristallfeldpotentials V_{KF} und der Elektron-Elektron-Abstoßung ist im allgemeinen von der gleichen Größenordnung und müßte daher in einer Störungsrechnung von der Art, wie wir sie für das freie Ion kennengelernt haben, gleichzeitig behandelt werden. Wenn eine der beiden Wechselwirkungen dominiert, können beide jedoch nacheinander berücksichtigt werden (wobei zunächst von der stärkeren Störung ausgegangen wird). Man spricht dann von der *Näherung des starken oder schwachen Ligandenfeldes*. Auf diese Problematik werden wir im nächsten Abschnitt noch ausführlicher zurückkommen und berücksichtigen hier nur den Fall der d^1-Konfiguration, bei der die Elektron-Elektron-Wechselwirkung innnerhalb der d-Schale keine Rolle spielt. Der Ligandenfeldoperator reduziert sich also auf das Ligandenfeld(Kristallfeld-)potential.[31]

Für die Konstruktion des Ligandenfeldpotentials ist es günstig, das Zentralatom in den Koordinatenursprung zu legen und die N Punktladungen (Liganden) $-q_k$ (k = 1, ..., N) an den Punkten $\mathbf{R}_k = (R, \theta_k, \phi_k)$ auf einer Kugeloberfläche mit Radius R zu fixieren. Dann wirkt am Raumpunkt $\mathbf{r} = (r, \theta, \phi)$ das Ligandenfeldpotential V(r):

$$V(r) = \sum_{k=1}^{N} \frac{-q_k}{|\mathbf{R}_k - \mathbf{r}|}$$ (14.3)

Wie auch bei dem Operator für die Elektron-Elektron-Wechselwirkung der Slater-Theorie der Atome haben wir in $V(\mathbf{r})$ den zunächst nicht zentrosymmetrischen Term $1/|\mathbf{R}_k - \mathbf{r}|$, der wiederum durch eine Entwicklung nach den Kugelflächenfunktionen in eine Summe zentrosymmetrischer Ausdrücke überführt werden kann. Das bedeutet aber nichts anderes, als daß wir die Ladungsverteilung des Oktaederfeldes einer *Multipolentwicklung* unterwerfen:[32]

$$\frac{1}{|\mathbf{R}_k - \mathbf{r}|} = \sum_{l=0}^{\infty} \frac{4\pi}{2l+1} \frac{r^l}{R^{l+1}} \sum_{m=-l}^{l} Y_l^m(\theta,\phi) \, Y_l^{m*}(\theta_k,\phi_k)$$

$$\text{d.h.} \quad V(r) = -q \sum_{l=0}^{\infty} \frac{4\pi}{2l+1} \frac{r^l}{R^{l+1}} \sum_{m=-l}^{l} Y_l^m(\theta,\phi) \sum_{k=1}^{N} Y_l^{m*}(\theta_k,\phi_k)$$ (14.4)

---

[31] Im folgenden beziehen wir uns grundsätzlich auf das Ligandenfeldpotential in der Kristallfeld-Näherung. Daraus ergibt sich dann die Struktur des allgemeiner definierten Ligandenfeldoperators.

[32] Man kann eine beliebige endliche Ladungsverteilung $\rho(\mathbf{r})$, deren Potential durch:

$$\Phi_r = \int \frac{\rho \mathbf{r}'}{|\mathbf{r} - \mathbf{r}'|} \, dV'$$

gegeben ist, mit Hilfe der Kugelflächenfunktionen zentrosymmetrisch entwickeln:

$$\Phi_r = \sum_{l=0}^{l} \sum_{m=-l}^{l} \frac{4\pi}{2l+1} \frac{1}{r^{l+1}} Y_l^m \, q_{lm} \quad \text{mit} \quad q_{lm} = \int \rho \mathbf{r}' r^l Y_l^m k_k \, dV'$$

Die q_{lm} bezeichnet man als die *Multipolmomente der Ladungsverteilung* $\rho(\mathbf{r})$. Speziell heißen die q_{lm} für l = 0, 1, 2, 3, 4 *Mono-, Di-, Quadru-, Oktu- bzw. Hexadekupolmomente*.

Diesen Ausdruck kann man formal vereinfachen, indem man alle symmetrie-unabhängigen Größen in *(14.4)* zusammenfaßt:

$$V(r) = \sum_{l=0}^{\infty} \sum_{m=-l}^{l} A_{lm}\, r^l\, Y_l^m(\theta,\phi) \text{ mit } A_{lm} = -q\frac{4\pi}{2l+1}\,\frac{1}{R^{l+1}} \sum_{k=1}^{N} Y_l^{m*}(\theta_k,\phi_k) \quad (14.5)$$

Auf den ersten Blick sieht das Ligandenfeldpotential sehr kompliziert aus, allerdings vereinfacht sich die Doppelsumme erheblich, wenn man berücksichtigt, daß der Störoperator nur auf d-Funktionen ($l = 2$, $m = -2, -1, 0, 1, 2$) angewandt wird und daß alle Matrixelemente für Summenterme mit ungeradem l und $l > 4$ verschwinden. Physikalisch bedeutet dies, das nur das Mono-, Quadru- und Hexadekupolmoment ($l = 0$, 2 bzw. 4) eines beliebigen Ligandensatzes als Störterme für die d-Elektronen wirksam sind.[33] Nehmen wir ein oktaedrisches Ligandenfeld an, so vereinfacht sich der Ausdruck für das Ligandenfeldpotential noch weiter, wobei nur noch das Monopolmoment Y_0^0 und einige Komponenten der Hexadekupolmoments $r^4 Y_4^m$ übrigbleiben.

Das Ligandenfeldpotential des Oktaederfeldes hat damit folgende Form:[34]

$$V_{okt}(r) = A_{00}Y_0^0 + A_{40}r^4 \left[Y_4^0 + \sqrt{\tfrac{5}{14}}\,(Y_4^4 + Y_4^{-4}) \right] \quad (14.6)$$

Mit Hilfe des Ausdrucks für A_{lm} in *(14.5)* ergibt sich daraus:

$$V_{okt}(r) = -12\sqrt{\pi}(q/R)Y_0^0 - \frac{7}{3}\sqrt{\pi}(q/R^5)r^4 \left[Y_4^0 + \sqrt{\tfrac{5}{14}}\,(Y_4^4 + Y_4^{-4}) \right] \quad (14.7)$$

Übungsbeispiel:

Führen Sie den Schritt von (14.6) nach (14.7) explizit durch. Die Kugelflächenfunktionen Y_0^0 und Y_4^0 sind gegeben durch: $Y_0^0 = 1/(2\sqrt{\pi})$, $Y_4^0 = 1/(2\pi)^{\frac{1}{2}}(9/128)^{\frac{1}{2}}(35cos^4\theta - 30cos^2\theta + 3)$.

Antwort:
Wir verwenden den Ausdruck für A_{lm} in *(14.5)*. Dann ergibt sich für A_{00}:

$$A_{00} = -q\cdot 4\pi/R \sum_{k=1}^{6} 1/(2\sqrt{\pi}) = -q\cdot 4\pi/R\cdot[6/(2\sqrt{\pi})] = -12\sqrt{\pi}(q/R)$$

---

[33] Das bedeutet, daß die Summe aus maximal 15 Termen [$l = 0$, $m = 0$; $l = 2$, $m = (-2) - (+2)$, $l = 4$, $m = (-4) - (+4)$] besteht. Diese Anzahl der unabhängigen Parameter ist gleich der maximalen Anzahl unabhängiger Matrixelemente in der symmetrischen 5x5-Störmatrix V_{ij} in der Basis der 5 d-Orbitale.

[34] Eine explizite Herleitung von *(14.6)* findet man in: C. L. Ballhausen, *Introduction to Ligand Field Theory*, McGraw-Hill, New York, **1962**, S. 57 ff.

Die Werte von $Y_4{}^0$ an den Oktaeder-Eckpunkten ergeben sich für die „axialen"
Liganden zu $\theta_k = 0, -\pi$ und die vier „äquatorialen" Liganden zu $\theta_k = \pi/2$.

$Y_4{}^0(\theta_k = 0, -\pi) = 1/(2\pi)^{\frac{1}{2}} (9/128)^{\frac{1}{2}} 8$ (insgesamt 2 mal)

$Y_4{}^0(\theta_k = \pi/2) = 1/(2\pi)^{\frac{1}{2}} (9/128)^{\frac{1}{2}} 3$ (insgesamt 4 mal)

Dann ergibt sich für A_{40}:

$A_{40} = -q \cdot (4/9)\pi(1/R^5)[1/(2\pi)^{\frac{1}{2}} (9/128)^{\frac{1}{2}} \{2 \times 8 + 4 \times 8\}]$
$= -q \cdot (4/9)\pi(1/R^5) \cdot 21/(4\sqrt{\pi}) = -(7/3)\sqrt{\pi}(q/R^5)$

Mit dem Ausdruck für das oktaedrische Ligandenfeldpotential in Gleichung
(14.7) haben wir den Störoperator konstruiert, mit dessen Hilfe die sich nun
anschließende Störungsrechnung in der Basis der d-Orbitale durchgeführt
werden kann. Wir werden den Lösungsweg hier nur skizzieren, soweit es
das Verständnis der grundlegenden „Struktur" der Theorie erfordert, und
soweit wie möglich unsere Erkenntnisse aus den Symmetriebetrachtungen
berücksichtigen. Da es sich wie im Falle der Slater-Theorie der Atome wiederum um die Störung eines entarteten Systems (energetisch entartete d-Orbitale des freien d-d-wechselwirkungsfreien Atoms) handelt, ergeben sich die
Störenergien aus der Säkulargleichung:

$|H_{ij} - \delta_{ij}E'| = 0$ ($H_{ij} = \langle\psi_i|V_{KF}(\mathbf{r})|\psi_j\rangle$ wobei ψ_i die d-Orbitale sind)

Wie wir schon gezeigt haben, gehören die reellen d-Orbitale im Oktaederfeld
zu den Symmetrierassen t_{2g} (d_{xy}, d_{xz}, d_{yz}) und e_g (d_{z^2}, $d_{x^2-y^2}$). Verwendet man
diese Funktionen als Basis für die Störungsrechnung, so hat die Säkulardeter-
minante Blockdiagonalform, da alle H_{ij} zwischen Orbitalen unterschiedlicher
Symmetrierasse Nullelemente sind:

$$e_g \quad t_{2g} \quad \begin{vmatrix} H_{11} - E' & 0 & \vdots & & 0 & \\ 0 & H_{22} - E' & \vdots & & & \\ \cdots & \cdots & \vdots & \cdots & \cdots & \cdots \\ & & \vdots & H_{33} - E' & 0 & 0 \\ & 0 & \vdots & 0 & H_{44} - E' & 0 \\ & & \vdots & 0 & 0 & H_{55} - E' \end{vmatrix} = 0 \qquad (14.8)$$

Da die Orbitale gleicher Symmetrierasse energetisch entartet sind, müssen die Nichtdiagonalelemente der Störmatrix in der Basis der e_g- und t_{2g}-Orbitale ebenfalls Nullelemente sein, so daß die Determinante in *(14.8)* eine einfache Diagonalform besitzt. Aus den bereits angeführten Symmetrieargumenten ergeben sich lediglich zwei unterschiedliche Störenergien:

$$E_1' = H_{11} = H_{22}$$
$$E_2' = H_{33} = H_{44} = H_{55}$$

Mit Hilfe des Ligandenfeldpotentials in *(14.6)* lassen sich diese explizit berechnen:

$$E_1' = A_{00} \sqrt{\tfrac{1}{4\pi}} + A_{40} \frac{6}{14\sqrt{\pi}} <R(r)|r^4|R(r)>$$

$$R(r) = \text{Radialteil von } \psi_d \quad (14.9)$$

$$E_2' = A_{00} \sqrt{\tfrac{1}{4\pi}} + A_{40} \frac{-4}{14\sqrt{\pi}} <R(r)|r^4|R(r)>$$

Der erste Term der beiden Störenergien ist identisch und entspricht der energetischen Anhebung der Orbitalenergie durch Wechselwirkung mit dem Monopolmoment des Ligandenfelds. Diese Monopolwechselwirkung entspricht der isotropen Näherung der negativen Ladungsverteilung der Liganden, die wir schon bei dem Gedankenexperiment zur Plausibilisierung der Orbitalenergieaufspaltung im vorigen Abschnitt herangezogen haben. Man kürzt daher den konstanten Term $A_{00}\sqrt{14\,\pi}$ auch mit ε_0 ab. Die Aufspaltung der Orbitalenergien der t_{2g}- und e_g-Orbitale ist jeweils in dem zweiten Term enthalten, der sich kürzer wie folgt schreiben läßt:

$$Dq = \frac{A_{40}}{14\sqrt{\pi}} <R(r)|r^4|R(r)> \qquad (14.10)$$

Damit vereinfachen sich die Energieausdrücke in *(14.9)* zu:

$$E_1' = \varepsilon_0 + 6\,Dq \;(e_g)$$
$$E_2' = \varepsilon_0 - 4\,Dq \;(t_{2g})$$

Die Ligandenfeldaufspaltung ist in Abbildung 14.4 noch einmal veranschaulicht, wobei der Zusammenhang mit Abbildung 14.2 deutlich wird.

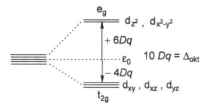

Abb. 14.4. Aufspaltung der d-Orbitale unter Einfluß des oktaedrischen Ligandenfeldpotentials. Die Differenz der Orbitalenergien 10 *Dq* wird häufig auch als Δ_{okt} bezeichnet.

Die Differenz der beiden Orbitalenergien, 10 Dq, ist der für ein Ligandenfeld mit oktaedrischer (allgemein: kubischer) Symmetrie charakteristische Parameter der Ligandenfeldtheorie (*Ligandenfeldparameter*). Im Rahmen des Kristallfeldmodells läßt er sich direkt berechnen; zwischen den damit ermittelten Werten für 10 Dq und den experimentellen Daten besteht allerdings keine gute Übereinstimmung. Wie bereits in Abschnitt 14.1 betont wurde, verzichtet man vielmehr auf die Berechnung des Ligandenfeldparameters und paßt ihn direkt anhand der experimentellen Daten an. Die Vorgehensweise ist also ähnlich wie bei der Parametrisierung der Termenergien der freien Atome durch die Racah-Parameter, die ebenfalls aus dem Experiment gewonnen werden können.

Übungsbeispiel:

Berechnen Sie mit Gl. (14.5) – (14.7) den Wert von ε_0 im Rahmen der Kristallfeldnäherung und interpretieren Sie das Ergebnis.

Antwort:
$\varepsilon_0 = A_{00}\sqrt{14\,\pi}$ und $A_{00} = 12\sqrt{\pi}(q/R)$, d. h. $\varepsilon_0 = 6(q/R)$. Dies ist die elektrostatische Wechselwirkung mit der Gesamtladung (6q) der 6 Liganden im Abstand R. Da die Größe winkelunabhängig ist, entspricht dies in der Tat der elektrostatischen Wechselwirkung mit einer isotropen negativen Ladung auf der Oberfläche einer Kugel mit Radius R.

Auf ganz analoge Weise wie für das oktaedrische Ligandenfeld läßt sich der Einfluß eines tetraedrischen Ligandenfeldes berechnen. Auch hier sind die im freien Atom entarteten d-Orbitale um einen konstanten Betrag $\varepsilon_0^{(tetr)}$ destabilisiert und in charakteristischer Weise aufgespalten, nur daß hier – wie bereits im vorigen Abschnitt plausibel gemacht wurde – die e_g-Orbitale die im Vergleich zu den t_{2g}-Orbitalen niedrigere Energie haben (Abb. 14.5). Da bei tetraedrischer Ligandenanordnung die Wechselwirkung mit dem Ligandenfeld schwächer ist, haben sowohl $\varepsilon_0^{(tetr)}$ als auch 10 $Dq^{(tetr)}$ (Δ_{tetr}) geringere Werte, und zwar in der Kristallfeld-Näherung:

$$\varepsilon_0^{(tetr)} = \tfrac{2}{3}\,\varepsilon_0^{(okt)} \quad \text{und} \quad \Delta_{tetr} = -\tfrac{4}{9}\,\Delta_{okt}\,^{35} \tag{14.11}$$

---

[35] Das negative Vorzeichen bedeutet, daß beim Tetraeder (wie auch beim Würfel) die energetische Reihenfolge von e_g und t_{2g} (bzw. e und t_2 beim Tetraeder) umgekehrt ist.

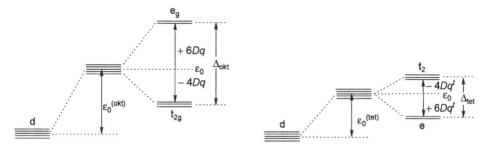

Abb. 14.5 Vergleich der Aufspaltung der d-Orbitale im oktaedrischen (links) und tetraedrischen (rechts) Ligandenfeld.

14.2.3 Empirische Bestimmung der Ligandenfeldstärke für das d^1- und d^9-System

Wir werden uns in den folgenden Abschnitten dieses Kapitels und ausführlicher noch in Teil V mit den spektroskopischen Eigenschaften von Komplexen beschäftigen. An dieser Stelle soll nur kurz skizziert werden, wie man für d^1- und d^9-Systeme die Ligandenfeldparameter direkt aus den Elektronenspektren entnehmen kann. Im Grundzustand eines d^1-Komplexes mit einem oktaedrischen Ligandenfeld besetzt das Elektron ein t_{2g}-Orbital (da sich alle anderen Elektronen in abgeschlossenen Schalen befinden, entspricht das einem T_{2g}-Zustand), im ersten angeregten Zustand ein e_g-Orbital (E_g-Zustand). Durch Absorption von Licht ist ein Übergang von T_{2g} nach E_g möglich, der gleichzeitig der längstwellige spektrale Übergang ist:

$$h\nu = E(E_g) - E(T_{2g}) = \Delta_{okt} = 10\,Dq$$

Diese Absorptionsbande liegt in der Regel im sichtbaren oder nahen Ultraviolett-Bereich und ist relativ schwach (< 30 l·mol^{-1}cm$^{-1)}$, da der Übergang für elektrische Dipolstrahlung paritätsverboten ist (siehe Kap. 17).

Betrachten wir beispielsweise das Spektrum von $[Ti(H_2O)_6]^{3+}$, so finden wir die entsprechende Absorptionsbande bei ca. 490 nm, was 20400 cm^{-1} entspricht. Nehmen wir an, daß die Anregung des d-Elektrons nicht zu einer wesentlichen Änderung der restlichen elektronischen Struktur des Komplexes führt, so läßt sich die Wellenzahl dieser Bande mit der Größe Δ_{okt} identifizieren, d. h. die Aufspaltung der 3d-Orbitale im Oktaederfeld beträgt:

$$\Delta_{okt} = 10\,Dq = 20400 \text{ cm}^{-1}$$

Ähnlich wie der Titankomplex stellvertretend für einen (durch den Jahn-Teller-Effekt verzerrten – siehe Abschnitt 14.6) oktaedrischen d^1-Komplex steht, ist $[VCl_4]$ ein verzerrt tetraedrischer Komplex, für den man eine Ligandenfeldstärke von $\Delta_{tet} = 7900$ cm^{-1} findet; für den oktaedrischen Komplex $[VCl_6]^{2-}$ wurde Δ_{okt} zu 15400 cm^{-1} bestimmt. Wie aus *(14.11)* zu erwarten ist, ist die tetraedrische Ligandenfeldaufspaltung nur etwa halb so groß wie die des entsprechenden Oktaeders.

Eine ähnlich einfache Bestimmung des Ligandenfeldparameters aus den experimentellen Daten ist bei d^9-Komplexen möglich. Wir haben bereits bei der Theorie der Atome im vorigen Kapitel gelernt, daß sich ein „Loch" in einer vollbesetzten Schale bezüglich seiner Drehimpulseigenschaften wie ein Elektron verhält. Ein Loch in einem e_g-Niveau (was der Grundzustands-konfiguration $(t_{2g})^6(e_g)^3$ entspricht) erzeugt also einen E_g-Grundzustand, während der erste angeregte Zustand $(t_{2g})^5(e_g)^4$ mit einem „t_{2g}-Loch" ein T_{2g}-Zustand ist. Die Zustände sind also die gleichen wie im Falle der d^1-Konfiguration, *nur energetisch vertauscht*. Das läßt sich leicht verstehen, wenn man bedenkt, daß ein solches Loch ein *positives* Analogon zu einem Elektron ist, also stabilisiert wird, wenn es in Richtung der Liganden zeigt, dagegen destabilisiert wird, wenn es sich in einem Orbital befindet, dessen Orbitallappen in Richtung der Polyederkanten zwischen den Liganden orientiert sind.

Bei der Bestimmung der Ligandenfeldparameter Δ_{tet} und Δ_{okt} für Komplexe mit d^2- bis d^8-Elektronenkonfiguration muß die Elektron-Elektron-Absto-ßung berücksichtigt werden, d. h. wir werden die Energiedifferenzen zwi-schen den im Ligandenfeld aufgespaltenen Termen betrachten. Diese Vorge-hensweise wird in Abschnitt 14.3 konsequent beschritten. In Tabelle 14.2 sind aber schon an dieser Stelle die Ligandenfeldparameter einiger tetraedri-scher und oktaedrischer Komplexe mit mehreren d-Elektronen zusammenge-stellt.

Bei näherem Betrachten der Ligandenfeldparameter in Tabelle 14.2 fallen einige Trends auf:

1) Die Größe des Ligandenfeldparameters steigt mit zunehmender *Oxida-tionszahl* des Zentralatoms, wie z. B. die Δ_{okt}-Werte für $[Fe(OH_2)_6]^{2+}$ (10400 cm^{-1}) und $[Fe(OH_2)_6]^{3+}$ (14000 cm^{-1}) sowie für $[Ru(OH_2)_6]^{2+}$ (19800 cm^{-1}) und $[Ru(OH_2)_6]^{3+}$ (28600 cm^{-1}) belegen. In einigen Fällen wie z. B. bei $[Co(NH_3)_6]^{2+/3+}$ (10200 cm^{-1} / 22870 cm^{-1}) sind die Unter-schiede extrem, da sich hier zusätzlich der Spinzustand noch unterscheidet (High-Spin-/Low-Spin-Komplexe, s. Abschn. 14.2.6).

2) Die Werte für Δ_{okt} von homologen Komplexen einer Gruppe des d-Blocks nehmen in der Reihenfolge *3d < 4d < 5d* zu. Diesen Trend sieht man sehr schön anhand der Ligandenfeldaufspaltung der Hexaammin-Komplexe $[Co(NH_3)_6]^{3+}$ (22870 cm^{-1}), $[Rh(NH_3)_6]^{3+}$ (34100 cm^{-1}) und $[Ir(NH_3)_6]^{3+}$ (41200 cm^{-1}). Wie wir in Abschnitt 14.2.6 sehen werden, ergibt sich daraus bereits die größere Tendenz der schwereren Übergangsmetalle, Low-Spin-Komplexe zu bilden.

3) Die Ligandenfeldaufspaltung hängt für ein Zentralatom empfindlich von der *Art der koordinierten Liganden* ab. Vergleicht man z. B. die Absorpti-onsspektren der Komplexe $[Co(ox)_3]^{3-}$ und $[Co(en)_3]^{3+}$ (Abb. 14.6) so erkennt man, daß die Banden des Oxalatokomplexes längerwellig liegen. Auch wenn wir die Elektronenspektren erst in Abschnitt 14.3 genauer dis-

Tabelle 14.2. Ligandenfeldparameter Δ einiger Übergangsmetallkomplexe.[36]

Komplex	Oxidationszahl des Metallatoms	d-Elektronen-konfiguration	Symmetrie (auch verzerrt)	Δ, cm^{-1}
$[Ti(OH_2)_6]^{3+}$	3	$3d^1$	O_h	20400
$[VCl_4]$	4	$3d^1$	T_d	7900
$[VCl_6]^{2-}$	4	$3d^1$	O_h	15400
$[Cr(OH_2)_6]^{3+}$	3	$3d^3$	O_h	17400
$[CrF_6]^{3-}$	3	$3d^3$	O_h	15060
$[CrF_6]^{2-}$	4	$3d^2$	O_h	22000
$[Cr(en)_6]^{3+}$	3	$3d^3$	O_h	22300
$[Cr(CN)_6]^{3-}$	3	$3d^3$	O_h	26600
$[Mn(OH_2)_6]^{2+}$	2	$3d^5$	O_h	8500
$[Mn(ox)_6]^{3-}$	3	$3d^4$	O_h	20100
$[MnF_6]^{2-}$	4	$3d^3$	O_h	21800
$[TcF_6]^{2-}$	4	$4d^3$	O_h	28400
$[ReF_6]^{2-}$	4	$5d^3$	O_h	32800
$[Fe(OH_2)_6]^{2+}$	2	$3d^6$	O_h	10400
$[Fe(OH_2)_6]^{3+}$	3	$3d^5$	O_h	14000
$[Fe(ox)_6]^{3-}$	3	$3d^5$	O_h	14140
$[Fe(CN)_6]^{4-}$	2	$3d^6$	O_h	35000
$[Fe(CN)_6]^{3-}$	3	$3d^5$	O_h	32200
$[Ru(OH_2)_6]^{2+}$	2	$4d^6$	O_h	19800
$[Ru(OH_2)_6]^{3+}$	3	$4d^5$	O_h	28600
$[Ru(ox)_6]^{3-}$	3	$4d^5$	O_h	28700
$[Ru(CN)_6]^{4-}$	2	$4d^6$	O_h	33800
$[CoCl_4]^{2-}$	2	$3d^7$	T_d	3300
$[CoBr_4]^{2-}$	2	$3d^7$	T_d	2900
$[CoI_4]^{2-}$	2	$3d^7$	T_d	2700
$[Co(OH_2)_6]^{2+}$	2	$3d^7$	O_h	9200
$[Co(OH_2)_6]^{3+}$	3	$3d^6$	O_h	20760
$[Co(NH_3)_4]^{2+}$	2	$3d^7$	T_d	10200
$[Co(NH_3)_6]^{2+}$	2	$3d^7$	O_h	5900
$[Co(NH_3)_6]^{3+}$	3	$3d^6$	O_h	22870
$[RhF_6]^{2-}$	4	$4d^5$	O_h	20500
$[Rh(OH_2)_6]^{3+}$	3	$4d^6$	O_h	27200
$[Rh(NH_3)_6]^{3+}$	3	$4d^6$	O_h	34100
$[IrF_6]^{2-}$	4	$5d^5$	O_h	27000
$[Ir(NH_3)_6]^{3+}$	3	$5d^6$	O_h	41200
$[NiCl_6]^{4-}$	2	$3d^8$	O_h	7500
$[Ni(OH_2)_6]^{2+}$	2	$3d^8$	O_h	8500
$[Ni(NH_3)_6]^{2+}$	2	$3d^8$	O_h	10800

kutieren, wollen wir hier schon festhalten, daß die längerwelligen d-d-Absorptionsbanden des Oxalatokomplexes auf eine geringere Ligandenfeldaufspaltung zurückzuführen sind.

---

[36] Daten aus: A. B. P. Lever, *Inorganic Electronic Spectroscopy*, 2nd Ed, Elsevier, New York, **1986** und H. B. Gray, *Electrons and Chemical Bonding*, Benjamin, Menlo Park, **1965**.

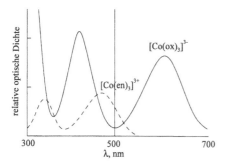

Abb. 14.6. Absorptionsspektren der Komplexe [Co(ox)₃]³⁻ und [Co(en)₃]³⁺.[37]

14.2.4 Die spektrochemische Reihe

Die Ligandenfeldaufspaltung ist ein Maß für die Wechselwirkung der d-Elektronen mit dem Rest des Moleküls, d. h. den Liganden. Da Δ sowohl vom Zentralatom als auch von den Liganden abhängt, müßten im Prinzip Komplexe mit gleichem Zentralatom verglichen werden, die aber nicht für alle Liganden von Interesse existieren. Vergleicht man jedoch die Trends, die für eine große Zahl von Komplexverbindungen gefunden wurden, so kann man die Liganden entsprechend ihrer „Ligandenfeldstärke" nach steigendem Δ ordnen und erhält auf diese Weise die *spektrochemische Reihe* der Liganden:

$$I^- < Br^- < S^{2-} < SCN^- < Cl^- < N_3^- \approx F^- < OH^- < ox \approx O^{2-} < H_2O$$
$$< NCS^- < py \approx NH_3 < en < bipy \approx phen < NO_2^- < CN^- < PR_3 < CO$$

Eine analoge spektrochemische Reihe nach steigender Ligandenfeldaufspaltung ergibt sich für die Zentralatome:

$$Mn^{II} < Ni^{II} < Co^{II} < V^{II} < Fe^{III} < Cr^{III} < Co^{III}$$
$$< Ru^{II} < Mn^{IV} < Mo^{III} < Rh^{III} < Ir^{III} < Pt^{IV}$$

Die Δ-Werte, die zur Aufstellung dieser spektrochemischen Reihen herangezogen wurden, bilden die Grundlage für eine rein empirische Beziehung zur Quantifizierung des Einflusses von Metallatom und Liganden auf die Ligandenfeldaufspaltung in oktaedrischen Komplexen:

$$\Delta_{okt} = f \cdot g \ (\text{in cm}^{-1})$$

Der dimensionslose Faktor f quantifiziert den Einfluß der Liganden und deren Ligandenfeldstärke im Vergleich zu H_2O, das den Wert 1.0 erhält. Wie man aus Tabelle 14.3 ersieht, variiert f zwischen ca. 0.7 (Br⁻) und 1.7 (CN⁻). Der g-Faktor mit der Dimension cm⁻¹ ist eine charakteristische Größe des Metallzentrums und nimmt Werte zwischen 8000 cm⁻¹ (Mn^{II}) und 36000 cm⁻¹ (Pt^{IV}) an.

---

[37] Nach A. Mead, *Trans. Faraday Soc.* **1934**, *30*, 1052.

Tabelle 14.3. f- und g-Werte einiger Liganden und Metallionen.[38]

Metallzentrum	g, 10^3 cm^{-1}	Liganden (je 6×)	f
Mn^{II}	8.5	Br$^-$	0.72
Ni^{II}	8.9	SCN$^-$	0.73
Co^{II}	9.3	Cl$^-$	0.80
V^{II}	12.3	N$_3^-$	0.83
Fe^{III}	14.0	F$^-$	0.90
Cr^{III}	17.0	ox	0.99
Co^{III}	19.0	H$_2$O	1.00
Ru^{II}	20.0	NCS$^-$	1.02
Mn^{IV}	23.0	py	1.23
Mo^{III}	24.6	NH$_3$	1.25
Rh^{III}	27.0	en	1.28
Ir^{III}	32.0	bipy	1.33
Pt^{IV}	36.0	CN$^-$	1.70

Mit Hilfe dieser empirisch gewonnenen Parameter kann man die Liganden-feldaufspaltung auch für Komplexe mit Metall-Liganden-Kombinationen berechnen, die nicht zur Bestimmung der Werte in Tabelle 14.3 herangezogen wurden. Auch die Anwendung auf heteroleptische Komplexe ist möglich, wenn man berücksichtigt, daß diese keine Oktaedersymmetrie mehr besitzen und daher durch mehr als einen Ligandenfeldparameter beschrieben werden müssen. Wenn die Abweichung von der Oktaedersymmetrie jedoch gering ist, gilt die *Regel der mittleren Umgebung*:

$$\Delta([MA_nB_{6-n}]) \approx n/6 \, \Delta([MA_6]) + (6-n)/6 \, \Delta([MB_6])$$

Übungsbeispiel:

Berechnen Sie die Ligandenfeldparameter Δ für $[NiF_6]^{4-}$ und $[Ni(en)_3]^{2+}$. Sagen Sie ausgehend davon die Ligandenfeldaufspaltung von $[NiF_2(en)_2]$ voraus.

Antwort:
Mit Hilfe der f- und g-Werte in Tabelle 14.3 erhält man:
$\Delta([NiF_6]^{4-}) = 8010$ cm^{-1}
$\Delta([Ni(en)_2]^{3+}) = 11390$ cm^{-1}
Nach der Regel der mittleren Umgebung ergibt sich:
$\Delta([NiF_2(en)_3]) \approx \frac{2}{6} \times (8010$ cm$^{-1}) + \frac{4}{6} \times (11390$ cm$^{-1}) \approx 10260$ cm^{-1}

---

[38] C. K. Jørgensen, *Modern Aspects of Ligand Field Theory*, Elsevier, New York, **1971**, Kap. 26.

An dieser Stelle müssen wir uns überlegen, wie wir die in den Tabellen 14.2 und 14.3 zusammengestellten Ligandenfeldparameter mit den Bindungverhältnissen in den Komplexen in Beziehung setzen können. Dabei wird es vor allem um die Frage gehen, ob die Prämissen, die in die Konstruktion des Ligandenfeldoperators (in der „Kristallfeld-Näherung" eine rein elektrostatische Wechselwirkung der d-Elektronen mit den Liganden) eingingen, haltbar sind. Falls dies nicht der Fall sein sollte, stellt sich die Frage, wie das Ligandenfeld-Konzept modifiziert (und damit „gerettet") werden kann.

Einige der Trends, die durch die spektrochemische Reihe ausgedrückt werden, entsprechen unseren Erwartungen. Betrachtet man beispielsweise die Δ-Werte der Halogenid-Komplexe, so findet man die Reihe $I^- < Br^- < Cl^- < F^-$. Die Reihe läßt sich mit den sukzessive kürzeren Metall-Liganden-Abständen beim Gang von den schweren zu den leichten Halogeniden erklären. Das ist der Trend, den wir für eine elektrostatische Wechselwirkung zwischen anionischen Liganden und den d-Elektronen erwarten würden.

Einen Widerspruch zum Kristallfeld-Modell bildet die relative Ligandenfeldstärke der O-Donorliganden $H_2O > HO^- > O^{2-}$. Hier hätte man einen mit der Ligandenladung ansteigenden Trend bei den Δ_{okt}-Werten erwartet. Die relative Lage von H_2O und NH_3 in der spektrochemischen Reihe, die NH_3 die größere Ligandenfeldstärke zuweist, ist angesichts des höheren Dipolmoments von H_2O ($6.17 \cdot 10^{-30}$ Cm) im Vergleich zu NH_3 ($4.90 \cdot 10^{-30}$ Cm) nicht mit einem elektrostatischen Modell erklärbar. Die drastische Zunahme der Ligandenfeldaufspaltung eines Metallatoms bei steigender Oxidationszahl läßt sich nicht mit der damit verknüpften geringfügigen Kontraktion der Metall-Liganden-Bindungen erklären. Vielmehr kontrahieren die d-Orbitale ebenfalls mit steigender Oxidationszahl, was eigentlich zu einer Verringerung der Wechselwirkung mit dem Ligandenfeldpotential führen sollte (siehe aber den Trend für z. B. $Mn^{II} - Mn^{IV}$ in Tabelle 14.2). Schließlich ist die starke Zunahme der Ligandenfeldaufspaltung beim Gang von den 3d- zu den 5d-Metallen nicht einsichtig, da die 4d- und 5d-Orbitale zwar eine größere radiale Ausdehnung als die 3d-Orbitale besitzen, aber auch entsprechend diffuser als diese sind, was eigentlich zu einer Abnahme der Δ-Werte führen sollte.

Einen Ausweg aus diesem Dilemma bietet der in Abschnitt 14.1 bereits diskutierte Schritt von dem explizit formulierten Kristallfeldoperator zu dem effektiven Operator H_{LF} der Ligandenfeldtheorie. Die Umformulierung des Problems durch H_{LF} erlaubt uns nun nicht mehr, die Ligandenfeldparameter „ab initio" aus einem konkreten Modell zu berechnen. Diese werden vielmehr als Systemparameter mit Hilfe der experimentellen Daten angepaßt, und der Erkenntnisgewinn liegt dann in dem, was wir aus diesen Parametern (und den damit berechneten Systemenergien) über die Bindungsverhältnisse in Komplexen ableiten können. Das Versagen der Kristallfeld-Näherung ist als Hinweis darauf zu werten, daß kovalente Anteile der Bindungen zwischen Zentralatom und Liganden die physikalischen Eigenschaften der Komplexe wesentlich beeinflussen.

Dieses Programm wird konsequent in Kapitel 15 im Rahmen des Angular-Overlap-Modells verfolgt, das die heutzutage am meisten verwendete

Variante der Ligandenfeldtheorie ist und die Ligandenfeldparameter mit lokalen σ- und π-Bindungsanteilen zwischen Metallzentrum und Liganden identifiziert. An dieser Stelle soll nur kurz angedeutet werden, wie der Einfluß der Metall-Liganden(M-L)-Bindungen auf die Ligandenfeldparameter interpretiert werden kann. Einige der im Zusammenhang mit der spektrochemischen Reihe aufgezeigten Inkonsistenzen lassen sich qualitativ beseitigen, wenn man annimmt, daß die Ligandenfeldaufspaltung der d-Orbitalenergien nicht durch die Wechselwirkung mit den Liganden-Ladungen (viele der untersuchten Liganden sind ohnehin neutrale Bausteine) sondern durch *Wechselwirkung mit den Metall-Liganden-Bindungen* zustandekommt. Diese Vorstellung ist dann sinnvoll, wenn man die extreme Annahme einer nur geringen Beteiligung der d-Orbitale an der M-L-Bindung macht, deren kovalenter Anteil im wesentlichen durch Überlappung mit dem s-Orbital (und in geringerem Maße den p-Orbitalen) der Valenzschale zustandekommt.[39] Die t_{2g}- und e_g-Orbitale unterscheiden sich dann in ihrer relativen Nähe zu der Bindungselektronendichte, die aufgrund der Radialverteilung des Valenz-s-Orbitals bis zu einem gewissen Grad im Rumpf des Zentralatoms wirksam ist („Penetration" der s-Orbitale, s. Kap. 13). Übernimmt man diese Sichtweise, so ergibt sich eine einfache Erklärung für die Zunahme der Ligandenfeldaufspaltung mit zunehmender Oxidationszahl des Zentralatoms. Die damit einhergehende Kontraktion sowohl der d-Orbitale als auch der Metall-Liganden-Bindungen bringt diese näher aneinander und führt folglich – wie auch beobachtet – zu einer stärkeren Wechselwirkung. Wir werden dieses Bild in Abschnitt 14.4 noch verfeinern und im Rahmen der Molekülorbitaltheorie (Kap. 16) kritisch beleuchten.

14.2.5 Die „Ligandenfeldstabilisierungsenergie"

Aus dem Einelektronenbild der Aufspaltung der d-Orbitale, das wir für den d^1-Fall hergeleitet und begründet haben, lassen sich eine Vielzahl experimenteller Befunde in Zusammenhang mit den thermischen und magnetischen Eigenschaften von Komplexen qualitativ verstehen. Dies gilt auch für Komplexe mit mehr als einem d-Elektron, sofern die beobachtete Eigenschaft der Verbindung nicht wesentlich durch die gegenseitige Abstoßung der d-Elektronen bestimmt wird (wie z. B. die Elektronenspektren).

Ein nützliches Konzept gewinnt man, wenn man die folgende Überlegung anstellt. Im Falle des bereits diskutierten Titan(III)-Komplexes $[Ti(OH_2)_6]^{3+}$ befindet sich das d-Elektron im Grundzustand in einem t_{2g}-Orbital und ist damit im Vergleich zum „Energieschwerpunkt" der d-Orbitale, der den Fall der isotropen Liganden-Ladungsverteilung repräsentiert, um $-0.4\,\Delta_{okt}$ stabilisiert. Diese Energiedifferenz im Vergleich zu dem hypothetischen Fall sphärischer Komplexsymmetrie bezeichnet man als *Ligandenfeldstabilisierungsenergie*, die sich als äußerst nützlich bei der qualitativen Diskussion einer

---

[39] M. Gerloch, *Coord. Chem. Rev.* **1990**, *99*, 199.

ganzen Reihe von experimentellen Ergebnissen erweist. Für den allgemeinen Fall eines oktaedrischen Komplexes der Konfiguration $t_{2g}^m e_g^n$ ergibt sich für die Ligandenfeldstabilisierungsenergie (LFSE):

$$LFSE_{okt} = (-0.4m + 0.6n)\Delta_{okt}$$

Übungsbeispiel:

Geben Sie einen Ausdruck für die Ligandenfeldstabilisierungsenergie für tetraedrische Komplexe in Abhängigkeit von der Elektronenkonfiguration an.

Antwort:
Die d-Orbitale in Tetraederfeld sind invers zum Oktaeder in die e- und t_2-Niveaus aufgespalten, deren Energie sich um Δ_{tet} unterscheidet, d. h. für die Konfiguration $e^m t_2^n$ gilt:

$$LFSE_{tet} = (-0.6m + 0.4n)\Delta_{tet}$$

Die LFSE-Werte für unterschiedliche Konfigurationen oktaedrischer und tetraedrischer Komplexe sind in Tabelle 14.4 zusammengefaßt.

Tabelle 14.4.   Ligandenfeldstabilisierungsenergien oktaedrischer und tetraedrischer Komplexe. Es werden nur die High-Spin-Konfigurationen berücksichtigt (s. Abschn. 14.2.6).

Konfiguration	Beispiel	$LFSE_{okt}$ in Δ_{okt}	$LFSE_{tet}$ in Δ_{tet}
d^0	Ca^{2+}, Sc^{3+}	0.0	0.0
d^1	Ti^{3+}	0.4	0.6
d^2	V^{3+}	0.8	1.2
d^3	Cr^{3+}, V^{2+}	1.2	0.8
d^4	Cr^{2+}, Mn^{3+}	0.6	0.4
d^5	Mn^{2+}, Fe^{3+}	0.0	0.0
d^6	Fe^{2+}, Co^{3+}	0.4	0.6
d^7	Co^{2+}	0.8	1.2
d^8	Ni^{2+}	1.2	0.8
d^9	Cu^{2+}	0.6	0.4
d^{10}	Cu^+, Zn^{2+}	0.0	0.0

14.2.6 Die Abhängigkeit der Elektronenkonfiguration des Grundzustands von der Ligandenfeldaufspaltung: High-Spin- und Low-Spin-Komplexe

Die magnetischen Eigenschaften von Koordinationsverbindungen werden ausführlich in Teil V diskutiert. An dieser Stelle soll aber bereits eine für den Magnetismus der Komplexe wichtige Konsequenz der Ligandenfeldaufspaltung der d-Orbitalenergien vorgestellt werden.

In den vorigen Abschnitten haben wir die d-Orbitale immer nach dem Pauli-Prinzip besetzt, wodurch wir Zustände maximaler Spinmultiplizität erhielten. Für oktaedrische Komplexe der Konfigurationen $d^1 - d^3$ hat der Grundzustand die Konfigurationen $t_{2g}^1 - t_{2g}^3$, im Einklang mit dieser Forderung. Für Komplexe mit vier d-Elektronen ergeben sich nun prinzipiell die Konfigurationen $t_{2g}^3 e_g^1$ (LFSE $= -0.6\,\Delta$, mit maximalem Gesamtspin) oder – durch Paarung zweier Elektronen in einem der t_{2g}-Orbitale – t_{2g}^4 (LFSE $= -1.6\,\Delta$). Letztere ist um Δ gegenüber $t_{2g}^3 e_g^1$ energetisch stabilisiert. Welche der beiden Konfigurationen den Grundzustand bestimmt, hängt von der relativen Größe von Δ und der Energie ab, die für die doppelte Besetzung eines der t_{2g}-Ortsorbitale aufgebracht werden muß. Diese als *Spinpaarungsenergie* P bezeichnete Größe besteht – im Rahmen des störungstheoretischen Ligandenfeldmodells – aus zwei Anteilen, der Coulomb-Abstoßung der „gepaarten" Elektronen und dem Verlust an Austauschenergie bei der Spinpaarung. Alternative Grundzustandskonfigurationen sind außer im d^4-Fall noch bei oktaedrischen d^5-, d^6 und d^7-Komplexen möglich (Abb. 14.7). Dabei wird die Konfiguration mit dem größeren Gesamtspin als *High-Spin-Konfiguration*, die mit minimalem Gesamtspin als *Low-Spin-Konfiguration* bezeichnet, entsprechend die Komplexe als *High-Spin-Komplexe* und *Low-Spin-Komplexe*.

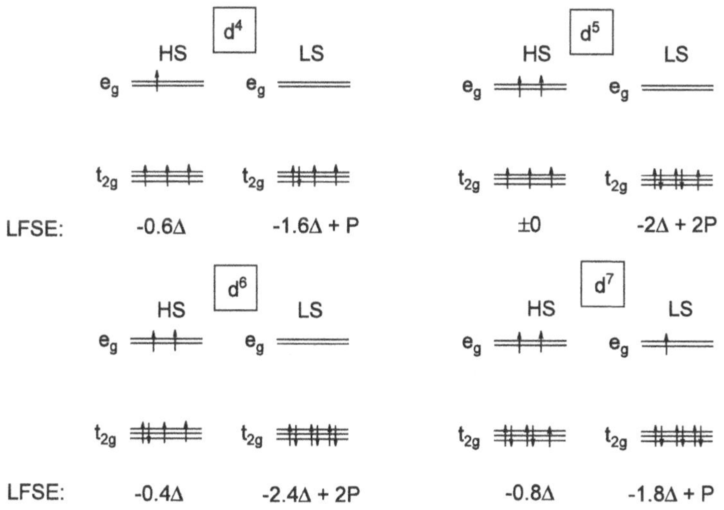

Abb. 14.7. High-Spin- und Low-Spin-Konfigurationen für d^3–d^7-Komplexe und ihre um die Spinpaarungsenergien korrigierten LFSE.

Übungsbeispiel:

Erklären Sie die folgenden Beobachtungen:

a) Die oktaedrischen Komplexe der 4d- und 5d-Übergangsmetalle bilden in der Regel Low-Spin-Komplexe.
b) Mn^{II}- und Fe^{III}-Komplexe sind meist High-Spin-Komplexe.
c) Fast alle tetraedrischen Komplexe sind High-Spin-Komplexe.

Antwort:
zu a) Die schwereren Übergangsmetalle haben hohe Δ_{okt}-Werte, welche die Low-Spin-Konfiguration begünstigen. Aufgrund der diffuseren d-Orbitale ist der Coulomb-Anteil der Spinpaarungsenergie geringer als z. B. bei 3d-Komplexen, was ebenfalls die Low-Spin-Konfiguration begünstigt.
zu b) Mn^{II}- und Fe^{III}-Komplexe haben d^5-Konfiguration, was zu einem maximalen Verlust an Austauschstabilisierung beim Übergang zur Low-Spin-Konfiguration führt und daher im allgemeinen energetisch ungünstig ist.
zu c) Die Ligandenfeldaufspaltung in tetraedrischen Komplexen reicht in der Regel nicht aus, um die Spinpaarungsenergie zu übertreffen. Eine Ausnahme von dieser Regel bildet der Tetrakis(1-norbornyl)cobalt-Komplex,[40] dessen elektronische Struktur sich aber nicht gut mit dem Ligandenfeldmodell beschreiben läßt.

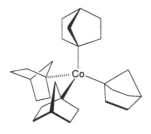

Für oktaedrische d^8-, d^9- und d^{10}-Komplexe ergibt sich nur eine mögliche Grundzustandskonfiguration. Wir werden später in diesem Kapitel noch einmal zu der Frage der High-Spin- und Low-Spin-Grundzustände im Rahmen einer strengeren Behandlung der Mehrelektronensysteme zurückkehren. In diesem Zusammenhang wird auch die Spinpaarungsenergie, die hier ad hoc eingeführt wurde, genauer diskutiert und in das Parametrisierungsschema des Ligandenfeldmodells integriert.

---

40 E. K. Byrne, D. S. Richeson, K. H. Theopold, *J. Chem. Soc., Chem. Commun.* **1986**, 1491.

14.2.7 Einige praktische Konsequenzen der Ligandenfeldaufspaltung

Es gibt eine ganze Reihe thermodynamischer und strukturchemischer Eigenschaften von Übergangsmetallverbindungen, die sich qualitativ gut mit dem in den vorigen Abschnitten diskutierten Ligandenfeld-Modell (ohne explizite Berücksichtigung der Elektron-Elektron-Wechselwirkungen in der d-Schale) erklären lassen.

Ein historisch wichtiges Beispiel bieten die *Gitterenergien der Metalldihalogenide* der Übergangsmetalle, in denen die Metallkationen oktaedrisch koordiniert sind. Aufgrund der stetigen Abnahme der Ionenradien der Dikationen zwischen Ca^{2+} und Zn^{2+} sollte man eine ebenso graduelle Zunahme der Gitterenergie erwarten. Die experimentell bestimmten Gitterenergien der Metallsalze weichen nun aber in charakteristischer Weise von diesem erwarteten Verhalten ab, wie in Abbildung 14.8 deutlich wird.

Die Gitterenergien der Salze CaX_2 (d^0), MnX_2 (d^5) und ZnX_2 (d^{10}) liegen jeweils ungefähr auf einer geraden Linie, die die erwartete Tendenz ohne Berücksichtigung der Einflüsse der „offenen d-Schale" wiedergibt. Die Gitterenergien der anderen Salze weichen unterschiedlich stark von dieser Linie ab, wobei diese Abweichung – akzeptiert man die hohe experimentelle Ungenauigkeit mancher Werte – ungefähr bei V^{2+} (d^3) und Ni^{2+} (d^8) maximal wird. Berücksichtigt man die Tatsache, daß die Halogenidliganden schwache Ligandenfelder erzeugen und damit bei den Dikationen der 3d-Metalle zu High-Spin-Komplexen führen, so ergibt sich die maximale Ligandenfeldstabilisierungsenergie in der Tat für die d^3- und d^8-Kationen (Tabelle 14.4), während für die Konfigurationen d^0, d^5 und d^{10} keine Ligandenfeldstabilisierung zu erwarten ist. Der für die Gitterenergien gefundene Trend läßt sich damit in einfacher Weise als Folge unterschiedlicher Ligandenfeldstabilisierung

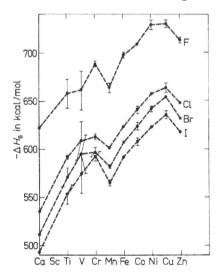

Abb. 14.8. Gitterenergien der Metallhalogenide MX_2 als Funktion der Ordnungszahl.[41]

---

[41] P. George, D. S. McClure, *Prog. Inorg. Chem.* **1959**, *1*, 381.

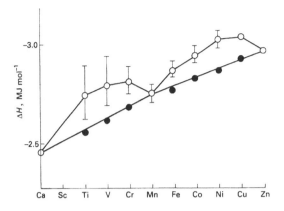

Abb. 14.9. Experimentell bestimmte Hydratationsenthalpien der 3d-Metalldikationen. Die durch die gefüllten Kreise dargestellten Werte erhält man nach Subtraktion der Ligandenfeldstabilisierungsenergien für die jeweiligen Konfigurationen.[43]

der d^n-Konfigurationen, die einen geringen aber meßbaren zusätzlichen Beitrag zur Bindung in Ionenkristallen leistet, qualitativ erklären.[42]

Die Kurve in Abbildung 14.8 mit ihren zwei Maxima ist typisch für eine ganze Reihe damit verwandter thermochemischer Korrelationen. Ein Beispiel sind die *Hydratationsenthalpien* der M^{2+}-Ionen der 3d-Metalle (Abb. 14.9), die eng mit der Bildungsenthalpie der Hexaaquakomplexe verknüpft ist.

Eine etwas andere Variante der in diesem Abschnitt diskutierten Kurven mit den zwei Extrema bieten die *Ionenradien* der Di- und Trikationen der 3d-Metalle. In Abbildung 14.10 sind die entsprechenden Werte für High-Spin- und Low-Spin-Komplexe wiedergegeben. Für die High-Spin-Komplexe findet man eine stetige Abnahme der Ionenradien bis zur $t_{2g}^3 e_g^1$-Konfiguration, bei der erstmals ein d-Orbital besetzt wird, dessen Orbitallappen in Richtung der Liganden orientiert sind. Diese führt zu einem sprunghaften Anstieg der Abstoßung zwischen d-Elektronen und Liganden, wodurch der Trend der Radienkontraktion umgekehrt wird. Wie wir im Rahmen der MO-Theorie in Kapitel 16 sehen werden, haben die e_g-Orbitale antibindenden Charakter, was die Aufweitung der Bindung zwischen Metallion und Liganden von einem etwas anderen Blickwinkel aus gesehen verständlich macht.

Man beachte, daß die Ionenradien in Abbildung 14.10 außer für die isotropen Ladungsverteilungen der d^0-, d^5- und d^{10}-Konfigurationen unterhalb der Werte liegen, die man bei stetiger Abnahme aufgrund des Anstiegs der Kernladung erwartet hätte. Dies liegt daran, daß bevorzugt die energetisch niedriger liegenden t_{2g}-Orbitale besetzt werden, deren Orientierung zu einer

---

[42] Streng genommen ist die Diskussion der in diesem Abschnitt behandelten experimentellen Ergebnisse auf der Grundlage unterschiedlicher Ligandenfeldstabilisierung nicht ausreichend. Vielmehr müssen die mit der Konfiguration variierenden Beiträge der d-d-Elektronenabstoßung berücksichtigt werden. Darauf verzichten wir an dieser Stelle. Eine gut verständliche ausführlichere Darstellung dieses Aspekts findet man in M. Gerloch, E. C. Constable, loc.cit., S. 152 ff.

[43] Aus: D. F. Shriver, P. W. Atkins, C. H. Langford, *Anorganische Chemie*, WILEY-VCH, Weinheim, **1997**.

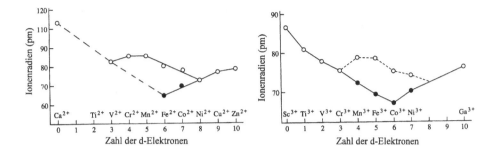

Abb. 14.10. Radien der Übergangsmetall-Di- und -Trikationen in Abhängigkeit von der d-Elektronenkonfiguration. Die Werte für High-Spin-Komplexe sind durch offene, die für Low-Spin-Komplexe durch gefüllte Kreise dargestellt.[44]

Zunahme der Elektronendichte im Bereich zwischen den Liganden, aber nicht auf der Achse Zentralion-Ligand führt. Diese Anisotropie der Ladungsverteilung ermöglicht eine zusätzliche Annäherung der Kationen und Anionen.

Übungsbeispiel:

Erläutern Sie das Verhalten der Ionenradien in Abbildung 14.10 für Low-Spin-Komplexe.

Antwort:
Für Low-Spin-Komplexe/-Salze wird eine starke Kontraktion der Ionenradien gegenüber hypothetischen Ionen mit isotroper Ladungsverteilung bis zur Vollbesetzung der t_{2g}-Orbitale beobachtet. Der Anstieg der Ionenradien setzt wie bei High-Spin-Komplexen mit der Besetzung der antibindenden e_g-Orbitale ein, also mit der Konfiguration $t_{2g}^6 e_g^1$ (Co^{2+}, Ni^{3+}, usw.).

14.3 Der d^n-Fall: Aufspaltung der atomaren Terme in Ligandenfeldern

Das in den vorigen Abschnitten verwendete Einelektronenbild versagt bei der Analyse der Elektronenspektren der Übergangsmetallkomplexe und – wie in Kap. 18 gezeigt wird – bei der detaillierteren Analyse des Magnetismus dieser

---

[44] Nach: J. E. Huheey, E. A. Keiter, R. L. Keiter, *Inorganic Chemistry,* Harper Collins, New York **1993**, S. 410.

Systeme. Bei der Konstruktion des Ligandenfeldoperators haben wir uns bisher bewußt auf den d^1-Fall beschränkt, bei dem sich H_{LF} auf das Ligandenfeldpotential V_{LF} reduziert. Für Konfigurationen mit mehreren d-Elektronen müssen nun sowohl das Ligandenfeldpotential als auch die Elektron-Elektron-Abstoßung in der d-Schale berücksichtigt werden [siehe *(14.2)*] und in die Störungsrechnung eingehen. Die Störung des wechselwirkungsfreien Atoms durch die Elektron-Elektron-Abstoßung und das Ligandenfeldpotential kann im allgemeinen von der gleichen Größenordnung sein, und *beide sind nicht unabhängig voneinander*. Ist eine der beiden Störungen jedoch wesentlich stärker als die andere, so können sie nacheinander berücksichtigt werden, wobei man zunächst von der Wirkung des stärkeren Störpotentials ausgeht.

Ist das Ligandenfeld schwach, so berücksichtigt man die d-Elektron-Elektron-Wechselwirkung zuerst und erhält dabei die Terme der Slaterschen Atomtheorie. Diese werden dann durch das Ligandenfeldpotential weiter aufgespalten. Man bezeichnet diese Vorgehensweise als *Näherung des „schwachen Feldes"*, die im folgenden Abschnitt näher erläutert wird.

14.3.1   Die Näherung des „schwachen Feldes"

Ausgangspunkt der Näherung des schwachen Feldes $(\Delta \ll B)^{45}$ sind die Terme der freien Atome und Ionen, die für den Russel-Saunders Spin-Bahn-Kopplungsfall durch den Gesamtbahndrehimpuls L und die Gesamtspinmultiplizität $2S + 1$ charakterisiert sind (Kap. 13). Die Winkelabhängigkeit der Termwellenfunktionen, die Eigenfunktionen des Gesamtbahndrehimpulses L sind, wird im Falle der Orbitale des Wasserstoffatoms durch die Kugelflächenfunktionen Y_L^M ausgedrückt. Daher läßt sich alles, was wir in Abschnitt 14.2 über die Aufspaltung der Orbitale (Einelektronenwellenfunktionen) in Umgebungen unterschiedlicher Symmetrie diskutiert haben, auf das Verhalten der Termwellenfunktionen übertragen. Wir betrachten lediglich den Gesamtbahndrehimpuls L statt des Orbitalbahndrehimpulses l. Die Aufspaltung der Terme in einer oktaedrischen, tetraedrischen und tetragonalen Umgebung ist in Tabelle 14.5 wiedergegeben.

Die Energiedifferenzen zwischen den Termen im Ligandenfeld erhält man – wie bereits oben erwähnt – durch eine Störungsrechnung angewandt auf die Termwellenfunktionen des „Slater-Atoms".

Die beiden Schritte in der Näherung des schwachen Feldes, zunächst die Berücksichtigung der Elektron-Elektron-Abstoßung und dann des Ligandenfeldpotentials, soll am Beispiel des d^2-Systems erläutert werden. Die durch die Wechselwirkung der d-Elektronen bedingten unterschiedlichen Termenergien lassen sich – wie in Kapitel 13 erläutert wurde – durch die Racah-Parameter ausdrücken:

---

[45] Meist wird die Elektron-Elektron-Abstoßung nur durch den Racah-Parameter B repräsentiert, da A bei allen Termen einer Konfiguration nur als eine additive Konstante auftritt und C ein fast konstantes Größenverhältnis zu B besitzt ($C \approx 4B$ bis $5B$).

Tabelle 14.5. Aufspaltung der Atom-Terme von Übergangsmetallen in Störfeldern unterschiedlicher Symmetrie.

Atom-Term (L)	O_h	T_d	D_{4h}
S (0)	A_{1g}	A_1	A_{1g}
P (1)	T_{1g}	T_1	$A_{2g} + E_g$
D (2)	E_g	E	$A_{1g} + B_{1g}$
	T_{2g}	T_2	$B_{2g} + E_g$
F (3)	A_{2g}	A_2	B_{1g}
	T_{1g}	T_1	$A_{2g} + E_g$
	T_{2g}	T_2	$B_{2g} + E_g$
G (4)	A_{1g}	A_1	A_{1g}
	E_g	E	$A_{1g} + B_{1g}$
	T_{1g}	T_1	$A_{2g} + E_g$
	T_{2g}	T_2	$B_{2g} + E_g$

$$^1S : A + 14B + 7C$$
$$^1G : A + 4B + 2C$$
$$^3P : A + 7B$$
$$^1D : A - 3B + 2C$$
$$^3F : A - 8B$$

Das Ligandenfeldpotential führt dann zu der folgenden Aufspaltung, die wir Tabelle 14.5 entnehmen:

$$^1S : {}^1A_{1g}$$
$$^1G : {}^1A_{1g} + {}^1E_g + {}^1T_{1g} + {}^1T_{2g}$$
$$^3P : {}^3T_{1g}$$
$$^1D : {}^1E_g + {}^1T_{2g}$$
$$^3F : {}^3A_{2g} + {}^3T_{1g} + {}^3T_{2g}$$

Die sich aus der Störungsrechnung ergebenden Energien der aufgespaltenen Terme betragen (ausgedrückt durch die Ligandenfeldparameter ε_0 und Dq:

$$^3F|^3T_{1g} : 2\varepsilon_0 - 6Dq \; ; {}^3F|^3T_{2g} : 2\varepsilon_0 + 2Dq \; ; {}^3F|^3A_{2g} : 2\varepsilon_0 + 12Dq$$
$$^1D|^1E_g : 2\varepsilon_0 + \tfrac{24}{7}Dq \; ; {}^1D|^1T_{2g} : 2\varepsilon_0 - \tfrac{16}{7}Dq \; ; {}^3P|^3T_{1g} : 2\varepsilon_0 \; ; {}^1S|^1A_{1g} : 2\varepsilon_0$$
$$^1G|^1A_{1g} : 2\varepsilon_0 + 4Dq \; ; {}^1G|^1E_g : 2\varepsilon_0 + \tfrac{4}{7}Dq \; ; {}^1G|^1T_{1g} : 2\varepsilon_0 + 2Dq \; ;$$
$$^1G|^1T_{2g} : 2\varepsilon_0 - \tfrac{26}{7}Dq.$$

Die Aufspaltung der Energieniveaus – ausgehend von dem wechselwirkungsfreien Atom als ungestörtem System – in den aufeinanderfolgenden Schritten ist in Abbildung 14.11 dargestellt.

Bisher haben wir uns auf die Terme der d^2-Konfiguration konzentriert. Die Vorgehensweise bei der Bestimmung der Ligandenfeldaufspaltung der Atom-Terme der anderen Konfigurationen ist analog. Für die Diskussion der d-d-spektroskopischen Übergänge in Abschnitt 14.5 und Kapitel 17 werden vor

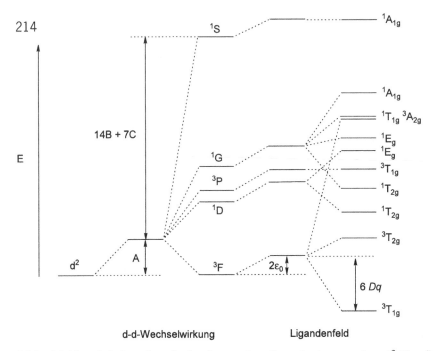

Abb. 14.11. Schrittweise Aufspaltung der Energieniveaus der d^2-Konfiguration nach der Methode des schwachen Feldes. Die Termenergien werden durch die Wirkung des Ligandenfeldes um den gleichen Betrag – $2\varepsilon_0$ – angehoben. Die ^3F-, ^1D- und ^1G-Terme spalten darüberhinaus im Oktaederfeld auf.

allem die Ligandenfeldaufspaltungen der Grundterme der freien Ionen von Interesse sein, da diese die UV-Vis-Spektren der Komplexe wesentlich bestimmen. Für die oktaedrischen Komplexe sind die Grundtermaufspaltungen für die verschiedenen Konfigurationen in Abbildung 14.12 zusammengefaßt.

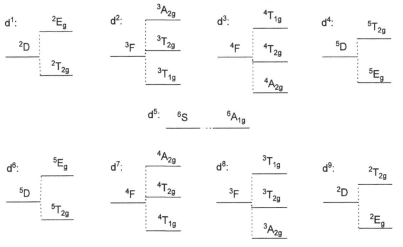

Abb. 14.12. Aufspaltung der Grundterme im oktaedrischen Ligandenfeld für die Konfigurationen $d^1 - d^9$. Der Grundterm $^6S(d^5)$ ist nicht Bahndrehimpuls-entartet ($L = 0$) und spaltet deshalb nicht auf. Im Oktaederfeld transformiert er wie die totalsymmetrische irreduzible Darstellung A_1 der Oktaedergruppe.

Anhand der Aufspaltungen der Grundterme im Oktaederfeld kann man eine Reihe von Regelmäßigkeiten erkennen, die uns ermöglichen, die in Abbildung 14.12 wiedergegebenen Ergebnisse auf wenige Grundtatsachen zurückzuführen. Wir hatten schon bei der Diskussion der Terme der freien Atome festgestellt, daß die Konfigurationen d^n und d^{10-n} zu gleichen Termen führen und dies mit dem „Lochformalismus" erläutert (zwei Löcher stoßen sich in gleicher Weise ab wie zwei Elektronen). Wenn man nun die Spinmultiplizität der Terme ignoriert, so sieht man, daß der Gesamtbahndrehimpuls der Grundterme für die Konfigurationen d^n, d^{n-5}, d^{n+5} und d^{10-n} gleich ist: Die Grundzustände der Konfigurationen d^1, d^4, d^6, d^9 sind jeweils D-Terme, die der Konfigurationen d^2, d^3, d^7, d^8 jeweils F-Terme. Das kann man leicht verstehen, wenn man bedenkt, daß z. B. die Möglichkeiten für die Anordnung von 3 Elektronen in 5 Ortsorbitalen die gleichen sind wie für zwei Löcher[46] und die Konfiguration d^{5+n} gleich der von d^n zuzüglich der halbgefüllten d-Schale (mit Gesamtbahndrehimpuls $L = 0$) ist.

Aufgrund der hier diskutierten „Symmetrie" bei den Grundtermen gibt es auch nur wenige Ligandenfeld-Aufspaltungsmuster. Während jedoch bei der Coulomb-Wechselwirkung in der d-Schale, die zu den Atom-Termen führt, Löcher wie Elektronen behandelt werden können (beide stoßen sich jeweils ab!), erfahren Elektronen eine *repulsive* Wechselwirkung mit dem Ligandenfeldpotential, während die Löcher *angezogen* werden. Die Folge ist eine *inverse* Aufspaltung der Grundterme mit gleicher Anzahl von Elektronen und Löchern in den d-Orbitalen. Ein Beispiel für die inverse Aufspaltung bieten die Grundterme $^2D(d^1)$ und $^2D(d^9)$ (ein Elektron bzw. ein Loch) und – wenn man die Spinmultiplizität außer Acht läßt – $^2D(d^1)$ und $^5D(d^4)$.

Übungsbeispiel:

Vergleichen Sie die Aufspaltung der Grundterme der Konfigurationen d^2 und d^7 und interpretieren Sie diese in dem oben skizzierten Sinn.

Antwort:
Die Ligandenfeldaufspaltung der Grundterme von d^2 (^3F) und d^7 (^4F) ist gleich. Die Konfiguration d^7 kann auch als d^{5+2} interpretiert werden, d. h. als die einer halbgefüllten d-Schale ($L = 0$) plus zweier d-Elektronen, die für die „Ladungs-Asymmetrie" sorgen, die zur Termaufspaltung im Oktaederfeld wie bei d^2 führt. Die Ligandenfeldaufspaltung ist invers zu der von $^3F(d^8)$, da hier zwei „Löcher" in der nichtgefüllten d-Halbschale mit dem Ligandenfeld wechselwirken.

---

[46] Als Randbedingung gilt in allen Fällen die Hundsche Regel, d. h. die Spinzustände der Elektronen müssen so sein, daß der Grundterm die maximale Spinmultiplizität besitzt.

Ist man an den Grundtermen *tetraedrischer* Komplexe interessiert, so muß man bedenken, daß nach der im vorigen Abschnitt vorgestellten Plausibilisierung der Ligandenfeldaufspaltungen die Aufspaltungen in Tetraederfeldern *invers* zu denen in oktaedrischen Ligandenfeldern ist. Dieses Ergebnis einer Plausibilitätsbetrachtung für den d^1-Fall wird auch durch die Ligandenfeldberechnungen der d^n-Konfigurationen gestützt.

Übungsbeispiel:

Geben Sie die Aufspaltung der Grundterme für d^2, d^6 und d^8 im tetraedrischen Ligandenfeld an.

Antwort:
Die Grundterme des freien Atoms sind $^3F(d^2)$, $^5D(d^6)$, $^3F(d^8)$ und spalten im tetraedrischen Ligandenfeld invers zum Oktaederfeld auf:

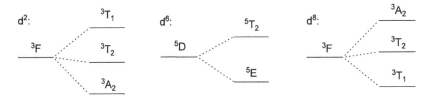

14.3.2   Die Näherung des „starken Feldes"

Letztendliches Ziel unserer Überlegungen wird es sein, die Entwicklung der Termenergien in Abhängigkeit der Ligandenfeldstärke vollständig zu beschreiben. Für schwache Ligandenfelder ist die Vorgehensweise des vorigen Kapitels ausreichend, die eine relativ geringe Störung der Terme des Slater-Atoms voraussetzt. Der andere Extremfall ist ein im Vergleich zur Elektron-Elektron-Wechselwirkung starkes Ligandenfeld ($\Delta \gg B$), und die Interpolation zwischen den beiden Fällen sollte dann – mit zusätzlichen Korrekturen (s. Abschnitt 14.3.3) – zum Ziel führen.

In der Näherung des „starken Feldes" wird zunächst die Elektron-Elektron-Abstoßung in der d-Schale nicht berücksichtigt. Man kann also, da das Ligandenfeldpotential ein Einelektronenoperator ist, wie im d^1-Fall zunächst nur die d-Orbitale selbst betrachten. Diese werden im Ligandenfeld – wie in Abschnitt 14.2 näher diskutiert – energetisch aufgespalten. Für ein oktaedrisches Ligandenfeld haben wir daher die Aufspaltung in die energetisch niedriger liegenden t_{2g}-Orbitale und die e_g-Orbitale, die um den Ligandenfeldparameter $10\,Dq$ (Δ_{okt}) energiereicher sind. Die Besetzung der Orbitale erfolgt dann nach dem Aufbau-Prinzip. Für die d^2-Konfiguration bedeutet dies, daß $(t_{2g})^2$ die Grundzustandskonfiguration ist und $(t_{2g})^1(e_g)^1$ sowie $(e_g)^2$ die Konfigurationen angeregter Zustände sind, die jeweils um $10\,Dq$ energetisch voneinander getrennt sind. Mit Hilfe der Energieausdrücke *(14.9)* in der vereinfachten Schreibweise erhält man folgende Energien für die drei Konfigurationen eines d^2-Atoms im oktaedrischen Ligandenfeld:

$$
\begin{aligned}
(t_{2g})^2 &: 2\varepsilon_0 - 8\,Dq \\
(t_{2g})^1(e_g)^1 &: 2\varepsilon_0 + 2\,Dq \\
(e_g)^2 &: 2\varepsilon_0 + 12\,Dq
\end{aligned}
\qquad (14.12)
$$

Bisher haben wir nur die Einelektronenzustände (Orbitale) berücksichtigt. Diese transformieren nach den irreduziblen Darstellungen der Oktaedergruppe O_h. Die Mehrelektronenfunktionen werden (wie in Kapitel 13) als antisymmetrisierte Produkte der Orbitale erhalten und müssen ebenfalls zu den Symmetrierassen von O_h gehören. Diese erhält man durch Bildung des direkten Produkts der irreduziblen Darstellungen der besetzten Orbitale und anschließende Ausreduktion. Damit erzeugt man zugleich die symmetrieangepaßten Vielteilchenwellenfunktionen, d. h. die *Terme* der jeweiligen Konfiguration. Die Mikrozustände, die zu den drei Konfigurationen des d^2-Metallzentrums in einem oktaedrischen Komplex gehören, spalten daher in folgende Terme auf:

$$
\begin{aligned}
t_{2g} \times t_{2g} &= A_{1g} + E_g + T_{1g} + T_{2g} \\
t_{2g} \times e_g &= T_{1g} + T_{2g} \\
e_g \times e_g &= A_{1g} + A_{2g} + E_g
\end{aligned}
\qquad (14.13)
$$

Übungsbeispiel:

Bestätigen Sie die Relationen (14.13) am Beispiel der Konfiguration $(e_g)^2$. Verwenden Sie dabei die Charaktertafel der Punktguppe O.

Antwort:
Die Lösungsstrategie haben wir bereits in einem Übungsbeispiel in Abschnitt 13.4 kennengelernt: Zunächst bestimmen wir die Charaktere in der Produktbasis durch Multiplikation der Charaktere der irreduziblen Darstellungen der Einelektronenbasen (Orbitale) und führen dann die Reduktion durch. Die Elemente von O sind – wie wir in Kapitel 13 und Abschnitt 14.2 gesehen haben E, $8C_3$, $3C_2$, $6C_4$ und $6C_2'$ mit den Charakteren 2, −1, 2, 0, 0. Die Charaktere der Produktbasis sind also 4, 1, 4, 0, 0.

$$
c(A_1) = (\tfrac{1}{24})[(4\times1) + 8(1\times1) + 3(4\times1) + 6(0\times1) + 6(0\times1)] = 1
$$

$$
c(A_2) = (\tfrac{1}{24})[(4\times1) + 8(1\times1) + 3(4\times1) - 6(0\times1) - 6(0\times1)] = 1
$$

$$c(E) = (\tfrac{1}{24})[(4\times2) - 8(1\times1) + 3(4\times2) - 6(0\times0) - 6(0\times0)] = 1$$

$$c(T_1) = (\tfrac{1}{24})[(4\times3) + 8(1\times0) - 3(4\times1) + 6(0\times1) - 6(0\times1)] = 0$$

$$c(T_2) = (\tfrac{1}{24})[(4\times3) + 8(4\times0) - 3(4\times1) - 6(0\times1) + 6(0\times1)] = 0$$

d. h. $e_g \times e_g = A_{1g} + A_{2g} + E_g$, da die d-Orbitale inversionssymmetrisch sind (Index g).

Bei der Termaufspaltung in der Näherung des starken Feldes haben wir bisher nur die Symmetrie der Ortsorbitale berücksichtigt und keine Aussage über die Spinmultiplizitäten der Terme gemacht. Die systematische Behandlung dieses Aspekts geht über den Rahmen dieses Lehrbuchs hinaus, weshalb hier nur das Ergebnis für die Terme der d^2-Konfiguration wiedergegeben ist:[47]

$$
\begin{aligned}
(t_{2g})^2 &: {}^1A_{1g} + {}^1E_g + {}^3T_{1g} + {}^1T_{2g} \\
(t_{2g})^1(e_g)^1 &: {}^1T_{1g} + {}^3T_{1g} + {}^1T_{2g} + {}^3T_{2g} \\
(e_g)^2 &: {}^1A_{1g} + {}^3A_{2g} + {}^1E_g
\end{aligned}
\qquad (14.14)
$$

Bei der Berechnung der Termenergien der zu den drei Konfigurationen gehörenden Terme wird im Rahmen der Ligandenfeldtheorie eine Störungsrechnung mit dem Operator der Elektron-Elektron-Wechselwirkung durchgeführt. Auf diese Weise lassen sich die Energien der aufgespaltenen Terme durch die Racah-Parameter ausdrücken. Anstatt die berechneten Ligandenfeld- und Racah-Parameter zu verwenden, werden diese aus den Elektronenübergangs-Energien der Banden in den UV-Vis-Spektren experimentell angepaßt. Wie bereits am Anfang dieses Kapitels betont wurde, übernimmt man die Struktur der Lösungen aus einer Kristallfeld- und Slater-theoretischen Behandlung der Übergangsmetallkomplexe, paßt die dadurch definierten Parameter aber experimentell an. Für die Terme der drei Konfigurationen der d^2-Metalle erhält man die folgenden Ausdrücke nach Durchführung der Störungsrechnung mit dem Operator der d-d-Wechselwirkung:

---

[47] Eine gut verständliche Diskussion dieses Problems, das mit der Methode der „absteigenden Symmetrie" gelöst werden kann, bietet das Buch von F. A. Cotton, *Chemical Applications of Group Theory*, 3. Aufl., Wiley, New York, **1990**, S. 270 ff. Man kann sich die Ergebnisse für die d^2-Konfiguration jedoch plausibel machen, wenn man berücksichtigt, daß z. B. zur $(e_g)^2$-Konfiguration $\binom{4}{2} = 6$ Mikrozustände gehören [Es gibt so viele Möglichkeiten, 2 Elektronen auf 4 Spinorbitale zu verteilen]. Da diese Mikrozustände zu den drei obengenannten Termen zusammengefaßt werden, muß die Summe der Entartungen der Terme gleich sechs sein, was aber nur durch die hier zugewiesenen Multiplizitäten erreicht wird. Ganz analog kann man die beiden anderen Konfigurationen von d^2 diskutieren. Im allgemeinen ist allerdings eine strenge formale Behandlung notwendig.

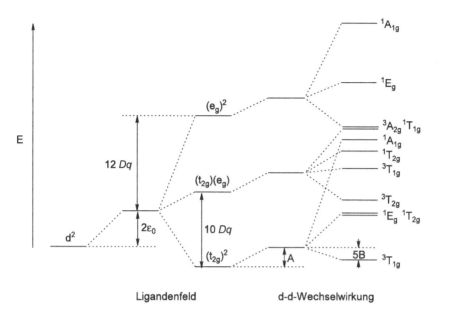

Abb. 14.13. Schematische Darstellung der einzelnen Schritte der Störungsrechnung für die d^2-Konfiguration im Oktaederfeld in der Näherung des starken Feldes. Wie auch in Abbildung 14.11 erkennt man, daß die Parameter ε_0 und A die relative Lage der d^2-Terme nicht beeinflussen. Sie wären erst bei Übergängen mit Konfigurationsänderung zu berücksichtigen, die im Rahmen der Ligandenfeldtheorie aber nicht adäquat beschrieben werden können.

$^1A_{1g}\|(t_{2g})^2 : A + 10B + 5C$	$^1T_{1g}\|(t_{2g})^1(e_g)^1 : A + 4B + 2C$	$^1A_{1g}\|(e_g)^2 : A + 8B + 4C$
$^1E_g\|(t_{2g})^2 : A + B + 2C$	$^1T_{2g}\|(t_{2g})^1(e_g)^1 : A + 2C$	$^3A_{2g}\|(e_g)^2 : A + 2C$
$^1T_{2g}\|(t_{2g})^2 : A + B + 2C$	$^3T_{1g}\|(t_{2g})^1(e_g)^1 : A + 4B$	$^1E_g\|(e_g)^2 : A - 8B$
$^3T_{1g}\|(t_{2g})^2 : A - 5B$	$^3T_{2g}\|(t_{2g})^1(e_g)^1 : A - 8B$	

Die berechneten Termenergien für oktaedrische d^2-Komplexe in der Starkfeld-Näherung sind in Abbildung. 14.13 schematisch dargestellt. Der Grundterm ist wie in der Näherung des schwachen Ligandenfeldes $^3T_{1g}$. Die beiden Terme $^1E_g\|(t_{2g})^2$ und $^1T_{2g}\|(t_{2g})^2$ sind in der in diesem Abschnitt diskutierten Näherung *zufällig entartet*.

Beim Gang von der Schwachfeld- zur Starkfeld-Näherung haben wir die Symmetrie des Systems unverändert gelassen. Die Anzahl und Symmetrie der Terme bleibt daher ebenfalls unverändert, d. h. *die Terme beider Näherungen lassen sich stetig ineinander überführen.* Dies kann man am besten in einem schematischen *Korrelationsdiagramm* wie in Abbildung 14.14 veranschaulichen.

Solche Korrelationsdiagramme kann man für alle Konfigurationen leicht aufstellen; sie sind in Abbildung 14.15 zusammengefaßt. In der Mitte der Korrelationsdiagramme befinden sich jeweils die Terme für die freien Ionen. Links davon befinden sich die Terme der oktaedrischen d^{10-n}- und tetraedrischen d^n-Komplexe, während rechts die Aufspaltungen für oktadrische d^n und tetraedrische d^{10-n}-Komplexe abgebildet sind. Ausgehend von den Ter-

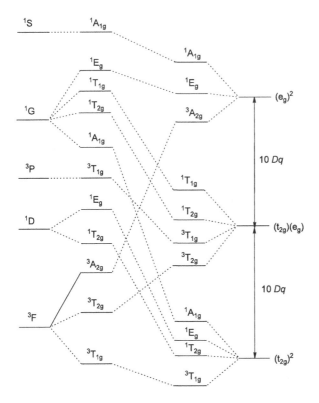

Abb. 14.14. Korrelationsdiagramm für die Terme der d^2-Konfiguration in einem oktaedrischen Ligandenfeld. Links ist die Termaufspaltung in der Schwachfeld-Näherung, rechts in der Starkfeld-Näherung wiedergegeben. Die relativen Termenergien sind willkürlich so gewählt, daß die Korrelationen deutlich werden.

men der freien Ionen sind zunächst die Terme der Schwachfeld-Näherung und dann die der Starkfeld-Näherung wiedergegeben, während außen die relativen Konfigurationsenergien der hypothetischen Systeme ohne Elektron-Elektron-Wechselwirkung schematisch angegeben sind.

Die Näherung des starken und schwachen Feldes bei der Diskussion der Termenergien ist nicht primär wegen der rein rechnerischen Vorgehensweise bei der Bestimmung von Termenergien von Interesse. Vielmehr stehen beide Grenzfälle für unterschiedliche physikalische Interpretationen, die bei den praktischen qualitativen Anwendungen der Ligandenfeldtheorie in Abschnitt 14.2.5 bis 14.2.7 und später bei der genaueren Analyse von Komplexspektren in Teil V dieses Buches von Bedeutung werden.

Die Interpretation von Ligandenfeldeigenschaften, die von der Konfiguration abhängen, ist prinzipiell nur im Rahmen der Starkfeld-Näherung möglich. Im Fall eines schwachen Ligandenfeldes werden die verschiedenen Konfigurationen der Ligandenfeld-aufgespaltenen Orbitale durch die wesentlich stärkere Elektron-Elektron-Abstoßung erheblich „gemischt" („Konfigurationswechselwirkung", s. Abschnitt 14.3.3), wodurch die Identifikation eines Terms mit einer Konfiguration bedeutungslos wird.

Die unterschiedlichen Blickwinkel der beiden Näherungen erlauben uns auch, ansonsten komplizierte Aspekte der Spektren von Koordinationsverbin-

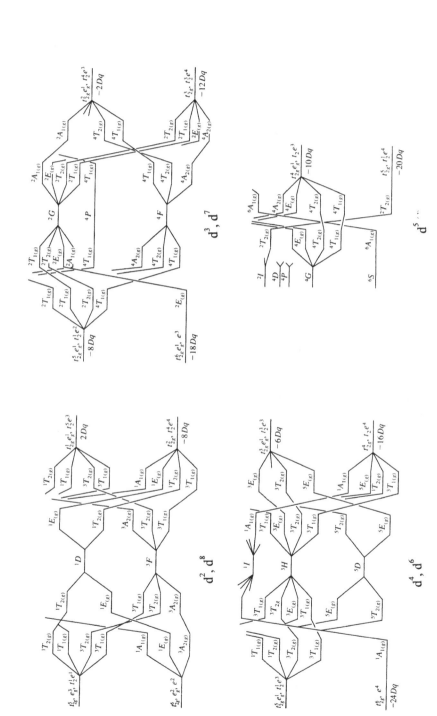

Abb. 14.15. Korrelationsdiagramme der d^n- und d^{10-n}-Ionen in oktaedrischen und tetraedrischen Ligandenfeldern. Es sind jeweils nur die Terme niedrigster Energie gezeigt, die für die spektroskopischen Eigenschaften der Komplexe von Bedeutung sind. (Aus: B. N. Figgis, in *Comprehensive Coordination Chemistry* (Hrsg. G. Wilkinson, R. D. Gillard, J. A. McCleverty), Band 1, Pergamon, Oxford, **1987**, S. 236).

dungen zu verstehen. Während beispielsweise in d^2-Komplexen mit schwachem Ligandenfeld ($[V(OH_2)_6]^{3+}$ u.ä.) die beiden längstwelligen Übergänge $^3T_{1g} \to {}^3T_{2g}$ und $^3T_{1g} \to {}^3A_{2g}$ zu etwa gleich intensiven Absorptionsbanden führen, nimmt die Intensität des $^3T_{1g} \to {}^3A_{2g}$-Übergangs bei starkem Ligandenfeld ab. Den Grund dafür kann man aus Abbildung 14.14 ersehen: Der angeregte $^3A_{2g}$-Term korreliert im Starkfeld-Fall mit der Konfiguration $(e_g)^2$. Die schwache Absorptionsbande entspricht also einem Zweielektronenübergang, der – wie in Teil V diskutiert wird – Dipol-verboten ist.[48]

14.3.3 „Termwechselwirkung", „Konfigurationswechselwirkung"

Die Methoden der letzten beiden Abschnitte sind eine Anwendung der Störungstheorie auf zwei Arten der Elektronen-Wechselwirkung in einem Komplex, und zwar der Elektron-Elektron-Abstoßung der d-Elektronen sowie ihre Wechselwirkung mit einem Ligandenfeld. Je nach der relativen Größe der beiden Störungen berücksichtigt man sie in unterschiedlicher Reihenfolge und erhält auf diese Weise die beiden diskutierten Grenzfälle. Aufgrund der Korrelation der Terme der Stark- und Schwachfeld-Näherung sollte man nun annehmen, daß die relativen Termenergien für den allgemeinen Fall durch Interpolation zwischen den beiden Extremfällen bestimmt werden können. Dies ist aber nur dann möglich, wenn die Terme einer Konfiguration nur jeweils einmal vorkommen. Führt eine d-Elektronenkonfiguration zu mehreren Termen gleicher Symmetrie und Spinmultiplizität, so reichen die bisher betrachteten störungstheoretischen Näherungen nicht zur vollständigen, quantitativen Beschreibung des Systems aus. Dies äußert sich darin, daß die Nichtdiagonalelemente zwischen diesen Zuständen in der Störmatrix von Null verschieden sind. Bei der Diagonalisierung der Störmatrix erhält man entsprechend korrigierte Termenergien, wobei die Korrektur jeweils zu einer *Vergrößerung der Energiedifferenz* führt. Sind insbesondere zwei Zustände gleicher Symmetrie und Multiplizität bei einer Überschneidung in der Korrelation zwischen starkem und schwachem Ligandenfeld zufällig entartet, so verhindert diese Korrektur der Termenergien diese Überschneidung. Nach allem Gesagten scheint es also, als ob sich die Terme gleicher Symmetrie und Spinmultiplizität in den Korrelationen „abstoßen". Dies ist keine eigentliche Wechselwirkung im physikalischen Sinne, sondern ein Artefakt der Störungstheorie. Dennoch bezeichnet man die zusätzliche störungstheoretische Korrektur der Termenergien, die einer „Mischung" der unkorrigierten Terme entspricht, als *Termwechselwirkung*.

Für den hier diskutierten Fall gibt es bei d^2-Systemen gleich vier Beispiele. In der Näherung des schwachen Feldes sind dies:

$$^3T_{1g} \, (^3F, \, {}^3P), \; {}^1A_{1g} \, (^1G, \, {}^1S), \; {}^1E_g \, (^1G, \, {}^1D), \; {}^1T_{2g} \, (^1G, \, {}^1D),$$

---

[48] Das Verbot gilt natürlich im strengen Sinn nur bei Abwesenheit der Elektron-Elektron-Abstoßung.

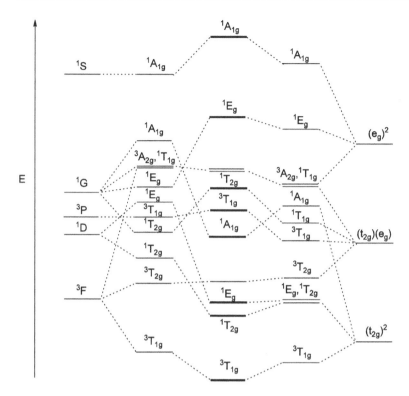

Abb. 14.16. Aufspaltung der Terme eines d^2-Systems im Oktaederfeld unter Berücksichtigung der Term- bzw. Konfigurationswechselwirkung. Es werden lediglich die vier Terme, die mehr als einmal vorkommen, explizit berücksichtigt. Von links ausgehend ist die Näherung des schwachen Feldes, von rechts aus die des starken Feldes angewandt worden.

die sich ganz analog aus der Starkfeld-Näherung ergeben:

$${}^3T_{1g}\ [(t_{2g})^2,\ (t_{2g})^1(e_g)^1],\ {}^1A_{1g}\ [(t_{2g})^2,\ (e_g)^2],\ {}^1E_g\ [(t_{2g})^2,\ (e_g)^2],\ {}^1T_{2g}\ [(t_{2g})^2,\ (t_{2g})^1(e_g)^1]$$

In letzterem Fall bezeichnet man die Korrektur der Termenergien als *Konfigurationswechselwirkung*, da sie eine „Mischung" von Termen verschiedener Konfigurationen beinhaltet. Wie auch die Termwechselwirkung ist sie ein Charakteristikum der angewandten theoretischen Methode und hat keine physikalische Bedeutung an sich. Die Term- und Konfigurationswechselwirkung ist in Abbildung 14.16 für die hier diskutierten d^2-Atome schematisch dargestellt.

Bei konsequenter Behandlung der störungstheoretischen Näherungen und anschließender Term- bzw. Konfigurationswechselwirkung erhält man – sowohl von der Starkfeld- als auch der Schwachfeld-Näherung ausgehend – die im Rahmen der Theorie exakten Energie-Eigenwerte der Terme.

Übungsbeispiel:

Interpretieren Sie das Elektronenspektrum des Hexaaquachrom(III)-Komplexes in Abbildung 14.17 auf der Grundlage der in diesem Abschnitt entwickelten Theorie.

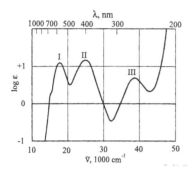

Abb. 14.17. Absorptionsspektrum von [Cr(OH$_2$)$_6$](ClO$_4$)$_3$ in verdünnter wässriger Perchlorsäure.[49]

Antwort:
Zunächst stellen wir das Termschema des oktaedrischen Komplexes ausgehend von den Termen des freien Ions auf, wobei wir nur die Quartett-Terme berücksichtigen, da alle anderen Anregungen aus dem Grundzustand (^{4}F) spin-verboten sind und nur zu sehr schwachen Absorptionsbanden führen (Abb. 14.18). Dabei berücksichtigen wir auch die Term-Wechselwirkung zwischen den T$_{1g}$-Termen, die sich von den ^{4}F- und ^{4}P-Termen des freien Ions herleiten.

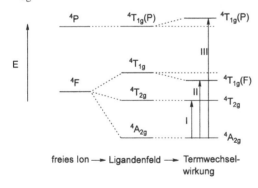

Abb. 14.18. Quartett-Termsystem von Cr^{3+} im oktaedrischen Ligandenfeld unter Berücksichtigung der Termwechselwirkung.

Die Absorptionsbanden *I*, *II* und *III* im Spektrum von [Cr(OH$_2$)$_6$]$^{3+}$ entsprechen also den Übergängen $^4A_{2g} \rightarrow {^4}T_{2g}$, $^4A_{2g} \rightarrow {^4}T_{1g}(F)$ und $^4A_{2g} \rightarrow {^4}T_{1g}(P)$. Die kurzwellige Bande *III* (37000 cm^{-1}) wird bei den meisten Chrom(III)-Komplexen durch Charge-Transfer-Banden überdeckt.

---

[49] H. L. Schläfer, G. Gliemann, loc. cit., S. 48.

14.4 Der Einfluß der Liganden: die „effektiven" Racah-Parameter und der „nephelauxetische Effekt"

Wir haben bisher den Einfluß der Liganden anhand der Größe der Ligandenfeldaufspaltung diskutiert und ausgehend davon die spektrochemische Reihe der Liganden und Zentralatome aufgestellt und interpretiert. Während man daraus die Wechselwirkung der an der Bindung zum Liganden nur unwesentlich beteiligten d-Elektronen mit dem Störfeld der Liganden erhält, ist eine unmittelbare Interpretation der Bindungsverhältnisse zwischen Ligand und Metallzentrum jedoch schwierig, so daß Δ ein anzupassender Parameter des Modells bleibt. Die Parameter der Ligandenfeldtheorie, die die Elektron-Elektron-Wechselwirkung in der d-Schale beschreiben, sind die Racah-Parameter B und C, die – wie hier näher beleuchtet werden soll – nicht allein eine Eigenschaft des Zentralatoms wiedergeben, sondern vielmehr Aufschluß über die Metall-Liganden-Bindungen vermitteln.

Die Elektron-Elektron-Abstoßung in der d-Schale hängt empfindlich von der Wechselwirkung des Zentralatoms mit den Liganden ab und kann daher als eine Art „Sonde" dafür verwendet werden. Daraus folgt, daß die Racah-Parameter B', C', die aus den experimentellen Daten (z. B. den Absorptionsspektren) der Komplexe angepaßt wurden, sich von denen der freien Ionen B, C unterscheiden. Diese sich aus der Korrektur der Parameter des Slater-Modells ergebenden *effektiven Racah-Parameter* sind stets kleiner als die der freien Ionen. Da sich die Energiedifferenzen zwischen dem Grundzustand und den energetisch niedrigsten Termen gleicher Spinmultiplizität nur durch den Parameter B (in Komplexen als B') ausdrücken lassen, beschränkt man sich in der Diskussion auch auf diesen einen Parameter.

Übungsbeispiel:

Überprüfen Sie anhand der Termenergien für die Konfigurationen d^2 und d^3 (und folglich auch d^7 und d^8), daß die Spin-erlaubten Übergänge in diesen Fällen nur von B abhängen.

Antwort:
Die relevanten Termenergien der freien Atome/Ionen, ausgedrückt durch die Racah-Parameter sind:

d^2, d^8: $^3F = A - 8B$, $^3P = A + 8B$, d. h. $\Delta E(^3F \rightarrow {}^3P) = 15B$
d^3, d^7: $^4F = 3A - 15B$, $^4P = A$, d. h. $\Delta E(^4F \rightarrow {}^4P) = 15B$

Man erkennt, daß diese vier Konfigurationen zu sehr ähnlichen Absorptionsspektren führen, da die Bahnentartung des Grundzustands und des ersten angeregten Zustands gleich ist, was wiederum zu gleichen (aber im Falle der F-Terme energetisch invertierten) Ligandenfeldaufspaltungen führt.

Die geringeren Werte für B' im Vergleich zu B bedeuten eine Verringerung der Wechselwirkung zwischen den d-Elektronen in den Komplexen im Vergleich zu den freien Ionen, was man sich durch eine radiale Expansion der d-Orbitale (Ausdehnung der „Elektronenwolken") erklären kann. Diese Radialexpansion der d-Orbitale in Komplexen bezeichnet man auch als *nephelauxetischen Effekt*,[50] der – wie auch die Ligandenfeldparameter – nur unter der Voraussetzung der weitgehenden Entkopplung der d-Elektronen vom Rest des Moleküls (also den Grundbedingungen der Ligandenfeldtheorie) eine Bedeutung hat. Versucht man diesen „Effekt" z. B. aus Molekülorbital-theoretischen Betrachtungen herzuleiten, ergibt sich eine durchaus andere physikalische Interpretation, wie in Kapitel 16 gezeigt wird.

Bei der Diskussion des Einflusses verschiedener Liganden betrachtet man häufig das Verhältnis $\beta = B'/B$, anhand dessen man die Liganden nach der Größe dieses Effekts ordnen kann. Mit sinkendem β, also ansteigendem nephelauxetischen Effekt (n.E.), ergibt sich dabei die folgende Reihe:

steigender n.E. $\rightarrow$
$F^- < H_2O < NH_3 < en < ox < NCS^- < Cl^- < CN^- < Br^- < J^- < (EtO)_2PSe_2^-$
β nimmt ab $\rightarrow$

Diese Reihe wird auch als *nephelauxetische Reihe* der Liganden bezeichnet. Da der n.E. ebenfalls von dem Zentralatom der betrachteten Komplexe abhängt, läßt sich eine solche Reihe auch für die Übergangsmetalle aufstellen:

$Mn^{II} < V^{II} \approx Ni^{II} < Mo^{III} < Cr^{III} < Fe^{III} < Rh^{III} \approx Ir^{III} < Co^{III} < Mn^{IV} < Pt^{IV}$

Wie auch im Falle der spektrochemischen Reihe versucht man den nephelauxetischen Effekt aus experimentell gewonnenen Daten so zu parametrisieren, daß der Einfluß von Zentralatom und Liganden getrennt werden kann. Die Parameter sind damit übertragbar – also neu kombinierbar. In Analogie zur Parametrisierung von Δ_{okt} verwendet man einen Produktansatz für $(B - B')/B = (1 - \beta)$:

$$(1 - \beta) = h \cdot k$$

Hierbei sind h und k die nephelauxetischen Parameter der Liganden bzw. des Metallions (Tabelle 14.6).

---

[50] nephelauxetisch: „wolkenerweiternd".

Tabelle 14.6. Nephelauxetische Parameter h und k einiger Liganden und Zentralatome.

Ligand (6×)	h	Metallzentrum	k
F^-	0.8	Mn^{II}	0.07
H_2O	1.0	V^{II}	0.10
NH_3	1.4	Ni^{II}	0.12
en	1.5	Mo^{III}	0.15
ox	1.5	Cr^{III}	0.20
Cl^-	2.0	Fe^{III}	0.24
CN^-	2.1	Rh^{III}	0.28
Br^-	2.3	Ir^{III}	0.28
N_3^-	2.4	Co^{III}	0.33
I^-	2.7	Pt^{IV}	0.60

Aus Tabelle 14.6 erkennt man, daß β mit steigender Polarisierbarkeit und steigendem Reduktionsvermögen der Liganden sowie zunehmendem Oxidationsvermögen des Zentralatoms abnimmt. Daraus kann man schließen, daß die Abnahme von B' auf einen *Ladungstransfer von den Liganden zum Metallzentrum* zurückzuführen ist.

Dieser Ladungstransfer erniedrigt die Partialladung am Zentralatom, was zur bereits erwähnten Expansion der d-Orbitale führt. Der Ladungstransfer kann sowohl durch kovalente Donor-Akzeptor-Wechselwirkung mit Akzeptororbitalen außerhalb der d-Schale erfolgen („Zentralfeld-Kovalenz"), als auch eine Folge schwacher kovalenter Wechselwirkungen zwischen den d-Orbitalen und den Liganden sein („Delokalisierung der d-Elektronen in Richtung der Liganden", „symmetry-restricted covalency").

Das im Rahmen der Ligandenfeldtheorie entwickelte Konzept des nephelauxetischen Effekts gibt uns einen direkten Hinweis auf eine kovalente bindende Wechselwirkung zwischen Metall und Liganden.

Übungsbeispiel:

Berechnen Sie mit den in Tabelle 14.6 angegebenen Werten für h und k den nephelauxetischen Effekt für [CrF$_6$]$^{3-}$ und [Co(CN)$_6$]$^{3-}$.

Antwort:

$[CrF_6]^{3-}$: $1-\beta = 0.20 \times 0.8 = 0.16$
$[Co(CN)_6]^{3-}$: $1-\beta = 0.33 \times 2.1 = 0.70$

Der effektive Racah-Parameter B' beträgt im Falle des Chromkomplexes 84 %, für den Co-Komplex nur 30 % des Wertes für das jeweilige freie Ion. Während die Metall-Liganden-Bindungen in ersterem also im wesentlichen ionischer Art sind, liegen starke kovalente Wechselwirkungen im Cobaltkomplex vor.

14.5   Tanabe-Sugano-Diagramme

Die Energien der spektroskopischen Übergänge in oktaedrischen und tetraedrischen d^n-Komplexen lassen sich im Rahmen der Ligandenfeldtheorie in Abhängigkeit des Ligandenfeldparameters Δ[51] und der effektiven Racah-Parameter B' und C' ausdrücken, d. h. E = E(Δ, B', C').[52] Zur Bestimmung dieser unabhängigen Parameter aus den Spektren müssen ausreichend viele d-d-Übergänge beobachtet und zugeordnet werden. Aus den gemessenen Termenergie-Differenzen lassen sich mit Hilfe ihrer ligandenfeldtheoretischen Ausdrücke E(Δ, B', C') die Parameter optimal anpassen. Dies könnte im Prinzip leicht durch elektronische Rechner erfolgen und wird auf einem höheren Niveau der Theorie bei der Anwendung des Angular-Overlap-Modells (Kap. 15) auch mit Hilfe leistungfähiger Programme erreicht.

Bevor Computer für solche Routineaufgaben zur Verfügung standen, behalf man sich mit graphischen Lösungsansätzen dieses Problems, die auf einer geeigneten umfassenden Darstellung der (einmal berechneten) Abhängigkeit der Termenergien von den relevanten Parametern des Oktaederfeldes beruhen. Das Standardverfahren einer solchen graphischen Darstellung, das sich für die quantitative Auswertung von Komplex-Elektronenspektren eignet, beruht auf den nach ihren Erfindern benannten *Tanabe-Sugano-Diagrammen*. Obwohl die praktische Anwendung von Tanabe-Sugano-Diagrammen zur quantitativen Auswertung von Spektren ihre Bedeutung verloren hat, erlauben sie die Darstellung einiger grundsätzlicher Zusammenhänge der Ligandenfeldtheorie, die durch eine rein numerische Lösung des Auswertungsproblems verloren gehen.

Tanabe und Sugano berechneten in den 50er Jahren auf der Basis der Näherung des starken Feldes mit anschließender Konfigurationswechselwirkung die Abhängigkeit der Termenergien oktaedrischer Komplexe von der Ligandenfeldstärke.[53] Ihre Ergebnisse stellten sie in Diagrammen dar, in denen die Ligandenfeldstärke und Termenergie in Einheiten des effektiven

---

[51] Im Falle von Komplexen mit niedrigerer Symmetrie müssen mehrere Ligandenfeld-Parameter berücksichtigt werden.

[52] Wir betrachten nur d-d-Übergänge, d. h. Übergänge zwischen den Termen *einer* d^n-Konfiguration, für die der Racah-Parameter A' gleich ist. Dieser geht also nicht in die Ausdrücke für die Termenergie-Differenzen ein.

[53] Y. Tanabe, S. Sugano, *J. Phys. Soc. Japan* **1954**, *9*, 753.

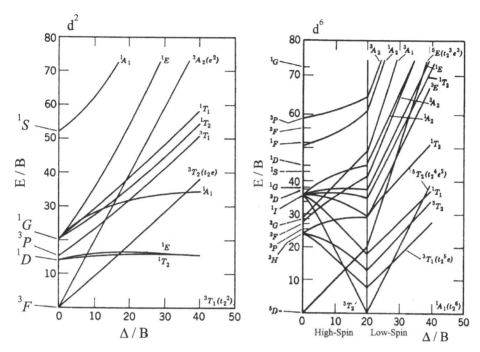

Abb. 14.19. Tanabe-Sugano-Diagramme für oktaedrische d^2- und d^6-Komplexe. Es wurde ein Verhältnis von C'/B' = 4.8 angenommen.

Racah-Parameters B' gegeben ist (unter Annahme eines konstanten Verhältnisses von B' und C'). In diesen *Tanabe-Sugano-Diagrammen* (Abb. 14.19) mit ihrer Auftragung von E/B' gegen Δ/B' sind nicht die Termenergien selbst, sondern die *Differenzen zur Energie des Grundzustands angegeben. Der Grundzustand entspricht also immer der x-Achse!*

Anhand des Tanabe-Sugano-Diagramms für den d^2-Fall erkennt man sehr schön den Einfluß der Termwechselwirkung auf die Energien von Termen, die mehr als einmal vorkommen. So „stoßen" sich die $^1A_{1g}$-, $^1T_{2g}$- und ^1E_g-Terme scheinbar ab, wobei für die beiden letzteren niederenergetischen Terme eine Fastentartung bei hohen Feldstärken daraus resultiert.

Die praktische Anwendung dieses Diagramms zur graphischen Bestimmung der Ligandenfeldparameter läßt sich anhand der spektroskopischen Daten des Hexaaquavanadium(III)-Komplexes zeigen, für den d-d-Übergänge bei 17200 und 25600 cm^{-1} in saurer wässriger Lösung beobachtet werden. Die beiden Banden lassen sich den folgenden Übergängen zuordnen:

$^3T_{1g}$(F) $\rightarrow$ $^3T_{2g}$(F) (17200 cm^{-1})
$^3T_{1g}$(F) $\rightarrow$ $^3T_{1g}$(P) (25600 cm^{-1})

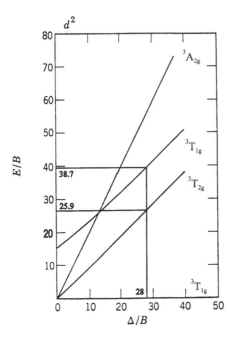

Abb. 14.20. Graphische Auswertung des Absorptionsspektrums von $[V(OH_2)_6]^{3+}$ mit dem Tanabe-Sugano-Diagramm eines d^2-Komplexes.

Das Verhältnis der beiden Energien beträgt 1.49, und wir müssen nun (z. B. mit einem Lineal) den Abszissenabschnitt suchen, an dem dieses Verhältnis möglichst genau vorliegt (Abb. 14.20).

Das aus dem Spektrum erhaltene Verhältnis der Termenergien ist für den Abszissenwert von $\Delta/B' = 28$ erfüllt mit den zugehörigen Ordinatenwerten:

$$[^3T_{1g}(F) \rightarrow {}^3T_{1g}(P)]/B' = 38.7 \text{ und } [^3T_{1g}(F) \rightarrow {}^3T_{2g}(F)]/B' = 25.9$$

Daraus folgt unmittelbar: $B' = 25600 \text{ cm}^{-1}/38.7 = 17200 \text{ cm}^{-1}/25.9 = 663 \text{ cm}^{-1}$. Wie erwartet ist der hiermit bestimmte effektive Racah-Parameter B' des Vanadiumkomplexes geringer als der des freien Ions ($B = 860 \text{ cm}^{-1}$). Aus dem zuvor bestimmten Wert von $\Delta/B' = 28$ ergibt sich unmittelbar der Ligandenfeldparameter $\Delta = 18500 \text{ cm}^{-1}$, womit die für die ligandenfeldtheoretische Beschreibung der Verbindung benötigten Größen bestimmt sind.

Das Diagramm für den d^6-Fall in Abbildung 14.19 bietet ein Beispiel für die diagrammatische Darstellung eines High-Spin→Low-Spin-Übergangs oberhalb einer kritischen Ligandenfeldstärke ($\Delta/B' = 20$). Damit ändert sich der Grundzustand des Systems, und da sich die Energien rechts und links dieses Übergangs auf *unterschiedliche Grundzustände* beziehen, haben die Energiekurven an dieser Stelle scheinbar einen „Knick". Für Werte unterhalb von $\Delta/B' = 20$ liegt ein Quintett-Grundzustand $^5T_{2g}$ vor, wie z. B. im Hexafluorocobaltat(3–) $[CoF_6]^{3-}$. Der einzige spinerlaubte Übergang ist der $^5T_{2g} \rightarrow {}^5E_g$ Übergang, dessen Energie der Ligandenfeldaufspaltung entspricht (13100 cm^{-1}). Für den Low-Spin-Fall gibt es zwei spinerlaubte Über-

gänge, $^1A_{1g} \rightarrow {}^1T_{1g}$ und $^1A_{1g} \rightarrow {}^1T_{2g}$, aus denen man wie für das oben diskutierte Vanadiumkomplex-Kation die Parameter Δ und B' graphisch bestimmen
kann.

Die Tanabe-Sugano-Diagramme sind für Oktaederkomplexe aufgestellt
worden. Man kann sie auch für die Analyse der Spektren von tetraedrischen
Komplexen verwenden, wenn man berücksichtigt, daß in diesen der Wert für
Δ negativ ist und daß nach dem Loch-Formalismus ein d^n-Komplex mit negativem Δ das gleiche Termschema wie ein d^{10-n}-Komplex mit positivem Δ
besitzt. Beispielsweise ist das Termschema von Cobalt(II)-Komplexen (d^7)
im Tetraederfeld gleich dem für d^3-Komplexe im Oktaederfeld.

14.6   Komplexe niedrigerer Symmetrie

14.6.1   Tetragonale Verzerrung oktaedrischer Komplexe

Wir haben bei fast allen unseren Betrachtungen zur elektronischen Struktur
der Komplexe oktaedrische oder tetraedrische Symmetrie der Moleküle angenommen. Wie bereits in Kapitel 5 diskutiert wurde, ist die strenge Oktaedersymmetrie (und Tetraedersymmetrie) nur für die wenigsten Komplexe realisiert. Falls die Abweichungen von der Idealsymmetrie gering sind, wie z. B.
bei den Chelatkomplexen $[Ru(bipy)_3]^{2+}$ und $[Cr(ox)_3]^{3-}$, die D_3-Symmetrie
besitzen, können z. B. die Absorptionsspektren immer noch im Rahmen der
oktaedrischen Näherung analysiert werden. Eine drastische Näherung bildete
schon die Annahme eines oktaedrischen Ligandenfeldes bei der Berechnung
der Ligandenfeldaufspaltung in heteroleptischen Komplexen nach der *Regel
der mittleren Umgebung* in Abschnit 14.2.4. In der Tat ist diese Vorgehensweise für die Interpretation der Absorptionsspektren heteroleptischer Komplexe meist nicht mehr möglich. Die durch die Erniedrigung der Komplexsymmetrie bedingte Änderung der Absorptionsspektren läßt sich besonders
schön am Beispiel des tetragonalen Komplexes *trans*-$[CrF_2(en)_2]^+$ erläutern.
Anstatt der zwei (maximal drei) beobachteten Banden können im sichtbaren

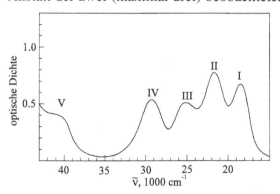

Abb. 14.21. Absorptionsspektrum von *trans*-$[CrF_2(en)_2]^+$
mit den Wellenzahlen der
Bandenmaxima.[54]

[54] L. Dubicki, M. A. Hitchman. P. Day, *Inorg. Chem.* **1970**, *9*, 188.

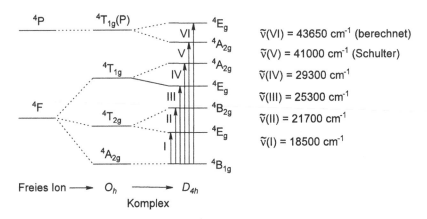

Abb. 14.22. Ligandenfeldaufspaltung der d^3-Terme ^4F und ^4P im oktaedrischen und tetragonalen Ligandenfeld. Auf der Grundlage des Termschemas ist die Zuordnung der spektralen Banden des Spektrums in Abbildung 14.21 möglich.

und nahen Ultraviolett-Bereich des Spektrums fünf Banden zugeordnet werden (Abb. 14.21).

Die erhöhte Bandenzahl wird unmittelbar verständlich, wenn man die Aufspaltung der Komplexterme in einem tetragonalen Ligandenfeld (D_{4h}) betrachtet. Die zu erwartenden Terme und ihre Symmetrierassen können wir aus Tabelle 14.1 entnehmen. Ihre Beziehung zu den mehrfach diskutierten Atom-Termen eines d^3-Atoms wird besonders deutlich, wenn wir nach der Methode der absteigenden Symmetrie von diesen ausgehen und erst ihre Aufpaltung in einem oktaedrischen und dann die weitere Aufspaltung im tetragonalen Ligandenfeld betrachten, wie dies in Abbildung 14.22 gezeigt ist.

Die Betrachtung der Termaufspaltung ist notwendig, um die Absorptionsspektren tetragonaler Komplexe zu interpretieren. Eine qualitative Diskussion der elektronischen Verhältnisse in Komplexen niedrigerer Symmetrie in den folgenden Abschnitten wird im Rahmen der Einelektronennäherung (d. h. Orbitalaufspaltung im Ligandenfeld und Besetzung der Orbitale nach dem Aufbau-Prinzip) durchgeführt (s. auch Abschn. 14.2.1).

14.6.2 Quadratisch-planare Komplexe

Die Faktoren, die die quadratisch-planare Koordinationsgeometrie begünstigen, können unterschiedlich sein und sind auch bisher nicht umfassend verstanden. Im Rahmen der Ligandenfeldtheorie sind nur die Komplexe mit d^8-Konfiguration von Interesse, der bei weitem häufigste Fall stabiler quadratisch-planarer Koordinationsgeometrie.

Die Ligandenfeldaufspaltung der d-Orbitale in quadratisch-planaren Komplexen kann man sich ausgehend vom Oktaeder- oder Tetraederfeld leicht im Sinne der in Abschnitt 14.2.1 skizzierten Vorgehensweise herleiten (Abb. 14.23).

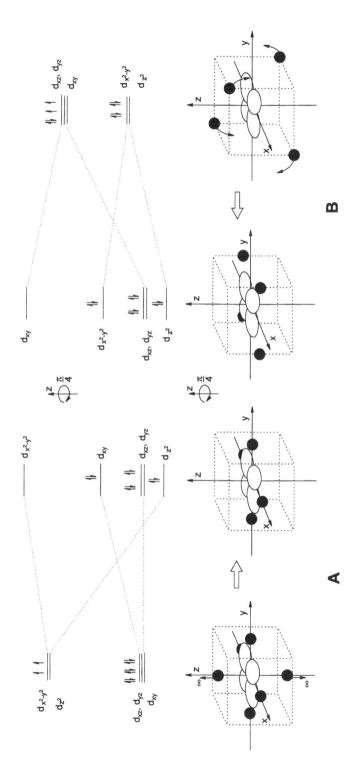

Abb. 14.23. Ligandenfeldaufspaltung der d-Orbitale in quadratisch-planaren Komplexen ausgehend vom oktaedrischen (A) und tetraedrischen (B) Ligandenfeld. Die Liganden sind durch gefüllte Kugeln dargestellt und für beide Fälle wird das d_{xy}-Orbital betrachtet.

A: Entfernt man zwei trans-ständige Liganden im Oktaeder, so wird das d_{z^2}-Orbital wesentlich stabilisiert und die Entartung der t_{2g}-Orbitale des Oktaeders aufgehoben. Die Energielücke zwischen d_{xy} und $d_{x^2-y^2}$-Orbital ist meist groß, so daß Low-Spin-Komplexe gebildet werden.

B: Der Übergang vom Tetraeder zum Quadrat führt zu einer sehr ähnlichen (und im Endergebnis identischen) Orbitalniveau-Aufspaltung. Da das aus der Abflachung des Tetraeders resultierende Quadrat gegenüber dem aus dem Oktaeder um $\pi/4$ gedreht ist, sind die Energien der d_{xy}- und $d_{x^2-y^2}$-Orbitale (die durch eine Drehung um $\pi/4$ ineinander überführt werden) vertauscht.

Beim Übergang von der oktaedrischen bzw. tetraedrischen Ligandenfeld-symmetrie zur quadratisch-planaren in d^8-Komplexen erhält man im Endeffekt ein Orbitalbesetzungsmuster, in dem zwei wichtige Faktoren diese Koordinationsgeometrie stabilisieren, das doppelt besetzte d_{z^2}-Orbital und das im fast ausschließlich beobachteten Low-Spin-Fall leere $d_{x^2-y^2}$-Orbital. Während durch die Besetzung des d_{z^2}-Orbitals Elektronendichte ober- und unterhalb der Komplexebene lokalisiert ist, die durch repulsive Wechselwirkung mit den Metall-Ligand-Bindungselektronen Verzerrungen aus der Ebene entgegenwirkt, reduziert die Nichtbesetzung des $d_{x^2-y^2}$-Orbitals die (im Ligandenfeld-Bild) abstoßende Wechselwirkung zwischen Liganden und d-Elektronen.

An dieser Stelle soll an die Diskussion des Kepert-Modells der durch Ligand-Ligand-Abstoßung bestimmten Koordinationsgeometrien aus Kapitel 5 erinnert werden. Dieses Kraftfeld-Modell versagt bekanntlich für quadratisch-planare d^8-Komplexe, wenn nicht die zusätzliche Annahme azentrisch am Metallatomrumpf lokalisierter Ladungsanteile gemacht wird. Im Rahmen des Ligandenfeldmodells bietet das mit einem Elektronenpaar besetzte d_{z^2}-Orbital genau diese einer tetraedrischen Koordinationsgeometrie entgegenwirkende azentrische Rumpf-Ladungsverteilung.

Wie man sieht, ist die *stereochemische Aktivität* der offenen d-Schale in d^8-Komplexen, die die quadratisch-planare Koordinationsgeometrie begünstigt, an das Vorliegen eines Low-Spin-Komplexes gebunden und damit an Liganden, die in der spektrochemischen Reihe am Starkfeld-Ende stehen. So findet man beispielsweise für Nickel(II)-Komplexe je nach Ligandensatz entweder den quadratisch-planaren Low-Spin-Fall, wie z. B. bei $[Ni(CN)_4]^{2-}$, oder tetraedrische High-Spin-Komplexe, wie im Falle des Tetrachloronickelats(2−), $[NiCl_4]^{2-}$ und der homologen Halogenokomplexe. Die vierfach koordinierten Komplexe der schwereren d^8-Metalle (Pd^{II}, Pt^{II}, Rh^I, Ir^I, Au^{III}) sind fast ausschließlich quadratisch-planar und vom Low-Spin-Typ, eine Beobachtung, die sich gut mit der Stellung dieser Metalle in der spektrochemischen Reihe deckt.

Eine wirklich befriedigende Deutung der Bevorzugung einer der möglichen Koordinationsgeometrien läßt sich nicht in jedem Fall mit den Methoden der einfachen Ligandenfeldtheorie geben. Ein „klassisches" Beispiel sind die Nickelkomplexe des Typs $[NiX_2(PR_3)_2]$,[55] für die sowohl tetraedrische ($X = Cl$, $R = Aryl$) als auch quadratisch-planare ($X = I$, $R = Alkyl$) Koordinationsgeometrien sowie mehrere Zwischenformen gefunden wurden.[56] Kombi-

---

[55] L. M. Venanzi, *J. Chem. Soc.* **1958**, 719. N. S. Gill, R. S. Nyholm, *J. Chem. Soc.* **1959**, 3997.

[56] Eine Ligandenfeld-theoretisch motivierte Diskussion der unterschiedlichen Komplexgeometrien der Chloro- und Iodokomplexe findet man in M. Gerloch, E. C. Constable, loc. cit. Hierbei wird mit dem größeren nephelauxetischen Effekt der Iodoliganden argumentiert, der zu einer stärkeren Wechselwirkung der Metall-Ligand-Bindungselektronen mit der „offenen d-Schale" und damit einer quadratisch-planaren Koordinationsgeometrie führt. Auf dem Niveau der Theorie, das unserer Diskussion zugrundeliegt, ist dieses Argument eine Ad-hoc-Annahme und wird deshalb nicht vertieft.

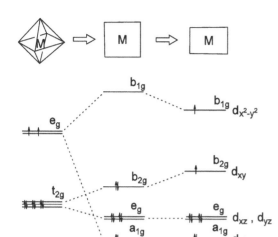

Abb. 14.24. Veranschaulichung der geringeren Spinpaarungstendenz in planaren d^8-Bis(chelat)komplexen mit abnehmendem Bißwinkel der Chelatliganden.

niert man Alkyl- und Arylsubstituenten bei den Phosphanliganden, so läßt sich sowohl die quadratisch-planare als auch die tetraedrische Form nebeneinander in Lösung beobachten, und bei geeigneter Wahl der Kristallisationsbedingungen getrennt isolieren.[57]

Das Gleichgewicht zwischen tetraedrischer und quadratisch-planarer Konfiguration in Nickelkomplexen in Lösung läßt sich durch Messung der Temperaturabhängigkeit der magnetischen Suszeptibilität verfolgen. Ergänzt werden diese Untersuchungen durch die Eigenschaften der entsprechenden Festkörper, deren Strukturen durch Röntgenkristallographie bestimmt wurden. Dabei wurde in fast allen Fällen Diamagnetismus für die quadratisch-planare Form und der erwartete Paramagnetismus für die tetraedrische Form gefunden.

Eine bemerkenswerte Ausnahme von dieser Regel stellen die Komplexe $[\mathrm{Ni}\{t\mathrm{Bu_2P(O)NR}\text{-}\kappa^2N,O\}_2]$ dar, die im Festkörper planare Strukturen besitzen aber paramagnetisch sind.[58] Der Grund für diesen ungewöhnlichen Befund ist der geringe „Biß"-Winkel des Chelatliganden, der zu einer Verzerrung der quadratisch-planaren Struktur *in der Ebene* führt.[59] Im Bild der Ligandenfeldaufspaltung der d-Orbitale führt dies zu einer Stabilisierung des $d_{x^2-y^2}$-Orbitals – von dessen Orbitallappen die Donoratome durch die Verzerrung relativ zur idealen D_{4h}-Struktur „wegbewegt" wurden – und einer Destabilisierung des d_{xy}-Orbitals – in dessen Richtung die Ligandenatome „verschoben" wurden (Abb. 14.24). Dadurch verringert sich der energetische Abstand zwischen dem d_{xy}- und dem $d_{x^2-y^2}$-Orbital.

[57] R. G. Hayter, F. S. Humiec, *Inorg. Chem.* **1965**, *4*, 1701.
[58] T. Frömmel, W. Peters, H. Wunderlich, W. Kuchen, *Angew. Chem.* **1992**, *104*, 632.
    T. Frömmel, W. Peters, H. Wunderlich, W. Kuchen, *Angew. Chem.* **1993**, *105*, 926.
[59] A. J. Bridgeman, M. Gerloch, *Chem. Phys. Lett.* **1995**, *247*, 304.

Übungsbeispiel:

Berücksichtigen Sie das Konzept der „stereochemischen Aktivität" der offenen d-Schale, um zu erklären, weshalb die planare Konfiguration des Nickelkomplexes [Ni{tBu$_2$P(O)NR}$_2$] in diesem Fall sogar begünstigt sein kann.

Antwort:
In einem regulären quadratisch-planaren Komplex ist die Low-Spin-Konfiguration dadurch begünstigt, daß das leere d$_{x^2-y^2}$-Orbital keine repulsive Wechselwirkung mit den Metall-Ligand-Bindungen erfährt. Der High-Spin-Fall ist folglich energetisch ungünstiger. Die Reduktion des Chelat-Biß-Winkels in dem Nickelkomplex hat nun eine fast gleiche Wechselwirkung von Elektronen im d$_{xy}$- und d$_{x^2-y^2}$-Orbital und der M-L-Bindungen zur Folge, und eine Einfachbesetzung beider Orbitale führt zu einer gleichmäßigeren räumlichen Verteilung der elektrostatischen Abstoßung (d. h. „sterischen Wechselwirkung") zwischen d-Elektronen und M-L-Orbitalen.

14.6.3 Der Jahn-Teller-Effekt

Abweichungen von hochsymmetrischen Molekülgeometrien werden nicht nur in heteroleptischen Komplexen beobachtet, sondern mitunter auch, wenn alle Liganden eines Komplexes identisch sind. Das ist prinzipiell immer dann der Fall, wenn der elektronische Grundzustand im Ligandenfeld entartet ist, d. h. die Basis für eine mehrdimensionale irreduzible Darstellung der Molekülsymmetriegruppe darstellt. Dann gilt das:

Jahn-Teller-Theorem:
In jedem nichtlinearen Molekül, dessen elektronischer Grundzustand eine Basis für eine mehrdimensionale irreduzible Darstellung – d. h. entartet – ist, gibt es eine Eigenschwingung, die die Entartung des Grundzustands aufhebt. Der Grundzustand ist in einer durch diese Mode verzerrten Geometrie stabilisiert.[60]

Für die in Tabelle 14.7 zusammengefaßten d^n-Konfigurationen, aus denen sich entartete Grundterme im Oktaederfeld herleiten, sind *Jahn-Teller-Verzerrungen* zu erwarten.

---

[60] H. A. Jahn, E. Teller, *Proc. Roy. Soc. Lond. (A)* **1937**, *161*, 220.

Tabelle 14.7. d^n-Konfigurationen oktaedrischer Komplexe und ihre Grundzustände, die zu Jahn-Teller-Verzerrungen führen (HS = High-Spin; LS = Low-Spin)

Konfiguration	d^1	d^2	d^4	d^4	d^5	d^6	d^7	d^7	d^9
Grundterm	$^2T_{2g}$	$^3T_{1g}$	^5E_g	$^3T_{1g}$	$^2T_{2g}$	$^5T_{2g}$	$^4T_{1g}$	^2E_g	^2E_g
High/Low-Spin	–	–	HS	LS	LS	HS	HS	LS	–

Aus Tabelle 14.7 kann man prinzipiell nichts über die Art und Größe der Jahn-Teller-Verzerrung entnehmen. Generell beobachtet man, daß die Verzerrungen aufgrund einer unvollständig gefüllten t_{2g}-Schale geringer sind als die, die von e_g^1- oder e_g^3-Konfigurationen herrühren. Das läßt sich leicht durch die direktere Wechselwirkung der e_g-Elektronen mit den Liganden verstehen. Starke Jahn-Teller-Effekte in oktaedrischen Komplexen beobachtet man für die Konfigurationen d^4 (HS), d^7 (LS) und d^9.

Für tetraedrische Komplexe sollte man aufgrund ähnlicher Überlegungen Jahn-Teller-Effekte bei d^3-, d^4-, d^8- und d^9-Konfiguration erwarten. In der Praxis wird dieser Effekt jedoch fast ausschließlich an d^9-Komplexen beobachtet. Die Jahn-Teller-Verzerrung oktaedrischer und tetraedrischer Komplexe führt zu Molekülen mit gestreckt oder gestaucht quadratisch-pyramidaler Ligandenanordnung bzw. „abgeflachten" Tetraedern (Abb. 14.25)

In Tabelle 14.8 sind die Metall-Ligand-Bindungslängen einiger d^4- (Cr^{II}, Mn^{III}) und d^9-Verbindungen (Cu^{II}) zusammengestellt. Wie man sieht, sind die meisten verzerrten Oktaeder gestreckte quadratische Pyramiden. Die Festkörperverbindung $KCrF_3$, in der Chrom(II) Jahn-Teller-verzerrt oktaedrisch koordiniert ist, bietet das einzige Beispiel in dieser Zusammenstellung für eine entlang der Achse gestauchte quadratische Pyramide.

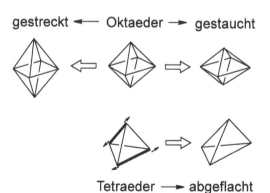

Abb. 14.25. Jahn-Teller-Verzerrungen oktaedrischer und tetraedrischer Komplexe.

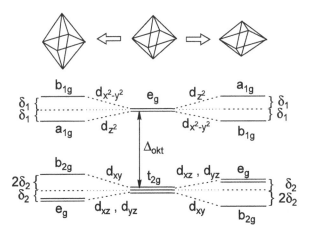

Abb. 14.26. Orbitalaufspaltung (und Symmetrierassen) bei tetragonaler Verzerrung eines Oktaeders. Es gilt $\Delta_{okt} \gg \delta_1 > \delta_2$. Bei vollständig besetzten t_{2g}-Orbitalen ist nur die Besetzung der Jahn-Teller-aufgespaltenen e_g-Orbitale zu berücksichtigen.

Tabelle 14.8. Beispiele für die Jahn-Teller-Verzerrung von Koordinationsoktaedern in d^4- und d^9-Übergangsmetallverbindungen.

Verbindung	d^n-Konfiguration	$d(\text{M-L})_{axial}$, in Å	$d(\text{M-L})_{äquatorial}$, in Å
CrF_2	d^4	1.72	1.19
$KCrF_3$	d^4	1.19	1.43
$K_2MnF_5 \cdot H_2O$	d^4	2.07	1.83
$[Cu(NH_3)_6]^{2+}$	d^9	1.87	1.32
$NaCuF_4$	d^9	1.66	1.20
$CuCl_2$	d^9	1.96	1.31

Die Stabilisierung der oktaedrischen d^9-Komplexe durch die tetragonale Verzerrung kann man mit Hilfe des Einelektronenbildes der Orbitalaufspaltungen plausibel machen. In der folgenden Betrachtung gehen wir davon aus, daß bei der Verzerrung die mittlere Ligandenfeldstärke unverändert bleibt (damit auch der „Energieschwerpunkt" der d-Orbitale). Da mit einer Streckung der axialen Metall-Ligand(M-L)-Bindungen aus sterischen Gründen und aufgrund des Elektroneutralitätsprinzips[61] eine Verkürzung der äquatorialen M-L-Bindungen (und umgekehrt) verbunden ist, ist diese Annahme erlaubt. Beide Formen der tetragonalen Verzerrung (Streckung und Stauchung) führen zur gleichen Aufspaltung der unvollständig besetzten e_g-Orbitale (Abb. 14.26).

---

[61] Diese Argumentation basiert auf der klassischen Vorstellung, daß ein Komplex aus einem Lewis-aciden Metallzentrum und Lewis-basischen Liganden aufgebaut ist. Mit der Verlängerung zweier M-L-Bindungen wird das Metallzentrum elektronisch nicht mehr vollständig abgesättigt und hat stärkeren Akzeptorcharakter, was sich in der Verstärkung und damit Verkürzung der anderen M-L-Bindungen ausdrückt. Bei geringen Verzerrungen des Ligandenpolyeders verschiebt sich daher der Energieschwerpunkt der d-Orbitale (in der Ligandenfeldtheorie ausgedrückt durch ε_0) nicht.

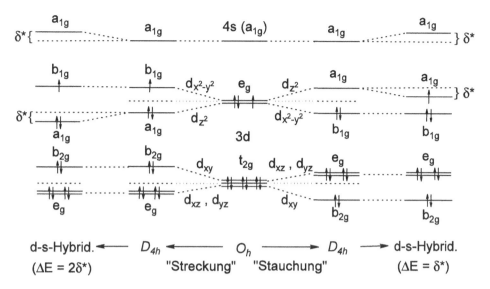

Abb. 14.27. Korrektur der Orbitalenergien im tetragonalen Ligandenfeld für den Fall eines gestreckten (a) und gestauchten (b) tetragonalen Prismas. Für die d^9-Konfiguration wird die Bevorzugung der gestreckten tetragonalen Verzerrung deutlich.

Betrachtet man nur die Aufspaltung der d-Orbitale bei tetragonaler Verzerrung, so wird deutlich, daß (bei konstanter mittlerer Ligandenfeldstärke) sowohl die Stauchung als auch die Streckung entlang einer der vierzähligen Oktaederachsen zu einer Stabilisierung des d^9-Systems (und analog: des d^4-Systems!) um den in Abbildung 14.26 skizzierten Betrag δ führt. Die Ligandenfeld-Theorie gibt zunächst keine Begründung für die experimentell gefundene offensichtliche Begünstigung der gestreckten Formen. Eine einfache Erklärung hierfür ergibt sich erst, wenn man die „Wechselwirkung" der d-Orbitale mit Orbitalen außerhalb der d-Schale berücksichtigt. Bei idealer Oktaedersymmetrie hat kein Orbital außerhalb der d-Schale in der unmittelbaren Umgebung des Zentralatoms dieselbe Symmetrierasse wie die d-Orbitale, so daß deren Orthogonalität bezüglich der übrigen Einelektronenwellenfunktionen des Moleküls – eine wichtige Annahme der Ligandenfeldtheorie – erfüllt ist. Bei tetragonaler Verzerrung des Oktaeders spalten die t_{2g}- und e_g-Orbitale in der in Abbildung 14.26 gezeigten Weise auf. Für unsere folgende Argumentation von besonderem Interesse ist das $a_{1g}(d_{z^2})$-Orbital des aufgespaltenen e_g-Niveaus, das die gleiche Symmetrierasse wie das an der Metall-Liganden-Bindung wesentlich beteiligte 4s-Orbital besitzt. Die einfache störungstheoretische Überlegung erster Ordnung, die Abbildung 14.26 zugrundeliegt, bedarf in einem solchen Fall einer weiteren Korrektur (wie dies anhand von Mehrelektronzuständen in Abschnitt 14.3.3 bereits erläutert wurde), die sich in einer „Mischung" der symmetriegleichen Orbitale und der damit einhergehenden Vergrößerung ihrer Energiedifferenz widerspiegelt (Abb. 14.27).

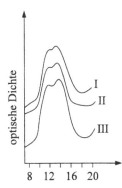

Abb. 14.28.   d-d-Spektren von $Rb_2Na[TiCl_6]$ (I),
$Cs_2K[TiCl_6]$ (II) und $Rb_3[TiCl_6]$ (III).[62]

Man erkennt unmittelbar aus Abbildung 14.27, daß die durch Mischung der a_{1g}-Orbitale bewirkte Korrektur der Orbitalenergien der aufgespaltenen e_g-Orbitale die schon in Tabelle 14.8 angedeutete Bevorzugung gestreckter Strukturen erklärt.

Die Jahn-Teller-Verzerrung der Komplexstrukturen ist mitunter im Rahmen der Genauigkeit der strukturanalytischen Methoden nicht zu beobachten. Dies ist besonders bei Komplexen mit aufgrund unvollständig besetzter t_{2g}-Schalen bedingter Grundzustandsentartung der Fall. Beispiele hierfür bieten die oktaedrischen $Ti^{III}(d^1)$-Komplexe. Diese bieten jedoch das klassische Beispiel für die *Jahn-Teller-Verzerrung eines angeregten Zustands* (E_g), was zu einer Aufspaltung der für den oktaedrischen Idealfall erwarteten d-d-Absorptionsbande führt. Während sich diese Bandenaufspaltung bei den meisten in Lösung aufgenommenen Spektren in einer Schulter in der Absorptionsbande widerspiegelt, können zwei getrennte Absorptionsmaxima mitunter in Festkörper-Absorptionsspektren beobachtet werden (Abb. 14.28).

Übungsbeispiel:

Welchen Übergängen entsprechen die beiden Absorptionsmaxima in Abbildung 14.28?

Antwort:
Es handelt sich hierbei um die Übergänge aus dem Dublett-Grundzustand (^2E_g oder $^2B_{2g}$) in die angeregten $^2A_{1g}$- und $^2B_{1g}$-Zustände. Anmerkung: Aus ESR-spektroskopischen Untersuchungen ergibt sich, daß der $^2B_{2g}$-Zustand der Grundzustand ist, also eine Stauchung des tetragonalen Prismas vorliegt.

[62] R. Ameis, S. Kremer, D. Reinen, *Inorg. Chem.* **1985**, *24*, 2751.

Die Diskussion des Jahn-Teller-Effekts soll mit einer physikalischen Interpretation der beobachteten strukturellen Verzerrungen abgeschlossen werden.[63] Das ist dann möglich, wenn man das J.-T.-Theorem nicht nur als einen gruppentheoretisch fundierten Satz auffaßt, sondern vielmehr eine Analyse der intramolekularen Kräfte in dem entsprechenden höchst-symmetrischen, unverzerrten System durchführt.[64] Daraus ergibt sich die Erkenntnis, daß z. B. bei einem ideal oktaedrischen Komplex bei einem unvollständig gefüllten Satz entarteter Spinorbitale,[65] wie z. B. die e_g-Orbitale in Cu^{II}-Komplexen, *die Symmetrie der Elektronendichteverteilung geringer als die der Kernpositionen ist.* Dies wiederum hat nicht-verschwindende interatomare Kräfte an einigen oder allen Kernpositionen zur Folge, was bedeutet, daß das Molekül instabil bezüglich einer Verzerrung aus der idealsymmetrischen Konfiguration ist.

Man kann Jahn-Teller-Effekte auch als Ausnahmen der Born-Oppenheimer-Näherung auffassen. In einem J.-T.-"aktiven" System beeinflußt die Elektronendichte ihrerseits die zeitlich gemittelte Lage der Kerne. Erhält man bei der quantenmechanischen Berechnung der Moleküleigenzustände ein partiell besetztes Niveau energetisch entarteter Orbitale, so muß davon ausgegangen werden, daß die Born-Oppenheimer-Näherung nicht mehr gültig ist, d. h. die Bewegung der Elektronen und Kerne sich gegenseitig beeinflußt ("vibronische Kopplung").

---

[63] L. R. Favello, *J. Chem. Soc., Dalton Trans.* **1997**, 4463.

[64] W. L. Clinton, B. Rice, *J. Chem. Phys.* **1959**, *30*, 542.

[65] Mit dieser Einschränkung soll der Fall halbbesetzter Orbitalniveaus (= vollständig besetzter Spinorbital-Niveaus) ausgeschlossen werden. Ein Spinorbital ist das Produkt der Ortswellenfunktion und der Spinwellenfunktion. Bisher haben wir fast ausschließlich Ortswellenfunktionen betrachtet, die dann mit zwei Elektronen (mit unterschiedlichen Spinwellenfunktionen) besetzt werden.

15   Komplexe mit niedriger Symmetrie: das „Angular Overlap Model" als Grundlage einer modernen Ligandenfeldtheorie

15.1   Die Begründung des Angular-Overlap-Modells (AOM) in der Molekülorbitaltheorie[66]

Das Angular-Overlap-Modell ist ursprünglich aus einer MO-LCAO-Betrachtung[67] der individuellen Metall-Ligand-Wechselwirkung hervorgegangen (s. Kap. 16). Ausgangspunkt ist der übliche lineare Ansatz für die Wellenfunktion, die die Metall-Ligand-Bindung beschreiben soll:

$$\psi = c_L \phi_L + c_M \phi_M,$$

wobei ϕ_M und ϕ_L Metall-d-Orbitale bzw. Liganden-Grenzorbitale geeigneter Symmetrie sind.[68] Minimiert man mit diesem Ansatz den Erwartungswert der Energie des M-L-Systems (ausgedrückt durch den Hamiltonoperator H), so erhält man ein Säkulargleichungssystem der Form:

$$\begin{vmatrix} H_{MM} - E & H_{ML} - S_{ML}E \\ H_{ML} - S_{ML}E & H_{LL} - E \end{vmatrix} = 0 \qquad \begin{aligned} H_{ML} &= <\phi_M|H|\phi_L> \\ S_{ML} &= <\phi_M|\phi_L> \end{aligned} \qquad (15.1)$$

Es wird ferner angenommen, daß der Energieunterschied zwischen den energetisch hoch liegenden d-Orbitalen des Zentralatoms und den niedrig liegenden „Donor-Orbitalen" der Liganden groß und die kovalente Wechselwirkung folglich relativ gering ist (Abb. 15.1), d.h.:

$$H_{LL} \ll H_{MM} \text{ und } H_{ML} \ll |H_{MM} - H_{LL}|$$

---

[66] Wir folgen hier teilweise der Darstellung in: H.-H. Schmidtke, *Quantenchemie*, 2. Aufl., VCH, Weinheim, **1994**, S. 279 ff.

[67] LCAO = *linear combination of atomic orbitals*.

[68] Der Begriff des *Grenzorbitals* ist in diesem Zusammenhang als Resultat einer gedachten Zerlegung des Moleküls in solche Fragmente zu sehen, die für die betrachtete Bindungswechselwirkung wesentlich erscheinen. Die für die Ausbildung einer kovalenten Bindung zwischen beiden Molekülfragmenten relevanten Orbitale sind jeweils das HOMO (highest occupied molecular orbital) oder das LUMO (lowest unoccupied molecular orbital) der Fragmente. Die Grenzorbitale in Komplexen sind im allgemeinen die als unbesetzte Akzeptororbitale betrachteten Atomorbitale des Zentralatoms und die Donororbitale der Liganden.

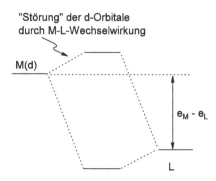

"Störung" der d-Orbitale durch M-L-Wechselwirkung

M(d)

$e_M - e_L$

L

Abb. 15.1. Relative energetische Anordnung der Metall-d-Orbitale und der Liganden-Grenzorbitale. Die kovalente Wechselwirkung zwischen diesen sei gering, wie dies ja auch für das Ligandenfeld-Modell angenommen wurde. Um den Einfluß der Ligandenkoordination auf das Zentralatom zu beschreiben, konzentriert sich das AOM auf die *antibindenden Orbitale*, die im wesentlichen die durch die Koordination gestörten d-Orbitale des Metallatoms sind.

Die angenommenen relativen Größen von H_{MM}, H_{LL} und H_{ML} erlauben es, den ansonsten sehr komplizierten Wurzelausdruck, der sich bei der Lösung der Säkulargleichung *(15.1)* ergibt, zu vereinfachen:[69]

$$E^M = H_{MM} + \frac{H_{ML}^2 - 2H_{MM}H_{ML}S_{ML} + H_{MM}H_{LL}S_{ML}^2}{H_{MM} - H_{LL}} \qquad (15.2)$$

Ganz im Sinne unserer Überlegungen des vorigen Kapitels kann man den Hamiltonoperator des Systems M-L in Anteile des Zentralatoms M und des Liganden L aufspalten:

$$H = h_M + V_L,$$

wobei h_M der Hamiltonoperator des ungestörten Zentralatoms ist, dessen Eigenfunktionen die ungestörten d-Orbitale sind: $h_M \phi_M = e_M \phi_M$. Wie unten gezeigt wird, kann man den die Liganden betreffenden Teil des Hamiltonoperators V_L als Störpotential des freien Zentralions ansehen, ganz analog zur Ligandenfeldtheorie Dann wird $H_{MM} = e_M + \langle \phi_M | V_L | \phi_M \rangle$. Die „Störung" der d-Orbitale durch die kovalente Wechselwirkung mit dem Liganden, $\Delta e_M = E^M - e_M$, läßt sich damit ausdrücken durch:

$$\Delta e_M = E^M - e_M = \langle \psi_M | V_L | \psi_M \rangle + \frac{H_{ML}^2 - 2e_M H_{ML}S_{ML} + e_M e_L S_{ML}^2}{e_M - e_L} \qquad (15.3)$$

$$e_M = \langle \psi_M | H_L | \psi_M \rangle, e_L = \langle \psi_L | V_L | \psi_L \rangle \quad \gg \quad \langle \psi_M | V_L | \psi_M \rangle$$

Bisher haben wir das einfache M-L-System betrachtet. Für den Fall mehrerer Liganden läßt sich die Störenergie V_L, die aus der Bindungsbildung resultiert, als Summe der einzelnen Metall-Liganden-Wechselwirkungen auffassen, d. h.:

---

[69] Eine genaue Erläuterung der Lösungsstrategie findet man z. B. in: T. A. Albright, J. K. Burdett, M.-H. Whangbo, *Orbital Interactions in Chemistry*, J. Wiley Sons, New York, **1985**, S. 15 ff.

$$V_L = \sum_{k=1}^{N} V_L^k \qquad\qquad (15.4)$$

Mit Hilfe dieser additiven Formulierung der individuellen Metall-Liganden-Wechselwirkungen läßt sich die Energieverschiebung der Metall-d-Orbitale als Folge der Ligandenkoordination ebenfalls *additiv* aus den M-L^k-Einzelbeiträgen zusammengesetzt auffassen. Mit $H_{ML^k} = e_M S_{ML^k} + \langle\psi_M|V_{L^k}|\psi_{L^k}\rangle$ wird der Ausdruck in *(15.3)* zu:

$$\Delta e_M = \sum_{k=1}^{N} \Delta e_M^k = \sum_{k=1}^{N} \langle\psi_M|V_L^k|\psi_M\rangle + \sum_{k=1}^{N} \frac{\langle\psi_M|V_L^k|\psi_{L^k}\rangle^2 - e_M S_{ML^k}^2 (e_M - e_{L^k})}{e_M - e_{L^k}}$$
$$(15.5)$$

Gleichung *(15.5)* beschreibt die „Störung" der d-Orbitalenergien e_M eines Metallatoms, die aus der *Summe* aller M-L^k-Wechselwirkungen resultiert. Um die „Stör"-Matrixelemente $\langle\psi_M|V_{L^k}|\psi_M\rangle$, $\langle\psi_M|V_{L^k}|\psi_{L^k}\rangle$ und die Überlappungsintegrale $S_{ML^k} = \langle\psi_M|\psi_{L^k}\rangle$ explizit zu berechnen, ist es nun notwendig, die Metall- und Ligandenorbitale optimal gegeneinander auszurichten. Sowohl die d-Orbitale des Metallatoms als auch die Grenzorbitale der Liganden sind winkelabhängig. Winkelunabhängige Ausdrücke für die obengenannten Integrale erhält man durch eine formale Zerlegung der Grenzorbitale in Komponenten in Richtung der Bindungsachse (σ-Bindung) und senkrecht dazu (π-Bindung). Diese Operation ist in Abbildung 15.2 dargestellt.

Die Zerlegung der d-Orbital-Wechselwirkungen mit den Ligandenorbitalen in σ- und π-Anteile ist eine Tensorzerlegung, die durch entsprechende Transformationsmatrizen $\mathbf{F_M}$ ausgedrückt wird. Die Matrixelemente $(F_M)_{ij}$ sind Funktionen der Polarwinkel θ_k und ϕ_k der Liganden L_k und können auf der Basis rein geometrischer Überlegungen und der bekannten räumlichen Form der beteiligten Orbitale berechnet werden.[70]

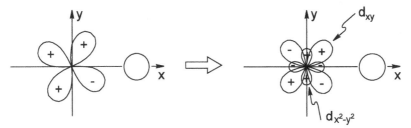

Abb. 15.2. Zerlegung eines d-Orbitals in Richtung eines Bindungspartners im Falle einer σ-bindenden Wechselwirkung. Die Größe der Orbital-Konturen spiegelt den relativen Anteil der beiden Komponenten wider. Die Ausrichtung ist so gewählt, daß nur eine schwache σ-Wechselwirkung möglich ist; günstiger wäre eine π-Wechselwirkung mit einem geeigneten Ligandenorbital.

---

[70] Ausdrücke hierfür sind tabelliert worden: C. E. Schäffer, C. K. Jørgensen, *Mol. Phys.* **1965**, *9*, 401.

Aus diesen Überlegungen ergibt sich, *daß die Berechnung der d-Orbital-energie-Verschiebungen Δe_M in zwei Schritten* durchgeführt werden kann. Zunächst werden die Energien in einer normierten Standardaufstellung berechnet und anschließend aus der bekannten Struktur des Moleküls die winkelabhängige Ausrichtung der Orbitale ermittelt [ausgedrückt durch die Transformationsmatrix $(F_M)_{ij}$]:

$$\Delta e_M = \sum_{k=1}^{N} F_{M\sigma}^2(\theta_k, \phi_k) e_{M\sigma}^k \qquad e_{M\sigma}^k = <\psi'_M|V_L^k|\psi'_M> + \frac{<\psi'_M|V_L^k|\psi_{L^k}>^2}{e_M - e_{L^k}} - (S'_{ML^k})^2 e_M$$

$$(15.6)$$

Die Orbitale ψ' sind die für eine σ-Wechselwirkung optimal ausgerichteten, und S'_{ML^k} die damit berechneten Überlappungsintegrale. Hat man die $e_{M\sigma}^k$, die als Energien antibindender Orbitale (s. Abb. 15.1) *positive* Werte annehmen, für diesen Idealfall berechnet, so kann man die Strukturabhängigkeit der d-Orbitalenergien mit Hilfe der entsprechenden Transformationsmatrizen F_M berechnen. Diese besondere Berücksichtigung der *Winkelabhängigkeit der Metall-Liganden-Wechselwirkung* ist der Grund für die Bezeichnung dieses Modells als *Angular-Overlap-Modell (AOM)*.

In seiner molekülorbitaltheoretischen Formulierung geht das AOM nicht über die Einelektronennäherung hinaus und versagt z. B. bei der expliziten Berechnung der Energien spektroskopischer Übergänge. Man ist daher frühzeitig dazu übergegangen, das Modell geeignet zu parametrisieren und die e_M-Werte mit Hilfe experimenteller Daten anzupassen. Wie eine solche Parametrisierung aussieht, wird im folgenden Abschnitt erläutert, während in Abschnitt 15.3 eine Uminterpretation des AOM im Sinne einer erweiterten Ligandenfeldtheorie geboten wird.

15.2 Die Parametrisierung der Metall-Ligand-Bindungsstärke

Für oktaedrische Komplexe lassen sich die Orbitalenergie-Verschiebungen Δe_M der d-Orbitale durch σ- und π-Wechselwirkungen leicht durch allgemeine Parameter e_σ und e_π ausdrücken, die mit dem Ligandenfeldparameter 10 Dq aus Kapitel 14 in Beziehung gesetzt werden können. Dabei nimmt man zunächst den Fall eines homoleptischen Komplexes an, mit folglich einheitlich ausgerichteten Liganden-Grenzorbitalen. Die Metall-Liganden-Wechselwirkung wird dann ausschließlich durch die räumliche Ausdehnung der d-Orbitale bestimmt. Die für die σ-Bindungen wesentlichen Orbitale sind das d_{z^2}- und das $d_{x^2-y^2}$-Orbital, deren Winkelabhängigkeit sich in kartesischen Koordinaten wie folgt ausdrückt:

$$d_{z^2} = \sqrt{5} \frac{(z^2 - \frac{1}{2}x^2 - \frac{1}{2}y^2)}{r^2} \qquad d_{x^2-y^2} = \frac{\sqrt{15}}{2} \frac{(x^2 - y^2)}{r^2}$$

$$(15.7)$$

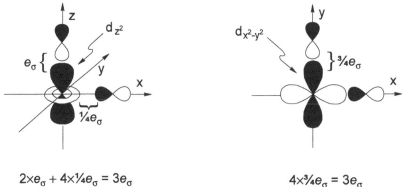

$$2 \times e_\sigma + 4 \times \tfrac{1}{4} e_\sigma = 3 e_\sigma \qquad\qquad\qquad 4 \times \tfrac{3}{4} e_\sigma = 3 e_\sigma$$

Abb. 15.3.   Festlegung der relativen Größe der Parameter für die antibindenden σ-Wechselwirkungen der d_{z^2}- und $d_{x^2-y^2}$-Orbitale bei oktaedrischer Koordination. Die Störung des d_{z^2}-Orbitals durch σ-Koordination entlang der z-Achse wird gleich $1 \times e_\sigma$ gesetzt. Das gleiche Orbital erfährt durch Bindung der Liganden in der xy-Ebene eine Störung um $\tfrac{1}{4} e_\sigma$ pro M-L-Einheit. Das $d_{x^2-y^2}$-Orbital wird durch Koordination der Liganden in der xy-Ebene um (relativ gesehen) $\tfrac{3}{4} e_\sigma$ – also insgesamt $3 e_\sigma$ – destabilisiert.[71]

Als „Norm" für den σ-Bindungsenergie-Parameter e_σ, d. h. mit dem relativen Gewicht von Eins, wird die Wechselwirkung des d_{z^2}-Orbitals mit einem σ-Ligandenorbital in z-Richtung gewählt. Betrachtet man die σ-bindende Wechselwirkung des d_{z^2}-Orbitals in Richtung der x- und y-Achse, so muß berücksichtigt werden, daß die Komponenten in x- und y-Richtung nur den halben Betrag der z-Komponente haben (s. *(15.7)* und Abb. 15.3). Da das Metall-zentrierte Orbital in allen Beiträgen zum Ausdruck der d-Orbitalenergie-Verschiebung *(15.6)* quadratisch vorkommt, bedeutet dies, daß die relative Bindungswechselwirkung mit den Liganden in der xy-Ebene nur $\tfrac{1}{4} e_\sigma$ beträgt. Die gesamte Destabilisierung des d_{z^2}-Orbitals aufgrund der σ-Bindungen zu den sechs Liganden in einem oktaedrischen Komplex beträgt damit:

$$\Delta e(d_{z^2}) = 2 e_\sigma + 4 \times \tfrac{1}{4} e_\sigma = 3 e_\sigma \qquad\qquad (15.8a)$$

Übungsbeispiel:

Bestimmen Sie die Größe von $\Delta e(d_{x^2-y^2})$ unter der bereits diskutierten Annahme, daß die „Störung" des Orbitals durch Wechselwirkung mit Ligandenorbitalen von dem Quadrat der relativen räumlichen Ausdehnung abhängt. Normieren Sie diese Wechselwirkung auf die des d_{z^2}-Orbitals,

---

[71] Aus H.-H. Schmidtke, loc. cit., S. 285.

indem Sie einen Koeffizientenvergleich der Winkelanteile der Orbitale in (15.7) durchführen.

Antwort:
Der Koeffizientenvergleich der Winkelanteile der beiden d-Orbitale in *(15.7)* liefert das Verhältnis: $\frac{\sqrt{15}}{2}$: $\sqrt{5}$ = $\frac{\sqrt{3}}{2}$. Die Störenergie pro Ligand in der xy-Ebene relativ zu der des d_{z^2}-Orbitals entlang der z-Achse wird damit zu $(\frac{\sqrt{3}}{2})^2 e_\sigma$. Für die σ-Wechselwirkung des d_{z^2}-Orbitals mit allen vier Ligandenorbitalen ergibt sich:

$$\Delta e(d_{x^2-y^2}) = 4 \times \tfrac{3}{4} e_\sigma = 3 e_\sigma \tag{15.8b}$$

Die Störenergie ist damit die gleiche wie für das d_{z^2}-Orbital, ein Ergebnis, das auch zu erwarten ist, angesichts der gleichen Symmetrierasse (e_g) beider Orbitale in oktaedrischen Komplexen.

In analoger Weise wie für die M-L-σ-Wechselwirkung kann der Einfluß von Metall-Ligand-π-Bindungen auf die Orbitalenergien der d-Orbitale im Rahmen des AOM behandelt werden. Obwohl die explizite Berechnung der Störenergien im allgemeinen Fall etwas komplizierter ist, läßt sich eine Parametrisierung in der gleichen Weise wie für die σ-Bindungen durchführen. Als „Norm" für den dadurch definierten e_π-Parameter wird die Wechselwirkung eines p_π-Ligandenorbitals mit einem d_π-Orbital (d_{xy}, d_{xz}, d_{yz}) angenommen (Abb. 15.4). Die Störung eines $d_{xy}(d_{xz}, d_{yz})$-Orbitals durch antibindende Wechselwirkung mit den vier p_π-Ligandenorbitalen in der jeweiligen Ebene beträgt damit:

$$\Delta e(d_{xy}) = \Delta e(d_{xz}) = \Delta e(d_{yz}) = 4 e_\pi \tag{15.9}$$

Für die energetische Aufspaltung der d-Orbitale im oktaedrischen „Ligandenfeld" ergibt sich damit (Abb. 15.5):

$$\Delta e(d_{z^2}) - \Delta e(d_{xz}) = 3 e_\sigma - 4 e_\pi = 10\, Dq\, (\Delta_{okt}) \tag{15.10}$$

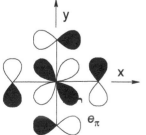

Abb. 15.4. Wechselwirkung des d_{xy}-Orbitals mit den vier in der Ebene liegenden p_π-Orbitalen der Liganden.

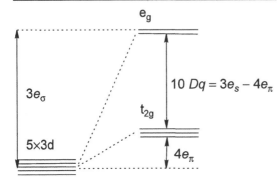

Abb. 15.5. Beschreibung der Ligandenfeldaufspaltung im Rahmen des Angular-Overlap-Modells.

Die Umformulierung der Ligandenfeldaufspaltung im Rahmen des AOM erlaubt prinzipiell ihre Interpretation im Sinne lokaler M-L-Wechselwirkungen und ermöglicht somit einen intuitiven Zugang zum Verständnis der Bindungsverhältnisse. So sind beispielsweise die σ-Bindungen immer stärker als die π-Donor-Wechselwirkungen der Liganden. Es gilt für oktaedrische Komplexe immer $\frac{3}{4}e_\sigma > e_\pi$, d. h. $Dq > 0$, was ja auch in der Ligandenfeldtheorie gefordert wird. Vergleicht man beispielsweise die e_π-Parameter der Halogenoliganden, so findet man als Folge der steigenden M-L-Bindungslängen die Reihenfolge:

$$e_\pi(Cl^-) > e_\pi(Br^-) > e_\pi(I^-)$$

Die höhere Ligandenfeldstärke des Amminliganden im Vergleich zum Aqualiganden ist eine Folge der besseren σ-Donor-Eigenschaften und drückt sich in der Relation $e_\sigma(NH_3) > e_\sigma(H_2O)$ aus. Zu einer ausführlichen Diskussion der AOM-Parameter kehren wir im nächsten Abschnitt zurück.

Bei homoleptischen Komplexen ist der Nutzen der durch das AOM erfolgten zusätzlichen Parametrisierung gering, da nicht ausreichend viele unabhängige Meßdaten zur Anpassung der Parameter zur Verfügung stehen. Das Modell wurde daher auch ursprünglich zur Beschreibung von Koordinationsverbindungen (-einheiten) niedrigerer Symmetrie entwickelt. Wie man ausgehend von den lokalen M-L-Wechselwirkungen die d-Orbitalaufspaltung einer Koordinationseinheit erhält, soll am Beispiel eines Komplexes mit C_{4h}-Symmetrie, wie z. B. $[CrCl(NH_3)_5]^{2+}$, erläutert werden. Die AOM-Störenergien für die d-Orbitale in einem solchen Komplex betragen:

$$\Delta e(d_{z^2}) = e_\sigma(NH_3) + e_\sigma(Cl^-) + 4 \times \tfrac{1}{4}e_\sigma(NH_3) = 2e_\sigma(NH_3) + e_\sigma(Cl^-)$$

$$\Delta e(d_{x^2-y^2}) = 4 \times \tfrac{3}{4}e_\sigma(NH_3) = 3e_\sigma(NH_3)$$

$$\Delta e(d_{xy}) = 4e_\pi(NH_3)$$

$$\Delta e(d_{xz}) = \Delta e(d_{yz}) = e_\pi(Cl^-) + 3e_\pi(NH_3)$$

Die Orbitalaufspaltung des Chromkomplexes ist in Abbildung 15.6 dargestellt, wobei berücksichtigt wurde, daß $e_\pi(NH_3) = 0$ ist.

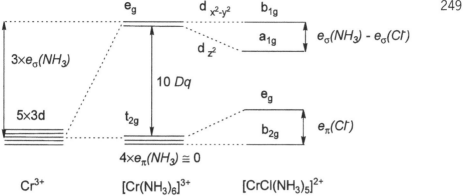

Abb. 15.6. d-Orbitalaufspaltung in $[Cr(NH_3)_6]^{3+}$ und $[CrCl(NH_3)_5]^{2+}$, ausgedrückt durch die Parameter des AOM und der Ligandenfeldtheorie. Dabei wurden die folgenden empirisch gefundenen Relationen verwendet: $e_\sigma(Cl^-) < e_\sigma(NH_3)$ und $e_\pi(Cl^-) > e_\pi(NH_3) = 0$.

15.3. Ligandenfeldtheoretische Interpretation der AOM-Parameter: die Zellenstruktur des Ligandenfeldes

Das Angular-Overlap-Modell beschreibt die Energieaufspaltung der d-Orbitale in Übergangsmetallkomplexen ausgehend von der LCAO-Betrachtung der einzelnen M-L-Wechselwirkungen, die aufgrund der großen Energiedifferenz zwischen den Ligandenorbitalen und den d-Orbitalen des Metalls in Komplexen des „Werner-Typs"[72] nur schwach kovalenten Charakter haben. Die Koordination der Liganden kann daher als „Störung" V_L der d-Schale des Zentralatoms mit den Methoden der vorigen Abschnitte behandelt werden. Diese Störung setzt sich additiv aus den individuellen M-L-Wechselwirkungen V_L^k gemäß Gleichung *(15.4)* zusammen. Mit Hilfe der Matrixelemente der Operatoren V_L^k berechnen sich die Störenergien der d-Orbitale, die in der Praxis jedoch nicht auf der Grundlage des LCAO-Ansatzes berechnet werden, sondern – geeignet parametrisiert als e_σ und e_π – aus experimentellen Daten angepaßt werden. Die molekülorbitaltheoretische Betrachtung mit ihrer Betonung der Grenzorbitalüberlappung ist dabei – abgesehen von der Unterteilung in σ- und π-Wechselwirkung – nicht weiter von Bedeutung und angesichts der durch das Modell stark vereinfachten Beschreibung der M-L-Wechselwirkung eher irreführend. Die Vorgehensweise ähnelt vielmehr der in Kapitel 14 besprochenen „klassischen" Ligandenfeldtheorie. Diese erreicht die Beschreibung des Ligandeneinflusses auf das Zentralatom durch ein *globales Ligandenfeldpotential* V_{LF}. Im Gegensatz dazu kann man die M-L-Wechselwirkungen des AOM auch als Störungen eines *lokalen Ligandenfeldes* auffassen. Das bedeutet, daß das Ligandenfeldpotential V_{LF} als Superposition lokaler Potentiale V_L^k interpretiert wird und der Raum um das Zentralatom damit

---

[72] Hiermit sind wie bisher vor allem Komplexe der ersten Übergangsmetallreihe mit Zentralatomen in mittleren Oxidationsstufen (II – IV) gemeint.

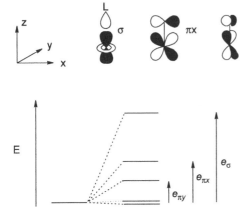

Abb. 15.7. Schematische Darstellung der Beiträge zum lokalen Ligandenfeldpotential innerhalb einer „Zelle", ausgedrückt durch die Parameter e_σ, $e_{\pi x}$ und $e_{\pi y}$.

eine „Zellenstruktur" erhält. Man spricht daher auch vom *Zellulären Ligandenfeld-Modell (Cellular Ligand Field Model, CLF)*.[73]

Die Zellenstruktur wird in der Regel so gewählt, daß jede Zelle eine M-L-Einheit enthält. Die Ligandenfeld-Störung in jeder Zelle kann durch die Parameter e_σ, $e_{\pi x}$ und $e_{\pi y}$ auf die in Abbildung 15.7 gezeigte Weise ausgedrückt werden. Die Parameter sind relativ zu einem lokalen Koordinatensystem – festgelegt durch die M-L-Bindungsachse – definiert. Das globale Ligandenfeldpotential wird dann durch Addition der einzelnen Beiträge unter Berücksichtigung der Beziehung zwischen lokalem und globalem Molekülkoordinatensystem daraus konstruiert.

Die wesentlichen Charakteristika der auf diese Weise verallgemeinerten Ligandenfeldtheorie lassen sich folgendermaßen zusammenfassen:[74]

1) Wie auch die klassische Ligandenfeldtheorie bezieht sich das CLF-Modell ausschließlich auf eine d-Orbitalbasis.
2) Das globale Ligandenfeldpotential läßt sich als Summe der lokalen (zellulären) Ligandenfeldpotentiale ausdrücken. Dessen Matrixelemente lassen sich durch die Parameter e_σ, $e_{\pi x}$ und $e_{\pi y}$ darstellen.
3) Das *Vorzeichen* der e-Parameter erlaubt eine Aussage über die Donor- oder Akzeptoreigenschaften eines Liganden in bezug auf das Zentralatom: *Positive Werte kennzeichnen Donorwechselwirkungen, negative Werte stehen für den Akzeptorcharakter* der Liganden im Komplex.
4) Die Größe der e-Parameterwerte gibt einen Hinweis auf die Bedeutung der σ- und π-Wechselwirkung für die M-L-Bindung. Liganden, die keine π-Bindungen zum Metall ausbilden (z. B. NH_3), sind folglich durch $e_\pi \approx 0$ gekennzeichnet. Wichtig: Die e-Parameter drücken die Bindungssituation im Molekül aus und nicht das σ- oder π-"Bindungsvermögen" der ungebundenen Liganden!

---

[73] (a) M. Gerloch, J. H. Harding, R. G. Woolley, *Struct. Bonding (Berlin)* **1981**, *46*, 1.
(b) A. J. Bridgeman, M. Gerloch, *Prog. Inorg. Chem.* **1996**, *45*, 179.
[74] M. Gerloch, R. G. Woolley, *Prog. Inorg. Chem.* **1983**, *31*, 371.

Übungsbeispiele:

1) Vereinfachen Sie Gleichung (15.6) im Sinne der CLF, indem Sie die M-L-Überlappung vernachlässigen, und interpretieren Sie das Vorzeichen der e-Parameter mit Hilfe der gewonnenen Beziehung.
2) Bedeutet $e_\pi \approx 0$ in jedem Fall, daß keine M-L-π-Bindung(en) vorliegen?

Antworten:

1) Aus *(15.6)* erhält man bei Vernachlässigung der Orbitalüberlappung die vereinfachte Beziehung für die Ligandenfeldparameter:

$$e_\lambda = <\psi'_{M\lambda}|V_L^k|\psi'_{M\lambda}> + \frac{<\psi'_{M\lambda}|V_L^k|\psi_{L^k\lambda}>^2}{e_{M\lambda} - e_{L^k\lambda}}, \lambda = \sigma, \pi \qquad (15.11)$$

Der zweite Term ist vom Betrag her in der Regel wesentlich größer als der erste,[75] so daß das Vorzeichen von e_λ von der relativen Größe der Metall- und Ligandenorbitalenergien $e_{M\lambda}$, und $e_{L\lambda}$ abhängt. Im Falle eine M←L-Donorwechselwirkung ist $e_{M\lambda} > e_{L\lambda}$ und folglich e_λ positiv, im Falle einer Metall-Ligand-Rückbindung gilt $e_{M\lambda} < e_{L\lambda}$ d. h. $e_\lambda < 0$:

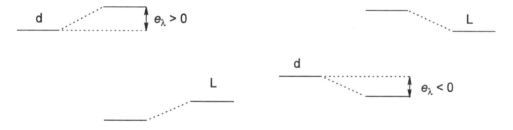

M ← L Donor-Wechselwirkung   M → L Akzeptor-Wechselwirkung

2) Besitzt ein Ligand sowohl besetzte π- als auch unbesetzte π^*-Orbitale, so ist prinzipiell eine bindende Donor- *und* Akzeptorwechselwirkung möglich. Da der e_π-Parameter die *Summe* beider Wechselwirkungen ausdrückt, kann er bei starker, aber sich kompensierender π-Donor/Akzeptor-Wechselwirkung sehr geringe Werte annehmen.

---

[75] M. Gerloch, R. G. Woolley, loc. cit. (**1981**). Der zweite Term wird in der Literatur auch als „dynamischer" Beitrag zu e_λ bezeichnet.

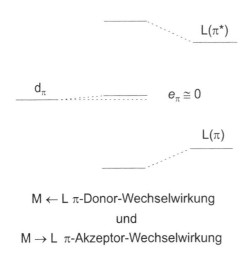

$$M \leftarrow L \ \pi\text{-Donor-Wechselwirkung}$$

und

$$M \rightarrow L \ \pi\text{-Akzeptor-Wechselwirkung}$$

Typische e_λ-Parameter sind in Tabelle 15.1 zusammengefaßt, anhand derer die generellen Trends deutlich werden. Bemerkenswert ist, daß die $e_\sigma(N)$-Werte in den Chromkomplexen nur in einem Bereich von etwa 10 % variieren, was den Schluß nahelegt, daß die Parameter wenigstens zu einem gewissen Grade übertragbar sind. Auf dieser Annahme beruhen auch einige weiter unten diskutierte Anwendungen des AOM/CLF-Verfahrens beim „Molecular Modelling" von Komplexen.

Tabelle 15.1.   Beispiele für heteroleptische Komplexe und ihre e_λ-Parameter (in cm^{-1}). Die Anpassung der Daten erfolgte unter der Annahme $e_\pi(N) = 0$.[76]

Komplex	$e_\sigma(X)$	$e_\pi(X)$	$e_\sigma(N)$	$e_\sigma(P)$	$e_\pi(P)$
trans-[Cr(en)$_2$F$_2$]$^+$	7811	2016	7233		
trans-[Cr(en)$_2$Cl$_2$]$^+$	5558	900	7333		
trans-[Cr(en)$_2$Br$_2$]$^+$	5341	1000	7562		
trans-[Cr(en)$_2$I$_2$]$^+$	4292	594	6987		
trans-[Cr(NH$_3$)$_4$F$_2$]$^+$	7433	1750	6947		
trans-[Cr(NH$_3$)$_4$Cl$_2$]$^+$	5333	967	7033		
trans-[Cr(NH$_3$)$_4$Br$_2$]$^+$	5033	900	7220		
[Ni(PPh$_3$)$_2$Cl$_2$]	4500	2000		4500	−250
[Ni(PPh$_3$)$_2$Br$_2$]	4000	1500		4000	−1500
[Ni(PPh$_3$)Cl$_3$]$^-$	3000	700		5000	−1500
[Ni(PPh$_3$)Br$_3$]$^-$	2000	600		6000	−1500

[76] M. Keeton, B. F.-C. Chou, A. B. P. Lever, *Can. J. Chem.* **1971**, *49*, 192. J. Glerup, O. Monsted, C. E. Schäffer, *Inorg. Chem.* **1976**, *15*, 1399. M. Gerloch, L. R. Hanton, *Inorg. Chem.* **1981**, *20*, 1046. J. E. Davies, M. Gerloch, D. J. Philips, *J. Chem. Soc., Dalton Trans.* **1979**, 1836.

Die in Tabelle 15.1 zusammengefaßten Beispiele zeigen die Grenzen der Übertragbarkeit der CLF-Parameter auf. So beeinflussen sich offenbar die Phosphan- und Halogenidliganden in den Nickelkomplexen so stark, daß die Werte nur für jede einzelne Verbindung Gültigkeit besitzen.

Das AOM/CLF-Modell ist sehr erfolgreich zur Interpretation der die d-Schale von Übergangsmetallkomplexen betreffenden physikalischen Eigenschaften herangezogen worden und erlaubt teilweise konkrete Aussagen über die Art der Metall-Liganden-Wechselwirkung. Allerdings müssen teilweise schwer zu begründende Annahmen über Größe und Vorzeichen von Parametern gemacht werden, die die experimentellen Ergebnisse im Rahmen der Theorie quantitativ wiedergeben. Das führt zum Beispiel im Fall quadratisch-planarer Komplexe zum Postulat der Leerzellen ober- und unterhalb der Komplexebene, denen ein Ligandenfeldpotential mit negativem e_σ-Wert zugeordnet wird.[77] Es sind vor allem diese zusätzlichen Annahmen sowie die große Zahl anzupassender Parameter, die den wissenschaftlichen Wert des verallgemeinerten Ligandenfeld-Modells einschränken.

Große praktische Bedeutung hat die Theorie in jüngster Zeit mit ihrer Einbeziehung in molekülmechanische Untersuchungen von Komplexen gefunden. Nach der Optimierung der Komplexstruktur auf der Grundlage einer Kraftfeldrechnung (Kap. 5) können die e_λ-Parameter mit Hilfe semiempirischer Näherungen berechnet werden und erlauben Vorhersagen zu den spektroskopischen und magnetischen Eigenschaften der Verbindungen in Lösung.[78] Darüber hinaus können Aspekte der AOM-Parametrisierung bei modernen Kraftfeldern mitberücksichtigt werden, z. B. im Rahmen der Ligandenfeld-Stabilisierungsenergien der verschiedenen Molekülgeometrien.[79]

---

[77] Eine Alternative im Rahmen des AOM besteht in der Einführung eines d-s-Hybridisierungsparameters e_{ds}. Die unterschiedlichen Ansätze haben zu regen Disputen in der Literatur geführt. Beispiele: H. J. Mink, H.-H. Schmidtke, *Chem. Phys. Lett.* **1994**, *231*, 235 und A. J. Bridgeman, M. Gerloch, *Chem. Phys. Lett.* **1995**, *247*, 304 oder J. I. Zink, *J. Chem. Soc., Dalton Trans.* **1996**, 4027 und A. J. Brigdeman, M. Gerloch, *ibid.* **1996**, 4027.

[78] P. V. Bernhardt, P. Comba, *Inorg. Chem.* **1993**, *32*, 2798.

[79] V. J. Burton, R. J. Deeth, C. M. Kemp, P. J. Gilbert, *J. Am. Chem. Soc.* **1995**, *117*, 8407.

16   Molekülorbital-Theorie von Komplexen

Die Berechnung der physikalischen Eigenschaften von Komplexen mit Hilfe der Molekülorbital-Theorie wird dadurch erschwert, daß das in der Chemie der Hauptgruppenelemente erfolgreiche Hartree-Fock-Kalkül in den meisten uns interessierenden Fällen zu sehr unbefriedigenden Ergebnissen führt. Die Hartree-Fock-Methode basiert auf der Minimierung der Gesamtenergie eines Moleküls durch Variation der als Slaterdeterminante von Orbitalen formulierten Wellenfunktion und erlaubt eine recht genaue Beschreibung von Molekülen mit abgeschlossenen Elektronenschalen. Die Hartree-Fock-Molekülorbitale werden dabei in einem iterativen konvergierenden Verfahren bis zur „Selbstkonsistenz" optimiert. Man spricht daher von der *Self Consistent Field (SCF)* Methode.

Bei Übergangsmetallen ist nicht nur die Tatsache der „offenen d-Schale" das Haupthindernis für die Anwendung der MO-Theorie in der Eindeterminanten-Näherung. Vielmehr bestimmen, wie bereits in Kapitel 13 erwähnt wurde, zwei Orbitalniveaus mit ähnlicher Energie, aber sehr unterschiedlicher räumlicher Ausdehnung die physikalischen Eigenschaften der Übergangsmetallverbindungen. Dem kugelsymmetrischen, diffusen ns-Orbital stehen die stark kontrahierten und winkelabhängigen (n−1)d-Orbitale gegenüber, was die Berechnung der „Elektronenbewegung" schon in den freien Atomen komplizierter macht.

Die Beschreibung der Wechselwirkung in einem Mehrelektronensystem durch die Näherung eines effektiven Potentials, das eine räumlich gemittelte Elektron-Elektron-Wechselwirkung repräsentiert, verliert damit ihre Gültigkeit. Vielmehr spielt die Korrelation der Elektronenbewegung eine wichtige Rolle, die im Rahmen der SCF-Methode, die die optimale Wellenfunktion als Slaterdeterminante von Einelektronenwellenfunktionen (Orbitalen) liefert, nicht berücksichtigt wird. Es ist daher notwendig, zu höheren Näherungsstufen bei der quantenchemischen Beschreibung von Übergangsmetallverbindungen überzugehen. Eine ausführliche Diskussion dieser Methoden, die heutzutage sehr erfolgreich zur Berechnung von Komplex-Grundzuständen – und vereinzelt auch von angeregten Zuständen – eingesetzt werden, kann im Rahmen dieses Lehrbuchs nicht erfolgen. In Abschnitt 16.4 werden einige der Grundgedanken jedoch bei der Analyse der Bindungsverhältnisse in $[Cr(CO)_6]$ kurz beleuchtet.

Wenn also die Berechnung von Komplex-Molekülzuständen mit modernen quantenchemischen Methoden sehr aufwendig ist, so lassen sich doch viele grundlegende Tatsachen der Metall-Liganden-Bindung durch das einfache LCAO-Modell und durch Berücksichtigung der Symmetrieeigenschaften der Verbindungen qualitativ erörtern.

16.1 Symmetriebetrachtungen zur Konstruktion der Ligandenorbitale

Die Molekülorbitale, aus denen die Gesamtwellenfunktion des Moleküls konstruiert wird, sind Basisobjekte irreduzibler Darstellungen der Molekül-Punktsymmetriegruppe. Bei der qualitativen Beschreibung der M-L-Bindungswechselwirkung werden meist nur die Valenzorbitale der Liganden und des Zentralatoms [$(n-1)$d-Orbitale, ns und np-Orbitale] als (minimale) Orbitalbasis zugrundegelegt. Die Bindung zwischen Zentralatom und Liganden läßt sich am besten verstehen, wenn man sich die MOs des Komplexes durch Kombination der Liganden-Grenzorbitale und Metall-Orbitale herleitet. Das bedeutet aber, daß die Fragmentorbitale, aus denen die MOs konstruiert werden, jeweils die gleiche Symmetrierasse besitzen müssen. Während die Symmetrierassen der Valenzorbitale des Zentralatoms bereits in Kapitel 13 diskutiert wurden, muß man die entsprechenden *symmetrieangepaßten* Ligandenorbitale erst herleiten. Da die Fragmentorbitale eines einzelnen Liganden nicht Basisobjekte der irreduziblen Darstellungen der Molekülpunktgruppe sind, steht eine gruppentheoretische Analyse der Liganden-Basisfunktionen am Anfang unserer Überlegungen. Zur Vereinfachung der folgenden Diskussion berücksichtigen wir dabei nur die drei p-Funktionen des Donoratoms jedes Liganden, die sich bequem als Vektoren darstellen lassen. Dabei unterscheiden wir zwischen dem p_σ-Orbital in Richtung der M-L-Achse („σ-Symmetrie") und den beiden dazu senkrecht stehenden p_π-Orbitalen. Ergebnis unserer Überlegungen sind die *symmetrieangepaßten Gruppenorbitale* der Liganden.

Übungsbeispiele:

1) *Bestimmen Sie die Symmetrierassen der symmetrieangepaßten Gruppenorbitale, die sich von den p_σ-Orbitalen der Liganden herleiten durch Reduktion der mit diesen erhaltenen reduziblen Darstellung der Gruppe O.*
2) *Führen Sie eine analoge Analyse für die p_π-Orbitale durch. Verwenden Sie die Vektordarstellung der p-Funktionen.*

Antwort:
1) Zunächst werden die Charaktere der reduziblen Darstellung ermittelt, indem man die Anzahl der Vektoren entlang der M-L-Achsen zählt, die bei Anwendung der Symmetrieoperationen der Gruppe O unverändert bleiben und indem man die, die invertiert werden, mit einem negativen Vorzeichen berücksichtigt.

O	E	$8C_3$	$6C_2$	$6C_4$	$6C_2{}' \; (= C_4^2)$
$\Gamma^{(\sigma)}$	6	0	0	2	2

Die Charaktere der reduziblen Darstellung von O sind also (6,0,0,2,2). Ausreduktion mit den in Kapitel 12 eingeführten Methoden und Erweiterung auf O_h führt zu: $\Gamma^{(\sigma)} = a_{1g} + e_g + t_{1u}$.

2) Für die p_π-Orbitale wird eine analoge Betrachtung durchgeführt:

O	E	$8C_3$	$6C_2$	$6C_4$	$6C_2{}' \; (= C_4^2)$
$\Gamma^{(\pi)}$	12	0	0	0	-4

Ausreduktion und Erweiterung auf O_h führt zu:

$$\Gamma^{(\pi)} = t_{1g} + t_{2g} + t_{1u} + t_{2u}.$$

In Tabelle 16.1 sind die symmetrieangepaßten Linearkombinationen der Ligandenorbitale und die Valenzorbitale [(n-1)d, ns und np] des Zentralatoms nach Symmetrierassen geordnet einander gegenübergestellt. Nur Orbitale der gleichen irreduziblen Darstellung lassen sich in einem LCAO-Ansatz zu Molekülorbitalen kombinieren.

Tabelle 16.1. Zuordnung der symmetrieangepaßten Liganden-Gruppenorbitale zu den Orbitalen des Zentralatoms für oktaedrische Komplexe. Für die Liganden-p-Orbitale werden die Abkürzungen z_k, x_k und y_k für das p_σ- bzw. die beiden p_π-Orbitale verwendet, wobei die folgende Liganden-Numerierung gilt:

```
        3
        |  2
4 ——————M——— 1
   5    |
        6
```

$\Gamma(O_h)$	Metall	Liganden (σ)	Liganden (π)
a_{1g}	s	$(\frac{1}{\sqrt{6}})(z_1+z_2+z_3+z_4+z_5+z_6)$	
t_{1u}	p_x	$(\frac{1}{\sqrt{2}})(z_1-z_4)$	$(\frac{1}{\sqrt{4}})(y_2-x_5+x_3-y_6)$
	p_y	$(\frac{1}{\sqrt{2}})(z_2-z_5)$	$(\frac{1}{\sqrt{4}})(x_1-y_4+y_3-x_6)$
	p_z	$(\frac{1}{\sqrt{2}})(z_3-z_6)$	$(\frac{1}{\sqrt{4}})(y_1-x_4+x_2-y_5)$
e_g	d_{z^2}	$(\frac{1}{\sqrt{12}})(-z_1-z_2+2z_3-z_4-z_5+2z_6)$	
	$d_{x^2-y^2}$	$(\frac{1}{\sqrt{4}})(z_1-z_2+z_4-z_5)$	
t_{2g}	d_{xy}		$(\frac{1}{\sqrt{4}})(x_1+y_4+y_2+x_5)$
	d_{xz}		$(\frac{1}{\sqrt{4}})(y_1+x_4+x_3+y_6)$
	d_{yz}		$(\frac{1}{\sqrt{4}})(x_2+y_5+y_3+x_6)$
t_{2u}			$(\frac{1}{\sqrt{4}})(y_1-x_4-x_2+y_5)$
			$(\frac{1}{\sqrt{4}})(y_2-x_5-x_3+y_6)$
			$(\frac{1}{\sqrt{4}})(x_1+y_4+y_3-x_6)$
t_{1g}			$(\frac{1}{\sqrt{4}})(-x_2-y_5+y_3+x_6)$
			$(\frac{1}{\sqrt{4}})(y_1+x_4-x_3+x_6)$
			$(\frac{1}{\sqrt{4}})(-x_1-y_4+y_2+x_5)$

Aus Tabelle 16.1 kann man ersehen, daß – wie auch erwartet – die s- und p-Orbitale sowie die e_g-Orbitale (d_{z^2} und $d_{x^2-y^2}$) σ-Bindungs-Molekülorbitale zu bilden vermögen, während sowohl die p-Orbitale als auch die t_{2g}-Orbitale der d-Schale an π-Bindungen beteiligt sein können. Bemerkenswert ist, daß es zu den t_{2u}- und t_{1g}-Ligandenorbitalen keine Metallorbitale geeigneter Symmetrie in der s-, p- und d-Schale für eine Bindungsbildung gibt. Sind diese Orbitale also besetzt, so enthalten sie einsame Elektronenpaare am Donoratom, die nicht an der M-L-Bindungsbildung beteiligt sind. In Abbildung 16.1 sind einige Beispiele von Komplex-MOs abgebildet.

Die Kombination symmetriegleicher Metall- und Ligandenorbitale zu Komplex-Molekülorbitalen stellt die einfachste Näherungsstufe der LCAO-Theorie dar. In dieser Einelektronennäherung wird die Wechselwirkung zwischen den Elektronen nicht berücksichtigt. Das dabei gewonnene Ergebnis

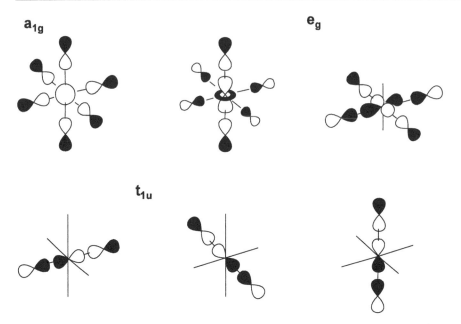

Abb. 16.1. Graphische Darstellung einiger *bindender* Komplex-Molekülorbitale für oktaedrische Komplexe.

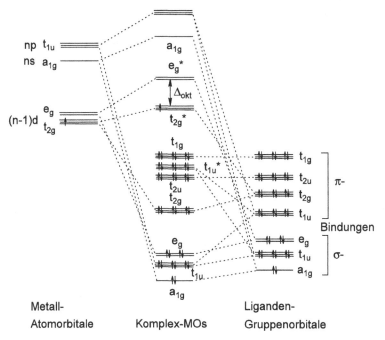

Abb. 16.2. MO-Korrelationsdiagramm für einen oktaedrischen ML_6-Komplex mit jeweils drei besetzten p-Orbitalen an den sechs Donoratomen. Die Liganden-Gruppenorbitale und die d-Orbitale sind jeweils entartet, hier aber nach den verschiedenen Symmetrierassen gruppiert.

läßt sich durch das MO-Korrelationsdiagramm in Abbildung 16.2 übersichtlich darstellen.

Da sich die Energien der Metall-Atomorbitale und der Ligandenorbitale in der Regel wesentlich unterscheiden – wie im Zusammenhang mit dem Angular-Overlap-Modell schon betont wurde – ist der Grad der kovalenten Wechselwirkung zwischen Metall- und Ligandenorbitalen sehr unterschiedlich. Die bindenden Orbitale sind den freien Ligandenorbitalen energetisch sehr ähnlich, weshalb man in der koordinationschemischen Literatur häufig die (quantenmechanisch ungenaue[80]) Bemerkung findet, daß die Elektronen der Liganden die bindenden Orbitale besetzen. Die antibindenden Orbitale haben hingegen eine ähnliche Energie wie die Metall-Atomorbitale, ein Umstand, der in der Ligandenfeldtheorie der d-Schale in den „repulsiven" Metall-Ligand-Wechselwirkungen seinen Ausdruck findet.

In Abbildung 16.2 entspricht die Energiedifferenz zwischen den antibindenden Orbitalen e_g^* und t_{2g}^* der Ligandenfeldaufspaltung Δ_{okt} in der Einelektronennäherung. Im Bild der LCAO-Theorie erhält die Vorstellung der Ligandenfeldtheorie von der unterschiedlichen Destabilisierung der d-Orbitale des Zentralatoms eine neue Interpretation: *Die Ligandenfeldorbitale sind die antibindenden Orbitale der M-L-Wechselwirkung.* Aufgrund der großen Energiedifferenz der Metall-d- und der Liganden-Orbitale haben diese antibindenden Einelektronenfunktionen große Ähnlichkeit mit den Atomorbitalen der freien Zentralatome. Es sei daran erinnert, daß nicht zuletzt dieser Umstand zur Rechtfertigung der separaten quantenchemischen Behandlung der d-Schale von Übergangsmetallen in Komplexen des Werner-Typs durch die Ligandenfeldtheorie herangezogen wurde.

Wie in der Ligandenfeldtheorie muß auch in der LCAO-MO-Theorie die Elektron-Elektron-Wechselwirkung bei der *Berechnung experimenteller Größen* (spektrale Übergänge, Magnetismus) berücksichtigt werden. Obwohl dies prinzipiell durch eine störungstheoretische Behandlung erreicht werden kann, führt ein Ansatz erster Ordnung nicht zu befriedigenden Ergebnissen. Vielmehr ist der Ausgangspunkt für die Molekülorbitaltheorie unter Berücksichtigung der Elektron-Elektron-Wechselwirkung das eingangs erwähnte iterative Hartree-Fock-Verfahren. Die Molekülorbitale, die man dabei erhält, müssen etwas anders interpretiert werden als die in diesem Abschnitt im Rahmen der einfachsten Näherungsstufe der LCAO-Theorie diskutierten. Darauf werden wir anhand eines Beispiels in Abschnitt 16.4 näher eingehen.

16.2 π-bindende Liganden

In dem in Abbildung 16.2 dargestellten MO-Korrelationsdiagramm sind bereits π-bindende Wechselwirkungen zwischen den Metall- und Ligandenorbitalen mit t_{2g}-Symmetrie berücksichtigt worden. Da die Elektronenpaare in

---

[80] Elektronen sind prinzipiell nicht unterscheidbar.

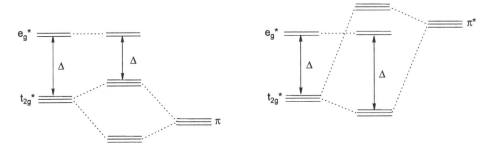

Abb. 16.3. Vereinfachte Darstellung der Beeinflussung der t_{2g}-Orbitalenergie durch Metall-Ligand-π-Wechselwirkung. links: π-Donor-Wechselwirkung; rechts: π-Akzeptor-Wechselwirkung.

den bindenden t_{2g}-Orbitalen bei einer formalen Zerlegung des Komplexes in Zentralatom und Liganden dem Liganden zugerechnet werden, spricht man auch von einer *π-Donor-Wechselwirkung* und bezeichnet Liganden, die diese Bindungssituation erlauben, als *π-Donor-Liganden*. Gleichzeitig kommt es bei der Bindung von π-Donorliganden an das Zentralatom zu einer Destabilisierung der t_{2g}*-Orbitale und damit zu einer Verringerung der Energiedifferenz zwischen t_{2g}* und e_g*, also einer Reduzierung von Δ_{okt} (Abb. 16.3, links). Diese π-antibindende Wechselwirkung mit den Metall-d-Orbitalen liefert zugleich die Erklärung für die Stellung z. B. der Halogenide am unteren Ende der spektrochemischen Reihe.

Besitzen die Liganden hingegen energetisch tiefliegende unbesetzte π-Orbitale, etwa die π*-Orbitale in CO oder die P-C-σ*-Orbitale in Phosphanen, so bewirkt eine π-Bindung zum Metall eine Stabilisierung der d-Orbitale mit t_{2g}-Symmetrie. Sind die t_{2g}*-Orbitale besetzt, so entspricht die Bindungsbildung einer Umverteilung von Elektronendichte vom Metall zum Liganden und damit der in Kapitel 9 bereits diskutierten „π-Rückbindung". Die Stabilisierung der t_{2g}*-Orbitale, die im wesentlichen metallzentriert sind, entspricht einer Vergrößerung von Δ_{okt} (Abb. 16.3, rechts), was die Stellung der *π-Akzeptor-Liganden* am oberen Ende der spektrochemischen Reihe erklärt.

Da die Molekülorbitaltheorie sich nicht wie die Ligandenfeldtheorie allein auf die d-Schale beschränkt, sondern im Prinzip alle Orbitale und die daraus resultierenden Mehrelektronen-Zustände berücksichtigt, können mit ihr z. B. spektroskopische Eigenschaften erklärt werden, die nicht nur die d-Orbitale betreffen. Auf diesen Aspekt werden wir in Kapitel 17 und Kapitel 29 bei der Diskussion der Photochemie und -physik von Komplexverbindungen noch einmal ausführlich zurückkommen.

16.3. Interpretation der Ligandenfeldparameter vom Standpunkt der MO-Theorie[81]

Die Anwendung von Molekülorbital-Methoden bei der Berechnung von Ligandenfeldparametern führt, wenn man wie im Hartree-Fock-Verfahren die Gesamtwellenfunktion durch eine einzige Slaterdeterminante darstellt, zu eher mäßiger Übereinstimmung mit den experimentellen Daten. Nun ist es sicher fraglich, ob die möglichst quantitative Berechnung von Systemparametern sinnvoll ist, die im Rahmen einer semiempirischen Methode eingeführt wurden und auch nur in diesem Zusammenhang eine Aussagekraft besitzen. Allerdings können die Ergebnisse von MO-Berechnungen unser Verständnis des physikalischen Gehalts dieser Systemparameter qualitativ verfeinern und Artefakte bei der Interpretation der störungstheoretisch fundierten Ligandenfeldtheorie korrigieren. Dieser Aspekt spielte bereits bei der Uminterpretation der Racah-Parameter der freien Atome und Ionen am Ende von Kapitel 13 eine wichtige Rolle.

Im Rahmen der Ligandenfeldtheorie oktaedrischer Komplexe ist der $t_{2g} \to e_g$-Übergang folgendermaßen charakterisiert: Die Elektron-Elektron-Abstoßung in der d-Schale ist in beiden Zuständen gleich, und die höhere Energie der e_g-Orbitale rührt von ihrer größeren Nähe zu den negativ geladenen Liganden (oder M-L-Bindungen) her. Das bedeutet aber, daß Δ_{okt} ausschließlich die unterschiedliche *potentielle Energie* der Elektronen in beiden Orbitalen kennzeichnet. Im Rahmen der MO-Theorie sind die e_g-Orbitale *antibindende Orbitale* mit einer Knotenfläche zwischen Metallatom und Liganden. Die damit verbundene stärkere Variation [und räumliche Lokalisierung] der Einelektronenwellenfunktion $\psi(e_g)$ bedingt aber eine höhere *kinetische Energie* $\frac{1}{2}\Delta\psi$ des Elektrons im e_g-Orbital. Die Energiedifferenz Δ_{okt} wird daher in beiden theoretischen Modellen sehr unterschiedlich interpretiert!

MO-Berechnungen nach der Hartree-Fock-Methode stellen aber auch die zweite oben genannte Annahme zum $t_{2g} \to e_g$-Übergang in Frage, nämlich die unveränderte Elektron-Elektron-Abstoßung in beiden Orbitalen. Diese Annahme führt im Rahmen der Ligandenfeldtheorie dazu, daß die Energiemittelwerte der Multipletts der verschiedenen Konfigurationen t_{2g}^n, $t_{2g}^{n-1}e_g^1$, $t_{2g}^{n-2}e_g^2$, usw. äquidistant zueinander sind, sich also immer um den Wert Δ_{okt} unterscheiden. Diese Annahme der Ligandenfeldtheorie findet *keine Entsprechung* in den Ergebnissen der MO-Rechnungen. Aus diesen geht hervor, daß die d-Elektronenabstoßung in den e_g-Orbitalen (die an der kovalenten Bindung zum Liganden unmittelbar beteiligt sind) geringer als in den t_{2g}-Orbitalen ist. Mit zunehmender Besetzung der t_{2g}-Orbitale wird der Energiegewinn durch die Ligandenfeldaufspaltung durch die steigende Elektron-Elektron-Abstoßung abgeschwächt. Dieser Trend führt zum *Anstieg der Differenz der Konfigurations-Energiemittelwerte mit zunehmender e_g-Orbital-Besetzung* (Abb. 16.4).

[81] L. G. Vanquickenborne, A. Ceulemans, M. Hendrickx, K. Pierloot, *Coord. Chem. Rev.* **1991**, *111*, 175.

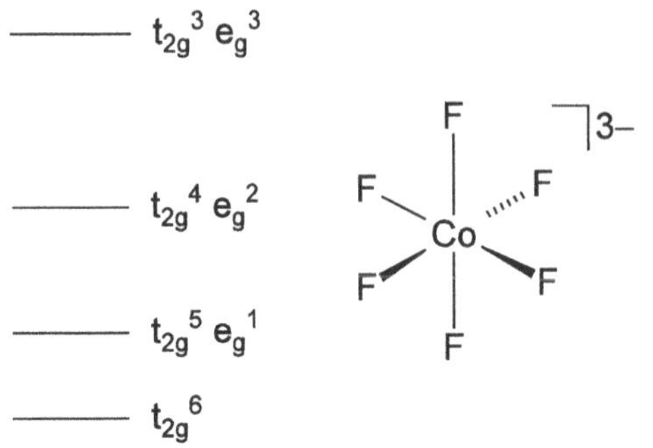

———— $t_{2g}^3 e_g^3$

———— $t_{2g}^4 e_g^2$

———— $t_{2g}^5 e_g^1$

———— t_{2g}^6

Abb. 16.4. Energiemittelwerte der verschiedenen Konfigurationen in einem oktaedrischen Co^{III}-Komplex.

Die MO-Theorie erlaubt eine strenge Trennung des durch die „Orbitalwechselwirkung" ausgedrückten kovalenten Anteils der M-L-Bindung und der Stellung der Liganden innerhalb der spektrochemischen Reihe. Betrachten wir z. B. die Liganden F^-, Cl^- und NH_3, so steigt die *σ-Donorstärke* in der Reihe $F^- < NH_3 < Cl^-$; sie verhält sich also in genau der *umgekehrten* Weise wie die „spektrochemische Stärke". *Die σ-Donorstärke findet ihren Ausdruck im Rahmen der Ligandenfeldtheorie eher im nephelauxetischen Effekt*, der in diesem Fall die gleiche Reihenfolge ergibt. Wie in Kapitel 14 ausführlich dargelegt ist, wird der nephelauxetische Effekt experimentell durch das Verhältnis der Racah-Parameter B'/B bestimmt. Im Rahmen der MO-Theorie kommt das Verhältnis der mittleren d-d-Abstoßungsenergie (d',d') im Komplex zu der des freien Atoms (d,d) dieser Definition am nächsten. Wie man in Tabelle 16.2 am Beispiel einer Reihe von Chrom(III)-Komplexen sieht, sinkt ausgehend vom Hexaamminkomplex mit zunehmender F^--Substitution der gemittelte kovalente Anteil der M-L-Bindungen, während $[Cr(CN)_6]^{3-}$ die stärksten kovalenten M-L-Bindungen besitzt. Hier findet sich also eine weitgehende Entsprechung der Ligandenfeld- und MO-theoretischen Betrachtungen.

Tabelle 16.2. Mittlere d-d-Abstoßungsenergie zweier Elektronen in d-Orbitalen von Cr^{III}. Der Wert für das freie Ion beträgt (d,d) = 0.818 Hartree.[82]

Komplex	(d',d')	(d',d')/(d,d)
$[CrF_6]^{3-}$	0.768	0.939
trans-$[CrF_2(NH_3)_4]^+$	0.749	0.916
$[CrF(NH_3)_5]^{2+}$	0.743	0.909
$[Cr(NH_3)_6]^{3+}$	0.741	0.906
trans-$[CrCl_2(NH_3)_4]^+$	0.738	0.902
$[Cr(CN)_6]^{3-}$	0.711	0.869

[82] Hartree = 27.212 eV = 627.07 kcal·mol^{-1} = 2625.4 kJ·mol^{-1}. Die Einheit Hartree ist die in der theoretischen Chemie übliche *atomare Energieeinheit*, die man erhält, wenn man $\hbar$ = m_e = e = 1 setzt. Diese Konvention ist bereits bei der Formulierung der Hamiltonoperatoren der Atome und Komplexe in Kapitel 13–15 angewandt worden.

16.4 Ein Beispiel für die Anwendung moderner quantenchemischer Methoden in der Komplexchemie: die Bindungsverhältnisse in Hexacarbonylchrom

Die Bindungsverhältnisse in Carbonylmetallkomplexen lassen sich nicht befriedigend mit Hilfe der Ligandenfeldtheorie beschreiben. Das liegt vor allem daran, daß in den Übergangsmetallkomplexen mit niedriger Oxidationsstufe des Zentralatoms das Postulat der Nichtbeteiligung der d-Orbitale an der Metall-Ligand-Bindung seine Gültigkeit auch als Näherung verliert. Die Molekülorbitaltheorie ist hingegen sehr erfolgreich bei der qualitativen Diskussion der Bindungsverhältnisse in CO-Komplexen gewesen, wie wir bereits in Abschnitt 9.2 erfahren haben. Allerdings handelt es sich bei der bisherigen Diskussion um eine Argumentation im Sinne eines wechselwirkungsfreien Einelektronen-Modells.[83] So nützlich die Vorgehensweise also ist, so wenig wird sie experimentelle Daten reproduzieren können. Auf der anderen Seite leisten moderne quantenchemische „Ab-Initio"-Methoden die quantitative Wiedergabe der Experimente, dies allerdings häufig auf Kosten ihrer Interpretierbarkeit im Sinne etablierter bindungstheoretischer Konzepte.

In diesem Abschnitt soll das Ergebnis einer in etwa dem gegenwärtigen Stand der Theorie entsprechenden Analyse der Metall-Liganden-Bindungen im Hexacarbonylchrom-Komplex vorgestellt werden.[84] Um die Bedeutung verschiedener Beiträge zur Cr-CO-Bindung zu beleuchten, wird die gesamte Bindungsenergie $\Delta E = -D_e$ des Prozesses

$$Cr + 6\ CO \rightarrow [Cr(CO)_6]$$

in mehrere Teilbeiträge zerlegt (Abb. 16.5).

In einem ersten Schritt wird berücksichtigt, daß die effektive Elektronenkonfiguration des Cr-Atoms im Komplex eine andere als die des atomaren Grundzustands ist. Dies entspricht der „Promotion" (P_M) aus dem $d^5s^{1\text{-}7}S$-Grundzustand des Atoms in den $t_{2g}^6(^1A_{1g})$-Zustand, der im Komplex vorliegt:

$$Cr(^7S) \rightarrow Cr(t_{2g}^6)\ \Delta E = P_M$$

---

[83] Dies liegt beispielsweise der Extended-Hückel-Methode zugrunde. Siehe auch H.-H. Schmidtke, *Quantenchemie*, 2. Aufl, VCH, Weinheim, **1994**, S. 236. und W. Kutzelnigg, *Einführung in die Theoretische Chemie, Bd. 2*, VCH, Weinheim, **1978**, S. 87 ff.

[84] Die folgenden Abschnitte basieren auf der qualitativen Argumentation in: E. R. Davidson, K. L. Kunze, F. B. C. Machado, S. J. Chakravorty, *Acc. Chem. Res.* **1993**, *26*, 628. Es sind mehrere sehr aufwendige Rechnungen an [Cr(CO)_6] durchgeführt worden: L. A. Barnes, B. Liu, R. Lingh, *J. Chem. Phys.* **1993**, *98*, 3978. A. W. Ehlers, G. Frenking, *J. Am. Chem. Soc.* **1994**, *116*, 1514. B. J. Persson, B. O. Roos, K. Pierloot, *J. Chem. Phys.* **1994**, *101*, 6810.

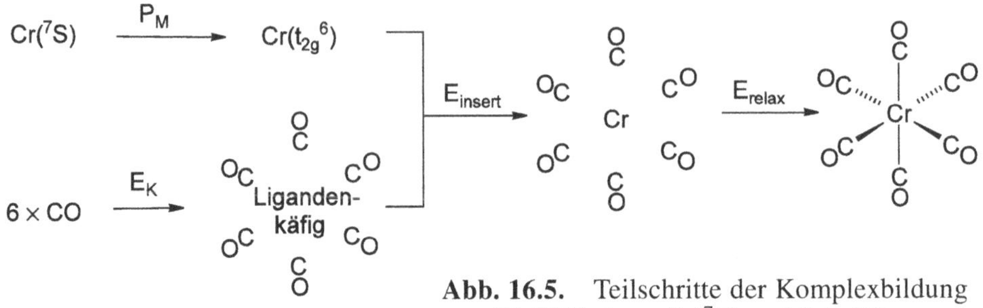

$$Cr(^7S) \xrightarrow{P_M} Cr(t_{2g}^6)$$

$$6 \times CO \xrightarrow{E_K} \text{Ligandenkäfig}$$

Abb. 16.5. Teilschritte der Komplexbildung von $[Cr(CO)_6]$ aus $Cr(^7S)$ und $6 \times CO$.

Dann werden die CO-Orbitale mit σ- bzw. π-Symmetrie bezüglich der M-L-Achsen zu den Gruppenorbitalen des $(CO)_6$-Ligandenkäfigs mit den C-O-Abständen des Komplexes kombiniert:

$$\psi(CO) \to \psi[(CO)_6] \quad \Delta E = E_K$$

Daraufhin wird das „präparierte" Zentralatom in die Mitte des Ligandenkäfigs gesetzt, ohne daß sich zunächst die räumliche Ausdehnung der Metall- und Liganden-Orbitale ändert (dieser Zustand sei durch die Gesamtwellenfunktion Ψ_0 repräsentiert).

$$Cr(t_{2g}^6) + (CO)_6 \to [Cr+(CO)_6] \, (\Psi_0) \quad \Delta E = E_{insert}$$

Schließlich läßt man die Orbitale in die des Komplexes (Ψ) räumlich relaxieren.

$$[Cr+(CO)_6] \, (\Psi_0) \to [Cr(CO)_6] \, (\Psi) \quad \Delta E = E_{relax}$$

Die Änderung der Orbitalenergien in diesen Teilschritten ist in Abbildung 16.6 zusammengefaßt.[85]

---

[85] Man beachte, daß die Orbitalenergien der semiempirischen MO-Modelle und des Hartree-Fock-Modells unterschiedlich zu interpretieren sind. In beiden Fällen entsprechen die Orbitalenergien besetzter Orbitale ungefähr den negativen Ionisierungsenergien. In den semiempirischen Modellen, wie z. B. der Extended-Hückel-Methode, sind die Orbitalenergien unbesetzter Orbitale ungefähr die negativen Ionisierungsenergien des Zustands, in dem das betreffende Orbital besetzt ist. Orbitalenergiedifferenzen entsprechen damit näherungsweise Anregungsenergien. In der „Ab-Initio"-Theorie sind die Energien der unbesetzten Orbitale hingegen näherungsweise die *negativen Werte von Elektronenaffinitäten*. Die Energie eines halbbesetzten Orbitals entspricht dem Mittelwert der Ionisierungsenergie und Elektronenaffinität. Somit besteht in diesem Fall kein unmittelbarer Zusammenhang von Orbitalenergie-Differenzen mit meßbaren Anregungsenergien. Durch die iterative Bestimmung der Orbitale im Hartree-Fock-Verfahren werden diese und ihre Energien zudem bis zur Selbstkonsistenz variiert. Daraus erklärt sich die starke Abhängigkeit der Energien (auch der inneren Orbitale) von der Konfiguration.

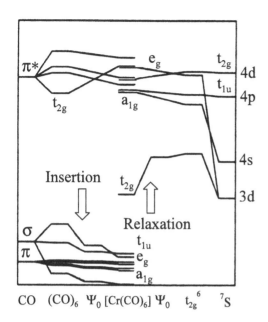

Abb. 16.6. Orbitalenergien nach den oben diskutierten Teilschritten der Komplexbildung. Man beachte die dramatische Änderung der Cr-Atomorbitalenergie bei Änderung der Konfiguration. Orbitalenergien, die mit Hilfe der Hartree-Fock-Methode bestimmt werden, hängen – im Gegensatz zu denen der semiempirischen „Einelektronenmodelle" – empfindlich von der Elektronenkonfiguration ab.[85] (Nach E. R. Davidson et al., *Acc. Chem. Res.* **1993**, *26*, 628).

Der interessanteste Aspekt des in Abb. 16.6 dargestellten schrittweisen Prozesses sind die Insertion des Metallatoms in den Ligandenkäfig (Ψ_0) und die anschließende Relaxation der Orbitale unter Bildung der MOs des Komplexes. Man beachte, daß im ersten Schritt bereits im wesentlichen die energetische Absenkung der e_g-Grenzorbitale des Ligandenkäfigs erfolgt, die sich dann im folgenden Relaxationsschritt kaum mehr ändern. Die Durchdringung des 3spd-Orbital-"Rumpfs" durch die e_g-Ligandenorbitale (σ-L→M-Bindung) findet also schon vor der räumlichen Veränderung der Molekülorbitale im letzten Schritt statt. Durch diesen Relaxationsschritt wird allerdings die Energie der Metall-t_{2g}-Orbitale drastisch abgesenkt, was mit einer räumlichen Expansion dieser Orbitale in Richtung der CO-Liganden verbunden ist (π-Rückbindung). Beispiele der für die Bindung der CO-Liganden entscheidenden Grenzorbitale sind in Abbildung 16.7 dargestellt.

Betrachtet man das [Cr(CO)$_6$]-Molekül – wie bislang – lediglich in der Ein-Determinanten-Näherung des Hartree-Fock-Modells, so sollte es ungeachtet der oben diskutierten dominierenden π-Rückbindung eigentlich nicht existent sein,[86] da der erhaltene Wert für die gesamte Bindungsenergie D_e mit ca. +28 kJmol^{-1} für eine repulsive Metall-Liganden-Wechselwirkung steht. Der Grund für dieses offenbar falsche Ergebnis ist die Näherung für die Elektron-Elektron-Wechselwirkung im Rahmen des Modells. Danach bewegt sich jedes Elektron im gemittelten Feld aller anderen Elektronen und wird durch dieses abgestoßen, nicht aber in seiner „Bewegung" beeinflußt. Die Bewegungen der Elektronen sind also *nicht korreliert*, was zu viel zu hohen

---

[86] Die Promotionsenergie für das Zentralatom sowie die Ligand-Ligand-Abstoßung werden auf dieser Modellstufe durch die Bindungsenergie nicht überkompensiert!

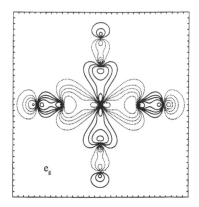 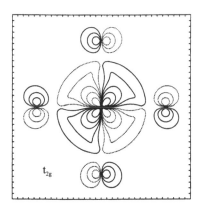

Abb. 16.7.   Konturdiagramme des $\sigma(e_g)$-$d_{x^2-y^2}$-Orbitals (links) und des t_{2g}-$3d_{xy}$-Orbitals. Während das die σ-Bindung beschreibende Orbital im wesentlichen Liganden-(5σ)-Charakter hat, unterscheidet sich das rückbindende t_{2g}-Orbital wesentlich von dem des $3d_{xy}$-Orbitals im freien Atom; diese Wechselwirkung ist sicherlich die für die M-CO-Bindung entscheidende. (Nach E. R. Davidson et al., *loc. cit.*).

Gesamtenergien in den Rechnungen führt. In diesem Zusammenhang werden wir uns etwas ausführlicher mit dieser *Korrelationsenergie*, die die Differenz zwischen der durch die Hartree-Fock-Methode bestimmten und der exakten Gesamtenergie des Moleküls repräsentiert, beschäftigen. Dieser Aspekt ist nicht nur für die Stabilität des Moleküls entscheidend, sondern wirft zudem ein neues Licht auf die Metall-Liganden-Bindungsverhältnisse.

Die starke Korrelation der Elektronenbewegung in den besetzten t_{2g}-Orbitalen des Zentralatoms im $^1A_{1g}(t_{2g}^6)$-Zustand kann in der Wellenfunktion des Atoms oder Moleküls berücksichtigt werden, indem man Slaterdeterminanten, die angeregten Konfigurationen entsprechen, mit der Hartree-Fock-Determinante linearkombiniert. Dabei sind solche Konfigurationen von besonderer Bedeutung, in denen zwei Elektronen mit entgegengesetztem Spin ein höheres d-Orbital mit ähnlicher räumlicher Ausdehnung wie das entsprechende 3d-Orbital – aber mit zusätzlicher radialer Knotenfläche – besetzen. In Abbildung 16.8 sind das $3d_{xy}$-Orbital und das im Cr-Atom damit „korrelierende" $4d_{xy}$-Orbital abgebildet. Die formale Anregung in dieses Orbital führt zu einer Korrelation der Elektronenbewegung, da sie die Wahrscheinlichkeit erhöht, daß sich die Elektronen auf verschiedenen Seiten der radialen Knotenfläche aufhalten.[87] Die Elektronen *weichen sich also aus*; nichts anderes bedeutet der Begriff der Elektronenkorrelation.

Die hier am Beispiel des Cr-Atoms diskutierte Elektronenkorrelation findet ihre Entsprechung im Hexacarbonyl-Komplex. Das mit dem $3d_{xy}$-Orbital korrelierende höherenergetische Orbital hat aber nunmehr ein ganz anderes Aussehen, nämlich das des $2\pi^*$-t_{2g}-Orbitals der Ligandenhülle (Abb. 16.9). Diese

---

[87] Und gleichzeitig die geringere Wahrscheinlichkeit erniedrigt, daß zwei Elektronen sich auf der gleichen Seite der Knotenfläche aufhalten.

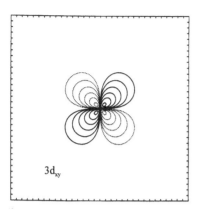

Abb. 16.8. Links: $3d_{xy}$-Orbital des Cr-Atoms in der t_{2g}^6-Konfiguration; rechts: das damit korrelierende 4d-Orbital mit seiner radialen Knotenfläche. (Nach E. R. Davidson et al., *loc. cit.*).

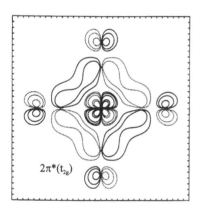
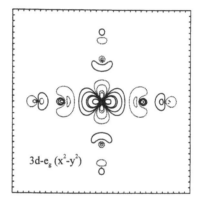

Abb. 16.9. Links: Das mit dem $3d_{xy}$-Orbital des Chroms korrelierende $2\pi^*$-t_{2g}-Orbital. Diese Korrelation führt zu einer Verstärkung der π-Rückbindung vom Metall zu den Liganden. Rechts: Das unbesetzte $3d_{x^2-y^2}$-e_g-Orbital, das mit dem in Abbildung 16.7 dargestellten Liganden-e_g-Orbital korreliert. Diese Korrelation der Elektronenbewegung führt zu einer Verstärkung der Ligand→Metall-σ-Bindung. (Nach E. R. Davidson et al., *loc. cit.*).

Korrelation der Elektronenbewegung zwischen Metall und Liganden kann als Verstärkung der π-Rückbindung interpretiert werden. Wie man sieht, ist die Korrelation der Elektronenbewegung zwischen Zentralatom und Liganden offenbar ein bedeutender Faktor in dieser Komplexverbindung. Dieses Ergebnis belegt einmal mehr die Ungültigkeit der Ligandenfeldtheorie mit ihrer Beschränkung auf die d-Elektronenschale des Zentralatoms für die theoretische Beschreibung derartiger Komplexe.

Insgesamt ergeben die Berechnungen zur Elektronenkorrelation in
$[Cr(CO)_6]$ folgendes interessante Bild:

1) Durch Berücksichtigung der Elektronenkorrelation rücken die 5σ-e_g-Elektronen der Carbonyl-Liganden näher an das Metallzentrum, während die t_{2g}-Elektronen des Chroms sich räumlich in Richtung der Liganden ausbreiten. Beide Effekte verstärken die M-CO-Bindung.
2) Die Durchdringung der Elektronenhülle des Zentralatoms durch die Elektronen der 5σ-CO-Orbitale führt – wie wir oben gesehen haben – zu einer *statischen Abschirmung der Cr-Kernladung*, die die Relaxation der t_{2g}-Orbitale in Richtung der Liganden („π-Rückbindung") begünstigt. Die hier erörterte, durch die Elektronenkorrelation bedingte Verstärkung dieses Effekts ist eine Folge der *dynamischen Abschirmung der Kernladung* des Cr-Atoms.

V Physikalische Eigenschaften von Komplexen und deren Untersuchung

In Teil IV haben wir die elektronische Struktur der d-Block-Elemente und ihrer Verbindungen diskutiert und die in der Komplexchemie verwendeten theoretischen Methoden kennengelernt. Als Orientierung wurden dabei vor allem die Elektronenspektren herangezogen, auch wenn wir auf deren Charakteristika bisher nicht näher eingegangen sind. In Teil V wollen wir nunmehr auf der Grundlage der in den vorigen Kapiteln gewonnenen Erkenntnisse die physikalischen Eigenschaften von Komplexen beschreiben. Wir beschränken uns dabei auf zwei wichtige Gebiete, die Elektronenspektren und den Magnetismus. Die wesentlichen *Lernziele* sind dabei:

1) Das Verständnis der quantenmechanischen Auswahlregeln für die spektralen Übergänge und die sich daraus ergebenden unterschiedlichen Intensitäten der Banden in den Absorptionsspektren (s. Abschn. 17.1).
2) Die Mechanismen, die die „verbotenen" Übergänge sichtbar machen: Spin-Bahn-Kopplung und vibronische Kopplung (s. Abschn. 17.2).
3) Die Besonderheiten der elektronischen Struktur von Komplexen, die die Linienbreite von Absorptions- und Emissionsbanden bestimmen (s. Abschn. 17.3).
4) Die magnetischen Eigenschaften von Komplexen, v.a. die mit den verschiedenen d-Elektronenkonfigurationen verknüpften charakteristischen magnetischen Momente der 3d-Komplexe (s. Abschn. 18.1–18.4).
5) Die thermodynamische Beschreibung von High-Spin/Low-Spin-Gleichgewichten und die damit zusammenhängenden photophysikalischen Effekte (LIESST) (s. Abschn. 18.5).
6) Die Kopplung zwischen magnetischen Zentren (Ferro-/Antiferromagnetismus) (s. Abschn. 18.6).

Einige der in diesem Teil angesprochenen Aspekte der Photophysik von Komplexen werden in Kapitel 29 bei der Diskussion der Photochemie von Koordinationsverbindungen noch einmal aufgenommen und vertieft.

17 Die Elektronenspektren von Komplexen[1]

Die Lagen der Absorptionsbanden in den Elektronenspektren von Komplexen lassen sich durch Berechnung der Termenergien des elektronischen Grundterms und der entsprechenden angeregten Terme ermitteln. Dies erklärt jedoch nicht, weshalb einige Absorptionsbanden viel schwächer als andere sind. Die Breite der Banden kann zudem erheblich variieren. Diese Unterschiede werden bei der genaueren Betrachtung des Absorptionsspektrums von $[Cr(en)_3]^{3+}$ deutlich, dessen Ligandenfeldübergänge in Abbildung 17.1 zu sehen sind.

Wenn man die Absorptionsbanden nach ihrer Intensität klassifiziert, so ergeben sich drei Typen: Die sehr schwache aufgespaltene Bande (III) bei ca. 15000 cm^{-1} mit einem molaren Extinktionskoeffizienten ε kleiner als 1 l·cm^{-1}·Mol^{-1}, die beiden Banden (I und II) zwischen 20000 und 30000 cm^{-1} mit $10 < ε < 100$ l·cm^{-1}·Mol^{-1} und die in dem gewählten Maßstab nicht mehr sichtbaren intensiven Absorptionsbanden oberhalb von 40000 cm^{-1} ($ε > 10000$ l·cm^{-1}·Mol^{-1}).

Bei der Absorption und Emission von Licht durch Atome und Moleküle ist lediglich die elektrische Dipol-Wechselwirkung von Bedeutung,[3] die als Stö-

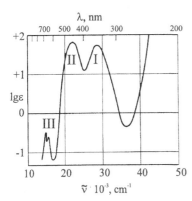

Abb. 17.1.   Absorptionsspektrum von $[Cr(en)_3](ClO_4)_3$ in H_2O.[2]

---

[1] A. B. P. Lever, *Inorganic Elektronic Spectroscopy*, Elsevier, Amsterdam, **1984**.

[2] H. L. Schläfer, G. Gliemann, *Einführung in die Ligandenfeldtheorie*, Akademische Verlagsgesellschaft, Frankfurt a. Main, **1967**, S. 49.

[3] Das hat vor allem mit der *räumlichen Ausdehnung der Atome und Moleküle zu tun, die in der Regel viel geringer ist als die Wellenlänge der elektromagnetischen Strahlung.* Falls diese geometrische Beziehung zwischen der Wellenlänge der anregenden (oder emittierten) Strahlung und den Abmessungen des Systems nicht erfüllt ist, müssen auch höhere elektrische und magnetische Multipolübergänge berücksichtigt werden, wie dies für die Übergänge in Atomkernen der Fall ist. Literatur: E. Merzbacher, *Quantum Mechanics*, 2nd Ed., Wiley, New York, **1970**, S. 458. W. Greiner, *Theoretische Physik, Bd. 4a: Quantentheorie – Spezielle Kapitel*, Verlag Harri Deutsch, Thun und Frankfurt a. Main, **1985**, S. 29 ff.

rung des wechselwirkungsfreien Systems beschrieben werden kann. Der Stör-operator ist daher der elektrische Dipoloperator, den wir in der Form e**r** (e = Elementarladung, **r** = Ortskoordinate im Atom/Molekül) im weiteren disku-tieren werden. Die Intensität I des spektralen Übergangs ist proportional zum Betrags-Quadrat des Matrixelements des Störoperators für den Übergang von |g> nach |a>, d. h. I $\propto$ |<a|e**r**|g>|^2.[4] Im allgemeinen ist die Berechnung sol-cher Matrixelemente <a|e**r**|g> sehr aufwendig, allerdings ermöglichen ein-fache Symmetrieüberlegungen eine qualitative Abschätzung der spektralen Intensitäten. Diese werden durch die *Auswahlregeln für Dipolübergänge* bestimmt, die wir im folgenden Abschnitt näher erörtern werden.

Im Mittelpunkt dieses Kapitels stehen diejenigen spektroskopischen Eigen-schaften der Übergangsmetallkomplexe, deren Grundlagen in Kapitel 14 und 15 diskutiert wurden. Wir werden uns also mit den spektralen Übergängen beschäftigen, die innerhalb der d-Schale der Übergangsmetalle stattfinden und die in der Regel den langwelligen Teil der Absorptions- und Emissions-spektren bestimmen. Auf die viel intensiveren Übergänge, die die in den Liganden oder anderen Metallzentren lokalisierten Zustände betreffen, gehen wir im Zusammenhang mit der Photochemie der Koordinationsverbin-dungen in Kapitel 29 näher ein. Diese *Charge-Transfer-Übergänge* spielen ein wichtige Rolle für die photochemische Reaktivität von Komplexen und für Energie-Transferprozesse in komplizierten mehrkernigen Koordinations-einheiten.

17.1 Auswahlregeln für elektrische Dipolübergänge

Im Zentrum der Erörterung der Intensität spektraler Übergänge stehen die im vorigen Abschnitt eingeführten Übergangsmatrixelemente <a|V|g>, wobei V die Störung des Systems – hier also das äußere elektromagnetische Strah-lungsfeld – im Zustand |g> repräsentiert, die den Übergang in den Eigenzu-stand |a> erst bewirkt. Wie bereits betont wurde, sind in der Regel nur die Dipolübergänge zu berücksichtigen, die durch den Störoperator V = e**r** erzeugt werden. Im folgenden interessieren uns daher die Werte von Integra-len des Typs <a|e**r**|g> = e∫ψ$_a$***r**ψ$_g$dτ (wobei τ für alle Raum- und Spinkoordi-naten steht), die auch als *Übergangsdipolmomente* bezeichnet werden.[5] Wie wir sehen werden, kann man anhand von Symmetriebetrachtungen entschei-den, ob der Wert des Integrals von Null verschieden ist oder nicht. In ersterem Fall sprechen wir dann von *erlaubten* Übergängen, ansonsten sind sie *verbo-ten*. Die sich daraus ergebenden *Auswahlregeln* für die Übergänge in den Spektren basieren also auf den Bedingungen:

---

[4] |g> (ψ$_g$) und |a> (ψ$_a$) bezeichnen hier den Grundzustand und den angeregten Zustand, im all-gemeinen jedoch den Ausgangs- bzw. Endzustand des Übergangs.

[5] In der weiteren Diskussion wird der Dipoloperator e**r** nur durch den Vektor **r** repräsentiert. Bei Verwendung der in Kapitel 13 und 14 bereits eingeführten atomaren Einheiten ist ohne-hin |e| = 1.

$\int \psi_a{}^* \mathbf{r} \psi_g d\tau \neq 0$: *erlaubter* spektraler Übergang;
$\int \psi_a{}^* \mathbf{r} \psi_g d\tau = 0$: *verbotener* spektraler Übergang.

Eine wichtige Auswahlregel für die spektralen Übergänge in vielen Komplexen erhält man, wenn man annimmt, daß die „Bahnbewegung" eines Elektrons und sein Spin nicht miteinander wechselwirken können. Dann läßt sich die Wellenfunktion in eine Ortswellenfunktion und eine Spinwellenfunktion faktorisieren, d. h.

$\psi(\mathbf{r},s) = \psi(\mathbf{r})\sigma(s)$; $\mathbf{r}$, s = Orts- bzw. Spinkoordinate

Das Übergangsdipolmoment erhält damit die Form:

$\int \psi_a{}^* \mathbf{r} \psi_g d\tau = \int \psi_a{}^* \sigma_a{}^* \mathbf{r} \psi_g \sigma_g d\mathbf{r} ds = \int \psi_a{}^* \mathbf{r} \psi_a d\mathbf{r} \cdot \int \sigma_g{}^* \sigma_g ds$

Diese Separation der Orts- und Spinkoordinaten im Integral ist möglich, da der Dipoloperator nicht auf die Spinkoordinaten wirkt. Das bedeutet nun, daß das Matrixelement nur dann nicht verschwindet, wenn $\int \sigma_a{}^* \sigma_g ds \neq 0$ ist, d. h. aufgrund der Orthogonalität der Spinwellenfunktionen, wenn $\sigma_a = \sigma_g$ ist. Damit ergibt sich bereits eine sehr wichtige Auswahlregel, die *Spin-Auswahlregel*:

A1: Übergänge zwischen Zuständen unterschiedlicher
    Spinmultiplizität sind verboten.

Anders ausgedrückt bedeutet dies, daß ein elektrisches Dipolfeld nicht mit dem Elektronenspin wechselwirkt. Man würde also erwarten, daß *spinverbotene* Übergänge in den Absorptionsspektren von Komplexen nicht beobachtet werden. Dies ist zumindest für die Verbindungen der 3d-Metalle auch häufig der Fall, allerdings ermöglicht die schwache Spin-Bahn-Kopplung der Elektronen in diesen Komplexen eine „Lockerung" des Spinverbots, die zu sehr schwachen Absorptionsbanden führt. Die in Abbildung 17.1 gezeigte sehr schwache Bande III (15000 cm^{-1}, $\varepsilon < 1$) im Spektrum von $[Cr(en)_3]^{3+}$ ist ein Beispiel für eine solche *Interkombinationsbande*, die den Übergang zwischen dem Quartett-Grundzustand $^4A_2$ und dem angeregten Dublettzustand ^2E darstellt. Auf solche Interkombinationsbanden, die für die Komplexe der 4d- und 5d-Metalle wegen der stärkeren Spin-Bahn-Kopplung von größerer Bedeutung sind, werden wir in Abschnitt 17.3 zurückkommen.
    Mit der Spin-Auswahlregel besitzen wir ein wichtiges Kriterium für die Beobachtbarkeit spektraler Übergänge. Weitere Auswahlregeln ergeben sich aus der Betrachtung der Symmetrieeigenschaften der Ortswellenfunktionen der beteiligten Zustände und damit der Eigenschaften des Integranden im Übergangsmatrixelement. Die wichtigste Grundtatsache ist dabei die mathematische Bedingung, daß ein Integral $\int F d\mathbf{r}$ über den gesamten Raum nur dann von Null verschieden ist, wenn der Integrand F *invariant gegenüber*

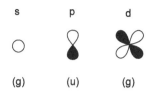

s   p   d

(g)   (u)   (g)

Abb. 17.2. Die Atomorbitale als Beispiele für gerade und ungerade Funktionen.

allen Symmetrieeigenschaften des beschriebenen Objekts ist. Wir werden dieser Forderung im nächsten Abschnitt eine strenge gruppentheoretische Formulierung geben. Zunächst betrachten wir nur eine für die Spektroskopie der Übergangsmetallkomplexe sehr grundlegende Symmetrieoperation, die *Inversion.* Daraus ergibt sich die Bedingung, daß der Integrand im Übergangsdipolmoment *symmetrisch* bezüglich der Inversion sein muß, damit dieses nicht gleich Null wird.

Die atomaren Wellenfunktionen als Darstellungen der Rotationsgruppe sind abwechselnd symmetrisch oder antisymmetrisch bezüglich der Inversion, besitzen also *positive* oder *negative Parität* (Abb. 17.2). Die Wellenfunktionen sind also entweder *gerade* oder *ungerade* Funktionen [f($\mathbf{r}$) = f($-\mathbf{r}$) bzw. f($\mathbf{r}$) = $-$f($-\mathbf{r}$)]. Der Dipoloperator $\mathbf{r}$ ist als Ortsvektor eine ungerade Funktion, und das Produkt aus ψ_i, ψ_f und $\mathbf{r}$ ist damit nur dann wiederum eine gerade Funktion – und das Übergangsdipolmoment ungleich Null –, wenn ψ_i und ψ_f *nicht die gleiche Parität* besitzen. Diese Tatsache bildet die Grundlage der *Laporte-Regel:*

A2: Elektrische Dipolübergänge sind nur dann erlaubt, wenn sie mit einer Änderung der Parität einhergehen.

Auf die Übergangsmetallkomplexe bezogen bedeutet dies vor allem, daß die Ligandenfeldübergänge Laporte-verboten sind, was deren geringe Intensität erklärt. Daß solche Übergänge in den Elektronenspektren nicht völlig abwesend sind, liegt unter anderem daran, daß das Zentralatom keine reinen atomaren d-Orbitale besitzt, sondern sich vielmehr – in der Sprache der Ligandenfeldtheorie – in einem Störfeld niedrigerer als sphärischer Symmetrie befindet. Die annähernde Gültigkeit der Laporte-Regel bei Komplexen beliebiger Symmetrie ist aber dennoch ein Beleg für die Annahme der Ligandenfeldtheorie, daß die d-Orbital-Schale als vom Rest des Systems entkoppelt aufgefaßt und das Ligandenfeld als Störung behandelt werden kann. Daß das Paritätsverbot in Komplexen nicht streng gilt, ist eine Folge der durch die Störung durch das Ligandenfeld bedingten „Beimischung" von Zuständen anderer Parität (z. B. p-Zustände) zu denen der d-Schale. Diese kann durch:

1. Abwesenheit eines Symmetriezentrums im Komplex oder
2. Störung der vorhandenen Inversionssymmetrie durch Schwingungen geeigneter Symmetrierasse bedingt sein.

Übungsbeispiele:

1) Erklären Sie, weshalb die Ligandenfeldbanden in tetraedrischen Komplexen in der Regel im Vergleich zu oktaedrischen Komplexen wesentlich intensiver sind. Beispiel: $[Co^{II}L_6]^{2+}$ hat Ligandenfeldbanden mit $\varepsilon \approx 10$ l cm^{-1} Mol^{-1}, während die von $[Co^{II}X_4]^{2-}$ einen molaren Extinktionskoeffizienten $\varepsilon \approx 600$ l cm^{-1} Mol^{-1} besitzen.

2) Bei cis-trans-Isomeren von $[MA_4B_2]$, wie z. B. $[Cr(en)_2Cl_2]^+$, besitzen die Ligandenfeldbanden des cis-Isomeren stets die etwas höhere Intensität. Erläutern Sie diese Beobachtung!

Antworten:

1) Tetraedrische Komplexe besitzen kein Symmetriezentrum, d. h. d-Orbitale befinden sich in einem Störfeld, das keine Inversionssymmetrie aufweist. Die höhere Intensität der Übergänge kann daher als Folge der Lockerung des Laporte-Verbots durch partielle p-d-Hybridisierung verstanden werden. Aus der Charaktertafel der Punktgruppe T_d in Abschnitt 12.3.2 entnehmen wir, daß die p-Orbitale und d_{xy}-, d_{xz}- und d_{yx}-Orbitale zur gleichen irreduziblen Darstellung von T_d gehören (T_2) und folglich in einem Störfeld dieser Symmetrie „mischen" können.

2) Die *cis*-Isomeren dieser Komplexe besitzen ebenfalls keine Inversionssymmetrie. Daher ist auch hier das Verbot der d-d-Übergänge durch „Beimischung" der p-Zustände etwas gelockert. Eine solche p-d-Hybridisierung ist in den zentrosymmetrischen *trans*-Isomeren nicht möglich.

17.1.1 Strenge gruppentheoretische Formulierung der Auswahlregeln für Dipolübergänge

In der bisherigen Diskussion der spektralen Auswahlregeln wurde nur die Inversionssymmetrie der Zustände berücksichtigt. Eine allgemeinere Formulierung der Auswahlregeln, die zugleich eine schärfere Fassung der Bedingungen für die „Überwindung" dieser quantenmechanischen „Verbote" liefert,[6] erhält man durch eine gruppentheoretische Analyse der Bedingungen, unter denen die Übergangsdipolmomente von Null verschieden sind. Dazu wird der Integrand in $\int \psi_a^* \mathbf{r} \psi_g \, d\mathbf{r}$ näher betrachtet. Nur wenn dieser – als Darstellung der Punktsymmetriegruppe des Moleküls – die totalsymmetrische

---

[6] Die in den Auswahlregeln formulierten Verbote gelten für hochsymmetrische Idealzustände. Werden diese gestört, so gelten die Verbote nicht mehr streng, wobei die Größe der Störung die Abweichung von dem jeweiligen Verbot bestimmt.

irreduzible Darstellung ist oder enthält, verschwindet das Integral nicht. Diese abstrakte Bedingung soll kurz erläutert werden.

Der Integrand ist ein Produkt dreier Funktionen, der beiden Wellenfunktionen ψ_i und ψ_f und der Komponenten des Dipolvektors $r = (x,y,z)$, die jeweils Basisobjekte von irreduziblen Darstellungen der Symmetriegruppe des Moleküls sind. Die Symmetrie des Integranden ist durch die direkte Produktdarstellung dieser drei Funktionen charakterisiert. Diese Produktdarstellung ist im allgemeinen reduzibel, und die Frage, *ob sie die totalsymmetrische irreduzible Darstellung der Symmetriegruppe des betrachteten Systems enthält, ist damit das Auswahlkriterium für den spektralen Übergang.*

Für die praktische Anwendung dieses Kriteriums ist der folgende gruppentheoretische Satz nützlich:

Die Darstellung des direkten Produkts Γ_{AB} der beiden irreduziblen Darstellungen Γ_A und Γ_B enthält nur dann die totalsymmetrische irreduzible Darstellung, wenn $\Gamma_A = \Gamma_B$.[7]

Möchten wir also entscheiden, ob ein spektraler Übergang Dipol-erlaubt oder -verboten ist, so bilden wir das direkte Produkt der irreduziblen Darstellungen, zu denen die beteiligten Zustände |g> und |a> gehören: $\Gamma_{ga} = \Gamma_g \otimes \Gamma_a$. Falls Γ_{ga} die irreduzible Darstellung enthält, nach der die x-, y- oder z-Koordinaten – die die Komponenten des Dipoloperators repräsentieren – transformieren, ist der Übergang Dipol-erlaubt. Dann nämlich enthält nach dem oben formulierten Satz das direkte Produkt $\Gamma_{ga} \otimes \Gamma_{(xyz)}$ die totalsymmetrische Symmetrierasse.

Übungsbeispiel:

Der ^4F-Grundterm von Co^{2+} spaltet im tetraedrischen Ligandenfeld (z. B. ZnO mit Co^{2+} dotiert) in die folgenden Ligandenfeldterme auf: $^4A_2$ (Grundterm), $^4T_1$ und $^4T_2$. Welche(r) der Übergänge aus dem Grundterm ist (sind) Dipol-erlaubt?

Antwort:
Die Raumkoordinaten x, y und z, die den Dipoloperator repräsentieren, transformieren nach der Symmetrierasse T_2 (Abschn. 12.3.2). Dipolübergänge aus dem Grundzustand $^4A_2$ sind nur dann symmetrieerlaubt, wenn $A_2 \otimes \Gamma$ die irreduzible Darstellung T_2 enthält. Aus Tabelle 12.2 der direkten Produkte der Symmetrierassen in T_d erhält man:

$A_2 \otimes T_1 = T_2$ ($^4A_2 \rightarrow {}^4T_1$ ist symmetrieerlaubt)
$A_2 \otimes T_2 = T_1$ ($^4A_2 \rightarrow {}^4T_2$ ist symmetrieverboten)

---

[7] Der Beweis dieses Satzes findet sich z. B. in F. A. Cotton, *Chemical Applications of Group Theory*, 3rd Ed., Wiley, New York, **1990**, S. 108.

Der symmetrieverbotene Übergang in T_2 hat in den Spektren solcher Verbindungen eine um den Faktor 10–100 niedrigere Intensität. Die Beobachtung, daß auch die Bande des symmetrieerlaubten Übergangs $A_2 \rightarrow T_1$ nur einen molaren Extinktionskoeffizienten $< 10^3$ besitzt, zeigt, daß die beteiligten Orbitale noch im wesentlichen d-Atomorbital-Charakter besitzen, und damit das Laporte-Verbot wirksam ist.

17.1.2 Polarisation elektronisch erlaubter Übergänge in nicht-zentrosymmetrischen Komplexen

Die tetraedrischen Komplexe bieten Beispiele für nicht-zentrosymmetrische Koordinationseinheiten, in denen die Ligandenfeldübergänge Dipol-erlaubt sind, da durch das Störfeld der Liganden das Laporte-Verbot nicht mehr streng gilt. Da in der kubischen Punktgruppe T_d alle drei Raumrichtungen gleichberechtigt sind, erwartet man keine Abhängigkeit der Absorptionsspektren von der Polarisation des Lichtes. Betrachtet man hingegen Komplexe mit nicht-kubischer Symmetrie, so ist die Polarisation der Übergänge zu berücksichtigen. Ein klassisches Beispiel bieten die Tris(oxalato)-Komplexe der dreiwertigen 3d-Metalle.[8] In Abbildung 17.3 sind die Absorptionsspektren gezeigt, die an Einkristallen von mit Cr^{3+} dotiertem $NaMg[Al(ox)_3] \cdot 9H_2O$ aufgenommen wurden. Auf diese Weise wurden $[Cr(ox)_3]^{3-}$-Einheiten hinreichend „verdünnt" in die hexagonalen Kristalle eingebaut, mit der Ausrichtung der dreizähligen Molekülachse parallel zur Hauptachse des Kristalls.

Das mit Polarisation senkrecht zur Molekülachse aufgenommene Spektrum besitzt zwei Ligandenfeldbanden bei ca 17500 und 23600 cm^{-1}, von denen die niederenergetische bei Polarisation parallel zur Molekülachse noch beobachtet wird, die höherfrequente jedoch ganz verschwindet. Die Ligandenfeld-Terme, zwischen denen diese Übergänge stattfinden, leiten sich von den ^4F-Termen $^4A_{2g}$, $^4T_{2g}$ und $^4T_{1g}$ her, die in einem Komplex der Symmetrie D_3 aufspalten, wie in Abbildung 17.4 gezeigt. Im Spektrum des Komplexes ist diese Aufspaltung nicht aufgelöst.

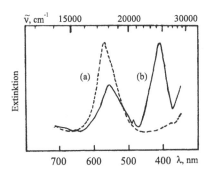

Abb. 17.3. Mit polarisiertem Licht aufgenommene Absorptionsspektren von $[Cr(ox)_3]^{3-}$; Polarisation parallel (a) und senkrecht (b) zur Molekül(Kristall-)achse.

[8] T. S. Piper, R. L. Carlin, *J. Chem. Phys.* **1961**, *35*, 1809.

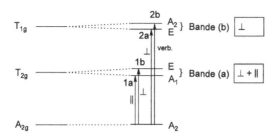

Abb. 17.4. Aufspaltung der ^{4}F-Terme im D_3-symmetrischen Ligandenfeld der Tris(oxalato)-Komplexe. Die prinzipiell möglichen Ligandenfeldübergänge und ihre Polarisation sind eingezeichnet.

Die erlaubten Übergänge in $[Cr(ox)_3]^{3-}$ lassen sich leicht mit Hilfe der Charaktertafel von D_3 ermitteln.

D_3	E	$2C_3$	$3C_2$		
A_1	1	1	1		$x^2+y^2,\ z^2$
A_2	1	1	−1	$z,\ R_z$	
E	2	1	0	$(x,y)(R_x, R_v)$	$(x^2-y^2, xy)(xz, yz)$

Wie man sieht, transformiert die z-Komponente des Dipolvektors wie A_2, während die x- und y-Komponenten – die senkrecht zur Molekülachse orientiert sind – zur Symmetrierasse E gehören. Bei der Anwendung der Symmetrie-Auswahlregeln auf den Tris(oxalato)-Komplex und auf die Übergänge zwischen |g> und |a> ist also zu untersuchen, ob $\Gamma_{ga} = \Gamma_g \otimes \Gamma_a$ die irreduziblen Darstellungen A_2 oder E enthält (s. Tabelle 12.1):

$A_2 \otimes A_2 = A_1$, d. h. $A_2 \to A_2$ ist verboten
$A_2 \otimes A_1 = A_2$, d. h. $A_2 \to A_1$ ist parallel zur z-Achse polarisiert
$A_2 \otimes E = E$, d. h. $A_2 \to E$ ist senkrecht zur z-Achse polarisiert

Diese Auswahlregeln für die Übergänge in $[Cr(ox)_3]^{3-}$ erklären also die Polarisation der beiden d-d-Banden des Absorptionsspektrums in Abbildung 17.3.

17.1.3 Vergleich der Intensitäten von d-d- und Charge-Transfer-Übergängen

Spin- und Paritätsverbot bestimmen die relativ geringen Intensitäten der Ligandenfeld-Übergänge, die – wie in diesem Kapitel gezeigt wird – erst durch statische oder dynamische Störung der idealen Symmetrie überhaupt beobachtbar sind. Charge-Transfer-Übergänge zwischen Metall- und Liganden-zentrierten Zuständen hingegen unterliegen nicht den gleichen symmetriebedingten Beschränkungen und dominieren daher mit intensiven Absorptionsbanden ($\varepsilon > 10^3$) den kurzwelligen Bereich der Elektronenspektren einfacher Koordinationsverbindungen.

Nicht zuletzt die Intensität der spektralen Banden bietet ein Zuordnungskriterium bei der Interpretation der Komplexspektren. In Tabelle 17.1 sind die verschiedenen spektralen Übergänge unter Berücksichtigung der geltenden Auswahlregeln ihren jeweiligen Intensitäten gegenübergestellt.

Tabelle 17.1. Typische Werte für die Intensitäten der Absorptionsbanden verschiedener Typen spektraler Übergänge in Übergangsmetallkomplexen.

Übergang	Molarer Extinktionskoeffizient ε, $l \cdot Mol^{-1} cm^{-1}$	Beispiel
Spin- und Laporte-verboten	10^{-2}–1	Interkombinationsbanden z. B. in Mn^{II}-Komplexen
Spin-erlaubt, Laporte-verboten	1–10	d-d-Übergänge in vielen oktaedrischen Komplexen
Spin-erlaubt, Laporte-verboten (p-d-Hybridisierung)	$10^2 - 10^3$	d-d-Übergänge in tetraedrischen Komplexen
Spin-erlaubt, Laporte-erlaubt	$10^3 - 10^6$	Charge-Transfer-Übergänge

17.2 Zentrosymmetrische Komplexe: vibronische Kopplung von d-d-Übergängen

Das Laporte-Verbot für d-d-Übergänge kann durch eine Ligandenanordnung, die nicht inversionssymmetrisch ist, teilweise aufgehoben werden, wie wir im vorigen Abschnitt erfahren haben. Die Umgebung niedriger Symmetrie hebt die Entkopplung der Zustände unterschiedlicher Parität des freien Ions auf und erlaubt (durch diese „Störung") die Mischung von z. B. d- und p-Orbitalen. Die schwache p-d-Hybridisierung in nicht-zentrosymmetrischen statischen Ligandenfeldern stellt den wesentlichen „Mechanismus" für die Ligandenfeld-Übergänge dar, der sich besonders schön anhand der mit polarisiertem Licht aufgenommenen Absorptionsspektren von $[Cr(ox)_3]^{3-}$ experimentell belegen ließ.

Vergleicht man jedoch die Intensität der Ligandenfeld-Absorptionsbanden in den zentrosymmetrischen Komplexen $[Co(NH_3)_6]^{3+}$ und *trans*-$[CoCl_2(NH_3)_4]^+$ mit denen der nicht zentrosymmetrischen Derivate $[CoCl(NH_3)_5]^{2+}$ und *cis*-$[CoCl_2(NH_3)_4]^+$, so findet man nur erstaunlich geringfügige Unterschiede. Das bedeutet aber, daß es im Falle der zentrosymmetrischen Komplexe – und folglich bei allen Koordinationsverbindungen – mindestens einen weiteren Mechanismus gibt, der die zur Lockerung des Laporte-Verbots notwendige Mischung der geraden d-Zustände mit ungeraden Zuständen bewirkt.

Bisher sind wir bei der Diskussion der spektroskopischen Übergänge von den statischen idealsymmetrischen Komplexen ausgegangen und zwar auf

der Grundlage der *Born-Oppenheimer-Näherung*, die die Kern- und Elektronenbewegung in Molekülen getrennt behandelt.[9] Diese Entkopplung der elektronischen Übergänge von den inneren Molekülbewegungen bedeutet aber ein
strenges Verbot der d-d-Übergänge in zentrosymmetrischen Komplexen. Die
Wechselwirkung zwischen Elektronen- und Schwingungsbewegung in
einem Komplex, die *vibronische Kopplung*,[10] bietet daher einen Mechanismus für die Übergänge zwischen Zuständen gleicher Parität. Wird die zentro-
symmetrische Konfiguration der Komplexverbindung durch eine Normalschwingung unter Verlust der Inversionssymmetrie verzerrt, so werden die
d-d-Übergänge „schwach erlaubt" und damit beobachtet. Allgemein können
wir an dieser Stelle schon festhalten, daß die Normalschwingungen, die die
Aufhebung des Laporte-Verbots bewirken, ungerade Parität besitzen müssen.
Mit der Anregung findet also nicht nur ein Übergang in einen höheren elektronischen Eigenzustand des Moleküls statt, sondern gleichzeitig die Anregung
einer ungeraden Normalmode.

Zur Beschreibung der vibronischen Kopplung wird der elektronische
Hamiltonoperator in eine Taylorreihe nach den Normalkoordinaten des Moleküls entwickelt und das Reihenglied erster Ordnung als Störoperator, der die
p-d-Hybridisierung bewirkt, angesetzt (*Herzberg-Teller-Kopplung*):

$$H(q_i,q_j,....) = H^0 + \underbrace{\sum_{i=1}^{f} \left[\frac{\partial V}{\partial q_i}\right]_0 q_i} + \sum_{i,j=1}^{f} \left[\frac{\partial^2 V}{\partial q_i \partial q_j}\right]_0 q_i q_j + ...$$

$$(17.1)$$

Störoperator, V = Ligandenfeldpotential

In der Wellenfunktion der Born-Oppenheimer-Näherung sind Elektronen- und
Kernbewegung separiert, so daß gilt: $\Psi = \psi^e \psi^k$. In der Störungsrechnung
erster Ordnung mit diesem Ansatz ergibt sich:

$$\Psi = \psi^e \psi^k + \sum_{i,n} \frac{\langle \psi_n^e | \left[\frac{\partial V}{\partial q_i}\right]_0 | \psi^e \rangle \, q_i}{E - E_n} \psi_n^e \psi^k \qquad \psi_n^e = \text{angeregter Zustand} \qquad (17.2)$$

Wie bereits mehrfach betont wurde, ist das Übergangsdipolmoment nur dann
ungleich Null, wenn die an dem Übergang beteiligten d-Zustände mit Zuständen ungerader Parität ψ_n^e hybridisiert werden. Das bedeutet, daß das Störma-

---

[9] Die Born-Oppenheimer-Näherung läßt sich durch die unterschiedliche Masse von Atomkernen und Elektronen begründen. Dies ermöglicht es, die Schrödinger-Gleichung für die
Elektronenbewegung bei „eingefrorener" Kernbewegung zu lösen. Durch die auf diese
Weise berechneten Molekülenergien für unterschiedliche Kernkonfigurationen erhält man
die Hyperfläche der potentiellen Energie, deren Minimum die Gleichgewichts-Konfigura-
tion bestimmt. Weitere Aspekte der Born-Oppenheimer-Näherung werden in Kapitel 28
und 29 diskutiert.

[10] Das Attribut „vibronisch" ist eine Kontraktion von *vibratorisch* und *elektronisch*.

trixelement nur dann ungleich Null ist, wenn der Störoperator $\partial V/\partial q_i$ ungerade Parität besitzt. Da das Ligandenfeldpotential V in zentrosymmetrischen Komplexen eine gerade Funktion ist,[11] muß folglich die verzerrende Normalkoordinate q_i ungerade sein. Das hatten wir bereits oben aus den allgemeinen Vorüberlegungen gefordert.

Die explizite Formulierung und Diskussion des Übergangsdipolmoments im Rahmen dieses störungstheoretischen Ansatzes geht über den Rahmen dieses Buches hinaus. Zusammenfassend ergibt sich, daß die Beobachtbarkeit des vibronischen Übergangs von der Störung der elektronischen Zustände durch die Kernbewegung abhängt. Darüber hinaus hängt die Form der Banden in den Elektronenspektren von den Wellenfunktionen der Kernbewegung des Grundzustands ψ_g^k und des angeregten Zustands ψ_a^k ab, was sich in einem Übergangsmoment der Form $\langle\psi_a^k|q_i|\psi_g^k\rangle$ bezüglich der Normalkoordinaten ausdrückt. Auf diesen Einfluß der Kernbewegung auf die Bandenform – ausgedrückt durch die angeregten Normalschwingungen – wird in Abschnitt 17.2.2 gesondert eingegangen.

17.2.1 Symmetriebetrachtungen zu den vibronisch aktiven Normalschwingungen

Unsere Argumentation zur Notwendigkeit der Anregung einer Normalschwingung ungerader Parität bei d-d-Übergängen in zentrosymmetrischen Komplexen soll noch vom gruppentheoretischen Standpunkt aus beleuchtet werden. Wir brauchen dabei die störungstheoretischen Überlegungen des vorigen Abschnitts nicht explizit zu berücksichtigen, sondern können das Problem auf folgende Art und Weise vereinfachen:

Betrachtet werden die Symmetrieeigenschaften des Übergangsmoments der Form $\int(\psi_a^e\psi_a^{v'})\mathbf{r}(\psi_g^e\psi_g^v)d\mathbf{r}$ (ψ_g^v, $\psi_a^{v'}$ sind die Schwingungswellenfunktionen des Grundzustands und angeregten Zustands).[12] Wir nehmen ferner an, daß wir aus dem *Schwingungsgrundzustand* des elektronischen Grundzustands anregen, was zumindest für die bei tiefen Temperaturen aufgenommenen Spektren eine realistische Annahme ist. Wellenfunktionen von Schwingungsgrundzuständen sind immer gerade Funktionen, weshalb sie bei der Untersuchung der Parität des Integranden nicht berücksichtigt werden müssen. Bestimmen wir nun die irreduziblen Darstellungen, die in der direkten Produktgruppe aus ψ_a^e, ψ_g^e und $\mathbf{r}$ enthalten sind, $\Gamma_{agr} = \Gamma(\psi_a^e) \otimes \Gamma(\psi_g^e) \otimes \Gamma(\mathbf{r})$, so erhalten wir die Symmetrierassen der Normalschwingungen, die den vibronischen Übergang ermöglichen. Das Übergangsdipolmoment ist nämlich nur dann ungleich Null, wenn $\Gamma_{agr} = \Gamma(\psi_a^{v'})$, wie in den vorigen Abschnitten begründet wurde.

Die Vorgehensweise soll am Beispiel des Komplexes $[Co(NH_3)_6]^{3+}$ erläutert werden, der im Low-Spin-Zustand $^1A_{1g}$ vorliegt und für den spinerlaubte,

---

[11] Das Ligandenfeldpotential hat die Symmetrie der Koordinationseinheit, ist also bei zentrosymmetrischen Komplexen eine gerade Funktion des Ortsvektors $\mathbf{r}$.

[12] Hierbei wird allerdings angenommen, daß ψ^e und ψ^v nicht unabhängig voneinander sind und daher das Integral nicht faktorisiert werden kann.

aber Laporte-verbotene d-d-Übergänge in die angeregten Zustände $^1T_{2g}$ und $^1T_{1g}$ möglich sind. In der Punktgruppe O_h haben die Komponenten x,y,z des Dipolvektors die Symmetrierasse T_{1u}.

Im Falle des $^1A_{1g} \rightarrow {}^1T_{2g}$-Übergangs ist

$$\Gamma_{agr} = A_{1g} \otimes T_{1u} \otimes T_{2g} = T_{1u} \otimes T_{2g} = A_{2u} + E_u + T_{1u} + T_{2u}.$$

Für den $A_{1g} \rightarrow {}^1T_{1g}$-Übergang gilt

$$\Gamma_{agr} = A_{1g} \otimes T_{1u} \otimes T_{1g} = T_{1u} \otimes T_{1g} = A_{1u} + E_u + T_{1u} + T_{2u}.$$

Gibt es unter den Normalschwingungen des oktaedrischen Komplexes solche mit diesen Symmetrierassen, so wäre ein vibronischer Übergang unter Anregung dieser Schwingung dipolerlaubt. Eine gruppentheoretische Analyse der Normalschwingungen eines oktaedrischen Komplexes (siehe den folgenden Exkurs) ergibt für die 15 Normalmoden eines [ML_6]-Moleküls die Symmetrierassen A_{1g}, E_g, 2 T_{1u}, T_{2g}, T_{2u}. Wie man sieht, können die Normalmoden der irreduziblen Darstellungen T_{1u} und T_{2u} bei einer vibronischen Ligandenfeldanregung [$Co(NH_3)_6$]$^{3+}$ aktiv sein.

Die Symmetrierassen der Normalschwingungen eines oktaedrischen [ML_6]-Komplexes

Die inneren Bewegungen der Kerne in einem Molekül können als Überlagerung seiner Normalschwingungen beschrieben werden. Die Kernwellenfunktion ψ^k kann deshalb als Produkt der Wellenfunktionen der Normalschwingungen dargestellt werden:

$$\psi^k = \Pi_i \psi_i^v(q_i) \tag{17.3}$$

In einem nichtlinearen Molekül mit N Atomen gibt es $3N - 6$ Normalschwingungen. Die Normalkoordinaten sind Linearkombinationen von Auslenkungen der Atome aus ihrer Gleichgewichtslage und können durch Pfeile symbolisiert werden, wie hier am Beispiel der totalsymmetrischen Streckschwingung eines quadratisch-planaren Komplexes gezeigt ist:

Ein oktaedrischer Komplex der allgemeinen Formel [ML_6] hat – wenn L einatomige Liganden sind – 15 Normalschwingungen. Sind die Liganden L mehratomig, so kann man vereinfachend nur die Schwingungen, die die Auslenkungen des Metallatoms und der Donoratome betreffen, getrennt betrachten, falls diese von den Schwingungen des Restmoleküls hinreichend entkoppelt sind.

In der gleichen Weise, wie Koordinatenachsen und Vektoren die Basisobjekte für die irreduziblen Darstellungen einer Punktgruppe sein können,
gilt dies auch für die Normalschwingungen von Molekülen, deren Sym-
metriesymbole meist durch kleine griechische Buchstaben ausgedrückt
werden. Die 15 Normalschwingungen des $[ML_6]$-Oktaeders gehören zu
den irreduziblen Darstellungen α_{1g}, ε_g, zwei mal τ_{1u}, τ_{1g} und τ_{2g} mit insgesamt also nur sechs Grundfrequenzen. Diese Normalschwingungen sind in
Abbildung 17.5 dargestellt.

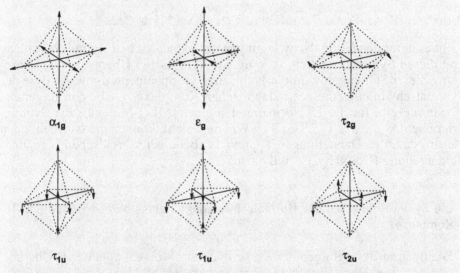

α_{1g} ε_g τ_{2g}

τ_{1u} τ_{1u} τ_{2u}

Abb. 17.5.   Normalschwingungen eines Komplexes vom Typ $[ML_6]$ der Punktgruppe O_h mit den zugehörigen Symmetrierassen.

17.2.2   Schwingungsprogressionen vibronischer Übergänge

Im Zusammenhang mit der Diskussion der vibronischen Kopplung wurde
bereits darauf hingewiesen, daß die Form der Absorptionsbanden vibronischer Übergänge durch die Übergangsmomente der Kernwellenfunktionen
bezüglich der Normalkoordinaten
$\langle\psi_a^k|q_i|\psi_g^k\rangle$ wesentlich bestimmt werden. Dies wird deutlich, wenn wir nach
(17.3) die Kernwellenfunktionen als Produkte der Wellenfunktionen der Normalschwingungen darstellen. Damit erhält man für das Matrixelement:

$$\langle\psi_a^k|q_i|\psi_g^k\rangle = \langle\psi_a^{v_i\prime}|q_i|\psi_g^{v_i}\rangle \prod_{j\neq i} \langle\psi_a^{v_j\prime}|\psi_g^{v_j}\rangle$$

Es besteht also aus einem Übergangsmoment bezüglich der ungeraden Normalkoordinate q_i und einem Produkt von Überlappungsintegralen, deren Betrags-
quadrate auch als *Franck-Condon-Faktoren* bezeichnet werden. Wenn $\psi_g^{v_i}$ –
wie bereits oben angenommen wurde – die Wellenfunktion des Schwingungs-
grundzustands im elektronischen Grundzustand ist und daher gerade Parität

besitzt, so muß $\psi_a^{v_i'}$ der erste (oder ein ungeradzahliger höherer) angeregte Schwingungszustand (mit folglich ungerader Parität) sein, damit das Integral ungleich Null ist. Da der zweite schwingungsangeregte Zustand wiederum gerade Parität hat, verschwindet das Übergangsmoment; der Übergang wird daher nicht beobachtet. Nun sind vibronische Übergänge in Komplexen unter Aufnahme dreier oder mehr Schwingungsquanten der ungeraden Normalmode sehr unwahrscheinlich, weshalb im Falle der vibronischen Kopplung in der Regel *nur der erste angeregte Schwingungszustand des elektronisch angeregten Zustands* berücksichtigt zu werden braucht. In diesem ist die Inversionssymmetrie des Komplexes aufgehoben und daher die für die Beobachtung der d-d-Übergänge notwendige schwache p-d-Hybridisierung möglich.

Für oktaedrische Komplexe gibt es drei (dreifach entartete) ungerade Normalschwingungen, die vibronische d-d-Übergänge ermöglichen, und zwar die in Abbildung 17.5 gezeigten zwei τ_{1u}-Moden und die τ_{2u}-Mode. Während die ungeraden Normalschwingungen den Übergang erst ermöglichen („koppelnde Moden"), erlauben die nichtverschwindenden Überlappungsintegrale der mit der vibronischen Kopplung nicht verknüpften Schwingungswellenfunktionen prinzipiell Übergänge in hoch schwingungsangeregte Zustände dieser Moden. Dies kann sich in der Beobachtung einer Schwingungsfeinstruktur der Absorptionsbanden manifestieren. Ein Beispiel ist die bei niedriger Auflösung aufgenommene $^1A_{1g} \rightarrow {}^1T_{1g}$-Bande bei 19000 cm^{-1} im Absorptionsspektrum von [NiF$_6$]$^{2-}$ in Abbildung 17.6.

Daß die beobachteten Schwingungsprogressionen ihrerseits noch einmal eine Feinstruktur besitzen können, erkennt man an der hochaufgelösten Bande des $^1A_{1g} \rightarrow {}^1A_{2g}$-Übergangs im Absorptionsspektrum von *trans*-[Co(CN)$_2$(NH$_3$)$_4$]Cl in Abbildung 17.7. Auf die Ursache für diese Feinstruktur der vibronischen Banden kommen wir später in diesem Abschnitt noch einmal zurück.

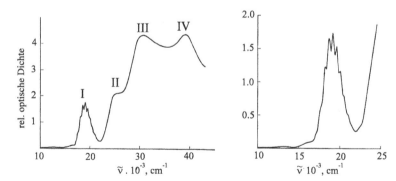

Abb. 17.6. Absorptionsspektrum von K$_2$NiF$_6$. Links: Abbildung des gesamten Spektrums mit den Ligandenfeld-Übergängen I und II bei 19000 cm^{-1} und 25300 cm^{-1} und den Charge-Transfer-Banden III und IV bei 30800 und 38900 cm^{-1}. Rechts: Vergrößerte Abbildung der Bande bei 19000 cm^{-1}.[13]

---

[13] G. C. Allen, K. D. Warren, *Structure and Bonding* **1971**, *9*, 49.

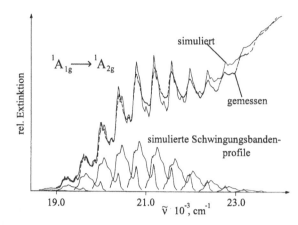

Abb. 17.7. Hochaufgelöste Schwingungsprogression der Absorptionsbande des $^1A_{1g} \to {}^1A_{2g}$-Übergangs in *trans*-$[Co(CN)_2(NH_3)_4]Cl$ (Aufnahme mit polarisiertem Licht an einem Einkristall bei 4.2 K). Die durchbrochene Linie repräsentiert das gemessene Spektrum, während die durchgezogene Linie das simulierte Spektrum der Verbindung darstellt.[14]

In der Schwingungsfeinstruktur solcher Absorptionsbanden wird in der Regel die *totalsymmetrische Normalmode des angeregten Zustands* α_{1g} beobachtet, da nur für diese die Franck-Condon-Faktoren nicht verschwinden. Die Potentialminima im Grund- und angeregten Zustand sind relativ zueinander stark verschoben, da mit dem Übergang eines Elektrons aus einem t_{2g}-Orbital in ein antibindendes e_g-Orbital eine deutliche Verlängerung der Metall-Ligand-Bindungen verbunden ist. Diese relative Verschiebung der Potentialflächen führt zu ausgeprägten Schwingungsprogressionen, wie in Abbildung 17.8 schematisch verdeutlicht wird.

Bei der Analyse der Schwingungsfeinstruktur einer Bande im Absorptionsspektrum eines oktaedrischen Komplexes müssen wir also die folgenden in der bisherigen Diskussion angesprochenen Charakteristika berücksichtigen:

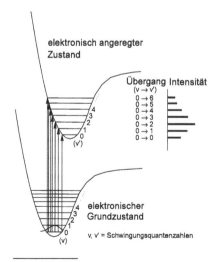

Abb. 17.8. Franck-Condon-Übergänge (mit starrem Kerngerüst während des elektronischen Übergangs → „vertikale Übergänge", s. Kap. 28 und 29) vom Schwingungsgrundzustand des elektronischen Grundzustands in die schwingungsangeregten Zustände des elektronisch angeregten Ligandenfeldzustands. Die Intensität der Übergänge hängt vom Betragsquadrat der Überlappungsintegrale der Schwingungswellenfunktionen – den *Franck-Condon-Faktoren* – ab, die rechts von dem Potentialdiagramm des angeregten Zustands schematisch dargestellt sind. Daraus wird die Intensitätsverteilung der einzelnen vibronischen Übergänge deutlich.

[14] A. Urushiyama, H. Kupka, J. Degen, H.-H. Schmidtke, *Chem. Phys.* **1982**, *67*, 65.

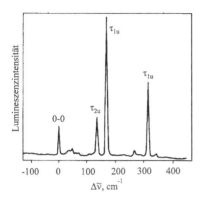
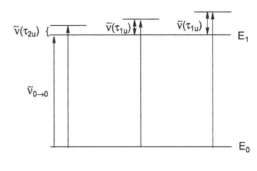

Abb. 17.9. Links: Emissionsspektrum von $[ReCl_6]^{2-}$ (dotiert in der Matrix $Cs_2[TeCl_6]$) bei 10 K aufgenommen.[15] Man erkennt sehr schön die drei möglichen vibronischen Übergänge; der ebenfalls beobachtete $\tilde{v}_{00}$-Übergang wird von Schmidtke et al. als magnetischer Dipolübergang interpretiert. Rechts: Vibronisches Termschema des gezeigten Spektrums.

1) Der rein elektronische Übergang $\tilde{v}_{00} = (E_a - E_g)/hc$ ist streng Dipol-verboten und sollte daher im Spektrum nicht vorkommen.
2) Die erste beobachtete Bande entspricht dem gleichzeitigen Übergang in den ersten elektronisch angeregten Zustand und dem ersten angeregten Schwingungszustand einer der drei ungeraden („koppelnden") Normalschwingungen ($2 \times \tau_{1u}$, τ_{2u}), die die vibronische Anregung dipolerlaubt werden lassen. Das Gleiche gilt für Emissionsspektren, in denen eine der drei ungeraden Normalmoden des Grundzustands die vibronische Kopplung bewirkt. Im Idealfall, bei fast identischen, also nicht relativ zueinander verschobenen, Potentialhyperflächen – wie z. B. in $[ReCl_6]^{2-}$ kann man bei sehr tiefen Temperaturen die vibronischen Übergänge der drei koppelnden Moden spektroskopisch auflösen, wie in Abbildung 17.9 gezeigt ist.[15]
3) Ist das Potentialminimum der totalsymmetrischen Normalschwingung α_{1g} des angeregten Zustands gegenüber dem des Grundzustands wesentlich verschoben, so kann diese als Schwingungsprogression der Absorptionsbande beobachtet werden, wie man in Abbildung 17.6 und 17.7 sieht. Bei sehr hoher Auflösung ist es unter Umständen möglich, die drei zur Einquanten-Anregung der unsymmetrischen Normalmoden ($2 \times \tau_{1u}$, τ_{2u}) gehörenden sich überlagernden Schwingungsprogressionen aufzulösen. Auf eine ähnliche Weise ergibt sich auch die in Abbildung 17.7 erkennbare Feinstruktur des vibronischen Übergangs. Das dazu gehörende vibronische Termschema ist (für den Fall eines oktaedrischen Komplexes) in Abbildung 17.10 dargestellt.

[15] H. Kupka, R. Wernicke, W. Enßlin, H.-H. Schmidtke, *Theor. Chim. Acta* **1979**, *51*, 297.

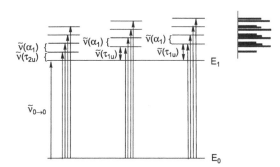

Abb. 17.10. Vibronisches Term-schema eines oktaedrischen Komplexes unter Berücksichtigung der zu den drei „vibronischen Ursprüngen" gehörenden Schwingungsprogressionen der α_{1g}-Mode. Die im Idealfall auflösbare Feinstruktur ist als Strich-Spektrum angedeutet, wobei die relative Intensität der drei Progressionen willkürlich gewählt ist.[16]

17.2.3 Polarisation vibronischer Übergänge

In Abschnitt 17.1.1 hatten wir gesehen, wie man aus der Polarisation elektronisch erlaubter Übergänge in nicht-zentrosymmetrischen Komplexen wertvolle Indizien für die Zuordnung der Banden in den Absorptionsspektren erhält. Dabei wurde darauf hingewiesen, daß erst bei Molekülen mit niedrigerer als kubischer Symmetrie die Nichtäquivalenz der drei Raumrichtungen zu Polarisationseffekten führen kann. Das Gleiche gilt für vibronische Übergänge, deren Polarisation ebenfalls bei der Zuordung der Absorptionsbanden sehr hilfreich sein kann. Diese Möglichkeit wurde bereits in der Frühzeit der Komplexspektroskopie in den 50er Jahren erkannt und von Yamada et al. sowie Ballhausen und Moffitt bei der Analyse des Absorptionsspektrums von *trans*-[CoCl$_2$(en)$_2$]$^+$ eingesetzt (Abb. 17.11).[17] Anhand dieses inzwischen „klassischen" Beispiels soll die Polarisation vibronischer Übergänge hier näher diskutiert werden.

Bei der gruppentheoretischen Analyse der Spektren gehen wir wie in Abschnitt 17.2.1 vor und bestimmen erst die irreduziblen Darstellungen, die in den rein elektronischen Übergangsmomenten der drei Komponenten des Dipolvektors – x, y und z – enthalten sind. Anschließend überprüfen wir dann, ob es zu diesen elektronischen Übergangsdipolmomenten Normalschwingungen gleicher Symmetrierasse gibt.

Die beiden spinerlaubten Ligandenfeldübergänge in Low-Spin-Cobalt(III)-Komplexen mit oktaedrischer Symmetrie, $^1A_{1g} \rightarrow {}^1T_{1g}$ und $^1A_{1g} \rightarrow {}^1T_{2g}$, spalten in Komplexen mit D_{4h}-Symmetrie wie in Abbildung 17.12 dargestellt auf. Es ergeben sich also Übergänge in Terme der Symmetrierassen A_{2g}, B_{2g} und E_g. Die z-Komponente des Dipolvektors transformiert nach A_{2u}, während

---

[16] Die Auflösung der drei überlagerten Schwingungsprogressionen ist in den bei tiefer Temperatur aufgenommenen Emissionsspektren einiger oktaedrischer Komplexe gelungen, z. B. für K$_2$PtCl$_6$-Einkristalle. G. Eyring, H.-H. Schmidtke, *Ber. Bunsenges. Phys. Chem.* **1981**, *85*, 597.

[17] S. Yamada, A. Nakahara, Y. Shimura, R. Tsuchida, *Bull. Chem. Soc. Jpn.* **1955**, *28*, 222. Die Interpretation des Spektrums erfolgte durch: C. J. Ballhausen, W. Moffitt, *J. Inorg. Nucl. Chem.* **1956**, *3*, 178.

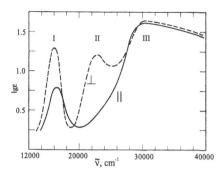

Abb. 17.11. Absorptionsspektren von einkristallinem *trans*-[CoCl$_2$(en)$_2$](ClO$_4$). Die gebrochene Linie zeigt das Spektrum, das mit zur Cl-Co-Cl-Achse senkrecht polarisiertem Licht aufgenommen wurde, während die durchgezogene Linie das Spektrum bei paralleler Polarisation wiedergibt.

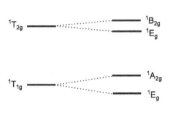

Abb. 17.12. Symmetrien der Ligandenfeld-Terme in D_{4h}-Komplexen.

die Koordinaten x und y zur irreduziblen Darstellung E$_u$ gehören. Die Symmetrieeigenschaften des Übergangsmoments für den Übergang A$_{1g}$ → A$_{2g}$ bei z-Polarisation $\langle\psi(^1A_{1g})|z|\psi(^1A_{2g})\rangle$ ergeben sich dann durch Bildung des direkten Produkts:

$$A_{1g} \otimes A_{2u} \otimes A_{2g} = A_{2u} \otimes A_{2g} = A_{1u}$$

In analoger Weise erhält man die Symmetrierassen, die in den Übergangsdipolmomenten aller Übergänge von Interesse sind (Tabelle 17.2).

Tabelle 17.2. Symmetrierassen der rein elektronischen Übergangsdipolmomente von Ligandenfeldübergängen in Komplexen mit D_{4h}-Symmetrie. Die vierzählige Molekülachse wird als z-Koordinate festgelegt.

	$^1A_{1g} \rightarrow {}^1A_{2g}$	$^1A_{1g} \rightarrow {}^1B_{2g}$	$^1A_{1g} \rightarrow {}^1E_g$
$\langle\psi_a^e|z|\psi_g^e\rangle$	A$_{1u}$	B$_{1u}$	E$_u$
$\langle\psi_a^e|x|\psi_g^e\rangle,\langle\psi_a^e|z|\psi_g^e\rangle$	E$_u$	E$_u$	A$_{1u}$ + A$_{2u}$ + B$_{1u}$ + B$_{2u}$

Die Symmetrierassen der Normalschwingungen der *trans*-[CoCl$_2$N$_4$]-Einheit sind:

$2\,A_{1g}, B_{1g}, B_{2g}, E_g, 2\,A_{2u}, B_{1u}, 3\,E_u$

Wie man erkennt, gibt es – mit einer Ausnahme – für alle Dipolübergänge Normalmoden geeigneter Symmetrie, so daß diese vibronisch angeregt werden können. Lediglich der $^1A_{1g} \to\ ^1A_{2g}$-Übergang ist bei Polarisation parallel zur Molekülachse verboten. Daraus ergeben sich die folgenden Zuordnungen der Banden des Absorptionsspektrums:

I: $^1A_{1g} \to\ ^1E_g(^1T_{1g})$,
II: $^1A_{1g} \to\ ^1A_{2g}$,
III: $^1A_{1g} \to\ ^1B_{2g}$ und $^1A_{1g} \to\ ^1E_g(^1T_{2g})$ (nicht aufgelöst)

17.3   Spinverbotene Übergänge: Interkombinationsbanden

In diesem Abschnitt soll noch einmal auf die am Anfang dieses Kapitels bereits erwähnten spinverbotenen Übergänge in Übergangsmetallkomplexen eingegangen werden, die in den Absorptionsspektren als schwache *Interkombinationsbanden* zu beobachten sind. Wäre der Spin der Elektronen von den anderen Freiheitsgraden des Moleküls völlig abgekoppelt, so wären diese Übergänge bei der elektrischen Dipolanregung streng verboten.[18] Daß sie dennoch als schwache Banden beobachtbar sind – manchmal viel intensivere Banden schwach überlagernd (Abb. 17.13) – deutet darauf hin, daß es ähnlich wie beim Laporte-Verbot zentrosymmetrischer Komplexe einen „Mechanismus" zur Lockerung dieses Verbots gibt.

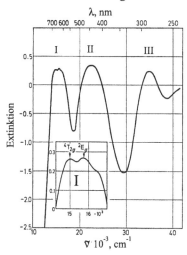

Abb. 17.13. Absorptionsspektrum von $(NH_4)_3[CrF_6]$. Auf der spinerlaubten Bande I, die im wesentlichen dem Übergang $^4A_{2g} \to\ ^4T_{2g}$ entspricht, ist als schwache Struktur im Bereich des Maximums die Interkombinationsbande $^4A_{2g} \to\ ^2E_g$ zu sehen. Die Banden II und III gehören zu den Übergängen $^4A_{2g} \to\ ^4T_{1g}(F)$ bzw. $^4A_{2g} \to\ ^4T_{1g}(P)$.[19]

---

[18] Übergänge zwischen Zuständen mit unterschiedlichem Spin können magnetisch dipolerlaubt sein. In den Absorptionsspektren wären magnetische Dipolübergänge – wenn überhaupt – als noch sehr viel schwächere spektrale Banden zu beobachten, weshalb diese Möglichkeit hier nicht weiter diskutiert wird.
[19] H. L. Schläfer, H. Gaussmann, H. U. Zander, *Inorg. Chem.* **1967**, *6*, 1528.

17.3.1 Spin-Bahn-Kopplung in Komplexen

Die „Störung" des entkoppelten Idealsystems, die die Beobachtung der Inter-kombinationsbanden ermöglicht, ist die Spin-Bahn-Kopplung, die wir bereits in Abschnitt 13.3 bei der Diskussion der Russel-Saunders-Kopplung in Übergangsmetallatomen und -ionen kennengelernt haben. Diese führt zur Aufspaltung der atomaren Terme, die bei hoher Auflösung der in der Gas-phase aufgenommenen Atomspektren gut zu erkennen ist.

Die Kopplung des magnetischen Moments, das mit dem Bahndrehimpuls $l(\mathbf{r_k})$ verknüpft ist, und des magnetischen Moments des Elektronenspins $s(\mathbf{\sigma_k})$ wird durch den Spin-Bahn-Operator wiedergegeben:

$$H_{SB} = \sum_k \xi(r_k) l(\mathbf{r_k}) s(\mathbf{\sigma_k}), \text{ wobei } \xi(r) = -(e/2m_e^2 c^2)(1/r)(d\phi/dr)$$

Der radiale Mittelwert dieses Operators gibt die mittlere Wechselwirkung des Elektrons in einem Orbital mit seinem eigenen Spin wieder. Daraus ergibt sich die Spin-Bahn-Kopplungskonstante ζ des einzelnen Elektrons:[20]

$$hc\zeta = \hbar^2 \int \xi(r) R^2(r) r^2 dr$$
[R(r) ist der Radialteil der Einelektronenwellenfunktion]

Die Spin-Bahn-Kopplungskonstante ζ ist ein Einelektronenparameter. Zur Beschreibung der Spin-Bahn-Wechselwirkung in Mehrelektronen-Termen wird auch der Störoperator in der Form $H_{SB} = \lambda L \cdot S$ herangezogen (wobei $\lambda = \zeta/2S$ ein Mehrelektronenparameter ist), der die Kopplung zwischen dem Gesamtbahndrehimpuls und dem Gesamtspin eines Russel-Saunders-gekop-pelten Systems wiedergibt (Kap. 13). Zum Vergleich der Spin-Bahn-Wechsel-wirkung in den verschiedenen Ionen wird jedoch der Parameter ζ betrachtet, dessen Werte für die freien Ionen der 3d-Metalle zwischen 154 cm^{-1} (Ti^{3+})

Tabelle 17.3. Einelektronen-Spin-Bahn-Kopplungskonstanten ζ einiger freier Über-gangsmetallionen.

Ion	ζ_{3d}, cm^{-1}	Ion	ζ_{4d}, cm^{-1}	Anzahl der d-Elektronen
Ti^{3+}	154	Zr^{3+}	500	1
V^{3+}	217	Nb^{3+}	800	2
Cr^{3+}	275	Mo^{3+}	800	3
Mn^{3+}	352	Ru^{4+}	1600	4
Fe^{3+}	440	Ru^{3+}	1250	5
Co^{3+}	500	–	–	6
Co^{2+}	530	–	–	7
Ni^{2+}	630	Pd^{2+}	1600	8
Cu^{2+}	829	Ag^{2+}	1843	9

[20] Durch die hier gegebene Definition hat ζ die Einheit cm^{-1}.

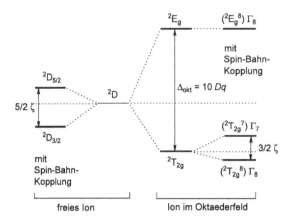

Abb. 17.14. Spin-Bahn-Termaufspaltung eines ^2D-Zustands im freien Ion und in einem oktaedrischen Ligandenfeld.[21]

und 829 cm^{-1} (Cu^{2+}) liegt (Tabelle 17.3). Die Wirkung der Spin-Bahn-Kopplung läßt sich gut anhand der Termaufspaltungen eines freien und eines oktaedrisch komplexierten d^1-Ions erläutern (Abb. 17.14).

Während der ^2D-Term im freien Ion, wie bereits in Abschnitt 13.3. diskutiert wurde, in die Komponenten $^2D_{\frac{5}{2}}$ und $^2D_{\frac{3}{2}}$ aufgespalten wird, beeinflußt die Spin-Bahn-Kopplung nur den $^2T_{2g}$-Term der Ligandenfeldterme des oktaedrischen Komplexes, der in zwei Komponenten aufgespalten wird, die sich energetisch um $\frac{3}{2}\zeta$ unterscheiden. Der Vergleich der Größe der Kopplungskonstanten ζ_{3d} in Tabelle 17.3 mit den typischen Werten für die oktaedrischen Ligandenfeldparameter Δ_{okt}, die bei 10000–25000 cm^{-1} liegen, macht deutlich, weshalb man bei der Diskussion der spinerlaubten Banden in den Elektronenspektren der Komplexe die Spin-Bahn-Kopplung in guter Näherung vernachlässigen kann. Bei Bandenbreiten von einigen Tausend cm^{-1} werden Spin-Bahn-Kopplungsmuster in der Regel nicht aufgelöst.

---

[21] Die Diskussion der Termsymbolik der aufgespaltenen Ligandenfeldterme geht über den Rahmen dieses Buches hinaus. Grundlage hierfür ist die Theorie der Doppelgruppen, die in der in Kap. 14 zitierten Spezialliteratur zur Ligandenfeldtheorie vorgestellt wird. Siehe auch: F. A. Cotton, *Chemical Applications of Group Theory, 3rd Ed,* Wiley, New York, **1996**, S. 297.

Übungsbeispiel:

Ist die Vernachlässigung der Spin-Bahn-Kopplung auch bei der Diskussion der spektralen Banden tetraedrischer Komplexe noch sinnvoll?

Antwort:
In tetraedrischen Komplexen ist der Ligandenfeldparameter nur etwa halb so groß wie die typischen Δ_{okt}-Werte und damit näher an der Größenordnung von ç. In den Absorptionsspektren können daher mitunter Bandenstrukturen beobachtet werden, die auf Spin-Bahn-Kopplungseffekte zurückzuführen sind. Als Beispiel hierfür ist die auffällig strukturierte Bande des $^4A_2 \rightarrow {}^4T_1$-Übergangs im Spektrum von $[CoCl_4]^{2-}$ in Abbildung 17.15 gezeigt.

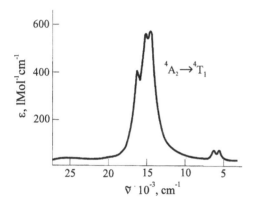

Abb. 17.15. Die Spin-Bahn-aufgespaltene $^4A_2 \rightarrow {}^4T_1$-Bande im Absorptionsspektrum von $[CoCl_4]^{2-}$.

17.3.2 Linienbreiten von Interkombinationsbanden

Die Interkombinationsbanden werden in den Absorptionsspektren häufig als schmale scharfe Banden ($\Delta\tilde{v} \approx 200–300\ cm^{-1}$) beobachtet, die auf oder zwischen den intensiveren und wesentlich breiteren spinerlaubten Ligandenfeldbanden liegen (Abb. 17.13). Sehr scharfe Interkombinationsbanden resultieren immer dann, wenn die beteiligten Zustände zur gleichen $t_{2g}^n e_g^m$-Konfiguration gehören. Dann entspricht die Anregung lediglich einer Spinumkehr eines der d-Elektronen und wird deshalb auch als „Spin-Flip"-Übergang bezeichnet (*spin flip transition*). Dabei ändert sich die räumliche Verteilung der Elektronen nicht, und folglich bleiben die Minima der Potentialkurven der Normalmoden fast unverändert. Das bedeutet aber, daß die Verteilung der Franck-Condon-Übergänge sehr eng ist, woraus die scharfen Banden resultieren (Abb. 17.16).

Die fast identischen Potentialflächen von Grundzustand und angeregtem Zustand bei Übergängen, die nur unter Spinumkehr verlaufen, erkennt man in den Tanabe-Sugano-Diagrammen am parallelen Verlauf der Termenergiedifferenzen zur Abszisse, wie im folgenden Abschnitt noch einmal gezeigt wird.

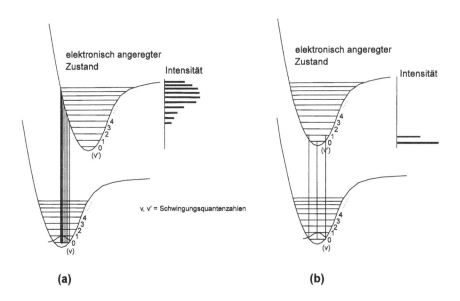

(a)   (b)

Abb. 17.16. Franck-Condon Übergänge für elektronische Anregungen in Zustände, deren Potentialfläche sich stark (a) oder schwach (b) von der des Grundzustands unterscheidet.

Besitzt ein Komplex ausschließlich Interkombinationsbanden, die dann nicht von intensiveren Absorptionsbanden überdeckt werden, so läßt sich anhand der Bandenbreite entscheiden, ob – wie oben diskutiert – ein Übergang des „Spin-Flip"-Typs vorliegt, oder ob eine Änderung der Konfiguration erfolgt. Dies läßt sich besonders deutlich an den gut aufgelösten Banden im Spektrum von Mn^{2+} in oktaedrischer Koordinationsumgebung zeigen (Abb. 17.17).

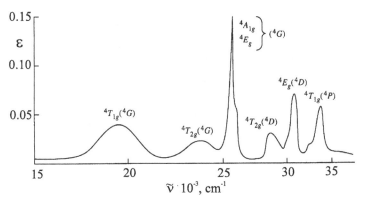

Abb. 17.17. Absorptionsspektrum von MnF_2, in dem Mangan oktaedrisch koordiniert ist.[22]

---

[22] A. B. P. Lever, *Inorganic Electronic Spectroscopy, 2nd Ed.*, Elsevier, New York, **1986**, S. 451.

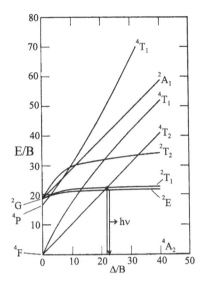

Abb. 17.18. Tanabe-Sugano-Diagramm eines d^3-Ion in einem oktaedrischen Ligandenfeld. Die für die Laser-Aktivität entscheidenden Übergänge sind eingezeichnet.

Während die breiten Interkombinationsbanden der Übergänge nach $^4T_{1g}(^4G)$ und $^4T_{2g}(^4G)$ darauf hindeuten, daß der angeregte Zustand eine andere Konfiguration ($t_{2g}^4 e_g^1$) als der Grundzustand ($t_{2g}^3 e_g^2$) besitzt, entsprechen die scharfen Absorptionsbanden „Spin-Flip"-Übergängen.

17.3.3 Der Rubin-Laser

Die Interkombinationsbanden im Emissionsspektrum von Chrom(III)-Komplexen bildeten die Grundlage für einen der ersten kommerziellen Laser, den Rubin-Laser. Rubin ist mit Cr^{3+} dotierter Korund, in dem sich die Chrom(III)-Ionen in verzerrt oktaedrischer Umgebung befinden. Die Wirkungsweise des Rubin-Lasers kann man sich anhand des Tanabe-Sugano-Diagramms für einen oktaedrischen Komplex mit d^3-Konfiguration klar machen (Abb. 17.18). Die Anregung des Lasers erfolgt aus dem Grundzustand in den $^4T_2$-Zustand, aus dem das System in einem strahlungslosen Übergang (Kap. 29) in die Dublett-Zustände ^2E und $^2T_1$ relaxiert. Beide Zustände gehören wiederum zur gleichen Konfiguration wie der $^4A_2$-Grundzustand und besitzen daher die gleiche Abhängigkeit von der Ligandenfeldstärke, die sich in der Parallelität der Termenergien zur Abszisse im Tanabe-Sugano-Diagramm widerspiegelt. Bei der stimulierten Emission eines Rubin-Kristalls im Laser erhält man daher sehr scharfe Linien.

17.4 Spektroskopische Charakterisierung chiraler Komplexe: CD und ORD-Spektren[23]

Die Zuordnung der Ligandenfeldbanden in den Absorptionsspektren von Komplexen kann – wie wir gesehen haben – über ihre Polarisation erfolgen. Bei den Untersuchungen hierzu wird linear polarisiertes Licht verwendet. Die „klassische" Anwendung von polarisierter Strahlung in der Spektroskopie ist allerdings die Untersuchung der optischen Drehung durch chirale Substanzen. Auf diese Weise war es Alfred Werner möglich, den Erfolg der ersten Racematspaltung eines chiralen Komplexes zu belegen. Die Methode ist seitdem ein Standardverfahren zur Charakterisierung chiraler Verbindungen.

Das Verständnis der *optischen Drehung* (*optischen Rotation*) wird erleichtert, wenn man linear polarisiertes Licht als Überlagerung gleicher Anteile links- und rechts-zirkular polarisierten Lichts auffaßt (Abb. 17.19). Optisch aktive Medien besitzen für diese beiden Komponenten verschiedene Brechungsindizes $n_r \neq n_l$. Nun ist n = c/v – also das Verhältnis der Vakuumlichtgeschwindigkeit zur Ausbreitungsgeschwindigkeit des Lichts in dem untersuchten Medium. Daraus folgen verschiedene Ausbreitungsgeschwindigkeiten und damit verschiedene Winkelgeschwindigkeiten der Projektionen der elektrischen Feldvektoren des rechts- und links-zirkular polarisierten Lichts. Das Resultat ist eine Drehung der Polarisationsebene des Lichts.

Absorbiert nun das Medium teilweise die linear polarisierte Strahlung, so muß berücksichtigt werden, daß die links- und rechts-zirkularpolarisierten Komponenten unterschiedliche Extinktionskoeffizienten besitzen ($\varepsilon_l - \varepsilon_r$: *Circulardichroismus*). Die Projektionen der elektrischen Feldvektoren in Abbildung 17.19 besitzen also nicht nur eine unterschiedliche Winkelgeschwindigkeit, sondern darüber hinaus eine unterschiedliche Länge. Das Licht verläßt damit das Medium mit *elliptischer Polarisation* (Abb. 17.20).

Die optische Rotation und der Circulardichroismus sind von der Wellenlänge abhängig. Die Veränderung des optischen Drehwinkels mit der Wellenlänge wird als *optische Rotationsdispersion* (*ORD-Spektrum*) bezeichnet, die Auftragung des Circulardichroismus gegen die Wellenlänge des Lichts als *CD-Spektrum*. Je nachdem, ob Brechungsindex oder Extinktionskoeffizient

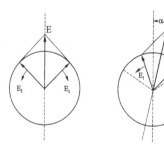

Abb. 17.19. Links: Zusammensetzung von linear polarisiertem Licht aus gleich großen Anteilen an links- und rechts-polarisiertem Licht (Projektionen der elektrischen Feldvektoren). Rechts: Drehung der Polarisationsebene von Licht nicht absorbierter Wellenlänge nach Austritt aus dem optischen Medium.

[23] R. D. Peacock, B. Stewart, *Coord. Chem. Rev.* **1982**, *46*, 129.

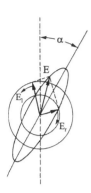

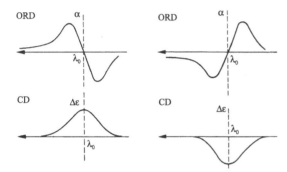

Abb. 17.20. Elliptische Polarisation bei Austritt des Lichts aus einem Medium im Absorptionsbereich eines optisch aktiven Elektronenübergangs (s. u.).

Abb. 17.21. Positiver und negativer Cotton-Effekt im Bereich einer Absorptionsbande. Diese idealisierten Formen werden nur dann beobachtet, wenn keine Überlappung mit einer benachbarten Absorptionsbande vorliegt.

der links-zirkular polarisierten größer oder kleiner sind als die der rechts-zirkular polarisierten Komponente, haben optische Drehung und $\Delta\varepsilon$ ein positives oder negatives Vorzeichen. In Abbildung 17.21 sind das ORD- und CD-Spektrum im Bereich einer Absorptionsbande schematisch dargestellt. Beide spektralen Eigenschaften werden nach ihrem Entdecker als *Cotton-Effekt* bezeichnet.[24] Nach dem Vorzeichen der CD-Bande unterscheidet man *positive* und *negative Cotton-Effekte.*

Bedingung für die Beobachtung der mit einer Absorptionsbande verknüpften optischen Rotationsdispersion (bzw. des Circulardichroismus) ist, daß der entsprechende spektrale Übergang *sowohl elektrisch als auch magnetisch Dipol-erlaubt* ist.[25] Ähnlich wie das elektrische Übergangsdipolmoment μ_{0n} = $<0|r|n>$ ist das magnetische Übergangsdipolmoment definiert durch m_{0n} = $<0|m|n>$ ($m = \gamma_e l$, wobei $\gamma_e = -e/2m_e$ das gyromagnetische Verhältnis des Bahndrehimpulses und l der Bahndrehimpulsoperator ist). Nach der quantenmechanischen Theorie der optischen Rotationsdispersion wird die Größe des Effekts durch die *Rotationsstärke R_{0n}* des Übergangs bestimmt, die definiert

---

[24] Aimé Cotton, * Bourg-en-Bresse 1869, † Sèvres 1941; Professor in Toulouse (1900–1920) und Paris; bedeutende Arbeiten zu optischen und magnetooptischen Erscheinungen, unter anderem CD und ORD.

[25] D. J. Caldwell, H. Eyring, *The Theory of Optical Activity*, Wiley-Interscience, New York, **1971**.

ist durch: $R_{On} = \text{Im } \mu_{0n} \cdot m_{0n}.$[26] Dies bedeutet zusätzlich, daß die beiden Übergangsmomente nicht senkrecht aufeinander stehen dürfen, da sonst das Skalarprodukt zwischen ihnen gleich Null ist. Die Abhängigkeit der optischen Rotation von der Frequenz des Lichtes ω wird durch die *Rosenfeld-Gleichung* ausgedrückt:[27]

$$\theta \propto \sum_n \frac{\omega^2 R_{On}}{\omega_{On}^2 - \omega^2}$$

Das gleichzeitige Vorhandensein eines elektrischen und magnetischen Übergangsmoments bedeutet, daß sich die damit verbundene Ladungsverschiebung aus einer translatorischen (μ) und rotatorischen (**m**) Komponente zusammensetzt, deren Superposition eine Schraubenbewegung ergibt.

Die Diskussion des magnetischen Übergangsdipolmoments ist ein neuer Aspekt in diesem Kapitel, in dessen bisherigen Abschnitten wir die Spektren der Übergangsmetallkomplexe durch Betrachtung des elektrischen Übergangsdipolmoments der spektralen Übergänge erklären konnten. Dabei wurden die Ligandenfeld(d-d)-Übergänge in Komplexen (bei geringer Beteiligung der d-Orbitale an den M-L-Bindungen) als elektrisch Dipol-verboten erkannt. Im Gegensatz zum elektrischen Dipolverbot für d-d-Übergänge können diese durchaus magnetisch Dipol-erlaubt sein und zwar dann, wenn mit dem Ligandenfeldübergang eine „Rotation" der Elektronendichte in Richtung des magnetischen Übergangsdipol-Vektors verbunden ist. Dies soll am Beispiel der beiden Ligandenfeldübergänge des Low-Spin-Komplexions $[Co(NH_3)_6]^{3+}$ näher erläutert werden.

Den niederenergetischen der beiden spinerlaubten Ligandenfeldübergänge in $[Co(NH_3)_6]^{3+}$, $^1A_{1g} \rightarrow {}^1T_{1g}$ (22000 cm^{-1}) kann man im Einelektronbild mit Übergängen zwischen folgenden d-Orbitalen identifizieren: $d_{xy} \rightarrow d_{x^2-y^2}$, $d_{xz} \rightarrow d_{x^2-z^2}$, $d_{yz} \rightarrow d_{y^2-z^2}$. Diese entsprechen den drei Komponenten des magnetischen Übergangsmoments entlang der z-, x- und y-Achse, und das Element der Rotation wird dadurch deutlich, daß die verknüpften Orbitale jeweils durch 45°-Rotation um die entsprechende Achse ineinander überführbar sind.

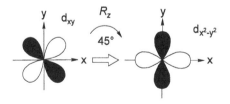

---

[26] Das Skalarprodukt ist komplexwertig. Sei z = a + ib eine komplexe Zahl, dann ist Im z = b. Eine ausführliche und gut verständliche Diskussion der quantenmechanischen Theorie der optischen Aktivität findet man in: P. W. Atkins, *Molecular Quantum Mechanics, 2nd Ed*, Oxford University Press, Oxford, **1982**, S. 366–373.

[27] ω_{On} ist die Frequenz des optischen Übergangs |0> $\rightarrow$ |n>.

Der $^1A_{1g} \to {}^1T_{1g}$-Übergang ist also *magnetisch Dipol-erlaubt*. Dagegen ist der zweite, höherenergetische d-d-Übergang $^1A_{1g} \to {}^1T_{2g}$ (30000 cm^{-1}), der den Einelektronenübergängen $d_{xy} \to d_{z^2}$, $d_{xz} \to d_{y^2}$, $d_{yz} \to d_{x^2}$ entspricht, nicht mit einer Rotation von Elektronenladung verknüpft und *magnetisch Dipol-verboten*.

Bei einem chiralen Komplex, der eng mit $[Co(NH_3)_6]^{3+}$ verwandt ist – wie z. B. $[Co(en)_3]^{3+}$ – würde man also erwarten, daß die Ligandenfeldbande, die im idealoktaedrischen Fall dem magnetisch erlaubten $^1A_{1g} \to {}^1T_{1g}$-Übergang entspricht, einen *stärkeren Circulardichroismus* zeigt als die Bande des sowohl elektrisch als auch magnetisch Dipol-verbotenen $^1A_{1g} \to {}^1T_{2g}$-Übergangs. In letzterem Fall ist der elektrische und magnetische Dipolübergang nur vibronisch möglich. Diese Vorüberlegungen werden durch das Experiment bestätigt. Im Abbildung 17.22 sind das Absorptions- und CD-Spektrum von Λ-$[Co(en)_3](ClO_4)_3$ wiedergegeben. Sehr schön erkennt man den stärkeren CD der Absorptionsbande bei 22000 cm^{-1} im Vergleich zu der bei 30000 cm^{-1}. Man beachte den sehr viel stärkeren Circulardichroismus der Banden im Charge-Transfer-Bereich des Spektrums (> 40000 cm^{-1}). Die Übergänge in diesem Bereich sind teilweise sowohl elektrisch als auch magnetisch Dipol-erlaubt und erfüllen daher die Voraussetzung für die Beobachtung eines ausgeprägten CD-Effekts.

Die Diskussion des CD-Spektrums in Abbildung 17.22 zeigt deutlich, daß man den Circulardichroismus als Zuordnungskriterium bei der Interpretation von Absorptionsspektren heranziehen kann. Bei dem Versuch, aus CD-Spektren der Ligandenfeldübergänge bzw. aus der optischen Rotation einer Komplexverbindung auf ihre absolute Konfiguration zu schließen, ist jedoch große Vorsicht geboten. So besitzen beispielsweise die Komplexe $(+)[CoCl(NH_3)(en_2)]^{2+}$ und $(-)[CoCl(NCS)(en)_2]^+$ unterschiedliche Drehrichtung, aber die gleiche absolute Konfiguration.[28]

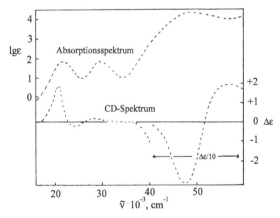

Abb. 17.22. Absorptions- und CD-Spektrum einer Lösung von Λ-$[Co(en)_3](ClO_4)_3$ in Wasser. Das CD-Spektrum oberhalb von 40000 cm^{-1} ist um den Faktor 10 gestaucht.

---

[28] Die Bezeichnungen (+) bzw. (–), die einer Komplexformel vorangestellt werden, zeigen an, daß das linear polarisierte Licht der Natrium-D-Linie (589.3 nm) im positiven oder negativen Sinn gedreht wird.

Die CD-Spektroskopie erlaubt Aussagen über die absolute Konfiguration von Koordinationsverbindungen, wenn diese Liganden-zentrierte elektronische Übergänge besitzen. Diese Übergänge, die vor allem in Komplexen mit heteroaromatischen Liganden wie z. B. $[Fe(phen)_3]^{2+}$ beobachtet werden, koppeln excitonisch[29] und ergeben charakteristische CD-Spektren, aus denen sich die absolute Konfiguration ableiten läßt.

---

[29] Befinden sich mehrere Chromophore (Licht-absorbierende Strukturbausteine) in räumlicher Nähe zueinander, so sind elektronische Anregungen in ihnen nicht mehr auf einem Chromophor lokalisiert. Vielmehr koppeln die angeregten Zustände der Chromophore, was zu charakteristischen Veränderungen im Absorptions- und (häufiger noch) Emissionsspektrum im Vergleich zum isolierten molekularen Absorber führt. Diese spektralen Veränderungen hängen empfindlich von der relativen Ausrichtung der absorbierenden Einheiten ab. Diese Erscheinung bezeichnet man auch als excitonische Kopplung der Chromophore – in dem oben zitierten Beispiel bedeutet dies die Kopplung der Intraligand-Übergänge.

18 Magnetismus[30]

Wie die vorangegangenen Kapitel deutlich gemacht haben, bietet die Elektronenspektroskopie der Übergangsmetallverbindungen eine aussagekräftige experimentelle Methode zur Untersuchung der elektronischen Struktur und Bindungsverhältnisse. Dabei spielte immer wieder eine Rolle, daß Elektronen Spin und Bahndrehimpuls besitzen. Die magnetische Wechselwirkung zwischen beiden bestimmt nicht nur die energetische Lage und Feinstruktur der Absorptionsbanden, sondern auch deren Intensität. Neben der Untersuchung der spektralen Übergänge in Molekülen ist das Studium der magnetischen Eigenschaften einer Substanz die wichtigste physikalische Untersuchungsmethode in der Übergangsmetallchemie und das – wie wir sehen werden – vor allem, weil Übergangsmetallverbindungen eine teilweise gefüllte d-Elektronenschale besitzen.

Prinzipiell wechselwirkt jede Substanz mit einem Magnetfeld, wobei die Art der Wechselwirkung die Grundlage für eine phänomenologische Unterteilung in verschiedene Typen magnetischen Verhaltens bildet. Plaziert man eine Probensubstanz in ein äußeres Magnetfeld der Stärke H_0, so ist die Feldstärke innerhalb der Probe – ausgedrückt durch die magnetische Flußdichte B – entweder größer oder geringer als die des äußeren Feldes, wobei die Differenz als *Magnetisierung M* der Probe bezeichnet wird. Im folgenden nehmen wir an, daß sich alle Untersuchungen auf eine Probenmenge von einem Mol beziehen, d. h., M ist als *molare Magnetisierung* aufzufassen. Es gilt je nach dem verwendeten Einheitensystem:

$$4\pi M = B - H_0 \text{ (cgs-System)} \quad \text{oder} \quad M = 1/\mu_0 B - H_0 \text{ (SI-System)}[31]$$

Ist die molare Magnetisierung positiv, so bezeichnet man die Probe als *paramagnetisch*, ist sie negativ, so ist die untersuchte Probe diamagnetisch. Die Abhängigkeit der molaren Magnetisierung vom äußeren magnetischen Feld bezeichnet man als *molare magnetische Suszeptibilität* χ,[32] die definiert ist durch:

$$\chi = \partial M/\partial H \qquad (18.1)$$

---

[30] Das Standardwerk auf diesem Gebiet ist: O. Kahn, *Molecular Magnetism*, VCH, Weinheim, **1993**. Ein „Klassiker" der älteren Literatur ist der Übersichtsartikel: B. N. Figgis, J. Lewis, *Prog. Inorg. Chem.* **1964**, *6*, 37.

[31] Bei der Untersuchung des molekularen Magnetismus hat sich das SI-System *nicht durchgesetzt*. In der Literatur wird fast ausschließlich das ältere cgs-System verwendet, d. h. die Einheit für H und B ist „Gauss" G, wobei $1 G = 10^{-4}$ Tesla (SI-Einheit) ist. Im cgs-System ist zudem die Vakuumpermeabilität $\mu_0 = 1$, d. h. im Vakuum ist $H = B$.

[32] Die molare Suszeptibilität hat die Dimension $cm^3 Mol^{-1}$ und die molare Magnetisierung die Einheit $cm^3 G Mol^{-1}$.

Für geringe Feldstärken ist χ unabhängig vom Magnetfeld, und es gilt die Beziehung:

$$M = \chi H \qquad (18.2)$$

Die molare magnetische Suszeptibilität läßt sich als Summe zweier Beiträge auffassen, der diamagnetischen und der paramagnetischen Suszeptibilität:

$$\chi = \chi^D + \chi^P \qquad (18.3)$$

Die beiden Anteile, von denen $\chi^D < 0$ und $\chi^P > 0$ ist, haben eine unterschiedliche physikalische Ursache. Der Diamagnetismus ist eine grundlegende Eigenschaft der Materie und auch dann wirksam, wenn er durch den Paramagnetismus einer Substanz überdeckt wird. Er resultiert aus der Wechselwirkung des Magnetfeldes mit der „Bahnbewegung" der Elektronen, die zu einer geringen Magnetisierung in der zum äußeren Feld entgegengesetzten Richtung führt. Die diamagnetische Suszeptibilität ist unabhängig von der äußeren Feldstärke und der Temperatur.

Im Zentrum dieses Kapitels steht der molekulare Paramagnetismus, da dieser uns Aufschluß über die Zahl der ungepaarten Elektronen und ihre Wechselwirkung untereinander in Übergangsmetallkomplexen gibt. Möchte man die gemessenen magnetischen Suszeptibilitäten in diesem Sinne interpretieren, so müssen sie unter Berücksichtigung des diamagnetischen Anteils χ^D korrigiert werden. Dabei geht man davon aus, daß χ^D eine *additive* Größe ist, d. h. als Summe atomarer Suszeptibilitäten und Korrekturterme für

Tabelle 18.1.   Diamagnetische Suszeptibilitäten von Übergangsmetallionen und Ligandenkorrekturterme. Bei den paramagnetischen Ionen geben die Pascal-Konstanten den durch die paramagnetische Suszeptibilität überdeckten diamagnetischen Anteil wieder (Werte in 10^{-6} cm^3·G·Mol^{-1}).

Kation	χ^D	Neutralatom	χ^D	Ligand/Anion	χ^D
Ti^{4+}	-9	H	-2.93	H$_2$O	-13
V^{3+}	-10	C	-6.00	NH$_3$	-18
V^{5+}	-1	N(Ring)	-4.61	en	-46
Cr^{3+}	-11	N(Kette)	-5.57	Cl$^-$	-23.4
Mn^{2+}	-14	O(Ether)	-4.61	Br$^-$	-34.6
Fe^{2+}	-13	O(Carbonyl)	-1.73	CN$^-$	-13.0
Co^{3+}	-10	P	-26.3	py	-49
Ni^{2+}	-10	S	-15.0	acac	-52
Cu$^+$	-12	Cl	-20.1	bipy	-105
Mo^{3+}	-23	Br	-30.6	phen	-128

[33] Nach: L. N. Mulay, E. A. Boudreaux (Hrsg.), *Theory and Application of Molecular Diamagnetism*, Wiley-Interscience, New York, **1976** und O. Kahn, *Molecular Magnetism*, VCH-Verlag, Weinheim, **1993**.

bestimmte funktionelle Gruppen ermittelt werden kann. Diese Werte sind als Parameter aus gemessenen diamagnetischen Suszeptibilitäten abstrahiert und als „Pascal-Konstanten" tabelliert worden (Tabelle 18.1). Sie können als Grundlage für die Abschätzung des diamagnetischen Korrekturterms der magnetischen Suszeptibilität verwendet werden.

Übungsbeispiel:

Schätzen Sie die diamagnetische Suszeptibilität der Verbindung [Co(NH₃)₆]Cl₃ mit Hilfe der Pascal-Konstanten in Tabelle 18.1 ab.

Antwort:
$\chi^D = \chi^D(Co^{3+}) + 6\chi^D(NH_3) + 3\chi^D(Cl^-) = [-10 + 6\times(-18) + 3\times(-23.4)]\cdot10^{-6}$ $cm^3\cdot G\cdot Mol^{-1} \approx -188\cdot10^{-6}\ cm^3\cdot G\cdot Mol^{-1}$.

Für alle Verbindungen, die uns in diesem Kapitel interessieren – d. h. niedermolekulare Komplexverbindungen – reicht die Abschätzung der diamagnetischen Suszeptibilität mit Hilfe der Pascal-Konstanten aus. Die Werte von χ^D sind um mehrere Größenordnungen kleiner als die paramagnetischen Suszeptibilitäten, so daß sie nur als Korrekturterme relevant sind. Die Situation ist völlig anders, wenn man beispielsweise Metalloproteine untersucht, in denen sich nur wenige paramagnetische Übergangsmetallzentren befinden. Die diamagnetische Suszeptibilität des Proteins muß – nach Entfernung der paramagnetischen Ionen oder ihrem Ersatz durch diamagnetische Metallzentren – direkt bestimmt werden. Bei allen weiteren Diskussionen dieses Kapitels wird davon ausgegangen, daß die experimentell ermittelten magnetischen Suszeptibilitäten bereits um den diamagnetischen Beitrag korrigiert sind.

18.1 Grundbegriffe des molekularen Magnetismus

Elektronen besitzen magnetische Momente aufgrund ihres Spin- und Bahndrehimpulses. Die Drehimpulse und damit auch die magnetischen Momente $\mu = \gamma_e(L + 2S)$ unterliegen der Richtungsquantelung bezüglich einer Achse z, deren Lage relativ zur Umgebung in Abwesenheit eines äußeren Magnetfeldes beliebig definiert ist. Daher sind im feldfreien Raum die verschiedenen Ausrichtungen der magnetischen Momente (d. h. Drehimpulsvektoren) auch energetisch entartet.

In einem Magnetfeld wird diese Entartung aufgehoben, und die verschiedenen Ausrichtungen des Gesamtdrehimpulsvektors $J = L + S$ bezüglich des

Magnetfeldes besitzen daher unterschiedliche Energien. In den Elektronen-spektren der Atome führt dies zu einer Aufspaltung der Linien, und die damit zum Ausdruck kommende Wechselwirkung mit dem Feld wird nach ihrem Entdecker als *Zeeman-Effekt* bezeichnet. Den entsprechenden Stör-operator bezeichnet man auch als *Zeeman-Operator*, der für freie Atome die folgende Form hat:[34]

$$H^1 = -g_J\gamma_e \mathbf{J}\cdot\mathbf{H} \qquad\qquad (18.4)$$

$$g_J = 1 + \frac{J(J+1) + S(S+1) - L(L+1)}{2J(J+1)}$$

Betrachten wir den für die spätere qualitative Diskussion des Komplexmagne-tismus wichtigen Fall, daß nur der Elektronenspin zum Gesamtdrehimpuls in einem Atom oder Molekül beiträgt, so gilt bei Wahl der Feldachse als z-Achse:

$H^1 = -g\gamma_e S_z H$, g ist der g-Faktor des Elektronenspins und gleich 2.0023

Die Eigenwerte des Operators S_z sind gleich $\hbar M_S$. Daraus ergeben sich die Energien der Zeeman-aufgespaltenen Spinzustände zu:[35]

$$E = -g\gamma_e \hbar M_S H$$

Diese werden nach Einführung des Bohrschen Magnetons $\mu_B = \hbar\gamma_e$ meist folgendermaßen ausgedrückt:

$$E = -g\mu_B M_S H \qquad\qquad (18.5)$$

In Abbildung 18.1 ist die energetische Aufspaltung der Zustände mit unter-schiedlicher M_S-Quantenzahl schematisch dargestellt.

Abb. 18.1. Zeeman-Aufspaltung der richtungsgequantelten Spinzustände am Beispiel von S = 1 und S = 2.

---

[34] γ_e ist das gyromagnetische Verhältnis des Elektronen-Bahndrehimpulses; g_J bezeichnet man als den Landé-g-Faktor: Für S = 0 gilt $g_L = 1$, für L = 0 ist $g_S = 2$.

[35] Hierbei gilt die Eigenwertgleichung $S_z\sigma(S) = \hbar M_S\sigma(S)$, $\sigma(S)$ = Spinwellenfunktion.

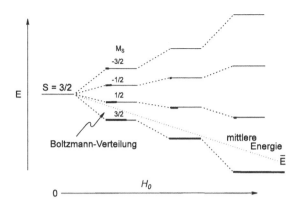

Abb. 18.2. Boltzmann-Verteilungen der Besetzung der Zeeman-aufgespaltenen Niveaus eines Spinquartetts. Man erkennt die Abnahme der mittleren Systemenergie mit zunehmender Feldstärke.

Eine makroskopische Probe, mit der die Untersuchung der magnetischen Eigenschaften einer Verbindung durchgeführt wird, ist ein Ensemble sehr vieler solcher Systeme, so daß die Besetzung der im Magnetfeld aufgespaltenen Gesamtspin-Zustände im thermischen Gleichgewicht durch eine Boltzmann-Verteilung beschrieben wird. In Abbildung 18.2. sind solche Boltzmann-Verteilungen anhand eines unterschiedlich stark durch äußere Magnetfelder aufgespalten Spinmultipletts wiedergegeben. Aus diesen wird deutlich, daß sich die mittlere Energie dieser Systeme im Vergleich zum feldfreien Fall erniedrigt hat, und zwar umso mehr, je stärker H_0 ist.

In einem inhomogenen Magnetfeld wird sich *eine paramagnetische Probe also in Richtung der höheren Magnetfeldstärke* bewegen, solange bis der Gradient von H verschwindet oder eine entgegengesetzte Kraft die weitere Bewegung verhindert. Dies ist die Grundlage einer Reihe wichtiger Methoden zur Bestimmung der magnetischen Suszeptibilität einer Substanz, die auf der Kraft beruhen, die auf eine magnetische Probe in einem inhomogenen Magnetfeld ausgeübt wird.

Einige experimentelle Methoden zur Bestimmung der magnetischen Suszeptibilität[36]

Befindet sich eine isotrope paramagnetische Substanz in einem inhomogenen Magnetfeld, so wirkt auf sie eine Kraft, die in Richtung des Bereichs höherer magnetischer Feldstärke wirkt. Da diese Kraft sowohl von der Magnetisierung der Probe als auch vom Feldgradienten abhängt, bietet sich hierdurch die Möglichkeit zur Bestimmung der magnetischen Suszeptibilität einer Verbindung. Die beiden klassischen „Kraft-Methoden" basieren auf der Wägung einer Probensubstanz in Gegenwart und Abwesenheit eines inhomogenen Magnetfeldes und unterscheiden sich in der Meßanord-

[36] C. J. O'Connor, *Prog. Inorg. Chem.* **1982**, *26*, 203.

nung. Bei der *Gouy-Methode* wird die Substanz in einem langen Proben-röhrchen so in einem Magneten angeordnet, daß sich ein Ende des Röhr-chens im Bereich eines homogenen Magnetfeldes befindet, während das andere Ende außerhalb des Magneten im quasi feldfreien Raum liegt (Abb. 18.3.a). Die Kraft, die auf die Probe wirkt, hängt dann vom Volumen der Probe im inhomogenen Bereich des Magnetfeldes ab.

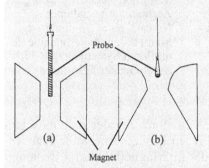

Abb. 18.3. Probenanordnung zur Mes-sung der magnetischen Suszeptibilität bei den beiden „klassischen" Kraft-Methoden, der Gouy-Methode (a) und der Faraday-Methode (b).

Während sich der Feldgradient über die Probenlänge bei der Gouy-Methode ändert, sind bei der *Faraday-Methode* Probenvolumen und Anordnung des Magneten so gewählt, daß im Bereich der Probe der Gra-dient des magnetischen Feldes konstant ist (Abb. 18.3b). Bringt man eine Probe der Masse m (und mit der Molmasse M) und der molaren Suszeptibi-lität χ in das inhomogene Feld (Gradient: dH/dx) im Bereich der Polschuhe eines Permanent- oder Elektromagneten, so erfährt sie die Kraft F mit:

$$F = (m/M)\chi H_0 (dH/dx) \qquad (18.6)$$

Der Feldgradient wird in der Praxis nicht bestimmt, sondern durch eine Eichmessung mit einer Substanz bekannter molarer Suszeptibilität χ_E eli-miniert. Es gilt dann die Beziehung:

$$\frac{F}{mM\chi} = \frac{F_E}{m_E M_E \chi_E} \qquad \text{d.h.} \qquad \chi = \frac{F \, m_E M_E \chi_E}{F_E \, mM}$$

Der Vorteil der Faraday-Methode gegenüber der Gouy-Methode ist die geringere Probenmenge, die benötigt wird. Bei starrer Aufhängung an der Faraday-Waage sind prinzipiell auch Messungen an Einkristallen möglich, obwohl hierbei andere Kraft-Methoden, wie z. B. die Torsionswaage,[37] bevorzugt eingesetzt werden.
Als Alternative zu den etablierten Kraft-Methoden haben sich in jüngerer Zeit eine Reihe von experimentellen Techniken zur Bestimmung der magnetischen Suszeptibilität durchgesetzt, die unter dem Begriff „Induk-

---

[37] Siehe z. B. J. W. Stout, M. Griffel, *J. Chem. Phys.* **1950**, *18*, 1449.

tionsmethoden" zusammengefaßt werden können. Diese lassen sich am Beispiel des in Abbildung 18.4 dargestellten *VS-Magnetometer* (vibrating sample magnetometer, VSM) verstehen. Die Proben- und Eichsubstanz werden über die vibrierende Membran eines Lautsprechers in harmonische Schwingungen versetzt und von zwei parallel zur Schwingungsrichung orientierten Induktionsspulen als Detektorsystemen umgeben. Die Höhe der durch die Induktionsspulen empfangenen Signale ist proportional zum magnetischen Moment der schwingenden Proben, so daß sich daraus die magnetische Suszeptibilität einer unbekannten Probensubstanz ermitteln läßt. Diese Methode ist besonders zur Untersuchung von Einkristallen geeignet.

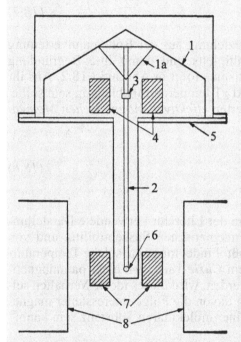

Abb. 18.4. Schematische Darstellung eines VSM. (1) Lautsprechermembran; (2) Probenhalterungsstab; (3) Eichprobe; (4) Induktionsspulen für die Eichmessung; (5) Metallbehälter, der die Evakuierung des Probenraums bei Tieftemperaturmessungen erlaubt;[38] (6) Probe; (7) Detektorspulen für die Probe; (8) Magnetpole.

Die modernste methodische Entwicklung in der Messung magnetischer Suszeptibilitäten basiert auf der Entdeckung, daß ein supraleitender Ring, der über eine Art Transformator-Spulenanordnung an eine Radiofreqenz-elektronik gekoppelt ist, sehr geringe Änderungen eines magnetischen Feldes – z. B. hervorgerufen durch eine Probensubstanz, die in ein Magnetfeld eingebracht wird – verstärken kann, ähnlich, wie dies eine Elektronenröhre mit elektrischen Signalen vermag. Eine ausführliche Diskussion dieser Methode des supraleitenden Quanteninterferenz-Magnetometers („super-conducting quantum interference device" SQUID) geht über den Rahmen dieses Buches hinaus.

---

[38] Damit wird die Vereisung der Probe verhindert.

In Abbildung 18.2 hatten wir qualitativ gesehen, wie die Zeeman-Aufspaltung der Spin-Multipletts in einem Ensemble von Molekülen zu einer Boltzmann-Verteilung der Spin-Zustände und folglich zur Magnetisierung der Probe im Magnetfeld führt. Die Magnetisierung einer paramagnetischen Substanz, ausgedrückt durch die paramagnetische Suszeptibilität χ^P, ist damit von der Temperatur abhängig. Diese Temperaturabhängigkeit wird uns im Laufe dieses Kapitels noch näher beschäftigen. An dieser Stelle soll jedoch eine zunächst rein empirisch gewonnene Beziehung zwischen der magnetischen Suszeptibilität und der Temperatur in verdünnten (nicht wechselwirkenden) paramagnetischen Systemen erwähnt werden, die nach ihrem Entdecker Pierre Curie, das *Curiesche Gesetz* genannt wird:

$$\chi = C/T \quad (C = \text{Curie-Konstante}) \tag{18.7}$$

Eine theoretische Herleitung dieser Beziehung aus der Boltzmannverteilung der Zeemann-aufgespalteten Spinmultipletts und damit ihre Begründung innerhalb der Theorie des Paramagnetismus folgt in Abschnitt 18.2. Aus ihr ergibt sich unmittelbar, daß das Produkt χT temperaturunabhängig sein sollte. Es hängt mit dem durch (*18.8*) definierten *effektiven magnetischen Moment* μ_{eff} folgendermaßen zusammen:[39]

$$\mu_{\text{eff}} = \sqrt{\frac{3k}{N\mu_B^2}} \sqrt{\chi T} \tag{18.8}$$

In Abbildung 18.5 sind verschiedene in der Literatur verwendete Darstellungen der Temperaturabhängigkeit der magnetischen Suszeptibilität und von ihr abgeleiteter Größen zusammengefaßt. Findet man eine solche Temperaturabhängigkeit, so spricht man von einem *Curie-Verhalten* einer paramagnetischen Substanz. Wie wir noch sehen werden, wird dieses ideale Verhalten selten beobachtet, wobei die Abweichung davon die Folge interessanter magnetischer Wechselwirkungen innerhalb einer molekularen Substanz sein kann.

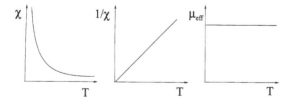

Abb. 18.5.   Temperaturabhängigkeit von χ, $1/\chi$ und μ_{eff} (bzw. χT).

---

[39] Folgende Konstanten werden verwendet: Boltzmann-Konstante k (0.695039 cm^{-1}K^{-1}), Avogadro-Konstante N ($6.022 \cdot 10^{23}$ Mol^{-1}) und Bohr-Magneton μ_B (1 $N\mu_B$ = 5585 cm$^3 \cdot$G$\cdot$Mol^{-1}).

18.2 Theorie der magnetischen Suszeptibilität: die Van-Vleck-Formel

Aus der Diskussion des vorigen Abschnitts wurde deutlich, daß die magnetische Suszeptibilität die Wechselwirkung einer Substanz mit einem äußeren Magnetfeld charakterisiert [$\chi = \partial M/\partial H$, Gleichung ($18.1$)]. In der Ausdrucksweise der Quantenmechanik ist damit die Wechselwirkung von H_0 mit den Gesamtdrehimpulsen – und den damit verknüpften magnetischen Momenten – der thermisch besetzten Zustände gemeint. Die Magnetisierung einer Probe ist wiederum die Folge der Boltzmann-Verteilung bei der Besetzung der im Magnetfeld Zeeman-aufgespaltenen Molekülzustände und geht mit einer Verringerung der Gesamtenergie des Systems einher (Abb. 18.2). Man formuliert diese Abhängigkeit in der klassischen Physik als

$$M = -\partial E/\partial H \qquad (18.9)$$

Unter Berücksichtigung der diskreten Energien der Molekülzustände E_n und der mit ihren Gesamtdrehimpulsen verknüpften „mikroskopischen"[40] magnetischen Momente μ_n erhält man:

$$\mu_n = -\partial E_n/\partial H \qquad (18.10)$$

Die makroskopische molare Magnetisierung M ist dann die Boltzmann-gewichtete Summe der molekularen Magnetisierungen, und es gilt:

$$M = \frac{N\sum_n(-\partial E_n/\partial H)\exp(-E_n/kT)}{\sum_n \exp(-E_n/kT)} \qquad (18.11)$$

Um Gleichung (18.11) praktisch anwenden zu können, nimmt man an, daß sich die Energien E_n in einem Störungsansatz als Potenzreihe von H entwickeln lassen, in der Form:

$$E_n = E_n^{(0)} + E_n^{(1)}H + E_n^{(2)}H^2 + \ldots \qquad (18.12)$$

Der Term erster Ordnung (in H) beschreibt die bereits in Gleichung (18.5) formulierte Zeeman-Aufspaltung erster Ordnung, während $E_n^{(2)}$ als „Zeeman-Koeffizient zweiter Ordnung" bezeichnet wird. Allgemein gelten die folgenden Ausdrücke für $E_n^{(1)}$ und $E_n^{(2)}$, wobei H_{ZE} der Zeeman-Operator H^1 in Gleichung (18.4) ist:

---

[40] „mikroskopisch" bedeutet hier, daß μ_n eine Eigenschaft eines *einzelnen Moleküls* im Zustand mit der Energie E_n ist.

$$E_n^{(1)} = \langle n|H_{ZE}|n\rangle \qquad E_n^{(2)} = \sum_{m \neq n} \frac{\langle n|H_{ZE}|m\rangle^2}{E_n^{(0)} - E_m^{(0)}} \qquad (18.13)$$

Einsetzen von (18.12) in (18.10) ergibt:

$$\mu_n = -E_n^{(1)} - 2E_n^{(2)}H + \dots \qquad (18.14)$$

Falls H/kT sehr klein ist, kann man die Energie in den Exponentialtermen in Gleichung (18.11) bis zur ersten Ordnung entwickeln, d. h.

$$\exp(-E_n/kT) = \exp(-E_n^{(0)}/kT)(1 - E_n^{(1)}H/kT) \qquad (18.15)$$

Mit den Näherungen in Gleichung (18.14) und (18.15) kann man den Ausdruck für die Magnetisierung in (18.11) vereinfachen:

$$M = \frac{N\sum_n (-E_n^{(1)} - 2E_n^{(2)}H)(1 - E_n^{(1)}H/kT)\exp(-E_n^{(0)}/kT)}{\sum_n (1 - E_n^{(1)}H/kT)\exp(-E_n^{(0)}/kT)} \qquad (18.16)$$

Aus der experimentellen Untersuchung der magnetischen Eigenschaften von Molekülen weiß man, daß molekulare Substanzen keine spontane Magnetisierung zeigen, d. h. M = 0, wenn das äußere Feld H gleich Null ist. Dann ergibt sich aus (18.16) eine wichtige Nebenbedingung:

$$\sum_n E_n^{(1)}\exp(-E_n^{(0)}kT) = 0$$

Setzt man diese wiederum in Gleichung (18.16) ein, so vereinfacht sich diese zu:

$$M = \frac{NH\sum_n (E_n^{(1)2}/kT - 2E_n^{(2)}) \exp(-E_n^{(0)}/kT)}{\sum_n \exp(-E_n^{(0)}/kT)}$$

Mit Gleichung (18.1) erhalten wir daraus den Ausdruck für die Temperaturabhängigkeit der magnetischen Suszeptibilität:

$$\chi = \frac{N\sum_n (E_n^{(1)2}/kT - 2E_n^{(2)}) \exp(-E_n^{(0)}/kT)}{\sum_n \exp(-E_n^{(0)}/kT)} \qquad (18.17)$$

Diese Beziehung wird auch als *Van-Vleck-Gleichung* bezeichnet und bietet die Grundlage für die Berechnung der magnetischen Suszeptibilität von molekularen Substanzen. Dazu benötigt man die – in der Regel bekannten – Energie-Eigenwerte $E_n^{(0)}$ und Eigenfunktionen des betrachteten Systems bei Abwesenheit des äußeren Magnetfeldes, und die *Zeeman-Koeffizienten* $E_n^{(1)}$ und $E_n^{(2)}$, die man aus einer Störungsrechnung erster und zweiter Ordnung mit dem Zeeman-Operator erhält. Wir werden die Van-Vleck-Formel in den folgenden Abschnitten mehrfach auf sehr unterschiedliche Systeme anwenden.

18.2.1 Temperaturunabhängiger Paramagnetismus (TIP)

Die Van-Vleck-Formel (*18.17*) beschreibt die Temperaturabhängigkeit der paramagnetischen Suszeptibilität als Boltzmann-Verteilung über die Zeeman-aufgespaltenen Gesamtspin-/Gesamtdrehimpuls-Zustände der Moleküle. Ist der Grundzustand eines Komplexes ein Spin-Singulett-Zustand, sind also alle Elektronenspins gepaart, sollte man annehmen, daß die paramagnetische Suszeptibilität gleich Null und die Gesamtsuszeptibilität damit negativ ist. Dennoch findet man beispielsweise für Verbindungen mit der Koordinationseinheit $[Co(NH_3)_6]^{3+}$ (Grundzustand $^1A_{1g}$) eine *positive temperaturunabhängige* magnetische Suszeptibilität von ca. $200 \cdot 10^{-6}$ $cm^3 Mol^{-1}$.

Die Ursache für diese temperaturunabhängige paramagnetische Suszeptibilität ergibt sich aus der Van-Vleck-Formel, wenn man die Energie-Eigenwerte des Grundzustandes als „Energie-Ursprung" wählt – d. h. $E_0^{(0)} = 0$. Für den Gesamtspin-Zustand mit $S = 0$ (und $L = 0$) ist $E_0^{(1)} = 0$, so daß sich die folgende einfache Beziehung für die paramagnetische Suszeptibilität ergibt:

$$\chi = 2NE_0^{(2)} = -2N \sum_{m \neq 0} \frac{\langle 0|H_{ZE}|m\rangle^2}{E_m^{(0)} - E_0^{(0)}} \qquad (18.18)$$

Die „Mischung" des Grundzustands (z. B. $^1A_{1g}$) mit orbitalentarteten angeregten Zuständen (im Falle des Co^{III}-Komplexes $^1T_{1g}$) führt bei nicht zu großer Energielücke $E_m^{(0)} - E_0^{(0)}$ dazu, daß der Bahndrehimpuls und damit das magnetische Moment des Grundzustands von Null verschieden ist.[41] Da die große Energiedifferenz zwischen den wechselwirkenden Zuständen eine thermische Besetzung des angeregten Zustandes sehr unwahrscheinlich macht, resultiert ein temperaturunabhängiger Effekt, der kurz als TIP (temperature independent paramagnetism) bezeichnet wird. An dieser Stelle soll betont werden, daß der TIP ein Bahndrehimpuls-Effekt ist und keine Mischung unterschiedlicher Spinzustände beinhaltet.

Der temperaturunabhängige Paramagnetismus ist nicht allein auf Verbindungen mit einem Singulett-Grundzustand beschränkt, sondern kann auch in paramagnetischen Verbindungen als temperaturunabhängige Komponente der paramagnetischen Suszeptibilität nachgewiesen werden.

---

[41] Dies kann man auch so verstehen, daß das Magnetfeld bewirkt, daß der Grundzustand zu einem geringen Grad die Eigenschaften des „mischenden" angeregten Zustands annimmt – anders ausgedrückt, daß etwas „Elektronendichte" in den angeregten Zustand angehoben wird.

Übungsbeispiel:

Wie ist die Temperaturabhängigkeit des effektiven magnetischen Moments einer Substanz mit diamagnetischem Grundzustand, für die aber ein TIP nachweisbar ist?

Antwort:
Im Falle des TIP ist die magnetische Suszeptibilität temperaturunabhängig. Für das effektive magnetische Moment gilt daher:

$$_{eff} \sqrt{\chi T} \quad \text{d.h.} \quad _{eff} \sqrt{T}$$

18.3 Übergangsmetallkomplexe im magnetischen Feld: der „Spin-Only"-Fall

Bei der Diskussion der Ligandenfeldtheorie in Kapitel 14 wurde darauf hingewiesen, daß der Ligandenfeldoperator nicht auf die Spin-Wellenfunktionen der Terme wirkt, daß also die Bildung von Metall-Ligand-Bindungen keinen direkten Einfluß auf den Spinzustand der Zentralionen hat.[42] Anders verhält es sich mit den Bahndrehimpulsen und Bahn-magnetischen Momenten, die mit den verschiedenen Ligandenfeld-Termen verknüpft sind. Betrachten wir das freie Ion, so haben alle Terme außer den S-Termen einen Bahndrehimpuls und damit ein magnetisches Moment. Im Ligandenfeld kann nun aber die Bahnentartung der P-, D-, F-Terme usw. aufgehoben werden, wodurch der Bahnbeitrag zum gesamten magnetischen Moment „gelöscht" wird („orbital quenching"). Ist die Bahnentartung nur teilweise aufgehoben, besitzt also der Grundzustand eine entartete Symmetrierasse, so erfolgt die Bahnmoment-Löschung auch nur teilweise.

Der Zusammenhang zwischen der Bahnentartung des Grundzustands, die aus der unvollständigen – und unsymmetrischen – Besetzung energetisch entarteter Orbitale folgt, und dem magnetischen Bahnmoment dieses Zustands wird durch folgende Überlegung deutlich: In einem quasiklassischen Bild ist das magnetische Bahnmoment eine Folge einer Art Ringstrom der Elektronen. Ein solcher Ringstrom ist nur dann möglich, wenn bei Rotation um eine Achse des Komplexes das Elektron aus einem (einfach) besetzten Orbital in

---

[42] Hier sind keine High-Spin-/Low-Spin-Gleichgewichte berücksichtigt. Während die High-Spin-Zustände mit den Grundtermen der freien Ionen korrelieren, leiten sich die Low-Spin-Zustände von angeregten Zuständen der freien Ionen ab. Der Ligandenfeldoperator bewirkt – bei Vernachlässigung der Spin-Bahn-Kopplung – keine Mischung von Zuständen unterschiedlicher Spinmultiplizität.

ein dazu energetisch entartetes überführt wird. Mit anderen Worten, die entarteten Orbitale müssen durch eine Drehung des Moleküls ineinander überführbar sein. Dies gilt beispielsweise für die d_{xz} und d_{yz}-Orbitale bei einer Drehung um die z-Achse. Der Ringstrom kann dabei unterschiedliche Umdrehungsrichtungen haben, die Zuständen entsprechen, deren Energien sich erst in einem äußeren Magnetfeld unterscheiden.

Ähnliche Überlegungen gelten für die Orbital-Paare d_{xy} und d_{xz} bei einer Drehung um die x-Achse sowie für d_{xy} und d_{yz} bei einer Drehung um die y-Achse. In einem oktaedrischen Komplex besitzen die erwähnten Orbitale t_{2g}-Symmetrie; die Grundterme (unsymmetrisch) partiell besetzter t_{2g}-Orbital-Schalen (t_{2g}^1, t_{2g}^2, t_{2g}^4, t_{2g}^5) besitzen T_1- oder T_2-Symmetrie. Wie wir im weiteren Verlauf dieses Abschnitt noch sehen werden, trägt das magnetische Bahnmoment wesentlich zum Gesamtmoment in Komplexen mit diesen Elektronenkonfigurationen bei.

Auch das $d_{x^2-y^2}$- und das d_{xy}-Orbital lassen sich durch eine Drehung (45° um die z-Achse) ineinander überführen, so daß man zunächst annehmen könnte, daß oktaedrische Komplexe mit e_g^1 und e_g^3-Konfiguration (mit E-Grundtermen) einen Bahnbeitrag zum magnetischen Moment zeigen sollten. Die beiden Orbitale sind allerdings nicht energetisch entartet, sondern unterscheiden sich viel mehr um Δ_{okt} in ihrer Energie, so daß eine wesentliche Vorbedingung für das „Ringstrom-Bild" nicht erfüllt ist.

Übungsbeispiel:

Wir haben festgestellt, daß die Vorbedingung für ein magnetisches Bahnmoment teilweise (nicht halb-) besetzte t_{2g}-Schalen sind. Läßt sich die teilweise Besetzung dieser Orbitale mit ihrer Entartung bei strenger oktaedrischer Symmetrie quantenmechanisch vereinbaren? Diskutieren Sie dieses Problem vor dem Hintergrund der in Kapitel 14 diskutierten Struktureffekte der „offenen d-Schale".

Antwort:
Streng genommen sind oktaedrische Komplexe mit T_1- oder T_2-Grundzuständen Jahn-Teller-verzerrt, d. h. die *Entartung der t_{2g}-Orbitale ist aufgehoben.* Wie wir bereits in Kapitel 14 festgestellt hatten, ist die Jahn-Teller-Aufspaltung der t_{2g}-Orbitale aber relativ gering, da diese nicht direkt durch die

Metall-Liganden-Bindungen beeinflußt werden. Die Aufhebung der Entartung führt zu einer geringfügigen Bahnmoment-Löschung. Im Bild der klassischen Physik kann man die Folge der Aufhebung der Orbitalentartung mit einem elektrischen Widerstand im Ringstrom vergleichen, der aber durch die thermische Anregung des Systems überwunden wird.

Wir wollen hier noch einmal unsere qualitativen Überlegungen zum Bahnmoment in oktaedrischen Komplexen zusammenfassen:

1) Ist der Grundterm eines Komplexes nicht bahnentartet, transformiert er also wie eine eindimensionale irreduzible Darstellung der Oktaedergruppe (hier nur A_{1g} oder A_{2g}), so ist das Bahnmoment vollständig gelöscht.
2) Vollständige Bahnmoment-Löschung ist auch für Komplexe mit E_g-Grundtermen zu erwarten (für E-Grundterme in Komplexen niedrigerer Symmetrie gilt diese Aussage nicht mehr unbedingt).
3) In Komplexen mit T_{1g}- oder T_{2g}-Grundtermen ist ein Bahnbeitrag zum magnetischen Moment zu erwarten. Gegenüber dem freien Ion erfolgt also nur *teilweise Bahnmoment-Löschung*.

Wird das Bahnmoment durch die Ligandenfeldaufspaltung des Grundterms der freien Ionen vollständig gelöscht, liegt der *„Spin-Only"-Fall* der magnetischen Eigenschaften von Koordinationsverbindungen vor. Bei der Betrachtung der magnetischen Suszeptibilität brauchen wir daher nur die Aufhebung der Spinentartung der Spinmultipletts zu betrachten. In der Van-Vleck-Gleichung müssen dann lediglich die Energien der Zeeman-aufgespaltenen Zustände als Störenergien erster Ordnung (*18.5*) berücksichtigt werden. Mit $E_n^{(0)} = 0$ (freie Wahl des Energie-Ursprungs), $E_n^{(2)} = 0$ (kein Zeeman-Effekt zweiter Ordnung) und $E_n^{(1)} = M_S g \mu_B$ ergibt sich aus (*18.17*):[43]

$$\chi = \frac{N g^2 \mu_B^2}{kT} \frac{\displaystyle\sum_{M_S=-S}^{+S} M_S^2}{2S+1}$$

Berechnung der endlichen Summe in dieser Gleichung ergibt die Beziehung:[44]

---

[43] Der Leser sollte diese einfache Rechnung einmal explizit durchführen, um den Umgang mit der Van-Vleck-Gleichung zu üben.

[44] Es gilt $\displaystyle\sum_{-n}^{+n} x^2 = 1/3 \cdot n(n+1)(2n+1)$.

$$\chi = \frac{Ng^2\mu_B^2}{3kT}\, S(S+1) \tag{18.19}$$

Dies ist das Curie-Gesetz, das sich aus der Van-Vleck-Gleichung unter den oben formulierten Bedingungen herleiten läßt, wobei man einen Ausdruck für die Curie-Konstante C erhält, mit $C = Ng^2\mu_B^2/3k\,[S(S+1)]$. Ersetzen wir die magnetische Suszeptibilität durch das effektive magnetische Moment (*18.8*) der untersuchten Verbindung, so ergibt sich für den Spin-Only-Fall die folgende einfache Beziehung:

$$\mu_{eff} = [g^2 S(S+1)]^{\frac{1}{2}} = [4S(S+1)]^{\frac{1}{2}} \;(\text{ mit } g \approx 2) \tag{18.20}$$

Mit der einfachen Formel für μ_{eff} kann man die zu erwartenden effektiven magnetischen Momente von Übergangsmetallkomplexen mit d^n-Konfiguration leicht berechnen, wenn man berücksichtigt, daß S gleich $\frac{n}{2}$ ist, d. h.

$$\mu_{eff} = [n(n+2)]^{\frac{1}{2}}$$

Die berechneten Werte stimmen erstaunlich gut mit den gemessenen magnetischen Momenten überein, wie in Tabelle 18.2 deutlich wird. Abweichungen von dem Spin-Only-Fall werden – wie erwartet – vor allem bei Konfigurationen mit T_{1g}- oder T_{2g}-Grundtermen beobachtet.

Tabelle 18.2. Berechnete (ber.) und gemessene (gem.) effektive magnetische Momente (in μ_B) oktaedrischer Komplexe der 3d-Metalle.

Zahl der d-Elektr. (M^{n+})	Grundterm des freien Ions	$t_{2g}^m e_g^n$	Ligandenfeld-Grundterm	μ_{eff} (ber.)	μ_{eff} (gem.)	Bahnmoment erwartet?
1 (Ti^{3+})	^2D	t_{2g}^1	$^2T_{2g}$	1.73	1.68–1.78	ja
2 (V^{3+})	^3F	t_{2g}^2	$^3T_{1g}$	2.83	2.75–2.85	ja
3 (Cr^{3+})	^4F	t_{2g}^3	$^4A_{2g}$	3.88	3.70–4.00	nein
4 (Mn^{3+})	^5D	$t_{2g}^3 e_g^1$	^5E_g	4.90	4.75–5.00	nein
		t_{2g}^4	$^3T_{1g}$	2.83	3.18–3.30	ja
5 (Fe^{3+})	^6S	$t_{2g}^3 e_g^2$	$^6A_{1g}$	5.92	5.70–6.00	nein
		t_{2g}^5	$^2T_{2g}$	1.73	1.80–2.50	ja
6 (Fe^{2+})	^5D	$t_{2g}^4 e_g^2$	$^5T_{2g}$	4.90	5.10–5.70	ja
		t_{2g}^6	$^1A_{1g}$	–	–	nein
7 (Co^{2+})	^4F	$t_{2g}^5 e_g^2$	$^4T_{1g}$	3.88	4.30–5.20	ja
		$t_{2g}^6 e_g^1$	^2E_g	1.73	1.80–2.00	nein
8 (Ni^{2+})	^3F	$t_{2g}^6 e_g^2$	$^3A_{2g}$	2.83	2.80–3.50	nein
9 (Cu^{2+})	^2D	$t_{2g}^6 e_g^3$	^2E_g	1.73	1.70–2.20	nein

Wie man aus Tabelle 18.2 erkennt, erhält man mit der Messung des effektiven magnetischen Moments einer Komplexverbindung der 3d-Metalle die Möglichkeit, die Zahl der ungepaarten Elektronen direkt zu ermitteln und auf diese Weise den Spinzustand zu bestimmen. Dies ist die einfachste qualitative Aussage, die man aus magnetischen Messungen erhält. Die Temperaturabhängigkeit des effektiven magnetischen Moments enthält aber darüber hinaus wertvolle Information über die elektronische Struktur der Verbindungen, die im folgenden Abschnitt näher betrachtet wird.

18.4   Der Beitrag des Bahndrehimpulses zum magnetischen Moment: die Kotani-Theorie für oktaedrische Komplexe

Eine umfassende und quantitative Theorie der magnetischen Suszeptibilität geht über den Rahmen dieses Buches hinaus. Die Schwierigkeiten ergeben sich vor allem aus der Tatsache, daß die Zeeman-Aufspaltung der Grundterme von Komplexen zu Energiedifferenzen von maximal einigen cm^{-1} führt, so daß auch geringe Störungen durch andere Effekte – wie z. B. die geometrische Verzerrung der Koordinationseinheit, die „Mischung" des Grundzustandes mit angeregten Zuständen – ebenfalls berücksichtigt werden müssen. Betrachtet man zudem die magnetischen Eigenschaften von Einkristallen, so stellt man fest, daß diese anisotrop sind, daß also charakteristische Größen wie z. B. χ Tensoren sind und als solche in ihrer Berechnung zu berücksichtigen sind.

In diesem Abschnitt beschäftigen wir uns daher mit einem Idealfall, dem streng oktaedrischen Komplex mit d^1-Konfiguration. Auch wenn eine quantitative Übereinstimmung mit experimentellen Daten auf diese Weise nicht erreicht wird, so ist die Diskussion dieses einfachen Systems sehr lehrreich. Ausgehend von dem Grundterm des freien Ions, ^2D, ist in Abbildung 18.6 nacheinander die Wirkung des Ligandenfeldes, der Spin-Bahn-Kopplung (ausgedrückt durch die Spin-Bahn-Kopplungskonstante ζ – siehe Kap. 17.3) und der Zeeman-Aufspaltung erster und zweiter Ordnung in einem schwachen Magnetfeld dargestellt.

Bei der Berechnung des effektiven magnetischen Moments mit der Van-Vleck-Gleichung brauchen nur die sechs Niveaus, die sich vom $^2T_{2g}$-Term ableiten, $E_1 - E_6$, berücksichtigt zu werden, da die Ligandenfeldaufspaltung viel größer als die thermische Energie ist. Die $E_n^{(0)}$-, $E_n^{(1)}$- und $E_n^{(2)}$-Werte der Van-Vleck-Gleichung ergeben sich damit aus den Energie-Eigenwerten der Spin-Bahn-aufgespaltenen Niveaus bzw. den Störenergien des Zeeman-Effekts erster und zweiter Ordnung und sind in Tabelle 18.3 zusammengefaßt.

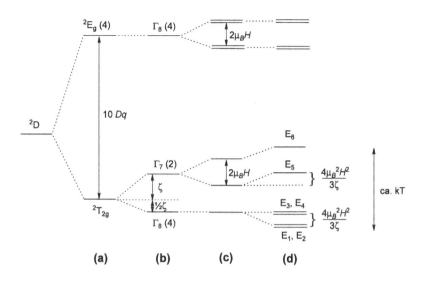

Abb. 18.6. Termaufspaltung eines oktaedrischen Komplexes mit d^1-Konfiguration: (a) Ligandenfeld; (b) Spin-Bahn-Kopplung; (c) Zeeman-Aufspaltung erster Ordnung und (d) zweiter Ordnung.

Tabelle 18.3 $E_n^{(0)}$-, $E_n^{(1)}$- und $E_n^{(2)}$-Werte für einen oktaedrischen d^1-Komplex (zur Numerierung der E_n siehe Abbildung 18.6).

E_n	$E_n^{(0)}$	$E_n^{(1)}$	$E_n^{(2)}$
E_1	$-\zeta/2$	0	$-4\mu_B^2/3\zeta$
E_2	$-\zeta/2$	0	$-4\mu_B^2/3\zeta$
E_3	$-\zeta/2$	0	0
E_4	$-\zeta/2$	0	0
E_5	ζ	$-\mu_B$	$4\mu_B^2/3\zeta$
E_6	ζ	$+\mu_B$	$4\mu_B^2/3\zeta$

Setzt man diese Werte in die Van-Vleck-Formel für μ_{eff} ein:

$$\mu_{eff}^2 = \frac{3kT \sum_n (-E_n^{(1)2}/kT - 2E_n^{(2)}) \exp(-E_n^{(0)}/kT)}{\mu_B^2 \sum_n \exp(-E_n^{(0)}/kT)}$$

so erhält man einen Ausdruck für die Temperaturabhängigkeit des effektiven magnetischen Moments für einen oktaedrischen Komplex mit d^1-Konfiguration. Die Beziehung (*18.21*) sowie ähnliche für die anderen d^n-Konfiguratio-

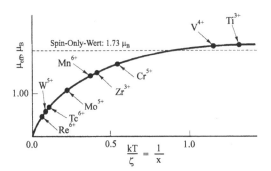

Abb. 18.7. Kotani-Diagramm
für oktaedrische d^1-Komplexe.
Die bei 300 K gemessenen Werte
für μ_{eff} sind eingezeichnet.

nen wurde erstmals von M. Kotani aufgestellt, weshalb die Theorie des Magnetismus der hier diskutierten Idealsysteme auch als *Kotani-Theorie* bezeichnet wird.[45]

$$\mu_{eff}^2 = \frac{8 + (3x - 8)\exp(-3x/2)}{x[2 + \exp(-3x/2)]}, \; x = \zeta/kT \qquad (18.21)$$

Die Temperaturabhängigkeit von μ_{eff} wird durch Auftragung gegen $1/x$ (= kT/ζ) in einem *Kotani-Diagramm* besonders deutlich (Abb. 18.7).

Wie man sieht, nähert sich μ_{eff} bei hohen Temperaturen (= hohen Werten von $1/x$) dem Spin-Only-Wert von 1.73 B.M. In diesem Plateau-Bereich ist das magnetische Moment fast temperaturunabhängig, was die gute Übereinstimmung von μ_{eff} der 3d-Übergangsmetallkomplexe mit dem Spin-Only-Wert erklärt. Für die schwereren Übergangsmetalle, deren Spin-Bahn-Kopplungskonstanten um eine Größenordnung höher sind, findet man hingegen eine ausgeprägtere Temperaturabhängigkeit von μ_{eff}, wie aus ihrer Stellung im Kotani-Diagramm zu erwarten ist. Ein bemerkenswertes Ergebnis, das aus der Darstellung in Abbildung 18.7 deutlich wird, ist das Verschwinden des magnetischen Moments für d^1-Komplexe bei 0 K, und dies obwohl sie ein ungepaartes Elektron besitzen. In diesem Fall bewirkt die Spin-Bahn-Kopplung, daß sich magnetisches Spin- und Bahnmoment gegenseitig aufheben.

Übungsbeispiel:

In Abbildung 18.8 ist das Kotani-Diagramm für Komplexe mit $t_{2g}^1 - t_{2g}^5$-Konfiguration angegeben.

---

[45] Den Rechenweg, der zu Gleichung (18.21) führt, findet man z. B. in S. F. A. Kettle, *Physical Inorganic Chemistry - A Coordination Chemistry Approach*, Spektrum, Oxford, **1996**, S. 466 und den meisten bereits zitierten Monographien über Magnetismus.

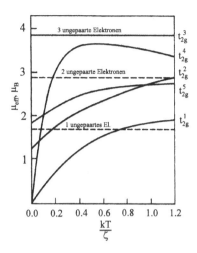

Abb. 18.8. Kotani-Diagramm für Komplexe mit t_{2g}^n-Konfiguration (n = 1–5).[46]

Erklären Sie mit Hilfe von Abbildung 18.8 die folgenden experimentellen Befunde:

1) *Die Komplexverbindung $K_2[OsCl_6]$ hat bei 300 K ein magnetisches Moment von 1.4 μ_B [$\zeta(Os^{4+})$ = 6400 cm^{-1}].*
2) *Das „rote Blutlaugensalz" $K_3[Fe(CN)_6]$ sollte als Low-Spin-Komplex ein Spin-Only-Moment von 1.73 μ_B besitzen. Experimentell findet man bei 300 K 2.4 μ_B [$\zeta(Fe^{3+})$ = 440 cm^{-1}].*
3) *Komplexe der ersten Übergangsmetallreihe mit d^4-Konfiguration (Low-Spin) besitzen höhere magnetische Momente als nach der Spin-Only-Formel zu erwarten wäre. Die entsprechenden Verbindungen der 4d- und 5d-Metalle haben hingegen niedrigere Werte für μ_{eff}.*

Antworten:
1) Für den Osmiumkomplex ist kT/ζ = 0.7 cm^{-1}K^{-1} × 300 K / 6400 cm^{-1} = 0.033. Der Wert für μ_{eff} in der t_{2g}^4-Kurve liegt deutlich unter dem Spin-Only-Wert in dem gemessenen Bereich.
2) Hierbei ist kT/ζ = 0.7 cm^{-1}K^{-1} × 300 K / 440 cm^{-1} = 0.48. Aus der t_{2g}^5-Kurve im Kotani-Diagramm ergibt sich ein magnetisches Moment von knapp unter 2.5 μ_B.
3) Für Komplexe der ersten Übergangsreihe liegen die Werte von kT/ζ im Bereich von ca 0.4 bis 1.0. Damit befinden wir uns auf der t_{2g}^4-Kurve in Abbildung 18.8 oberhalb des Spin-Only-Wertes für das magnetische Moment. Im Falle der schwereren Übergangmetalle, deren Spin-Bahn-Kopplungskonstante um mehr als den Faktor 10 höher ist, betragen die kT/ζ-Werte bei 300 K zwischen 0.02 und 0.1. Die effektiven magnetischen

---

[46] M. Kotani, *J. Phys. Soc. Jpn.* **1949**, 4, 293.

Momente liegen also im steilen Bereich auf der linken Seite der Kurve und deutlich unter dem Spin-Only-Grenzwert. Die starke Spin-Bahn-Kopplung führt also hier dazu, daß sich Spin- und Bahnmoment teilweise auslöschen.

Eingangs dieses Abschnitts wurde bereits betont, daß aufgrund der idealisierten Annahmen, die in die Kotani-Theorie eingehen, keine quantitative Übereinstimmung mit dem experimentell bestimmten magnetischen Verhalten von Komplexen erreicht wird. Ähnlich wie in der in Kapitel 14 beschriebenen klassischen Ligandenfeldtheorie versuchte man anfangs durch geeignete Parametrisierung der Abweichungen vom Idealverhalten eine Verbesserung der quantitativen Aussagen zu erreichen.

In jüngerer Zeit hat sich ein theoretischer Ansatz durchgesetzt, der anstelle der Berücksichtigung von Abweichungen von der maximalen Symmetrie direkt von dem unsymmetrischen System ausgeht, dessen elektronische Struktur mit den in Kapitel 15 skizzierten Methoden des zellulären Ligandenfeld-Modells beschrieben wird.[47] Auf diese Weise wird es möglich, die magnetischen Eigenschaften von Komplexen mit niedriger Symmetrie zu analysieren und quantitativ zu beschreiben.

18.5   High-Spin/Low-Spin-Übergänge[48]

Übergangsmetallkomplexe mit d^n-Konfigurationen zwischen n = 4 und 7 können, wie wir in Kapitel 14 bereits diskutiert haben, in unterschiedlichen Spinzuständen vorliegen. Ob High-Spin- oder Low-Spin-Konfigurationen vorliegen, hängt von der relativen Größe der Ligandenfeldaufspaltung Δ und der Spinpaarungsenergie P ab. Bisher wurden nur solche Fälle angesprochen, in denen entweder $\Delta \gg P$ (Low-Spin) oder $P \ll \Delta$ (High-Spin) ist. Trifft auf die entsprechenden Komplexe die Spin-Only-Näherung des magnetischen Moments zu, so kann man aus der Untersuchung des Magnetismus leicht die Zahl der ungepaarten Elektronen ermitteln. Existiert eine starke Spin-Bahn-Wechselwirkung, so kann man prinzipiell mit den Methoden des vorigen Abschnitts den Spin-Zustand des Komplexes bestimmen.[49]

---

[47] M. Gerloch, *Magnetism and Ligand-Field Analysis*, Cambridge University Press, Cambridge, **1983**.

[48] H. A. Goodwin, *Coord. Chem. Rev.* **1976**, *18*, 293. P. Gütlich, *Structure and Bonding* **1981**, *44*, 83. E. König, G. Ritter, S. K. Kulshreshtha, *Chem. Rev.* **1985**, *85*, 219. P. Gütlich, A. Hauser, *Coord. Chem. Rev.* **1990**, *97*, 1. P. Gütlich, A. Hauser, H Spiering, *Angew. Chem.* **1994**, *106*, 2109.

[49] Streng genommen ist bei starker Spin-Bahn-Kopplung der Gesamtspin keine Observable mehr. Die Kennzeichnung eines elektronischen Zustands durch den Gesamtspin ist nur eine Näherung.

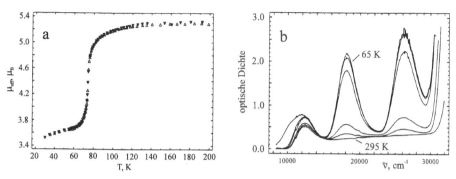

Abb. 18.9. (a) Effektives magnetisches Moment von [Fe(mtz)$_6$](BF$_4$)$_2$ in Abhängigkeit von der Temperatur. (b) Temperaturabhängigkeit der Ligandenfeldspektren des Komplexes.[50]

Ein im Zusammenhang mit dem Komplexmagnetismus besonders interessanter Fall liegt nun vor, wenn Spinpaarungsenergie und Ligandenfeldaufspaltung die gleiche Größenordnung besitzen und thermisch induzierte Übergänge zwischen den Spinzuständen möglich werden. In Abbildung 18.9a ist die Temperaturabhängigkeit des effektiven magnetischen Moments der Komplexverbindung [Fe(mtz)$_6$](BF$_4$)$_2$ (mtz = 1-Methyl-1H-tetrazol) dargestellt. Oberhalb von 150 K hat die Verbindung das typische effektive magnetische Moment eines Eisen(II)-High-Spin-Komplexes (ca. 5.3 μ_B, also aufgrund des Bahnbeitrags größer als der Spin-Only-Wert von 4.9 μ_B), zwischen 100 K und 60 K fällt das magnetische Moment auf ca. 3.52 μ_B. Die Ursache ist ein High-Spin/Low-Spin-Übergang der Hälfte der Fe^{II}-Zentren im kristallinen Festkörper, der zwei nichtäquivalente Komplexmoleküle in der asymmetrischen Einheit enthält.

In Abbildung 18.9b sind die bei unterschiedlichen Temperaturen aufgenommenen Absorptionsspekten im Ligandenfeld-Bereich zusammengefaßt. Bei 295 K ist lediglich das Ligandenfeldspektrum, d. h. der $^5T_{2g} \rightarrow$ ^5E_g-Übergang des High-Spin-Komplexes bei ca. 12300 cm^{-1} zu sehen, während bei tiefen Temperaturen ebenfalls die Banden der $^1A_{1g} \rightarrow$ $^1T_{1g}$-(18200 cm^{-1}) und $^1A_{1g} \rightarrow$ $^1T_{2g}$-Übergänge (26200 cm^{-1}) des Low-Spin-Zustands beobachtet werden.

Das hier diskutierte Beispiel ist ein Sonderfall, bei dem nur die Hälfte der Moleküle im Kristall am HS-LS-Übergang beteiligt sind. *Spin-Gleichgewichte* wurden bei einer Vielzahl von Eisen(II)-Komplexen gefunden und – weniger häufig – auch in Verbindungen anderer Übergangsmetallionen. Mit der Umwandlung der High-Spin- in die Low-Spin-Form eines Komplexes gehen strukturelle Veränderungen einher, wie angesichts der erheblichen Veränderungen in der d-Elektronendichte-Verteilung auch zu erwarten ist.[51] Da in

[50] P. Poganiuch, S. Decurtins, P. Gütlich, *J. Am. Chem. Soc.* **1990**, *112*, 3270.
[51] E. König, *Prog. Inorg. Chem.* **1987**, *35*, 527.

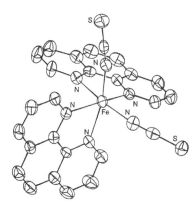

Abb. 18.10. Molekülstruktur von [Fe(NCS)$_2$-(phen)$_2$] im Kristall. Der High-Spin/Low-Spin-Übergang erfolgt relativ abrupt im Bereich von 176 K.[52]

Low-Spin-Komplexen die t$_{2g}$-Orbitale, die nicht in Richtung der Liganden orientiert sind, Elektronen aufnehmen, sollte man eine Verkürzung der Metall-Liganden-Bindungen erwarten. Dies hat man in der Tat durch Kristallstrukturanalysen der High-Spin- und Low-Spin-Formen zahlreicher Komplexe bestätigen können. Ein Beispiel ist der Eisen(II)-Komplex [Fe(NCS)$_2$-(phen)$_2$], dessen Molekülstruktur im Kristall in Abbildung 18.10 wiedergegeben ist, und dessen wichtigste Strukturdaten für beide Spin-Formen in Tabelle 18.4 zusammengefaßt sind.[52]

Tabelle 18.4. Vergleich der wesentlichen Strukturdaten von [Fe(NCS)$_2$(phen)$_2$] in der High-Spin-Form (293 K) und der Low-Spin-Form (130 K).

	293 K	130 K
Raumgruppe	Pbcn	Pbcn
Gitterkonstanten, (Å)		
a	13.1612(18)	12.7699(21)
b	10.1633(11)	10.0904(25)
c	17.4806(19)	17.2218(30)
Bindungslängen, (Å)		
Fe-N(1)	2.199(3)	2.014(4)
Fe-N(2)	2.213(3)	2.005(4)
Fe-N(20)	2.057(4)	1.958(4)
Bindungswinkel, (°)		
N(1)-Fe-N(2)	76.1	81.8
N(1)-Fe-N(20)	103.2	95.3
N(2)-Fe-N(20)	89.6	89.1

[52] B. Gallois, J. A. Real, C. Hauw, J. Zarembowitch, *Inorg. Chem.* **1990**, *29*, 1152. W. A. Baker, H. M. Bobonich, *Inorg. Chem.* **1964**, *3*, 1184.

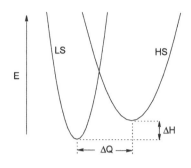

Abb. 18.11. Potentialkurven (harmonische Näherung) einer Komplexverbindung, bei der ein thermischer High-Spin/Low-Spin-Übergang beobachtet wird.

Generell hat man für Eisen(II)-Verbindungen Metall-Liganden-Bindungslängenunterschiede zwischen der High-Spin- und der Low-Spin-Form von 0.14–0.24 Å, für Eisen(III)-Komplexe im Bereich von 0.11–0.15 Å gefunden. In beiden Fällen, d^6 und d^5, unterscheidet sich der Gesamtspin um $\Delta S = 2$. Vergleicht man hingegen die Strukturen von Cobalt(II)-Komplexen (d^7), für die $\Delta S = 1$ gilt, so beobachtet man Unterschiede in den M-L-Bindungslängen von nur 0.09–0.11 Å. Stellt man die Potentialkurven der M-L-Streckschwingung der High-Spin- und Low-Spin-Formen graphisch dar, so ergibt sich die in Abbildung 18.11 wiedergegebene Situation. Das Minimum der Low-Spin-Kurve liegt unterhalb dem der High-Spin-Kurve, wobei die Differenz ungefähr der Enthalpiedifferenz beider Formen entspricht. Die unterschiedlichen M-L-Bindungslängen sind durch die relative Verschiebung beider Parabeln entlang der Normalkoordinate der symmetrischen Streckschwingung wiedergegeben, und die LS-Parabel ist infolge der stärkeren M-L-Bindungen steiler. Ein Low-Spin/High-Spin(LS-HS)-Übergang kann als „intra-ionischer" Elektronentransfer-Prozeß aufgefaßt werden. Elektronentransfer-Reaktionen werden ausführlich in Kapitel 28 vorgestellt, und an dieser Stelle soll nur auf eine gewisse Ähnlichkeit zwischen dem Parabelschema in Abbildung 18.11 und den Marcus-Parabeln der Theorie der Redoxprozesse hingewiesen werden.

Grundlage der thermodynamischen Beschreibung von LS-HS-Übergängen in Spin-Gleichgewichten bildet die Betrachtung der freien Reaktionsenthalpie:

$$\Delta G = \Delta H - T\Delta S \quad \text{d.h.} \quad G_{HS} - G_{LS} = (H_{HS} - H_{LS}) - T(S_{HS} - S_{LS})$$

High-Spin- und Low-Spin-Form liegen bei einer kritischen Temperatur T_c im Verhältnis 1:1 vor. Da an diesem Punkt ΔG gleich Null ist, gilt $T_c = \Delta H / \Delta S$.

Die Reaktionsenthalpie ist die in Abbildung 18.11 herausgehobene Energiedifferenz der Potentialminima für die High-Spin- und Low-Spin-Form des Komplexes und eine positive Größe. Die Reaktionsentropie des LS-HS-Übergangs ist ebenfalls positiv und setzt sich im wesentlichen aus einem elektronischen und einem Schwingungsanteil zusammen:

$$\Delta S = \Delta S_{vib} + \Delta S_{el}$$

Die Erhöhung der Schwingungsentropie im High-Spin-Zustand ergibt sich unmittelbar aus der M-L-Bindungslockerung beim LS-HS-Übergang, der elektronische Anteil ΔS_{el} ist durch die höhere Spin- (und Bahn-)Entartung des High-Spin-Zustandes Ω_{HS} begründet:

$$\Delta S_{el} = Nk\ln(\Omega_{HS}/\Omega_{LS})$$

Im allgemeinen überwiegt der Anteil von ΔS_{vib} in der Gesamtentropie des Prozesses.

Übungsbeispiel:

Berechnen Sie ΔS_{el} für den LS-HS-Übergang (a) in einem idealsymmetrischen oktaedrischen Eisen(II)-Komplex und (b) in einem unsymmetrischen Eisen(II)-Komplex (ohne Bahnentartung). Benutzen Sie den „spektroskopischen" Wert für $Nk = 0.7\ cm^{-1}K^{-1}$)

Antwort:
(a) Der LS-HS-Übergang im Komplex mit Oktaedersymmetrie ist ein $^1A_{1g} \rightarrow$ $^5T_{2g}$ Übergang, d. h. $\Omega_{LS} = \Omega_{Spin} \times \Omega_{Bahn} = 1 \times 1 = 1$ und $\Omega_{HS} = 5 \times 3 = 15$. Folglich ist $\Delta S_{el} = 0.7\ cm^{-1}K^{-1}\ln(\frac{15}{1}) = 1.882\ cm^{-1}K^{-1}$.
(b) In dem unsymmetrischen Komplex ist die Bahnentartung vollständig aufgehoben ($\Omega_{Bahn} = 1$), d. h. $\Omega_{HS} = 5 \times 1 = 5$. Folglich ist $\Delta S_{el} = 0.7$ $cm^{-1}\ K^{-1}\ln(\frac{5}{1}) = 1.119\ cm^{-1}K^{-1}$.

Die Beobachtung eines LS-HS-Übergangs ist also sowohl ein Enthalpie- als auch ein Entropie-Effekt. Voraussetzung ist eine niedrigere Enthalpie des Low-Spin-Komplexes, die bei tiefen Temperaturen die Lage des Gleichgewichts bestimmt. Bei höheren Temperaturen dominiert hingegen die Entropie der Umwandlung, die den High-Spin-Fall begünstigt.

18.5.1 Spin-Gleichgewichte

Bei der Diskussion der Thermodynamik von High-Spin/Low-Spin-Übergängen im vorigen Abschnitt wurden die Zustandsgrößen nur für den reinen HS- oder LS-Fall formuliert. Läßt sich ein Gleichgewicht zwischen ihnen beobachten, so kommen diese nebeneinander in dem Ensemble von insgesamt N Komplexmolekülen – in Lösung oder im Festkörper – vor. Zur vollständigen Beschreibung der Gleichgewichte muß also noch die Mischungsentropie für die Verteilung von xN High-Spin-Komplexen und (1 – x)N Low-Spin-

Komplexen berücksichtigt werden. Außerdem nehmen wir an, daß die einzelnen Moleküle des Ensembles nicht miteinander wechselwirken. Dann ist die
freie Enthalpie des Systems gleich:[53]

$$G = xG_{HS} + (1 - x)G_{LS} - TS_{mix}$$

mit: $S_{mix} = k[N\ln N - xN\ln(xN) - (1-x)N\ln\{(1-x)N\}] = -R[x\ln x + (1-x)\ln(1-x)]$

Im Gleichgewichtsfall ist $(\partial G/\partial x)_{T,P} = 0$, d. h.:

$$\ln\left[\frac{1-x}{x}\right] = \frac{\Delta G}{RT} = \frac{\Delta H}{RT} - \frac{\Delta S}{R}$$

Möchte man x in Abhängigkeit von der Temperatur wiedergeben, so erhält
man unter Berücksichtigung von $T_c = \Delta H/\Delta S$ die Beziehung:

$$x = \frac{1}{1 + \exp\left[\frac{\Delta H}{R}\left\{\frac{1}{T} - \frac{1}{T_c}\right\}\right]} \qquad (18.22)$$

Die durch Gleichung (18.22) ausgedrückte Abhängigkeit des Molenbruchs
der High-Spin-Komponente von der Temperatur ist in Abbildung 18.12 wiedergegeben. Bei 0 K befinden sich alle Komplexe im Low-Spin-Zustand,
während der Grenzwert von x bei hohen Temperaturen bei $[1 + \exp(-\Delta H/RT_c)]^{-1}$
liegt. Mit anderen Worten, eine vollständige Umwandlung in den
High-Spin-Komplex ist thermodynamisch nicht möglich, auch wenn die
Abweichung von x = 1 oft unterhalb der Fehlergrenze des Experiments liegt.
   Eine allmähliche Umwandlung der Low-Spin- in die High-Spin-Form ist
nur in Lösung oder bei Mischkristallen, in denen die magnetischen Zentren
„verdünnt" vorliegen, zu beobachten. Dies erkennt man sehr schön an
der Kurve A in Abbildung 18.13, die den HS-Molenbruch in Abhängigkeit

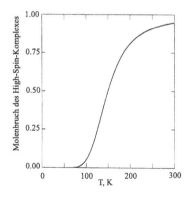

Abb. 18.12.   Auftragung von x gegen T
($\Delta H = 600$ cm^{-1}; $T_c = 150$ K).[54]

[53] Siehe z. B. P. W. Atkins, *Physikalische Chemie*, VCH, Weinheim, **1990**, S. 176.
[54] O. Kahn, loc. cit., S. 60.

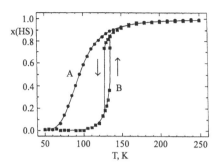

Abb. 18.13. Der Molenbruch des High-Spin-Anteils als Funktion der Temperatur in $[Zn_{1-z}Fe_z(ptz)_6](BF_4)_2$ (z = 0.1, ptz = 1-Propyl-1H-tetrazol) (Kurve A) und $[Fe(ptz)_6](BF_4)_2$ (Kurve B).[55]

von der Temperatur wiedergibt, die für die mischkristalline Substanz $[Zn_{1-z}Fe_z(ptz)_6](BF_4)_2$ (z = 0.1, ptz = 1-Propyl-1H-tetrazol) erhalten wurde. Untersucht man hingegen die reine Substanz $[Fe(ptz)_6](BF_4)_2$, so findet man – wie bei fast allen Festkörpern, an denen Spin-Gleichgewichte beobachtet wurden – einen viel abrupter verlaufenden LS-HS-Übergang (Kurve B). In diesem Fall erkennt man sogar einen Hysterese-Effekt!

Der im Vergleich zum wechselwirkungsfreien Modell viel steilere Verlauf der x(T)-Kurve für Festkörper läßt sich erklären, wenn man annimmt, daß der LS-HS-Übergang *kooperativ* verläuft. Eine dahingehend modifizierte thermodynamische Formulierung des Problems basiert auf einem zusätzlichen Wechselwirkungsterm der Gesamtenthalpie des HS-LS-Gemisches. Eine Diskussion dieses thermodynamischen Modellansatzes geht über den Rahmen dieses Buches hinaus.[56]

Zur Erklärung dieser Kooperativität auf *mikroskopischer* Ebene gibt es mehrere Modellvorstellungen.[57] Eine besonders anschauliche Variante basiert auf der Tatsache, daß das Molekülvolumen eines High-Spin-Komplexes größer als das eines Low-Spin-Komplexes ist. Dadurch ergeben sich elastische Spannungen im Kristall, die einen kooperativen Verlauf des LS-HS-Übergangs begünstigen.[58]

[55] A. Hauser, *Coord. Chem. Rev.* **1991**, *111*, 275.

[56] C. P. Slichter, H. G. Drickamer, *J. Chem. Phys.* **1972**, *56*, 2142.

[57] R. Zimmermann, *J. Phys. Chem. Solids* **1983**, *44*, 151. T. Kambara, *J. Phys. Soc. Jpn.* **1980**, *49*, 1806. N. Sasaki, T. Kambara, *J. Chem. Phys.* **1981**, *74*, 3472. T. Kambara, *J. Chem. Phys.* **1981**, *74*, 4557.

[58] H. Spiering, E. Meissner, H. Köppen, E. W. Müller, R. Gütlich, *Chem. Phys.* **1982**, *68*, 65.

Übungsbeispiel (Domänen-Modell):[59]

Nehmen Sie an, daß die HS- und LS-Komplexe nicht statistisch im Kristall verteilt sind, sondern sich aufgrund der oben erwähnten langreichweitigen Wechselwirkung „Domänen" gleichen Spinzustands ausbilden. Diese Domänen sollen im Bereich der kritischen Temperatur alle gleich groß sein. In einem Kristall mit insgesamt N Molekülen gäbe es dann Z Domänen mit jeweils n = N/Z Komplexmolekülen. Leiten Sie auf dieser Basis einen Ausdruck für x(T) ähnlich wie (18.22) ab und stellen sie den Verlauf der x(T)-Kurve dar. Worin liegen die Grenzen dieses einfachen Modells?

Antwort:
Durch die Domänenbildung mit jeweils n Molekülen ist die Mischungsentropie um den Faktor 1/n erniedrigt, d. h. $S_{mix} = -(R/n)[x\ln x + (1-x)\ln(1-x)]$. Mit diesem Ansatz erhält (*18.22*) die Form:

$$x = \frac{1}{1 + \exp\left[\frac{n\Delta H}{R}\left\{\frac{1}{T} - \frac{1}{T_c}\right\}\right]} \qquad (18.23)$$

Der x(T)-Kurvenverlauf ist für n = 1, 5 und 100 in Abbildung 18.14 dargestellt. Der steilere Verlauf der LS-HS-Übergänge im Festkörper, wie er in Abbildung 18.13 zu sehen ist, läßt sich also durch dieses einfache statistische Modell wiedergeben. Allerdings erklärt es in dieser einfachen Form nicht die häufig gefundenen Hysterese-Effekte.

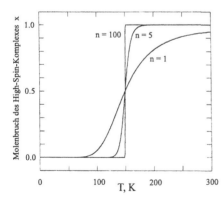

Abb. 18.14. x(T)-Kurve für T_c = 150 K und ΔH = 600 cm^{-1} für n = 1,5 und 100.

---

[59] M. Sorai, S. Seki, *J. Phys. Chem. Solids* **1974**, *35*, 555.

Untersuchung von Spin-Gleichgewichten an Eisen(II)-Komplexen durch ^{57}Fe-Mößbauer-Spektroskopie

Bei der Untersuchung der im vorigen Abschnitt diskutierten Spin-Gleichgewichte hat sich die ^{57}Fe-Mößbauer-Spektroskopie neben der Bestimmung der magnetischen Suszeptibilität als Methode der Wahl erwiesen.[60]

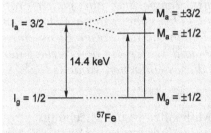

Abb. 18.15. Grundzustand und angeregter Zustand bei 14.4 keV des ^{57}Fe-Kerns. Der Kernspin der beiden Zustände ist ebenfalls angegeben und die Quadrupolaufspaltung des $S = \frac{3}{2}$-Zustands angedeutet (s.u.).

Ähnlich wie es verschiedene elektronische Zustände von Atomen und Molekülen gibt, besitzen auch die Atomkerne neben dem Grundzustand angeregte Zustände (Abb. 18.15). Aus diesen können sie in den Grundzustand relaxieren, und zwar unter Emission von Gammastrahlung, die einen Atomkern desselben Elements in ähnlicher chemischer Umgebung wiederum anregen kann.

Die Wechselwirkung eines Kerns mit seiner „chemischen Umgebung" basiert auf der Coulomb-Wechselwirkung mit der Elektronendichte am Kernort. Da sich der Radius der Atomkerne im angeregten Zustand von dem des Grundzustands unterscheidet, wird sich eine Änderung der Elektronendichte am Kernort (d. h. der s-Elektronendichte) in geringem Maße auf die Energiedifferenz zwischen Grund- und angeregtem Kernzustand auswirken und folglich auf die Resonanzfrequenz der γ-Absorption.[61] Diese leichte Energieänderung kann durch den Doppler-Effekt kompensiert werden, der durch eine relativ zur Probe bewegte Strahlungsquelle bewirkt wird. Dies erreicht man beispielsweise dadurch, daß man die Gammastrahlenquelle am Diaphragma eines Lautsprechers befestigt (Abb. 18.16).

Abb. 18.16. Schematischer Aufbau eines Mößbauer-Spektrometers. A = elektromechanisches Antriebssystem; Q = Strahlungsquelle; B = Blendensystem zur Kollimation der Gammastrahlung; P = Probe; Z = Zählrohr.

---

[60] P. Gütlich, R. Link, A. X. Trautwein, *Mössbauer Spectroscopy and Transition Metal Chemistry*, Springer, Berlin 1978.

[61] Die Beobachtung scharfer Absorptions- und Emissionslinien ist nur möglich, wenn die Absorption und Emission von Gammastrahlung bei Kern-Übergängen rückstoßfrei erfolgt. Dies geschieht dann, wenn das Kristallgitter die Rückstoßenergie aufnimmt („Mößbauer-Effekt").

Wählt man eine geeignete Substanz als Referenz (z. B. Eisenfolie), so erhält man die unterschiedlichen Bewegungsgeschwindigkeiten v der Strahlenquelle bei den gemessenen Proben als *Isomerieverschiebung* δ = $(v_P - v_R)/v_R$ (P = Probe, R = Referenz) des Kerns in der jeweiligen chemischen Umgebung (ausgedrückt in $mm \cdot s^{-1}$). Wird Resonanz bei der Bewegung der Strahlungsquelle in Richtung der Probe erreicht, so wird δ als *positiv*, anderenfalls als *negativ* angegeben.
Ein besonders gut untersuchter Kern, an dem der Mößbauer-Effekt beobachtet werden kann, ist ^{57}Fe, und Beispiele für die Isomerieverschiebung der ^{57}Fe-Mößbauer-Absorption in Eisenverbindungen sind in Tabelle 18.5 zusammengefaßt:

Tabelle 18.5. Isomerieverschiebungen einiger Eisenverbindungen (Standard: elementares Eisen). Man beachte die Abhängigkeit von der Oxidationszahl und dem Spinzustand: $\delta(Fe^{III}) < \delta(Fe^{II})$ und $\delta(Fe_{LS}) < \delta(Fe_{HS})$.

Verbindung/Komplex	Oxidationszahl	Spinzustand	Isomerieverschiebung, $mm \cdot s^{-1}$
$FeCl_3$	III	HS	0.46
$[FeF_4]^-$	III	HS	0.30
$[Fe(CN)_6]^{3-}$	III	LS	−0.12
$FeCl_2$	II	HS	1.16
$[FeCl_2(H_2O)_4]$	II	HS	1.36
$[FeCl_4]^{2-}$	II	HS	0.90
$[Fe(CN)_6]^{2-}$	II	LS	−0.04

Der zweite wichtige Parameter der Mößbauer-Spektroskopie, der sich chemisch interpretieren läßt, resultiert aus dem *Quadrupolmoment*, das der ^{57}Fe-Kern im angeregten Zustand (S = $\frac{3}{2}$) besitzt.[62] Das elektrische Quadrupolmoment des angeregten ^{57}Fe-Kerns wechselwirkt mit einer unsymmetrischen Elektronendichteverteilung (bedingt durch die Liganden oder die unsymmetrische „offene d-Schale") und ist längs der Achse des maximalen elektrischen Feldgradienten quantisiert. Die beiden Einstellungsmöglichkeiten des Quadrupol-Tensors zur Feldgradientenachse besitzen eine unterschiedliche Energie, was sich in der Aufspaltung der Mößbauer-Absorptionsbande niederschlägt (Abb. 18.17).
Im Low-Spin-Zustand (t_{2g}^6) eines homoleptischen oktaedrischen Eisen(II)-Komplexes wird keine – oder bei geringer Verzerrung der Oktaedersymmetrie nur eine sehr geringe – Quadrupolaufspaltung der Mößbauer-Bande beobachtet. In High-Spin-Komplexen, deren d-Elektronenverteilung

---

[62] Atomkerne in Spinzuständen $S_K \geq 1$ besitzen ein Quadrupolmoment. Der Grundzustand des ^{57}Fe-Kerns ($S_K = \frac{1}{2}$) besitzt kein Quadrupolmoment, wohl aber der angeregte Zustand mit S = $\frac{3}{2}$.

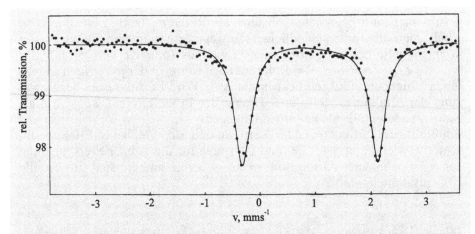

Abb. 18.17. Mößbauer-Spektrum von Humanhämoglobin in der desoxygenierten Form. Die Fe^{II}-Zentren sind pentakoordiniert – durch den Porphyrin-Makrocyclus und einen apikalen Imidazol-Liganden eines Histidin-Restes (s. Kap. 23) – und befinden sich im High-Spin-Zustand.

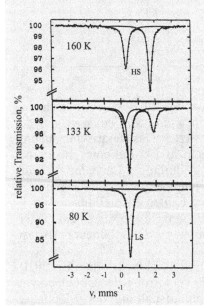

Abb. 18.18. ^{57}Fe-Mößbauer-Spektren von [Fe(ptz)$_6$](BF$_4$)$_2$ (ptz = 1-Propyl-1H-tetrazol). Die unterschiedliche Intensität der Quadrupol-aufgespaltenen Linien der High-Spin-Form ist eine Folge der Probenbeschaffenheit.[63]

[63] Aus: P. Gütlich, A. Hauser, *Coord. Chem. Rev.* **1990**, *97*, 1.

$(t_{2g}^4 e_g^2)$ anisotrop ist, beobachtet man hingegen das charakteristische Quadrupol-Dublett wie in Abbildung 18.17. Die Unterschiede in der Isomerieverschiebung und *Quadrupolaufspaltung* sind nützliche experimentelle „Sonden" bei der Untersuchung von Spin-Gleichgewichten an Eisen(II)-Komplexen. In Abbildung 18.18 sind die temperaturabhängig aufgenommenen Mößbauerspektren von $[Fe(ptz)_6](BF_4)_2$ abgebildet, anhand derer man sehr schön die hier diskutierte Abhängigkeit der Isomerieverschiebung und Quadrupolaufspaltung vom Spinzustand erkennt: Das Quadrupol-aufgespaltene Spektrum der High-Spin-Form bei 160 K und die einzelne Line der Low-Spin-Form bei 80 K, die bei niedrigerer Isomerieverschiebung beobachtet wird (s. auch Tabelle 18.5), markieren die Grenzfälle des Spin-Gleichgewichts.

Übungsbeispiel:

In Abbildung 18.19 sind die bei variabler Temperatur aufgenommenen Mößbauerspektren der Komplexverbindung $[Fe(mtz)_6](BF_4)_2$ (mtz = 1-Methyl-1H-tetrazol) wiedergegeben, deren magnetisches Verhalten wir schon in Abbildung 18.9 kennengelernt haben. Erläutern Sie das Aussehen dieser Spektren unter Zuhilfenahme der getroffenen Bandenzuordnung.

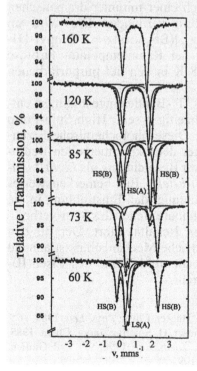

Abb. 18.19. ^{57}Fe-Mößbauer-Spektren von $[Fe(mtz)_6](BF_4)_2$ bei verschiedenen Temperaturen.

Antwort:

Bei der Diskussion der Temperaturabhängigkeit der magnetischen Suszeptibilität dieser Verbindung wurde schon darauf hingewiesen, daß die Komplexe als zwei unabhängige Moleküle in der asymmetrischen Einheit der Elementarzelle vorkommen. Oberhalb von 160 K ergeben diese nur eine Quadrupol-aufgespaltene Absorption. Die Banden der beiden kristallographisch unterschiedlichen Komplexe sind erst bei 85 K als zwei Dubletts aufgelöst. Einer der beiden Komplexe zeigt einen HS-LS-Übergang, der durch das Erscheinen der charakteristischen Low-Spin-Absorption in Form einer schwach aufgespaltenen Bande bei niedriger Isomerieverschiebung und durch das Verschwinden eines der beiden HS-Dubletts unterhalb von 85 K zu erkennen ist. Bei tiefen Temperaturen enthält das Spektrum zwei Banden, das HS-Dublett des Komplexes, für den kein Spin-Gleichgewicht beobachtbar ist, sowie die LS-Bande des zweiten – aber HS-LS-aktiven – Komplexes in asymmetrischer Einheit im Kristall. Daß die Low-Spin-Bande aufgespalten ist, liegt an der niedrigeren als oktaedrischen Symmetrie des Komplexes im Festkörper.

18.5.2   Der LIESST-Effekt[64]

Der Übergang von High-Spin- zu Low-Spin-Komplexen ist mit einer Veränderung des Absorptionsspektrums und folglich einer mitunter dramatischen Veränderung der Farbe der Komplexverbindung verbunden. Dies wird am Beispiel der Absorptionsspektren von $[Fe(ptz)_6](BF_4)_2$ (ptz = 1-Propyl-1H-tetrazol) in Abbildung 18.20 deutlich. Der bei Raumtemperatur farblose HS-Komplex wandelt sich unterhalb von 128 K in den tief purpurfarbenen LS-Komplex um.

Wird nun bei 20 K bei 514 nm in die $^1A_1 \rightarrow {}^1T_1$-Bande eingestrahlt, so entfärbt sich der Komplex und wandelt sich gleichzeitig in seine High-Spin-Form um, die bei dieser Temperatur metastabil ist. Diese photochemische Erzeugung eines angeregten Spinzustands, der unter den experimentellen Bedingungen „eingefroren" ist, ist die Grundlage ihrer Bezeichnung als *Light-Induced Excited Spin State Trapping (LIESST)-Effekt*. Ein bemerkenswertes Ergebnis der Untersuchungen war die Beobachtung, daß Einstrahlung in die sehr schwache, in Abbildung 18.20 nicht erkennbare Bande des Spin-verbotenen Übergangs $^1A_1 \rightarrow {}^3T_1$ zu dem gleichen Resultat führt. Der für den LIESST-Effekt verantwortliche photophysikalische Mechanismus ist anhand eines Schemas der Potentialkurven der Ligandenfeld-Terme des Eisen(II)-Komplexes in Abbildung 18.21 zusammengefaßt.

---

[64] S. Decurtins, P. Gütlich, C. P. Köhler, H. Spiering, A. Hauser, *Chem. Phys. Lett.* **1984**, *105*, 1. S. Decurtins, P. Gütlich, K. M. Hasselbach, A. Hauser, H. Spiering, Inorg. Chem. **1985**, *24*, 2174. Übersicht: P. Gütlich, A. Hauser, *Coord. Chem. Rev.* **1990**, *97*, 1. P. Gütlich, A. Hauser, H. Spiering, *Angew. Chem.* **1994**, *106*, 2109.

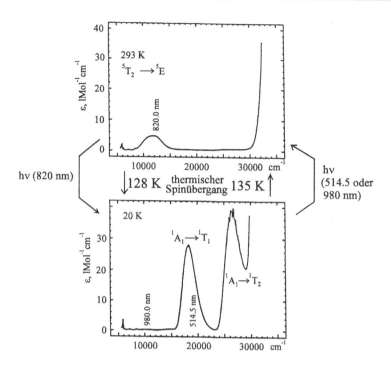

Abb. 18.20. (oben) Bei 293 K aufgenommenes Absorptionsspektrum eines Einkristalls von $[Fe(ptz)_6](BF_4)_2$. Man erkennt sehr schön den $^5T_2 \rightarrow {}^5E$-Übergang als
schwache Bande bei 11760 cm^{-1}. (unten) Absorptionsspektrum der gleichen Verbindung bei 20 K aufgenommen. Man erkennt deutlich die beiden Ligandenfeld-Banden
($^1A_1 \rightarrow {}^1T_1$ und $^1A_1 \rightarrow {}^1T_2$) der Low-Spin Form, die für die Farbe der Komplexverbindung verantwortlich sind. Durch Bestrahlung eines Einkristalls des LS-Komplexes
(20 K) bei 514.5 nm oder 980 nm wird der HS-Zustand erreicht, der bei tiefen Temperaturen metastabil ist. Der Prozeß läßt sich photochemisch durch Einstrahlung in die
Ligandenfeld-Bande des HS-Komplexes umkehren. Zur Erläuterung der photophysikalischen Prozesse siehe Abbildung 18.21.

Entscheidend für den LIESST-Effekt ist der $^3T_1$-Zustand, aus dem das
System durch Intersystem Crossing (s. Kapitel 29) sowohl in den $^1A_1$-Grund-
zustand als auch in den $^5T_2$-High-Spin-Zustand relaxieren kann. Durch Einstrahlung in die schwache Bande des Spin-verbotenen Übergangs $^1A_1 \rightarrow {}^3T_1$
(980 nm) und anschließende Relaxation in $^5T_2$ wird der High-Spin-Komplex
gewissermaßen direkt erzeugt, während er bei Anregung des Spin-erlaubten
Übergangs in $^1T_1$ (514 nm) über eine Relaxationskaskade erreicht wird. Da
der Triplett $^3T_1$-Zustand energetisch unter dem angeregten Quintett-Zustand
^5E liegt, ist ein strahlungsloser Übergang $^5E \rightarrow {}^3T_1$ möglich. Folglich kann
der LIESST-Effekt durch Einstrahlung in die Ligandenfeld-Bande des HS-
Komplexes bei 820 nm umgekehrt werden, d. h. der metastabile HS-Zustand
kann photochemisch wieder in den Low-Spin-Grundzustand überführt
werden („reverser LIESST-Effekt"). Der LIESST-Effekt ist an einer ganzen

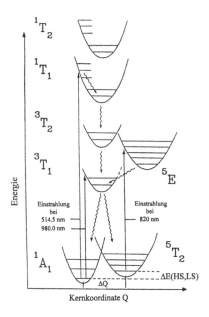

Abb. 18.21. Potentialkurven der für den LIESST-Effekt relevanten Ligandenfeld-Terme und die entscheidenden spektralen Übergänge und strahlungslosen Prozesse des LIESST- und des reversen LIESST-Effekts.[65]

Reihe von Komplexen beobachtet worden, und zwar nicht nur in kristallinen Verbindungen sondern auch in mit geeigneten Eisen(II)-Komplexen dotierten Polyvinylacetat- und Nafion-Ionenaustauscher-Folien.[66] Eine mögliche Anwendung des LIESST-Effekts ergibt sich im Zusammenhang mit der Entwicklung neuer reversibel kodierbarer Speichermedien, auch wenn die Aufklärung grundlegender photophysikalischer Prozesse bisher im Vordergrund stand.

18.6   Kopplung magnetischer Zentren

Bisher haben wir uns mit den magnetischen Eigenschaften von Komplexen mit *einem* magnetischen Zentrum, d. h. *einem* Übergangsmetallatom, beschäftigt. In Mehrkernkomplexen, in denen die Übergangsmetallzentren durch Brückenliganden verknüpft sind, wechselwirken im allgemeinen die magnetischen Zentren miteinander. Dies bedeutet, daß sich das magnetische Verhalten dieser Verbindungen, ausgedrückt vor allem in der Temperaturabhängigkeit der Suszeptibilität bzw. des effektiven magnetischen Moments, wesentlich von dem der Einkernverbindungen unterscheidet. Das klassische Beispiel für den magnetischen Austausch in einem Zweikernkomplex bietet der Diaquatetra(μ-acetato)dikupfer(II)-Komplex (Abb. 18.22a), dessen magnetische Suszeptibilität im Temperaturbereich zwischen 250 K und 50 K fast auf Null absinkt (Abb. 18.22b).

[65] A. Hauser, *J. Chem. Phys.* **1991**, *94*, 2741.
[66] A. Hauser, J. Adler, P. Gütlich, *Chem. Phys. Lett.* **1988**, *152*, 468.

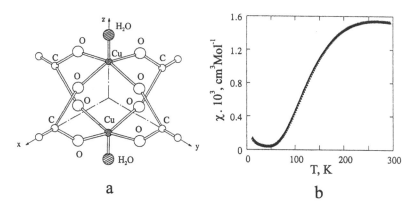

a   b

Abb. 18.22. (a) Molekülstruktur von $[Cu_2(ac)_4(H_2O)_2]$, $d(Cu-Cu') = 2.64$. (b) $\chi(T)$-
Kurve der Verbindung.

Der Verlauf der $\chi(T)$-Kurve des zweikernigen Kupfer(II)-Komplexes ist
ganz anders, als für eine paramagnetische Verbindung zu erwarten wäre
(Abb. 18.5). Durch die Wechselwirkung der beiden Metallzentren ist ihre
Beschreibung als unabhängige Spin-$\frac{1}{2}$-Zentren nicht mehr möglich, vielmehr
sind die Zustände des Systems durch den Gesamtspin $S = 0$ und 1 charakterisiert. Die Energien dieser beiden Gesamtspin-Zustände unterscheiden sich
aufgrund der unterschiedlichen Austauschwechselwirkung zwischen den
Elektronen, die der quantenmechanische Korrekturfaktor der gesamten elektrostatischen Wechselwirkung ist. Die Energiedifferenz wird durch den *isotropen Wechselwirkungsparameter J* ausgedrückt, d. h.

$$E(S = 0) - E(S = 1) = J \qquad\qquad (18.24)$$

Ist der „diamagnetische" Zustand ($S = 0$) der Grundzustand des Systems, dann
spricht man von *antiferromagnetischer Kopplung* der Metallzentren und $J < 0$.
Ist $E(S = 0) > E(S = 1)$, d. h. $J > 0$, dann ist der „paramagnetische" Zustand der
Grundzustand des Systems. Zwischen den magnetischen Zentren besteht dann
eine *ferromagnetische Kopplung* (Abb. 18.23).

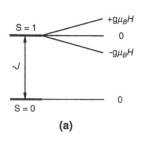

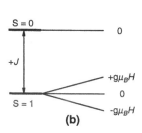

Abb. 18.23. E(S)-Zu-
standsdiagramm für die
Fälle antiferromagneti-
scher (a) und ferromag-
netischer Kopplung (b)
zweier Metallzentren
mit $S = \frac{1}{2}$. Nur der Zustand mit $S = 1$ spaltet in
einem äußeren Magnet-
feld auf (Zeeman-Effekt
erster Ordnung).

Der Kurvenverlauf in Abbildung 18.23 gibt offenbar den antiferromagnetischen Austausch zwischen den beiden Kupfer(II)-Zentren wieder und läßt sich mit Hilfe der Van-Vleck-Gleichung berechnen, in die die in Tabelle 18.6 zusammengefaßten $E_n^{(0)}$- und $E_n^{(1)}$-Werte der vier zu berücksichtigenden Energieniveaus eingesetzt werden. Dadurch erhält man die *Bleaney-Bowers-Gleichung (18.25)*.[67]

Tabelle 18.6. $E_n^{(0)}$- und $E_n^{(1)}$-Koeffizienten für den Fall antiferromagnetischer Kopplung zweier Spin-$\frac{1}{2}$-Zentren. Der Energie-„Schwerpunkt" E_2 des Triplettzustands wurde als Ursprung gewählt.

E_n	$E_n^{(0)}$	$E_n^{(1)}$
E_1	0	$-g\mu_B$
E_2	0	0
E_3	0	$+g\mu_B$
E_4	J	0

$$\chi = \frac{2Ng^2\mu_B^2\exp(J/kT)}{kT\,[3\exp(J/kT)+1]} = \frac{2Ng^2\mu_B^2}{kT\,[3+\exp(-J/kT)]} \qquad (18.25)$$

Anhand dieser Beziehung für $\chi(T)$ kann man den typischen Kurvenverlauf für antiferromagnetisch und ferromagnetisch gekoppelte Zweikernkomplexe des hier besprochenen Typs verdeutlichen. In Abbildung 18.24 sind drei berechnete $\chi(T)$-Kurven wiedergegeben, die diese beiden Fälle im Vergleich zum Idealfall ohne magnetische Kopplung ($J = 0$) darstellen.

Im Fall antiferromagnetischen Austauschs ($J = -100$ cm^{-1}) geht die $\chi(T)$-Kurve durch ein Maximum und konvergiert dann gegen Null, d.h. bei tiefen

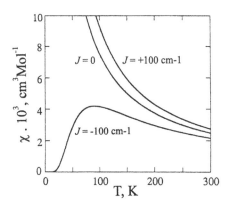

Abb. 18.24.   Berechnete $\chi(T)$-Kurven für Kupfer(II)-Zweikernkomplexe mit $J = 0$ und ± 100 cm^{-1} (Zeeman-Aufspaltung ± 1 cm^{-1}).

[67] B. Bleaney, K. D. Bowers, *Proc. Roy. Soc. (London) Ser A* **1952**, *214*, 451.

Temperaturen ist nur der diamagnetische Grundzustand besetzt. Im Maximum der χ(T)-Kurve gilt |J|/kT = 1.6, womit sich ein einfacher Weg zur Abschätzung des *J*-Parameters ergibt (s. Übungsbeispiel). Man beachte auch, daß bei antiferromagnetisch gekoppelten Systemen die Suszeptibilität für T → 0 K steiler ansteigt, als dies bei dem entkoppelten paramagnetischen Komplex der Fall wäre. Die ferromagnetische Kopplung begünstigt die Besetzung des Triplett-Grundzustands.

Übungsbeispiele:

1) Schätzen Sie aus dem Verlauf der χ(T)-Kurve in Abbildung 18.22b einen Wert für J in [Cu$_2$(ac)$_4$(H$_2$O)$_2$] ab.
2) Der Kurvenverlauf in Abbildung 18.22b weicht bei tiefen Temperaturen vom erwarteten Verhalten ab. Stellen Sie eine Vermutung über den Grund hierfür an und schlagen Sie vor, wie man dies bei der theoretischen Modellierung der experimentellen Daten berücksichtigen könnte.

Antworten:
1) Das Maximum der χ(T)-Kurve liegt bei ca. 260 K. Dort gilt |J|/kT = 1.6 (k = 0.7 cm^{-1}K^{-1}), d. h. |J| = 1.6 × 0.7 cm^{-1}K^{-1} × 260 K = 291 cm^{-1}, d. h. J = −291 cm^{-1}. Dies stimmt sehr gut mit dem aus der vollständigen Simulation der Kurve erhaltenen Wert von −296 cm^{-1} überein.
2) Die Abweichung vom Idealverhalten kommt durch eine „Verunreinigung" durch eine nicht antiferromagnetische gekoppelte Spezies zustande. Die Korrektur erfolgt am besten, in dem man einen Molenbruch von x der entkoppelten Komponente annimmt und diesen durch das Curie-Gesetz in der Form von Gleichung (*18.19*) mit S = $\frac{1}{2}$ berücksichtigt.[68] Damit ergibt sich eine korrigierte Form von Gleichung (*18.25*), mit der sich die χ(T)-Kurve simulieren läßt:

$$\chi = \frac{2Ng^2\mu_B^2}{kT\,[3 + \exp(-J/kT)]}\,(1 - x) + \frac{Ng^2\mu_B^2}{2kT} \cdot x$$

Aus der Simulation ergab sich ein Anteil der nicht-antiferromagnetischen Komponente zu x = 0.0085.

---

[68] Der Curie-Korrekturterm muß noch mit dem Faktor 2 multipliziert werden, da zwei Cu^{II}-Zentren pro Molekül der Hauptkomponente existieren.

18.6.1 Der Heisenberg-Dirac-Van-Vleck-Operator

Die isotrope Wechselwirkung[69] zwischen paramagnetischen Metallzentren ist ein sehr kompliziertes Phänomen auf mikroskopischer Ebene, was sich nicht zuletzt in den Schwierigkeiten bei der Berechnung des Austauschparameters J durch quantenmechanische Ab-Initio-Methoden ausdrückt. Wie bereits erwähnt, bildet die Austauschwechselwirkung zwischen Elektronen gleichen Spins – der quantenmechanische Korrekturterm der elektrostatischen Elektron-Elektron-Wechselwirkung – die physikalische Grundlage für die magnetische Wechselwirkung. Diese kann jedoch formal auf einfache Weise durch die Kopplung zwischen den lokalen Spin-Operatoren S_A und S_B in Form eines effektiven Hamiltonoperators (s. Kapitel 13 und 14) dargestellt werden als:

$$H_{HDVV} = -JS_A S_B \qquad (18.26)$$

Diese Darstellung des magnetischen Austauschs geht auf W. Heisenberg zurück und wurde von P. A. M. Dirac und J. H. Van-Vleck weiterenwickelt, weshalb der Operator auch als „Heisenberg-Dirac-Van-Vleck-Operator" bezeichnet wird. Die Eigenenergien dieses Operators und damit die energetische Aufspaltung der Gesamtspin-Zustände lassen sich leicht erhalten, wenn man berücksichtigt, daß gilt:

$$S = S_A + S_B \text{ d. h. } S^2 = S_A^2 + S_B^2 + 2S_A S_B$$

Damit läßt sich H_{HDVV} umformen zu:

$$H_{HDVV} = -J/2(S^2 - S_A^2 - S_B^2)$$

Die Eigenwerte ergeben sich daraus direkt zu:

$$E(S, S_A, S_B) = -J/2[S(S + 1) - S_A(S_A + 1) - S_B(S_B + 1)]$$

Wählt man den Energie-Ursprung so, daß $E(S = 0)$ gleich Null ist, so ergibt sich die Beziehung:

$$E(S) = -J/2[S(S + 1)] \qquad (18.27)$$

Für einen zweikernigen Kupfer(II)-Komplex mit den Gesamtspinzuständen $S = 0, 1$ ist die Singulett-Triplett-Energiedifferenz:

---

[69] Außer der hier diskutierten isotropen magnetischen Kopplung gibt es auch noch die Möglichkeit einer *direkten magnetischen Dipolkopplung* sowie der *anisotropen Kopplung*, wobei letztere eine Folge der Spin-Bahn-Kopplung an den magnetischen Zentren ist. Diese Kopplungsmechanismen können im Rahmen dieses Buches nicht behandelt werden.

$$E(S = 0) - E(S = 1) = J$$

Dies ist genau das in Gleichung (*18.24*) ad hoc vorgestellte Ergebnis. Der Heisenberg-Dirac-Van-Vleck(HDVV)-Operator beschreibt die Wechselwirkung zwischen Metallzentren gleicher oder unterschiedlicher Spinmultiplizität. Seine Energie-Eigenwerte sind jeweils die $E_n^{(0)}$-Koeffizienten, die in die Van-Vleck-Formel für die magnetische Suszeptibilität eingehen, während die Störkoeffizienten erster Ordnung die Zeeman-Energien sind. Auf diese Weise lassen sich auch komplizierte Fälle isotropen magnetischen Austauschs, wie z. B. den zwischen High-Spin-Eisen(III)-Zentren ($S_A = S_B = \frac{5}{2}$, d. h. S = 0–5) berechnen. Die teilweise recht umfangreichen Ausdrücke für $\chi(T)$ sind tabelliert und können zur Analyse solcher Systeme herangezogen werden.[70]

Voraussetzung für die Anwendung des HDVV-Operators ist die Abwesenheit eines Orbitalbeitrags zum magnetischen Moment der jeweiligen Metallzentren. Ein Nachteil dieses theoretischen Ansatzes ist zudem, daß er keine Aussage über den mikroskopischen Mechanismus der magnetischen Kopplung erlaubt. Der Wechselwirkungsparameter *J* ist vielmehr ein globaler Systemparameter, der Beiträge vieler Liganden und Orbitale zum magnetischen Austausch enthält und damit in gewisser Hinsicht dem globalen Ligandenfeldparameter *Dq* ähnelt, der den Einfluß der elektrostatischen und kovalenten Bindungsbeiträge auf die t_{2g}-e_g-Orbitalaufspaltung ausdrückt.

Ein lokales – d. h. die individuellen Bindungswechselwirkungen in einem Molekül berücksichtigendes – Bild des magnetischen Austauschs läßt sich erhalten, wenn man einzelne *Austauschpfade* in einem Mehrkernkomplex berücksichtigt.

18.6.2 Magnetische Austauschpfade: eine lokale Interpretation der magnetischen Kopplung

Die mikroskopischen (d. h. lokalen) Austauschmechanismen, die zur Erklärung der magnetischen Kopplung zwischen zwei oder mehreren magnetischen Zentren in Molekülen herangezogen werden, lassen sich in zwei Klassen unterteilen: Sind Brückenliganden an der magnetischen Wechselwirkung nicht beteiligt, spricht man von *direktem Austausch*, während der Austauschpfad über Brückenliganden als *Superaustausch* bezeichnet wird. In den meisten Fällen dominiert der Superaustausch-Mechanismus (es sei denn, die Metallzentren sind direkt kovalent aneinander gebunden – s. Teil VIII), mit dessen Varianten wir uns in diesem Abschnitt beschäftigen werden.

---

[70] Siehe z. B. Tabelle VII in: C. J. O'Connor, *Prog. Inorg. Chem.* **1982**, *29*, 203. Der in dieser und anderen Arbeiten verwendete isotrope Wechselwirkungsparameter *J'* ist gleich *J*/2 dieses Kapitels, d. h. der Ausdruck für x = *J'*/kT in Tabelle VII muß durch 2 dividiert werden, um die Form der entsprechenden Gleichungen in diesem Buch zu erhalten.

Für eine qualitative Diskussion des magnetischen Austauschs im Rahmen des Valence-Bond-Modells ist es ausreichend, sich auf die einfach besetzten Orbitale der Metallzentren, die *magnetischen Orbitale*,[71] zu beschränken und ihre Bindungswechselwirkung mit der Ligandenbrücke zu analysieren. Zunächst betrachten wir den Fall zweier einfach besetzter d-Orbitale an unterschiedlichen Metallzentren, die durch ein doppelt besetztes p-Orbital verbunden sind (Abbildung 18.25a). Die bindende Wechselwirkung zwischen dem linken Metallorbital – dessen Elektron z. B. α-Spin besitzt – und dem Ligandenorbital führt zu einer partiellen Spin-Paarung im Überlappungsbereich. Dies wiederum erzeugt einen Überschuß an α-Spindichte im Bereich des rechten Orbitallappens des p-Orbitals. Die (schwache) bindende Wechselwirkung mit dem rechten Metallzentrum begünstigt wiederum Spinpaarung im Bereich der Orbitalüberlappung, was zu einem energetisch bevorzugten β-Spinzustand im magnetischen Orbital des zweiten Metallzentrums führt. Ein analoger antiferromagnetischer Kopplungspfad entsteht durch Wechselwirkung zweier magnetischer Orbitale und eines Ligandenorbitals mit π-Symmetrie, durch den ebenfalls die Spinpaarung der beiden ungepaarten Elektronen an den Metallzentren begünstigt wird.

Wir nehmen nun an, daß die beiden Metallatome verschieden sind und sich das ungepaarte Elektron in d-Orbitalen mit jeweils unterschiedlicher Symmetrie befindet. In diesem Fall kann ein Austauschpfad wie in Abbildung 18.25b resultieren. Wieder führt die Überlappung des einfach besetzten rechten d-Orbitals mit dem Liganden-p-Orbital zu einer α-Spinpolarisation im rechten Orbitallappen. Dessen Überlappungsintegral mit dem magnetischen d-Orbital

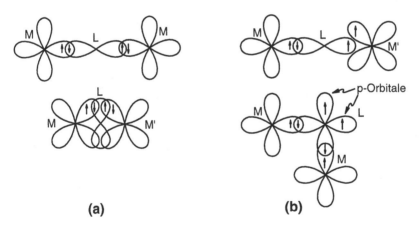

(a)   **(b)**

Abb. 18.25. Magnetische Austauschpfade: (a) Antiferromagnetische Kopplung der Metallzentren über σ- und π-gebundene Brückenliganden. Die beiden magnetischen Orbitale besitzen gleiche Symmetrie. (b) Ferromagnetische Kopplung der Metallzentren bedingt durch Orthogonalität der metallzentrierten Orbitale oder zweier Orbitale im Liganden.

---

[71] Man kann den Begriff des magnetischen Orbitals strenger fassen, als dies in diesem Abschnitt geschieht. Siehe z. B. O. Kahn, loc. cit, Kap. 8.

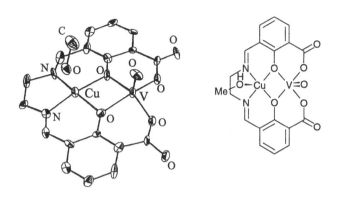

Abb. 18.26. Molekül-
struktur von [CuVO-
{(fsa)$_2$en}(CH$_3$OH)] im
Kristall. H$_4$(fsa)$_2$en
= *N,N'*-(2-Hydroxy-3-
carboxybenzyliden)-
ethylendiamin.[72]

des rechten Metallzentrums ist nun aber gleich Null, d. h. es resultiert keine
bindende Wechselwirkung aus dieser Orbitalüberlappung. Dann wird das
Elektron aufgrund der Austauschwechselwirkung mit der α-Spindichte im
Liganden ebenfalls bevorzugt α-Spin besitzen, d. h. es richtet sich parallel
zum α-Spin am linken Metallzentrum aus, wodurch der *ferromagnetische*
Kopplungsfall realisiert ist. Es bleibt festzuhalten, daß entscheidend für den
ferromagnetischen Austausch zwischen den Metallzentren die beiden *ortho-*
gonalen Orbitale im Austauschpfad sind. Daß diese geforderte Orthogonalität
nicht unbedingt in der Metall-Ligand-Orbitalüberlappung lokalisiert sein
muß, zeigt das zweite Beispiel in Abbildung 18.25b, in dem zwei orthogonale
p-Orbitale im Liganden – und die Austauschwechselwirkung zwischen ihren
Elektronen – für die ferromagnetische Kopplung verantwortlich sind.

Im allgemeinen gibt es sowohl ferromagnetische als auch antiferromagnetische Austauschpfade in Mehrkernkomplexen, wobei die letzteren dominieren.
Bedingung für die Beobachtung von ferromagnetischem Austausch ist die
starre und wohldefinierte geometrische Anordnung von Liganden und Metallzentren. Ein schönes Beispiel für ein solches System ist der Zweikernkomplex
[CuVO{(fsa)$_2$en}(CH$_3$OH)], dessen Struktur in Abbildung 18.26 wiedergegeben ist.

In dem Komplex befindet sich das ungepaarte Elektron am Vanadiumatom
(d^1) in einem d$_\pi$-Orbital, während das Elektron am Cu-Atom (d^9) ein dazu
orthogonales d$_\sigma$-Orbital besetzt.[73] Für diesen Komplex wurde ferromagnetische Kopplung erwartet und gefunden, wie aus der Auftragung von (χT)
gegen T (entspricht μ_{eff}^2 gegen T) in Abbildung 18.27 deutlich zu sehen ist.
(χT) steigt beim Abkühlen der Probe zunächst an, wie für ferromagnetische
Kopplung zu erwarten ist, und erreicht einen Plateauwert unterhalb von 60
K. In diesem Bereich ist der paramagnetische Grundzustand vollständig

---

[72] O. Kahn, J. Galy, Y. Journaux, I. Morgenstern-Badarau, *J. Am. Chem. Soc.* **1982**, *104*,
2165.

[73] Ein d$_\pi$-Orbital hat π-Symmetrie bezüglich der M-L-Bindungen. In oktaedrischen Komplexen sind dies die t$_{2g}$-Orbitale. Entsprechend besitzen die d$_\sigma$-Orbitale σ-Symmetrie bezüglich der M-L-Bindungen und haben in oktaedrischen Komplexen die Symmetrierasse e$_g$.

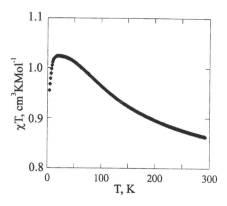

Abb. 18.27.   Auftragung von (χT)
gegen T für den Komplex
[CuVO{(fsa)$_2$en}(CH$_3$OH)]
(O. Kahn et al. *J. Am. Chem. Soc.*
1982, *104*, 2164).

besetzt. Der Abfall von (χT) bei sehr tiefen Temperaturen ist auf dann wirksame intermolekulare Wechselwirkungen im Festkörper zurückzuführen.

Übungsbeispiel:

Verifizieren Sie aus der Kurve in Abbildung 18.27, daß der Grundzustand des CuV-Komplexes einen Gesamtspin von S = 1 besitzt. Benutzen Sie dazu die Gleichung (18.8) in der Form $\mu_{eff} = 2.84 \cdot (\chi T)^{\frac{1}{2}}$.

Antwort:
Der Spin-Grundzustand des Moleküls wird durch den Plateau-Bereich der (χT)-Kurve in Abbildung 18.27 charakterisiert; dort ist χT $\approx$ 1.02 cm^3 Mol^{-1}K. Daraus ergibt sich ein effektives magnetisches Moment von μ_{eff} = 2.87μ_B, was dem Spin-Only-Wert für S = 1, 2.83μ_B, sehr nahe kommt.

Die Gültigkeit des hier vorgestellten Konzepts zur Erklärung magnetischer Austauschpfade wird auch durch die Tatsache gestützt, daß der zu der Kupfer-Vanadium-Zweikernverbindung analoge homonukleare Cu$_2$-Komplex eine starke antiferromagnetische Kopplung der Metallzentren aufweist. In der Cu$_2$-Verbindung haben die magnetischen Orbitale an beiden Metallzentren gleiche Symmetrie, weshalb die für die ferromagnetische Wechselwirkung notwendige Orbitalorthogonalität entlang des Austauschpfades nicht gegeben ist. Zum Vergleich sind die magnetischen Orbitale beider Komplexe zusammen mit dem isotropen Wechselwirkungsparameter *J* in Abbildung 18.28 wiedergegeben.

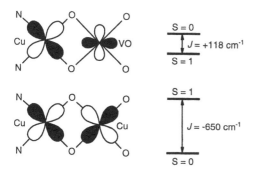

Abb. 18.28. Die magnetischen Orbitale der beiden Komplexe [CuVO{(fsa)₂en}(CH₃OH)] und [Cu₂{(fsa)₂en}(CH₃OH)] und die zugehörigen isotropen Wechselwirkungsparameter J.

18.6.3 Konkurrenz zwischen antiferromagnetischer und ferromagnetischer Wechselwirkung in Mehrkernkomplexen: Spinfrustration

Gegenüber den im vorigen Abschnitt diskutierten magnetischen Wechselwirkungen in Zweikernkomplexen gibt es einige interessante neue magnetische Phänomene in Mehrkernverbindungen. Eines der einfachsten Beispiele für solche Systeme sind dreieckige Dreikernkomplexe des Typs A_2B (A, B sind unterschiedliche paramagnetische Übergangsmetallzentren). Dieser Grundtyp ist in Abbildung 18.29 skizziert und besitzt zwei gleiche A-B-Austauschpfade mit dem Wechselwirkungsparameter J und den A-A'-Pfad mit J'.

Wir nehmen zunächst an, daß alle drei Metallzentren einen lokalen Spin von $S_A = S_{A'} = S_B = \frac{1}{2}$ besitzen und daß sowohl J als auch J' negativ seien; d. h. es liegt antiferromagnetischer Austausch vor. Der Grundzustand des Gesamtsystems hängt nun aber von der relativen Größe der Parameter J und J' ab, d. h. dem Verhältnis J'/J. Ist dieses kleiner als Eins – und damit die antiferromagnetische Wechselwirkung zwischen A und B stärker als zwischen A und A' –, ist der Grundzustand $E(S_B, S_A) = E(-\frac{1}{2}, 1)$ (Abb. 18.29 links). Obwohl A und A' antiferromagnetisch gekoppelt sind, bewirkt die stärkere antiferromagnetische A-B-Kopplung die parallele Ausrichtung von S_A und $S_{A'}$. Ist das Verhältnis $J'/J > 1$, so wird der in Abbildung 18.29 rechts gezeigte Spinzustand zum Grundzustand der Systems. In beiden Fällen erzwingt eine stärkere antiferromagnetische Wechselwirkung mit einem dritten Metallzentrum die parallele Spin-Ausrichtung an zwei ebenfalls antiferromagnetisch gekoppelten Zentren.

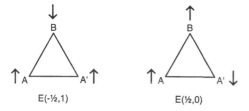

Abb. 18.29. Magnetisches Austauschnetzwerk in einem dreieckigen Dreikernkomplex mit drei Spin-$\frac{1}{2}$-Zentren. Es sind die beiden möglichen Grundzustände $E(-\frac{1}{2}, 1)$ (links) und $E(\frac{1}{2}, 0)$ schematisch abgebildet.

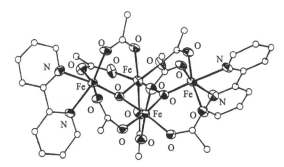

Abb. 18.30. Molekülstruktur von $[Fe_4O_2(ac)(bipy)_2]^+$ im Kristall.

Eine solche Situation trifft natürlich auch für höherkernige Komplexe zu. So besitzt der vierkernige Eisen(III)-Komplex $[Fe_4O_2(ac)(bipy)_2]^+$ (Abb. 18.30) einen diamagnetischen Grundzustand (S = 0). In diesem Zustand erzwingt die stärkere antiferromagnetische Kopplung der inneren Fe-Zentren mit den beiden äußeren die Paralleleinstellung der lokalen Spins an den „inneren" Eisenatomen (Abb. 18.31). Bedingt durch die *Molekültopologie und die relative Größe der Wechselwirkungsparameter J und J'* wird also auch hier die ferromagnetische Polarisation zwischen zwei antiferromagnetisch gekoppelten Metallzentren bewirkt.

Unter bestimmten Bedingungen kann die Konkurrenz zwischen verschiedenen Austauschpfaden in einem Mehrkernkomplex zu einem zufällig entarteten Grundzustand führen, d. h. das System kann in zwei unterschiedlichen Gesamtspinzuständen vorliegen. Im Falle eines solchen *zufällig entarteten Grundzustandes*, der dem Komplex zwei „Möglichkeiten offenläßt", spricht man von *Spinfrustration*. Eine geringe äußere Störung reicht dann aus, um den Spinzustand der untersuchten Substanz zu ändern. Diese Situation erinnert ein wenig an die High-Spin/Low-Spin-Gleichgewichte von Einkernkomplexen, bei denen ein *fast* entarteter Grundzustand gegeben ist.

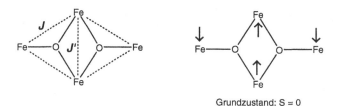

Grundzustand: S = 0

Abb. 18.31. Links: Magnetisches Austausch-Netzwerk in dem Fe_4O_2-Kern. Rechts: Lokale Spin-Einstellung im Grundzustand E(S = 0).

VI Die Liganden

Wie in den vergangenen Kapiteln deutlich wurde, werden die physikalischen Eigenschaften von Metallkomplexen wesentlich durch die Wechselwirkung zwischen dem Zentralatom und den Liganden bestimmt. Die Liganden bestimmen die Art der Bindung an das Metall, vor allem aber die thermodynamische Stabilität der Koordinationsverbindungen. Inwieweit Ligand-Ligand-Wechselwirkungen die Koordinationsgeometrie eines Komplexes und damit die Möglichkeiten der Wechselwirkung mit anderen Molekülen bestimmen, hatten wir in Kapitel 5 diskutiert.

Die *wesentlichen Lernziele* dieses Abschnitts sind:

1) Die thermodynamische Beschreibung der *Stabilität* von Koordinationsverbindungen und der möglichen *Komplexdissoziationsgleichgewichte* (Kap. 19).

2) Die Rolle *mehrzähniger Liganden* als Wirt-Moleküle für Metallionen und die strukturellen und thermodynamischen Einflußgrößen, die die Stabilität der dadurch erhaltenen Komplexe bestimmen: *Chelat-Effekt* und *makrocyclischer Effekt* (Kap. 20 und 21).

3) Die orientierende Funktion von Metallionen bei der Synthese großer organischer Ring- und Käfigverbindungen (*Templat-Effekt*) (Kap. 21).

4) Die Zusammenhänge zwischen *Ligandtopologie*, Komplexgeometrien und den dadurch gesteuerten Strukturen *supramolekularer Aggregate* von Koordinationsverbindungen (Kap. 22).

5) Einige Grundprinzipien der Koordinationschemie von *Übergangsmetallionen in biologischen Systemen*, vor allem ihre Funktion in *Metalloenzymen* (Kap. 23).

19 Die Stabilität von Komplexen: Komplexdissoziations-Gleichgewichte

Die thermodynamische Stabilität von Koordinationsverbindungen wird durch die Gleichgewichtskonstanten der Bildungs- oder Dissoziationsgleichgewichte ausgedrückt:[1]

$$M^{m+} + L^- \;\rightleftharpoons\; [ML]^{(m-1)+} \qquad K = \frac{[[ML]^{(m-1)+}]}{[M^{m+}][L^-]} \equiv \frac{[ML]}{[M][L]}$$

Solche Reaktionsgleichgewichte können im Prinzip für alle Komplexe bestimmt werden, allerdings können bei bestimmten Verbindungstypen praktische Schwierigkeiten bei der Untersuchung von Dissoziationsgleichgewichten bestehen. Dies ist vor allem dann der Fall, wenn die Liganden in freier Form nicht stabil sind, wie dies häufig bei metallorganischen Komplexen gegeben ist. Bei den Ausführungen in diesem Kapitel wird also davon ausgegangen, daß zumindest prinzipiell ein Dissoziationsgleichgewicht formulierbar ist und offengelassen, in welchem Reaktionsmedium dieses untersucht wird. Für die meisten praktischen Belange sind die Komplexbildungsgleichgewichte in wässriger Lösung, in polaren organischen Lösungsmitteln und Gemischen aus organischen Lösungsmitteln und Wasser (z. B. Dioxan/Wasser) von Bedeutung.

Am einfachsten ist die Beschreibung der Komplexstabilität, wenn nur eine Komplexverbindung gebildet wird oder wenn verschiedene Komplextypen entstehen, deren Existenzbereiche (definiert durch Konzentrationen der Komplexkomponenten und die thermischen Zustandsvariablen) sich drastisch unterscheiden. Dies ist in der Regel bei den klassischen Koordinationsverbindungen des Werner-Typs nicht der Fall, so daß man stattdessen eine Reihe gekoppelter Komplexbildungsgleichgewichte in Betracht ziehen muß. So sind für die Amminnickel(II)-Komplexe in wässriger Lösung sechs Einzel-Gleichgewichte zwischen $[Ni(H_2O)_6]^{2+}$ und $[Ni(NH_3)_6]^{2+}$ und den gemischten Amminaquakomplexen zu berücksichtigen, läßt man einmal die möglichen Gleichgewichte zwischen Konfigurationsisomeren (*cis/trans*) außer acht. Allgemein liegt daher für die Koordinationsverbindung $[ML_n]$ das folgende System gekoppelter Geichgewichte vor (Schema 19.1):

---

[1] Zur Vereinfachung der Formulierung der Gleichgewichte wird im weiteren auf die Angabe von Ladungen in Komplexen und Liganden verzichtet, d. h. alle Komplexbildungsgleichgewichte als solche zwischen Neutralteilchen fomuliert.

$$M + L \quad \rightleftharpoons \quad [ML] \qquad K_1 = \frac{[ML]}{[M][L]}$$

$$[ML] + L \quad \rightleftharpoons \quad [ML_2] \qquad K_2 = \frac{[ML_2]}{[ML][L]}$$

$$[ML_2] + L \quad \rightleftharpoons \quad [ML_3] \qquad K_3 = \frac{[ML_3]}{[ML_2][L]}$$

$$\vdots \qquad\qquad \vdots \qquad\qquad\qquad \vdots$$

$$[ML_{n-1}] + L \quad \rightleftharpoons \quad [ML_n] \qquad K_n = \frac{[ML_n]}{[ML_{n-1}][L]}$$

Schema 19.1. Die gekoppelten Bildungsgleichgewichte der Komplexe $[ML_n]$

Die Gleichgewichtskonstanten K_n sind die *individuellen Stabilitätskonstanten* (*individuellen Bildungskonstanten*) der Komplexe $[ML_n]$ und damit die thermodynamischen Größen, die z. B. Aufschluß über thermische Struktur-Wirkungsbeziehungen der Komplexe geben können.[2] In Teil VII werden wir sehen, daß in vielen Komplexreaktionen Ligand-Dissoziationsschritte eine wichtige Rolle spielen. Wie andere Gleichgewichtskonstanten sind die individuellen Stabilitätskonstanten meist logarithmisch als pK_n-Werte tabelliert:

$$pK_n = -lg(K_n).$$

Die Größe der individuellen Stabilitätskonstanten nimmt in der Regel in der folgenden Reihenfolge ab: $K_1 > K_2 > \ldots\ldots > K_n$. Das folgt allein aus einer statistischen Überlegung zum Liganddissoziations- und Reassoziationsschritt. Nimmt man an, daß die Wahrscheinlichkeit für die Liganddissoziation in einem Komplex $[ML_n]$ proportional n ist und die Wahrscheinlichkeit, einen weiteren Liganden L aufzunehmen, proportional N–n ist (N = die maximale Anzahl an M koordinierter Liganden), dann sind die N aufeinander folgenden individuellen Stabilitätskonstanten $K_1, K_2, \ldots\ldots, K_{N-1}, K_N$ proportional: $\frac{N}{1}, \frac{N-1}{2}$, $\ldots\ldots, \frac{N-n+1}{n}, \frac{N-n}{n+1}, \ldots\ldots\ldots, \frac{2}{N-1}, \frac{1}{N}$. Für das Verhältnis der aufeinander folgenden Stabilitätskonstanten K_n und K_{n+1} gilt dann:

$$\frac{K_n}{K_{n+1}} = \frac{(N - n + 1)(n + 1)}{(N - n)\, n}$$

---

[2] Mitunter sind auch die individuellen *Dissoziationskonstanten* $K_n^{(d)}$, d. h. die *inversen* Stabilitätskonstanten angegeben: $K_n^{(d)} = 1/K_n$.

Übungsbeispiel:

Die individuellen pK-Werte, pK$_1$.....pK$_N$, für die Amminnickel(II)komplexe [Ni(NH$_3$)$_n$(H$_2$O)$_{6-n}$]$^{2+}$ sind: –2.72, –2.17, –1.66, –1.12, –0.67, –0.03. Vergleichen Sie die experimentellen Verhältnisse K$_n$/K$_{n–1}$ mit den statistischen Verhältnissen.

Antwort:
Für K$_n$/K$_{n–1}$ (N = 6) gilt:

$$\frac{K_n}{K_{n-1}} = \frac{(N - n + 1)(n - 1)}{(N - n + 2)\, n}$$

Eine Gegenüberstellung der experimentellen und statistischen Werte ergibt:

n	K$_n$	K$_n$/K$_{n-1}$ (experimentell)	K$_n$/K$_{n-1}$ (statistisch)
1	524.8		
2	147.9	0.28	0.42
3	45.7	0.31	0.53
4	13.2	0.29	0.56
5	4.67	0.35	0.53
6	1.07	0.23	0.42

Wie man sieht ist die Übereinstimmung der statistischen Verhältnisse mit den experimentell bestimmten recht gut, was darauf schließen läßt, daß die Reaktionsenthalpien der einzelnen Schritte sehr ähnlich sein müssen. In der Tat liegen die Reaktionsenthalpien im Bereich von 16.7 und 18.0 kJmol^{-1}, also innerhalb einer Schwankungsbreite von ca 1.5 kJmol^{-1}.

Ist die Relation K$_n$ < K$_{n-1}$ nicht erfüllt, so kann man dies als Indiz für eine signifikante Änderung des Strukturtyps auffasssen, die mit der Koordination des Liganden an das Zentralatom einhergeht. So findet man beispielsweise bei der Bildung von Bromocadmium(II)-Komplexen die folgende Reihe von Stabilitätskonstanten in wässriger Lösung: K$_1$ = 1.56, K$_2$ = 0.54, K$_3$ = 0.06, K$_4$ = 0.37, d. h. K$_4$ > K$_3$. Im letzten Reaktionsschritt wandelt sich der oktaedrische Triaquatribromo-Komplex in einen tetraedrischen Tetrabromo-Komplex um:

$$[CdBr_3(H_2O)_3]^- + Br^- \rightarrow [CdBr_4]^{2-} + 3\, H_2O$$

Durch die Entstehung von drei freien Wassermolekülen ist dieser Schritt entropisch begünstigt. Ähnliche Anomalien in der Folge der individuellen Stabilitätskonstanten werden nicht nur bei Strukturänderungen sondern z. B. auch bei einem Wechsel des Spinzustands des Metallatoms bei der Koordination eines Liganden beobachtet.

Ist man bei der Untersuchung von Komplexgleichgewichten an den Konzentrationen der Komplexe $[ML_n]$ interessiert, so ist es zweckmäßig, die *Bruttostabilitätskonstanten* β_n von $[ML_n]$ zu betrachten:

$$M + n\,L \rightleftharpoons [ML_n] \qquad \beta_n = \frac{[ML_n]}{[M][L]^n}$$

$$\beta_n = K_1 \cdot K_2 \cdots K_n = \prod_n), \ \beta_1 \ \text{ist folglich gleich } K_1$$

Die Stabilitätskonstanten K_n und β_n beziehen sich immer auf die Liganden, *wie sie im Komplex vorliegen.* Die Stabilitätskonstanten der Acetylacetonatochrom(III)-Komplexe in wässriger Lösung beziehen sich also nicht auf das experimentell direkt zugängliche Gleichgewicht:

$$[Cr(H_2O)_6]^{3+} + 3\,Hacac \rightleftharpoons [Cr(acac)_3] + 3\,H_3O^+ + 3\,H_2O$$

sondern auf ein Gleichgewicht, in dem der Ligand bereits als Anion formuliert ist:

$$[Cr(H_2O)_6]^{3+} + 3\,acac^- \rightleftharpoons [Cr(acac)_3] + 6\,H_2O$$

Zur Ermittlung der Stabilitätskonstante von $[Cr(acac)_3]$, die mit dem zweiten Gleichgewicht verknüpft ist, muß also das Protolysegleichgewicht von Hacac berücksichtigt werden. Diese Situation werden wir noch ausführlich im Zusammenhang mit der Komplexchemie der „Komplexone" (edta, nta) diskutieren.

Kennt man die Bruttostabilitätskonstanten der einzelnen Komplexspezies in Lösung, so kann man daraus die *prozentualen Verteilungskurven* der einzelnen Komplexe in Abhängigkeit von der Konzentration des Liganden berechnen. Diese Verteilungskurven bieten eine sehr anschauliche Darstellung der gekoppelten Gleichgewichte und der Stabilitätsbereiche der jeweili-

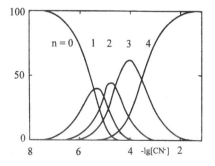

Abb. 19.1. Gleichgewichtskonzentrationen von $Cd^{2+}(aq)$ und der Cyanokomplexe $[Cd(CN)]^+(aq)$ und $[Cd(CN)_n]^{(n-2)-}$ ($n = 2, 3, 4$) in Abhängigkeit von der CN^--Konzentration. Die Konzentrationen der Mono-, Di- und Tricyanokomplexe durchlaufen ein Maximum. Auf ihre „Kosten" bildet sich Tetracyanocadmat(2–), das schließlich die einzige vorhandene Spezies ist.

gen Koordinationsverbindungen. Die Verteilungskurven für die verschiedenen Cyanokomplexe des zweiwertigen Cadmiums sind in Abbildung 19.1 dargestellt.

19.1 Thermodynamische und kinetische Stabilität

Der in diesem Kapitel diskutierte Stabilitätsbegriff ist ein streng thermodynamischer, d. h. die *thermodynamische Stabilität* wird durch *positive freie Dissoziations-Enthalpien (= negative freie Komplexbildungs-Enthalpien) der Komplexe* (die wiederum die *Gleichgewichtskonstanten* der Dissoziationsschritte definieren) ausgedrückt. Interessiert man sich für die Reaktivität der Koordinationsverbindungen, wie dies in Teil VII der Fall sein wird, so ist die *kinetische Stabilität* der Verbindungen von Bedeutung. Diese wird wiederum durch eine *stark positive Aktivierungsenergie* für die Komplexdissoziation ausgedrückt. Um Verwechslungen der Begriffe zu vermeiden, verwendet man auch die Begriffspaare *stabil/instabil*, um die thermodynamische Stabilität auszudrücken, während die kinetische Stabilität durch *inert/labil* charakterisiert wird.

Sowohl $[Ni(CN)_4]^{2-}$ als auch $[Cr(CN)_6]^{3-}$ sind thermodynamisch außerordentlich stabil. Mißt man allerdings die Geschwindigkeit des Ligandaustauschs mit radioisotopenmarkiertem $^{14}CN^-$, so findet man schnellen Austausch für den Nickelkomplex ($t_{\frac{1}{2}} = 30$ s), während die Halbwertzeit des Austauschs für den Cr^{III}-Komplex bei ca. 24 Tagen liegt.

$$[Ni(CN)_4]^{2-} + 4\,^{14}CN^- \longrightarrow [Ni(^{14}CN)_4]^{2-} + 4\,CN^- \qquad t_{\frac{1}{2}} = 30\text{ s}$$

$$[Cr(CN)_6]^{3-} + 6\,^{14}CN^- \longrightarrow [Cr(^{14}CN)_6]^{3-} + 6\,CN^- \qquad t_{\frac{1}{2}} = 24\text{ d}$$

Der Nickelkomplex ist also ein Beispiel für einen thermodynamisch stabilen, aber kinetisch labilen Komplex. Durch das nicht vollständig von den Liganden abgeschirmte Metallzentrum eröffnet sich in diesem Falle für die Ligandsubstitution ein Reaktionspfad mit niedriger Aktivierungsenergie.

Zur Unterscheidung von labilen und inerten Komplexen hat man sich auf folgende Grenze geeinigt: Koordinationseinheiten, für die der Ligandaustausch bei 25 °C nach einer Minute abgeschlossen ist, bezeichnet man als labil, solche mit längerer Reaktionsdauer als inert. Für die oktaedrischen Komplexe der ersten Übergangsmetallreihe kann man verallgemeinern, daß bis auf solche mit der Elektronenkonfiguration d^3 und d^6 (z. B. Cr^{III} bzw. Co^{III}) und Liganden mit starkem Ligandenfeld (z. B. CN^-) alle Vertreter substitutionslabil im Sinne der oben getroffenen Grenzziehung sind. Bei den Koordinationsverbindungen der Metalle der fünften und sechsten Periode ist der Anteil inerter Systeme viel größer, eine Folge der stärkeren Metall-Ligand-Bindungen (und damit höheren Aktivierungsenergien für die Ligandendissoziation).

19.2 Experimentelle Bestimmung der Stabilitätskonstanten

Um die Bruttostabilitätskonstanten von $[ML_n]$ zu bestimmen, ist es notwendig, *die Konzentration von wenigstens einer der an den Komplexbildungsgleichgewichten beteiligten Spezies in Lösung in Abhängigkeit der Gesamtkonzentration an Liganden* zu untersuchen. Arbeitet man in wässriger Lösung, so unterliegen die (basischen) Liganden einem Protolysegleichgewicht (s. o.), das durch Variation des pH-Werts der betrachteten Lösung beeinflußt wird. Der pH-Wert der wässrigen Lösung ist daher die am häufigsten bei der Untersuchung von Komplexgleichgewichten variierte Einflußgröße (z. B. in potentiometrischen Titrationen von Komplex-Gleichgewichtsgemischen, s. Abschn. 19.3.). Je nachdem, ob bei der experimentellen Ermittlung der Bruttostabilitätskonstanten die Konzentration an freiem Liganden oder nichtkomplexiertem Metallion oder die einer der Komplexverbindungen gewählt wird, können sehr unterschiedliche analytische Methoden zur Anwendung kommen.

Zur Bestimmung der Gleichgewichtskonzentration an nichtkomplexiertem Metallion bieten sich beispielsweise redoxchemische analytische Techniken an. Die gemessene Zellspannung eines galvanischen Elements aus der Gleichgewichtslösung und einer Referenz-Halbzelle, in der das Metallsalz in bekannter Konzentration vorliegt, gibt Auskunft über die Gleichgewichtskonzentration $[M]$ und bildet die Grundlage einer Reihe potentiometrischer Techniken.

Als Alternative hierzu hat sich die Polarographie bewährt, die vor allem in den frühen Untersuchungen der 50′er und 60′er Jahre breite Anwendung gefunden hat. Ein Beispiel hierfür ist die Untersuchung des Komplexbildungsgleichgewichts von Cadmium(II) mit Nitrilotriessigsäure (*nta*), die in Abbildung 19.2 dargestellt ist.[3]

Die Höhe der ersten polarographischen Stufe in Abbildung 19.2 gibt die Konzentration an $[Cd(H_2O)_6]^{2+}$ wieder, die bei Zugabe von *nta* von links nach rechts abnimmt. Die Höhe der zweiten Welle ist ein Maß für die Konzentration an $[Cd(nta)]$. Da die Gesamtkonzentration an Cadmium in allen Expe-

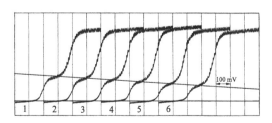

Abb. 19.2. Polarogramme (Strom-Spannungskurven) von Cd^{2+} bei Zugabe von Nitrilotriessigsäure (*nta*, siehe Kapitel 20.2). In allen Fällen ist $[Cd^{2+}] = 2 \cdot 10^{-4}$ M, pH = 4.62. Kurven 1–6 wurden mit folgenden Ligandkonzentrationen erhalten: $3 \cdot 10^{-3}$ M, $4 \cdot 10^{-3}$ M, $5 \cdot 10^{-3}$ M, $7 \cdot 10^{-3}$ M, $1 \cdot 10^{-2}$ M bzw. $1.5 \cdot 10^{-2}$ M.[3]

[3] Nach J. Koryta, I. Kössler, *Experientia* **1950**, *6*, 136.

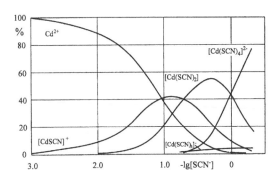

Abb. 19.3. Prozentuale Verteilung von Cadmium-Thiocyanatokomplexen in Abhängigkeit von der Ligandkonzentration.[4]

rimenten gleich ist, ist auch die Gesamtstufenhöhe in den Polarogrammen unverändert.[4]

Durch Polarographie wurde auch das System gekoppelter Komplexbildungsgleichgewichte von $[Cd(SCN)_4]^{2-}$ in wässriger Lösung untersucht. Aus den so ermittelten Bruttostabilitätskonstanten β_n lassen sich die relativen Konzentrationen der beteiligten Spezies berechnen und durch Verteilungskurven in Abhängigkeit von der Ligandkonzentration darstellen (Abb. 19.3).

19.3 Potentiometrische Untersuchung von Komplexgleichgewichten

19.3.1 Die „klassische" Methode der Bildungsfunktion zur Analyse gekoppelter Komplexbildungsgleichgewichte

Obwohl der Einsatz potentiometrischer Methoden zur Untersuchung von Komplexgleichgewichten in wässriger Lösung schon auf Arbeiten von Bodländer um die Jahrhundertwende zurückgeht,[5] fand diese Technik erst nach der richtungsweisenden Dissertation J. Bjerrums (1941) über die Gleichgewichte der Amminmetallkomplexe breite Anwendung.[6] Die Methoden Bjerrums, ausgehend von der *Bildungskurve* eines Systems von Komplexen $[ML_n]$ und deren graphischer Auswertung, werden kaum noch verwendet, seitdem leistungsfähige Computer zur Verfügung stehen. Dennoch bietet die Grundidee ein sehr lehrreiches Beispiel für die Analyse von Daten, die zur Bestimmung gekoppelter Gleichgewichtskonstanten verwendet werden. Die den moderneren Methoden zugrunde liegenden, sehr ähnlichen Prinzipien werden im späteren Verlauf dieses Abschnitts diskutiert.

---

[4] D. N. Hume, D. D. de Ford, C. C. B. Cave, *J. Am. Chem. Soc.* **1951**, *73*, 5321.

[5] Bodländers Interesse galt primär der korrekten Ermittlung der Komplex-Stöchiometrien in Lösung und weniger den gekoppelten Komplexierungsgleichgewichten, die Gegenstand dieses Kapitels sind. Siehe z. B. *Z. Anorg. Chem.* **1904**, *39*, 197.

[6] J. Bjerrum, *Metal Ammine Formation in Aqueous Solution*, Dissertation, Kopenhagen, **1941**.

$$\bar{n} = \frac{\text{Gesamtkonzentration des Liganden}}{\text{Gesamtkonzentration des Metallions}}$$

Mit Hilfe der Gleichgewichte in Schema 19.1 läßt sich die durchschnittliche Ligandenzahl $\bar{n}$ pro in Lösung vorhandenem Metallion durch die Konzentrationen der beteiligten Komplexe ausdrücken. Die *Bildungsfunktion* $\bar{n}$ ist, wie wir sehen werden, experimentell gut zugänglich und ermöglicht einen Einstieg in die Lösung des komplizierten Gleichgewichtsproblems:

$$\bar{n} = \frac{[ML] + 2[ML_2] + \ldots\ldots + N[ML_N]}{[M] + [ML] + [ML_2] + \ldots\ldots + [ML_N]}$$

$$= \frac{K_1[L] + 2K_1K_2[L]^2 + \ldots\ldots + NK_1K_2\ldots K_N[L]^N}{1 + K_1[L] + K_1K_2[L]^2 + \ldots\ldots + K_1K_2\ldots K_N[L]^N}$$

d.h. $\bar{n} = \dfrac{\displaystyle\sum_{n=1}^{N} n\beta_n[L]^n}{1 + \displaystyle\sum_{n=1}^{N} \beta_n[L]^n} \qquad \beta_n = K_1K_2\ldots K_n$

Die Bildungsfunktion läßt sich für ein zu untersuchendes System immer dann aufstellen, wenn man die Konzentration an freiem, nicht komplexgebundenem Liganden [L] experimentell bestimmen kann. Ist sie bestimmt, so kann $\bar{n}$ nach:

$$\bar{n} = \frac{c_L - [L]}{c_M}$$

berechnet werden, da die Gesamtkonzentrationen an Metallion und Ligand, c_M bzw. c_L von vornherein aus der Zusammensetzung der jeweiligen Lösung bekannt sind. Trägt man die Bildungsfunktion $\bar{n}$ in Abhängigkeit von $p[L] = -\lg[L]$ (*Ligandenexponent*) auf, so erhält man die *Bildungskurve* des betreffenden Systems (Abb. 19.4).

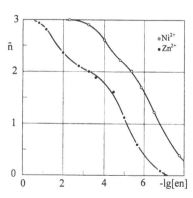

Abb. 19.4. Bildungskurven für die Systeme Zn^{2+}/en und Ni^{2+}/en.

Bei der Untersuchung der Komplexgleichgewichte der Ammin- oder Alkyl-
aminkomplexe ist jeweils die Konzentration an freiem Ammoniak bzw. freiem
Alkylamin zu bestimmen. Das geschieht mit Hilfe einer Glaselektrode, wobei
$[NH_3]$ bzw. $[RR'NH]$ indirekt durch Messung des pH-Werts ermittelt werden.
Auf diese Weise resultieren die Bildungskurven für die Metallkomplexe. Den
Ansatz für eine algebraische Lösung des Gleichgewichtsproblems und damit
die Bestimmung der Stabilitätskonstanten der einzelnen Komplexstufen
erhält man, indem man den Ausdruck für die Bildungsfunktion wie folgt
umschreibt:

$$\bar{n} + (\bar{n} - 1)[L]\beta_1 + (\bar{n} - 2)[L]^2\beta_2 + \ldots\ldots + (\bar{n} - N)[L]^N\beta_n = 0$$

Jeder Punkt der Bildungskurve gibt eine Gleichung dieser Form, in der N
Unbekannte $\beta_1, \ldots., \beta_N$ enthalten sind. Wählt man N Punkte der Bildungskurve
aus, so genügen die so erhaltenen N linearen Gleichungen zur Bestimmung
der N Bruttostabilitätskonstanten β_n und damit auch der K_n. Bevor elektronische Rechner zur Verfügung standen, wurden bei der Lösung des Gleichungssystems in der Regel Näherungen oder graphische Methoden verwendet,[7]
während heutzutage eine direkte algebraische Lösung auch in Routine-Ex-
perimenten möglich ist.

19.3.2 *Eine moderne Strategie zur Bestimmung der Stabilitätskonstanten gekoppelter Komplexbildungsgleichgewichte*[8]

Die Ausdrücke für die Bildungsfunktionen sind Bilanzgleichungen, in denen
die Meßgröße [L] meist nur indirekt bestimmbar ist. Untersucht man Komplexgleichgewichte in wässriger Lösung, bei denen die Protonierungsgleich-
gewichte des Liganden berücksichtigt werden müssen, so hat sich die Proto-
nenkonzentration als bequeme Meßgröße erwiesen. Ausgangspunkt für
einen der derzeit am meisten verwendeten Algorithmen sind die drei Bilanzgleichungen für die Stoffmengen an Metall, Ligand und H_3O^+. Die Vorgehensweise soll am Beispiel des Systems M^{2+} und *edta* erläutert werden:

[7] Einen ausgezeichneten Überblick der älteren Methoden zur Bestimmung von Komplexstabilitätskonstanten bietet: H. L. Schläfer, *Komplexbildung in Lösung*, Springer Verlag, Berlin
1961.
[8] In diesem Abschnitt wird die Strategie des derzeit populärsten Computerprogramms zur
Bestimmung von Stabilitätskonstanten, BEST, von A. E. Martell und R. J. Motekaitis vorgestellt. Die detaillierte mathematische Vorgehensweise ist von den Autoren in *Can. J. Chem.*
1982, *60*, 2403 beschrieben worden. Eine ausführliche praktische Anleitung wird in einer
Monographie geboten: A. E. Martell, R. J. Motekaitis, *Determination and Use of Stability
Constants*, 2. Aufl., VCH, Weinheim **1992**. Ein sehr schönes Beispiel für die Anwendung
des Programms auf ein komplexes System Cu^{2+}/NH_3/Anhydroerythrit als Modell für
„Schweizers Reagenz" zur Auflösung von Zellulose: W. Burchard, N. Habermann, P. Klü-
fers, B. Seger, U. Wilhelm *Angew. Chem.* **1994**, *106*, 936.

Insgesamt müssen hier die folgenden Spezies in Lösung berücksichtigt werden:

1. Der Ligand und seine protonierten Formen: edta(4−), Hedta(3−), H_2edta(2−), H_3edta(−) und H_4edta. Die Bruttogleichgewichtskonstanten β_{HnL} werden aus der Titrationskurve von H_4edta mit OH⁻ gewonnen;
2. die M^{2+}-Komplexe: [M(Hedta)]⁻ und [M(edta)]²⁻, deren Stabilitätskonstanten zu bestimmen sind;
3. die Stoffmengen an H_3O^+ bzw. OH⁻.

Damit ergeben sich für Metall (M), Ligand (L) und die Protonen (H) die Bilanzgleichungen für die bekannten totalen Konzentrationen T_M, T_L und T_H:

$$T_L = [L^{4-}] + [HL^{3-}] + [H_2L^{2-}] + [H_3L^-] + [H_4L] + [ML^{2-}] + [MHL^-]$$

$$T_M = [M^{2+}] + [ML^{2-}] + [MHL^-]$$

$$T_H = [HL^{3-}] + 2[H_2L^{2-}] + 3\,[H_3L^-] + 4[H_4L] + [MHL^-] + [B] + [H_3O^+]$$
(B = im Laufe der Titration zugesetzte Base)

Mit Hilfe der (bekannten) Protolysekonstanten β_{HnL} und der (zu bestimmenden) Bruttostabilitätskonstanten β_{ML}, β_{MHL} läßt sich die Zahl der unabhängigen Komponenten auf *drei* – $[M^{2+}]$, $[L^{4-}]$ und $[H_3O^+]$ – reduzieren:

$$T_L = [L^{4-}] + \beta_{HL}[H_3O^+][L^{4-}] + \beta_{H_2L}[H_3O^+]^2[L^{4-}] + \beta_{H_3L}[H_3O^+]^3[L^{4-}] +$$
$$\beta_{H_4L}[H_3O^+]^4[L^{4-}] + \beta_{ML}[M^{2+}][L^{4-}] + \beta_{MHL}[M^{2+}][H_3O^+][L^{4-}]$$

$$T_M = [M^{2+}] + \beta_{ML}[M^{2+}][L^{4-}] + \beta_{MHL}[M^{2+}][H_3O^+][L^{4-}]$$

$$T_H = \beta_{HL}[H_3O^+][L^{4-}] + 2\beta_{H_2L}[H_3O^+]^2[L^{4-}] + 3\beta_{H_3L}[H_3O^+]^3[L^{4-}] +$$
$$4\beta_{H_4L}[H_3O^+]^4[L^{4-}] + \beta_{MHL}[M^{2+}][H_3O^+][L^{4-}] + [B] + [H_3O^+]$$

Bei der algebraischen Lösung dieses Gleichungssystems werden zunächst die bekannten (β_{HnL} und die gemessene Konzentration $[H_3O^+]$) und abgeschätzten Größen (β_{ML}, β_{MHL}, $[M^{2+}]$, $[L^{4-}]$) vorgegeben und die zu bestimmenden Werte iterativ für jeden Meßpunkt der Titrationskurve verfeinert. Auf diese Weise lassen sich im Prinzip für die kompliziertesten Systeme von Komplexbildungsgleichgewichten die Stabilitätskonstanten numerisch bestimmen. In Abbildung 19.5 sind die Titrationskurven von edta in Ab- und Anwesenheit von Ba^{2+}, Sr^{2+} und Ca^{2+} abgebildet und die daraus berechneten Verteilungs-kurven für das System $Ca^{2+}/(H_n edta)^{(4-n)-}$.

a)

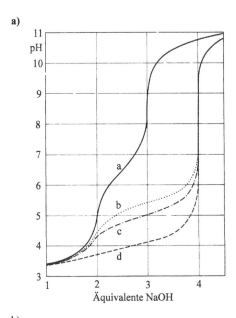

b)

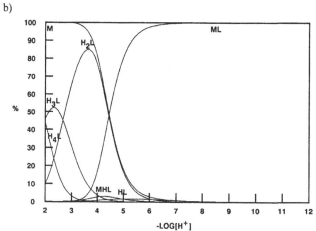

Abb. 19.5. (a) Titrationskurven von H_4edta in Gegenwart eines Überschusses verschiedener Erdalkalimetall-Dikationen (aufgenommen in 0.1 M KCl-Lösung, um die Ionenstärke konstant zu halten); a: ohne Zusatz von Metallionen, b, c, d: in Gegenwart von Ba^{2+}, Mg^{2+}, bzw. Ca^{2+}. (b) Prozentuale Verteilungskurven für das System $Ca^{2+}/(H_n edta)^{(4-n)-}$(„M/H$_n$L").

20 Mehrzähnige Ligandensysteme: Wirt-Moleküle für Metallionen

Die Möglichkeit, *Struktur, Stabilität* und *Reaktivität* einer Koordinationsverbindung „vorzuprogrammieren", ist die Triebfeder für die Entwicklung neuer, immer komplexer werdender multifunktioneller (und damit potentiell mehrzähniger) Ligandsysteme („Ligand-Design"). In der relativen Anordnung und Art der funktionellen Gruppen und damit der Metallbindungsstelle(n) sowie der chemischen Beschaffenheit des molekularen Grundgerüsts (der „Ligandtopologie", siehe Kapitel 7) sind die oben erwähnten Eigenschaften eines sich davon ableitenden Metallkomplexes vorgegeben. Diese Erkenntnis hat man sich bereits in der Anfangsphase der Entwicklung der Komplexchemie zunutze gemacht, zunächst mit dem Ziel, für analytische Zwecke geeignete Komplexierungsreagentien zu entwickeln. Das klassische Beispiel sind die „Komplexone" (s. Abschnitt 20.2), mehrzähnige Liganden, deren ausgeprägtes Komplexierungsvermögen für bestimmte Metalle (d. h. die thermodynamische *Stabilität* ihrer Komplexverbindungen) die Grundlage eines wichtigen maßanalytischen Verfahrens ist.

Wie in Kapitel 7 bereits erwähnt wurde, lassen sich die Topologien mehrzähniger Liganden auf wenige Ring- und Kettengrundmuster zurückführen. Dabei repräsentieren Ketten unterschiedlichen Verzweigungsgrades die topologische Familie der Podanden, während Ringstrukturen die Vielzahl der makromono- und polycyclischen Ligandtypen kennzeichnen. In Abbildung 20.1 sind einige Beispiele zusammengestellt.

Entscheidend für die Eignung zur Bindung von Metallen – oder, in supramolekularen Aggregaten (Kap. 22), von anderen Molekülen – sind die in Kapitel 10 diskutierten elektronischen Effekte, z. B. Ladung, Polarität und

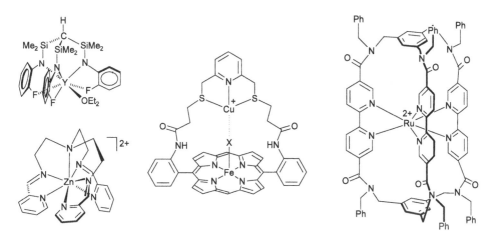

Abb. 20.1. Komplexe mit mehrzähnigen Liganden unterschiedlicher Topologie.

Polarisierbarkeit der Donoratome (ferner σ-/π-Donor/Akzeptorvermögen, chemische Härte). Die zweite entscheidende Einflußgröße ist die durch das Ligandgerüst und die peripheren molekularen Untereinheiten festgelegte *Geometrie der Bindungsstelle*.

Die Überlegungen zum Bindungsvermögen des Liganden gelten in ganz ähnlicher Weise für das Bindungs- und Reaktionsvermögen der sich davon ableitenden Metallkomplexe. Besonders wichtig ist diese Folgerung, wenn der Komplex als Katalysator verwendet wird. Sowohl die elektronischen Verhältnisse am koordinierten Metallzentrum als auch die *Geometrie des „reaktiven Zentrums"*, des nicht durch den mehrzähnigen Liganden abgeschirmten Sektors der Koordinationssphäre des Metalls, werden durch die Eigenschaften des Ligandsystems mitbestimmt. Ein schönes Beispiel für ein reaktives Zentrum wohldefinierter Geometrie, das die Selektivität eines Komplexkatalysators bestimmt, bietet der als Oxygenierungskatalysator eingesetzte Mangankomplex:

Die Stereoselektivität der durch diesen Komplex katalysierten Epoxidierung prochiraler Alkene ist durchaus mit der von Enzymen vergleichbar, in denen ein Proteingerüst eine reaktive Tasche für die selektive Substratbindung bildet.

Zusammenfassend kann man die Rolle mehrzähniger Liganden auf zwei Grundprinzipien zurückführen:
– die Festlegung der Koordinationsgeometrie eines Komplexes und damit auch seiner Reaktivität;
– die thermodynamische Stabilisierung einer Koordinationseinheit.

Auf den letzteren Aspekt wird im folgenden Abschnitt eingegangen.

20.1 Der Chelat-Effekt, ein Energie- und Entropie-Effekt

Es wurde bereits mehrfach auf die größere Stabilität von Komplexen mit Chelatliganden im Vergleich zu solchen mit ähnlichen einzähnigen Liganden hingewiesen. Diese Stabilisierung wird als *Chelat-Effekt* bezeichnet, die zusätzliche Stabilität eines Komplexes mit einem makrocyclischen Liganden gegenüber einem offenkettigen als *makrocyclischer Effekt* (s. Abschn. 21.2). Der generelle Trend wird durch die Reihe tetrakoordinierter Kupfer(II)-Komplexe in Abbildung 20.2 verdeutlicht.

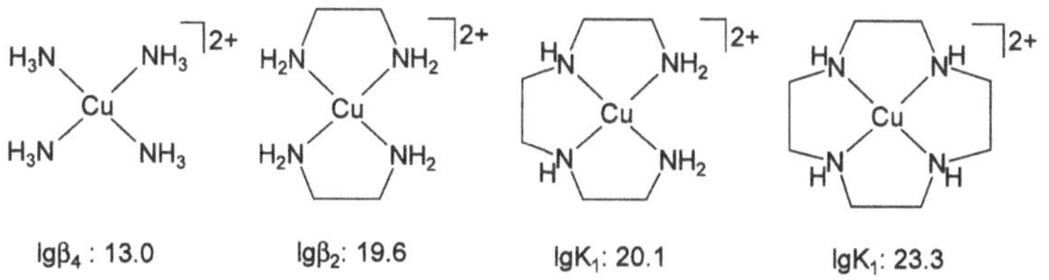

$lg\beta_4$: 13.0 $lg\beta_2$: 19.6 lgK_1: 20.1 lgK_1: 23.3

Abb. 20.2. Tetra-N-koordinierte Kupfer(II)-Komplexe, anhand derer der Einfluß zunehmender Ligandkomplexität auf die Bruttostabilitätskonstante deutlich wird. Das erhöhte Donorvermögen der alkylsubstituierten N-Liganden drückt sich auch in der Zunahme der Ligandenfeldaufspaltung 10 Dq aus.

Bei einer thermodynamischen Analyse des Chelat-Effekts wird zwischen Enthalpie- und Entropieanteilen der höheren freien Bildungsenthalpie der Chelatkomplexe unterschieden. Betrachten wir beispielsweise Ammin und Chelat-Aminkomplexe, so ist das bessere Donorvermögen der N-Liganden, das sich in der Ligandenfeldaufspaltung 10 Dq widerspiegelt, mit zunehmendem Alkylierungsgrad der Stickstoffatome (durch „Einfassung" in den Chelatring) zu berücksichtigen. Ein wichtiger Aspekt ist auch die Herabsetzung der sterischen Ligand-Ligand-Wechselwirkung durch Einbau der Substituenten in ein Ligandgerüst. Geht man in der Komplexreihe in Abbildung 20.2 von links nach rechts, so nimmt die Lewisbasizität (und damit das Donorvermögen) der N-Liganden zu, ohne daß dafür zusätzliche sterische Spannung in Kauf genommen werden muß. Beide Effekte sind reine *Enthalpie-Effekte*!

Gegenläufige Enthalpie- und Entropie-Effekte beobachtet man, wenn man die *Solvatation* der Spezies, die an den verglichenen Komplexbildungsgleichgewichten beteiligt sind, betrachtet. Wird z. B. der Chelatligand durch ein Lösungsmittelmolekül weniger solvatisiert als die einzähnigen Liganden, so ist die Komplexierung durch den Chelatliganden aus enthalpischen Gründen begünstigt, da ein Lösungsmittelmolekül weniger zu verdrängen ist. Allerdings wird dabei eben auch ein Lösungsmittelmolekül weniger frei, was eine vergleichsweise geringere Entropieerzeugung als bei der Koordination der einzähnigen Liganden zur Folge hat (s. u.). Enthalpische und entropische Solvatationseffekte kompensieren sich in vielen Fällen. Daher ist ihr Einfluß auf die Komplexstabilität schwer vorhersagbar.

Eine Analyse des Entropiebeitrags zum Chelat-Effekt ist dann möglich, wenn die unterschiedliche sterische Spannung in den verglichenen Systemen vernachlässigt werden kann. Das klassische Beispiel hierfür ist der Vergleich der Komplexstabilitäten von Ammin- und Ethan-1,2-diamin-Komplexen. In Tabelle. 20.1 sind die thermodynamischen Beiträge zum Chelat-Effekt der entsprechenden Ni- und Cu-Komplexe aufgeführt.

Tabelle 20.1. ΔG-, ΔH- und ΔS-Werte der Komplexbildung von Cu^{II}- und Ni^{II}-Komplexen und die sich daraus ergebenden Chelat-Effekte; ΔG und ΔH in $kJmol^{-1}$, ΔS in $Jmol^{-1}K^{-1}$.[9]

Amminkomplexe	ΔG	ΔH	ΔS	En-Komplexe	ΔG	ΔH	ΔS	Chelat-Effekt			
								ΔG	ΔH	ΔS	$33.4n$
$[Ni(NH_3)_2(H_2O)_4]^{2+}$	−29.0	−33	−12	$[Ni(en)(H_2O)_4]^{2+}$	−41.9	−38	17	−12.9	−5	29	33
$[Ni(NH_3)_4(H_2O)_2]^{2+}$	−46.3	−65	−63	$[Ni(en)_2(H_2O)_2]^{2+}$	−77.2	−77	12	−30.9	−11	74	67
$[Ni(NH_3)_6]^{2+}$	−51.8	−100	−163	$[Ni(en)_3]^{2+}$	−101.8	−117	−42	−50.0	−17	121	100
$[Cu(NH_3)_2(H_2O)_4]^{2+}$	−44.7	−46	−4	$[Cu(en)(H_2O)_4]^{2+}$	−60.1	−55	25	−15.5	−8	29	33
$[Cu(NH_3)_4(H_2O)_2]^{2+}$	−74.2	−92	−58	$[Cu(en)_2(H_2O)_2]^{2+}$	−111.8	−107	29	−37.6	−15	88	67

[9] Daten aus R. D. Hancock, A. E. Martell, *Comments Inorg. Chem.* **1988**, *6*, 237; G. J. McDougall, R. D. Hancock, J. C. A. Boeyens, *J. Chem. Soc., Dalton Trans.* **1978**, 1438.

Wie man sieht, ist die Bildung der Chelatkomplexe vor allem durch die größere Reaktionsentropie im Vergleich zu den Amminkomplexen bevorzugt.[10] Das wird deutlich, wenn man das Gleichgewicht betrachtet:

$$[Ni(NH_3)_6]^{2+} + 3 \text{ en} \rightleftharpoons [Ni(en)_3]^{2+} + 6 NH_3$$

Die Reaktion von links nach rechts verläuft unter *Erhöhung der Teilchenzahl* in Lösung und damit *Erhöhung der Entropie* in den Translationsfreiheitsgraden des Systems. Geht man von den Aquakomplexen der Metalle aus, so erhöht sich die Teilchenzahl in Lösung bei Substitution durch Chelatliganden. Das führt zu einer Erhöhung der Entropie um $\Delta S = nR\ln 55.5 = 33.4n$ Jmol^{-1}K^{-1} (n = Anzahl der gebildeten Chelatringe, 55.5 = Molalität reinen Wassers).[11] Bei 300 K bedeutet dies einen Beitrag zur freien Komplexbildungsenthalpie von 10 kJmol^{-1} pro Chelatring. Die berechneten Entropiewerte in Tabelle 20.1 stimmen recht gut mit den gemessenen Werten überein.

Eine mikroskopische („lokale") Erklärung des Chelat-Effekts

Den Entropieanteil der größeren Stabilität von Chelatkomplexen gegenüber denen mit einzähnigen Liganden kann man qualitativ auch durch eine mikroskopische (lokale) Betrachtung erklären. Dabei betrachtet man die Dissoziation z. B. eines Amminliganden und eines Donoratoms von Ethan-1,2-diamin. Nach der Dissoziation von NH$_3$ diffundiert dieses rasch aus dem Lösungsmittelkäfig des Komplexes heraus und wird durch Konvektion und Diffusion in der Lösung weitertransportiert. Es ist sehr unwahrscheinlich, daß dieses Molekül in demselben Komplex noch einmal als Ligand eingebaut wird. Dissoziiert hingegen ein Donoratom des *en*-Liganden, so kann sich die NH$_2$-Funktion aufgrund ihrer Fixierung durch

---

[10] Die geringe energetische (enthalpische) Bevorzugung läßt sich u. a. durch die etwas besseren Donoreigenschaften von *en* gegenüber NH$_3$ und die unterschiedliche Solvatation der freien Liganden erklären (s. o.).

[11] Diese Beziehung geht auf eine Arbeit von A. W. Adamson zurück: *J. Am. Chem. Soc.* **1954**, *76*, 1578. Dieser wies darauf hin, daß bei der Bildungsreaktion eines beliebigen Komplexes aus dem entsprechenden Aquakomplex die partiellen molaren thermodynamischen Zustandsfunktionen sich auf *unterschiedliche Standardzustände* beziehen. Für H$_2$O – das auch Lösungsmittel ist – ist dies der Zustand mit dem Molenbruch x = 1, während sich die thermodynamischen Größen des anderen Liganden auf den Zustand mit der Aktivität 1 M beziehen. Diese „Asymmetrie der Standardzustände" wird dann bedeutsam, wenn man Substitutionsreaktionen an Aquakomplexen vergleicht, bei denen sich die Teilchenzahl in Lösung ändert. Für jedes zusätzlich erzeugte Teilchen (d. h. gleichzeitig Bildung eines Chelatringes) muß dann der Korrekturfaktor Rln55 für den Standardzustand berücksichtigt werden. Die Interpretation in dem hier vorgestellten Sinn erfolgte durch A. E. Martell in *Essays in Coordination Chemistry* (Hrsg.: W. Schneider, G. Anderegg, R. Gut), Birkhäuser Verlag, Basel, **1964**, S. 52. Martell interpretierte diese Korrekturgröße als *Erhöhung der Translationsentropie* des Systems bei der Chelatbildung.

die Kohlenwasserstoffkette nur wenige Ångström von der Koordinationsstelle entfernen. Die Wahrscheinlichkeit eines Wiedereinbaus ist folglich
groß. Makroskopisch manifestiert sich diese erhöhte Bindungswahrschein-
lichkeit einer dissoziierten Chelatfunktion an das Metallzentrum in einer
höheren Beständigkeit der Komplexe.

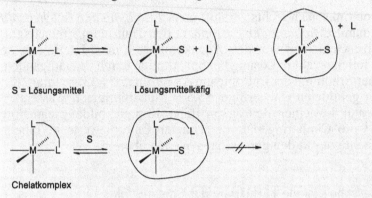

Der Chelat-Effekt wird entscheidend durch das *Verhältnis der Ringgröße des
Chelatringes zum Ionenradius* des Zentralmetalls beeinflußt. Der experimentelle Befund, daß fünfgliedrige Chelatringe zu Komplexen höherer Stabilität
als sechsgliedrige Ringstrukturen führen, ist eine Folge der geringeren
sterischen Spannung in den Fünfringen (und damit ein Enthalpie-Effekt!).
Rechnungen mit molekülmechanischen Methoden (s. Kap. 5) ergeben, daß
beispielsweise die Ringspannung des koordinierten *en*-Liganden dann minimal wird, wenn M-N-Bindungslängen von 2.50 Å und ein N-M-N-Winkel
von 69° vorliegen. Dagegen sind die optimalen metrischen Parameter
für den homologen Liganden *tn* (Propan-1,3-diamin): M-N = 1.6 Å und
<(N-M-N) = 109.5°. Berücksichtigt man also die Ringspannungseffekte, so
ergibt sich, daß der *en*-Ligand bevorzugt an Metalle mit großem Ionenradius
(La^{3+}, Pb^{2+}) koordiniert; für das homologe *tn* ist die Koordination an Metallionen mit kleinem Ionenradius (Be^{2+}) hingegen günstig. Diese Erkenntnis
macht man sich bei der Entwicklung *ionenselektiver Bindungsstellen* in
mehrzähnigen Liganden zunutze.

Neben der Wahl der Donoratome und der Größe der Chelatringe spielt ein
weiterer Aspekt bei der Entwicklung neuer Chelatliganden (und auch Makrocyclen) eine wichtige Rolle, nämlich die *Präorganisation*[12] des Liganden vor
der Koordination an das Metallzentrum. Die meisten der bereits erwähnten
Chelatliganden nehmen in freier Form in Lösung eine gegenüber der gebundenen Form verschiedene Vorzugskonformation an, in der die sterische

---

[12] Der Begriff Präorganisation ist im Sinne von „Vororientierung" zu verstehen und lehnt sich
an den allgemein verwendeten englischen Ausdruck *preorganization* an.

Spannung[13] minimiert ist. Ihre Koordination an das Metall ist dann mit einer strukturellen Umorientierung verbunden, die häufig mit einer Erhöhung der sterischen Spannungsenergie einhergeht. Sind starre Strukturelemente bereits im Liganden eingebaut (ist dieser also „vorgespannt"), so muß diese strukturelle Umordnung nicht erst erfolgen. Die Bedeutung der Präorganisation des Liganden für die Stabilität von Komplexen zeigt der Vergleich der Stabilitätskonstanten der Komplexe [Ca(*edta*)]$^{2-}$ und [Ca(*cdta*)]$^{2-}$:[14]

[Ca(cdta)]$^{2-}$

	lgK_1	ΔH	ΔS
[Ca(*edta*)]$^{2-}$	10.6	−6.6	26
[Ca(*cdta*)]$^{2-}$	13.2	−3.7	48

Die Vororientierung der N-Donoratome – durch Einbau eines Cyclohexanringes in das Ligandgerüst – bewirkt die um zwei Größenordnungen höhere Stabilität des *cdta*-Komplexes.

20.2 „Komplexone"

Die Stabilität von Chelatkomplexen macht man sich in der quantitativen Analyse von Metallionen zunutze. Während Chelatliganden in der Photometrie und Gravimetrie bereits in der Frühzeit der Koordinationschemie eingesetzt worden sind, wurden erst durch die Arbeiten von G. Schwarzenbach in Zürich Chelatliganden in Maßlösungen in der volumetrischen Analyse („Komplexometrie") eingeführt. Diese wichtige analytische Technik erwuchs zunächst aus den Untersuchungen zur Stabilität der Komplexe der Iminodiessigsäure und führte rasch zur Anwendung einer ganzen Reihe analoger Chelatbildner, die von Schwarzenbach als *Komplexone* bezeichnet wurden (Abb. 20.3).

Als wichtigste Komplexone haben sich in der Praxis *edta* in Form des kommerziell erhältlichen Dinatriumsalzes Na$_2$[H$_2$edta]·2H$_2$O sowie *cdta* etabliert.

---

[13] Sterische Spannungsenergie im Sinne der in Kap. 5 vorgestellten molekülmechanischen Methoden.

[14] N. Okatu, K. Toyoda, Y. Moriguchi, K. Ueno, *Bull. Chem. Soc. Jpn.* **1967**, *40*, 2326. Der Ligand cdta wurde wie auch edta von G. Schwarzenbach in die Komplexometrie eingeführt (s. Abb. 20.3).

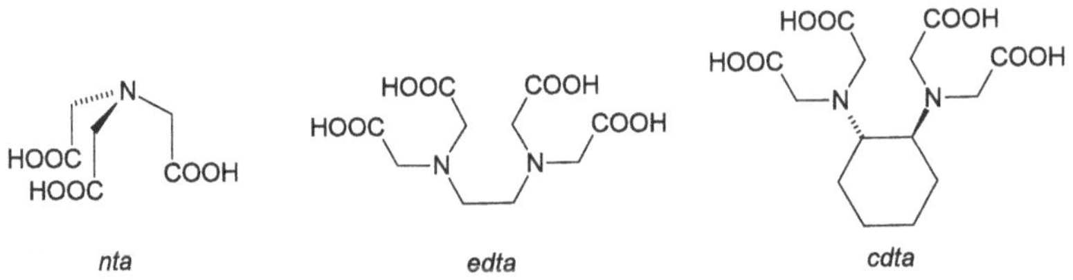

Abb. 20.3. Komplexone, die in der Maßanalyse Anwendung finden.

In den anionischen Komplexen ist der Ligand in der Regel hexakoordiniert, obwohl eine der Koordinationsstellen mitunter auch durch ein H_2O-Molekül besetzt ist, wie in $[Mg(edta)(H_2O)]^{2-}$ oder $[Cr^{III}(edta)(H_2O)]^-$. Im allgemeinen bilden dreiwertige Metallionen stabilere Komplexe als zweiwertige, und die Komplexe der Übergangsmetalle sind im allgemeinen stabiler als die der Erdalkalimetalle (Tabelle 20.2).

Tabelle 20.2. Stabilitätskonstanten K_1 von hexakoordinierten Metall(edta)-Komplexen (bei 20 °C und in Gegenwart von 0.1 M KCl zur Konstanthaltung der Ionenstärke).

Kation	$lg(K_1)$	Kation	$lg(K_1)$	Kation	$lg(K_1)$
Mg^{2+}	8.69	Co^{2+}	16.31	Al^{3+}	16.13
Ca^{2+}	10.96	Ni^{2+}	18.62	V^{3+}	25.9
Ba^{2+}	7.76	Cu^{2+}	18.80	Fe^{3+}	25.1
V^{2+}	12.7	Cd^{2+}	16.46	La^{3+}	15.50
Mn^{2+}	14.04	Hg^{2+}	21.80	Eu^{3+}	17.35
Fe^{2+}	14.33	Eu^{2+}	7.7	Lu^{3+}	19.83

Obwohl der Äquivalenzpunkt einer komplexometrischen Titration durch physikalische Meßmethoden (Potentiometrie) bestimmt werden kann, haben sich für Routineanalysen metallochrome Indikatoren durchgesetzt. Diese binden schwächer an das Metall als die Komplexone, und die mit der vollständigen Verdrängung aus der Koordinationssphäre des Metallions am Äquiva-

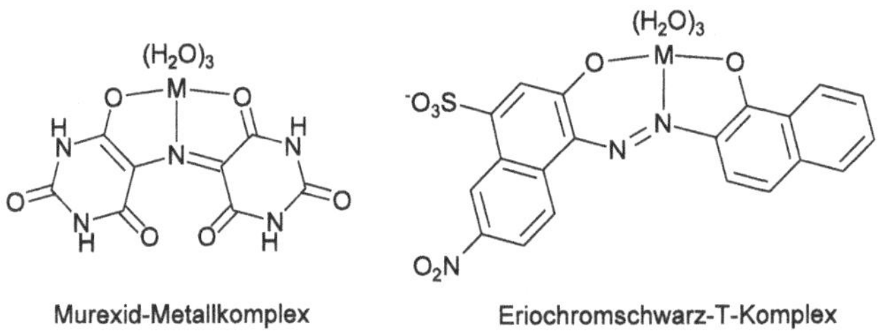

Murexid-Metallkomplex   Eriochromschwarz-T-Komplex

Abb. 20.4. Metallkoordination von Murexid (I) und Eriochromschwarz-T (II). Endpunktanzeige jeweils durch Umschlag von rot (Metall-Indikator-Komplex) nach blau (freier Indikator).

lenzpunkt einhergehende Farbänderung dient als Endpunktanzeige der Titration. Verbreitete Metallochrome sind das „Murexid" (I) und der Azofarbstoff „Eriochromschwarz-T" (II) (Abb. 20.4).

20.3 Siderophore

Die wichtige Rolle, die Metallionen in lebenden Organismen spielen, wird uns noch in Kapitel 23 beschäftigen, das vor allem der Metallkoordination in Metalloenzymen gewidmet ist. Für den Transport von Metallionen im Organismus ist eine Vielzahl von makro- und niedermolekularen Träger(„Carrier-")molekülen verantwortlich. Über Carriermoleküle, die als Liganden für Übergangsmetallionen fungieren, ist bisher relativ wenig bekannt, mit Ausnahme der Eisen-bindenden Systeme. Die niedermolekularen Eisen-Carrier, die Siderophore,[15] lassen sich in zwei Klassen unterteilen, die Hydroxamate und Catecholate (Abb. 20.5).

Unter den bekannten natürlichen Siderophoren bildet das Enterobactin, das zu den Catecholaten gehört, die stabilsten Komplexe mit Fe^{3+}.[16] Die hohe Stabilitätskonstante von 10^{52} ermöglicht problemlos die Auflösung von Fe^{III} unter physiologischen Bedingungen (bei pH 7 beträgt die theoretische Konzentration an Fe^{3+} in wässriger Lösung aufgrund des Löslichkeitsprodukts von 10^{-37} für $Fe(OH)_3$ nur ca. 10^{-16} M). Enterobaktin bindet mit den harten Donoratomen seiner Catecholgruppen an das ebenfalls harte Fe^{III}-Zentrum unter Ausbildung eines oktaedrischen Komplexes mit Δ-Konfiguration.

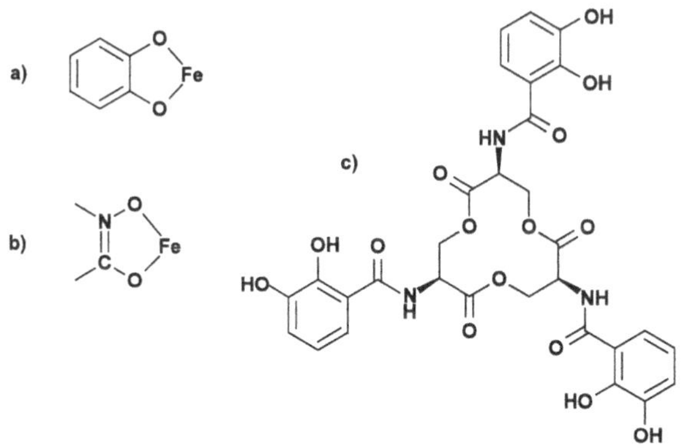

Abb. 20.5.
a) Catecholate,
b) Hydroxamate,
c) Enterobactin.

[15] Siderophor = Eisenträger. Literatur: K. N. Raymend, C. J. Carrano, *Acc. Chem. Res.* **1979**, *12*, 183; K. N. Raymond, G. Müller, B. F. Matzanke, *Top. Curr. Chem.* **1984**, *123*, 49; G. Winkelmann, D. van der Helm, J. B. Neilands (Hrsg.), *Iron Transport in Microbes, Plants and Animals*, VCH Weinheim, **1987**.

[16] Enterobactin wurde aus Bakterienkulturen von *Aerobacter aerogenes, Escherichia coli* und *Salmonella typhimurium* isoliert, J. R. Pollack, J. B. Neilands, *Biochem. Biophys. Res. Commun.* **1970**, *38*, 989.

Die außerordentlich hohe Stabilität des Eisenkomplexes (auch im Vergleich zu anderen natürlichen Siderophoren, deren Komplexstabilitätskonstanten mit Fe^{III} bei ca. 10^{30} liegen) beruht auf einem hohen Grad an *Präorganisation* des freien Liganden in Lösung und einer nur *minimal erhöhten sterischen Spannung* des Ligandgerüsts bei der Koordination an das Metallzentrum, wie molekülmechanische Untersuchungen gezeigt haben.[17] Bereits im freien Liganden ist die axiale Orientierung der „Arme" des Podanden vorgegeben, die noch durch intramolekulare Wasserstoffbrücken zwischen den Amido-NH-Gruppen und den Ringsauerstoffatomen des zentralen Lactonringes unterstützt wird. Die Chiralität des gewellten Lactonringes bedingt die Bevorzugung einer der beiden möglichen helikalen Konfigurationen des Komplexes.

Siderophore in der *Chelat-Therapie*

Die Behandlung bestimmter Blutkrankheiten (Sichelzellenanämie u.ä.) erfordert die regelmäßige Durchführung von Bluttransfusionen. Da der Mensch, trotz seines hochentwickelten Regulationsmechanismus für den Transport und die Speicherung von Eisen, keinen spezifischen physiologischen Mechanismus für dessen Ausscheidung besitzt,[18] ist eine Anreicherung des Elements eine Folge einer solchen Behandlung, die vor allem Herz, Leber und Bauchspeicheldrüse belastet und unter Umständen sogar zum Tod führen kann. Versuche, überschüssiges Eisen aus dem menschlichen Körper zu entfernen, basieren auf einer *Chelat-Therapie* (s. Abschn. 23.4), d.h. dem Einsatz Eisen-komplexierender Liganden. Ursprünglich wurde zu diesem Zweck das auch heute noch verwendete Siderophor Desferrioxamin-B (produziert vom Schimmelpilz Streptomyces pilosus) appliziert (Desferal®, Ciba). Das lineare Peptid-Derivat enthält drei nichtäquivalente Hydroxamatgruppen in der Kette, über die es an Fe^{3+} koordiniert (Abb. 20.6).

---

[17] A. Shanzer, J. Libman, S. Lifson, C. E. Felder, *J. Am. Chem. Soc.* **1986**, *108*, 7609.
[18] Ein gesunder Mensch kann ca. 1 mg Eisen pro Tag ausscheiden.

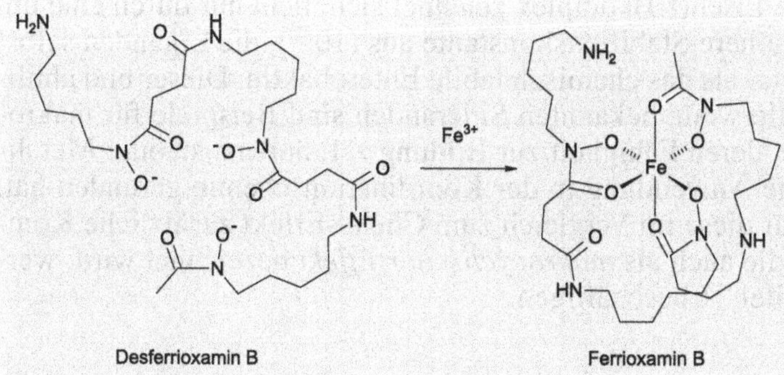

Abb. 20.6.
a) Desferri-
oxamin-B,
b) ein mögliches
Stereoisomer des
Ferrioxamin-B.

Obwohl Desferrioxamin B thermodynamisch gesehen in der Lage ist, Eisen im menschlichen Körper zu komplexieren, auch wenn dieses an das Transportprotein Transferrin oder an Speicherproteine gebunden ist, ist die Einstellung des Komplexierungsgleichgewichts kinetisch gehemmt, weshalb die therapeutische Wirksamkeit von Desferal® relativ gering ist. Nicht zuletzt deswegen beanspruchen die Strukturen und Komplexbildungsgleichgewichte von Siderophoren unverändert großes Interesse bei der Suche effektiverer Komplexbildner für Eisen unter physiologischen Bedingungen. Die chemische Labilität von Enterobaktin, das von seinen Komplexierungseigenschaften her eigentlich ideal geeignet wäre, steht seiner Anwendung in der medikamentösen Regulation des Eisenspiegels entgegen.

In seinen hervorragenden Eigenschaften als Komplexligand für dreiwertiges Eisen wird Enterobaktin von bisher keinem anderen offenkettigen Chelatliganden übertroffen. Eine noch weitergehende Stabilisierung eines Eisenkomplexes kann nur erreicht werden bei noch ausgeprägterer Präorganisation der Metallbindungsstelle und einer geeigneten „Vorspannung" des freien Liganden, die die relative Zunahme der sterischen Spannung bei der Bindung des Metalls auf ein Minimum herabsetzt. Ein derart verbesserter Ligand ist ein makrotricyclisches Ligandensystem, das von Vögtle und Mitarbeitern in Anlehnung an die natürlichen Eisenträger als *Siderand* bezeichnet wird.

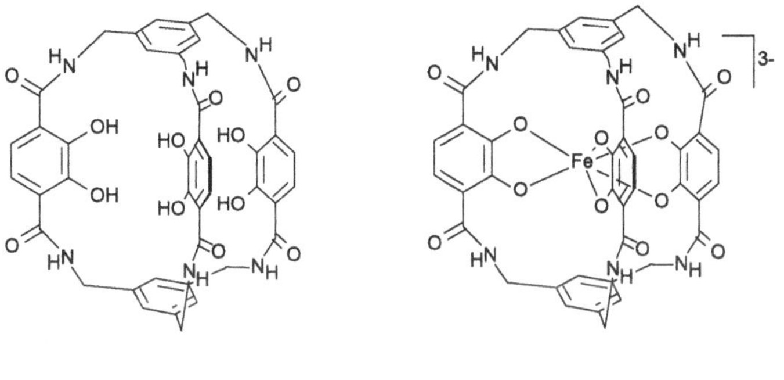

Der damit gebildete Eisen(III)komplex zeichnet sich nicht nur durch eine um 7 Zehnerpotenzen höhere Stabilitätskonstante aus (10^{59}), die Liganden selbst sind sehr viel robuster als das chemisch labile Enterobaktin. Dieser und ähnliche Typen von mittlerweile bekannten Sideranden sind Beispiele für makrocyclische Liganden, deren Fähigkeit zur Bildung z.T. äußerst stabiler Metallkomplexe vielfältige Anwendung in der Koordinationschemie gefunden hat. Mit den Gründen für diese im Vergleich zum Chelat-Effekt zusätzliche Komplexstabilisierung, die auch als *makrocyclischer Effekt* bezeichnet wird, werden wir uns in Kapitel 21 beschäftigen.

21 Makrocyclische Liganden und Käfig-Liganden

Das Konzept der Komplexstabilisierung durch Chelatring-Bildung erfährt seine Fortsetzung und Steigerung durch die Verwendung von *makrocyclischen Liganden* und *makropolycyclischen Liganden* oder auch *Käfig-Liganden*,[19] die ein Zentralatom dreidimensional umschließen.

Die klassischen Beispiele für flexible Makrocyclen („Coronanden"[20]) sind die Kronenether, für die sich eine eigene Nomenklatur durchgesetzt hat (Abb. 21.1). Sie haben eine immense praktische Bedeutung bei der Komplexierung von Alkalimetallkationen erlangt, wodurch die Lösung von Alkalimetallsalzen in relativ unpolaren organischen Lösungsmitteln möglich wurde.

Trotz ihrer praktischen Bedeutung waren die Kronenether nicht die ersten Beispiele für Coronanden. Der erste Vertreter dieses Ligandtyps war vielmehr das auch heutzutage noch häufig eingesetzte 1,4,8,11-Tetraazacyclotetradecan (*cyclam*). In Abbildung 21.2 sind einige wichtige Coronanden zusammengefaßt.

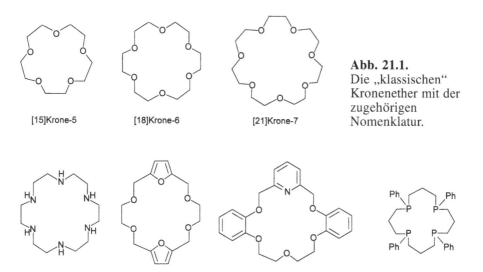

[15]Krone-5   [18]Krone-6   [21]Krone-7

Abb. 21.1.
Die „klassischen"
Kronenether mit der
zugehörigen
Nomenklatur.

Abb. 21.2. Beispiele für makrocyclische Liganden des Coronand-Typs.

---

[19] In der Koordinationschemie verwendet man den Begriff „Makrocyclus" in der Regel für Ringmoleküle aus *mindestens* neun Ringatomen, von denen mindestens drei als potentielle Donoratome fungieren können. Siehe z. B.: *Coordination Chemistry of Macrocyclic Compounds* (Hrsg.: G. A. Melson), Plenum, New York, **1979**. Käfig-Liganden sind Makropolycyclen, deren Ringe die oben gegebenen Bedingungen erfüllen.

[20] Coronand = Kronen-Verbindung, charakterisiert die nicht-planare, eher Kronen-ähnlich gefaltete Struktur dieser Liganden.

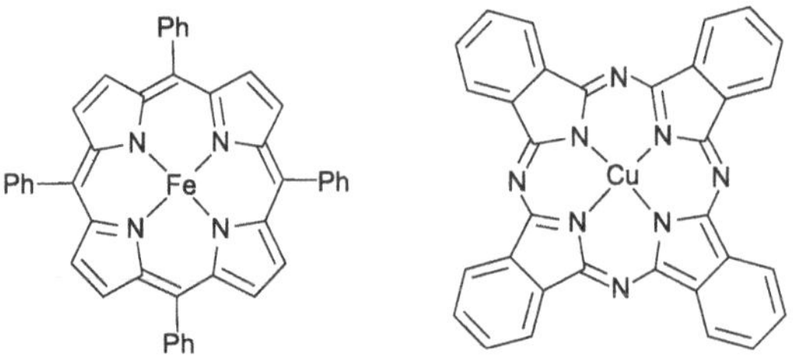

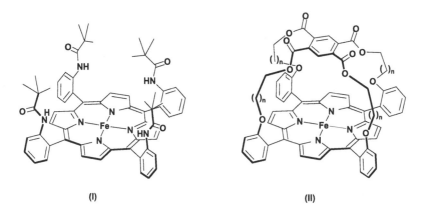

Abb. 21.3. a) Metalloporphyrine und b) Phthalocyanine.

Abb. 21.4. Lattenzaun-Porphyrin (I) und überdachter Porphyrinkomplex (II), die als funktionelle Modelle[21] für die Hämgruppe im Hämoglobin (Kap. 5) fungieren.

Die Coronanden sind relativ flexible makrocyclische Liganden, die – wie wir noch sehen werden – die Größe der Metall-Bindungsstelle weitgehend den Bedürfnissen des Zentralatoms anpassen können. Eine sehr viel strenger festgelegte Metall-Bindungsstelle besitzen die starreren ungesättigten Systeme, die etwa durch die Porphyrine und deren Derivate (Kap. 23) sowie die als Pigmente bedeutsamen Phthalocyanine repräsentiert werden (Abb. 21.3).

Porphyrineisenkomplexe mit einer geeigneten *Ligandperipherie* sind funktionelle Modelle für den Sauerstoff-Transport durch die Hämgruppe im Hämoglobin (Kap. 23). Der Fe^{II}-Komplex des „Lattenzaun-Porphyrins" (I) in Abbildung 21.4 bindet in Gegenwart von substituierten Imidazolen, Pyridin oder THF reversibel O_2. Die sterische Abschirmung des Porphyrinringes durch die peripheren Gruppen verhindert die Bildung eines zweikernigen

---

[21] In der *bioanorganischen Chemie* (Kap. 23) unterscheidet man zwischen *Strukturmodellen*, die die Metallbindungsstelle in einem Metalloprotein modellieren, selbst aber chemisch inaktiv sind, und *funktionellen Modellen*, die als niedermolekulare Komplexe die chemischen Transformationen der biologischen Systeme bewirken.

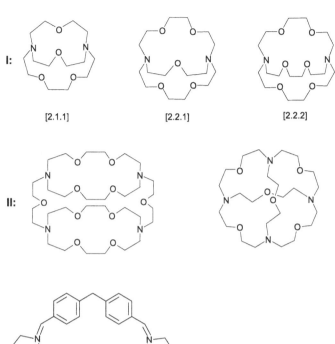

[2.1.1]   [2.2.1]   [2.2.2]

Abb. 21.5.
Makrobi- (I) und
tricyclische (II)
Kryptanden. Zur
Kennzeichnung der
Kettenlängen in I hat
sich eine Kurzbe-
zeichnung in Form
einer Zahlenleiste
durchgesetzt, wobei
die Zahlen die An-
zahl der Donorstel-
len in jeder Brücke
symbolisieren.

Abb. 21.6. Kryptand, der Bindungsstellen für
zwei Metallatome besitzt.

Komplexes und die dann folgende Oxidation des Fe^{II} zu Fe^{III}. Die Unterdrük-
kung dieser Dimerisierung gelingt auch durch Verwendung „überdachter"
Porphyrine, z. B. II in Abbildung 21.4.

Ligand-Käfige, *Kryptanden*, entstehen, wenn die makromonocyclischen
Liganden mit einer weitere Donorfunktionen tragenden Kette überbrückt werden. Von den in Abbildung 21.5 gezeigten Beispielen wurden die ersten Vertreter von Jean-Marie Lehn (s. Kap. 22) zu Beginn der 70er Jahre entwickelt,
die ähnlich wie die Kronenether vor allem für die Komplexierung von Alkali-
und Erdalkalimetall-Kationen verwendet werden und unter dem Handelsna-
men Kryptofix® kommerziell erhältlich sind. Je nach Brückenlänge kann die
Größe des dreidimensional umfaßten Hohlraums variiert werden.

Weitere Beispiele für Kryptanden sind die im vorigen Kapitel bereits
erwähnten künstlichen Sideranden und die Sepulchrate und Sarcophagine,
auf die in Abschnitt 21.2 näher eingegangen wird. Daß der Liganden-Hohl-
raum eines Kryptanden nicht nur Bindungsstelle für ein Metallion, sondern
für mehrere, auch verschiedene, sein kann, veranschaulicht das Beispiel in
Abbildung 21.6.

21.1 Der „makrocyclische Effekt"

Wir hatten in Kapitel 20 bereits die thermodynamischen Grundlagen der größeren Stabilität von Koordinationseinheiten mit mehrzähnigen Liganden im Vergleich zu denen mit *entsprechenden* einzähnigen Liganden (s. o.) kennengelernt. Dieser *Chelat-Effekt* ist sowohl ein Enthalpie- als auch ein Entropie-Effekt, wobei die letztere Komponente bei Wahl geeigneter Vergleichssysteme der dominierende Faktor ist. In der Reihe der in Abbildung 20.2 verglichenen Komplexe sind diejenigen mit dem makrocyclischen Tetraaminliganden die stabilsten. Diese zusätzliche Stabilisierung eines Makrocyclen-Komplexes im Vergleich zu einem entsprechenden mit einem mehrzähnigen, *offenkettigen* Liganden bezeichnet man als *makrocyclischen Effekt*.

Läßt man einmal den möglichen unterschiedlichen Solvatationsgrad der freien offenkettigen bzw. makrocyclischen Liganden außer acht, so bleibt in einem Gleichgewicht der beiden entsprechenden Komplexe die Teilchenzahl unverändert. Im Gegensatz zum Chelat-Effekt spielt die *Translationsentropie des Systems* daher *keine Rolle*. Wichtige Beiträge zum makrocyclischen Effekt liefern daher:

- Die Präorganisation des Liganden, die bei starren Systemen besonders ausgeprägt sein kann.
- Die unterschiedliche Solvatation der offen- und geschlossenkettigen Liganden.
- Unterschiede in den Donoreigenschaften der verschieden substituierten Donorfunktionen der Liganden (dieser Faktor ist für den makrocyclischen Effekt meist vernachlässigbar, vorausgesetzt, daß die unterschiedliche chemische Umgebung der endständigen Donoratome in den offenkettigen Systemen das Koordinationsverhalten nicht wesentlich beeinflußt).
- Die Reduktion der Dipol-Dipol-Abstoßung der Donorfunktionen der Metall-Bindungsstelle bei Komplexierung eines Metallions.

Alle vier Aspekte liefern Beiträge zu einer *enthalpischen Stabilisierung* von Makrocyclen-Komplexen, während der zweite und der vierte auch einen Entropie-Beitrag leisten können. Wie wichtig die Präorganisation eines Makrocyclus sein kann, zeigt der Vergleich der Stabilitäten der Cu^{2+}-Komplexe des offenkettigen Liganden I und des cyclischen Systems II. Die um fast 10 Größenordnungen höhere Stabilität des Komplexes von II ist eine der spektakulärsten Manifestationen des makrocyclischen Effekts und der Bedeutung der Ligand-Präorganisation.

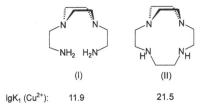

	(I)	(II)
lgK$_1$ (Cu^{2+}):	11.9	21.5

Eine gründliche Analyse des makrocyclischen Effekts wurde anhand der Metallkomplexe mit flexiblen Tetraaza-Makrocyclen durchgeführt (Tabelle 21.1). Dabei wurde ein Liganden-Paar gewählt, dessen sterische Spannung bei der Koordination an die Metallzentren sehr ähnlich ist.

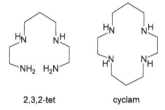

| | 2,3,2-tet | cyclam |

Tabelle 21.1. Thermodynamische Beiträge zum makrocyclischen Effekt (ME) in Komplexen mit Tetraaza-Makrocyclen.

		Cu^{II}	Ni^{II}	Zn^{II}
$lg(K_1)$:	cyclam	26.5	19.4	15.5
	2,3,2-tet	23.2	15.9	12.6
	$\Delta lg(K_1)$ (ME)	3.3	3.5	2.9
ΔH:	cyclam	-135.7 kJmol^{-1}	-101.0	-62.0
	2,3,2-tet	-116.1	-77.9	-50.0
	$\Delta(\Delta H)$ (ME)	19.6	-23.1	-12.0
ΔS:	cyclam	54 Jmol^{-1}K^{-1}	33	88
	2,3,2-tet	54	42	75
	$\Delta(\Delta S)$ (ME)	0	-9	13

Übungsaufgabe:

Vergleichen Sie die Stabilitätstrends in Tabelle 21.1 in Abhängigkeit vom Zentralmetallatom! Hätten Sie dieses Ergebnis qualitativ mit Hilfe der bisher erlernten Konzepte vorhersagen können?

Antwort:
Für die Stabilität der Komplexe in Tabelle 21.1 gilt die Reihenfolge $Ni^{II} < Cu^{II} > Zn^{II}$. Dieses ist aber nichts anderes als ein Teil der Irving-Williams-Reihe, die wir in Kapitel 10 kennengelernt haben!

Das in Tabelle 21.1 dokumentierte Datenmaterial belegt eindeutig, daß der makrocyclische Effekt (ME) *in diesem Falle* primär ein Enthalpie-Effekt ist. Ähnliche Studien mit anderen Markrocyclen, z. B. den Schwefel-Analoga, deuten eher auf die Bedeutung der Entropie als entscheidende thermodynamische Größe für den ME in diesen Systemen hin. Wie aus dem Gesagten hervorgeht, muß die Frage nach dem Einfluß der Änderung der beiden thermodynamischen Zustandsfunktionen von Fall zu Fall entschieden werden, da alle vier der genannten Beiträge zum makrocyclischen Effekt wirksam sein können.

Eine Erweiterung des makrocyclischen Effekts „in die dritte Dimension" beobachtet man für die Metallkomplexe der Kryptanden. Diese Verallgemeinerung des makrocyclischen Effekts, manchmal auch als „Kryptat-Effekt" bezeichnet, ist auf die stärker ausgeprägte Präorganisation der freien Liganden für eine Metallionen-Bindung zurückzuführen. Je nachdem wie starr das Ligandgerüst ist, liegt eine mehr oder weniger perfekte Vororientierung der Donorfunktionen vor. Ähnlich detaillierte und breit angelegte thermodynamische Studien wie zum Chelat- und makrocyclischen Effekt liegen bisher nicht vor, doch lassen die vorhandenen Daten auf die Bedeutung der gleichen Energie- und Entropiebeiträge wie im Falle des makrocyclischen Effekts schließen.

21.2 Templatsynthesen makrocyclischer Liganden und Käfige[22]

Ein prinzipielles Problem bei der Synthese makrocyclischer Liganden, wie generell großer Ringsysteme, betrifft die geeignete Vororientierung der zu verknüpfenden Komponenten, so daß der Ringschluß gegenüber einer offenkettigen Oligo- oder Polymerisierung begünstigt wird. Eine Möglichkeit zur Unterstützung der Cyclisierung ist das Arbeiten bei hoher Verdünnung, wodurch es wahrscheinlicher wird, daß die jeweiligen Enden eines Moleküls unter Ringschluß miteinander reagieren als mit den Enden anderer Moleküle in der Lösung.

Werden nun in das zu cyclisierende Kettenstück geeignete Donoratome eingebaut, so kann die Kette als Chelatligand gegenüber in der Reaktionslösung befindlichen Metallkationen wirken und auf diese Weise in eine für die Cyclisierung günstige geometrische Anordnung gebracht werden. Das Metallzentrum bildet dabei das *Templat* für den zu bildenden Ring; solche Reaktionen werden daher auch als *Templatsynthesen* bezeichnet. Dies gilt sowohl für den Ringschluß einer Kette als auch für die Verknüpfung mehrerer Kettenglieder. Beide Fälle sind in Abbildung 21.7 schematisch dargestellt.

Die Vielzahl heutzutage bekannter makrocyclischer Liganden ist nicht zuletzt auf die Anwendung solcher Templatsynthesen zurückzuführen. In Abbildung 21.8 werden Beispiele für die Templatsynthese von Makrocyclen gegeben.

---

[22] Eine ausgezeichnete Einführung in die Thematik bietet: E. C. Constable, *Metals and Ligand Reactivity*, VCH, Weinheim, **1996**, Kap. 6.

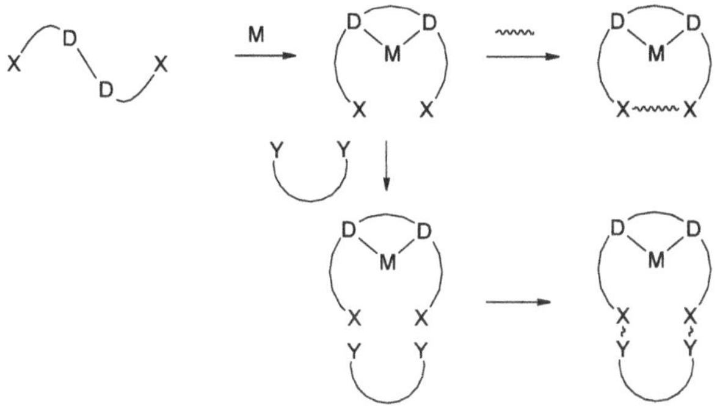

Abb. 21.7. Oben: Durch Templatbildung mit einem Metallion unterstützte Cyclisierung einer Kette. Unten: Vororientierung eines Kettenglieds vor der Kondensation (und Cyclisierung) mit einem zweiten Ringbaustein. Die funktionellen Gruppen beider Bausteine des Rings sind komplementär zueinander und erlauben daher eine direkte Verknüpfungsreaktion.

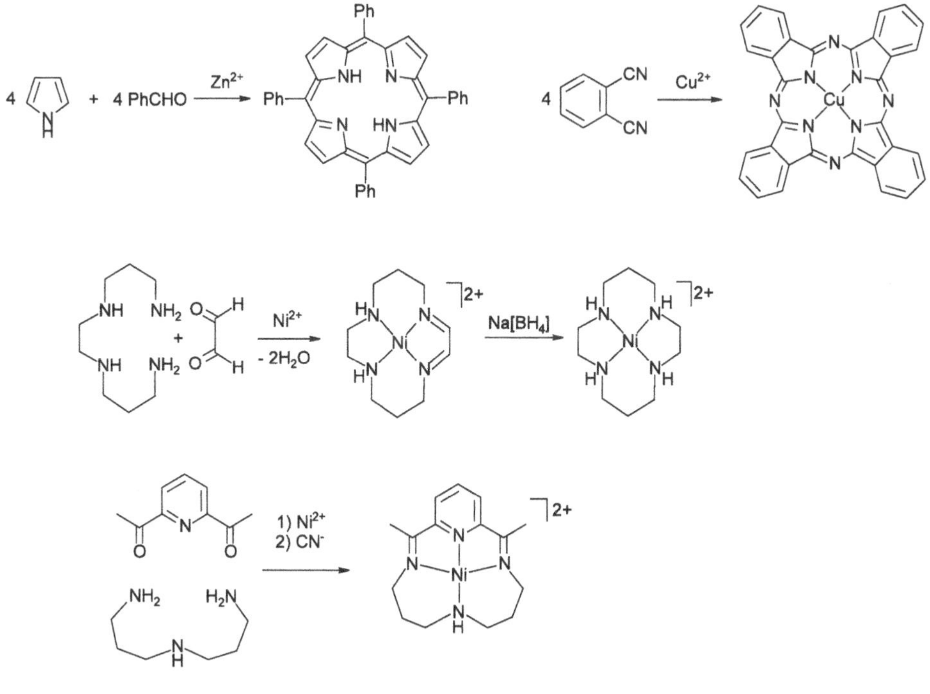

Abb. 21.8. Beispiele für die Templatsynthese von Makrocyclen. Die freien Liganden in den Nickelkomplexen erhält man durch „Extraktion" des Ni^{II} mit Cyanid, wobei der äußerst stabile Komplex [Ni(CN)$_4$]$^{2-}$ gebildet wird. Eine Entfernung des Kupfers aus dem tiefblauen Pigment Kupferphthalocyanin ist hingegen nur unter drastischen Reaktionsbedingungen möglich. Die ausgeprägte Tendenz der Phthalocyanine zur Koordination an zweiwertige Ionen zeigt sich an der „Löslichkeit" von metallischem Gold in geschmolzenem Phthalodinitril unter Bildung des Au^{II}-Komplexes!

Für die Auswahl des Kations einer Templatsynthese sind mehrere Faktoren ausschlaggebend. In der Regel wird man z. B. weiche Metallkationen im Zusammenhang mit weichen Donoratomen in den Kettengliedern wählen. So haben sich z. B. Alkalimetallkationen als für die Kronenethersynthese geeignet erwiesen, während die weicheren Übergangsmetallkationen bei der Synthese von N- und S-Makrocyclen eingesetzt werden. Auch wird die Größe des „Lochs" im cyclischen Liganden und der Ionenradius des Kations aufeinander abzustimmen sein (s. auch Abschnitt 21.2.1). Die Bedeutung der Wahl des geeigneten Metallkations (mit passendem Ionenradius!) für die Templatsynthese eines Makrocyclus wird deutlich, wenn das Nickelsalz in der Synthese in Abbildung 21.8 durch ein Silbersalz ersetzt wird, dessen Metallkation einen deutlich größeren Ionenradius besitzt:

Wie bei der Synthese makrocyclischer Liganden spielt die Templatstrategie auch bei der Darstellung von Ligandkäfigen eine Schlüsselrolle. Ein frühes Beispiel ist die Verknüpfung der drei Dimethylglyoximatoliganden im Komplex [Co(dmg)$_3$] durch Reaktion mit BF$_3$ unter Bildung eines Käfigs, in den das Cobaltion in einer verzerrt oktaedrischen Koordinationsgeometrie eingeschlossen ist:

Läßt man den konfigurationsstabilen Komplex [Co(en)$_3$]$^{3+}$ mit Ammoniak und Formaldehyd reagieren, so werden die drei Chelatliganden durch zwei gegenüberliegende „Kappen" verknüpft, und so wird ein auf ähnliche Weise eingeschlossenes Cobaltion erhalten. Aufgrund der hohen thermodynamischen und kinetischen Stabilität dieses Komplexes, in dem das Zentralatom

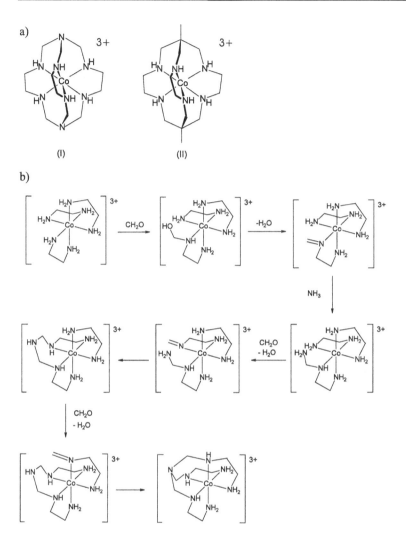

Abb. 21.9. a) Sepulchrat (links), Sarcophagin (rechts). b) Mechanistischer Vor-schlag zur stufenweisen Bildung der Kappen der Sepulchrate.

fast wie in einem Grab eingekapselt ist, bezeichnet man diese Systeme auch als *Sepulchrate*[23] oder *Sarcophagine*. Ein mechanistischer Vorschlag zur Bildung einer solchen Kappe ist in Abbildung 21.9 wiedergegeben.

---

[23] von *Sepulchrum* = Grab. Übersicht: A. M. Sargeson, *Pure Appl. Chem.* **1994**, *56*, 1603.

21.2.1 Die Beziehung zwischen Ionenradius und der Größe der Metall-bindungsstelle: die „Lochgröße" in cyclischen Liganden

Wie wir bei der Analyse des makrocyclischen Effekts feststellten, spielt die Präorganisation des Liganden eine wesentliche Rolle bei der Bildung der z.T. äußerst stabilen Komplexverbindungen. Dies wiederum läßt die Vermutung zu, daß eine optimale Komplexierung die richtige Abstimmung zwischen der Größe der Bindungsstelle und dem Ionenradius erfordert, somit also eine Selektivität im Bindungsvermögen der makrocyclischen Liganden gegenüber verschiedenen Metallionen zu erwarten wäre. Umgekehrt bestimmt die Wahl des Metallkations mitunter die Bildung eines bestimmten Makrocyclus in Templatsynthesen, wie wir ja im vorigen Kapitel gesehen haben.

Im einfachsten Fall kann man für einen makrocyclischen Liganden geometrisch eine *Lochgröße*[24] bestimmen, aus der sich dann der am besten „passende" Ionenradius ergibt. Ausgangspunkt ist ein Kreis, der möglichst viele Donoratomlagen erfaßt, in dessen Inneren aber keine Ligandenatome liegen (Abb. 21.10). Nach Abzug der Kovalenzradien der Donoratome ergibt sich dann der Radius des *Lochs*, in dem die Kationen gebunden werden.

Diese Definition der Lochgröße eines Makrocyclus hat streng genommen nur bei planaren, starren Systemen, wie z. B. den Phthalocyaninen, eine quantitative Bedeutung, während die meisten makrocyclischen Liganden aufgrund von Konformationsänderungen im Ligandgerüst eine gewisse Variabilität in ihrer Lochgröße besitzen. Daß bei der Interpretation der Bindungsselektivität von z. B. Kronenethern für bestimmte Alkalimetallionen eine Argumentation allein mit der Lochgröße unangebracht ist, zeigt der Vergleich der Selektivität der cyclischen Verbindungen mit denen offenkettiger Polyether, wie z. B. Kryptofix-5®.

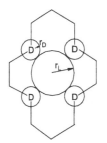

Abb. 21.10. Geometrische Bestimmung der Lochgröße eines makrocyclischen Liganden. Nach Abzug der Kovalenzradien der Donoratome r_D von dem des einbeschriebenen Kreises ergibt sich der Radius des idealisierten sphärischen Lochs r_L.

---

[24] Hier wird die wörtliche Übersetzung des im angelsächsischen Sprachraum etablierten Begriffs „hole size" verwendet.

15-Krone-5   Kryptofix-5

Dieser Ligand hat eine fast identische Ionenselektivität wie der Kronenether 15-Krone-5 mit einer Stabilitätsreihe $K^+ > Rb^+ > Cs^+$, die aber eine Folge der relativen M^+-O^-Bindungsstärken ist, die in der Reihenfolge $K^+ > Rb^+ > Cs^+$ abnimmt und vermutlich kein Lochgrößeneffekt ist.

Auch die Steuerung von Templat-Ringsynthesen durch Metallkationen kann anderen Faktoren unterliegen als dem Verhältnis zwischen der erwünschten Ringgröße und dem Ionenradius des verwendeten Metallkations. Das zeigt die Cyclisierung von Ethenoxid, die sowohl in Gegenwart von K^+ als auch des wesentlich größeren Kations Cs^+ zum Kronenether 18-Krone-6 führt. Dies liegt an der Bildung zweier verschiedener Komplextypen unter den Reaktionsbedingungen. Während K^+ in seinem Komplex die Mitte des Lochs besetzt, bildet Cs^+ mit zwei Liganden eine Art Sandwichverbindung:

Während das Konzept der Lochgröße also auf makrocyclische Verbindungen mit einiger Vorsicht anzuwenden ist, erweist es sich als nützlich bei der Steuerung der Bindungsselektivität von Kryptanden, die im allgemeinen strukturell viel stärker präorganisiert sind.

22   Von „molekularen" zu „supramolekularen" Komplexen

22.1   Grundlagen der supramolekularen Chemie[25]

In Kapitel 21 standen die Metallion-Ligand-Wechselwirkungen von makro-
mono- und -polycyclischen Liganden im Blickpunkt unserer Diskussion.
Wichtige Aspekte waren dabei die *Präorganisation* der Liganden, die sich
daraus ergebende thermodynamische Stabilität der Metallkomplexe sowie
die *Bindungsselektivität* für bestimmte Ionen. Vom entgegengesetzten Standpunkt aus gesehen beschäftigte uns die Bedeutung der Wahl eines bestimmten
Metallions für die *Selektivität der Templatsynthesen* von makrocyclischen
Molekülen. Diese Selektivitäten kann man als *Informationen* auffassen, die
in der Ligandstruktur „gespeichert" sind oder durch die chemischen Eigenschaften (Ionenradius, chemische Härte, usw.) der Metallionen vorgegeben
sind. Wie bereits betont wurde, fungiert der Ligand als (in der Regel konka-
ver) *Rezeptor (Wirt)* für das (sphärische und damit strukturell *komplementäre*)
Metallion.
  Die Verallgemeinerung dieses Konzepts ist Gegenstand der *supramolekularen Chemie*. Wie wir sehen werden, läßt sich der Begriff „supramolekulare
Chemie" nicht scharf gegenüber der herkömmlichen Molekülchemie abgren-
zen, vor allem, wenn es sich um Koordinationsverbindungen handelt. Ausgangspunkt soll für uns die Definition sein, die ihr Jean-Marie Lehn,[26] einer
ihrer Pioniere, gegeben hat:
  „Supramolekulare Chemie ist die Chemie der *intermolekularen Bindung*
und beschäftigt sich mit Strukturen und Funktionen von Einheiten, die
durch Assoziation von zwei oder mehr chemischen Spezies gebildet werden."
  Die Assoziation der molekularen Bausteine führt dabei zu hochorganisierten übermolekularen (supramolekularen) Strukturen, die durch nicht-kovalente Wechselwirkungen (ionische Bindung, Wasserstoffbrücken, van-
der-Waals-Attraktion, aber auch Ion-Ligand-Donor-Akzeptor-Wechselwir-
kung![27]) stabilisiert werden.

---

[25] J.-M. Lehn, *Angew. Chem.* **1988**, *100*, 91; *idem*, **1990**, *102*, 1347. F. Vögtle, *Supramoleku-
      lare Chemie*, Teubner, Stuttgart **1992**. J.-M. Lehn, *Supramolecular Chemistry*, Wiley,
      Chichester, **1995**.
[26] Jean-Marie Lehn, * Rosheim 30. 9. 1939, seit 1970 Professor in Straßburg, seit 1980 auch
      am Collège de France in Paris. Er erhielt 1987 zusammen mit D. J. Cram und C. J. Pedersen
      für die Entwicklung der Wirt-Gast-Chemie den Nobelpreis für Chemie.
[27] Wie wir in Teil IV gesehen haben, haben solche Wechselwirkungen auch einen kovalenten
      Charakter, weshalb die von Lehn gegebene Definition hier etwas unscharf wird. In Kapitel 1
      wurde bereits auf den obsoleten Begriff der „Verbindung höherer Ordnung" für eine Koor-
      dinationsverbindung hingewiesen. Dieser Begriff erfährt durch die supramolekulare Brille
      betrachtet wieder eine Renaissance!

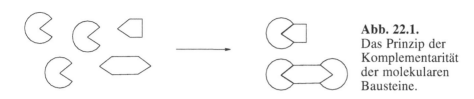

Abb. 22.1.
Das Prinzip der
Komplementarität
der molekularen
Bausteine.

Charakteristisch für ein supramolekulares Aggregat ist das Prinzip der *molekularen Erkennung* (*Selektion* und *Bindung* der Bausteine), bedingt durch die bereits erwähnte *Komplementarität* der molekularen Komponenten (Abb. 22.1). So sind die polymakrocyclischen Kryptanden beispielsweise als konkave Rezeptoren die zu den sphärischen Metallionen komplementären Bausteine. Zwei Carbonsäuren, die über Wasserstoffbrücken zu einem dimeren Aggregat verknüpft sind, sind *selbst-komplementäre* Bausteine. Das aktive Zentrum in einem Enzym und das Substat sind nach der berühmten Schlüssel-Schloß-Vorstellung Emil Fischers[28] zueinander strukturell komplementär. Die Strukturen der Wirt- und Gast-Einheiten bestimmen die möglichen intermolekularen Wechselwirkungen und damit die Molekülkombinationen, aus denen die supramolekularen Aggregate gebildet werden und enthalten damit die *Information*, die die Struktur des Aggregats bestimmt.

22.2 Metallion-Ligand-Komplementarität: vorprogrammierte Strukturen

In der supramolekularen Koordinationschemie ist die im vorigen Abschnitt erwähnte molekulare Information nicht nur in der Struktur des Liganden kodiert. Vielmehr haben Übergangsmetalle, wie wir in Teil II und IV gesehen haben, bestimmte bevorzugte Koordinationszahlen und -geometrien. Während z. B. eine große Zahl von Cu^I-Komplexen tetraedrische Geometrie besitzt, Pd^{II}- und Pt^{II}-Verbindungen fast ausschließlich quadratisch-planar konfiguriert sind, dominiert die oktaedrische Koordination in der Koordinationschemie des Cobalts. Hier ist Information (in Form der bevorzugten Koordinationsgeometrien) nur durch die Metallzentren kodiert. Die zweite Form der Informationskodierung erfolgt durch die Ligandgeometrie. Betrachten wir oktaedrische Komplexe, so werden verzweigte Podanden wie der Trispyrazolylborato-Ligand (Kap. 7) eine faciale Koordination, unverzweigte Systeme wie der Terpyridin-Ligand jedoch meridionale Koordinationsstellen am Metallzentrum besetzen (Abb. 22.2). Sind diese Komplexe Bausteine in verbrückten mehrkernigen Systemen, so werden sie eine unterschiedliche strukturelle Rolle innerhalb des supramolekularen Aggregats spielen.

---

[28] Übersichten zum 100-jährigen Bestehen dieses Konzepts: A. Eschenmoser, *Angew. Chem.* **1994**, *106*, 2455. F. W. Lichtenthaler, *ibid.*, 2456. D. E. Koshland, *ibid.*, 2468.

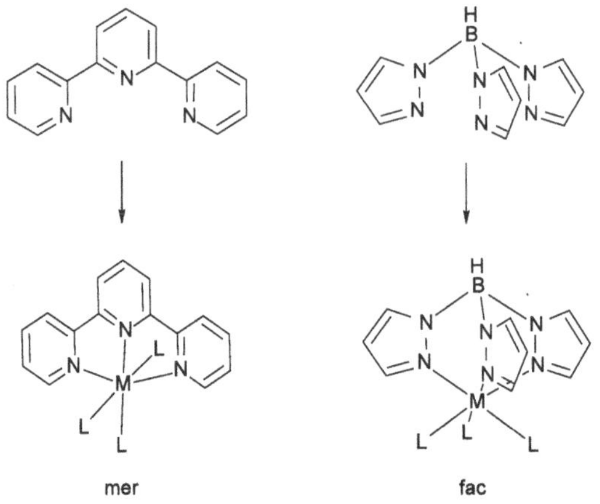

Abb. 22.2. Faciale und meridionale Koordination *kodiert* durch die Ligandtopologie.

mer   fac

22.3 Spiralen, Knoten, Räder und Kästen

Wie kann die durch die Wahl des Metallions und die Ligandtopologie kodierte Information zum Aufbau strukturell vorprogammierter supramolekularer Komplexe verwendet werden? Der Ausgangspunkt ist die bekannte Koordinationschemie eines Metalls in einkernigen Komplexverbindungen. Nehmen wir beispielsweise Cu^+ und zwei Chelatliganden mit Stickstoffdonoren wie 2,2'-Bipyridin, das ein nicht zu harter Donor ist und damit zu dem weichen Zentralatom paßt. Der entstehende tetraedrische Komplex enthält die beiden Chelatliganden in zueinander senkrechter Ausrichtung. Damit kann diese Einheit z. B. das Grundmotiv für eine größere helikale Struktur sein. Werden zwei oder mehrere Bipyridin-Einheiten über geeignete strukturelle Spacer („Abstandshalter") oder auch direkt miteinander verknüpft, so sollten helikale Strukturen resultieren (Abb. 22.3).

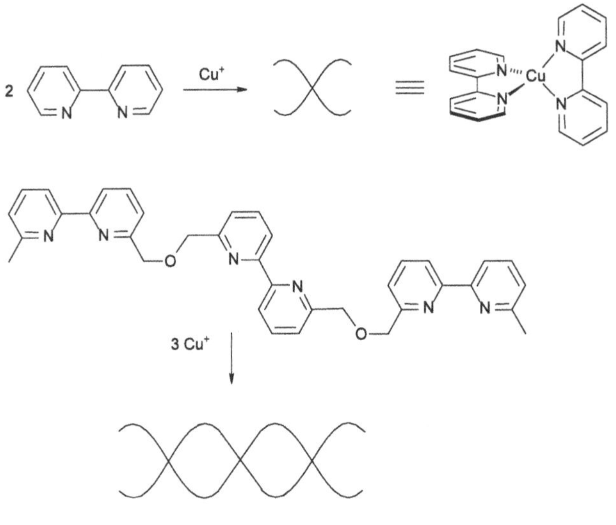

Abb. 22.3. Entstehung helikaler Mehrkernkomplexe durch Oligopyridin-Liganden. Die Metallzentren bestimmen die strukturelle Organisation des „fadenförmigen" Liganden zu einer Doppelhelix. Werden anstatt der Bipyridin- Terpyridin-Einheiten zusammen mit Metallionen verwendet, die bevorzugt oktaedrische Komplexe bilden, so erhält man eine analoge Doppelhelix mit zwei sechsfach koordinierten Metallzentren.

Das Beispiel der helikalen Strukturen zeigt das Zusammenspiel von Liganden und Metallionen bei der Organisation zu einem supramolekularen Komplex sehr schön. Die Eigenschaften des Liganden geben die geometrischen Randbedingungen vor, während die Metallionen die organischen Bausteine gewissermaßen „zusammenzurren" und ihnen eine definierte Struktur aufprägen. Hier besteht also nicht nur Komplementarität bezüglich der Wirt-Gast-Bindung, sondern auch bei der „Rollenverteilung" im Aggregationsprozeß!

Die Vororientierung größerer organischer Baueinheiten mit Donoratomen durch Metallionen kann man zur Synthese topologisch interessanter Moleküle/Supramoleküle ausnutzen. Dabei spielt das Metall die Rolle des Templats, wie am Beispiel der Cyclisierung der funktionalisierten Phenanthrolin-Liganden im Kupfer(I)-Komplex durch eine Polyether-Einheit deutlich wird.

Dabei entstehen zwei miteinander verkettete Makrocyclen, ein *[2]-Catenan*[29] (die Zahl in der eckigen Klammer bezeichnet die Anzahl der verketteten Ringe). Werden *n* Ringe auf diese Weise verknüpft, erhält man ein [n]-Catenan. Durch geeignete Kombination von cyclischen und helikalen Strukturelementen kann man komplizierte supramolekulare „Knoten" gezielt erzeugen, wie man am Beispiel der Endenverknüpfung des helikalen Phenanthrolin-Derivats durch eine Polyether-Einheit sieht (Abb. 22.4). Werden die Metallionen anschließend entfernt, so erhält man ein verschlungenes makromonocyclisches System, das dem topologisch interessanten „dreiblättrigen Knoten" entspricht.[30]

In allen bisherigen Beispielen spielte der Ligand die Rolle des Wirts, während das Metall diesen zwar konformativ beeinflußt, aber generell als Gast fungiert. Nun können aber Metallionen, wenn sie geeignet in ein Wirtssystem eingebaut sind, selbst die Ankerpunkte für einen Gast sein, der eine oder mehrere Donorfunktionen enthält. Verknüpft man Zink-Porphyrin-Einheiten zu einer makrocyclischen Struktur, so kann diese wiederum organische Moleküle

---

[29] catena = Kette.

[30] Eine gut lesbare, nicht formalisierte Einführung in die Topologie, in der auch kurz auf den dreiblättrigen Knoten eingegangen wird, findet man in dem inspirierenden Buch von R. Courant und H. Robbins, *Was ist Mathematik*, 3. Aufl., Springer Verlag Berlin **1973**, Kap. V.

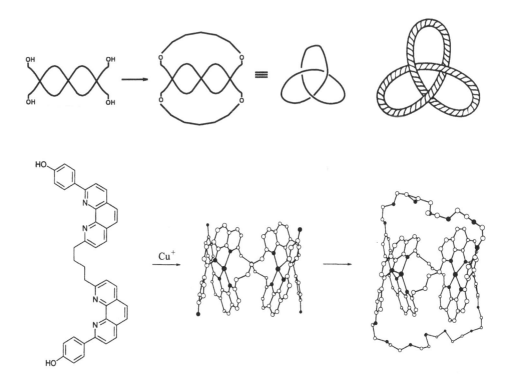

Abb. 22.4. Chemische Konstruktion eines dreiblättrigen Knotens. Entscheidend ist hierbei die Präorganisation der Ligandstränge durch die Cu⁺-Ionen und die korrekte Verknüpfung der Enden durch die Polyether-Kette.

in sich aufnehmen, die Donorfunktionen in ihrer Peripherie besitzen. Diese Donorfunktionen werden in dem dabei entstehenden supramolekularen Komplex zu axialen Liganden an den Zn^{II}-Zentren der Porphyrineinheiten (Abb. 22.5). Verbindet man die Liganden mit unterschiedlicher Topologie mit geeigneten Metallionen, so kann aus relativ einfachen Bausteinen eine hochgradig organisierte supramolekulare Struktur entstehen, wie am Beisiel des „molekularen Kastens" in Abbildung 22.5 gezeigt wird. Hier findet der Schritt von der molekularen Präorganisation zur *Selbstorganisation* statt.[31]

---

[31] *Selbstorganisation* benötigt im Gegensatz zu einfacher Zusammenlagerung *Information*, wie sie in der Topologie der Liganden und dem Bindungsvermögen der Metallzentren kodiert ist.

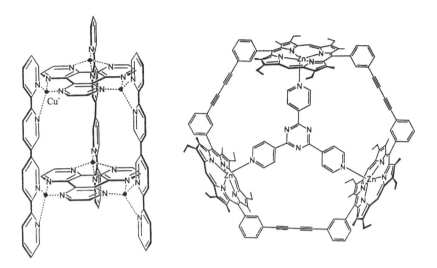

Abb. 22.5. Konstruktion eines molekularen „Rads" und „Kastens". In ersterem Fall (rechts) verbinden die Metallionen das Rad mit den „Speichen"; bei der Bildung des Kastens (links) haben sie die universelle Verknüpfungsfunktion. Man beachte die ideale Komplementarität der Bausteine in letzterem Fall und die Kombination molekularer Information durch das gewählte Metallion und den beiden Liganden!

22.4 Supramolekulare Komplexe als Funktionseinheiten

Die Selbstorganisation molekularer Bausteine zu supramolekularen Aggregaten und die Beziehung zwischen der den Bausteinen inhärenten *strukturellen Information* und der Aggregationsform des Supramoleküls läßt darauf hoffen, daß neben der Struktur auch molekulare *Funktionen* auf diese Weise kodiert werden können. Damit erhält man eine „molekulare Maschine" durch funktionelle Wechselbeziehung zwischen den Baueinheiten. Am eindrucksvollsten ist dieses Konzept bisher am Beispiel photochemischer supramolekularer Funktionseinheiten („photochemical molecular devices", PMDs) verwirklicht worden.[32]

Ein einfaches Beispiel ist der in Abbildung 22.6 gezeigte *photochemische Schalter* auf der Basis eines Azobenzol-Derivats mit peripheren Kronenether-Liganden. Photochemische *cis-trans*-Isomerisierung der Azobenzol-Einheit erzeugt eine wirksame Metallbindungsstelle für größere Metallionen zwischen den beiden Kronenether-Einheiten. Durch geeignete Verknüpfung mehrerer Metallkomplex-Einheiten durch Brückenliganden werden Mehrkernkomplexe erhalten, die als molekulare Antennen fungieren können. In

---

[32] V. Balzani, F. Scandola, *Supramolecular Photochemistry*, Ellis Horwood, New York, **1991**, Kap. 12.

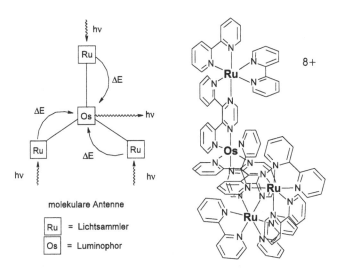

Abb. 22.6.   Ein photochemisch geschalteter Rezeptor für große Metallkationen.

dem vierkernigen Komplex $[Os\{(2,3\text{-}dpp)Ru(bipy)_2\}_3]^{8+}$ (Abb. 22.7) wirken
die externen Ru-Komplexeinheiten als Lichtrezeptoren und die zentrale
Osmium(II)-Baueinheit als Energiefalle. Nach photochemischer elektronischer Anregung der Ru-Komplexe erfolgt Energiewanderung zum zentralen
Metallatom. Das Emissionsspektrum entspricht dem eines entsprechenden
einkernigen Osmiumkomplexes.

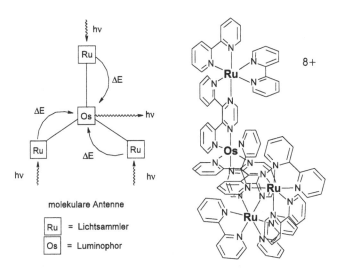

Abb. 22.7.   Ein Vierkernkomplex als supramolekulare „Antenne". Die *aktiven Komponenten*, die Photonenabsorptions- und -emissionseinheiten, sind über *Verknüp-
fungselemente* (hier die verbrückenden Liganden) miteinander verbunden.

Übungsaufgabe:

Es ist bisher nicht gelungen, die Struktur der in Abbildung 22.7 gezeigten Verbindung einkristallin zu erhalten. Woran könnte das liegen?

Antwort:
Der Vierkernkomplex besitzt vier chirale Komplexzentren, fällt also als Diastereomerengemisch an (Kap. 8); die bisherigen photochemischen Untersuchungen beziehen sich daher auch auf das Diastereomerengemisch. Die Kristallisation eines Diastereomers aus dem Gemisch ist erfahrungsgemäß sehr viel schwieriger als die einer stereochemisch einheitlichen Substanz.

Durch Verknüpfung von Komplex-Einheiten mit sich graduell verändernden photochemischen Eigenschaften ist es möglich, einen gerichteten (*vektoriellen*) Energie-Transfer in Supramolekülen zu erreichen.

22.5. Koordination in zweiter Sphäre: die Renaissance eines alten Konzepts

Alfred Werner vermutete bereits vor fast einem Jahrhundert, daß Liganden der *ersten Koordinationssphäre* eines Übergangsmetallkomplexes in geordneter Weise mit Neutralmolekülen oder Ionen unter Bildung von *Komplexen mit zweiter Sphäre* wechselwirken. Dieses Postulat wurde zur Erklärung der Bildung definierter Additionsverbindungen zwischen Aminen und koordinativ gesättigten Tris(acetylacetonato)-Komplexen sowie der Anwesenheit von Lösungsmitteln (z. B. H_2O) in kristallinen Verbindungen wie $[Co(en)_3 \cdot 3H_2O]Cl_3$ herangezogen. Aber auch die Beobachtung, daß die molare optische Rotation chiraler Komplexe stark von der Art des Lösungsmittels und des Gegenions abhängen, bot einen Hinweis auf eine Koordinationschemie in zweiter Sphäre.

Erst die Verfügbarkeit moderner analytischer Methoden erlaubte die experimentelle Absicherung dieses Konzepts. Auf diese Weise hat sich eine auf den Grundprinzipien der im vorigen Kapitel vorgestellten supramolekularen Komplexchemie aufbauende Wirt-Gast-Chemie entwickelt, bei der in der Regel der Komplex das Gastsystem in einem in zweiter Sphäre koordinierenden Wirtsmolekül ist (s. u.).

Der Pfeiffer-Effekt[33]

Löst man ein racemisches Gemisch des substitutionsinerten oktaedrischen Cr^{III}-Komplexes [Cr(acac)$_3$] in Ethanol und gibt zu dieser Lösung Δ-(–)-K[As^V(cat)$_3$] (cat = Catecholat(2–)), so beobachtet man einen Circulardichroismus (CD) derjenigen Absorptionsbande im UV-Vis-Spektrum, die dem d-d-Übergang niedrigster Energie entspricht.[34] Die Größe des CD ist über viele Stunden unverändert, wird aber stark durch Variation der Temperatur beeinflußt, wobei ein Anstieg des CD bei sinkender Temperatur beobachtet wird (Abb. 22.8).

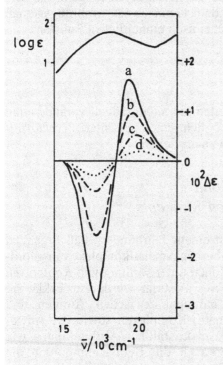

Abb. 22.8. Absorptionsspektrum (oben) und intermolekular induzierter CD von racemischem [Cr(acac)$_3$] in einer ethanolischen Lösung von K[As(cat)$_3$]. Aufgenommen bei: a) 193, b) 218, c) 243 und d) 298 K (aus A. F. Drake et al., *Inorg. Chim. Acta* **1982**, *57*, 151). Aus der beobachteten Temperaturabhängigkeit des CD läßt sich eine Enthalpiedifferenz für die Koordination an die beiden Isomeren von ca. 11 kJmol^{-1} abschätzen. Zur Anwendung der CD-Spektroskopie in der Koordinationschemie, s. Kap. 17.

Das Phänomen erklärt man durch Bildung von schwachen Assoziaten zwischen dem Komplex und der chiralen Verbindung, deren Wechselwirkung mit den beiden Enantiomeren des Komplexes unterschiedlich stark ist. Die bevorzugte Koordination der chiralen Substanz in zweiter Sphäre an eines der beiden Enantiomere führt zu einer unterschiedlich starken Beeinflussung der Absorptionsspektren der beiden Enantiomere und folglich zur Beobachtung eines CD.

---

[33] S. Kirschner, N. Ahmad, C. Munir, R. J. Pollock, Pure Appl. Chem. **1979**, *51*, 913.
[34] A. F. Drake, J. R. Levey, S. F. Mason, T. Prosperi, *Inorg. Chim. Acta.* **1982**, *57*, 151.

Während dieser Effekt zeitunabhängig ist, beobachtet man bei der Verwendung substitutionslabiler Koordinationsverbindungen eine zeitliche Veränderung des CD. Die unterschiedlich starke Koordination der chiralen Verbindung in zweiter Sphäre an die Enantiomere führt zu einer Verschiebung ihres ursprünglichen 1:1-Verhältnisses, so daß die optische Aktivität des Komplexes zunimmt („Antiracemisierung") (Abb. 22.9).

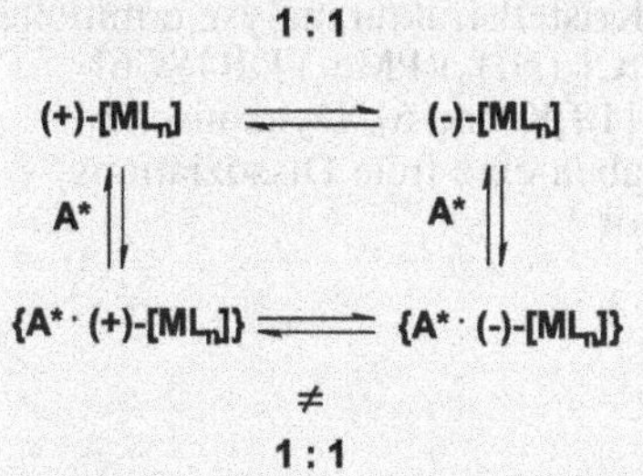

1 : 1

$(+)\text{-}[ML_n] \rightleftharpoons (-)\text{-}[ML_n]$

$A^* \| \qquad A^* \|$

$\{A^* \cdot (+)\text{-}[ML_n]\} \rightleftharpoons \{A^* \cdot (-)\text{-}[ML_n]\}$

$\neq$

1 : 1

Abb. 22.9. Beeinflussung des Enantiomerenverhältnisses durch Koordination einer chiralen Molekülverbindung in zweiter Sphäre (Pfeiffer-Effekt).

Dieser Effekt wurde erstmals 1931 von Paul Pfeiffer (s. Kap. 2) bei dem Versuch beobachtet, die racemische Komplexverbindung $[Zn(phen)_3]X_2$ in Gegenwart von α-Camphersulfonsäure in ihre Enantiomere zu spalten, und wird deshalb als „Pfeiffer-Effekt" bezeichnet.[35]

Wie oben dargelegt, sind chiroptische Methoden äußerst empfindliche Werkzeuge zur Erforschung der Koordination in zweiter Sphäre in Übergangsmetallkomplexen. Weitere Hinweise liefert die Absorptions- und Emissionsspektroskopie, die NMR-Spektroskopie und auch die Kinetik von Ligandenaustauschreaktionen. So ist z. B. die Reaktionsgeschwindigkeit der Substitution von H_2O durch SO_4^{2-} in $[Co(NH_3)_5(H_2O)]^{3+}$ in einem sehr weiten Bereich unabhängig von der Anionenkonzentration. Dieser Befund wird durch schnelle Kontaktionenpaar-Bildung erklärt, was der Bildung eines Komplexes mit einer zweiten Koordinationssphäre entspricht, der vermutlich durch Wasserstoffbrückenbindungen stabilisiert ist. Diese Spezies kann dann langsam intramolekular unter Verlust des Aqualiganden umlagern:

$$[Co(NH_3)_5(H_2O)]^{3+} + SO_4^{2-} \xrightarrow{\text{schnell}} [\{Co(NH_3)_5(H_2O)\}(SO_4)]^+$$

$$[\{Co(NH_3)_5(H_2O)\}(SO_4)]^+ \xrightarrow{\text{langsam}} [Co(NH_3)_5(SO_4)]^+ + H_2O$$

---

[35] P. Pfeiffer, K. Quehl, *Ber. Dt. Chem. Ges.* **1931**, *64*, 2667.

Einen direkten Nachweis der Koordination von Molekülen in zweiter Sphäre an Komplexe bietet die Kristallstrukturanalyse solcher Addukte (Abb. 22.10).

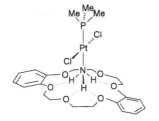

Abb. 22.10.   Durch Kristallstrukturanalyse ermittelte Struktur von [*trans*-PtCl$_2$(NH$_3$)(PMe$_3$)·DB18C6] (DB18C6 = Dibenzo-[18]Krone-6). Dynamische ^{1}H-NMR-Studien ergaben eine freie Dissoziations-enthalpie von 33 kJmol^{-1}.

23 Metall-Ligand-Wechselwirkung in biologischen Systemen

Die Siderophore in Abschnitt 20.2 bilden Komplexverbindungen mit niedermolekularen „konventionellen" Liganden des Chelat- oder Makrocyclen-Typs. Eine ganze Reihe solcher Systeme spielen vor allem im Ionentransport eine wichtige biologische Rolle („Ionophore"). In diesem Kapitel stehen allerdings sehr viel komplexere Systeme und ihre Funktionen im Vordergrund.

Die Prinzipien der supramolekularen Chemie findet man in höchster Vollendung in biologischen Systemen verwirklicht. Die Beispiele für molekulare Erkennung, die wir in Kapitel 22 diskutiert haben, sind Gleichgewichtsprozesse, die über mehrstufige Erkennungprozesse zu komplexen, hochorganisierten Strukturen führen. In lebenden Organismen befindet man sich weit vom chemischen Gleichgewicht entfernt, und durch Kopplung der molekularen Erkennung an irreversible Prozesse kann ein noch höheres Maß an Organisation erreicht werden.[36]

Beispiele für supramolekulare Koordinationsverbindungen in der Natur sind die Metalloproteine, in denen die Metallionen entweder direkt an das Proteingerüst gebunden sind oder durch makrocyclische Liganden koordiniert sind, die kovalent oder nicht-kovalent mit dem Proteingerüst verbunden sind. Auf letztere, die als *prosthetische Gruppen* Teil von Metalloproteinen sind, kommen wir in Abschnit 23.3 zurück. Zunächst werden wir uns mit den Metallbindungsstellen direkt am Proteingerüst beschäftigen und mit den *Funktionen*, die die gebundenen Metallionen erfüllen.

23.1 Die Funktionen der Metalle in Proteinen[37]

Die Metallbindungsstellen in Proteinen können nach ihren *Funktionen* in fünf Grundtypen unterteilt werden:

1) *Strukturbildung*: Metallionen, die an ein Protein gebunden sind, können die Tertiär- oder Quaternärstruktur dieser Makromoleküle mitbestimmen und stabilisieren. Erdalkalimetallionen und Zn^{2+} übernehmen häufig diese Funktion. Die Bedeutung dieser Stabilisierung durch Metallionen ist bei thermophilen Bakterien besonders deutlich, die unter Bedingungen existieren, unter denen normalerweise Protein-Denaturierung stattfinden würde.

---

[36] F. Cramer, W. Freist, *Acc. Chem. Res.* **1987**, *20*, 79. Siehe auch: M. Eigen, R. Winkler, *Das Spiel*, Piper Verlag, München **1975**; I. Prigogine, *Vom Sein zum Werden*, 4. Aufl., Piper Verlag, München, **1985**.

[37] Siehe z. B. W. Kaim, B. Schwederski, *Bioanorganische Chemie*, Teubner, Stuttgart, **1991**; S. J. Lippard, J. M. Berg, *Principles of Bioinorganic Chemistry*, University Science Books, Mill Valley, **1994**; R. H. Holm, P. Kennepohl, E. I. Solomon, *Chem. Rev.* **1996**, *96*, 2239.

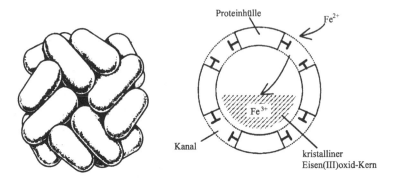

Abb. 23.1.   Strukturmodell des Ferritins. Links: Aggregat der 24 Untereinheiten des Apoferritins (Fe-freie Form). Rechts: Schematische Darstellung von Proteinhülle und Eisen(III)oxid-Kern (nach: W. Kaim, B. Schwederski, *Bioanorganische Chemie*, Teubner, Stuttgart, 1991). Die lösliche Form des Eisens ist unter physiologischen Bedingungen das Fe^{2+}, das bei der Speicherung in Ferritin zu dreiwertigem Eisen oxidiert wird. Bei Abgabe von Eisen aus dem Ferritin wird dieses wieder zu Fe^{2+} reduziert.

Das Enzym Thermolysin ist ein hydrolytisches Enzym in diesen Bakterien, das auch bei 80 °C seine Aktivität nicht verliert. Das aktive Zentrum des Enzyms enthält ein Zn^{2+}-Ion, das die katalytische Aktivität der Hydrolase bestimmt. Die Struktur wird durch vier Ca^{2+}-Ionen, die an das Gerüst koordiniert sind, so weitgehend verstärkt, daß auch unter den genannten extremen Bedingungen keine Denaturierung erfolgt.

2) *Speicherung von Metallionen*: Das beeindruckendste Beispiel für die Speicherfunktion von Metalloproteinen bietet das Ferritin, das Speicherprotein des Eisens in höheren Organismen. Das sehr große (Supra-)Molekül besteht aus einem anorganischen Kern, der von einer Proteinhülle umgeben ist. Die Hülle ist wiederum aus 24 gleichartigen globulären Proteineinheiten aufgebaut, die sich zu einer Hohlkugel zusammenlagern. Im Innenraum können bis zu 4500 Eisen(III)-Zentren in vorwiegend oxidischer Form eingelagert werden (Abb. 23.1).

3) *Elektronentransfer*: An Proteingerüste oder Makrocyclen (z. B. Porphyrin-Derivate) koordinierte Metallionen spielen bei den Elektronentransfer-Ketten der Atmung und Photosynthese eine wichtige Rolle (s. auch Abschnitt 23.2.1).

4) *Bindung von Sauerstoff*: Dies ist eine der wichtigsten Funktionen von Metalloproteinen, wobei das Metallzentrum entweder direkt am Proteingerüst gebunden ist, wie z. B. im Hämerithrin oder Hämocyanin, oder in einer Porphyrineinheit (als prosthetische Gruppe) lokalisiert ist (s. Abschnitt 23.3).

Hämerithrin:

Hämocyanin:

5) *Katalyse*: Metalloenzyme sind eine große Gruppe der Metalloproteine, die je nach Reaktionstyp weiter unterteilt werden kann. Wir werden auf einige Metalloenzyme und die Rolle der Metalle darin in den folgenden Abschnitten näher eingehen.

23.2 Die besonderen Eigenschaften von Proteinen als Liganden

Wir haben im letzten Abschnitt einen Überblick über die Funktionen der Metallzentren in Proteinen gewonnen. Wenn die Bindung von Metallen in diesen Makromolekülen allein durch die Art der Donorfunktionen gekennzeichnet wäre, gäbe es keinen prinzipiellen Unterschied zu niedermolekularen Komplexen, und man könnte sich fragen, weshalb sich der strukturchemische Aufwand in der Natur durchgesetzt hat. Proteine als strukturell hochgradig organisierte Liganden haben nun aber einige einzigartige Eigenschaften, die sie von niedermolekularen Systemen unterscheidet. Die komplexe molekulare Architektur wurde im Laufe der Evolution bestimmten Funktionen angepaßt und diese manifestieren sich wiederum in der Struktur der aktiven Zentren. Die wichtigsten *spezifischen Eigenschaften*, die *Protein-Liganden* in Metalloproteinen kennzeichnen, sollen im folgenden anhand jeweils eines Beispiels erläutert werden.

1) *Kooperativität und allosterische Wechselwirkungen*: Eine der bemerkenswertesten Eigenschaften des Hämoglobinmoleküls ist die Kooperativität bei der Bindung von Disauerstoff (s. auch 23.3). Hämoglobin ist ein (supramolekulares) Tetramer aus Polypeptidketten, die jeweils eine O_2-bindende Häm-Einheit enthalten. Bei der Aufnahme eines O_2-Moleküls kommt es zu einer Strukturänderung im Hämoglobin, die wiederum eine höhere Bin-

dungsaffinität für die drei weiteren O_2-Moleküle zur Folge hat. Die O_2-Bindung bewirkt eine Änderung in der Faltung der betroffenen Peptidkette und diese Strukturänderung wird über die zwischen den Peptidketten wirksamen nicht-kovalenten Wechselwirkungen (Wasserstoffbrücken, ionische Wechselwirkungen, usw.) auf die anderen Proteinketten übertragen. Strukturänderungen in einem Supramolekül wie dem Hämoglobin, die durch Veränderungen in einem anderen Teil des Aggregats bewirkt werden, nennt man *allosterische Wechselwirkungen*. Diese sind die Ursache für die Kooperativität bei der Disauerstoffbindung.

2) *Strukturelle Fixierung mehrerer reaktiver Zentren in Enzymen relativ zueinander*: Ascorbat-Oxidase katalysiert die Reduktion von O_2 zu H_2O, wobei Ascorbat zu Dehydroascorbat oxidiert wird. Das Enzym besitzt ein Elektronentransfer-Zentrum mit einem Cu-Atom und ein aktives Zentrum, an dem die O_2-Reduktion stattfindet. Die Elektronen, die letztendlich von einem organischen Substrat bereitgestellt werden, gehen vermutlich über einen Histidylrest, der an ein Cu-Zentrum (des Typs der „blauen Kupferproteine", s. u.) koordiniert ist, in das Proteingerüst über, über das sie dann sehr schnell zu dem zweiten reaktiven Zentrum im Protein, das aus einer dreikernigen Cu-Einheit besteht, übertragen werden. Die Proteinstruktur bewirkt offenbar eine für den raschen Elektronentransport günstige Anordnung der zwei komplementären reaktiven Cu-Zentren.

3) *Molekulare Erkennung an der Proteinoberfläche und Elektronentransport-Wege*: Auf der Oberfläche des blauen Kupfer-Proteins Plastocyanin (Abschnitt 23.2.1) befinden sich zwei Bindungsstellen für die anderen Glieder einer Elektronentransferkette durch Redoxenzyme. Plastocyanin vermittelt dabei den Elektronentransport von Cytochrom-f zum Photosystem I der höheren Pflanzen. Die beiden Kontaktstellen unterscheiden sich durch die chemischen Eigenschaften der Protein-Seitenketten, wodurch eine hydrophobe Bindungsstelle für das Cytochrom und eine saure Bindungsstelle (mit einem Tyrosinrest) vorliegt. Diese Abschnitte binden an komplementäre Regionen der beiden anderen Metalloproteine der Elektronentransferkette. Dadurch entsteht ein *gerichtetes Aggregat* der Proteine, das wiederum die Richtung des Elektronentransfers mitbestimmt.

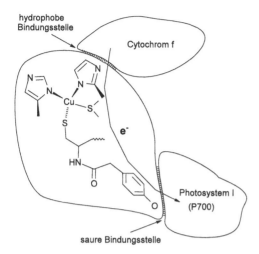

4) *Molekulare Taschen, in denen das reaktive Zentrum lokalisiert ist*:
Dadurch wird es möglich, je nach Bedarf (a) eine *hydrophobe Umgebung
für ein polares aktives Zentrum* zu schaffen oder (b) *geladene oder zur Bildung von Wasserstoffbrücken befähigte funktionelle Gruppen in der Nähe
der Metallbindungsstelle zu lokalisieren*, die die Substratbindung und
Reaktivität des Metallzentrums beeinflussen. Schließlich kann (c) eine *Substratbindung durch die Molekülperipherie um das Metallzentrum herum*
erfolgen.

5) *Verwirklichung eines entatischen Zustands*: Das Konzept des entatischen
Zustands,[38] der durch eine durch das Proteingerüst erzwungene energierei-
che („gespannte") Koordinationsgeometrie am Metallzentrum in Metallo-
enzymen gekennzeichnet ist, ist für die Enzymkatalyse von grundlegender
Bedeutung und wird daher im folgenden Abschnitt am Beispiel der blauen
Kupferproteine genauer beleuchtet.

23.2.1 Der entatische Zustand: die blauen Kupferproteine

Ähnlich wie das Eisen spielt Kupfer eine wichtige Rolle bei der Sauerstoffbin-
dung (Hämocyanin), bei Oxygenierungen (Tyrosinase) und als Antioxidans
(Superoxid-Dismutase). Besonders häufig tritt es in Elektronentransferketten
auf, in Gestalt der *blauen Kupferproteine*.[39] Zu diesen gehören die Proteine
Stellacyanin, Plastocyanin und Azurin, in denen sich das Kupferatom in
einer ähnlichen Koordinationssphäre befindet. In Abbildung 23.2 ist dies am
Beispiel des Plastocyanins gezeigt, in dem das Kupfer in den Oxidationsstufen I und II vorliegen kann.

---

[38] Entasis = griech. Spannung, Anspannung.
[39] Die Kupferzentren in Proteinen lassen sich in drei „klassische" Typen einteilen: Typ 1:
„blaues Kupfer", Elektronenübertragung (z. B. Plastocyanin), Oxidasen (z. B. Ascorbat-
Oxidase). Typ 2: „nicht-blaues Kupfer", O_2-Aktivierung (z. B. Amin-Oxidasen). Typ 3:
Kupfer-Dimere: O_2-Bindung (z. B. Hämocyanin).

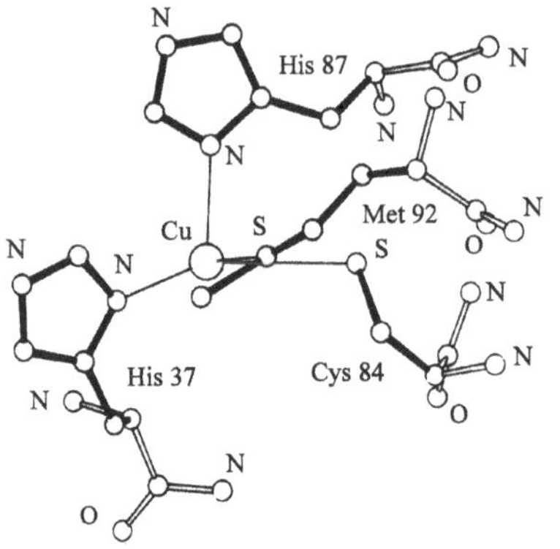

Abb. 23.2. Struktur der Kupfer-Bindungs-stelle in Plastocyanin. Die vier Liganden sind Histidin 37, Cystein 84, Histidin 87 und Methionin 92. Die Koordinationsgeometrie liegt zwischen einer tetraedrischen und qua-dratisch-planaren Anordnung der Liganden.

Für einwertiges Kupfer mit seiner d^{10}-Konfiguration ist keine Koordina-tionsgeometrie durch Ligandenfeldstabilisierung bevorzugt, weshalb Cu^I-Komplexe aufgrund des geringen Ionenradius des Metallions und der daraus resultierenden stärkeren Ligand-Ligand-Abstoßung in der Regel tetraedrisch koordiniert sind. Dagegen bevorzugt Cu^{II} (d^9) die Jahn-Teller-verzerrte okta-edrische oder auch die quadratisch-planare Koordination. Im Plastocyanin liegt nun eine Koordinationsgeometrie vor, die zwischen der tetraedrischen und der quadratisch-planaren liegt, und diese ist durch das Proteingerüst fixiert. Das erleichtert den Elelektronentransfer im Vergleich zu Komplexen, die tetraedrisch oder quadratisch-planar konfiguriert sind und die sich bei einem Redoxschritt umlagern („umorganisieren") müßten. Solche Struktur-änderungen würden also den Elektronentransfer durch Plastocyanin be-hindern, während das Protein die verzerrt tetraedrische, *gespannte* Koordina-tionsgeometrie unabhängig vom Redoxzustand des Cu erzwingt und damit die Aktivierungsbarriere des Elektronenübertragungsschritts stark herab-setzt (s. Kap. 28). Dieser *gespannte Zustand, der die Aktivierungsbarriere eines durch ein Protein (Enzym) vermittelten Prozesses herabsetzt*, wird auch als *entatischer* Zustand bezeichnet.

Röntgenabsorptions-Spektroskopie zur Strukturaufklärung der aktiven Zentren von Metalloproteinen[40]

Die strukturelle Charakterisierung von Metalloproteinen erfordert röntgen-kristallographische Techniken, vor allem aber die Kristallisation der Pro-teine in Einkristallen, die für das Beugungsexperiment ausreichende Quali-tät besitzen. Obwohl die Zahl der strukturell charakterisierten Proteine in den letzten Jahren sprunghaft angestiegen ist, ist die Methode bisher alles andere als ein Routineverfahren. Um Aufschluß über die Struktur der Metallbin-

---

[40] S. P. Cramer, K. O. Hodgson, *Prog. Inorg. Chem.* **1979**, *25*, 1.

dungsstellen in Metalloproteinen zu erhalten, haben sich deshalb neben der Kristallographie andere analytische Methoden etabliert, von denen die Röntgenabsorptions-Spektroskopie die breiteste Anwendung erfahren hat.

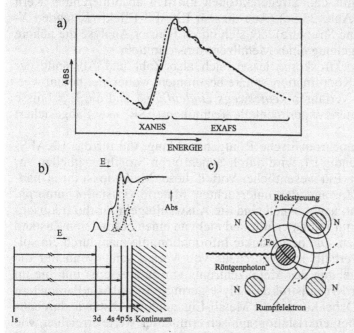

Abb. 23.3. a) Schematische Darstellung eines typischen Röntgenabsorptions-Spektrums mit der Feinstruktur der Absorptionskante (XANES) und den Oszillationen jenseits des Kanten-Maximums (EXAFS). b) XANES-Feinstruktur durch Absorptionen in gebundene Zustände unterhalb der Ionisationsgrenze. c) Interferenz an dem absorbierenden Kern durch Rückstreuungs-Elektronenwellen an den Liganden. Diese geometrische Anordnung entspricht der eines Fe-Zentrums im Häm-Molekül.

Die Röntgenabsorptions-Spektroskopie ist eine sehr alte Analysenmethode, deren Anfänge bis in die 20er Jahre dieses Jahrhunderts zurückreicht. In jüngster Zeit hat sie bei der Charakterisierung amorpher Substanzen, homogener Katalysatoren in Lösung und biologischer Metallzentren eine Renaissance erfahren. In einem typischen Absorptionsspektrum nimmt die Absorption mit steigender Photonenenergie ab. Diesem Untergrund überlagert befinden sich die für die einzelnen Elemente charakteristischen Absorptionskanten, die die Ionisation aus inneren Elektronenschalen repräsentieren (Abb. 23.3a). Die Absoptionskante („edge") weist eine Feinstruktur auf, die durch elektronische Übergänge in gebundene Zustände unterhalb der Ionisierungsgrenze erzeugt wird (Abb. 23.3b). Die Analyse der Lage und relativen Intensitäten dieser Banden, die auch als XANES-Spektroskopie (*X-ray Absorption Near Edge Structure*) bezeichnet wird, ermöglicht eine Aussage über die Symmetrie der Metallbindungsstelle und die Oxidationsstufe des Metalls. Die Feinstruktur, die sich in Oszillationen über mehrere hundert Elektronenvolt jenseits der Absorptionskante erstreckt, kommt durch Interferenz der herausgelösten Photoelektronen mit den Streuelektronen um den absorbierenden Kern herum zustande (Abb. 23.3c). Aus diesem EXAFS-Effekt (*Extended X-ray Absorption Fine Structure*) läßt sich durch Fourier-Analyse die nähere Koordinationsumgebung eines Metallzentrums ermitteln.

Durch EXAFS-Spektroskopie lassen sich also Zahl und Abstände der Atome der ersten Koordinationssphäre bestimmen, wobei hier betont werden soll, daß das Verfahren *keineswegs eindeutig* ist und die Ergebnisse durch komplementäre experimentelle Techniken (ESR, usw.) abgesichert werden müssen.

Die intensive monochromatische Röntgenstrahlung, die für das EXAFS-Experiment notwendig ist, wird durch Synchrotron-Strahlungsquellen zur Verfügung gestellt. Ein wesentlicher Vorteil dieser Methode ist ihre Unabhängigkeit vom Zustand der untersuchten Materie (kristallin, amorph, optisch transparent, usw.). Auch sind die Auswahlregeln für die Beobachtung der Feinstruktur immer erfüllt und nicht an einen besonderen Zustand der Probe gebunden. Die beschränkte Information, die man durch ein solches Experiment erhält, kann durchaus von Vorteil sein, wenn nur die unmittelbare Umgebung des Metallzentrums von Interesse ist und die im Vergleich zu einer Kristallstrukturanalyse geringe Anzahl von Parametern zu verfeinern ist. Dabei können die Metall-Ligandatom-Abstände durchaus die Genauigkeit röntgenkristallographisch ermittelter Werte erreichen, wie am Beispiel der Cu-Umgebung in den blauen Kupferproteinen Azurin und Plastocyanin deutlich wird.

Tabelle 23.1. Durch EXAFS und Röntgenkristallographie ermittelte Cu-S- und Cu-N-Abstände in blauen Kupferproteinen.

Protein	EXAFS [pm][41]	Röntgenkristallstruktur [pm][42]
Azurin	Cu-N = 205	Cu-N (His-46) = 206
	Cu-N = 189	Cu-N (His-117) = 196
	Cu-S = 223	Cu-S (Cys-112) = 213
	Cu-S = 270	Cu-S (Met-121) = 260
Plastocyanin	Cu-N = 227	Cu-N (His-37) = 204
		Cu-N (His-87) = 210
	Cu-S = 211	Cu-S (Cys-84) = 213
		Cu-S (Met-92) = 290

[41] C. M. Groeneweld, C. M. Feiters, S. S. Hasnain, J. van Rijn, J. Reedijk, G. W. Canters, *Biochem. Biophys. Acta* **1986**, *873*, 214. J. M. Guss, H. C. Freeman, *J. Mol. Biol.* **1983**, *169*, 521.

[42] G. E. Norris, B. F. Anderson, E. N. Baker, *J. Am. Chem. Soc.* **1986**, *108*, 2784. J. M. Guss, P. R. Harrowell, M. Murata, V. A. Norris, H. C. Freeman, *J. Mol. Biol.* **1986**, *192*, 361.

Die EXAFS-Spektroskopie wird heutzutage nicht allein zur Untersuchung von Metallzentren in Proteinmolekülen, sondern in steigendem Maße zur strukturellen Charakterisierung der katalytisch aktiven (Komplex-)Spezies in homogenkatalytischen Prozessen eingesetzt, die sich mit anderen spektroskopischen Techniken nicht erreichen läßt.

23.3 Makrocyclen-Komplexe als prosthetische Gruppen in Proteinen[43]

Die wichtigsten die Funktionen von Metalloproteinen bestimmenden prosthetischen Gruppen sind die Tetrapyrrol-Makrocyclen-Komplexe und deren Derivate (Abb. 23.4).

Die sich davon ableitenden Metallkomplexe zählen zu den bekanntesten bioanorganischen Verbindungen (Abb. 23.5). Die *Häm-Gruppe* (I), bestehend aus einem Porphyrin-Eisen-Komplex, kommt u. a. in Hämoglobin, Myoglobin, in Cytochromen und Peroxidasen vor. *Chlorophylle* (II) bestehen aus einem substituierten Chlorin-Liganden, der einen zusätzlichen außen am Makrocyclus annelierten Ring enthält. Der Nickelkomplex (III) ist ein wichtiges Coenzym („Faktor 430") in methanogenen Bakterien, während die makrocyclische Einheit in den *Cobalaminen* (der coenzymatisch wirksamen Form des Vitamin B_{12}) (IV) eine gegenüber dem Porphyrin um ein C-Atom kontrahiertes Corrin-Ringsystem ist.

Die Porphyrine und die damit verwandten makrocyclischen Systeme besitzen eine Kombination von Eigenschaften, die sie geradezu für ihre biologischen Funktionen prädestinieren. Neben der makrocyclischen Stabilisierung der Metallkomplexe ist die thermische Stabilität der Ringsysteme selbst bemerkenswert (das beweist unter anderem der Nachweis von Porphyrinkomplexen in Erdölfraktionen!). Durch die Planarität und relative Starrheit der Porphyrinliganden ist die Lochgröße recht genau definiert und erlaubt die ungespannte Koordination an Ionen mit Radien zwischen 60 und 70 pm (Mg^{2+} im Chlorophyll, Co^{2+} in den Cobalaminen und Ni^{2+} in F 430). In diesem Fall beobachtet man die ideale *in-plane*-Koordination der Zentralatome

(a)

(b)

(c)

Abb. 23.4. Tetrapyrrol-Makrocyclen (a), Porphyrin (unsubstituiert auch Porphin), (b) Chlorin (2,3-Dihydroporphyrin) und (c) Corrin.

---

[43] *prosthetische Gruppe* = eine an ein Proteingerüst eines Enzyms gebundene nicht-peptidische molekulare Einheit, die die biologische Aktivität des Enzyms (mit)bestimmt. Ein Protein ohne seine zugehörige prosthetische Gruppe bezeichnet man als *Apo-Protein*.

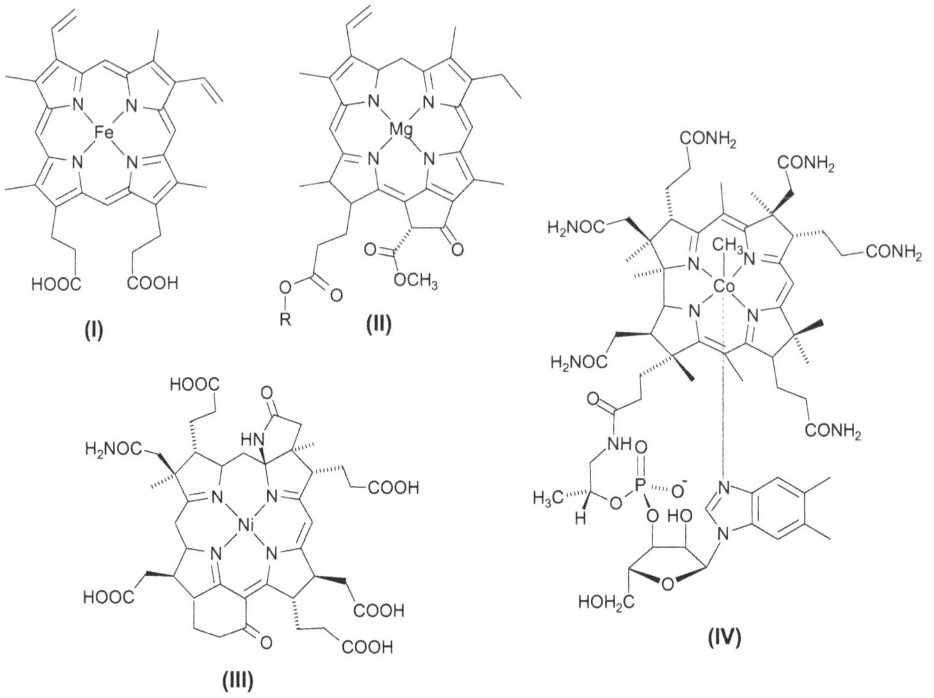

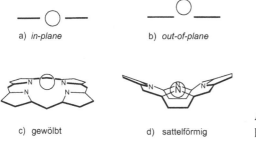

Abb. 23.5. Die wichtigsten biologischen N_4-Makrocyclen-Komplexe.

a) *in-plane*   b) *out-of-plane*

c) gewölbt   d) sattelförmig

Abb. 23.6. Strukturtypen der Komplexe mit Tetrapyrrol-Makrocyclen.

(Abb. 23.6a). Geringe Abweichungen von den idealen Ionenradien können zu gewölbten (c) und sattelförmigen (d) Makrocyclen führen. Stärkere Abweichungen (z. B. Fe^{2+}, high spin) haben eine *out-of-plane*-Koordination (b) zur Folge, die im Falle des Hämoglobins die Voraussetzung für die strukturelle Umordnung des Proteins bei der O_2-Bindung ist (s. u.).

Abgesehen von der Komplexstabilisierung und dem Einfluß der definierten Lochgröße auf die Strukturen der Metallkomplexe bietet das durchkonjugierte π-Elektronen-System der Liganden eine Art Elektronenreservoir. Die Redoxchemie der Komplexe ist nicht nur durch die Redoxeigenschaften der Metallatome bestimmt, sondern ebenso durch die der Liganden, ein Umstand, der die Bedeutung der Porphyrine in biologischen Elektronentransferketten und enzymatischen Redoxtransformationen verdeutlicht. Darüberhinaus sind die Porphyrine Farbstoffe, die im Falle des Chlorins im Chlorophyll die aktive Komponente in Antennenpigmenten sein können.

Die Bindung von Sauerstoff in Hämoglobin und Myoglobin

Für den Sauerstofftransport und die Sauerstoffspeicherung (z. B. im Muskelgewebe) in höheren Organismen sind die Metalloproteine Hämoglobin bzw. Myoglobin verantwortlich. Myoglobin hat eine Molekülmasse von ca. 17000 und besteht aus einer Polypeptidkette aus 153 Aminosäuren, die um eine Hämgruppe herumgefaltet ist (Abb. 23.7).

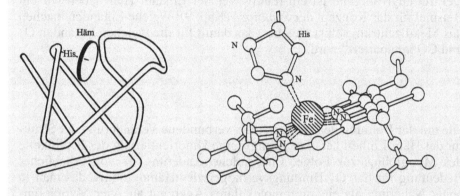

Abb. 23.7. Links: Schematische Struktur des Myoglobins. Rechts: die Hämgruppe im O_2-freien Myoglobin und Hämoglobin.

Die Peptidkette schirmt das Eisenzentrum weitgehend ab und fungiert mit einem Histidin-Imidazolring als axialer Ligand am Eisen, während die zweite axiale Koordinationsstelle der Komplexeinheit im Desoxymyoglobin nicht besetzt ist. In diesem Zustand enthält das Molekül zweiwertiges Eisen in einem High-Spin-Zustand mit einem Ionenradius von 92 pm, der nicht in das Loch des Makrocyclus hineinpaßt. Folglich nimmt der Komplex eine *out-of-plane*-Struktur an, mit dem Fe-Atom 42 pm oberhalb der Ringebene.
Bei der Koordination eines O_2-Moleküls in der freien axialen Position ändert das Eisen seinen Spinzustand und wird zu einem Low-Spin-Zentrum mit einem Ionenradius von unter 75 pm. Ob man die O_2-beladene Form als Fe^{2+}-O_2 oder als Fe^{3+}-O_2^- formulieren sollte, ist bis dato nicht endgültig geklärt. Bei der letzteren Alternative geht man von einer starken antiferromagnetischen Kopplung zwischen dem ungepaarten Elektron am Eisen und dem des Superoxidanions aus, um den Diamagnetismus der Verbindung zu erklären. Durch das „Schrumpfen" des Eisen-Kations erlaubt dieses eine *in-plane*-Koordination, eine Strukturänderung in der Häm-Einheit, die wichtige Konsequenzen für die Proteinstruktur hat.

Übungsaufgabe:

O_2 ist als weicher Ligand aufzufassen mit gewissen Ähnlichkeiten zu CO und NO (trotz geringerem π-Bindungsvermögen). Wie wir in Kapitel 10 gesehen haben, ist Fe^{2+} nicht gerade ein weiches Kation (es ist ein typischer Grenzfall zwischen weich und hart). Dennoch bindet es O_2 sehr gut und noch stärker sogar CO. Kann man das mit dem Konzept der bevorzugten Weich-Weich- und Hart-Hart-Wechselwirkungen vereinbaren?

Antwort:
Der Tetrapyrrolligand ist ein relativ weicher Ligand. Hier haben wir ein Beispiel für das Konzept der *Symbiose* (Kap. 9): Weiche Liganden machen das Metallzentrum selbst weicher, das damit für die weichen Liganden O_2 und CO „präpariert" wird.

Die mit der Bindung des Disauerstoffs verbundene Veränderung der Struktur der Häm-Einheit hat eine geringfügige Umorientierung der Peptidkette des Myoglobins zur Folge. Eine solche Änderung ist von erheblicher Bedeutung für das O_2-Bindungsvermögen des Hämoglobins, das man in erster Näherung als ein supramolekulares Aggregat aus vier Myoglobin-Bausteinen auffassen kann (s. u.).

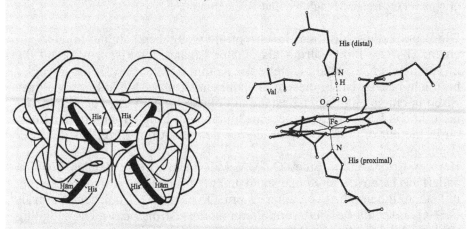

Abb. 23.8.   Links: Schematische Struktur von Hämoglobin. Rechts: O_2-Bindung an die Hämgruppe. In transaxialer Position zum O_2-Liganden ist ein Histidin-Imidazolrest koordiniert („proximales Histidin"). Der O_2-Ligand wird durch eine Wasserstoffbrücke über einen weiteren Histidin-Rest („distales Histidin") stabilisiert.

Hämoglobin enthält vier Hämgruppen, die an zwei Arten von Peptidketten gebunden sind (Abb. 23.8). Die β-Ketten bestehen aus 146 Aminosäuren und besitzen eine dem Myoglobin sehr ähnliche Struktur, während die α-Ketten mit 141 Aminosäuren sich stärker von Myoglobin unterscheiden. Dennoch ist die chemische Umgebung der Häm-Einheit in beiden Bausteinen fast identisch. Kommt es nun zu einer Disauerstoff-Koordination an einer Häm-Einheit, der damit verbundenen Umwandlung in einen planaren Porphyrinkomplex und der schließlich resultierenden *Änderung der Peptidketten-Struktur*, so wird diese Änderung über nicht-kovalente Wechselwirkungen zwischen den Peptidketten auf die anderen drei Einheiten übertragen (allosterischer Effekt, s. Abschnitt 23.2). Die daraus resultierende höhere Bindungsfähigkeit für O_2 der verbleibenden Fe-Zentren ist der Grund für die beobachtete *Kooperativität* bei der O_2-Aufnahme durch Hämoglobin. Max Perutz, der die Kristallstruktur des Hämoglobins als erster gelöst hat, hat einen von ihm vorgeschlagenen Mechanismus zur Kooperativität der Sauerstoffaufnahme in einem Schema zusammengefaßt (Abb. 23.9).[44]

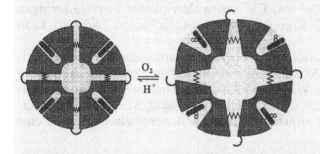

Abb. 23.9. Schematische Darstellung des Perutz-Mechanismus der Sauerstoffaufnahme durch Hämoglobin. Die Bausteine im Schema repräsentieren die Häm-Einheit und ihre Umgebung, die Peptidkette und ihre Verzerrung nach der Sauerstoffaufnahme sowie die Wasserstoffbrücken zwischen den Peptidketten, die bei der Strukturumwandlung in die Sauerstoff-beladene Form gebrochen werden.

23.4 Klinische Anwendung von Liganden und Metallkomplexen

Die in der Koordinationschemie gewonnenen Erkenntnisse können gezielt zu therapeutischen Zwecken eingesetzt werden, wie schon im Zusammenhang mit der Chemie der Sidophore herausgestellt wurde (s. Abschnitt 20.2). Der Einsatz von mehrzähnigen Liganden zur Entfernung von Metallionen aus dem Organismus ist die Grundlage der *Chelat-Therapie* bei Schwermetallver-

---

[44] M. F. Perutz, *Nature* **1970**, *228*, 726. M. F. Perutz, G. Fermi, B. Luisi, B. Shaanan, R. C. Liddington, *Acc. Chem. res.* **1987**, *20*, 309.

giftungen oder Metallionenanreicherung als Folge von Stoffwechselstörungen. So versucht man z. B. bei Bleivergiftungen den Verzehr großer Mengen an Butter als altes Hausmittel durch die Applikation von Thiohydroxamat-haltigen Liganden zu ersetzen, während Quecksilbervergiftungen mit Dimercaptobernsteinsäure behandelt werden.

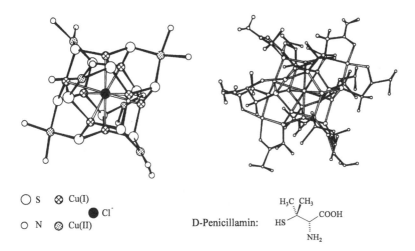

Die als „Wilsonsche Krankheit" bekannte Störung der Biosynthese des kupferbindenden Serumproteins Coeruloplasmin führt zu einer toxischen Kupferanreicherung in den Geweben mit fortschreitender Degeneration der betroffenen Organe. Hier hat sich die Chelat-Therapie mit D-Penicillamin bewährt. Dieser Ligand bildet mit Cu^I und Cu^{II} einen tiefvioletten vierzehnkernigen gemischtvalenten $Cu^I_8Cu^{II}_6$-Komplex, der ausgeschieden werden kann (Abb. 23.10).

Eine weitere wichtige Anwendung der Koordinationschemie zu therapeutischen Zwecken ist die Anwendung von Platinkomplexen in der Krebstherapie. Die cytostatische Wirksamkeit von *cis*-Diammindichloroplatin(II) („Cisplatin") wurde bereits in den 60er Jahren entdeckt. Seit 1978 ist die Verbindung zur Krebstherapie klinisch zugelassen. In der Zwischenzeit ist eine

Abb. 23.10. Molekülstruktur des D-Penicillamin-Kupfer-Komplexes. Links: der zentrale $Cu^I_8Cu^{II}_6$-Kern mit dem Cl^--Anion im Zentrum. Rechts: Struktur des gesamten Komplexions.

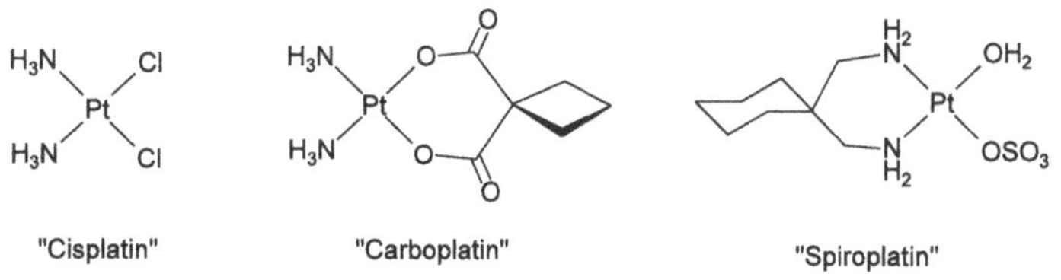

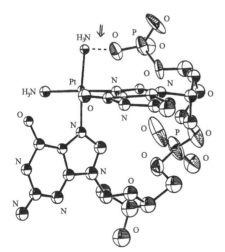

"Cisplatin"   "Carboplatin"   "Spiroplatin"

Abb. 23.11. Cancerostatisch wirksame Platin(II)komplexe.

Reihe weiterer Pt^{II}-Komplexe synthetisiert und auf ihre cancerostatische Wirkung getestet worden (Abb. 23.11).

Die Wirksamkeit der Platinkomplexe beruht auf ihrer Bindung des $\{Pt(NH_3)_2\}^{2+}$-Fragments an die Stickstoffatome der DNA-Nukleotidbasen, wobei die N7-Position des Guanins besonders bevorzugt zu sein scheint. Die daraus folgende Strukturänderung der DNA führt u. a. zu einer Hemmung der DNA-Synthese an einer einsträngigen Vorlage. In Tumorzellen sind die Reparaturmechanismen für die DNA teilweise außer Kraft gesetzt, weshalb die Modifikation der DNA durch die Pt-Bindung nicht mehr rückgängig gemacht wird. Ein auch kristallographisch gesichertes Strukturmodell für die $Pt(NH_3)_2$-DNA-Komplexe bildet das Dinukleotid (pGpG) (G = Guanosin) (Abb. 23.12).

Ein weiteres klinisches Einsatzgebiet von Koordinationsverbindungen mit steigender Bedeutung repräsentieren die Radiopharmaka, die vor allem zu diagnostischen Zwecken eingesetzt werden. Die dabei verwendeten radioaktiven Nuklide sind meist Gamma-Strahler relativ niedriger Energie (100–250 keV), die sich gut mit Szintillationszählern nachweisen lassen. Sie dienen zur Sichtbarmachung (Bilderzeugung: „Imaging") von erkrankten Organen, in denen sich die radioaktiven Verbindungen bevorzugt anreichern. Die dabei verwendeten Methoden sind die Radioszintigraphie und die Single-Pho-

Abb. 23.12. Struktur des *cis*-[Pt(NH$_3$)$_2$\{d(pGpG)\}]-Komplexes (d(pGpG) = Guanosinphosphatdinukleotid).

ton-Emission-Computertomographie (SPECT). In der Diagnostik häufig ein-
gesetzte Radionuklide sind beispielsweise ^{67}Ga (in der Regel als Citratkom-
plex appliziert), ^{57}Co, ^{129}Cs, ^{133}Xe, vor allem aber ^{99}Tc. Letzteres wird zur
Sichtbarmachung erkrankter Gewebeteile, Organe (auch des Gehirns) und
Knochen verwendet. Dabei kann man durch Wahl des Liganden den Ort der
Anreicherung steuern. So führt die Verwendung eines Dioximato-Chelatli-
ganden zu dem neutralen, hydrophoben Komplex I, der sich bevorzugt im
Gehirn anreichert, während die hochgeladenen Diphosphonatomethan(dpm)-
Liganden einen Technetiumkomplex II bilden, der zur Sichtbarmachung von
Knochen (hydrophile Umgebung) geeignet ist.

(I)   (II)

VII   Reaktionen von Koordinationsverbindungen

Koordinationsverbindungen haben, wie wir in den vergangenen Abschnitten gesehen haben, aufgrund ihrer Strukturen und der Elektronenkonfiguration der Zentral-Metallatome charakteristische physikalische und strukturchemische Eigenschaften. Diese bieten die Grundlage für die z.T. komplexen *Funktionen*, die sie in biologischen Systemen und ihren molekularen und supramolekularen Modellen erfüllen. In diesem Zusammenhang ist bereits mehrfach auf Aspekte der *Reaktivität* von Metallkomplexen eingegangen worden. Der folgende Teil dieses Buches ist nunmehr einer systematischen Erörterung der wichtigsten Reaktionstypen von Koordinationsverbindungen gewidmet.

Die *wesentlichen Lernziele* dieses Abschnitts sind:

1) Die Methoden zur Untersuchung von Reaktionsmechanismen in der Koordinationschemie sowie die Grundlagen der Reaktionskinetik (Kap. 25).

2) Die Diskussion der Mechanismen von Substitutionsreaktionen, der Einfluß des Metallatoms und der Liganden, die an der Reaktion beteiligt (*Nukleophilie*) oder auch unbeteiligt sind (*Trans-Effekt*), auf den Mechanismus (Kap. 26).

3) Der Einfluß der Koordination auf die *Reaktivität des Liganden* (Kap. 27).

4) Die Mechanismen der Redoxreaktionen (Elektronentransfer-Reaktionen) von Koordinationsverbindungen   (*Außensphären-/Innensphären-Mechanismus*) und die experimentellen Kriterien zu ihrer Unterscheidung (Abschnitt 28.1, 28.2, 28.4 und 28.5).

5) Die theoretische Beschreibung von Elektronentransfer-Reaktionen (*Marcus-Hush-Theorie*) und die Anwendung ihrer Kernaussagen (Abschnitt 28.3).

6) Einige grundlegende Aspekte der *Photochemie* von Koordinationsverbindungen (Abschnitt 29.1–29.3).

24 Überblick über die häufigsten Reaktionsmuster: Reaktionen am Metallatom und in der Ligandensphäre

Wir haben uns in den früheren Abschnitten dieses Buches bereits mit verschiedenen Aspekten der Reaktivität von Koordinationsverbindungen beschäftigt, seien es die polytopen Ligandenumlagerungen in Kapitel 5 und 11 und ihre zugrundeliegenden Symmetrieprinzipien oder die Templat-Reaktionen bei der Synthese vom Makrocyclen oder Käfigverbindungen in Kapitel 21. Gerichteter Energietransfer findet zwischen den Metallzentren in supramolekularen Mehrkernkomplexen statt (Kap. 22), während die fast starre Koordinationssphäre des Kupfers in den blauen Kupferproteinen in Kapitel 23 ein wichtiger Faktor für den durch diese Metalloproteine vermittelten Elektronentransport ist. Die große Vielfalt an Bindungswechselwirkungen und Redoxzuständen in Übergangsmetall-Koordinationsverbindungen bedingt die Variabilität in ihrem Reaktionsverhalten. Dieses zu verstehen, ist eine Herausforderung an die experimentell und theoretisch forschenden Komplexchemiker.

In Abbildung 24.1 sind die Grundtypen der Komplex-Reaktivität zusammengefaßt. Während bei den *Ligandensubstitutionen* der Bruch und die Neubildung von Bindungen zwischen Metall und Ligandenatom im Mittelpunkt stehen, bleiben diese Konnektivitäten in den *Ligandenumwandlungen* meist unverändert. Wir erinnern uns an die Synthese der Cobalt(III)sepulchrate ausgehend von $[\mathrm{Co}(en)_3]^{3+}$ in Kapitel 21, bei der sich der Erhalt der Co-N-Bindungen in der vollständigen Stereoretention manifestiert (ein Δ-konfigurierter Ausgangskomplex wird zu einem Sepulchrat mit Δ-Konfiguration). In vielen *Redoxreaktionen* bleiben die Metall-Ligand-Konnektivitäten der beteiligten Komplexmoleküle ebenfalls unverändert, dennoch bestimmen Veränderungen in den Koordinationssphären der Reaktionspartner wesentlich die

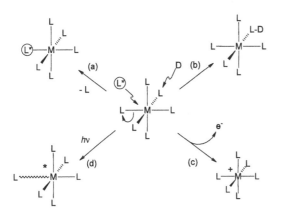

Abb. 24.1.
Die wichtigsten Reaktionsgrundtypen in Komplexen:
a) Ligandensubstitution,
b) Ligandenumwandlung,
c) Redoxreaktion,
d) Photoreaktion.

Geschwindigkeit des Elektronentransfers (Kap. 28). Schließlich stehen einem photochemisch angeregten Komplex unter Umständen alle drei der bisher genannten Reaktionspfade offen.

Das Paradigma für die fruchtbare Wechselbeziehung zwischen der Untersuchung von Reaktionsmechanismen und der Anwendung der dabei gewonnenen Erkenntnisse in der gezielten Präparation neuer Verbindungen bietet die organische Syntheseplanung. Eine ähnlich detaillierte Erforschung der Reaktionsmechanismen an Koordinationsverbindungen ist bisher nicht erfolgt, nicht zuletzt wegen der oben bereits angesprochenen größeren Komplexität der Systeme. Dennoch stehen zu allen in Abbildung 24.1 gezeigten Reaktionstypen inzwischen die Ergebnisse einer beträchtlichen Zahl experimenteller Studien zur Verfügung, die wiederum eine Verfeinerung der konzeptionellen Ansätze zum Verständnis der Beobachtungen ermöglicht haben.

Im folgenden werden wir jedem der Grundtypen für die Reaktivität von Komplexen ein eigenes Kapitel widmen. Zuvor soll aber kurz auf die experimentellen Strategien zur Untersuchung von Reaktionsmechanismen und die dazu notwendigen Grundlagen der Reaktionskinetik eingegangen werden.

25 Untersuchung von Reaktionsmechanismen[1]

Wenn man vom *Mechanismus* einer chemischen Reaktion spricht, so bedeutet dies eine *Zerlegung der Gesamtreaktion in eine Reihe von Elementarschritten*, die in einer *sequentiellen* oder *parallelen* Beziehung zueinander stehen. Die Umwandlungen auf molekularer Ebene, die die Elementarschritte beschreiben, können die *Änderung* der *interatomaren Konnektivitäten*, des *Oxidationszustands* eines oder mehrerer Atome oder Molekülfragmente oder des *elektronischen Zustands* des betrachteten Systems sein.

Meist ist es nicht möglich, die einzelnen Elementarschritte für sich direkt zu identifizieren und zu untersuchen, weshalb man aus der Art und Weise, wie sich die Gesamtreaktion durch Variation bestimmter Parameter des Systems beeinflussen läßt, ein Modell für die beteiligten Einzelschritte abzuleiten versucht. Den wichtigsten Ansatzpunkt hierfür bieten die *Reaktionsgeschwindigkeit* und ihre Abhängigkeit von verschiedenen charakteristischen Variablen des Systems. Dies ist Gegenstand der chemischen Kinetik, und wir werden uns in den folgenden Abschnitten mit deren Grundlagen und den Anwendungen auf die Reaktionen von Komplexen beschäftigen.

25.1 Das Geschwindigkeitsgesetz

Die wichtigste, die Reaktionsgeschwindigkeit beeinflussende Größe ist die *Konzentration*, genauer gesagt, die Konzentrationen der Reaktanden.[2] Die Beziehung, die die Abhängigkeit der Reaktionsgeschwindigkeit von den Konzentrationen der beteiligten chemischen Spezies ausdrückt, bezeichnet man als *Geschwindigkeitsgesetz*. Das Geschwindigkeitsgesetz allein enthält, wie wir sehen werden, schon eine Menge an Information über den Reaktionsmechanismus. Das Geschwindigkeitsgesetz hat die allgemeine Form:

$$\text{Reaktionsgeschwindigkeit } v = -\frac{d\,[\text{Reaktand}]}{dt} = n \cdot \frac{d\,[\text{Produkt}]}{dt}$$

Allgemein: $v = v([A], [B],....)$ Häufig: $v = k[A]^a[B]^{b\cdots}$

---

[1] Ausgezeichnete ausführliche Darstellungen der Thematik bieten: R. G. Wilkins, *Kinetics and Mechanism of Reactions of Transition Metal Complexes*, VCH, Weinheim, **1991**. R. B. Jordan, *Mechanismen anorganischer und metallorganischer Reaktionen*, Teubner, Stuttgart, **1994**.

[2] Und auch solcher chemischer Spezies, die mit den Reaktanden durch eine reversible oder irreversible Reaktion gekoppelt sind, die aber nicht direkt an der betrachteten Umsetzung beteiligt sind.

Häufig hat das Geschwindigkeitsgesetz die Form v = $k[A]^a[B]^b$.... Dann ist *k* die *Geschwindigkeitskonstante*, während die Exponenten a, b, ... die *Reaktionsordnung* bestimmen. Ist a = 1, so ist die Reaktion *von erster Ordnung bezüglich [A]*. Die Summe der Exponenten definiert die Gesamtreaktionsordnung. Man spricht dann von *Reaktionen erster, zweiter, ... Ordnung*. Da die experimentellen Untersuchungen meist das Sammeln zeitabhängiger Konzentrationsdaten von Reaktanden und Produkt(en) beinhalten, ist die Integration des Geschwindigkeitsgesetzes notwendig. Die gefundene Abhängigkeit von [A], [B], ... von der Zeit wird im Prinzip mit den integrierten Geschwindigkeitsgesetzen verglichen und auf diese Weise die Reaktionsordnung und die Geschwindigkeitskonstante bestimmt.

Die integrierten Geschwindigkeitsgesetze einfacher Reaktionen

1. Reaktion erster Ordnung:

$$^k A \quad B \quad -\frac{d\,A}{dt} = kA \quad -\ln A_0 = kt$$

$$A_0 = \text{Anfangskonzentration}$$

2. Reaktion zweiter Ordnung:

a)

$$A +^k A \quad C \quad -\frac{d\,A}{dt} = kA^2 \quad \left\{\frac{1}{A_t} - \frac{1}{A_0}\right\} = kt$$

$$A_0 = \text{Anfangskonzentration}$$
$$A_t = \text{Konzentration zum Zeitpunkt t}$$

b)

$$A +^k B \quad C \quad -\frac{d\,A}{dt} = kAB \quad \left\{\frac{1}{A_0 - B_0}\right\} \ln\left\{\frac{A_t B_0}{A_0 B_t}\right\} = kt$$

$$A_0, B_0 = \text{Anfangskonzentrationen}$$
$$A_t, B_t = \text{Konzentration zum Zeitpunkt t}$$

Die Geschwindigkeitskonstante *k* erhält man, indem man die linken Terme der integrierten Geschwindigkeitsgesetze gegen *t* aufträgt und die Steigung der dabei erhaltenen Geraden bestimmt. Die physikalische Dimension der Geschwindigkeitskonstanten hängt von der Reaktionsordnung ab: Geschwindigkeitskonstanten erster Ordnung haben die Dimension s^{-1}, solche zweiter Ordnung $1\,mol^{-1}\,s^{-1}$ (= $M^{-1}\,s^{-1}$). Beispiel für den oben angeführten Fall 2b ist die Hydrolyse des Cobalt(III)-Komplexes $[Co(en)_2(PrNH_2)Cl]^{2+}$ in Gegenwart von Hg^{2+}, die nach dem Geschwindigkeitsgesetz v = $[Co^{III}][Hg^{2+}]$ abläuft (s. auch Abschnitt 26.1.3):

$[Co(en)_2(PrNH_2)Cl]^{2+} + Hg^{2+} + H_2O \rightarrow [Co(en)_2(PrNH_2)(H_2O)]^{3+} + HgCl^+$

Die Geschwindigkeitskonstante zweiter Ordnung wird nach dem Verfahren
in Abbildung 25.1 bestimmt.

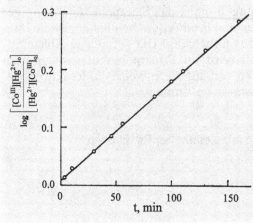

Abb. 25.1. Bestimmung der
Geschwindigkeitskonstante zweiter
Ordnung für die Hydrolyse von
$[Co(en)_2(PrNH_2)Cl](ClO_4)_2$ (A)
in Gegenwart von Hg^{2+} (B). Der
Reaktionsverlauf wurde spektral-
photometrisch verfolgt. Anfangs-
konzentrationen $[A]_0 = 5.14 \cdot 10^{-3}$
M, $[B]_0 = 11.7 \cdot 10^{-3}$ M.[3]

Obwohl viele Reaktionen Geschwindigkeitsgesetzen zweiter oder höherer
Ordnung oder auch komplexen Geschwindigkeitsgesetzen folgen, kann man
sie mit Hilfe eines einfachen experimentellen Tricks unter Bedingungen
ablaufen lassen, unter denen sich die in ihrem zeitlichen Verhalten untersuchte
Komponente wie in einer Reaktion erster Ordnung verhält. Das wird dadurch
erreicht, daß die anderen in das Geschwindigkeitsgesetz eingehenden Reaktionskomponenten in großem Überschuß (> 10-fach) gegenüber der experimentell verfolgten Komponente vorliegen und damit de facto in ihrer Konzentration unverändert bleiben. Aus $v = k[A][B][C]$ wird bei großem Überschuß
an B und C das beobachtete Geschwindigkeitsgesetz $v = k_{beob}[A]$ ($k_{beob} =$
$k[B][C]$ [4]). Man spricht dann von der Untersuchung der Kinetik einer Reaktion unter *Bedingungen pseudo-erster Ordnung*. Durch Ermittlung der
Abhängigkeit von k_{beob} von [B] und [C] (weiterhin bei Überschuß von B
und C) erhält man das vollständige Geschwindigkeitsgesetz und die
Geschwindigkeitskonstante höherer (in diesem Fall dritter) Ordnung.

Die Bestimmung des vollständigen Geschwindigkeitsgesetzes bildet die
Basis für den Vorschlag eines Reaktionsmechanismus. Wilkins betont, daß
man aus dem Geschwindigkeitsgesetz die „Zusammensetzung des aktivierten
Komplexes" erhält,[5] wobei allerdings keinerlei Information über die Art und

---

[3] S. C. Chan, S. F. Chan, *J. Chem. Soc. (A)* **1969**, 202.

[4] k_{beob} wird in der Literatur häufig als *Geschwindigkeitskonstante pseudo-erster Ordnung*
bezeichnet, obwohl der Begriff etwas verwirrend ist. Logisch exakter ist die Bezeichnung
unter Bedingungen pseudo-erster Ordnung beobachtete Geschwindigkeitskonstante.

[5] R. G. Wilkins, loc. cit., Kapitel 2.

Weise, wie die Komponenten dazu beitragen, erhalten wird. Dies bedeutet, wie wir im Verlauf dieses Kapitels sehen werden, daß einzelne im Geschwindigkeitsgesetz auftauchende Komponenten nicht direkt, sondern z. b. über ein schnelles vorgelagertes Gleichgewicht mit den Reaktanden, die am Übergangszustand des geschwindigkeitsbestimmenden Reaktionsschritts (s.u.) beteiligt sind, in Beziehung stehen.

25.2 Komplexe Reaktionskinetiken: die Näherung des quasistationären Zustands

Erhält man unter den Bedingungen pseudo-erster Ordnung kein einfaches Geschwindigkeitsgesetz erster Ordnung, so kann dies ein Hinweis auf eine komplizierte Kinetik sein. Meist liegt eine Umsetzung vor, die durch mehrere Parallel- und Folgeschritte zu dem beobachteten Produkt führt. Eine ausführliche Diskussion dieser Reaktionskinetiken übersteigt den Rahmen dieses Buches, allerdings findet man bei Substitutionen an Koordinationsverbindungen einige einfache, charakteristische Fälle komplexerer Kinetiken, deren Grundlagen hier angesprochen werden.

Betrachten wir die Reaktionssequenz, die z. B. einem dissoziativen Substitutionsmechanismus entspricht (der Ligand B wird durch C substituiert, A ist das Komplexfragment):

$$A - B \underset{k_{-1}}{\overset{k_1}{\rightleftharpoons}} A + B \qquad -\frac{d[A-B]}{dt} = k_1[A-B] - k_{-1}[A][B] \qquad (25.1)$$

$$A + C \underset{k_{-2}}{\overset{k_2}{\rightleftharpoons}} A - C \qquad \text{Im Gleichgewicht:} \quad \frac{k_1 k_2}{k_{-1} k_{-2}} = \frac{[A-C]_e[B]_e}{[A-B]_e[C]_e} \qquad (25.2)$$

Hierbei ist A eine instabile Zwischenstufe, die sofort weiterreagiert und daher nicht in größeren Konzentrationen vorliegt. Die Lösung dieses kinetischen Problems wird erheblich vereinfacht, wenn man annimmt, daß dieses Zwischenprodukt im Laufe der Reaktion ebenso schnell verbraucht wie gebildet wird. Das bedeutet, daß sich *die Konzentration des Intermediats A über weite Strecken der Umsetzung nicht wesentlich ändert*. Diese Annahme bezeichnet man als *Näherung des quasistationären Zustands*. Damit kann die nicht bestimmbare Konzentration von A im Geschwindigkeitsgesetz (25.1) eliminiert werden:

$$k_1[A-B] + k_{-2}[A-C] = k_{-1}[A][B] + k_2[A][C] \qquad (25.3)$$

Die Konzentration [A-C] kann mit der Massenbilanz (25.4)

$$[A-B] + [A-C] \approx [A-B]_e + [A-C]_e \qquad (25.4)$$

([A–B]$_e$, [A–C]$_e$ = Konzentration von Edukt und Produkt im Gleichgewicht) und die Gleichgewichtskonzentration [A–C]$_e$ mit Hilfe des Massenwirkungsgesetzes (25.2) eliminiert werden. Man erhält das einfache Geschwindigkeitsgesetz:[6]

$$-\frac{d[A–B]}{dt} = k_{beob}([A–B] - [A–B]_e) \quad k_{beob} = \frac{k_{-1}k_{-2}[C] + k_{-1}k_{-2}[B]}{k_{-1}[B] + k_2[C]} \quad (25.5)$$

Falls der zweite Reaktionsschritt im wesentlichen irreversibel ist, d. h. $k_{-2} \approx 0$, vereinfacht sich (25.5) noch weiter zu (25.6).

$$k_{beob} = \frac{k_1 k_2 [C]}{k_{-1}[B] + k_2[C]} \quad (25.6)$$

Wie wir im nächsten Kapitel sehen werden, ist dies der Ausdruck für die Geschwindigkeitskonstante pseudo-erster Ordnung einer dissoziativ verlaufenden Ligandensubstitution. Für hohe Konzentrationen an C wird k_{beob} gleich k_1, und man erhält damit das Geschwindigkeitsgesetz einer Reaktion erster Ordnung. Für einen assoziativen Prozeß erhält man wiederum unter Anwendung der Näherung des stationären Zustands und analoger Überlegungen zu den oben dargelegten das Geschwindigkeitsgesetz (25.7).

$$A - B + C \underset{k_{-1}}{\overset{k_1}{\rightleftharpoons}} A–BC$$
$$A–BC \xrightarrow{k_2} AC + B \qquad -\frac{d[A–B]}{dt} = k_{beob}[A–B][C] \quad k_{beob} = \frac{k_1 k_2}{k_{-1} k_2} \quad (25.7)$$

In diesem Falle wird die Reaktionssequenz durch eine Kinetik zweiter Ordnung beschrieben, unabhängig von der Konzentration der Eingangsgruppe C. Wie man sieht, bietet das Geschwindigkeitsgesetz prinzipiell die Möglichkeit einer Unterscheidung zwischen den beiden Reaktionsmechanismen. In der Praxis gestaltet sich diese Unterscheidung verschiedener Mechanismen allein aufgrund der Kinetiken meist nicht so einfach, wie bei der Diskussion der Substitutionsmechanismen in Kapitel 26 noch deutlich wird.

25.3 Aktivierungsparameter und Reaktionsmechanismus

Bisher war die uns interessierende Variable bei der Untersuchung von Reaktionsmechanismen die Konzentration der beteiligten Reaktionskomponenten. Dies führte zur Formulierung des Geschwindigkeitsgesetzes der Reaktion. Ein Reaktionsmechanismus, d. h. die Gesamtheit aller Reaktionsteilschritte,

---

[6] Dem Leser wird empfohlen, die sich daraus ergebende Herleitung von (25.5) als Übung durchzuführen. Hinweise finden sich z. B. in R. B. Jordan, *Mechanismen anorganischer und metallorganischer Reaktionen*, Teubner, Stuttgart, **1994**, S. 25.

läßt sich nicht eindeutig aus dem Geschwindigkeitsgesetz herleiten. Wohl aber ist es unter Umständen möglich, unter mehreren mechanistischen Alternativen diejenigen, die zu dem gefundenen Geschwindigkeitsgesetz in Widerspruch stehen, auszuschließen.

Wertvolle Hinweise auf einen Reaktionsmechanismus erhält man durch Variation der thermischen Zustandsvariablen Temperatur und Druck. Untersucht wird dann die Abhängigkeit der Geschwindigkeitskonstanten von diesen beiden Größen, die für verschiedene Typen von Mechanismen charakteristisch sein kann.

Die Abhängigkeit der Reaktionsgeschwindigkeit (Geschwindigkeitskonstante) von der Temperatur wird durch die *Theorie des aktivierten Komplexes* („Eyring-Theorie") beschrieben.[7]

$$k = \frac{k_B \, T}{h} \exp \left[-\frac{\Delta G^{\neq}}{RT} \right] = \frac{k_B \, T}{h} \exp \left[-\frac{\Delta H^{\neq}}{RT} \right] \exp \left[\frac{\Delta S^{\neq}}{R} \right]$$

k_B = Boltzmann-Konstante = 1.38×10^{-23} JK^{-1}
h = Planck-Konstante = 6.626×10^{-34} Js

Wird die Reaktionsgeschwindigkeit bei verschiedenen Temperaturen gemessen, so erhält man bei der Auftragung von $\ln(k/T)$ gegen $1/T$ eine lineare Beziehung mit der Steigung $-\Delta H^{\neq}/R$ und dem Achsenabschnitt $[\ln(k_B/h) + \Delta S^{\neq}/R] = [23.8 + \Delta S^{\neq}/R]$ (Abb. 25.2).

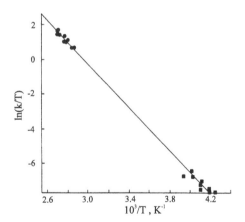

Abb. 25.2. Eyring-Plot des Ligandenaustauschs in [Fe(dmso)$_6$]$^{3+}$. Die runden Datenpunkte wurden aus ^{13}C-NMR-Relaxationsmessungen gewonnen, die eckigen Datenpunkte aus Tieftemperatur-Stopped-Flow ^{1}H-NMR-Untersuchungen.[8]

---

[7] Siehe z. B. P. W. Atkins, *Physikalische Chemie*, VCH, Weiheim, **1990**, S. 763. Der Begriff „aktivierter Komplex" wird synonym mit dem Begriff „Übergangszustand" verwendet.
[8] Aus: C. H. McAteer, P. Moore, *J. Chem. Soc., Dalton Trans.* **1983**, 353.

Während die Aktivierungsenthalpie $\Delta H^{\neq}$ im allgemeinen nicht sehr aussa-
gekräftig in bezug auf den Reaktionsmechanismus ist, kann man in günstigen
Fällen aus dem Vorzeichen und der Größe der Aktivierungsentropie $\Delta S^{\neq}$ Hinweise auf den Mechanismus erhalten. Werden im Übergangszustand beispielsweise Bindungen gelockert oder gebrochen, so schlägt sich das in
einem positiven $\Delta S^{\neq}$ nieder. Ein solches Verhalten würde man z. B. bei
einem dissoziativen Ligandensubstitutions-Mechanismus erwarten (Kap.
26). Im assoziativen Fall werden Bindungen zwischen angreifenden Liganden
und Komplex im aktivierten Komplex gebildet, und deshalb ist eine stark
negative Aktivierungsentropie das erwartete Ergebnis. Ein solcher Fall liegt
beispielsweise bei der Substitution eines Carbonyl-Liganden in $V(CO)_6$
durch PPh_3 vor:

$$[V(CO)_6] + PPh_3 \longrightarrow [V(CO)_5(PPh_3)] + CO \qquad k = 0.25 \ M^{-1}s^{-1}$$

$$\qquad \qquad \qquad \qquad \qquad \qquad \qquad \qquad \qquad \Delta H^{\neq} = 42 \ kJmol^{-1}$$

$$-\frac{dVCO_6}{dt} = k[V[CO)_6][PPh_3] \qquad \qquad \Delta S^{\neq} = -116 \ JK^{-1}$$

Hierbei spricht nicht nur die Kinetik zweiter Ordnung sondern ebenfalls die
stark negative Aktivierungsentropie für einen assoziativen Mechanismus der
nukleophilen Ligandensubstitution.

Direkter noch als die Aktivierungsentropie läßt sich das *Aktivierungsvolumen* mit mechanistischen Vorstellungen in Beziehung setzen. Dieses wird
durch Messung der Druckabhängigkeit der Geschwindigkeitskonstanten
ermittelt (*25.8*):

$$\left[\frac{d\ln k}{dP}\right]_T = -\frac{\Delta V^{\neq}}{RT} \qquad \qquad \qquad \qquad (25.8)$$

Das mögliche Volumenprofil einer Reaktion des Typs A + B → AB mit dem
Übergangszustand $[A-B]^{\neq}$ läßt sich folgendermaßen darstellen:[9].

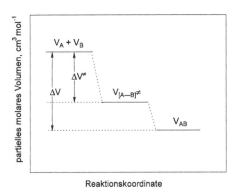

---

[9] M. Kotowski, R. van Eldik, *Coord. Chem. Rev.* **1989**, *93*, 19

Im allgemeinen besteht der experimentell bestimmte Wert von $\Delta V^{\neq}$ aus zwei Anteilen, einem *intrinsischen Aktivierungsvolumen* $\Delta V_{intr}^{\neq}$, das durch Änderungen der Bindungslängen und -winkel zustandekommt und einem Anteil, der durch die Änderung der Solvatation im aktivierten Komplex bedingt ist, $\Delta V_{solv}^{\neq}$. Natürlich ist das intrinsische Aktivierungsvolumen der für die mechanistischen Details der Bindungsbildung und -spaltung wichtige Parameter, der die Unterscheidung zwischen dissoziativen und assoziativen Reaktionsschritten ermöglicht. In Reaktionen mit einer starken Änderung der Elektrostriktion[10] (z. B. Ionendissoziation oder -rekombination in polaren Lösungsmitteln) kann $\Delta V_{solv}^{\neq}$ größer sein als $\Delta V_{intr}^{\neq}$, so daß die angesprochenen mechanistischen Effekte in den Hintergrund rücken. Das Vorzeichen der beiden Komponenten von $\Delta V^{\neq}$ ist in Abbildung 25.3 veranschaulicht.

Am aussagekräftigsten sind experimentell bestimmte Aktivierungsvolumina bei Reaktionen, in denen sich die Solvatation der Moleküle nicht oder nicht sehr stark ändert. Wir werden in Kapitel 26 mehrfach das Aktivierungsvolumen als Entscheidungskriterium für die Zuordnung eines Reaktionsmechanismus heranziehen.

Aus der Diskussion der Aktivierungsparameter wird deutlich, daß $\Delta V^{\neq}$ und $\Delta S^{\neq}$ häufig ähnliche Rückschlüsse bezüglich des Reaktionsmechanismus erlauben. Vergleicht man einen Reaktionstyp am Beispiel einander verwandter Komplexe, so wird mitunter sogar eine lineare Beziehung zwischen

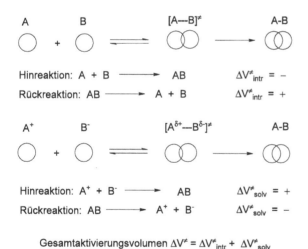

Hinreaktion: $A + B \longrightarrow AB$ $\Delta V_{intr}^{\neq} = -$

Rückreaktion: $AB \longrightarrow A + B$ $\Delta V_{intr}^{\neq} = +$

Hinreaktion: $A^+ + B^- \longrightarrow AB$ $\Delta V_{solv}^{\neq} = +$

Rückreaktion: $AB \longrightarrow A^+ + B^-$ $\Delta V_{solv}^{\neq} = -$

Gesamtaktivierungsvolumen $\Delta V^{\neq} = \Delta V_{intr}^{\neq} + \Delta V_{solv}^{\neq}$

Abb. 25.3. Schematische Darstellung des Vorzeichens und der Anteile von $\Delta V^{\neq}$.[11]

---

[10] Elektrostriktion ist die elastische Formänderung eines Dielektrikums und das Auftreten elastischer Spannungen in einem elektrischen Feld. In Lösungen von Ionenverbindungen in Lösungsmitteln mit hohem elektrischen Dipolmoment übt die Ordnung der Dipole um die Ionen (Ionensolvatation) eine starke Elektrostriktion aus und bewirkt eine meßbare Volumenänderung.

[11] R. van Eldik, J. Jonas (Hrsg.), *High Pressure Chemistry and Biochemistry*, Reidel, Dordrecht, 1987.

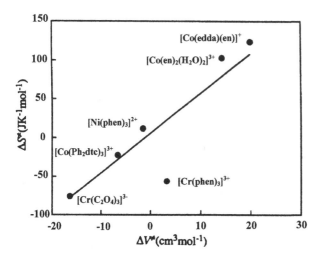

Abb. 25.4. Auftragung von $\Delta S^{\neq}$ gegen $\Delta V^{\neq}$ für die Racemisierung und geometrische Isomerisierung einer Reihe von Chelat-Komplexen.[12]

beiden gefunden, wie im Falle der Racemisierung einiger helikal-chiraler Tris-Chelat-Komplexe (Abb. 25.4). Diese verläuft in fast allen Fällen nicht konzertiert und unter Chelatring-Öffnung, wobei je nach Zentralmetall ein eher dissoziativ oder assoziativ geprägter Mechanismus vorliegt. Die Abweichung von $[Cr(phen)_3]^{3+}$ von diesem linearen Verhalten ist ein *deutlicher Hinweis* darauf, daß die Isomerisierung nach einem *anderen Mechanismus* verläuft. In der Tat liegt hier ein Beispiel für eine konzertiert ablaufende polytope Umlagerung nach einem der in Kapitel 11 erörterten Twist-Mechanismen („Bailar-" oder „Rây-Dutt-Twist") vor.

---

[12] Nach: R. G. Wilkins, *Kinetics and Mechanism*, loc. cit. und G. A. Lawrance, S. Suvachittanont, *Inorg. Chim. Acta* **1979**, *32*, L13.

26 Liganden-Substitutionsreaktionen

In einer Ligandensubstitution an einem Komplex ersetzt ein freier Ligand einen am Metall koordinierten Liganden.[13] Dabei findet *keine Änderung der Oxidationsstufe des Zentralatoms* statt (obwohl Redoxreaktionen durchaus Folgereaktionen von Substitutionen sein können). Ligandensubstitutionen spielen in fast allen Bereichen der Koordinationschemie eine Rolle, und die Kenntnis ihrer Kinetik ist unerläßlich, will man z. B. die optimalen Bedingungen für die Synthese eines Komplexes oder diejenigen für die analytische Anwendung von mehrzähnigen Liganden in der Komplexometrie (Kap. 20.2) bestimmen. Substitutionen sind darüber hinaus wichtige Elementarschritte der Umsetzungen in Metalloenzymen oder in der homogenen Katalyse.

Die Kinetik dieses Reaktionstyps ist für alle wichtigen Komplexgeometrien untersucht worden, wobei Substitutionen an oktaedrischen und quadratisch-planaren Koordinationsverbindungen am intensivsten erforscht wurden. Wir werden uns im folgenden daher auf diese Systeme beschränken. Die Reaktionsgeschwindigkeit von Substitutionen kann über viele Größenordnungen variieren, wie am Beispiel des Wasseraustauschs in Aquakomplexen (oder hydratisierten Metallionen) in wässriger Lösung deutlich wird (Abb. 26.1).

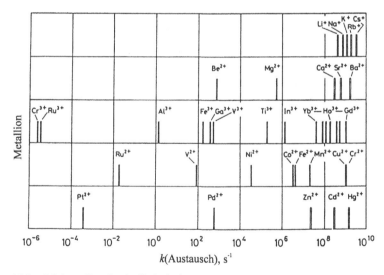

Abb. 26.1. Geschwindigkeitskonstanten des Wasseraustauschs in Aquakomplexen. Wie man sieht, liegen diese in einem Bereich von 16 Größenordnungen! Aus: Y. Ducammun, A. E. Merbach in *Inorganic High Pressure Chemistry* (Hrsg. R. van Eldik), Elsevier, Amsterdam, 1986.

---

[13] Genau genommen ist auch der Ersatz eines *Metallatoms* in der Bindungsstelle eines mehrzähnigen Liganden oder Metalloproteins eine Substitution.

Es bedarf daher des gesamten Aufgebots analytischer Techniken, um die Geschwindigkeitskonstanten zu bestimmen. Ligandenaustausch in Komplexen kann im Prinzip auf zwei Wegen erfolgen, entweder in einer Folge von Solvolyse der Ausgangsverbindung und anschließender nukleophiler Verdrängung des Aqualiganden im Intermediat oder durch direkte Ligandensubstitution ohne Beteiligung des Lösungsmittels.

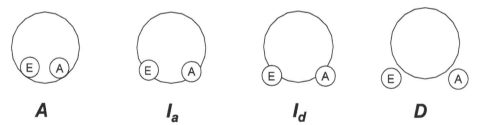

Oktaedrische Komplexe reagieren, wie noch gezeigt wird, bevorzugt auf dem indirekten Weg (a), während die zweite Alternative (b) vor allem bei Substitutionen an quadratisch-planaren Koordinationseinheiten beobachtet wird.[14]

26.1 Klassifizierung von Substitutionsmechanismen und ihre experimentelle Unterscheidung

Die Typeneinteilung der verschiedenen Substitutionsmechanismen geht auf eine Anregung von C. H. Langford und H. B. Gray zurück, mit dem Ziel, die aus kinetischen Studien gewonnenen Einblicke in die Reaktionsmechanis-

A   **Iₐ**   **I_d**   **D**

Abb. 26.2. Schematische Darstellung der mechanistischen Typen von Ligandensubstitutionen. Die größeren Kreise stehen dabei für die gesamte Koordinationssphäre des Metallions, die kleineren Kreise – als E und A gekennzeichnet – repräsentieren die Eingangs- und Abgangsgruppen(-liganden) der Reaktion.

---

[14] Bei Komplexen mit anderen Koordinationsgeometrien kann eine kompetitive Situation zwischen beiden Wegen vorliegen.

men zu ordnen.[15] Die Typen lassen sich anhand der in Abbildung 26.2 gezeigten schematischen Darstellung veranschaulichen.

Falls ein Zwischenprodukt niedrigerer oder höherer Koordinationszahl als das Edukt nachweisbar ist, verläuft die Substitution nach einem *dissoziativen (D)* bzw. *assoziativen (A)* Mechanismus. Diese beiden Typen sind die Extrema der möglichen Reaktionsformen. Verläuft die Substitution mehr oder weniger konzertiert, bei partieller Assoziation von E und Dissoziation von A so spricht man von einem Mechanismus des *Austausch*-(I)-Typs (I = Interchange).[16] In der Praxis findet man allerdings selten diesen symmetrischen Fall, vielmehr ist die Eingangs- oder die Abgangsgruppe im aktivierten Komplex entweder stärker in die Koordinationssphäre eingebettet (I_a = assoziativer Austausch) oder schwächer (I_d = dissoziativer Austausch). Die I_a- und I_d-Fälle repräsentieren also das Kontinuum mechanistischer Möglichkeiten zwischen den eingangs diskutierten Extremfällen.[17] Wie im vorigen Abschnitt bereits angedeutet wurde, verlaufen Substitutionen an oktaedrischen Komplexen meist nach einem dissoziativen (D oder I_d) Mechanismus, während bei quadratisch-planaren Verbindungen der assoziative Reaktionsweg bevorzugt ist. Allerdings können neben der Koordinationszahl auch andere Faktoren, wie z. B. der Raumanspruch der koordinierten Liganden den einen oder anderen Reaktionspfad begünstigen.

Wie wir noch sehen werden, ist es allein aufgrund der kinetischen Daten häufig schwierig, eine eindeutige mechanistische Zuordnung zu treffen. Vielmehr liefert erst die Kombination mehrerer Befunde die experimentelle Grundlage für eine Formulierung des Reaktionsmechanismus.

26.1.1 Eine mechanistische Zuordnung aufgrund der Aktivierungsparameter: Liganden-Austauschreaktionen in Solvat-Komplexen

Bei Liganden-Austauschreaktionen an Solvat-Komplexen ist das Geschwindigkeitsgesetz kein nützliches Kriterium für die Formulierung eines Reaktionsmechanismus, da die Konzentration eines der Reaktanden, des Lösungsmittels, im Verlauf der Reaktion konstant ist. Daher ist man vor allem auf die Interpretation der Aktivierungsparameter, insbesondere der Aktivierungsvolumina, angewiesen. Da die Edukte und Produkte der Reaktion in gleichem Maße solvatisiert sind, kann man die gemessenen Aktivierungsvolumina

---

[15] C. H. Langford, H. B. Gray, *Ligand Substitution Processes*, Benjamin Inc., New York, **1966**.

[16] Die Grobeinteilung in *A*-, *D*- und *I*-Mechanismen wurde von Langford und Gray als Klassifizierung nach *stöchiometrischen* Mechanismen bezeichnet. Die feinere Unterteilung in I_a, I, und I_d wurde dann als Festlegung des *intimen* Mechanismus verstanden. Diese Begriffe werden mitunter noch in der Literatur verwendet.

[17] Es besteht eine unmittelbare Beziehung zu der in der organischen Chemie üblichen Einteilung von Substitutionsmechanismen. Die Fälle *A* und I_a entsprechen S_N2-Reaktionen, während man *D* und I_d auch als S_N1-Reaktionen interpretieren kann. Allerdings zeichnet sich der *A*-Mechanismus durch ein detektierbares Intermediat aus, was bei einer S_N2-Reaktion am Kohlenstoff nicht der Fall ist.

Tabelle 26.1. Kinetische Daten für den H_2O-Austausch einiger Hexaaquakomplexe zweiwertiger Metalle, $[M(H_2O)_6]^{2+}$.[18]

	V^{2+}	Mn^{2+}	Fe^{2+}	Co^{2+}	Ni^{2+}	Ru^{2+}
k, s^{-1}	89	$2.1\cdot10^7$	$4.4\cdot10^6$	$3.2\cdot10^6$	$3.2\cdot10^4$	$1.8\cdot10^{-2}$
$\Delta H^{\neq}$, $kJmol^{-1}$	+62	+33	+41	+47	+57	+88
$\Delta S^{\neq}$, $JK^{-1}mol^{-1}$	–0.4	+6	+21	+37	+32	+16
$\Delta V^{\neq}$, cm^3mol^{-1}	–4.1	–5.4	+3.8	+6.1	+7.2	–0.4
Elektr.konfig.	t_{2g}^3	$t_{2g}^3e_g^2$	$t_{2g}^4e_g^2$	$t_{2g}^5e_g^2$	$t_{2g}^6e_g^2$	t_{2g}^6
Ionenradius, Å	0.79	0.83	0.78	0.74	0.69	0.73

direkt als theoretische Aktivierungsvolumina der aktivierten Komplexe interpretieren. In Tabelle 26.1 sind die kinetischen Daten für den Wasseraustausch einiger Aquakomplexe zweiwertiger Metalle zusammengestellt.

Da das Aktivierungsvolumen für einen *D*-Mechanismus gleich $[V(ML_5) + V(L)] - V(ML_6)$ und in der Regel $V(ML_5) < V(ML_6)$ ist, wird es geringer als das Molvolumen des Lösungsmittels sein, d. h. im Falle von H_2O 18 cm³. Für einen reinen *A*- oder *D*-Mechanismus sind Aktivierungsvolumina von ca. –10 cm³mol⁻¹ bzw. +10 cm³mol⁻¹ zu erwarten. Dazwischen liegende Werte lassen auf I_a- bzw. I_d-Mechanismen schließen. Die positiver werdenden $V^{\neq}$-Werte beim Gang von V^{2+} zu Ni^{2+} sprechen also für einen in steigendem Maße dissoziativen (weniger assoziativen) Austausch-Mechanismus, wonach die Zuordnungen I_a (V^{2+}, Mn^{2+}), I (Fe^{2+}) und I_d (Co^{2+}, Ni^{2+}) getroffen wurden. Die Zunahme des dissoziativen Charakters des Aqualiganden-Austauschs geht im allgemeinen einher mit einer Abnahme der Reaktionsgeschwindigkeit, zunehmend positiven $\Delta S^{\neq}$-Werten und steigenden Aktivierungsenthalpien $\Delta H^{\neq}$.

Geht man davon aus, daß sich ein angreifender Ligand dem Metallzentrum zwischen den koordinierten Liganden, d. h. entlang einer der dreizähligen Achsen, die senkrecht auf den Oktaederflächen stehen, oder in Richtung einer Oktaederkante nähert, so sollte eine zunehmende Besetzung der t_{2g}-Orbitale allein schon aus elektrostatischen Gründen ungünstig für einen assoziativen Mechanismus sein (Abb. 26.3).[19]

Die Erhöhung der Ladung am Zentralatom verstärkt den assoziativen Charakter des H_2O-Austauschs. So deutet das Aktivierungsvolumen des Wasseraustauschs in $[Ti(H_2O)_6]^{3+}$ von –12.1 cm⁻³mol⁻¹ auf einen rein assoziativen Mechanismus hin. Auch bei den Trikationen nimmt mit steigender d-Orbitalbesetzung der assoziative Charakter der Substitution ab, allerdings spielt bei diesen Umsetzungen eine Konkurrenzreaktion eine zunehmende Rolle, die

---

[18] Y. Ducommun, K. E. Newman, A. E. Merbach, *Inorg. Chem.* **1980**, *19*, 3696. Y. Ducommun, D. Zbinden, A. E. Merbach, *Helv. Chim. Acta* **1982**, *65*, 1385. P. Bernhard, L. Helm, I. Rapaport, A. Ludi, A. E. Merbach, *Inorg. Chem.* **1988**, *27*, 873.

[19] Daß V^{2+} und Ru^{2+} so substitutionsinert sind, liegt an ihren d-Elektronenkonfigurationen, d^3 bzw. d^6. (s. auch Kapitel 19.1).

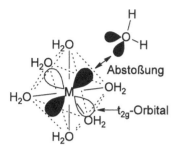

Abb. 26.3. Elektrostatische Abstoßung zwischen dem freien Elektronenpaar am Donoratom des angreifenden Liganden und den Elektronen in einem t_{2g}-Orbital.

durch die stärkere Ligandenpolarisation durch das höhervalente Metallzentrum bedingt ist. Die hohe Acidität des Metall-gebundenen Wassers (s. auch Kap. 27) führt zur Bildung von Hydroxokomplexen des Typs $[M(OH)(H_2O)_5]^{2+}$, in denen der anionische Ligand die Neutralliganden labilisiert und den Austausch über einen dissoziativen Reaktionsweg stark begünstigt (Tabelle 26.2). Diesen Alternativmechanismus über eine interne konjugierte Base des Komplexes werden wir später noch genauer betrachten.

Tabelle 26.2. Vergleich der Geschwindigkeitskonstanten und Aktivierungsvolumina für den H_2O-Austausch in einigen $[M(H_2O)_6]^{3+}$- und $[M(OH)(H_2O)_5]^{2+}$-Komplexen. Man beachte die um ca. 2–3 Größenordnungen höhere Reaktionsgeschwindigkeit des Wasseraustauschs in den Hydroxokomplexen.[20]

	Cr^{3+}	$Cr(OH)^{2+}$	Fe^{3+}	$Fe(OH)^{2+}$	Ru^{3+}	$Ru[OH}^{2+}$
k, s^{-1}	$2.4 \cdot 10^{-6}$	$1.8 \cdot 10^{-4}$	$1.6 \cdot 10^{2}$	$1.2 \cdot 10^{5}$	$3.5 \cdot 10^{-6}$	$5.9 \cdot 10^{-4}$
$\Delta V^{\neq}$, $cm^3 mol^{-1}$	-9.6	$+2.7$	-5.4	$+7.0$	-8.3	$+0.9$
d-Konfig.	t_{2g}^3	t_{2g}^3	$t_{2g}^3 e_g^2$	$t_{2g}^3 e_g^2$	t_{2g}^5	t_{2g}^5

Die Untersuchungen zur Kinetik des H_2O-Austauschs sind vor allem durch ^{17}O-NMR-Spektroskopie durchgeführt worden. Ausgehend von einem ^{17}O-markierten Komplex wird dabei der Austausch mit nicht-markiertem Wasser verfolgt. In Abbildung 26.4 ist das ^{17}O-NMR-Spektrum von $[Ru(H_2^{17}O)_6]^{3+}$ in Wasser abgebildet und die zeitliche Veränderung der Intensitäten des Komplexsignals sowie der Resonanz des freien H_2O gezeigt.

[20] P. Bernhard, L. Helm, I. Rapaport, A. Ludi, A. E. Merbach, *Inorg. Chem.* **1988**, *27*, 873. D. H. Cleary, L. Helm, A. E. Merbach, *J. Am. Chem. Soc.* **1987**, *109*, 4444. A. D. Hugi, L. Helm, A. E. Merbach, *Inorg. Chem.* **1987**, *26*, 1763.

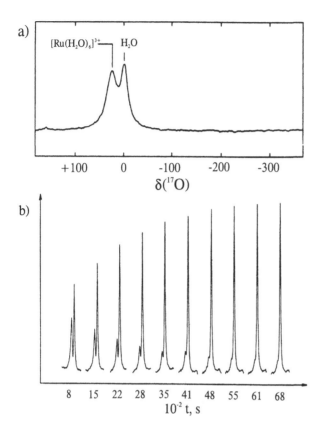

Abb. 26.4.
a): ^{17}O-NMR-Spektrum von $[Ru(H_2^{17}O)_6]^{3+}$ in Wasser kurz nach der Auflösung des markierten Komplexes in nicht-markiertem H_2O. Aufgrund des ^{17}O-angereicherten Kristallwassers der isolierten Komplexverbindung ist das Signal des freien Wassers bereits zu Beginn der Messung recht intensiv.
b): Serie von ^{17}O-NMR-Spektren, in der der Ligandenaustausch deutlich wird. Das Signal des gebundenen Wassers (links) nimmt im Laufe der Zeit ab, das des freien Wassers (rechts) zu.[21]

26.1.2   Der Austausch unterschiedlicher einzähniger Liganden: Kinetik der Komplexbildung und Komplexsolvolyse

Bei den im vorigen Abschnitt diskutierten Lösungsmittel-Austauschreaktionen ist die Bestimmung eines Reaktionsmechanismus aufgrund der Form des Geschwindigkeitsgesetzes nicht möglich. Dies gilt nicht nur wegen des großen Überschusses (und damit der zeitlich unveränderten Konzentration) des Liganden, sondern aufgrund der „Symmetrie" der Reaktion; Edukt und Produkt sind in der Gesamtbilanz identisch.

Betrachtet man hingegen die Substitution eines Liganden durch einen anderen, so erhält man zwar ein Geschwindigkeitsgesetz, allerdings wird die Interpretation der Aktivierungsparameter, die beim Lösungsmittel-Austausch so nützlich waren, komplizierter. In diesem Abschnitt werden in erster Linie zwei Substitutionstypen vorgestellt, der Ersatz eines koordinierten Liganden durch das Lösungsmittel, die *Komplex-Solvolyse*, sowie die umgekehrte Reaktion, die *Komplexbildung*.

---

[21] I. Rapaport, L. Helm, A. E. Merbach, P. Bernhard, A. Ludi, *Inorg. Chem.* **1988**, *27*, 873.

Die Geschwindigkeitsgesetze für die verschiedenen mechanistischen Typen sollen zunächst anhand der Komplexbildung, ausgehend von einem Aquakomplex, erläutert werden. Verläuft die Reaktion über einen dissoziativen Mechanismus, so wird im ersten Schritt reversibel die Bindung zwischen H_2O und dem Metallion gespalten, anschließend bildet sich in einem irreversiblen Schritt die neue Metall-Ligand-Bindung:

$$M–OH_2 \overset{k_1}{\underset{k_{-1}}{\rightleftharpoons}} M + H_2O \qquad -\frac{d[M–OH_2]}{dt} = \frac{k_1 k_2 [M–OH_2][L]}{k_{-1}[H_2O] + k_2[L]} \qquad (26.1)$$

$$M + L \overset{k_2}{\longrightarrow} M–L$$

Das Geschwindigkeitsgesetz für den dissoziativen Mechanismus haben wir schon in Kapitel 25 kennengelernt. Im Grenzfall hoher Konzentration des Liganden L, d. h. $k_2[L] > k_{-1}[H_2O]$, vereinfacht es sich zu einem Geschwindigkeitsgesetz erster Ordnung in $[M\text{-}OH_2]$.

Für einen rein assoziativen Mechanismus erwartet man ein Geschwindigkeitsgesetz zweiter Ordnung, unabhängig von der Konzentration der Reaktionspartner:

$$M–OH_2 + L \overset{k_1}{\underset{k_{-1}}{\rightleftharpoons}} \{ML(H_2O)\}^{\neq} \overset{k_2}{\longrightarrow} M–L + H_2O$$

$$-\frac{d[M–OH_2]}{dt} = \frac{k_1 k_2 [M–OH_2][L]}{k_{-1} + k_2} \qquad (26.2)$$

Der Fall eines Austausch-Mechanismus, bei dem die M-L-Bindung geknüpft wird, noch ehe die $M\text{-}OH_2$-Bindung vollständig gebrochen ist, läßt sich als ein Dreistufen-Prozeß auffassen:

$$M–OH_2 + L \overset{K}{\rightleftharpoons} M \cdots OH_2 \cdots L$$

$$M \cdots OH_2 \cdots L \overset{k_2}{\longrightarrow} M \cdots L \cdots\cdots OH_2 \qquad -\frac{d[M–OH_2]}{dt} = \frac{k_2 K [M–OH_2][L]}{1 + K[L]}$$

$$M \cdots L \cdots\cdots OH_2 \overset{\text{schnell}}{\longrightarrow} M–L + H_2O \qquad\qquad (26.3)$$

Obwohl sich die Geschwindigkeitsgesetze in ihrer Form unterscheiden, ist die Zuordnung eines Mechanismus allein darauf beruhend in der Regel nicht möglich. Gerade bei der hier hervorgehobenen Komplexbildung in wässriger Lösung liefern I- und D-Mechanismus unter den Reaktionsbedingungen formal identische Geschwindigkeitsgesetze. Berücksichtigt man, daß $[H_2O]$ in (26.1) aufgrund des großen Überschusses de facto invariant ist und damit als Konstante behandelt werden kann, so erhält (26.1) die gleiche Form wie (26.3). Ein möglicher retardierender Effekt des austretenden Liganden im D-

Mechanismus, der diesen von dem Austausch(I)-Fall unterscheiden würde, ist aus diesem Grund nicht zu beobachten.

Eine Unterscheidung zwischen I bzw. D und einem assoziativen Mechanismus sollte im Prinzip möglich sein bei Berücksichtigung der Abhängigkeit der beobachteten Geschwindigkeitskonstanten k_{beob}, die unter Bedingungen pseudo-erster Ordnung (s. Kapitel 25) bestimmt wurde, von der Konzentration des eintretenden Liganden L. Im assoziativen Fall wäre eine streng lineare Abhängigkeit zu erwarten, während für den I- und D-Mechanismus Abweichungen von der Linearität auftreten sollten (bei sehr hohen [L] sogar Sättigungsverhalten). In der Praxis werden selbst geringe Abweichungen von dem linearen Verhalten selten beobachtet.

Ein Beispiel, bei dem man eine wesentliche Abweichung von der erwähnten $k = k(L)$-Linearität beobachtet, ist die Substitution des Aqua-Liganden im Co^{III}-Porphyrin-Komplex $[Co(tmpyp)(H_2O)]^{5+}$ (tmpyp = „Tetra-N-methylpyridinporphyrin") durch SCN^-.

Die unter den Bedingungen pseudo-erster Ordnung (Überschuß an SCN^-) bestimmten Geschwindigkeitskonstanten sind in Abbildung 26.5 gegen $[SCN^-]$ aufgetragen. Die Meßwerte lassen sich durch ein Geschwindigkeitsgesetz der Form (26.4) anpassen:

$$-\frac{d[Co(L)(H_2O)_2{}^{5+}]}{dt} = \frac{a[SCN^-]}{b + [SCN^-]} [Co(L)(H_2O)_2{}^{5+}] \qquad (26.4)$$

Ein assoziativer Reaktionstyp kann damit ausgeschlossen werden. Bei einem D-Mechanismus wäre $a = k_1$ und $b = k_{-1}/k_2$ [s. Gleichung (26.1), wobei $[H_2O]$ konstant ist]; im Falle eines Austausch-Mechanismus wäre $a = k_2$ und $b = K^{-1}$. Eine endgültige Klärung des Reaktionsmechanismus erbrachte die Bestimmung des Aktivierungsvolumens der Reaktion von $\Delta V^{\neq}$ ca. 14 $cm^3 mol^{-1}$ für den ersten Reaktionsschritt, was die Formulierung eines dissoziativen Reaktionsverlaufs stützt.

Da die Mehrzahl der Substitutionsreaktionen an Komplexen nicht in die extremen Kategorien der D- und A-Mechanismen fallen, steht die Unterscheidung von I_d- und I_a-Reaktionsverläufen meist im Mittelpunkt des Interesses. Statt des Geschwindigkeitsgesetzes werden dabei der Einfluß bestimmter Eigenschaften der eintretenden und austretenden Liganden als diagnostische

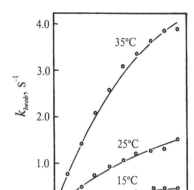

Abb. 26.5. Abhängigkeit von k_{beob} von der Anionenkonzentration bei der Substitution eines Aqua-Liganden in $[Co(tmpyp)(H_2O)_2]^{5+}$ durch SCN^-. Die durchgezogenen Linien sind mit Hilfe der Beziehung (26.4) angepaßt worden.

Kriterien herangezogen. So sollte man erwarten, daß eine assoziative Aktivierung eine höhere Empfindlichkeit gegenüber den Eigenschaften der Eintrittsgruppe, eine dissoziative Aktivierung eine stärkere Abhängigkeit vom Charakter der Abgangsgruppe aufweist.

Daß beispielsweise die Substitution des Aqualiganden in $[Co(NH_3)_5(H_2O)]^{3+}$ durch anionische Liganden nach einem I_d-Mechanismus erfolgt, wird an der *geringen Abhängigkeit der Reaktionsgeschwindigkeit von der Art der Eingangsgruppe* deutlich (Tabelle 26.3).

Tabelle 26.3. (a) Geschwindigkeitskonstanten k_{beob} der Reaktion von Komplex $[Co(NH_3)_5(H_2O)]^{3+}$ mit X^{n-} (bei 45 °C); (b) Geschwindigkeitskonstanten für die Hydrolyse von $[Co(NH_3)_5X]^{m+}$.[22]

(a)		(b)	
X^{n-}	k, $M^{-1}s^{-1}$	X^{n-}	k, s^{-1}
NCS^-	$1.3 \cdot 10^{-6}$	NCS^-	$5.0 \cdot 10^{-10}$
$H_2PO_4^-$	$2.0 \cdot 10^{-6}$	$H_2PO_4^-$	$2.6 \cdot 10^{-7}$
Cl^-	$2.1 \cdot 10^{-6}$	Cl^-	$1.7 \cdot 10^{-6}$
NO_3^-	$2.3 \cdot 10^{-6}$	NO_3^-	$2.7 \cdot 10^{-5}$
SO_4^{2-}	$1.5 \cdot 10^{-6}$	SO_4^{2-}	$1.2 \cdot 10^{-6}$

Im Gegensatz dazu wird die Reaktionsgeschwindigkeit der Rückreaktion, also der Solvolyse, stark von den *Eigenschaften des austretenden* Liganden

---

[22] Aus: F. Basolo, R. G. Pearson, *Mechanisms of Inorganic Reactions*, 2. Aufl., Wiley, New York, **1967**.

beeinflußt. Diese Ergebnisse legen einen dissoziativen Mechanismus vermutlich des I_d-Typs nahe, eine Schlußfolgerung, die zudem durch den beobachteten Einfluß des Raumbedarfs der nicht beteiligten Liganden auf die Substitutionsgeschwindigkeit gestützt wird. So verläuft die Solvolyse von $[Co(NH_2Me)_5Cl]^{2+}$ zu $[Co(NH_2Me)_5(H_2O)]^{3+}$ um mehr als eine Größenordnung schneller als die des Pentaamminkomplexes. Der größere Raumbedarf des Methylamin-Liganden begünstigt die Dissoziation des Chloroliganden, während bei einer assoziativen Aktivierung aufgrund der effektiveren Abschirmung des Metallzentrums der gegenläufige Effekt zu erwarten wäre.

Da assoziative Mechanismen bei der Substitution an oktaedrischen Komplexen äußerst selten sind (siehe z. B. H_2O-Austausch in $[Ti(H_2O)_6]^{3+}$ im vorigen Abschnitt!) und auch der eindeutige Nachweis eines dissoziativen Mechanismus eher die Ausnahme ist, sollen an dieser Stelle noch einmal die experimentellen Kriterien für Mechanismen des Austauschtyps (I_a, I_d) zusammengefaßt werden:

- geringer Einfluß des angreifenden Liganden auf die Reaktionsgeschwindigkeit.
- ähnliche Geschwindigkeitskonstanten und Aktivierungsenthalpien für Ligandensubstitution und Wasseraustausch (meist ein Hinweis auf I_d).
- Beziehung zwischen der Geschwindigkeit der Solvolyse und den Bindungseigenschaften der Abgangsgruppe.
- Abnahme der Reaktionsgeschwindigkeit mit zunehmender Ladung am Zentralatom.
- Beschleunigung (oder Retardierung) der Reaktion durch Variation des sterischen Anspruchs der Liganden.

26.1.3   Beschleunigung der Substitution durch externen Angriff koordinierter Liganden

Zusätzliche Komponenten im Reaktionsmedium, wie z. B. H^+, OH^- oder auch Metallionen können Substitutionsreaktionen an Komplexen wesentlich beschleunigen. Diese Reagenzien modifizieren entweder einen der Reaktanden (in der Regel den Komplex) oder sind am Übergangszustand der Substitution beteiligt. Bei der Untersuchung ihres Einflusses ist es wichtig, zwischen einem reinen „Mediumeffekt" der zugesetzten Komponente (z. B. Variation der Ionenstärke der wässrigen Lösung) und einem sich eröffnenden alternativen Reaktionsweg zu unterscheiden.

Untersuchungen zur Substitution einzähniger Liganden in sauren Lösungen sind vòr allem an inerten Komplexen wie z. B. $[CrX(H_2O)_5]^{2+}$ durchgeführt worden. Dabei findet zunächst in einem vorgelagerten Gleichgewicht teilweise Protonierung des anionischen Liganden X^- statt. An dem Ligandenverdrängungs-Schritt nehmen dann sowohl die Ausgangsverbindung als auch deren protonierte Form teil, so daß sich ein komplexes Geschwindigkeitsgesetz ergibt.

$$[Cr(H_2O)_5X]^{2+} + H^+ \overset{K}{\rightleftharpoons} [Cr(H_2O)_5(XH)]^{3+}$$

$$[Cr(H_2O)_5X]^{2+} + H_2O \overset{k_0}{\longrightarrow} [Cr(H_2O)_6]^{3+} + X^-$$

$$[Cr(H_2O)_5(XH)]^{3+} + H_2O \overset{k_1}{\longrightarrow} [Cr(H_2O)_6]^{3+} + HX$$

$$-\frac{d[CrX^{2+} + CrXH^{3+}]}{dt} = k_{beob}[CrX^{2+} + CrXH^{3+}]$$

$$\text{wobei}: k_{beob} + \frac{k_0 + k_1 K[H^+]}{1 + K[H^+]} \quad (26.5)$$

In einigen Fällen entsteht das protonierte Intermediat in höherer Konzentration (z. B. bei $X^- = CH_3CO_2^-$), so daß k_{beob} eine nichtlineare Abhängigkeit von $[H^+]$ aufweist und eine Beziehung wie (26.5) gefunden wird. Meist ist aber $K \ll [H^+]$ und daher $k_{beob} = k_o + k_1K[H^+]$. Ein Beispiel für letzteren Fall ist die Steigerung der Solvolyse-Geschwindigkeit für $X^- = F^-$ von $6.2 \cdot 10^{-10}$ s^{-1} in neutraler Lösung auf $1.4 \cdot 10^{-8}$ s^{-1}.

Zugesetzte Metallkationen können bei Ligandensubstitutionen eine ähnliche Rolle wie H^+ spielen, wobei die Wirksamkeit der Metallionen von einer Reihe von Faktoren abhängt. Die Reaktionsbeschleunigung der Solvolyse durch M^{n+} hängt eng mit der Bindungsfähigkeit des Metallions an den zu abstrahierenden Liganden zusammen (und natürlich auch der Fähigkeit des Liganden, eine Brückenfunktion zu erfüllen). Dabei bilden die in Kapitel 9 erörterten Prinzipien zur Metall-Ligand-Bindung die Grundlage. Harte Metallionen wie Be^{2+} und Al^{3+} beschleunigen wie auch H^+ die Abstraktion harter koordinierter Liganden wie z. B. F^- (s. o.), während weiche Metallionen (Ag^+, Hg^{2+}) am wirkungsvollsten sind, wenn der austretende Ligand ebenfalls weich ist (Cl^-, Br^-).

Am intensivsten ist die Hg^{2+}-unterstützte Solvolyse von Co^{III}-Chlorokomplexen untersucht worden, deren Kinetik mit der der einfachen Solvolyse in Abwesenheit eines Quecksilber(II)-Salzes verglichen wurde.

$$[Co(N)_5Cl]^{2+} + Hg^{2+} + H_2O \overset{k_{Hg}}{\longrightarrow} [Co(N)_5(H_2O)]^{3+} + HgCl^+$$

$$[Co(N)_5Cl]^{2+} + H_2O \overset{k_{aq}}{\longrightarrow} [Co(N)_5(H_2O)]^{3+} + Cl^- \qquad (N) = \text{N-Donorligand}$$

Dabei ergab sich eine lineare Beziehung zwischen $\log(k_{aq})$ und $\log(k_{Hg})$ für insgesamt 34 untersuchte Komplexe mit einer Steigung von annähernd 1.0, was als Hinweis auf ein ähnliches, vermutlich pentakoordiniertes Intermediat in beiden Fällen gewertet wurde.[23]

Enthält *mindestens ein Ligand im Komplex acide Wasserstoffatome*, so kann dieser unter Umständen durch eine Base deprotoniert und auf diese Weise eine bezüglich der Substitution eines anderen Liganden reaktivere Form des Komplexes, seine konjugierte Base, gebildet werden. Das klassische Beispiel für eine Basen-induzierte Beschleunigung einer Ligandensubstitution ist die Hydrolyse des bereits mehrfach erwähnten, inerten Cobalt(III)-Komplexes $[CoX(NH_3)_5]^{2+}$ in alkalischer Lösung.

$$[Co(NH_3)_5X]^{2+} + OH^- \longrightarrow [Co(NH_3)_5(OH)]^{2+} + X^-$$

$$\frac{d[Co^{III}]}{dt} = k_{beob}[Co^{III}][OH^-]$$

Der Mechanismus dieser Reaktion war lange umstritten,[24] ist aber mittlerweile eindeutig als *Mechanismus der internen konjugierten Base „S_N1CB"* etabliert. Dabei wird in einem vorgelagerten Gleichgewicht ein Ammin-Ligand, der durch die Koordination an das dreiwertige Cobalt-Zentrum polarisiert und damit saurer als freier Ammoniak ist (s. Kap. 27.1), durch OH^- in den substitutionslabilen Amid-Komplex (1) überführt. In diesem wird auf einem dissoziativen Reaktionsweg über eine pentakoordinierte Zwischenstufe (2) der anionische Ligand durch H_2O substituiert (3); durch anschließenden internen Protonentransfer ergibt sich das isolierte Produkt (4).

$$[Co(NH_3)_5X]^{2+} + OH^- \underset{k_{-1}}{\overset{k_1}{\rightleftharpoons}} [Co(NH_3)_4(NH_2)X]^+ + H_2O \tag{1}$$

$$[Co(NH_3)_4(NH_2)X]^+ \xrightarrow{k_2} [Co(NH_3)_4(NH_2)]^{2+} + X^- \tag{2}$$

$$[Co(NH_3)_4(NH_2)]^{2+} + H_2O \xrightarrow{schnell} [Co(NH_3)_4(NH_2)(H_2O)]^{2+} \tag{3}$$

$$[Co(NH_3)_4(NH_2)(H_2O)]^{2+} \xrightarrow{schnell} [Co(NH_3)_4(NH_3)(OH)]^{2+} \tag{4}$$

Stabilisierung von (2) durch π-Rückbindung

---

[23] D. A. House, *Inorg. Chim. Acta* **1981**, *51*, 273.

[24] Es gab eine sehr lebhafte Auseinandersetzung in den 50er Jahren zwischen Basolo und Pearson, die den S_N1CB-Mechanismus verteidigten, und Ingold, Nyholm und Tobe, die diese Auffassung in Frage stellten. Ingold und seine Kollegen glaubten, daß die Reaktion eine einfache bimolekulare Substitution der Abgangsgruppe durch das Hydroxid-Ion sei, während Basolo und Pearson zugunsten des S_N1CB-Mechanismus argumentierten. Obwohl die Reaktion für sich gesehen eher unbedeutend ist, wurden im Laufe der Diskussionen eine Reihe sehr wichtiger konzeptioneller und methodischer Fortschritte in der Reaktionskinetik erzielt.

$$\frac{d[\text{Co}^{\text{III}}]}{dt} = \frac{nk_1k_2}{k_{-1}+k_2} [\text{Co}^{\text{III}}][\text{OH}^-] \quad n = \text{Zahl der äquivalenten Ammin-Protonen}$$

Einem Vorschlag von Basolo und Pearson zufolge sollte die pentakoordinierte Amidokomplex-Zwischenstufe (2) durch eine π-Donor-Bindung des Amido-liganden stabilisiert werden. Das Akzeptor-Orbital am Liganden ist eines der beiden entarteten e''-Orbitale (d_{xz}, d_{yz}) am trigonal-bipyramidal koordinierten Metallzentrum (s. Abschnitt 14.2.1).

26.2 Substitutionen an quadratisch-planaren Komplexen: der Einfluß der Liganden auf die Geschwindigkeit von Substitutionsreaktionen

Von den quadratisch-planaren Komplexen mit d^8-Konfiguration sind die des Platins am intensivsten untersucht worden; sie bilden damit das Pendant zu den allgegenwärtigen Cobalt(III)-Verbindungen in der Chemie der oktaedrischen Komplexe. Zudem finden die Ligandensubstitutionen am zweiwertigen Platin sehr langsam statt, weshalb sie auch schon lange vor der Entwicklung moderner Analysentechniken vor allem in der russischen Schule um Tschernjajew untersucht wurden, die einige der noch heute gültigen Konzepte (z. B. Trans-Effekt, s.u.) entwickelte. Diese Untersuchungen wurden später, als Techniken zum Studium schneller Reaktionen zur Verfügung standen, auch auf die quadratisch-planaren Komplexe anderer d^8-Metalle (Rh^{I}, Ir^{I}, Ni^{II}, Pd^{II}, Au^{III}) ausgedehnt.

$$\begin{array}{c}| \\ -\text{M}-\text{X} + \text{Y} \\ |\end{array} \longrightarrow \begin{array}{c}| \\ -\text{M}-\text{Y} + \text{X} \\ |\end{array} \quad -\frac{d[\text{MX}]}{dt} = k_1[\text{MX}] + k_2[\text{MX}][\text{Y}] \quad (26.7)$$

Das Geschwindigkeitsgesetz der Substitution an quadratisch-planaren Komplexen besteht in der Regel aus zwei Termen. Ein Term ist von erster Ordnung in der Konzentration des Edukt-Komplexes, während der zweite jeweils von erster Ordnung in der Komplex-Konzentration *und* der Konzentration des angreifenden Liganden ist. Werden die kinetischen Untersuchungen unter den Bedingungen pseudo-erster Ordnung (Überschuß an Y) durchgeführt, so erhält man die gemessene Geschwindigkeitskonstante $k_{beob} = k_1 + k_2[\text{Y}]$. Trägt man k_{beob} gegen die Konzentration [Y] auf, so erhält man eine Gerade mit der Steigung k_2 und dem Achsenabschnitt k_1. Während für verschiedene Nukleophile Y der Wert von k_1 unverändert ist, ist k_2 abhängig von dem angreifenden Liganden (Abb. 26.6).

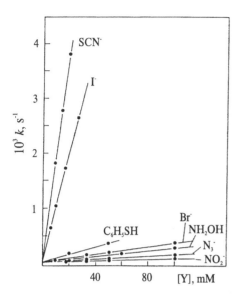

Abb. 26.6. Auftragung der Geschwindigkeitskonstanten k_{beob} in Abhängigkeit von [Y] für die Reaktion von [PtCl$_2$(py)$_2$] mit verschiedenen Nukleophilen (gemessen in Methanol bei 30 °C).[25]

Da in der Regel weder k_1 noch k_2 gleich Null sind, muß es zwei parallele Reaktionswege für die Substitution an quadratisch-planaren Komplexen geben. Der durch den Term k_1[MX] ausgedrückte Reaktionsweg entspricht den dissoziativen Solvolysereaktionen (I_d oder D) an oktaedrischen Komplexen, wobei als Intermediat nach dem Dissoziationsschritt entweder eine niederkoordinierte Spezies oder das Solvat zu formulieren ist. Solche Substitutionen über dissoziative Mechanismen sind jedoch die Ausnahme bei quadratisch-planaren Komplexen.[26]

Dominierenden Anteil an der Ligandensubstitution in quadratisch-planaren Komplexverbindungen hat der zweite Reaktionspfad, der einem assoziativen Mechanismus entspricht. Das Vorliegen eines A- oder I_a-Mechanismus legen auch die Aktivierungsparameter für die Substitution an d^8-Übergangsmetall-Komplexen nahe, die durch stark negative Aktivierungsentropien und -volumina gekennzeichnet sind (Tabelle 26.4).

[25] U. Belluco, L. Cattalini, F. Basolo, R. G. Pearson, A. Turco, *J. Am. Chem. Soc.* **1965**, *87*, 241.

[26] Eine solche Ausnahme ist die Substitution von dmso in *cis*-[Pt(C$_6$H$_5$)$_2$(dmso)$_2$] durch Chelat-Liganden. Siehe z. B.: S. Lanza, D. Minniti, P. Moore, J. Sachinidis, R. Romeo, M. L. Tobe, *Inorg. Chem.* **1984**, *23*, 4428 und U. Frey, L. Helm, A. E. Merbach, R. Romeo, *J. Am. Chem. Soc.* **1989**, *111*, 8161.

Tabelle 26.4. Geschwindigkeitskonstanten (2. Ordnung) und Aktivierungsparameter für die Substitutionen an [Pt(dien)Br]$^+$ [dien = Bis(2-aminoethyl)amin].

Y	k, M^{-1}s^{-1}	$\Delta H^{\neq}$, kJmol^{-1}	$\Delta S^{\neq}$, Jmol^{-1}K^{-1}	$\Delta V^{\neq}$, cm^{3}mol^{-1}
H$_2$O	$1.4 \cdot 19^{-4}$	84	-63	-10
N$_3^-$	$6.4 \cdot 10^{-3}$	65	-71	-8.5
py	$2.8 \cdot 10^{-3}$	46	-136	-7.7
NO$_2^-$	$1.4 \cdot 10^{-3}$	72	-56	-6.4

Nach dem Angriff des Liganden Y wird eine pentakoordinierte Spezies gebildet, die entweder einen Übergangszustand oder ein Intermediat in dieser Reaktion darstellt. Bei Reaktionen von Pd^{II}- und Pt^{II}-Komplexen konnte bisher keine Zwischenstufe nachgewiesen werden, weshalb man davon ausgeht, daß der pentakoordinierte Zwischenzustand ein Übergangszustand ist. Intermediate können allerdings in Substitutionsreaktionen von Ni^{II}- und Rh^{I}-Komplexen detektiert werden. Die einzelnen Schritte der Substitution an quadratisch-planaren Komplexen sind in Abbildung 26.7 dargestellt.

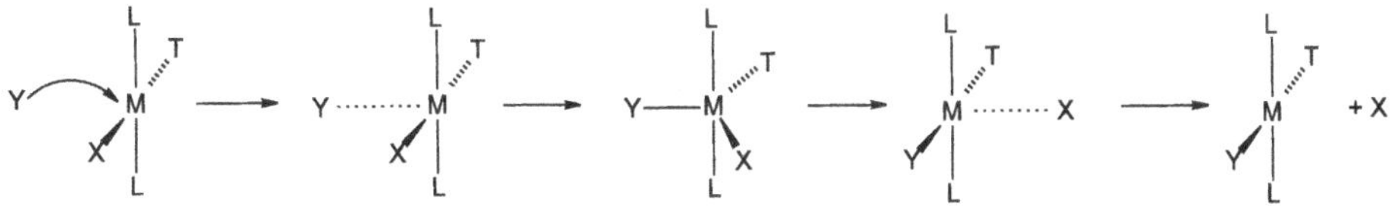

Abb. 26.7. Mechanismus der nukleophilen Substitution in quadratisch-planaren Komplexen; Y, X = angreifender bzw. verdrängter Ligand, T = Ligand *trans* zu dem verdrängten Liganden.

Bei der Diskussion des assoziativen Mechanismus der Substitution in quadratisch-planaren Komplexen wurde bereits mehrfach auf die Bedeutung der Nukleophilie des angreifenden Liganden hingewiesen. Im Gegensatz zu dem Begriff „Lewis-Basizität", der thermodynamisch begründet ist, ist die Nukleophilie eine *kinetische* Größe, die deshalb auch nur kinetisch quantifizierbar ist. Eine häufig verwendete Skala der Nukleophilie verschiedener Liganden, der n$_{Pt}$-Wert, basiert auf den gemessenen Reaktionsgeschwindigkeiten der Reaktion (*26.8*). In Tabelle 26.5 sind die n$_{Pt}$-Werte einiger Liganden zusammengefaßt.

$$\textit{trans-}[PtCl_2(py)_2] \xrightarrow[\text{(in Methanol)}]{k_Y} \textit{trans-}[PtCl(Y)(py)_2]^+ + Cl^- \qquad (26.8)$$

$$n_{Pt} = \log \left[\frac{k_Y}{k_{Methanol}} \right]$$

Tabelle 26.5. Geschwindigkeitskonstanten (k, $l \cdot mol^{-1} s^{-1)}$ der Reaktionen von *trans*-[PtCl$_2$(py)$_2$] mit unterschiedlichen Nukleophilen und die zugehörigen n_{Pt}-Werte.

Nukleophil	$10^3 \cdot k$	n_{Pt}	Nukleophil	$10^3 \cdot k$	n_{Pt}
CH$_3$OH	0.00027	0	(CH$_3$)$_2$S	21.9	4.87
Cl$^-$	0.45	3.04	I$^-$	107	5.46
NH$_3$	0.47	3.07	CN$^-$	4000	7.14
N$_3^-$	1.6	3.58	Ph$_3$P	249000	8.93

Möchte man also den Einfluß der Eintrittsgruppe auf die Kinetik der Substitution überprüfen, so sollte man Liganden mit möglichst breit gestreuten n_{Pt}-Werten verwenden. Leider erlaubt diese Skala nur in der Platin(II)-Chemie quantitative Aussagen (für andere d^8-Komplexe immerhin noch eine qualitative Auswertung) und ist daher in ihrer Anwendbarkeit begrenzt.

Da bei einem assoziativen Mechanismus auch die Bindung zur Austrittsgruppe gebrochen wird, findet man auch eine Abhängigkeit der Reaktionsgeschwindigkeit von dem Liganden X. Für Pt^{II}-Komplexe gilt in der Regel die folgende Reihe von Austrittsliganden nach ansteigender Substituierbarkeit:

$$CN^- < NO_2^- < SCN^- < N_3^- \ll I^- < Br^- < Cl^- < H_2O < NO_3^-$$

Die gemessenen Geschwindigkeiten der Substitution dieser Liganden variieren um der Faktor 10^6 zwischen der langsamsten Verdrängung (CN$^-$) und der schnellsten (NO$_3^-$).

Wir haben uns in diesem Abschnitt mit dem Einfluß der ein- und austretenden Liganden auf die Reaktionsgeschwindigkeit nukleophiler Substitutionen beschäftigt. Es sollte noch einmal betont werden, daß bei diesen Reaktionen die Eintrittsgruppe die Koordinationsstelle des Austrittsliganden besetzt, daß also eine Umordnung der weiteren Koordinationssphäre nicht erfolgt. Im folgenden Abschnitt soll auf die Bedeutung der nicht an dem Ligandenaustausch beteiligten Gruppen in einem Komplex für die Substitutionsreaktionen eingegangen werden.

26.2.1 Der Trans-Effekt

Bei der Diskussion der Substitutionsreaktionen an oktaedrischen Komplexen haben wir die Reaktionsbeschleunigung einer dissoziativ gesteuerten Substitution durch Erhöhung des Raumanspruchs der anderen Liganden (Austausch von Ammin- durch Alkylamin-Liganden) diskutiert. Damit haben wir bereits ein Beispiel für den Einfluß nicht direkt an der Umwandlung beteiligter Liganden auf eine Substitution in Komplexen kennengelernt.

Der am besten untersuchte Einfluß von „Zuschauer-Liganden" auf den Reaktionsverlauf einer Substitution ist der *Trans-Effekt*. Dieser wurde erstmals von Tschernjajew und Mitarbeitern in seiner Bedeutung vollständig erkannt und an quadratisch-planaren Komplexen untersucht.[27] Wir werden uns bei der Diskussion des Trans-Effekts auch ausschließlich auf quadratisch-planare Komplexe beschränken, da bis heute nur für diese ein einigermaßen abgerundetes Bild existiert. Die bereits im 19. Jahrhundert entwickelte Synthese der beiden Isomeren von $[PtCl_2(NH_3)_2]$ bildet das Paradigma für den Trans-Effekt:

Im ersten Substitutionsschritt sind alle vier Austritts-Liganden jeweils gleichberechtigt. Im zweiten Schritt können im Prinzip die beiden Diastereomeren gebildet werden, allerdings wird jeweils nur die Zweitsubstitution *trans* zu einem Chloro-Liganden beobachtet. Offenbar bewirken einige Liganden eine Labilisierung der zu ihnen *trans*-ständigen Liganden, was von Tschernjajew als *Trans-Effekt* bezeichnet wurde.[28] Er und seine Mitarbeiter führten eine Serie von Substitutionen an Komplexen des Typs $[PtCl_2(A)(B)]$ durch.

Dieser *trans*-dirigierende Effekt eines Liganden ist offenbar *kinetisch kontrolliert*, da nicht in jedem Falle das thermodynamisch stabilere Isomer gebildet wird. Durch solche und ähnliche Substitutionen (Tabelle 26.6) hat man eine

---

[27] Bereits Alfred Werner wußte um die *trans*-dirigierenden Eigenschaften einiger Liganden in quadratisch-planaren Platin(II)-Komplexen. Die erste systematische Untersuchung und Formulierung des Effekts geht jedoch auf die russische Schule zurück.

[28] Ursprünglich wurde von Tschernjajew der Begriff „Transwljanije" (wörtlich: Trans-Einfluß) im Sinne von Trans-Effekt verwendet, und erst in der jüngeren russischen Literatur wird zwischen den Begriffen Trans-Effekt und Trans-Einfluß unterschieden.

relative Reihe der *trans*-dirigierenden Eigenschaften von Liganden in quadratisch-planaren Komplexen erhalten:

CN^-, CO, NO, C_2H_4 > PR_3, H^- > CH_3^-, $C_6H_5^-$, $SC(NH_2)_2$, SR_2 > SO_3H^- > NO_2^-, I^-, SCN^- > Br^-, Cl^-, py > RNH_2, NH_3 > OH^- > H_2O

Tabelle 26.6. Relativer Trans-Effekt verschiedener Liganden auf der Basis der Reaktionsgeschwindigkeit der Solvolyse von $[PtCl_3L]^-$ in Wasser.[29]

Trans-Ligand (L)	Relativer Trans-Effekt	Trans-Ligand (L)	Relativer Trans-Effekt
H_2O	1	Br^-	3000
NH_3	200	dmso	$2 \cdot 10^6$
Cl^-1	330	C_2H_4	10^{11}

Aus der nach abnehmendem Trans-Effekt geordneten Ligandenreihe kann man entnehmen, daß gute π-Akzeptor-Liganden wie z. B. CN^-, CO, NO und C_2H_4 einen starken Trans-Effekt ausüben, daß relativ harte reine σ-Donoren wie z. B. NH_3, H_2O und OH^- jedoch nur einen schwach trans-dirigierenden Effekt haben. Auf der anderen Seite übt der reine σ-Donor H^- einen starken Trans-Effekt aus. Diese scheinbar verwirrende Situation deutet daraufhin, daß mehrere Faktoren für die kinetische Trans-Labilisierung verantwortlich sind. Wie wir sehen werden, kann die Labilisierung eines Liganden durch einen anderen sowohl im *Grundzustand* als auch im *Übergangszustand* des im wesentlichen assoziativen Substitutionsprozesses erfolgen.

Die Labilisierung eines *trans*-ständigen Liganden im Grundzustand haben wir bereits in Kapitel 9 als *Trans-Einfluß* kennengelernt. Als theoretisches Grundprinzip gilt, daß es ungünstig ist, wenn sich zwei Liganden für ihre Metall-Ligand-Bindungen das gleiche Metallatom-Orbital teilen müssen. Dies gilt nicht nur für die dort besprochene Schwächung der Metall-Ligand-π-Bindung in Carbonylkomplexen, sondern ebenso für die σ-Bindung. Wenn der trans-dirigierende Ligand eine starke σ-Bindung zum Metall ausbildet, so stehen für den trans-ständigen Liganden T die entsprechenden Metall-Orbitale mit σ-Symmetrie (z. B. p_x oder p_y) nur noch in eingeschränktem Maß für eine Bindung zur Verfügung.

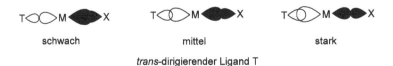

schwach   mittel   stark

trans-dirigierender Ligand T

[29] L. I. Elding, O. Groning, *Inorg. Chem.* **1978**, *17*, 1872.

Ordnet man die Liganden T nach ihrer σ-Donorstärke, so fällt eine gewisse Ähnlichkeit der dabei erhaltenen Reihe mit der für den Trans-Effekt gefundenen ins Auge:

$$H^- > PR_3 > SCN^- > I^-, CH_3^-, CO, CN^- > Br^- > Cl^- > NH_3 > OH^-$$

Die Ausnahme in der Übereinstimmung bilden die relativ schwachen σ-Donoren CN⁻ und CO, die zu den Liganden mit dem stärksten Trans-Effekt gehören. Dies erklärt man durch den Einfluß, den gute π-Akzeptor-Liganden auf den Übergangszustand der Substitution haben. In Abbildung 26.7 waren die verschiedenen Stadien der Substitution an quadratisch-planaren Komplexen dargestellt worden. Der Übergangszustand wird dabei als trigonal-bipyramidal angenommen, in dem der trans-dirigierende Ligand eine äquatoriale Position einnimmt.

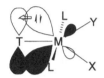

Die Konkurrenz von T mit dem im Grundzustand trans-ständigen Liganden X um die Metall-zentrierten Orbitale existiert in dieser Geometrie des Übergangszustands nicht mehr. Daher wird ein guter σ-Donor T nunmehr fester an das Metall binden und damit diesen Übergangszustand stabilisieren (*Trans-Effekt guter σ-Donoren*, s. o.). Darüber hinaus kann aber ein π-Akzeptorligand die durch die Erhöhung der Koordinationszahl gestiegene Elektronendichte am Metall über eine π-Rückbindung aufnehmen. Die daraus resultierende Verstärkung der Metall-T-Bindung stabilisiert wiederum den Übergangszustand (*Trans-Effekt guter π-Akzeptoren*, z.B. CN⁻, CO, NO). Schließlich erhält das leere $d_{x^2-y^2}$-Orbital im Übergangszustand am Metall π-Symmetrie und kann eine schwache, den Übergangszustand stabilisierende π-Bindung mit einem π-Donorliganden ausbilden (*Trans-Effekt von π-Donor-Liganden*, z. B. Halogeniden).

Zusammenfassend sind es vor allem die den pentakoordinierten Übergangszustand der Substitution an quadratisch-planaren Komplexen stabilisierenden Faktoren, die entscheidend für den Trans-Effekt der verschiedenen Liganden sind. Die relative Bedeutung von σ- und π-Bindungseffekten ist dabei bis heute nicht restlos geklärt.

27 Reaktionen koordinierter Liganden: Ligandenumwandlungen

Eine wesentliche Voraussetzung für die Reaktionen koordinierter Liganden ist die strukturelle *Umorientierung* (meist Konformationsänderung) im Vergleich zu ihrer freien Form. Dies ist die Grundlage aller Templatsynthesen von Makrocyclen und Käfigmolekülen. Darüber hinaus findet durch die Bindung an das Metallion eine *Polarisation* des Liganden statt. Diese kann sowohl das σ- als auch das π-Bindungssystem des Liganden beeinflussen. Mit den Folgen dieser Polarisation beschäftigen wir uns im nächsten Abschnitt.

27.1 Die Polarisation koordinierter Liganden

Die chemischen Konsequenzen der Polarisation von Liganden, vor allem von H_2O in Aquakomplexen, wurden schon von Alfred Werner untersucht und bei den Synthesen von Mehrkernkomplexen mit OH-Brückenliganden („Olat"-Komplexen) ausgenutzt. Die Acidität der Hexaaquakomplexe $[Al(H_2O)_6]^{3+}$ und $[Fe(H_2O)_6]^{3+}$ (pK_s = 4.97 bzw. 2.20) ist ein beeindruckendes Beispiel für den Einfluß der bei der Ligandenkoordination stattfindenden Ladungsumverteilung auf die chemischen Eigenschaften des Liganden-Moleküls (Tabelle 27.1). Die Deprotonierung von NH_3 durch OH^-, die in wässrigen Ammoniaklösungen nicht beobachtet wird, bildet den ersten Reaktionsschritt bei der Substitution des Chloro-Liganden in $[CoCl(NH_3)_5]^{2+}$ und schafft damit die Voraussetzung für den im vorigen Kapitel diskutierten Mechanismus der internen konjugierten Base.

Tabelle 27.1. pK_s-Werte einiger Aquakomplexe.

Komplex	pK_s	Komplex	pK_s
$[Pd(H_2O)_4]^{2+}$	3.0	$[Fe(H_2O)_6]^{3+}$	2.46
$[Fe(H_2O)_6]^{2+}$	6.74	$[Al(H_2O)_6]^{3+}$	4.97
$[Cu(H_2O)_6]^{2+}$	8.0		
$[Zn(H_2O)_6]^{2+}$	8.96		

Die größere Acidität von Protonen-enthaltenden Liganden ist eine Folge der durch die Ladungsverschiebung zwischen Ligand und Metallion bedingten erhöhten positiven Ladung im Liganden. Eine weitere Folge dieses Polarisationseffekts kann die gesteigerte Reaktivität koordinierter Liganden gegenüber Nukleophilen sein (Abschnitt 27.2). Dies wird schon bei dem Einsatz von Metallionen als Katalysatoren in einfachen organischen Reaktionen, wie z. B. Esterhydrolysen, deutlich. Während die Hydrolyse von Methylglycinat $H_2NCH_2CO_2Me$ durch einfache Säurekatalyse nur um etwas mehr als eine Größenordnung beschleunigt wird (pH 7: $k = 1.28$ $M^{-1}s^{-1}$, H_3O^+: $k = 28.3$ $M^{-1}s^{-1}$), bewirkt der Zusatz von Cu^{2+}-Ionen eine ca. 10000-fache Beschleunigung ($k = 7.6 \cdot 10^4$ $M^{-1}s^{-1}$).

Die Bedeutung der Acidität der Zn^{2+}–OH_2-Einheit in den Metalloenzymen Carboanhydrase und Carboxypeptidase

Die Polarisierung und damit einhergehende Acidifizierung von an Lewissauren Metallzentren koordiniertem Wasser bildet die Grundlage für die chemische Aktivität einer Reihe Zn^{2+}-haltiger Metalloproteine. Während der pK_s-Wert von $[Zn(H_2O)_6]^{2+}$, wie aus Tabelle 27.1 ersichtlich ist, noch ca. 9 beträgt, verringert er sich in den enzymatischen Systemen auf ca. 6. Durch Deprotonierung des $\{Zn\text{-}OH_2\}^{2+}$-Fragments zu $\{Zn\text{-}OH\}^+$, die damit unter physiologischen Bedingungen möglich ist, wird die Lewis-Säure Zn^{2+} zu einer Lewis-Base $Zn\text{-}OH^+$ „umgepolt", wobei aufgrund der kinetischen Labilität des OH^--Liganden dessen Reaktivität gegenüber Elektrophilen (z. B. Carbonylfunktionen von Estern oder Peptiden) erhalten bleibt.

Durch Carboanhydrasen wird die Einstellung des Hydrolyse-Gleichgewichts für CO_2 katalysiert:

$$2\ H_2O + CO_2 \rightleftharpoons HCO_3^- + H_3O^+$$

Die Reaktion, die unter normalen Bedingungen langsam verläuft und ein stark pH-abhängiger Prozeß ist, wird durch das Enzym um das 10^7-fache beschleunigt, weshalb die Carboanhydrase zu den Enzymen mit der höchsten Aktivität zählt. Dies ist nicht unerwartet angesichts der Bedeutung, die die Einstellung des CO_2-Hydrolyse-Gleichgewichts beispielsweise in der Photosynthese und Atmung hat. In dem Enzym ist das Zn^{2+}-Ion durch die Imidazol-Einheiten von drei Histidin-Seitenketten koordiniert; die vierte Koordinationsstelle ist durch ein H_2O-Molekül besetzt, das zudem über eine Wasserstoffbrücke an eine benachbarte Hydroxylfunktion einer Threonin-Seitenkette stabilisiert ist (Abb. 27.1a). Deprotonierung des Zink-gebundenen H_2O-Liganden durch eine Histidin-Seitenkette in der Nähe des Metallzentrums (His-64) erzeugt die $\{Zn\text{-}OH\}^+$-Einheit, die wiederum ein CO_2-Molekül nukleophil angreifen kann. Der dabei gebildete Hydrogencarbonato-Ligand ist durch ein Netzwerk von H-Brücken stabilisiert (Abb. 27.1b).

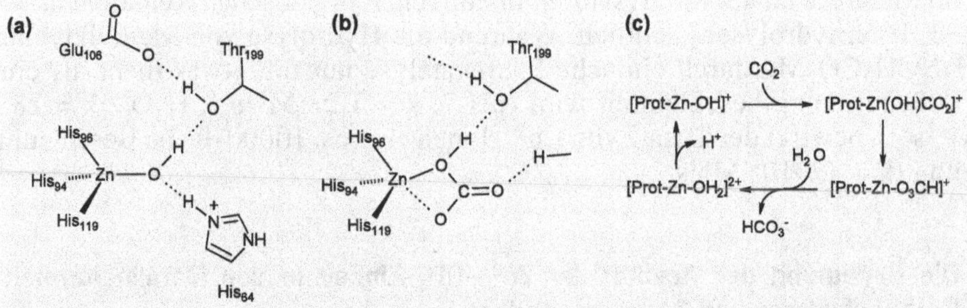

Abb. 27.1. a) Die H-Brücken-stabilisierte {Zn-OH}$^+$-Einheit; b) Postulierte Bindungsanordnung von HCO$_3^-$; c) Gesamte Reaktionssequenz.

Der nukleophile Zink-gebundene Hydroxo-Ligand ist vermutlich ebenfalls entscheidend für die Aktivität des Enzyms Caboxypeptidase A (CPA) sowie anderer Hydrolasen. CPA katalysiert die Hydrolyse von Peptiden. Es ist ein typisches Verdauungsenzym, das z. B. aus der Bauchspeicheldrüse von Rindern isoliert wird. Im Gegensatz zur Carboanhydrase ist das Zn^{2+}-Zentralion von zwei Histidin-Liganden, einem κ^2-koordinierten Glutamat-Rest und einem Molekül H$_2$O koordiniert, ist also insgesamt pentakoordiniert. Obwohl man zunächst eine direkte Koordination (und damit Polarisierung = Aktivierung) der Peptid-Carbonylgruppe am Zn-Zentrum postulierte,[30] geht man heutzutage von einem primären nukleophilen Angriff einer durch Deprotonierung von H$_2$O entstandenen Zn-gebundenen Hydroxo-Gruppe aus. Bei dem vorgeschlagenen Mechanismus von CPA-katalysierten Proteolysen spielt ein komplexes Netzwerk von Wasserstoffbrücken eine wesentliche Rolle, die vorhandene und bei der Umsetzung entstehende negative Ladungen im Substrat stabilisieren (Abb. 27.2). Zusammenfassend soll betont werden, daß in den beiden auf den ersten Blick so unterschiedlichen Enzymen die *Polarisation* des Zn^{2+}-gebundenen Aqualiganden seine Deprotonierung unter physiologischen Bedingungen und damit die Bildung der reaktiven {Zn-OH}$^+$-Einheit erlaubt. Deren Bildung scheint die Grundvoraussetzung für die Katalyse in beiden Fällen zu sein.

---

[30] Siehe z. B. R. Breslow, D. L. Wernick, *Proc. Natl. Acad. Sci.* **1977**, *74*, 1303. M. Sander, H. Witzel, *Biophys. Res. Comms.* **1985**, *132*, 681.

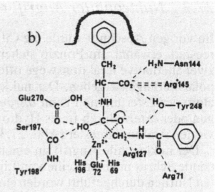

Abb. 27.2. Vorschlag zum Mechanismus der CPA-katalysierten Proteolyse (nach Christianson und Lipscomb[31]). a) Präkatalytischer Komplex mit H-Brücke zwischen der Carbonylfunktion und der Guanidino-Seitenkette von Arginin 127. Gleichzeitig Deprotonierung von Zn-gebundenem H_2O durch Glutamat 270. b) Das am C-Atom tetraedrische Intermediat, in dem die negativ geladene C-O-Einheit durch Wechselwirkung mit dem positiv geladenen {Zn-OH}-Zentrum und Wasserstoffbrücken stabilisiert ist, wird von Glu 270 am Peptid-N-Atom protoniert. Dies führt zum Zerfall dieses Intermediats. c) Bildung des Enzym-Produkt-Komplexes, in dem die Carboxylato-Funktion des Peptid-Spaltprodukts an das Zn^{2+}-Zentrum koordiniert ist.

---

[31] D. W. Christianson, W. N. Lipscomb, *Acc. Chem. Res.* **1989**, *22*, 62.

27.2   Nukleophiler Angriff an koordinierten Liganden

Im vorigen Abschnitt wurde die Cu^{2+}-katalysierte Hydrolyse von Aminosäu-reestern erwähnt. Im Prinzip stehen bei dieser Metall-vermittelten Reaktion zwei alternative Reaktionswege offen, die sich beide als Folge von Liganden-polarisierungen ergeben. Der nukleophile Angriff am Carbonylkohlenstoff-atom der Esterfunktion kann *intramolekular* durch koordiniertes OH^- erfol-gen oder *extern* durch freies Hydroxid an dem koordinierten und damit akti-vierten Aminosäureester (Abb. 27.3).

Der nukleophile Angriff an einem polarisierten Liganden ist der entschei-dende Schritt in einer Reihe von Ligandenumwandlungen, die an koordinier-ten Nitrilen durchgeführt worden sind (Abb. 27.4). Abgesehen von der Hydro-lyse von R-CN zu einem koordinierten Carbonsäureamid (a) sind der nukle-ophile Angriff durch N_3^- und die anschließende Cyclisierung zu einem Tetrazolliganden (b), die Michael-Addition an ein α,β-ungesättigtes Nitril (c) sowie die Reduktion zu Aminen durch Hydridüberträger wie z. B. $Na[BH_4]$ (das freie Nitrile nicht angreift!) (d) weitere Beispiele für die Reak-tion von Nukleophilen mit den aktivierten Liganden.

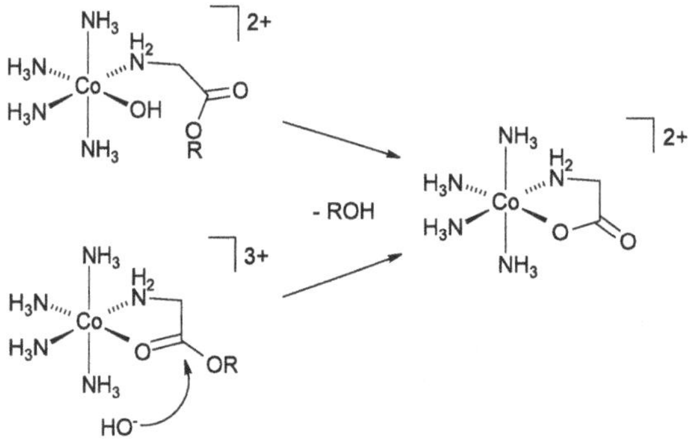

Abb. 27.3. Die beiden möglichen Reaktionswege bei der Bildung von $[Co(en)_2(H_2NCH_2CO_2)]^{2+}$ ausgehend von koordiniertem Methylglycinat.

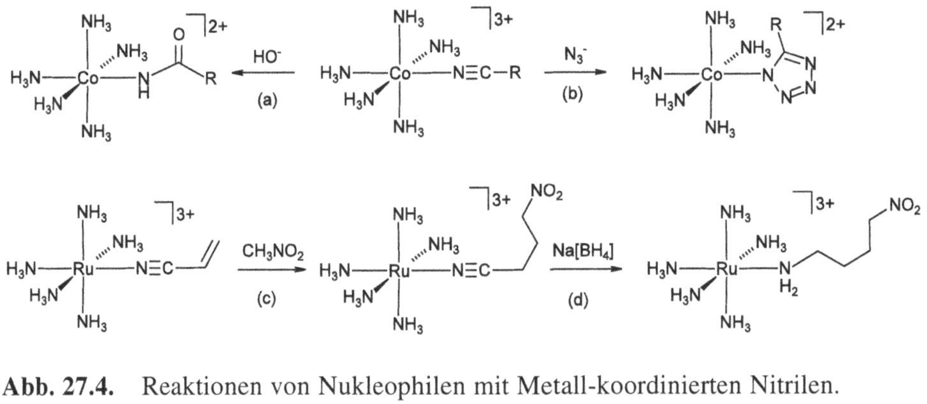

Abb. 27.4. Reaktionen von Nukleophilen mit Metall-koordinierten Nitrilen.

27.3 Elektrophiler Angriff an koordinierten Liganden

Die Liganden in Neutralkomplexen oder Komplexanionen können sowohl an den *Donoratomen* als auch am *Ligandengerüst* durch Elektrophile angegriffen werden. Ein gezielt in der Komplex- und Liganden-Synthese eingesetztes Beispiel für einen elektrophilen Angriff am Donoratom ist die Protonierung oder Methylierung von Thiolatokomplexen unter Bildung von Thiol- bzw. Thioetherkomplexen (Abb. 27.5).

Die Protonierung von Thiolatoeisen-Komplexen beeinflußt das Redoxpotential Fe^{2+}/Fe^{3+} der Eisenkomplexe des in Abbildung 27.5 gezeigten Typs, die Modelle für die Eisen-Schwefel-Zentren in Redoxenzymen sind. Durch den Protonierungsschritt wird aus einem starken σ-Donor-Liganden ein schwächerer σ-Donor aber auch ein π-Akzeptor-Ligand. Die π-Rückbindung kompensiert offenbar den Verlust an σ-Bindungsstärke, was sich in fast identischen Fe-S-Bindungen in den beiden Komplexen widerspiegelt.[32]

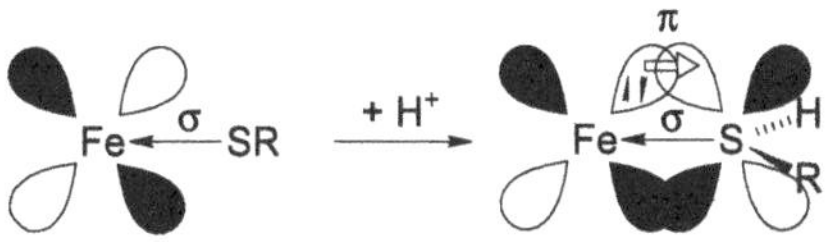

Liegt in ambidenten Liganden eines der potentiellen Donoratome nicht koordiniert vor, so bildet es einen bevorzugten Angriffspunkt für ein Elektrophil. Ein beeindruckendes Beispiel für diesen Reaktionstyp ist die Umsetzung von Hexacyanoferrat(II) mit $MeOSO_3Me$, die zu einer erschöpfenden Methylierung der Cyano-Stickstoffatome und Transformation zum dikationischen Methylisonitrilkomplex $[Fe(CNMe)_6]^{2+}$ führt.

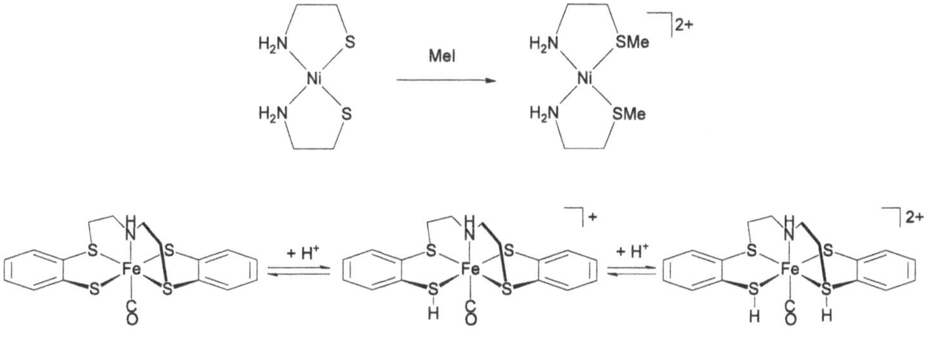

Abb. 27.5. Oben: Die Alkylierung des Aminthiolatoliganden erfolgt selektiv am Schwefelatom. Unten: Protonierungs-Deprotonierungs-Gleichgewicht zwischen einem mehrzähnigen Eisenthiolato- und einem Eisenthiol-Komplex.

---

[32] D. Sellmann, T. Becker, F. Knoch, *Chem. Eur. J.* **1996**, *2*, 1092.

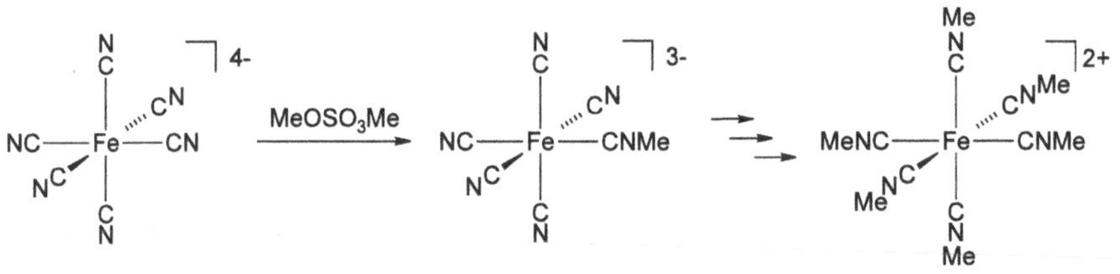

Ungewöhnliche Beispiele für die Reaktion metallkoordinierter organischer Moleküle mit Elektrophilen sind die Bromierungen von 1,2-Diimin-Liganden und der Enolatform von β-Ketoestern (Abb. 27.6).

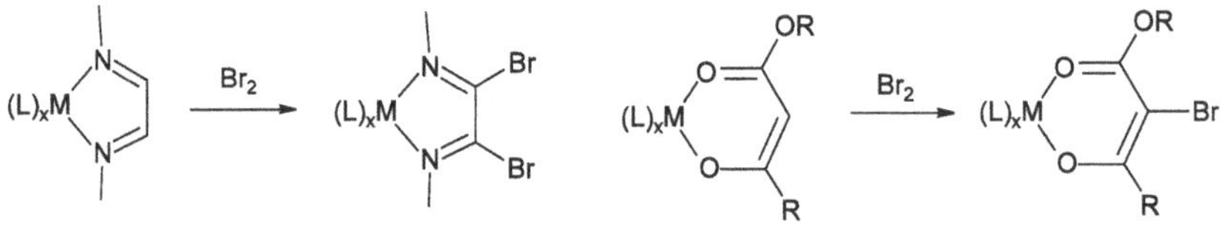

Abb. 27.6.   Elektrophile Bromierung von koordinierten Liganden.

Schließlich ist die in Kapitel 21.2 diskutierte Aufbaureaktion der Sepulchrate ausgehend von den $[M(en)_3]^{n+}$-Komplexen durch Reaktion des Formaldehyds mit dem koordinierten Amin im ersten Reaktionsschritt ein wichtiges Beispiel für die Ligandenumwandlung mit Elektrophilen. Daß Aldehyde dabei nicht nur an einem Donoratom angreifen, sondern ebenfalls mit einer reaktiven Position im Ligandengerüst kuppeln können, zeigt die Verknüpfung der beiden Nickel-Chelatkomplexe in Abbildung 27.7 durch Reaktion mit einem Aldehyd.

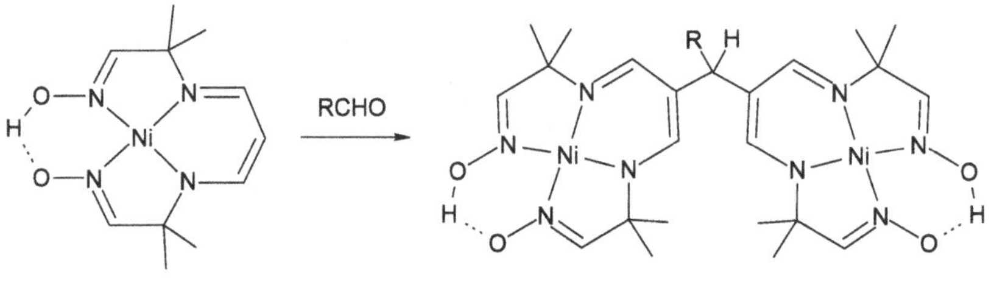

Abb. 27.7.   Verknüpfung zweier Nickel-Chelatkomplexe durch Reaktion eines Aldehyds mit der Diazadiketonat-Einheit.

28 Elektronen-Übertragungs-Reaktionen

Redoxreaktionen sind vermutlich die mechanistisch am besten untersuchten chemischen Prozesse von Komplexen, und ihre universelle Bedeutung für die Übergangsmetallchemie ist bereits in den früheren Kapiteln dieses Buches immer wieder herausgestellt worden. Eine Redoxreaktion zwischen Komplexen muß in der Gesamtbilanz nicht mit einer stofflichen Veränderung verbunden sein, wenn der Elektronentransfer zwischen gleichartigen korrespondierenden Redoxpaaren erfolgt. Dies ist bei *Selbst-Austausch-Redoxprozessen* der Fall, die wir im Laufe dieses Kapitels genauer betrachten wollen.[33]

$$[*Co(NH_3)_6]^{2+} + [Co(NH_3)_6]^{3+} \rightleftharpoons [*Co(NH_3)_6]^{3+} + [Co(NH_3)_6]^{2+}$$

Redoxumwandlungen von Komplexverbindungen können in vielen Fällen nicht allein durch den Elektronentransferschritt beschrieben werden, sondern bestehen aus einer komplexen Abfolge von Ionenpaarbildung, Ligandensubstitution oder Ligandenübertragung zwischen den beteiligten Molekülen, mit der wir uns in diesem Kapitel beschäftigen werden.

28.1 Klassifizierung von Redoxreaktionen

In den vergangenen 45 Jahren ist eine Vielzahl an Methoden und experimentellen Strategien zum Studium von Redoxprozessen in Lösung zum Einsatz gekommen. Details über den Elektronentransferschritt in Selbst-Austausch-Reaktionen können z. B. mit Hilfe von isotopenmarkierten Molekülen erhalten werden (s. o.). Bei Reaktionen zwischen ungleichen Komplextypen erlaubt die Produktverteilung mitunter Rückschlüsse auf den Reaktionsmechanismus. Dabei kommt es auf die Wahl von Redoxpartnern mit geeigneter Reaktivität gegenüber Ligandensubstitutionen an, also auf die Kombination kinetisch inerter und labiler Komplexe. Die Pionierarbeiten auf diesem Gebiet haben Henry Taube und seine Mitarbeiter seit 1952 durchgeführt.[34] Das grundlegende Beispiel ist die Reduktion substitutionsinerter Ammincobalt(III)-Komplexe durch den substitutionslabilen Hexaaquachrom(II)-Komplex $[Cr(H_2O)_6]^{2+}$.

---

[33] Solche Selbst-Austausch-Prozesse sind vor allem in den 50er Jahren unter Einsatz von isotopenmarkierten Metallkomplexen untersucht worden (R. G. Wilkins, loc. cit.).

[34] Henry Taube, * Neudorf (Prov. Saskatchewan in Kanada) 30. 11. 1915, Professor an der University of Chicago (1952–61) und der Stanford University (seit 1961). Er erhielt für seine Untersuchungen der Redoxreaktionen von Komplexen 1983 den Nobelpreis für Chemie.

$$[Co(NH_3)_5Cl]^{2+} + [Cr(H_2O)_6]^{2+} + 5\,H^+ + 5\,H_2O \rightarrow$$
$$[Co(H_2O)_6]^{2+} + [Cr(H_2O)_5Cl]^{2+} + 5\,NH_4^+$$

(1)

(2)   (3)

Da der Chloro-Ligand in dem inerten Cr^{III}-Produkt (1) gefunden wurde, nahm
Taube an, daß dieser Ligand zum Zeitpunkt des Elektronentransfers gleichzeitig an beide Metallzentren koordiniert sein mußte, also als Brückenligand bei
der Umwandlung des *Vorläufer-Komplexes* (2) in den *Folge-Komplex* (3)
fungiert. Solange der Elektronentransfer noch nicht stattgefunden hat, ist Cl^-
noch fest an das dreiwertige Cobalt-Zentrum gebunden, während die Koordinationssphäre um das Chrom-Zentrum nach dessen Oxidation gewissermaßen
„eingefroren" ist.[35] Es ist darüber hinaus sehr wahrscheinlich, daß der Elektronentransfer über diesen Brückenliganden stattfindet, dieser also eine Art
„leitende Verbindung" zwischen den Redoxzentren ist. Da sich die Reaktionspartner in diesem Mechanismus, auf den wir genauer in Abschnitt 28.4 eingehen werden, zwischenzeitig einen Liganden der inneren Koordinationssphären teilen, bezeichnet man ihn als *Innensphären-Mechanismus*.
    Der Innensphären-Mechanismus stellt hohe Anforderungen an die Reaktanden, wie z. B. das Vorhandensein eines potentiellen Brückenliganden in
einem der Komplexe, die Substitution eines Liganden der labilen Komponente und die Ausbildung des verbrückten Vorläufer-Komplexes. Diese
Bedingungen gelten nicht für Redoxreaktionen, bei denen die inneren Koordinationssphären der beteiligten Komplexe intakt bleiben, wie z. B. bei:

$$[Fe(H_2O)_6]^{2+} + [Ru(bipy)_3]^{3+} \rightarrow [Fe(H_2O)_6]^{3+} + [Ru(bipy)_3]^{2+}$$

Hierbei, wie auch in dem eingangs erwähnten Selbst-Austausch-Prozeß, findet der Elektronentransfer ohne Vermittlung eines gemeinsamen Brückenliganden statt, weshalb dieser Mechanismus als *Außensphären-Mechanismus*
bezeichnet wird. Der Außensphären-Mechanismus stellt prinzipiell einen
Konkurrenzreaktionsweg zum Innensphären-Mechanismus dar, und wir werden im weiteren noch Beispiele für solche Konkurrenzsituationen kennenlernen (Abschnitt 28.4). Der Reaktionsweg über einen Innensphären-Mechanismus dominiert, sofern die oben erwähnten Bedingungen für die Ausbildung

---

[35] Der Hexaammincobalt(II)-Komplex ist äußerst labil und zerfällt in saurer wässriger Lösung
unter Bildung des Hexaaquakomplexes.

einer Ligandenbrücke erfüllt sind. Das liegt an der meist geringeren Aktivierungsenergie für den Elektronentransfer-Schritt über den Brückenliganden.

28.2 Der Außensphären-Mechanismus

Die einfachsten Beispiele für Redoxreaktionen, die nach dem Außensphären-Mechanismus ablaufen, sind die in Tabelle 28.1 zusammengestellten *Selbst-Austausch-Prozesse*. Diese sind sowohl theoretisch als auch experimentell relativ leicht zu verstehen, da die Bedingung $\Delta G = 0$ gilt, also keine thermodynamische Triebkraft die Reaktionsgeschwindigkeit beeinflußt. Während die langsam ablaufenden Prozesse mit Hilfe isotopenmarkierter Verbindungen untersucht wurden, wurden die kinetischen Parameter der schnellen Reaktionen durch NMR- oder ESR-Techniken (Linienformanalyse der Signale) gewonnen.

Tabelle 28.1. Geschwindigkeitskonstanten (zweiter Ordnung) von Selbst-Austausch-Reaktionen (in wässriger Lösung bei 25 °C).[36]

Korrespondierendes Redoxpaar	k ($M^{-1}s^{-1}$)
$[Co(NH_3)_6]^{2+} + [Co(NH_3)_6]^{3+}$	$8 \cdot 10^{-6}$
$[V(H_2O)_6]^{2+} + [V(H_2O)_6]^{3+}$	$1.0 \cdot 10^{-2}$
$[Fe(H_2O)_6]^{2+} + [Fe(H_2O)_6]^{3+}$	4.2
$[Co(bipy)_3]^{2+} + [Co(bipy)_3]^{3+}$	18
$[Ru(NH_3)_6]^{2+} + [Ru(NH_3)_6]^{3+}$	$3 \cdot 10^3$
$[IrCl_6]^{3-} + [IrCl_6]^{2-}$	$2.3 \cdot 10^5$
$[Ru(bipy)_3]^{2+} + [Ru(bipy)_3]^{3+}$	$4.2 \cdot 10^8$

An den Geschwindigkeitskonstanten in Tabelle 28.1 fällt vor allem die große Variationsbreite auf, die für Selbst-Austausch-Reaktionen gefunden wird. Die Werte für die Redoxpaare $[Co(NH_3)_6]^{2+/3+}$ und $[Ru(bipy)_3]^{2+/3+}$ unterscheiden sich um den Faktor 10^{14}!

Das Studium der Selbst-Austausch-Reaktionen bildet die Grundlage für das Verständnis der Redoxprozesse zwischen chemisch unterschiedlichen Spezies, die auch als *Kreuz-Reaktionen* bezeichnet werden. In Abschnitt 28.3.6 werden wir eine einfache Beziehung kennenlernen, mit der man die Reaktionsgeschwindigkeiten der Kreuz-Reaktionen aus denen des Selbst-Austauschs berechnen kann.

---

[36] T. J. Meyer, H. Taube, *Comprehensive Coordination Chemistry* (Hrsg. G. Wilkinson, R. D. Gillard, J. McCleverty), *Bd. 1*, Pergamon Press, Oxford, **1987**, S. 331. R. A. Marcus, N. Sutin, *Biochim. Biophys. Acta* **1985**, *811*, 265.

Bei Außensphären-Reaktionen bestimmen im wesentlichen drei Faktoren die Reaktionsgeschwindigkeit des Gesamtprozesses:

– Die Annäherung der Reaktanden und die Bildung des *Außensphären-Komplexes*, in dem die elektronische Wechselwirkung zwischen den assoziierten Reaktionspartnern die Voraussetzung für die „Delokalisation" eines Elektrons von einem Zentrum zum anderen bietet.
– Die Barriere für den Elektronentransferschritt, die sich aus den Unterschieden der Gleichgewichtsstrukturen der reduzierten und oxidierten Komponenten ergibt (Abschnitt 28.3.1).
– Die Barriere für die Ladungsumverteilung, die das umgebende, den Außensphären-Komplex solvatisierende Lösungsmittel verursacht (Abschnitt 28.3.2).

Die großen Unterschiede bei den Reaktionsgeschwindigkeiten der in Tabelle 28.1 aufgeführten Selbst-Austausch-Prozesse sind auf die hier genannten Faktoren zurückzuführen. An eine leistungsfähige Theorie der Redoxreaktionen bestehen also hohe Ansprüche! Eine solche wurde seit 1956 entwickelt und im Lauf der Zeit verfeinert, wobei die Pionierleistung auf R. A. Marcus zurückgeht.[37]

28.3   *Die Marcus-Hush-Theorie des Elektronentransfers*

Bei einer Außensphären-Redoxreaktion kann der Elektronentransfer im Prinzip bei unterschiedlichen Abständen zwischen den Reaktanden, die sich frei in der Lösung bewegen, stattfinden. Die Situation kann man theoretisch beschreiben, indem man mit Hilfe der statistischen Mechanik eine Verteilungsfunktion für die paarweisen Abstände der Reaktanden berechnet. Integration über das Produkt dieser Verteilungsfunktion und der abstandsabhängigen Geschwindigkeitskonstanten $k_{et}(r)$ ergibt dann die Gesamtgeschwindigkeitskonstante. Wie im weiteren Verlauf dieses Kapitels gezeigt wird, dominieren in dieser statistischen Verteilung die Elektronentransfer-Prozesse der Komplexe, die sich in *direktem Kontakt* miteinander befinden. Berücksichtigt man diese Tatsache, so kann man die Gleichgewichtskonstante für die Bildung des Außensphären-Komplexes als Grundlage für die Berechnung der beobachteten Geschwindigkeitskonstante k_{beob} heranziehen. Mit anderen Worten, Elektronentransfer findet nur im Kontaktzustand des Außensphären-Komplexes statt, und der Elektronenübertragungs-Schritt kann bei *fixiertem intermolekularen Abstand* beschrieben werden. Die Bildungsgleichgewichtskonstante dieses Komplexes geht dann in die Berechnung der experimentell zugänglichen Geschwindigkeitskonstante der Redoxreaktion ein.

---

[37] Rudolph A. Marcus, * Montreal (1923), Professor am Brooklyn Polytechnic (1951–1964), Urbana, Illinois (1964–1978) und am Caltech (seit 1978). Wichtige frühe Arbeiten zur Reaktionsdynamik. Für seine Arbeiten zur Theorie der Elektronentransfer-Prozesse erhielt er 1992 den Nobelpreis für Chemie.

$$k_{beob} = K_A \, k_{et} \qquad K_A = \frac{4\pi N r^3}{3000} \, exp \left[- \frac{w_R}{RT} \right] \qquad\qquad (28.1)$$

Für sphärische Reaktanden kann die Gleichgewichtskonstante K_A mit Hilfe der Eigen-Fuoss-Gleichung (28.1) abgeschätzt werden.[38] Der Ausdruck w_R im Exponentialterm bezeichnet die freie Energie der Annäherung der Reaktanden, die bei gleich geladenen Reaktionspartnern positiv, bei ungleich geladenen negativ ist. Sie ergibt sich aus der Debye-Hückel-Theorie für Ionenlösungen (28.2).

$$w_R = \frac{Z_A \, Z_B \, e^2}{\varepsilon \, r (1 + \beta \, r \sqrt{\mu})} \quad (28.2) \qquad \beta = \left[\frac{8\pi \, N^2 e^2}{1000 \, \varepsilon \, RT} \right]^{\frac{1}{2}} = 0.329 \, \text{Å}^{-1} \text{ in H}_2\text{O bei } 25°C$$

ε = Dielektrizitätskonstante β = Debye-Hückel-Konstante
μ = Ionenstärke
r = Summe der Komplex-Ionenradien Z_A, Z_B = Komplexladungen

Bei entgegengesetzt geladenen Komplexen kann sich der Charakter des Außensphären-Komplexes von einem kurzlebigen „Stoß-Komplex" hin zu einem supramolekularen Aggregat mit direkt bestimmbarer Stabilität verschieben. Das äußert sich mitunter direkt in der Reaktionskinetik der Redoxreaktion, wie z. B. bei der Reduktion kationischer Cobalt(III)-Komplexe des Typs $[Co(NH_3)_5L]^{n+}$ durch $[Fe(CN)_6]^{4-}$ (wobei die Liganden L Pyridin- oder Carboxylat-Derivate sind). Bei Zugabe eines Überschusses an Fe^{II}-Komponente wurde eine Sättigungskinetik beobachtet (s. Kap. 25) mit der experimentellen Geschwindigkeits-konstante pseudo-erster Ordnung:

$$k_{beob} = \frac{k_{et} \, K_A \, [\text{Fe(CN)}_6^{4-}]}{1 + K_A \, [\text{Fe(CH)}_6^{4-}]}$$

Diese Form der Geschwindigkeitskonstante pseudo-erster Ordnung ist ein direkter Hinweis auf das vorgelagerte Bildungsgleichgewicht des Außensphären-Komplexes.

---

[38] Die Abschätzungen in Gleichung (28.1) und (28.2) gelten nur näherungsweise für reale Moleküle, da sie von im wesentlichen strukturlosen sphärischen Reaktanden mit gleichem Molekülradius ausgehen. M. Eigen, *Z. Phys. Chem.* **1954**, *1*, 176. R. M. Fuoss, *J. Am. Chem. Soc.* **1958**, *80*, 5059.

$$[Co(NH_3)_5L]^{n+} + [Fe(CN)_6]^{4-} \xrightleftharpoons{K_A} \{[Co(NH_3)_5L]^{n+} [Fe(CN)_6]^{4-}\}$$

$$\{[Co(NH_3)_5L]^{n+} [Fe(CN)_6]^{4-}\} \xrightarrow{k_{et}} \{[Co(NH_3)_5L]^{(n-1)+} [Fe(CN)_6]^{3-}\}$$

$$\{[Co(NH_3)_5L]^{(n-1)+} [Fe(CN)_6]^{3-}\} \xrightleftharpoons{K_A'} [Co(NH_3)_5L]^{(n-1)+} + [Fe(CN)_6]^{3-}$$

Die gefundenen Werte für K_A und k_{et} liegen im Bereich von $10^2 - 10^4$ M^{-1} bzw. $10^{-4} - 10^{-1}$s^{-1} (für unterschiedliche L). In diesem Fall ist es also möglich, die beiden Elementarschritte der Bildung des Außensphären-Komplexes [ausgedrückt durch den elektrostatischen Arbeitsterm (28.1)] und des Elektronentransfers getrennt zu untersuchen. Im allgemeinen ist dies nicht der Fall, so daß die elektrostatischen Energieterme in der Analyse des Elektronentransfers mitberücksichtigt werden müssen.

Mit der Bildung des Außensphären-Komplexes ist erst die Voraussetzung für den folgenden Elektronentransferschritt geschaffen worden. In der beobachteten Geschwindigkeitskonstante zweiter Ordnung für den Gesamtprozeß müssen nun drei Faktoren berücksichtigt werden.

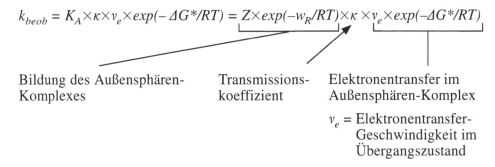

$$k_{beob} = K_A \times \kappa \times v_e \times exp(-\Delta G^*/RT) = Z \times exp(-w_R/RT) \times \kappa \times v_e \times exp(-\Delta G^*/RT)$$

Bildung des Außensphären-Komplexes   Transmissions-koeffizient   Elektronentransfer im Außensphären-Komplex

v_e = Elektronentransfer-Geschwindigkeit im Übergangszustand

Nach Bildung des Außensphären-Komplexes ist der Elektronentransfer-Schritt im allgemeinen ein aktivierter Prozeß, der durch die freie Aktivierungsenergie ΔG^*, den Transmissionskoeffizient κ und die Elektronentransfer-Geschwindigkeit im Übergangszustand v_e charakterisiert ist. Mit ΔG^* und κ, die den entscheidenden Elementarschritt der Redoxreaktion bestimmen, werden wir uns in den folgenden Abschnitten beschäftigen.

Übungsbeispiel:

Bei Zugabe von [Fe(CN)₆]⁴⁻ (gelb) zu dem gelb-orangen Komplexkation [Co(NH₃)₅(py)]³⁺ (in Gegenwart von edta, um die Reaktionsprodukte in Lösung zu halten) werden drei aufeinander folgende Farbänderungen der wässrigen Lösung beobachtet: Die Lösung färbt sich sofort (innerhalb von Millisekunden) tief orange und dann innerhalb von Sekunden gelb. Nach mehreren Stunden wird sie violett. Erklären Sie diese Farbumschläge.[39]

Antwort:
Die anfangs rasch gebildete orange Lösung enthält den Außensphären-Komplex aus beiden Edukten. Der Elektronentransfer-Schritt ist nach wenigen Sekunden abgeschlossen, und die dann nebeneinander in Lösung vorliegenden Ammincobalt(II)- und Hexacyanoferrat(III)-Komplexe bilden eine gelbe Lösung. Der kinetisch labile Co-Komplex zerfällt im Verlauf mehrerer Stunden unter Bildung des $[Co(edta)]^{2-}$-Dianions, das wiederum den Hexacyanoferrat(III)-Komplex zu $[Fe(CN)_6]^{4-}$ reduziert, unter Bildung des violetten Co(III)-Komplexes $[Co(edta)]^-$.

28.3.1 Die „Schwingungs-Barriere"[40]

Die erste Aktivierungs-"Hürde", die es bei einem Redoxprozeß zwischen Komplexen zu überwinden gilt, ist die oben diskutierte Bildung des Außensphären-Komplexes, bei der die Reaktanden in Kontakt zueinander gebracht werden. Wie wir in Abschnitt 28.3.4 sehen werden, ist damit die Möglichkeit der gegenseitigen „Störung" (elektronischen Wechselwirkung) der isolierten Systeme gegeben, die die Voraussetzung für die Delokalisation des ausgetauschten Elektrons ist.

Daß dieser Elektronentransfer nicht barrierenfrei verläuft, liegt unter anderem an den unterschiedlichen Gleichgewichtsstrukturen der an der Redoxreaktion beteiligten korrespondierenden Redoxpaare. Die mit der Strukturveränderung verknüpfte Aktivierungsenergie sorgt für eine gewisse Lokalisation des Elektrons an einem Zentrum. Die Bedingungen für die Überwindung dieser Barriere sind Gegenstand dieses Abschnitts, wobei wir zunächst von dem einfachen Fall eines Selbst-Austausch-Prozesses ausgehen.

Das klassische Beispiel für die Aktivierungsbarriere, die die Strukturänderung mit sich bringt, die mit der Änderung der Oxidationsstufe an einem

[39] A. J. Miralles, A. P. Szecsy, A. Haim, *Inorg. Chem.* **1982**, *21*, 697.
[40] T. J. Meyer, *Prog. Inorg. Chem.* **1983**, *30*, 389.

Metallzentrum einhergeht, bietet der Selbstaustausch der Hexaaquaeisen-Komplexe $[Fe(H_2O)_6]^{2+/3+}$. Sowohl aus Kristallstrukturanalysen als auch aus EXAFS-Experimenten weiß man, daß der wichtigste Strukturunterschied zwischen der zwei- und dreiwertigen Form die $Fe-OH_2$-Bindungslänge ist, die sich bei dem Oxidationsschritt von 2.10 auf 1.97 Å verkürzt. Bei einem Elektronentransfer zwischen $[Fe(H_2O)_6]^{2+}$ und $[Fe(H_2O)_6]^{3+}$ resultieren also Metall-Ligand-Bindungslängen-Änderungen von ca. 0.13 Å an beiden Redoxzentren.

So hat das Molekül B die Gleichgewichtsstruktur des Fe^{II}-Komplexes vor dem Elektronentransfer und die von Fe^{III} danach. Diese Strukturänderung stellt eine Barriere für den Elektronentransfer dar. Jede intramolekulare Bewegung läßt sich als Linearkombination der Normalmoden beschreiben. Die symmetrische Fe-O-Bindungsverlängerung/-verkürzung, die mit der Änderung der Oxidationsstufe des Zentralatoms verbunden ist, läßt sich im wesentlichen durch *eine* solche Normalmode ausdrücken, die totalsymmetrische $v(Fe-O)$-Streckschwingung der Symmetrie-Rasse a_{1g}. Da diese Mode die Aktivierungsbarriere des Elektronentransferschritts bestimmt (s.u.), kann man sie auch als die das Elektron *lokalisierende Mode* („trapping mode") verstehen. In Abbildung 28.1 sind die Potentialkurven der a_{1g}-(Fe-O)-Normal-schwingung für Komplex A als Reaktand (R) in seiner dreiwertigen und als Produkt (P) in seiner zweiwertigen Form gezeigt. Als Abszisse ist die Normal-koordinate Q des Moleküls gewählt, die eine symmetrische Linearkombina-tion der Auslenkungsparameter (q) aller sechs Fe-O-Bindungen ist: $Q = 1/\sqrt{6} \times [q(Fe-O)_1 + q(Fe-O)_2 + ...] = \sqrt{6}\,[q(Fe-O)]$.

In Abbildung 28.1 wird ein harmonisches Verhalten der lokalisierenden Mode vorausgesetzt.[41] Obwohl hier für Reaktand und Produkt vereinfachend Parabeln gleicher Steilheit gezeichnet sind, gibt dies die Wirklichkeit nicht exakt wieder, da sich die Frequenz der symmetrischen (Fe-O)-Streckschwin-gung bei der Reduktion von Fe^{III} nach Fe^{II} von 490 auf 390 cm^{-1} verringert (und damit natürlich auch die Kraftkonstante).[42]

Damit Elektronentransfer stattfinden kann, muß das *Franck-Condon-Prin-zip* erfüllt sein. Das besagt, daß die Bewegung der Kerne sehr langsam gegen-

---

[41] Diese Bedingung ist im allgemeinen gut erfüllt.

[42] Man kann eine „Symmetrisierung" der Potentialkurven erreichen, wenn man anstelle der Kraftkonstanten k_R und k_P mit einer gemittelten reduzierten Kraftkonstanten $2k_Rk_P/(k_R + k_P)$ rechnet.

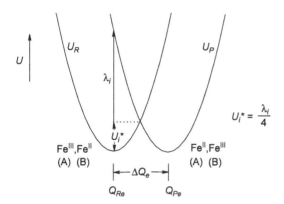

Abb. 28.1. Potentialdiagramme für die lokalisierende Fe-O-Normalmode an Zentrum A. Der Reaktand (R) ist dreiwertig und hat den um 0.14 Å kürzeren Fe-O-Gleichgewichtsabstand als das Produkt (P). Man beachte: Der Abstand $\Delta Q_e = Q_{Re} - Q_{Pe}$ bezieht sich auf die *Strukturveränderung an einem* Redoxzentrum (A) und hat *nichts* mit einem „Elektronentransfer-Abstand" oder der räumlichen Trennung der wechselwirkenden Metallzentren zu tun! Ein zweiter Satz solcher Potentialkurven existiert für die gleiche Mode in Komplex B. Die Schwingungs-Reorganisationsenergie λ_i entspricht dem Energiegehalt des reduzierten Produkts bei der Geometrie des Reaktanden und beträgt das vierfache der Energie des Schnittpunkts der beiden Kurven, d. h. $\lambda_i = 4U^*$.

über der Bewegung der Elektronen ist,[43] und die *Kernpositionen sich daher während des Elektronentransfers nicht ändern*. Das heißt, daß die Elektronenübertragung von A nach B nur an der *Schnittstelle der beiden Potentialkurven unter Energieerhaltung* stattfinden kann, an der $U_R(Q) = U_P(Q)$ gilt.[44] An irgendeinem anderen Punkt ist der Elektronentransfer aufgrund des Franck-Condon-Prinzips nur als vertikaler Übergang zwischen U_R und U_P unter Absorption eines Photons möglich.

Damit ist die Energie am Schnittpunkt beider Kurven die thermische Aktivierungsenergie für den Elektronentransfer-Schritt. Diese Energie am Punkt $\Delta Q_e/2 = (Q_{Re} - Q_{Pe})/2$ berechnet sich aus dem harmonischen Potential zu (*28.3*).

$$U^* = \frac{k}{2} \left[\frac{(Q_{Re} - Q_{Pe})}{2} \right]^2 = \frac{1}{4} \left[\frac{k}{2} (Q_{Re} - Q_{Pe})^2 \right] = \frac{1}{4} \lambda_i \qquad (28.3)$$

---

[43] Aufgrund der großen Massendifferenz zwischen Kernen und Elektronen. Das Franck-Condon-Prinzip für die Elektronenübergänge und die *Born-Oppenheimer-Näherung* zur Separation von Kern- und Elektronen-Wellenfunktionen in der Quantenchemie haben die gleiche Begründung.

[44] Dies gilt natürlich nur für eine *klassische* Behandlung des Problems. Die Quantenmechanik läßt *Kern-Tunnelung* durch die Schwingungsbarriere zu.

Am Schnittpunkt beider Potentialkurven haben sich die Strukturen beider Reaktanden durch eine Verzerrung in der symmetrischen (Fe-O)-Mode angeglichen, so daß während des Elektronenübergangs keine Veränderung in den Kernpositionen erfolgen muß.

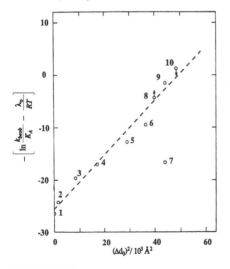

O = H₂O   ET = Elektronentransfer

Die Höhe der Barriere U^* entspricht einem Viertel der Energie λ_i, die notwendig ist, um die oxidierte Form des Komplexes in die Gleichgewichtsstruktur der reduzierten Form zu verzerren. λ_i wird als *innere Reorganisationsenergie* der Komplexe bezeichnet.

Die quadratische Beziehung zwischen der inneren Reorganisationsenergie λ_i und der Metall-Ligand-Bindungslängendifferenz zwischen oxidierter und reduzierter Form eines Komplexes in Gleichung (*28.3*) sollte sich in einer annähernd linearen Beziehung manifestieren, wenn man den Logarithmus der Reaktionsgeschwindigkeiten gegen ΔQ_e^2 graphisch aufträgt. In Abbildung 28.2 ist dies für eine ganze Reihe von Komplexen $[ML_6]^{2+/3+}$, für die die Reaktionsgeschwindigkeiten des Selbst-Austauschs bestimmt wurden, gezeigt. Dabei wurde die beobachtete Geschwindigkeitskonstante durch Division durch die Bildungskonstante des Außensphären-Komplexes korrigiert und von dem logarithmierten Ausdruck noch die äußere freie Reorganisationsenergie λ_o subtrahiert (s.Abschnitt 28.3.2).[45]

Abb. 28.2. Auftragung des natürlichen Logarithmus der Geschwindigkeitskonstante des Selbst-Austauschs (korrigiert durch die Stabilitätskonstante des Außensphären-Komplexes sowie die äußere freie Reorganisationsenergie dividiert durch RT) gegen das Quadrat der Differenz der Metall-Ligand-Bindungslängen in beiden Oxidationsstufen der Komplexe.
1) $[Ru(bipy)_3]^{2+/3+}$, 2) $[Ru(NH_3)_6]^{2+/3+}$, 3) $[Ru(H_2O)_6]^{2+/3+}$, 4) $[Fe(H_2O)_6]^{2+/3+}$, 5) $[Co(sep)]^{2+/3+}$,[46] 6) $[Co(bipy)_3]^{2+/3+}$, 7) $[Co(H_2O)_6]^{2+/3+}$, 8) $[Cr(H_2O)_6]^{2+/3+}$, 9) $[Co(en)_3]^{2+/3+}$, 10) $[Co(NH_3)_6]^{2+/3+}$.

[45] B. S. Brunschwig, C. Creutz, D. H. Macartney, T.-K. Sham, N. Sutin, *Faraday Discuss. Chem. Soc.* **1982**, *74*, 113.
[46] sep = Sepulchrat, s. Abschnitt 21.2.

Wie man sieht, ist die Beziehung zwischen der korrigierten Geschwindigkeit des Selbst-Austauschs und der inneren Reorganisationsenergie, ausgedrückt durch ΔQ_e^2, in guter Näherung linear.[47] Das ist umso erstaunlicher, als die Näherungen dabei (gleiche Kraftkonstante für alle Metall-Liganden-Schwingungen und gleicher Transmissionskoeffizient κ) eigentlich sehr drastisch sind. Man erkennt, daß die niedrigsten Selbst-Austausch-Geschwindigkeiten (bei $[Cr(H_2O)_6]^{2+/3+}$, $[Co(en)_3]^{2+/3+}$ und $[Co(NH_3)_6]^{2+/3+}$) mit großen Veränderungen in den M-L-Bindungslängen (ca. 0.2 Å) verbunden sind, während bei den schnellsten Reaktionen ($[Ru(bipy)_3]^{2+/3+}$ und $[Ru(NH_3)_6]^{2+/3+}$) diese annähernd unverändert bleiben ($\Delta Q_e < 0.02$ Å). Hier wird die Bedeutung der Schwingungs-Barriere für den Elektronentransfer deutlich!

Übungsbeispiel:

Bei der Reduktion der in Abb. 28.2 gezeigten Komplexe kommt es zu sehr unterschiedlichen Veränderungen in den Metall-Ligand-Bindungslängen (Tabelle).
a) Erklären Sie diese Unterschiede unter Berücksichtigung der Elektronenkonfigurationen der oxidierten/reduzierten Komplexe und der Eigenschaften der Metall-Ligand-Bindungen.
b) Im Falle von $[Ru(bipy)_3]^{2+/3+}$ scheint der Elektronentransfer ohne Strukturveränderung zu verlaufen. Ist das korrekt?

Redoxpaar	ΔQ_e, Å
$[Cr(H_2O)_6]^{2+/3+}$	0.20 [48]
$[Co(NH_3)_6]^{2+/3+}$	0.22
$[Fe(H_2O)_6]^{2+/3+}$	0.13
$[Ru(NH_3)_6]^{2+/3+}$	0.04
$[Ru(bipy)_3]^{2+/3+}$	0.00

Antwort:
a) Große Änderungen der M-L-Abstände sind die Folge der Besetzung der antibindenden e_g^*-Orbitale beim Reduktionsschritt: $Cr^{III/II}$: $t_{2g}^3 \rightarrow t_{2g}^3 e_g^{*1}$ und $Co^{III/II}$: $t_{2g}^6 \rightarrow t_{2g}^5 e_g^{*2}$. Bei der Reduktion des Eisenkomplexes besetzt das Elektron ein nichtbindendes t_{2g}-Orbital, und die Verlängerung der

---

[47] Einzige Ausnahme ist $[Co(H_2O)_6]^{2+/3+}$, von dem man annimmt, daß es möglicherweise über einen Innensphären-Mechanismus reagiert, wobei ein Aqua-Ligand als Brückenligand fungiert. S. z. B.: J. F. Endicott, B. Durham, K. Kumar, *Inorg. Chem.* **1982**, *21*, 2437.

[48] gemittelter Wert, da Cr^{2+} als d^4-Ion Jahn-Teller-verzerrt ist: $\Delta(Cr-O)_{axial} = 0.32$ Å, $\Delta(Cr-O)_{äquatorial} = 0.09$ Å.

Metall-Ligand-Bindung ist deutlich geringer. Dieser Trend setzt sich bei der Reduktion von $[Ru(NH_3)_6]^{3+}$ fort, bei der ein low-spin t_{2g}^5-Komplex in einen t_{2g}^6-Komplex überführt wird. Im Falle des Tris(bipyridin)ruthenium-Komplexpaars hat der Ligand einen schwachen π-Akzeptor-Charakter (Kap. 9), und die mit der Erniedrigung der positiven Ladung am Metallzentrum eigentlich erwartete Bindungsaufweitung wird durch die stärkere π-Rückbindung kompensiert.

b) Bei der Reduktion des Bipyridinruthenium-Komplexes ändert sich zwar die M-L-Bindungslänge nicht. Durch die Metall-Ligand-π-Rückbindung wird allerdings der Ligand selbst leicht verzerrt. Die lokalisierenden Moden (trapping modes) sind in dem Fall vermutlich Schwingungen im Ligandengerüst.

Die in diesem Abschnitt vorgestellten Selbst-Austausch-Reaktionen sind besonders einfach theoretisch zu behandeln. Wir haben uns bei der Diskussion der Schwingungsbarriere auf eine lokalisierende M-L-Mode konzentriert. Im allgemeinen tragen mehrere Normalmoden zur Reorganisationsenergie und damit zur Lokalisierung der Elektronen bei. Außerdem wird bei Redoxreaktionen zwischen unterschiedlichen Reaktionspartnern die Aktivierungsbarriere durch die thermodynamische Triebkraft der Reaktion beeinflußt. Mit diesem allgemeineren Fall werden wir uns in Abschnitt 28.3.3 beschäftigen. Zunächst wollen wir aber eine weitere Barriere für den Elektronentransfer ansprechen, die nicht durch die innere Veränderung der Moleküle bedingt ist, sondern auf die *Veränderung der sie umgebenden Lösungsmittelhülle*.

28.3.2   Die „Solvatations-Barriere"

Die Lösungsmittelhülle trägt ebenso wie die inneren Kräfte im Molekül dazu bei, ein Elektron an einem der Redoxpartner im Außensphären-Komplex zu lokalisieren. Jedes Komplexion ist von einer Solvathülle aus molekularen Dipolen umgeben, die in mehrerer Hinsicht durch das geladene Teilchen beeinflußt wird. Von Bedeutung sind die Orientierungspolarisation und die Verschiebungspolarisation (induzierte Dipol-Wechselwirkungen und Verzerrungen der Elektronenhülle der Solvensmoleküle).[49] Die Stärke dieser Wechselwirkung hängt von der Ladung des Komplexions ab.

Wenn nun Elektronentransfer zwischen zwei Molekülen stattfindet, so wird sich die Orientierung der umgebenden Solvatmoleküle ändern, da sich das polarisierende Feld der beiden an der Reaktion beteiligten Moleküle nach

---

[49] Auf die Verschiebungspolarisation wird im weiteren nicht eingegangen, da sie nur einen vernachlässigbaren Beitrag zur Solvatations-Barriere liefert.

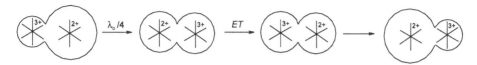

Abb. 28.3. Schematische Darstellung der Änderung in der Lösungsmittel-Orientie-rungspolarisation bei einem Elektronentransfer zwischen einem oktaedrischen Kom-plex-Dikation und einem Trikation. Die Kreise sollen den unterschiedlichen Grad der Orientierungspolarisation um die beiden Komplexionen schematisch darstellen, wobei der enger gezogene Kreis um das Trikation einen höheren Grad an Orientierung der Dipolmoleküle ausdrückt als beim Dikation.

Ablauf des Prozesses geändert hat. Dieser Umstand soll in Abbildung 28.3 veranschaulicht werden.

Diese Umordnung der Lösungsmittelhülle erzeugt eine Energiebarriere für den Redoxprozeß, da sie wiederum langsamer verläuft als der Elektronen-transferschritt. Das bedeutet, daß ähnlich wie im Falle der inneren Umord-nung des Moleküls die es umgebenden Dipole eine Nichtgleichgewichts-Orientierungsverteilung annehmen müssen, *bevor* die Elektronenübertragung stattfindet.

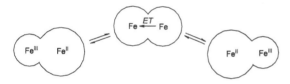

Da die Abstände zwischen den Energieniveaus für die verschiedenen Dipol-Orientierungen gering sind (1–10 cm^{-1}) im Vergleich zu $k_B T$ bei Raumtempe-ratur (200 cm^{-1}), kann dieser Prozeß mit Hilfe der klassischen Elektro-dynamik beschrieben werden. Während die Molekülschwingungen in harmo-nischer Näherung behandelt wurden, wird für die Reorientierung der

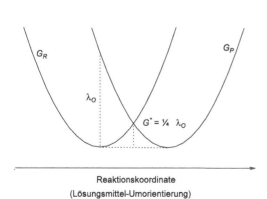

Reaktionskoordinate
(Lösungsmittel-Umorientierung)

Abb. 28.4. Führt man die Änderung in der Lösungsmittel-Orientierungs-polarisation als Reaktionskoordinate ein, so kann man das quadratische Verhalten für die Änderung der freien Energie des Systems direkt wiederge-ben. Damit ist es sinnvoll, ebenso wie im Falle der inneren Reorganisations-energie eine äußere *freie* Reorganisa-tionsenergie λ_o zu definieren. Diese ist die Energie, die mit einer Verän-derung der Solvathülle um die oxi-dierte Komponente unter Ausbildung der Gleichgewichtshülle der reduzier-ten Komponente verbunden ist.

Lösungsmittel-Moleküle eine weniger stark einschränkende Näherung zugrundegelegt. Vielmehr wird angenommen, daß die dielektrische Polarisation P außerhalb der Koordinationssphären der Komplexe *linear* auf Änderungen in der Ladungsverteilung reagiert. Folglich hängt die freie Energie (Enthalpie) *quadratisch* von einer Ladungsverschiebung ab. Diese Annahme läßt Anharmonizitäten bei den Lösungsmittelbewegungen zu, wie sie ja für eine Flüssigkeit charakteristisch sind.

Behandelt man das Lösungsmittel als Kontinuum und setzt die erwähnte lineare Abhängigkeit der dielektrischen Polarisation von der Ladungsänderung voraus, so erhält man einen einfachen Ausdruck (28.4) für die in Abbildung 28.4 dargestellte freie Reorganisationsenergie λ_o der Lösungsmittelhülle.[50]

$$\lambda_O = e^2 \left[\frac{1}{2a_1} + \frac{1}{2a_2} - \frac{1}{r} \right] \left[\frac{1}{n^2} - \frac{1}{\varepsilon} \right] \qquad (28.4)$$

a_1, a_2 = Komplexradien n = Brechungsindex e = Elementarladung

r = Abstand zwischen ε = Dielektrizitätskonstante
    den Komplexzentren

Aus Gleichung (28.4) ergibt sich, daß sich die äußere freie Reorganisationsenergie λ_o (und damit auch die freie Aktivierungsenergie $\Delta G^* = \frac{1}{4} \lambda_o$) mit zunehmenden Komplexradien a_1 und a_2 und abnehmendem Abstand zwischen den Komplexzentren r verringert. Eine Verringerung von λ_o wird ebenfalls durch Zunahme des Brechungsindex des Lösungsmittels bewirkt und durch eine Abnahme der Dielektrizitätskonstanten ε. Diese Tendenzen lassen sich leicht physikalisch verstehen:[51]

1) Mit zunehmenden Komplexionenradien nimmt deren polarisierender (und damit ordnender) Einfluß auf das Lösungsmittel ab. Der Elektronentransfer wird daher von einem geringeren Grad an Lösungsmittel-Reorientierung begleitet.
2) Verringert man den Abstand zwischen den Reaktanden, so folgt wiederum eine Abnahme von λ_o, da die Lösungsmittelmoleküle bei kleinem r einen geringeren Unterschied zwischen Reaktanden- und Produkt-Ladungsverteilungen „spüren".
3) Mit steigendem Brechungsindex werden die Ionenladungen besser durch das Lösungsmittel abgeschirmt, was wiederum zu geringerer Reorganisation führt.
4) Wenn $n^2 = \varepsilon$ wird, ist das Lösungsmittel unpolar und folglich $\lambda_o = 0$.

---

[50] R. A. Marcus, *J. Chem. Phys.* **1956**, *24*, 966.
[51] R. A. Marcus, P. Siddarth in *Photoprocesses in Transition Metal Complexes, Biosystems and Other Molecules. Experiment and Theory* (Hrsg. E. Kochanski), Nato ASI Series C, Bd. 376, Kluwer, Dordrecht, **1992**.

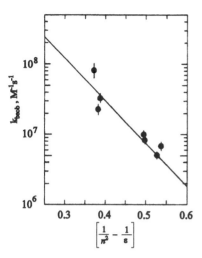
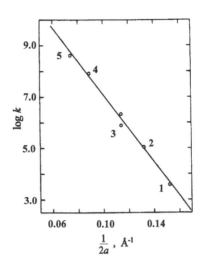

Abb. 28.5. Links: Logarithmische Auftragung der beobachteten Geschwindigkeits-konstante zweiter Ordnung in Abhängigkeit von $(1/n^2 - 1/\varepsilon)$ für den Selbst-Austausch-Prozeß $[Ru(hfac)_3] + [Ru(hfac)_3]^- \rightarrow [Ru(hfac)_3]^- + [Ru(hfac)_3]$. Die durchgezogene Linie repräsentiert das berechnete Verhalten für einen Abstand r von 10 Å und einem Präexponential-Faktor im Ausdruck für die Geschwindigkeitskonstante von $8 \cdot 10^9$ $M^{-1}s^{-1}$.[52] Rechts: Logarithmische Auftragung der beobachteten Geschwindigkeitskonstante zweiter Ordnung einer Reihe von Selbst-Austausch-Prozessen in Abhängigkeit von $(1/2a)$, wobei a der mittlere Komplexionenradius ist. 1) $[Ru(NH_3)_6]^{2+/3+}$, 2) $[Ru(NH_3)_5(py)]^{2+/3+}$, 3) $[Ru(NH_3)_4(bipy)]^{2+/3+}$, 4) $[Ru(NH_3)_2(bipy)_2]^{2+/3+}$, 5) $[Ru(bipy)_3]^{2+/3+}$.[53]

Eine direkte Untersuchung der mit der äußeren freien Reorganisationsenergie verbundenen Aktivierungsbarriere in Redoxreaktionen von Komplexen ist in günstigen Fällen möglich. Dazu muß man das System so wählen, daß sowohl der elektrostatische Energiebetrag der Bildung des Außensphären-Komplexes $[\exp(-w_R/RT)]$ als auch die innere freie Reorganisationsenergie λ_i nur eine untergeordnete Rolle spielen. Dies ist bei solchen Koordinationsverbindungen der Fall, bei denen einer der Redoxpartner ein Neutralmolekül ist und bei denen sich die M-L-Bindungslängen infolge des Elektronentransfer-Schrittes nur unwesentlich ändern. Ein solches günstiges Beispiel ist der Tris(hexafluoracetylacetonato)ruthenium(III)-Komplex, der in einem Einelektronen-Redoxschritt zum Monoanion reduziert werden kann. Die Untersuchung der Selbst-Austausch-Geschwindigkeit des Redoxpaares $[Ru(hfac)_3]^{0/-}$ in Abhängigkeit des Brechungsindex und der Dielektrizitätskonstanten ergab ein Verhalten, das recht gut mit der in Gleichung (28.4) gegebenen Form korreliert (Abb. 28.5).

[52] M.-S. Chan, A. C. Wahl, *J. Phys. Chem.* **1982**, *86*, 126.
[53] G. M. Brown, N. Sutin, *J. Am. Chem. Soc.* **1979**, *101*, 883.

Eine ebenso gute Korrelation der experimentellen Daten ergibt sich für die in Gleichung (*28.4*) beschriebene Abhängigkeit der äußeren freien Reorganisationsenergie (und damit des Logarithmus der Geschwindigkeitskonstante) von den Komplexionenradien (Abb. 28.5, links).

Übungsbeispiel:

Weshalb haben Brown und Sutin bei der Untersuchung der Abhängigkeit der Selbst-Austausch-Geschwindigkeit vom Komplexradius wohl die oben gezeigte Serie von Rutheniumkomplexen untersucht? Denken Sie an die im vorigen Abschnitt diskutierte Änderung der M-L-Abstände bei Einelektronen-Redoxprozessen der verschiedenen Komplexe.

Antwort:
Die Ru-Komplexe sind low-spin-Komplexe, deren M-L-Bindungslängen sich nur geringfügig bei dem Redoxprozeß ändern (0–0.04 Å). Daher haben alle eine geringe Schwingungsbarriere, so daß die gesamte Reorganisationsenergie durch die Lösungsmittel-Umorientierung, d. h. λ_o, dominiert wird.

28.3.3   Die „Marcus-Parabeln" und die freie Reorganisationsenergie

Bevor wir die Marcus-Theorie weiterentwickeln und auf die Elektronentransfer-Prozesse zwischen Komplexen anwenden, müssen wir uns mit einigen grundlegenden Voraussetzungen der theoretischen Behandlung näher beschäftigen. In den letzten beiden Abschnitten wurden die Schwingungs- und Solvatationsbarrieren für den Elektronentransfer von einem eher praktisch orientierten Standpunkt beschrieben. Dabei stießen wir erstmals in Abbildung 28.1 und 28.4 auf die quadratischen Beziehungen für die potentielle Energie und die freie Energie, um die innere und äußere (freie) Reorganisationsenergie herzuleiten. Diese Betrachtungsweise ist aus folgenden Gründen nicht unproblematisch:

1) Die Schwingungsbarriere wird durch Betrachtung der potentiellen Energie des Systems im Ortsraum der Kernkoordinaten beschrieben, wobei man von der harmonischen Näherung, also einer quadratischen Energiefunktion, ausgeht. Nun hat ein nicht-lineares Molekül aus N Atomen 3N – 6 Normalschwingungen, und die Schwingungsbarriere läßt sich in der Regel nicht auf eine lokalisierende Mode zurückführen. Die in Abbildung 28.1 gezeigte Darstellung ist daher bestenfalls ein *Schnitt durch die Energiehyperfläche* entlang einer der Koordinaten.

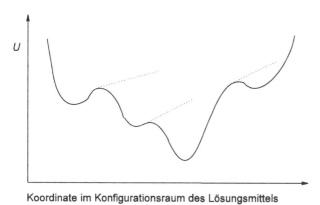

Koordinate im Konfigurationsraum des Lösungsmittels

Abb. 28.6. Berücksichtigt man die Kern- und Lösungsmittelkoordinaten, so ergibt sich eine komplizierte Energiehyperfläche mit zahlreichen lokalen Minima und stark anharmonischem Verhalten bezüglich der Lösungmittelkoordinaten. Hier ist ein Schnitt durch eine solche hypothetische Fläche gezeigt.

2) Versucht man eine ähnliche Darstellung der potentiellen Energie, die durch die Lösungsmittel-Orientierungspolarisation gegeben ist, im Ortsraum, so wird man wegen der nicht anwendbaren harmonischen Näherung eine sehr kompliziert verlaufende Energiehyperfläche erhalten, die viele lokale Minima enthält und die sich nicht auf eine einfache Projektion in eine Dimension reduzieren läßt (Abb. 28.6).

Wie schon im vorigen Abschnitt angedeutet wurde, ist es gerade bei der Beschreibung der Lösungmittel-Reorganisation sinnvoll, anstelle der potentiellen Energie die *freie Energie in Abhängigkeit von einer allgemeinen Reaktionskoordinate* zu betrachten. Im folgenden soll kurz erläutert werden, wie man mit Hilfe einer allgemeinen Reaktionskoordinate dieses offenbar komplizierte System auf eine eindimensionale Funktion der freien Energie abbilden kann.

Ausgangspunkt sind die Energiehyperflächen der Reaktanden (U_R) und Produkte (U_P), die Funktionen der N inneren und äußeren (Lösungsmittel-) Koordinaten sind. Diese schneiden sich, und der Schnittbereich ist dann eine N-1 dimensionale Fläche, für die gilt $U_R = U_P$, d. h. $\Delta U = U_R - U_P = 0$. Immer wenn das chemische System durch thermische Fluktuation diesen Schnittbereich trifft, kann im Prinzip Elektronenübertragung stattfinden.[54]

Den Fall $U_P - U_R = 0$ kann man als Spezialfall der allgemeinen Bedingung $U_P - U_R = C$ auffassen, wobei C eine Konstante ist. Wir teilen nun den Raum aller Koordinaten in Bereiche S^i, die der Bedingung $U_P(S^i) - U_R(S^i) = C^i$ gehorchen, wodurch der gesamte Konfigurationsraum kontinuierlich erfaßt ist. Dann bestimmen wir für jeden Bereich S^i die Koordinate x^i S^i, für die

---

[54] Die folgende Diskussion lehnt sich eng an die Arbeiten von Warshel und Mitarbeitern an. A. Warshel, *J. Phys. Chem.* **1982**, *86*, 2218. J.-K. Hwang, A. Warshel, *J. Am. Chem. Soc.* **1987**, *109*, 715. G. King, A. Warshel, *J. Chem. Phys.* **1990**, *93*, 8682. Die grundlegenden Ideen wurden aber schon von Marcus formuliert. R. A. Marcus, *Discuss. Faraday Soc.* **1960**, *29*, 21 und *J. Chem. Phys.* **1965**, *43*, 679.

die potentielle Energie der Reaktanden $U_R(S^i)$ minimal ist.[55] Diese Punkte x^i fassen wir als *Reaktionskoordinate* auf. Der Punkt der Reaktionskoordinate $x^{\neq}$, der den Übergangszustand repräsentiert, ist also derjenige niedrigster Energie aus der Menge aller Punkte der Schnittfläche $S^{\neq}$ zwischen U_R und U_P.[56] Das Fazit dieser Betrachtung ist, daß man mit $x = U_P - U_R$ *eine widerspruchsfreie Definition einer Reaktionskoordinate* für einen Elektronentransfer-Prozeß hat.[57] Da U_R und U_P Funktionen der inneren und äußeren Koordinaten des Gesamtsystems sind, läßt sich also auch die Reaktionskoordinate durch diese darstellen.

Wie kann man die hiermit festgelegte Reaktionskoordinate $x = \Delta U$ zur Bestimmung eines eindimensionalen Reaktionsprofils verwenden? Dazu stellen wir eine mikroskopische Betrachtung des Elektronentransfers an, den wir als einen Sprung des Systems von der Reaktanden-Energiehyperfläche U_R auf die Produkt-Hyperfläche U_P auffassen, wobei die dazu notwendige Energie von thermischen Fluktuationen des Systems herrührt. Die Reaktionsgeschwindigkeit des Elektronentransfers ist dann das Produkt der Zahl der Ereignisse mit $x = \Delta U = 0$ in einem gegebenen Zeitintervall und der Wahrscheinlichkeit für einen solchen Sprung zwischen den Hyperflächen.

Den Zusammenhang zwischen den thermischen Energiefluktuationen und der Wahrscheinlichkeit, daß das System in einer Konfiguration mit $\Delta U = 0$ ist, kann man sich am besten anhand des Ergebnisses einer moleküldynamischen Simulation eines Systems auf U_R veranschaulichen. Indem man den Weg des Systems auf der Hyperfläche (die „Trajektorie"[58]) in N_R gleich große Abschnitte unterteilt, kann man ein Histogramm $n_R(x)$ für die Zahl der Ereignisse im Verlauf der beobachteten Zeit erstellen, in denen $\Delta U = x$ war. Ein typisches Beispiel dafür, wie ΔU im Laufe der Zeit fluktuiert, ist in Abbildung 28.7a gegeben. Die Wahrscheinlichkeit $p_R(x)$, das System in einer Konfiguration mit $\Delta U = x$ zu finden, ist dann $p_R(x) = n_R(x) / N_R$.

Der Ausdruck für diese Wahrscheinlichkeit $p_R(x)$ ist der Mittelwert des Systems über einen langen Zeitraum. Dieses zeitliche Mittel ist äquivalent mit dem Mittelwert für ein ganzes Ensemble solcher Systeme und kann dann zur Berechnung der freien Energie verwendet werden: $G_R(x) = -k_B T$

---

[55] Damit nähert man sich dem Übergangszustand durch ein „Tal" auf der Energiehyperfläche U_R.

[56] Der Übergangszustand repräsentiert also einen „Sattelpunkt" im Schnittbereich der Energiehyperflächen U_R und U_P.

[57] Man beachte, daß x eine Funktion *aller* inneren und äußeren Koordinaten des Systems ist und in diesem Sinne eine „globale" Reaktionskoordinate. Im Übergangszustand ist x = 0.

[58] In der klassischen Mechanik nennt man die Lösung der Bewegungsgleichung und damit die als Funktion der Zeit gegebenen Koordinaten (oder Impulse) die Trajektorie.

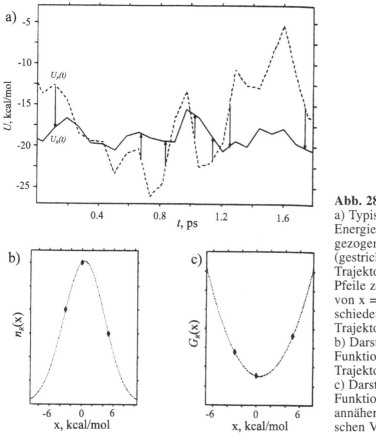

Abb. 28.7.
a) Typischer Verlauf der Energien U_R (durchgezogene Linie) und U_P (gestrichelt) einer Trajektorie auf U_R. Die Pfeile zeigen die Werte von x = ΔU für verschiedene Punkte der Trajektorie an.
b) Darstellung der Funktion n_R(x) für diese Trajektorie.
c) Darstellung der Funktion G(x), die den annähernd parabolischen Verlauf zeigt.

$\ln\{p_R$(x)$\}$.[59] Ein Beispiel, wie G_R(x) von den Werten von x = ΔU, die im Verlauf der Trajektorie erreicht werden, abhängt, ist in Abbildung 28.7c dargestellt.

---

[59] Die mittlere Wahrscheinlichkeit p_R(x) kann mit Hilfe der Boltzmannstatistik ausgedrückt werden:

$$p_r(x) = \frac{\int d\Gamma \; \delta \; \Delta U - x \; \exp -U_R/k_BT}{\int d\Gamma \; exp -U_R/k_BT}$$

$\delta\Delta U - x$ = DiracFunktional k_B = BoltzmannKonstante

Γ repräsentiert alle 3n Koordinaten eines Systems aus n Atomen

$Z(x) = \int d\Gamma\delta\,(\Delta U - x)\exp(-U_R/k_BT)$ = Zustandssumme am Punkt x der Reaktionskoordinate

$Z = \int d\Gamma exp\,(-U_R/k_BT)$ = Zustandssumme auf der gesamten Potentialfläche U_R

Die Beziehung für die freie Energie ergibt sich dann durch Anwendung des aus der statistischen Thermodynamik bekannten Ausdrucks $G = -k_BT \ln Z$, wobei Z die Zustandssumme des Systems ist. Eine detaillierte Erörterung dazu findet man in A. Warshel (**1982**), loc. cit.

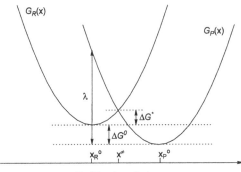

Abb. 28.8. Schematische Darstellung der freien Energien G_R und G_P in Abhängigkeit von der Reaktionskoordinate x für einen exergonischen Redoxprozeß.

Das entscheidende Ergebnis der moleküldynamischen Simulationen ist, daß bei Annahme einer linearen Reaktion eines dipolaren Lösungsmittels auf eine Änderung der Ladungsverteilung und annähernd harmonischem Verhalten bei inneren Strukturveränderungen die freien Energien von Reaktanden und Produkten *annähernd quadratische Funktionen der Reaktionskoordinate sind.*[60] Dies ist die Grundlage für die G_R- und G_P-Parabeln der Marcus-Theorie!

Das parabolische Verhalten von $G(x)$ erlaubt uns jetzt auch, die Energiebarriere für Redoxreaktionen, bei denen die freie Reaktionsenergie $\Delta G^0 \neq 0$ ist, zu untersuchen (Abb. 28.8).

Die Energiebarriere für den Elektronentransfer ist durch den Schnittpunkt von G_R und G_P gegeben. Die freie Aktivierungsenergie erhält man also durch die Bedingung $G_R(x^{\neq}) = G_P(x^{\neq})$.

$$G_R(x) = \frac{k}{2}(x - x_R)^2 \qquad G_R(x^{\neq}) = G_P(x^{\neq})$$

$$G_P(x) = \frac{k}{2}(x - x_P)^2 + \Delta G^o \quad \text{d.h. } x^{\neq} = \frac{1}{2}(x_R + x_P) + \frac{\Delta G^o}{k(x_P - x_R)}$$

$$\Rightarrow \boxed{\Delta G^* = \frac{\lambda}{4}\left[1 + \frac{\Delta G^o}{\lambda}\right]^2} \quad (28.5) \qquad\qquad \lambda = \frac{k}{2}(x_P - x_R)^2$$

Das bemerkenswerte Ergebnis dieser Betrachtung ist die *Abhängigkeit der Aktivierungsbarriere von der thermodynamischen Triebkraft ΔG^o der Redox-Kreuzreaktion.* Mit anderen Worten, *je größer die elektrochemische Potentialdifferenz der miteinander reagierenden Redoxpaare ist, desto schneller läuft die Reaktion ab* (sofern die Reorganisationsenergie annähernd unverändert ist). Für den Fall, daß die negative freie Reaktionsenergie gleich

---

[60] Das parabolische Verhalten gilt nicht für andere Reaktionstypen, z. B. Protonenübertragungs-Reaktionen. In diesen Fällen erfolgen Bindungsbrüche und -neubildungen, so daß die Strukturveränderungen nicht durch harmonische Potentiale ausgedrückt werden können. Die G(x)-Kurven weichen dann stark von der quadratischen Abhängigkeit von x ab.

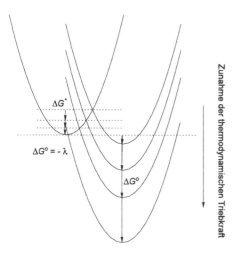

Abb. 28.9. Abnahme der freien Aktivierungsenergie des Elektronentransfers bei Zunahme der freien Reaktionsenergie, d. h. der thermodynamischen Triebkraft der Reaktion, verdeutlicht durch relative Verschiebung der $G(x)$-Parabeln.

der freien Reorganisationsenergie λ wird, ist $\Delta G^* = 0$, d. h. die Aktivierungsbarriere verschwindet, und die Reaktionsgeschwindigkeit des Elektronentransfers wird maximal (Abb. 28.9).

Die freie Reorganisationsenergie λ setzt sich aus der inneren und äußeren freien Reorganisationsenergie λ_i bzw. λ_o zusammen: $\lambda = \lambda_i + \lambda_o$. Der allgemeine Ausdruck für die innere Energie lautet:

$$\lambda_i = \sum \frac{1}{2} k_i \, (Q_{Pi} - Q_{Ri}), \quad Q_i: \text{ für die Schwingungsbarriere relevante Moden}$$

Die Beziehung für die äußere freie Reorganisationsenergie wurde schon in Gleichung (*28.4*) im vorigen Abschnitt formuliert.

28.3.4 Adiabatischer und nicht-adiabatischer Elektronentransfer

Bisher haben wir bei der Beschreibung des Elektronentransfers zwei sich in einem Punkt schneidende parabolische Funktionen der freien Energie, die die Reaktanden und die Produkte repräsentieren, betrachtet. Elektronenübertragung kann aus Gründen der Energieerhaltung nur stattfinden, wenn sich die Reaktanden an dem Schnittpunkt beider Kurven befinden, der daher den Übergangszustand darstellt. Die Situation, daß sich zwei G-Funktionen kreuzen – oder, was dazu äquivalent ist, daß sich zwei Potentialhyperflächen überschneiden – würde aber bedeuten, daß die Reaktanden in diesem Punkt nicht miteinander wechselwirken. Damit wäre der Elektronenübergang von einem Molekül zum anderen unwahrscheinlich, mit anderen Worten, die Reaktanden würden auf der $G_R(x)$-Kurve verbleiben, und es fände keine Reaktion statt. Wie bereits früher angedeutet, „stören sich" aber die Reaktanden im Außensphären-Komplex, so daß die Energieentartung an der Schnittfläche der U_R- mit der U_P-Hyperfläche aufgehoben wird und folglich auch die Entartung

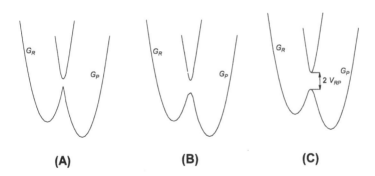

Abb. 28.10. Unterschiedlich starke Wechselwirkung der Reaktanden, ausgedrückt durch die Aufspaltung der G_R- und G_P-Kurven am Übergangszustand. Je größer die energetische Aufspaltung 2 V_{RP} ist, desto wahrscheinlicher wird der Übergang des Systems von der R- auf die P-Kurve.

der freien Energien am Schnittpunkt der $G(x)$-Kurven. Die Größe der Aufspaltung ergibt sich aus der quantenmechanischen Störungsrechnung für entartete Zustände als 2 $<\Psi_R|V|\Psi_P> = 2\ V_{RP}$, wobei V der Stör-Operator ist, der die elektronische Kopplung der Reaktanden beschreibt, und folglich V_{RP} das entsprechende Matrixelement. Je stärker die Reaktanden miteinander wechselwirken, desto größer wird die Aufspaltung der Kurven der freien Energie am Ort des Schnittpunkts (Abb. 28.10).

Aus Abbildung 28.10 wird deutlich, daß mit zunehmender Aufspaltung der G_R- und G_P-Kurven am Übergangszustand die Wahrscheinlichkeit des Übergangs von $G_R(x)$ nach $G_P(x)$ und damit des Elektronentransfers steigt. Im Fall (C) ist die Wechselwirkung der Reaktanden so stark, daß stets wenn der theoretische Kreuzungspunkt erreicht wird, der Elektronenübergang stattfindet. Bei solchen Reaktionen ist der anfänglich im Gesamtausdruck für die Reaktionsgeschwindigkeit des Redoxprozesses eingeführte Transmissionskoeffizient $\kappa = 1$. In diesem Fall spricht man von einem *adiabatischen Elektronentransfer*, d. h. das System bleibt bei thermischer Anregung nur auf der unteren G-Kurve. Ist $\kappa << 1$ so liegt ein *nicht-adiabatischer* oder *diabatischer Elektronentransfer-Prozeß* vor.[61] Diese Situation ist in Abbildung 28.10 als Fall (A) gekennzeichnet.

Vorraussetzung für einen adiabatischen Elektronentransfer ist die starke Wechselwirkung zwischen den Redoxzentren. Dazu müssen sich die Reaktanden hinreichend annähern. Berechnet man beispielsweise den Transmissionskoeffizienten für die Selbst-Austausch-Reaktion des $[Fe(H_2O)_6]^{2+/3+}$-Redoxpaares unter der Annahme, daß sich die Ligandensphären der Moleküle nur

---

[61] Der Begriff des adiabatischen Prozesses ist von Marcus zur Bezeichnung solcher Redoxreaktionen eingeführt worden, für die $\kappa \approx 1$ gilt. Das führt mitunter zu Verwirrung im Zusammenhang mit der klassischen Ehrenfest'schen Definition, die solche Prozesse kennzeichnet, bei denen keine Quantensprünge zwischen Potentialflächen stattfinden.

berühren, d. h. mit einem Fe···Fe-Abstand von 6.5 Å, so erhält man einen Transmissionskoeffizienten von 10^{-2}. Damit wäre die Reaktion hochgradig nicht-adiabatisch, was aber nicht mit den experimentell bestimmten kinetischen Parametern zu vereinbaren ist. Nimmt man jedoch an, daß sich die Ligandensphären *durchdringen* und dabei die Metallzentren auf 5.25 Å annähern, so hat eine *ab initio* quantenchemische Berechnung einen Wert $\kappa = 0.2$ ergeben, womit der Elektronenübergang fast adiabatisch wird.[62]

Daß die Wechselwirkung zwischen den Metallzentren in einem Außensphären-Prozeß nicht nur durch deren Abstand bestimmt ist, verdeutlicht der Selbst-Austausch von $[Ru(bipy)_3]^{2+/3+}$, der adiabatisch verläuft. Der elektronische Transmissionskoeffizient von $\kappa = 1$ ist vermutlich durch *starke Wechselwirkung über die* π- *und* π^*-*Orbitale der Bipyridin-Liganden* bedingt. Würde man diese Möglichkeit nicht berücksichtigen, so läge bei einem Ru···Ru-Abstand von 13.6 Å ein hochgradig nicht-adiabatischer Redoxprozeß vor.

Ändert sich bei einem Elektronentransferschritt der *Spinzustand* der Metallzentren, so wird die Aufspaltung $2\,V_{RP}$ sehr gering und der Redoxprozeß stark nicht-adiabatisch. Als einziger Stör-Operator ist in diesem Fall der Operator für die Spin-Bahn-Kopplung wirksam (Kap. 13 und 17). Bei 3d-Metallen ist die Wechselwirkung gering, und folglich werden die Transmissionskoeffizienten für solche Reaktionen sehr niedrige Werte haben. Daß der Selbst-Austausch von $[Co(NH_3)_6]^{2+/3+}$, wie in Tabelle 28.1 gezeigt ist, mit einer Geschwindigkeitskonstanten zweiter Ordnung von $8 \cdot 10^{-6}$ $M^{-1}s^{-1}$ ein sehr langsamer Redoxprozeß ist, liegt nicht allein an der hohen inneren freien Reorganisationsenergie (Abschnitt 28.3.1). Die Umwandlung eines high-spin-$t_{2g}^5 e_g^2$- in einen low-spin t_{2g}^6-Komplex hat bei einer Spin-Bahn-Wechselwirkung von 3 cm^{-1} einen Transmissionskoeffizienten von $\kappa \approx 10^{-3}$ zur Folge.[63] Die Reaktion ist damit nicht nur durch die hohe Schwingungsbarriere gehemmt, sondern darüber hinaus noch stark nicht-adiabatisch.

28.3.5 Die Marcus-Kreuzbeziehung

Mit der in Abschnitt 26.3.3 hergeleiteten Beziehung (28.5) für die freie Aktivierungsenergie einer Redoxreaktion zwischen unterschiedlichen Redoxsystemen („Kreuz-Reaktionen") besteht die Voraussetzung für eine theoretische Analyse dieser in der Komplexchemie bei weitem häufigsten Elektronentransfer-Prozesse.

$$\Delta G^* = \frac{\lambda}{4}\left[1 + \frac{\Delta G^o}{\lambda}\right]^2 \tag{28.5}$$

d.h. $$k = k_{et}\,K_A = \nu\,\kappa\,K_A \exp\left[-\frac{(\lambda + \Delta G^o)^2}{4\lambda\,RT}\right] \tag{28.6}$$

[62] M. D. Newton, *Int. J. Quant. Chem. Symp.* **1980**, *14*, 363.
[63] N. Sutin, *Prog. Inorg. Chem.* **1983**, *30*, 441.

Die Abhängigkeit der Reaktionsgeschwindigkeitskonstante von der thermodynamischen Triebkraft der Reaktion ΔG^o in Gleichung (28.6) kann prinzipiell anhand des Vergleichs ähnlicher Redoxreaktionen untersucht werden,
wie z. B.

$$[Fe(H_2O)_6]^{2+} + [M(phen)_3]^{3+} \rightarrow [Fe(H_2O)_6]^{3+} + [M(phen)_3]^{2+} \quad M = Fe, Ru, Os$$

Gleiche Komplexladungen und -radien haben annähernd gleiche Werte für die
Bildungskonstante des Außensphären-Komplexes K_A und die freie Reorganisationsenergie λ bei diesen Reaktionen zur Folge. Daher kann der Einfluß der
freien Reaktionsenergie ΔG^o auf die Reaktionsgeschwindigkeit direkt überprüft werden. An dieser Stelle sollte betont werden, daß ΔG^o in Gleichung
(28.5) die freie Energie für die Reaktion *im Außensphären-Komplex* ist. Die
durch Messung der Redoxpotentiale direkt bestimmbaren freien Reaktions-
energien der Redoxreaktionen müssen also noch durch die elektrostatischen
„Arbeitsterme" der Außensphären-Komplexbildung und des -zerfalls w_R
bzw. w_P korrigiert werden, so daß

$$\Delta G^o = \Delta G^o_{beob} - w_R + w_P \qquad \text{(s. auch Abschnitt 28.3, Gleichung (28.2))}$$

Für alle praktischen Anwendungen hat sich allerdings eine einfache Beziehung durchgesetzt, die die Geschwindigkeitskonstante einer Kreuz-Reaktion
$D + A \rightarrow D^+ + A^-$ (k_{12}) mit deren Gleichgewichtskonstante K_{12} und den
Geschwindigkeitskonstanten der Selbst-Austausch-Prozesse $D^{+/0}$, $A^{0/-}$ der
beteiligten Redoxpartner, k_{11} und k_{22}, in Beziehung setzt.
   Die grundlegende Annahme dieser *Marcus-Kreuzbeziehung* ist die *Additivität der Schwingungs- und Solvatationsbarrieren der beiden Reaktanden*,
d. h. die freie Reorganisationsenergie der Kreuz-Reaktion ist der arith-
metische Mittelwert der freien Reorganisationsenergien der Selbst-Austausch-Prozesse.

$$\lambda_{12} = \frac{1}{2} (\lambda_{11} + \lambda_{22}) \qquad (28.7)$$

Die Kreuzbeziehung erhält man aus dieser Annahme in mehreren Schritten
(wobei wir vereinfachend den Transmissionskoeffizienten $\kappa = 1$ setzen):[64]

1) Berechnung von λ_{11} und λ_{22} mit Hilfe der Gleichung (28.6) unter Berücksichtigung, daß $\Delta G^o = 0$ (für die Selbst-Austausch-Prozesse!):

   z. B. $\lambda_{11} = 4RT \ln\{(\nu K_A)_{11}/k_{11})\}$

2) Einsetzen in Gleichung (28.7):

   $$\lambda_{12} = 2RT \ln\{(\nu K_A)_{11}(\nu K_A)_{22}/(k_{11}k_{22})\} \qquad (28.8)$$

---

[64] Die Reaktion sei also adiabatisch.

3) Einsetzen von (28.8) in (28.6) in der Form:

$$\ln k_{12} - \ln(vK_A)_{12} = -(\lambda_{12} + \Delta G^o)^2 / 4\lambda_{12}RT$$

$$\Leftrightarrow \ln k_{12} - \ln(vK_A)_{12} = \frac{-\left[2RT\ln\left\{\frac{(vK_A)_{11}(vK_A)_{22}}{k_{11}k_{12}}\right\} + \Delta G^o\right]^2}{4\left[2RT\ln\left\{\frac{vK_A)_{11}(vK_A)_{22}}{k_{11}k_{12}}\right\}\right]RT}$$

4) Ausmultiplizieren des rechten Terms, Einsetzen von $\Delta G^o = -RT\ln K_{12}$ und Abschätzung der Bildungskonstante für den Außensphären-Komplex der Kreuz-Reaktion durch das geometrische Mittel der Werte für die Selbst-Austausch-Prozesse: $(vK_A)_{12} = [(vK_A)_{11}(vK_A)_{22}]^{1/2}$ ergibt:

$$\ln k_{12} = \tfrac{1}{2}\ln[k_{11}k_{22}K_{12}f_{12}] \quad \text{mit} \quad \ln f_{12} = \frac{[\ln K_{12}]^2}{4\ln\left[\frac{k_{11}k_{22}}{(vK_A)_{11}(vK_A)_{22}}\right]}$$

Aus diesem Ergebnis erhält man durch einfache Umformung die berühmte „Marcus-Kreuzbeziehung" (28.9):

$$k_{12} = \sqrt{k_{11}k_{22}K_{12}f_{12}} \tag{28.9}$$

Haben die Reaktanden und Produkte der beiden korrespondierenden Redox-paare stark unterschiedliche Ladungen und Moleküldurchmesser, so müssen noch die elektrostatischen Arbeitsterme für Außensphären-Komplexbildung und -zerfall berücksichtigt werden.

Obwohl in Gleichung (28.9) eine Reihe von Näherungen eingeht, ist sie äußerst erfolgreich bei der Berechnung der Geschwindigkeitskonstanten von Redoxreaktionen eingesetzt worden. In Tabelle 28.2 sind die mit Hilfe der Kreuz-Beziehung berechneten Geschwindigkeitskonstanten einiger Redoxreaktionen den gemessenen Werten gegenübergestellt.

Tabelle 28.2. Vergleich einiger experimenteller Geschwindigkeitskonstanten mit über die Marcus-Kreuzbeziehung (28.9) berechneten Werten.[65]

Reaktanden	$\log(K_{12})$	k_{12} (ber), $M^{-1}s^{-1}$	k_{12} (beob), $M^{-1}s^{-1}$
$[Ru(NH_3)_6]^{2+} + [Co(phen)_3]^{3+}$	6.25	$3.5\cdot10^5$	$1.5\cdot10^4$
$[V(H_2O)_6]^{2+} + [Co(en)_3]^{3+}$	5.19	$7.2\cdot10^{-4}$	$5.8\cdot10^{-4}$
$[V(H_2O)_6]^{2+} + [Ru(NH_3)_6]^{3+}$	5.19	$2.2\cdot10^3$	$1.3\cdot10^3$
$[Co(phen)_3]^{2+} + [Fe(H_2O)_6]^{3+}$	6.27	$4.2\cdot10^3$	$5.3\cdot10^2$
$[Ru(NH_3)_6]^{2+} + [Fe(H_2O)_6]^{3+}$	11.7	$1.2\cdot10^7$	$3.4\cdot10^5$
$[V(H_2O)_6]^{2+} + [Fe(H_2O)_6]^{3+}$	16.9	$1.7\cdot10^6$	$1.8\cdot10^4$

[65] M. Chou, C. Creutz, N. Sutin, *J. Am. Chem. Soc.* **1977**, *99*, 5615.

Während in den ersten vier Beispielen in Tabelle 28.2 berechnete und gemessene Werte für k_{12} gut übereinstimmen, wird die Übereinstimmung bei den Reaktionen mit der höheren thermodynamischen Triebkraft schlechter.[66] Bei solch stärkeren Abweichungen werden mitunter auch alternative Reaktionspfade zum Außensphären-Mechanismus diskutiert, was das große Vertrauen in die Marcus-Hush-Theorie für Außensphären-Reaktionen verdeutlicht.

Die Marcus-Kreuzbeziehung wird mitunter auch verwendet, um schwer zu bestimmende Geschwindigkeitskonstanten von Selbst-Austausch-Reaktionen zu berechnen. Dies hat sich vor allem bei der Untersuchung der Selbst-Austausch-Prozesse in redoxaktiven Metalloenzymen bewährt.

Übungsbeispiele:

1) Berechnen Sie die Geschwindigkeitskonstanten der beiden Kreuz-Reaktionen:

$$[Ce(H_2O)_n]^{4+} + [Fe(CN)_6]^{4-} \longrightarrow [Ce(H_2O)_n]^{3+} + [Fe(CN)_6]^{3-} \qquad (a)$$

$$[MnO_4]^- + [Fe(CN)_6]^{4-} \longrightarrow [MnO_4]^{2-} + [Fe(CN)_6]^{3-} \qquad (b)$$

Verwenden Sie dazu die folgenden Daten von Selbst-Austausch-Reaktionen mit isotopenmarkierten Komplexen (bei 25 °C) und setzen Sie den Korrekturterm f = 1:[67]

	E_o, V	k, $M^{-1}s^{-1}$
$[^*Ce(H_2O)_n]^{4+} + [Ce(H_2O)_n]^{3+} \rightleftharpoons [^*Ce(H_2O)_n]^{3+}$ $+ [Ce(H_2O)_n]^{3+}$	+1.44	4.6
$[^*Fe(CN)_6]^{4-} + [Fe(CN)_6]^{3-} \rightleftharpoons [^*Fe(CN)_6]^{3-}$ $+ [Fe(CN)_6]^{4-}$	+0.36	3×10^2
$[^*MnO_4]^{2-} + [MnO_4]^- \rightleftharpoons [^*MnO_4]^- + [MnO_4]^{2-}$	+0.56	3.6×10^3

2) Mit Hilfe der Marcus-Kreuzbeziehung wurden die Selbst-Austausch-Geschwindigkeitskonstanten der Redoxpaare CO_2^-/CO_2 und SO_2^-/SO_2 zu ca. 10^{-5} $M^{-1}s^{-1}$ bzw. 10^4 $M^{-1}s^{-1}$ abgeschätzt. Geben sie eine Erklärung für diesen großen Unterschied der Geschwindigkeitskonstanten auf der Grundlage der Marcus-Hush-Theorie.[68]

---

[66] Zudem ist nicht restlos geklärt, ob Redoxreaktionen der Hexaaquaeisen-Komplexe nicht doch nach einem Innensphären-Mechanismus (mit H_2O als Brückenligand) verlaufen.

[67] R. G. Wilkins, *Kinetics and Mechanism of Reactions of Transition Metal Complexes*, 2. Aufl., VCH, Weinheim, **1991**, S. 292.

[68] H. A. Schwarz, C. Creutz, N. Sutin, *Inorg. Chem.* **1985**, *24*, 433 und R. J. Balahura, M. D. Johnson, *Inorg. Chem.* **1987**, *26*, 3860.

Antworten:

1) Es gilt $\log K_{12} = zF/(2.3 \cdot RT) \times \Delta E = 16.9 \times \Delta E$ (bei 298 K). Für Reaktion (a) ist $\log K_{12} = 18.2$ und aus der Marcus-Kreuzbeziehung ergibt sich $k_{12} = 2.9 \cdot 10^8$ M^{-1}s^{-1}. Für Reaktion (b) erhält man auf analoge Weise $\log K_{12} = 3.4$ und $k_{12} = 4.2 \cdot 10^4$ M^{-1}s^{-1}.

2) Während CO_2 linear ist, ist CO_2^- gebogen. SO_2 und SO_2^- unterscheiden sich hingegen viel weniger in ihrer Geometrie. Folglich besitzt das Redoxpaar CO_2^-/CO_2 eine vergleichsweise hohe Schwingungsbarriere (und folglich hohe innere freie Reorganisationsenergie), die der Grund für die starke Verlangsamung des Elektronentransfers ist.

Überlegen Sie sich in diesem Zusammenhang noch einmal die Bedeutung des „entatischen Zustands" für den Elektronentransfer, der durch die verzerrte (aber starre) Koordinationsgeometrie der Kupferzentren in den in Abschnitt 23.2.1 besprochenen blauen Kupferproteinen gegeben ist. Wäre die Koordinationssphäre des Kupfers flexibel, so wäre die Schwingungsbarriere des Elektronentransfers aufgrund der Änderung der Koordinationsgeometrie im Redoxpaar $[CuL_4]^{+/2+}$ enorm hoch und der Elektronentransfer-Schritt kinetisch gehemmt. Hier hat die Evolution ein Redoxsystem mit minimaler Schwingungsbarriere, d. h. maximaler Elektronentransfer-Geschwindigkeit, hervorgebracht.

28.4   Der Innensphären-Mechanismus

Wie bereits eingangs dieses Kapitels betont wurde, beinhaltet ein Reaktionsverlauf nach dem *Innensphären-Mechanismus* eine strukturell eng umgrenzte Anordnung der Redoxzentren im Übergangszustand. Dies geschieht ausgehend von dem in seiner Struktur wohldefinierten *Vorläufer-Komplex*, in dem mindestens ein Ligand die beiden Metallzentren verbrückt. Der Elektronentransfer-Schritt, der den Vorläufer-Komplex in den *Folge-Komplex* überführt, läßt sich wegen der definierten Struktur (und damit z. B. dem festgelegten Abstand zwischen den Metallzentren) im Prinzip theoretisch gut beschreiben. Die praktischen Schwierigkeiten rühren jedoch daher, daß der Mechanismus aus mehreren Einzelschritten besteht. Dazu gehört die Bildung des Vorläufer-Komplexes und der Zerfall des Folge-Komplexes, deren kinetische Charakteristika die Gesamt-Reaktionsgeschwindigkeit des Redoxprozesses mitbeeinflussen. Stellt man dies in einem Profil der freien Energie in Abhängigkeit von der Reaktionskoordinate dar, ergibt sich das in Abbildung 28.11 gezeigte Bild.

Wir werden uns im weiteren Verlauf dieses Kapitels im wesentlichen mit zwei Aspekten des Innensphären-Mechanismus beschäftigen, a) seiner experimentellen Unterscheidung vom Außensphären-Mechanismus (Abschnitt 28.4.1) und der Rolle, die die Brückenliganden spielen (Abschnitt 28.4.2)

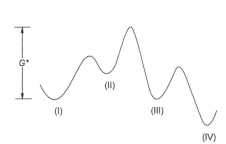

Abb. 28.11. Reaktionsprofil des Innen-sphären-Mechanismus. I, II, III und IV repräsentieren die Reaktanden, den Vor-läufer-Komplex, den Folge-Komplex bzw. die Reaktionsprodukte. Die relative Höhe der drei Übergangszustände kann von System zu System variieren; der hier wiedergegebene Fall mit dem Elektronen-transfer-Schritt als geschwindigkeits-bestimmendem Schritt steht für die meisten der untersuchten Reaktionen.

und b) dem intramolekularen Elektronentransfer zwischen Metallzentren, die in stabilen Mehrkern-Komplexen über Brückenliganden verknüpft sind (Abschnitt 28.5).

28.4.1 Experimentelle Unterscheidung zwischen Innen- und Außensphären-Mechanismus

Die bereits diskutierte, von Taube untersuchte klassische Redoxreaktion, die nach einem Innensphären-Mechanismus abläuft, ist die Reduktion des substitutionsinerten Cobalt(III)-Komplexes $[Co(NH_3)_5Cl]^{2+}$ durch $[Cr(H_2O)_6]^{2+}$:

$$[Co(NH_3)_5Cl]^{2+} + [Cr(H_2O)_6]^{2+} + 5\ H^+ + 5\ H_2O \longrightarrow$$
$$[Co(H_2O)_6]^{2+} + [Cr(H_2O)_5Cl]^{2+} + 5\ NH_4^+$$

Das Postulat eines Innensphären-Mechanismus basierte zunächst auf dem Nachweis der Reaktionsprodukte und des Chloro-Ligandentransfers. Darüber hinausgehende wichtige Hinweise auf den Mechanismus sind.

1) die Beobachtung, daß die Hydratation des Co^{III}-Komplexes wesentlich langsamer als die Reduktion verläuft.
2) daß das kinetisch inerte Reaktionsprodukt $[Cr(H_2O)_5Cl]^{2+}$ thermodynamisch instabil im Vergleich zu $[Cr(H_2O)_6]^{3+}$ (dem Produkt einer Außensphärenreaktion) ist, was bedeutet, daß die Cr-Cl-Bindung *vor* der Oxidation des Chromkomplexes (also auf der Stufe des Vorläufer-Komplexes) geknüpft wurde.

Mitunter lassen sich die Innensphären-Komplexe nicht nur indirekt aus der Art der Reaktionsprodukte belegen, sondern direkt beobachten. Das ist dann möglich, wenn beide Komplexhälften des Folge-Komplexes substitutionsinert sind. Bei den folgenden beiden Umsetzungen wurden die Innensphären-Komplexe und ihr Zerfall direkt beobachtet:

$$[Fe(CN)_6]^{3-} + [Co(CN)_5]^{3-} \longrightarrow [(CN)_5Fe(CN)Co(CN)_5]^{6-}$$

$$[IrCl_6]^{2-} + [Cr(H_2O)_6]^{2+} \longrightarrow [Cl_5Ir(Cl)Cr(H_2O)_5] + H_2O$$

Ein wichtiges kinetisches Kriterium zur Unterscheidung von Innen- und Außensphären-Mechanismen ist der Vergleich der Elektronentransfer-Geschwindigkeiten mit denen von Liganden-Austauschreaktionen. Verläuft der Elektronentransfer sehr viel schneller als die Substitution, so spricht dies für einen Außensphären-Mechanismus.

Die wichtigste Voraussetzung für den Innensphären-Mechanismus ist sicherlich das Vorhandensein eines geeigneten Brückenliganden, also eines koordinierten Liganden, der mindestens noch ein freies Elektronenpaar enthält, über das er an das zweite Metallzentrum koordinieren kann. Es ist daher notwendig, daß wir uns näher mit der Rolle der Brückenliganden beschäftigen.

28.4.2 Die Rolle der Brückenliganden

Wie schon erwähnt wurde, ist das Vorhandensein eines freien Elektronenpaars in einem koordinierten Liganden die Minimalbedingung für einen potentiellen Brückenliganden, der als Lewis-Base für zwei Metallzentren fungieren kann. In vielen Fällen wird der Brückenligand vom Oxidations- auf das Reduktionsmittel übertragen, doch ist die Ligandenübertragung keine notwendige Bedingung für einen Innensphären-Mechanismus. So verbleibt z. B. die Cyanobrücke, die von $[Fe(CN)_6]^{4-}$ in einigen Redoxreaktionen ausgebildet wird, am Eisenzentrum gebunden.

Halogenid-Liganden als Brückenliganden in Innensphären-Reaktionen spielten, wie wir gesehen haben, eine wichtige Rolle in der frühen Phase der Entwicklung dieses Forschungsgebietes. Die Reaktionsgeschwindigkeiten variieren kontinuierlich von Fluoro- zu Iodoliganden in der Brückenposition, allerdings hängt die relative Abstufung von dem Reaktionspartner ab. Dies wird deutlich, wenn man die Geschwindigkeiten der Innensphären-Reduktionen von $[Co(NH_3)_5X]^{2+}$ durch $[Cr(H_2O)_6]^{2+}$ bzw. $[Eu(H_2O)_8]^{2+}$ in Tabelle 28.3 vergleicht.

Tabelle 28.3. Geschwindigkeitskonstanten zweiter Ordnung (in $M^{-1}s^{-1}$ bei 25 °C) der Reduktion von $[Co(NH_3)_5X]^{2+}$ durch $[Cr(H_2O)_6]^{2+}$ bzw. $[Eu(H_2O)_8]^{2+}$.

X	$[Cr(H_2O)_6]^{2+}$	$[Eu(H_2O)_8]^{2+}$
F^-	$2.5 \cdot 10^5$	$2.6 \cdot 10^4$
Cl^-	$6.0 \cdot 10^5$	$3.9 \cdot 10^2$
Br^-	$1.4 \cdot 10^6$	$2.5 \cdot 10^2$
I^-	$3.0 \cdot 10^6$	$1.2 \cdot 10^2$

Bei der Reduktion von $[CoX(NH_3)_5]^{2+}$ durch den Chrom(II)-Komplex nimmt die Geschwindigkeit zu den schwereren Halogeniden hin zu, während für Eu^{2+} die umgekehrte Reihenfolge zu beobachten ist. Diese Tendenzen lassen sich mit den Bildungskonstanten der Innensphären-Komplexe erklären. Dabei bevorzugt die harte Lewis-Säure Eu^{2+} den harten Brückenliganden F^-, während das weichere Cr^{2+}-Zentrum stabilere Komplexe mit den weicheren Halogenid-Liganden bildet.

Eine besondere Situation liegt vor, wenn der Brückenligand ein ambidenter Ligand wie z. B. SCN^- ist. Ist dieser über das Schwefelatom an ein Metallzentrum koordiniert, dann befinden sich sowohl am S- als auch am N-Atom freie Elektronenpaare. Bei der Reduktion des Komplexes $[Co(NH_3)_5SCN]^{2+}$ kann der reduzierende Reaktand sowohl am Schwefel- („Nah-Angriff") als auch am Stickstoffatom („Fern-Angriff") unter Ausbildung des verbrückten Intermediats angreifen.

Tabelle 28.4. Redoxreaktionen über ambidente Brückenliganden in $[Co(NH_3)_5X]^{2+}$ (koordinierendes Donoratom kursiv).

X	k, $M^{-1}s^{-1}$ für $[Cr(H_2O)_6]^{2+}$
N_3^-	$3.0 \cdot 10^5$
NCS^-	19
SCN^-	$1.9 \cdot 10^5$

Da der Produktkomplex des dreiwertigen Chroms substitutionsinert ist, können $[Cr(H_2O)_5SCN]^{2+}$ und $[Cr(H_2O)_5NCS]^{2+}$ durch Ionenaustausch-Chromatographie getrennt und spektroskopisch identifiziert werden. Auf diese Weise fand man heraus, daß ca. 30 % der Reaktanden über einen Nah-Angriff reagieren. Die Reduktion von $[Co(NH_3)_5(NCS)]^{2+}$ verläuft hingegen viel langsamer (Tabelle 28.4), da hier nur ein Fern-Angriff am Schwefelatom erfolgen kann. Ein verbrückender Azido-Ligand besitzt nur eine Art von Donoratomen, das N-Atom, das zudem besonders stark an zwei- und dreiwertige Metallzentren bindet. Dies erklärt die hohe Geschwindigkeit der Redoxprozesse von Azido-Komplexen, die nach dem Innensphären-Mechanismus ablaufen.

Der Elektronentransfer über Brückenliganden kann prinzipiell nach zwei Mechanismen verlaufen, wobei die eine Variante die bisher angenommene direkte Redoxreaktion zwischen den Metallzentren ist, ohne daß der Brückenligand als Redoxpartner auftritt („*Einstufen-Mechanismus*", „*Resonanz-Mechanismus*"). Die zweite Möglichkeit, die vor allem für die verbrückten Komplexfragmente $\{(NH_3)_5Co\}^{3+}$ und $\{Cr(H_2O)_5\}^{2+}$ untersucht wurde, ist ein *Zweistufen-Mechanismus*:

$$[(NH_3)_5Co^{III}-L-Cr^{II}(H_2O)_5]^{5+} \longrightarrow [(NH_3)_5Co^{III}-L^{-}-Cr^{III}(H_2O)_5]^{5+} \longrightarrow$$
$$[(NH_3)_5Co^{II}-L-Cr^{III}(H_2O)_5]^{5+}$$

Zunächst wird in einem Einelektronentransfer-Prozeß der Brückenligand reduziert, der dann selbst als Reduktionsmittel gegenüber dem Oxidans agiert. Ein solcher Mechanismus kann mitunter direkt beobachtet werden, wenn der zweite Reaktionsschritt geschwindigkeitsbestimmend ist. Dann läßt sich das Radikalanion des Brückenliganden beispielsweise durch ESR-Spektroskopie nachweisen, wie z. B. im Falle des (κ-O)-Pyrazincarbonylato-Liganden in einem Co^{III}-Cr^{II}-Innensphären-Komplex. Dabei wird nach Zugabe von Cr^{2+} zu dem (κ-O)-Pyrazincarbonylatocobalt-Komplex zunächst in einer schnellen Reaktion das tiefgrüne, ESR-spektroskopisch nachweisbare Radikal gebildet, das dann langsam in die Produkte zerfällt.

28.5 Intramolekularer Elektronentransfer

Ein intramolekularer Elektronentransferschritt ist das wesentliche Charakteristikum des im vorigen Abschnitt diskutierten Innensphären-Mechanismus. Dieser geschieht nach der Bildung des verbrückten Innensphären-Komplexes, dessen Lebensdauer sehr unterschiedlich sein kann. Der Elektronentransferschritt läßt sich leichter untersuchen, wenn die beiden Komplexzentren und der Brückenligand bereits als stabile Einheit vorliegen und die Redoxstufe eines der beiden Metallzentren anschließend durch Oxidation oder Reduktion geändert wird. Der darauf folgende intramolekulare Elektronentransferschritt ist dann experimentell gut verfolgbar. Reduziert man den Co^{III}-Ru^{III}-Komplex (A) mit $[Ru(NH_3)_6]^{2+}$, so wird selektiv das Ru-Zentrum reduziert und ein Co^{III}-Ru^{II}-Komplex (B) gebildet.

An die Bildung von (B) schließt sich unmittelbar ein intramolekularer Elektronentransferschritt an. Die Reaktion ist irreversibel, da der gebildete Co^{II}-Komplex labil ist und durch Hydratation rasch zerfällt.

Intramolekularer Elektronentransfer ist am intensivsten an *gemischtvalenten* Komplexen untersucht worden, d. h. an Verbindungen, in denen Komplexzentren des gleichen Metalls in unterschiedlichen (formalen) Oxidationsstufen vorliegen. Der erste gezielt synthetisierte gemischtvalente Komplex war das *Creutz-Taube-Ion* (C), in dem zwei Rutheniumzentren durch einen Pyrazin-Liganden verbrückt sind.

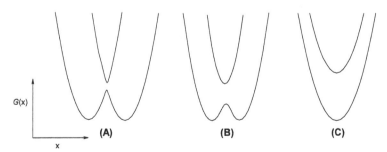

In den verbrückten gemischtvalenten Komplexen (C) und (D) sind die Metallzentren räumlich so weit voneinander entfernt, daß die direkte Überlappung der Metall-d-Orbitale minimal ist. Allerdings wechselwirken die π- und π^*-Orbitale der Liganden stark mit den $d(\pi)$-Orbitalen (bei oktaedrischer Symmetrie: t_{2g}-Orbitalen) der Rutheniumzentren, so daß auf diese Weise eine erhebliche Wechselwirkung zwischen den Metallzentren vorliegen kann.

Die Stärke dieser elektronischen Kopplung bestimmt die Eigenschaften der gemischtvalenten Verbindungen. Während sich Verbindung (D) noch mit dem theoretischen Ansatz der ausführlich besprochenen Marcus-Hush-Theorie beschreiben läßt, ist eine klassische Beschreibung des Creutz-Taube-Ions wegen der stärkeren Wechselwirkung der koordinierten Metallionen nicht mehr möglich. Im Grenzfall sehr starker elektronischer Kopplung zwischen den Metallzentren verschwindet die Aktivierungsbarriere für den Elektronentransfer. Daher kann man dann nicht mehr von lokalisierten ganzzahligen Redoxzuständen sprechen. Ein solcher Fall liegt in dem gemischtvalenten

Abb. 28.12. Der Einfluß zunehmender elektronischer Kopplung auf den Elektronentransfer in gemischtvalenten Verbindungen. (A) Fall schwacher Kopplung mit hoher Schwingungs- und Solvatationsbarriere; (B) stärkere elektronische Kopplung bei nach wie vor lokalisierten Redoxzuständen; (C) starke Kopplung und folglich vollständige Delokalisation des Elektrons, keine lokalisierten Redoxzustände.

Zweikernkomplex $[(bipy)_2ClRu\text{-}O\text{-}RuCl(bipy)_2]^{3+}$ vor, in dem das für den Elektronentransfer relevante Elektron vollständig delokalisiert ist und die Ru-Atome daher die Oxidationsstufe 2.5 haben. Der Einfluß zunehmender Kopplung der Metallzentren ist anhand der $G(x)$-Kurven in Abbildung 28.12 veranschaulicht.

Übungsbeispiel:

Der Ruthenium-Zweikernkomplex (D) läßt sich im Gegensatz zum Creutz-Taube-Ion (C) gut mit dem Modell der lokalisierten Redoxzustände beschreiben. Auf welche besondere Eigenschaft des Brückenliganden in (D) ist die schwache Kopplung zwischen den Metallzentren zurückzuführen?

Antwort:
In der energetisch günstigsten Konformation des 4,4'-Bipyridin-Liganden sind die beiden aromatischen Ringe senkrecht zueinander angeordnet, die Überlappung der Liganden-π-Orbitale folglich gleich null. Berücksichtigt man noch die Konformationen um das Potentialminimum, so ergibt sich nur eine geringe elektronische Wechselwirkung der π-Orbitale der beiden Pyridinringe.

28.5.1 *Photochemisch induzierte Elektronentransfer-Reaktionen*

Der intramolekulare Elektronentransfer über einen Brückenliganden, der zwei Metallzentren mit unterschiedlichen Oxidationsstufen verknüpft, kann sowohl thermisch als auch durch photochemische Anregung erfolgen. Charakteristisch für den photochemischen Prozeß ist eine langwellige, im infrarotnahen Bereich liegende Absorptionsbande dieser Verbindungen in den Elektronenspektren. Je nachdem, ob die Metallzentren stark oder schwach gekoppelt sind, kann man diese Bande als einen elektronischen Übergang eines delokalisierten Systems oder – bei lokalisierten Redoxzuständen – als *Metal-to-Metal-Charge-Transfer(MMCT)-Übergang* interpretieren. Handelt es sich um einen gemischtvalenten Komplex, so spricht man auch von *Intervalence Charge Transfer(IT)*-Übergängen. Die intensiv blaue Farbe des in Teil II bereits erwähnten Berliner Blau rührt von solchen IT-Übergängen zwi-

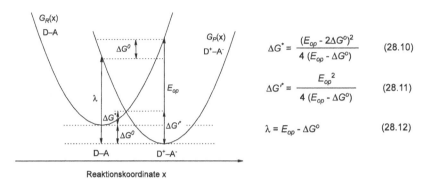

$$\Delta G^* = \frac{(E_{op} - 2\Delta G^o)^2}{4\,(E_{op} - \Delta G^o)} \qquad (28.10)$$

$$\Delta G'^* = \frac{E_{op}^{\;2}}{4\,(E_{op} - \Delta G^o)} \qquad (28.11)$$

$$\lambda = E_{op} - \Delta G^o \qquad (28.12)$$

Abb. 28.13. $G(x)$-Schema, das die Beziehung zwischen der freien Aktivierungsenergie G^*, der freien Reaktionsenergie ΔG^o und der freien Reorganisationsenergie λ des thermischen Elektronentransfers D-A $\rightarrow$ D$^+$-A$^-$ und der optischen Anregungsenergie E_{op} des optischen Elektronentransfers D$^+$-A$^-$ $\rightarrow$ D-A verdeutlicht. Aus der Beziehung zwischen E_{op} und λ *(28.12)* erhält man durch Einsetzen in Gleichung *(28.5)* (Abschnitt 28.3.5) den Ausdruck für die freie Aktivierungsenergie *(28.10)*.

schen den Fe^{II}- und Fe^{III}-Zentren her. Während in diesem Fall die Absorptionsbande im sichtbaren Bereich des Spektrums liegt, wird sie bei vielen überbrückten Zweikernkomplexen im „typischen" Nahinfrarot-Bereich beobachtet.

Thermischer und optischer Elektronentransfer sind zueinander inverse Prozesse, wie anhand der $G(x)$-Kurven in Abbildung 28.13 deutlich wird. Der photochemische Prozeß stört das Gleichgewicht zugunsten des Redox-Isomers höherer Energie, während der thermische Prozeß der spontane Elektronentransfer in die entgegengesetzte Richtung ist.

Das bemerkenswerte Ergebnis der theoretischen Behandlung des optischen Elektronentransfers auf der Grundlage der Marcus-Theorie ist die Möglichkeit, die freie Aktivierungsenergie des thermischen Elektronentransfers (sowie die freie Reorganisationsenergie λ) aus der Energie[69] des optischen Übergangs zu berechnen.

Übungsbeispiel:

Das Maximum der MMCT-Bande des Komplexes $[(bipy)_2ClRu(4,4'\text{-}bipy)\text{-}RuCl(bipy)_2]^{3+}$ zeigt die in Tabelle 28.5 wiedergegebene Abhängigkeit vom Lösungsmittel. Benutzen Sie die angegebenen Werte für $(1/n^2 - 1/\varepsilon_s)$, um

---

[69] Da für den optischen Übergang das Franck-Condon-Prinzip gilt, sich also die Kernabstände bei dem Prozeß nicht ändern, ist keine Entropieänderung damit verknüpft. Daher kann man E_{op} und ΔG_{op} gleichsetzen.

mit Hilfe der Marcus-Hush-Theorie eine Abschätzung für die innere freie Reorganisationsenergie λ_i zu erhalten.

Tabelle 28.5.

Lösungsmittel	$(1/n^2 - 1/\varepsilon_s)$	λ_{max}, nm	ν_{max}, cm^{-1}
Nitrobenzol	0.384	1110	9010
Dimethylsulfoxid	0.438	1060	9430
N,N-Dimethylformamid	0.462	1060	9430
Propylencarbonat	0.481	1025	9800
Aceton	0.493	1010	9900
Acetonitril	0.526	985	10150

Ist der erhaltene Wert für λ_i sinnvoll?

Antwort:
Da für den optischen Übergang in dem symmetrischen System $\Delta G^o = 0$ gilt, vereinfacht sich Gleichung (*28.12*) zu $E_{op} = \lambda = \lambda_i + \lambda_o$. Unter Berücksichtigung von Gleichung (*28.5*) in Abschnitt 28.3.2 erhält man folgende Beziehung (für die Komplexradien der oxidierten und reduzierten Komplexhälfte gelte: $a_1 \approx a_2 = a$):

$$E_{op} = \lambda_i + e^2 \left[\frac{1}{a} - \frac{1}{r} \right] \left[\frac{1}{n^2} - \frac{1}{\varepsilon} \right]$$

Trägt man also E_{op} gegen $(1/n^2 - 1/\varepsilon)$ auf, so sollte sich eine Gerade ergeben mit dem Achsenabschnitt λ_i. Aus den Werten in Tabelle 28.5 erhält man eine solche lineare Beziehung. Der Achsenabschnitt und damit die innere freie Reorganisationsenergie berechnen sich zu $\lambda_i = 6240$ cm^{-1}. Dieser Wert ist sicherlich zu hoch, da die Bindungslängen-Änderungen der Ruthenium-Komplexhälften gering sind und die Kraftkonstanten der relevanten Moden eine innere Reorganisationsenergie von unter 1500 cm^{-1} erwarten lassen. Möglicherweise sind die Näherungen der Marcus-Theorie für die Berechnung von λ (Additivität von λ_i und λ_o, dielektrisches Kontinuumsmodell für das Lösungsmittel), vor allem aber die Identifikation von E_{op} mit dem MMCT-Absorptionsmaximum[70] der Grund für diese starke Abweichung von der erwarteten Größenordnung.

---

[70] Die Ru-Komplexfragmente haben eine niedrigere Symmetrie als O_h. *Daher spaltet das dreifach entartete t_{2g}-Niveau auf, und die beobachtete Absorptionsbande ist vielmehr die Einhüllende von drei solchen Banden.*

Hush hat die hier skizzierte Theorie sogar noch weiterentwickelt und eine Beziehung hergeleitet,[71] die die *Energie* und *Intensität* der MMCT-Bande im Elektronenspektrum mit dem Störmatrixelement V_{RP} (Abschnitt 28.3.4) verknüpft. Damit sind alle für die Theorie des Elektronentransfers relevanten Größen experimentell zugänglich.

28.5.2 Der „Marcus-invertierte" Bereich des Elektronentransfers: Chemilumineszenz von Koordinationsverbindungen

In Abschnitt 28.3.3 hatten wir die Abhängigkeit der freien Aktivierungsenergie von der thermodynamischen Triebkraft des Elektronentransfers diskutiert. Danach nimmt die Reaktionsgeschwindigkeit mit zunehmendem $-\Delta G^o$ zu bis zu dem Punkt, an dem $-\Delta G^o = \lambda$ wird. Dann verschwindet die Aktivierungsbarriere, und die Redoxreaktion verläuft diffusionskontrolliert.

Eine bemerkenswerte Konsequenz der Marcus-Theorie ist nun das Verhalten der Elektronentransfer-Geschwindigkeit bei sehr stark exergonischen Reaktionen. Wird $-\Delta G^o > \lambda$, so folgt aus der quadratischen Beziehung $\Delta G^* = (\lambda + \Delta G^o)^2/4\lambda$ (28.5) wieder ein *Anstieg der Aktivierungsbarriere* und folglich die *Verlangsamung des Elektronentransfers*. Dieses Ergebnis, das man auch als den *Marcus-invertierten* Fall bezeichnet,[72] erscheint zunächst schwer verständlich, läßt sich aber anhand der mit der Änderung von ΔG^o ver-

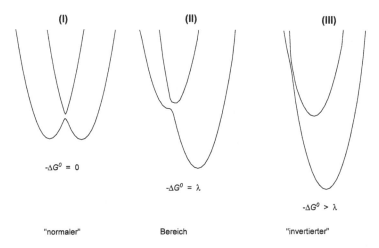

Abb. 28.14. $G(\mathrm{x})$-Kurven für Elektronentransfer-Prozesse, die den Einfluß der zunehmenden freien Reaktionsenergie auf die Aktivierungsbarriere verdeutlichen. Fall (I) repräsentiert den Redox-Selbst-Austausch, bei (II) verläuft der Elektronentransfer ohne Aktivierungbarriere, während (III) den „Marcus-invertierten" Bereich repräsentiert.

---

[71] N. S. Hush, *Prog. Inorg. Chem.* **1967**, *8*, 391 und *Electrochimica Acta* **1968**, *13*, 1005. F. Scandola et al. *Topp. Curr. Chem.* **1990**, *158*, 73.
[72] P. Suppan, *Topics Curr. Chem.* **1992**, *163*, 95.

bundenen relativen Verschiebung der G(x)-Kurven veranschaulichen (Abb. 28.14).

Man beachte, daß im Marcus-invertierten Fall der Schnittpunkt zwischen der $G_R(x)$- und $G_P(x)$-Kurve an einem Punkt auf der Reaktionskoordinate – und damit auch im Konfigurationsraum – liegt, der *nicht* eine strukturelle Anordnung *zwischen* der Reaktanden- und Produkt-Geometrie repräsentiert, sondern eine Verzerrung, die dazu entgegengerichtet ist.

In bimolekularen Redoxreaktionen zwischen Komplexen ist der Marcus-invertierte Bereich, d. h. die Abnahme der Reaktionsgeschwindigkeit bei sehr hoher thermodynamischer Triebkraft des Redox-Prozesses erst vor kurzem direkt beobachtet worden.[73] Allerdings ist die Beobachtung von *Chemilumineszenz*[74] für stark exergonische Redoxreaktionen von Komplexen eine indirekte Folge der Aktivierungsbarriere für den thermischen Reaktionsweg.[75] Beispiele für Chemilumineszenz in einer Redoxreaktion bieten vor allem einige Reduktionen von $[Ru(bipy)_3]^{3+}$, in denen der Ru^{II}-Komplex in einem angeregten emittierenden Zustand erzeugt wird.[76] In den Redoxreaktionen dieses Komplexes kann aber auch das Redoxprodukt des Reaktionspartners für die Chemilumineszenz verantwortlich sein, wie z. B. der Chrom(III)-Komplex bei:

$$[Cr(bipy)_3]^{2+} + [Ru(bipy)_3]^{3+} \longrightarrow \{[Cr(bipy)_3]^{3+}\}^* + [Ru(bipy)_3]^{2+}$$

$$\{[Cr(bipy)_3]^{3+}\}^* \longrightarrow [Cr(bipy)_3]^{3+} + h\nu$$

Voraussetzung für die Chemilumineszenz ist ein energetisch niedrig liegender angeregter Zustand eines der Redoxprodukte, in den die Reaktanden durch eine thermische Reaktion überführt werden können (Abb. 28.15).

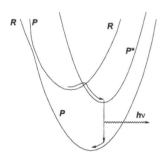

Abb. 28.15. In dem hier dargestellten Marcus-invertierten Fall schneidet die $G_R(x)$-Kurve die $G_{P*}(x)$-Kurve an einem energetisch niedrigeren Punkt als die $G_P(x)$-Kurve. Dadurch wird die Bildung des elektronisch angeregten Produkts der Prozeß mit der niedrigeren Aktivierungsbarriere.

[73] C. Turró, J. M. Zalski, Y. M. Karabatsos, D. G. Nocera, *J. Am. Chem. Soc.* **1996**, *118*, 6060.

[74] Chemilumineszenz wird beobachtet, wenn ein Produkt einer chemischen Reaktion in einem elektronisch angeregten Zustand gebildet wird, aus dem es durch Emission in den Grundzustand überführt wird.

[75] R. A. Marcus, *J. Chem. Phys.* **1965**, *43*, 2654.

[76] Die Lumineszenz kann dabei so intensiv sein, daß sich solche Experimente als Schauversuche in Vorlesungen eignen. Siehe auch: H. D. Gafney, A. W. Adamsom, *J. Chem. Educ.* **1975**, *52*, 480.

29 Photochemie von Koordinationsverbindungen[77]

In dem photochemisch induzierten Elektronentransfer (Abschnitt 28.5.1) und der Chemilumineszenz als Folge von Redoxreaktionen, für die der Marcus-invertierte Fall zutrifft (Abschnitt 28.5.2), bestimmt ein elektronisch angeregter Zustand die Reaktivität von Koordinationsverbindungen. In Kapitel 14 und 17 hatten wir uns bereits mit den angeregten Zuständen in Komplexen beschäftigt, wobei die spektroskopischen Zustände, charakterisiert durch ihre Quantenzahlen, im Vordergrund des Interesses standen. Betrachten wir hingegen die *Photoreaktivität der Verbindungen in Lösung*, so muß der Begriff „angeregter Zustand" genauer erläutert werden.

Die Molekülgeometrien von Komplexen in angeregten Zuständen[78] unterscheiden sich in der Regel von denen des Grundzustands. So sind z. B. die quadratisch-planaren Koordinationseinheiten $[Ni(CN)_4]^{2-}$ und $[PtCl_4]^{2-}$ im angeregten Zustand tetraedrisch verzerrt. Das bedeutet aber, daß bei der elektronischen Anregung dieser Komplexe durch Lichtabsorption aufgrund des Franck-Condon-Prinzips energiereiche quadratisch-planare Moleküle im angeregten Zustand erzeugt werden. Diese Moleküle befinden sich in einem schwingungsangeregten Zustand auf der Energiehyperfläche des elektronisch angeregten Zustands. Die zunächst erzeugte Energieverteilung der angeregten Komplexe wird durch die Überlappungsintegrale der Schwingungswellenfunktionen des Grundzustands und des angeregten Zustands, die *Franck-Condon-Faktoren*,[79] bestimmt („Franck-Condon-Energieverteilung").

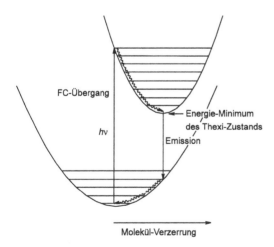

Abb. 29.1. Franck-Condon-Übergang durch einen Lichtabsorptions-Prozeß und anschließende Relaxation des angeregten Moleküls und der umgebenden Solvathülle in die Gleichgewichtsanordnung.

---

[77] Eine ausführlichere, gut lesbare Darstellung der Photochemie von Koordinationsverbindungen bietet: H. Hennig, D. Rehorek, *Photochemische und photokatalytische Reaktionen von Koordinationsverbindungen*, Teubner, Stuttgart, **1988**.

[78] Genauer gesagt, in den Energieminima der angeregten Zustände.

[79] P. W. Atkins, *Physikalische Chemie*, VCH, Weinheim **1987**, S. 482, s. auch Kap. 17.

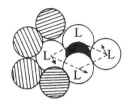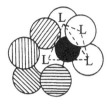

Abb. 29.2. Veranschaulichung der Rolle, die der Solvatkäfig bei der geometrischen Relaxation von Franck-Condon-angeregten Molekülen spielt.

Da wir es mit Molekülen in Lösung zu tun haben, muß deren Solvathülle mitberücksichtigt werden, die sich für ein quadratisch-planares und ein tetradrisch konfiguriertes Molekül natürlich unterscheidet. Die Relaxation des Franck-Condon-angeregten Moleküls in seine Gleichgewichtskonfiguration muß daher von einer Umordnung in der Solvathülle begleitet sein (Abb. 29.2). Eine solche Solvensumorientierung findet im Verlauf von ca. einer Picosekunde statt.[80]

Die angeregten Moleküle werden also in einer Nichtgleichgewichts-Geometrie erzeugt und müssen zur Erreichung der Minimumsenergie des angeregten Zustands zudem die Barriere, die die Umorientierung der Solvathülle bewirkt, überwinden. Erst nach ca. 10 ps wird eine Boltzmann-Verteilung zwischen den Schwingungszuständen erreicht. Man spricht dann von einem *thermisch equilibrierten angeregten Zustand*, einem *Thexi-Zustand*.[81]

Thexi-Zustände haben im thermodynamischen Sinn eine innere Energie, Entropie und damit freie Energie. Sie haben eine wohldefinierte Gleichgewichtsstruktur, eine charakteristische chemische Reaktivität, ein Absorptionsspektrum, mit anderen Worten alle Eigenschaften einer eigenständigen chemischen Verbindung. Man kann sie daher auch als Isomere des Grundzustands auffassen, und wie dieser sind ihre Eigenschaften unabhängig von der Art und Weise, wie sie erzeugt wurden.

Moleküle in Thexi-Zuständen haben häufig ein anderes reaktives Verhalten als die Grundzustandsform. Dieses kann sich einfach in einer Erhöhung der Reaktivität oder auch einer ganz andersartigen Reaktivität manifestieren. In letzterem Falle spricht man auch von einem *antithermischen* Verhalten der photoangeregten Spezies.

Bei der Diskussion der Photoreaktionen in den Abschnitten 29.2 und 29.3 müssen wir berücksichtigen, daß diese aus Thexi-Zuständen stattfinden. Zuvor soll aber kurz auf die in der anorganischen Photochemie übliche Klassifizierung angeregter Zustände in Komplexen eingegangen werden.

---

[80] Das entspricht ca. 200 Schwingungsperioden.
[81] Thexi von „thermally equilibrated excited". Diese Bezeichnung geht auf A. W. Adamson, einem Pionier der Photochemie von Komplexen, zurück. Siehe z. B. A. W. Adamson, *J. Chem. Educ.* **1983**, *60*, 797.

29.1   Photochemische Elementarprozesse in Koordinations-
verbindungen

Die Lebensdauer des angeregten Zustands ist gering und liegt in Koordinationsverbindungen bei Raumtemperatur und in Lösung im Bereich von einigen Nanosekunden bis Millisekunden. Moleküle können aus Thexi-Zuständen strahlungslos oder unter Emission von Licht in den Grundzustand zurückkehren. Die photochemischen Elementarprozesse, die dabei eine Rolle
spielen, kann man in einem *Jablonski-Diagramm* am Beispiel oktaedrischer
Chrom(III)-Komplexe schematisch zusammenfassen (Abb. 29.3).

Wie in Teil IV ausführlich dargelegt wurde, spaltet der ^4F-Term des freien
Cr^{3+}-Ions in einem oktaedrischen Ligandenfeld in einen $^4A_{2g}$-, einen $^4T_{2g}$-
und einen $^4T_{1g}$-Term auf. Außerdem resultiert aus einem energetisch höherge-
legenen ^4P-Zustand noch ein weiterer $^4T_{1g}$-Term, so daß insgesamt drei spinerlaubte (aber paritätsverbotene) Übergänge innerhalb der d-Schale des
Metalls beobachtet werden können ("Ligandenfeld-Zustände", s.u.). Energetisch etwas oberhalb des $^4T_{2g}$-Zustands liegt der Dublettzustand ^2E_g (der
sich von dem ^2D-Zustand des freien Ions herleitet).

Nach Anregung in einen der energetisch höherliegenden Quartett-Zustände
kann strahlungslose Desaktivierung in niederenergetische Zustände erfolgen.
Findet diese zwischen elektronischen Zuständen gleicher Spinmultiplizität
statt, spricht man von *Internal Conversion (IC)*. Einen strahlungslosen
Übergang in einen Zustand unterschiedlicher Spinmultiplizität bezeichnet
man als *Inter System Crossing (ISC)*, wie im oben erwähnten Fall zwischen
den $^4T_{2g}$- und ^2E_g-Zuständen. Aus diesen beiden angeregten Zuständen
kann das System durch Emission, d. h. *Fluoreszenz* bzw. *Phosphoreszenz*, in
den $^4A_{2g}$-Zustand zurückkehren.

Aufgrund der höheren Spin-Bahn-Kopplung in Übergangsmetall-Komple-
xen im Vergleich zu organischen Molekülen sind die Geschwindigkeitskonstanten für das Inter System Crossing um den Faktor 100 größer als in rein
organischen Systemen und können in ihren Absolutwerten häufig nicht von
denen der IC-Prozesse unterschieden werden. Man kann dieses als experimentellen Beleg dafür werten, daß mit steigender Spin-Bahn-Kopplung die

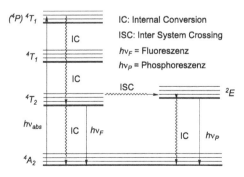

Abb. 29.3.   Jablonski-Diagramm für
oktaedrische Chrom(III)-Komplexe.

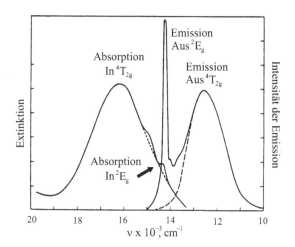

Abb. 29.4. Absorptions- und Emissionsspektrum von $[Cr(Harnstoff)_6]^{3+}$.

Zuordnung definierter Spinmultiplizitäten ihren Sinn verliert. So ist gerade bei den Komplexen der 4d- und 5d-Metalle einer solchen Einteilung der Zustände die Grundlage entzogen. In der photochemischen Praxis orientiert man sich häufig an der Lebensdauer der angeregten Zustände und weist diesen dann formal einen Spinzustand zu.

Ein bemerkenswerter Unterschied zwischen der Photophysik organischer Moleküle und der von Komplexen ist die Möglichkeit einer im Vergleich zur Fluoreszenz höherfrequenten Phosphoreszenz. Dies ist aber eine Ausnahme und kann dann der Fall sein, wenn infolge starker Geometrieänderungen im entsprechenden angeregten Zustand das Energieminimum des fluoreszieren-den (Thexi-)Zustands unterhalb dem desjenigen Zustands liegt, aus dem die Phosphoreszenz erfolgt. Das ist bei einigen oktaedrischen Cr^{III}-Komplexen der Fall, wie z. B. $[Cr(Harnstoff)_6]^{3+}$ (Abb. 29.4).

Die starke Geometrieänderung des oktaedrischen Komplexes bei Anregung von $^4A_{2g}$ in $^4T_{2g}$ ist auf die Besetzung eines antibindenden (e_g-)Orbitals zurückzuführen. Der Übergang in den Dublettzustand ist hingegen mit einer Spinumkehr, nicht aber mit dem Übergang in ein antibindendes Orbital ver-bunden. Die Struktur des emittierenden $^2E_{2g}$-Zustands ist daher fast identisch mit der des Grundzustands, was sich in der geringen Breite und der minimalen *Stokes-Verschiebung*[82] zwischen Absorptions- und Emissionsbande wider-spiegelt.

Die Desaktivierung elektronisch angeregter Komplexe kann auch durch *Energie-Transfer* auf ein anderes Molekül als Folge eines bimolekularen Stoßprozesses oder in fixierten mehrkernigen Verbindungen über Brücken-liganden erfolgen (Abschnitt 29.3).

In der Koordinationschemie hat sich eine Benennung der elektronischen Übergänge aufgrund der daran beteiligten Orbitale durchgesetzt. Grundlage

---

[82] Stokes-Verschiebung: relative Verschiebung der Maxima der Absorptions- und Emissions-bande eines Zustands.

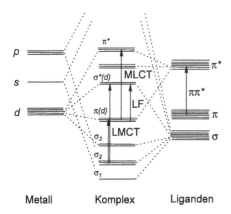

Abb. 29.5. Molekülorbital-Schema eines oktaedrischen Komplexes, in das die verschiedenen Typen von Elektronen-Übergängen eingezeichnet sind.

dafür ist die Einelektronennäherung, die, wie in Teil IV erläutert wurde, an sich ungeeignet für eine Beschreibung der Photophysik angeregter Zustände ist. Auch wird zwischen Metall- und Ligandenorbitalen unterschieden, was in der Chemie der Werner-Komplexe eine akzeptable Näherung ist, aber z. B. bei metallorganischen Komplexen in Frage gestellt werden muß. Dennoch hat diese Klassifizierung den Vorteil, daß sie den auf Orbitalbetrachtungen basierenden Vorstellungen des Chemikers entgegenkommt und somit eine „anschauliche" Einteilung der Übergänge ermöglicht. Die verschiedenen Typen von Übergängen sind in Abbildung 29.5 anhand des Molekülorbitalschemas eines oktaedrischen Komplexes mit π-Akzeptorliganden verdeutlicht (s. auch Kap. 17).

Im Rahmen der Orbital-Näherung ergibt sich die folgende Klassifizierung:

1) *Ligandenfeld(LF)*-Übergänge zwischen Orbitalen, die im wesentlichen Metall-d-Charakter haben (s. Kap. 17).
2) *Charge-Transfer(CT)*-Übergänge zwischen Metall- und Ligandenorbitalen. Findet der Übergang zwischen einem gefüllten Ligandenorbital und einem unbesetzten Metallorbital statt, handelt es sich um einen *Ligand-to-Metal-Charge-Transfer(LMCT)*-Übergang, im umgekehrten Falle um einen *Metal-to-Ligand-Charge-Transfer(MLCT)*-Übergang.
3) Bei mehrkernigen Komplexen können unter Umständen die im vorigen Kapitel diskutierten *Metal-to-Metal-Charge-Transfer(MMCT)*-Übergänge beobachtet werden, die man bei gemischtvalenten Komplexen auch als *Intervalence-Charge-Tansfer(IT)*-Übergänge bezeichnet.
4) Besitzt eine Koordinationsverbindung gleichzeitig Liganden mit guten Donoreigenschaften (energetisch hochliegende besetzte Orbitale) und solche mit guten Akzeptoreigenschaften (energetisch tiefliegende unbesetzte Orbitale), so können mitunter *Ligand-to-Ligand-Charge-Transfer*(LLCT)-Banden in den Absorptionsspektren beobachtet werden. Ein Beispiel für einen solchen Fall bietet der Maleonitrildithiolato(diacetyldianil)nickel(II)-Komplex:

Eine Unterscheidung der verschiedenen Übergänge ist wegen der Komplexität der Photosysteme häufig schwierig und nicht allein auf der Grundlage der Absorptionsspektren möglich. Meist sind systematische Untersuchungen zur Lebensdauer der angeregten Zustände und zur Lage ihrer Absorptions- und Emissionsbanden unter Variation der Ligandensphäre und des Lösungsmittels notwendig, um zumindest eine ungefähre Zuordnung treffen zu können Tabelle 29.1).

Tabelle 29.1. Charakteristika von Elektronenübergängen in Koordinationsverbindungen.[83]

Übergang	Energie, 10^3 cm^{-1}	ε, lmol^{-1}cm^{-1}	Lebens-dauer, s	Bemerkungen
LF, spinerlaubt	7–30	10–10^3	$< 10^{-8}$	i.d.R. strukturlose Banden
LF, spinverboten		10^{-3}–1	10^{-5}–10^{-2}	
MLCT	10–50	10^3–10^5	$< 10^{-7}$	in manchen Fällen Banden
LMCT	10–50	10^3–10^5	$\ll 10^{-7}$	mit Schwingungsstruktur
MMCT (IT)	2–30	10^2–10^4	10^{-9}–10^{-7}	breit, lösungsmittelabhängig
$\pi\pi^*$ (spinerl.)	10–30	$\sim 10^5$	10^{-8}	oft mit Schwingungsstruktur

Die hier angesprochenen Typen angeregter Zustände sind (als Thexi-Zustände) in unterschiedlicher Weise photochemisch reaktiv. In den folgenden Abschnitten werden wir uns zunächst mit photoinduzierten Substitutionen an oktaedrischen Cr^{III}-Komplexen als Beispiel für das reaktive Verhalten angeregter Ligandenfeld-Zustände beschäftigen. Zum Abschluß wird auf einige Aspekte der Reaktivität aus MLCT- und LMCT-Zuständen eingegangen (Abschnitt 29.3).

---

[83] ε ist der molare Extinktionskoeffizient.

29.2   Photoreaktionen von Komplexen in angeregten Ligandenfeldzuständen

Ein wichtiges Charakteristikum von Spin-erlaubten Ligandenfeld-Übergängen ist die Umverteilung von Elektronendichte aus den nichtbindenden $d(\pi)$-Orbitalen (bei O_h-Symmetrie: t_{2g}-Orbitalen) in die schwach antibindenden Ligand-Metall-σ^*-Orbitale (e_g^*-Orbitale). Dadurch kommt es zu einer Labilisierung der Metall-Ligand-Bindungen, was die Voraussetzung für einen folgenden Liganden-Dissoziationsschritt und die damit verbundene *Substitution* oder *Isomerisierung* des Komplexes ist. Eine Anregung in einen Ligandenfeld-Zustand kann darüberhinaus der erste Schritt in einer photochemischen *Elektronentransfer*-Reaktion zwischen Komplexen sein. Die am besten untersuchten Reaktionen von Molekülen in angeregten LF-Zuständen sind die Photosubstitutionen oktaedrischer Komplexe. Diese werden am Beispiel der „klassischen" Untersuchungen an Cr^{III}-Verbindungen in den folgenden beiden Abschnitten näher beleuchtet.

29.2.1   Die Adamson-Regeln

Photochemische Substitutionen sind ausschließlich an kinetisch inerten Komplexen untersucht worden, um die Konkurrenz der thermischen Reaktion so gering wie möglich zu halten. Wie bei den in Kapitel 26 diskutierten thermischen Reaktionen lassen sich sowohl dissoziative als auch assoziative Mechanismen nachweisen. Ein dissoziativer Mechanismus wird beispielsweise durch die oben erörterte Population der antibindenden e_g^*-Orbitale in Ligandenfeld-Zuständen begünstigt. Andererseits ist damit eine Verschiebung von Elektronendichte aus dem Bereich der Oktaederflächen und -kanten (die der Angriffspunkt für ein Nukleophil sind) in Richtung der Metall-Liganden-Bindungsachsen verbunden, was einen assoziativen Prozeß begünstigen würde. Dies ist in noch stärkerem Maße in einem MLCT-Zustand der Fall, der eine gegenüber dem Grundzustand erhöhte positive Ladung am Metall besitzt. So ist es nicht verwunderlich, daß man je nach untersuchtem System Hinweise auf beide mechanistische Typen gefunden hat.

Chrom(III)-Komplexe gehören zu den am intensivsten untersuchten Systemen der anorganischen Photochemie. Ihre Photosubstitutionen verlaufen mit hoher Quantenausbeute und meistens *antithermisch*, d. h. mit entgegengesetzter Chemo- und Regioselektivität wie die entsprechenden thermischen Reaktionen. Die Absorptionsbanden der Übergänge aus dem $^4A_{2g}$-Grundzustand in die angeregten $^4T_{2g}$- und $^4T_{1g}$-Zustände werden bei 550 bis 600 nm bzw. bei 350 bis 400 nm beobachtet. Mitunter ist auch der spinverbotene Übergang in den $^2E_{2g}$-Zustand in den Absorptionsspektren zu sehen (Abb. 29.3).

Eine große Zahl der frühen Arbeiten beschäftigte sich mit der Photoaquotisierung von Komplexen der Typen $[Cr(NH_3)_5X]^{m+}$, $[Cr(NH_3)_4X_2]^{n+}$ und $[Cr(NH_3)_3X_3]^{k+}$, deren Photosubstitutionen in den meisten Fällen antithermisch unter Verlust des Ammin-Liganden erfolgen. Eine erste systematische

Erfassung der experimentellen Befunde durch Adamson führte zur Formulierung von zwei nach ihm benannten Regeln für die Photosubstitution von Cr^{III}-Komplexen (*Adamson-Regeln*):[84]

1. Regel: Die Bindungsachse mit der niedrigsten mittleren Ligandenfeldstärke 10 Dq wird die labilste sein. Die Photosubstitution erfolgt mit einer Quantenausbeute der gleichen Größenordnung wie bei der des $[Cr(L^*)_6]$-Komplexes, wobei L^* ein Ligand mit der gleichen mittleren Feldstärke wie der der labilen Achse ist.

2. Regel: Liegen zwei unterschiedliche Liganden auf dieser Achse, so wird derjenige mit höherem 10 Dq substituiert.

Obwohl die Adamson-Regeln zunächst auf rein empirischer Grundlage formuliert wurden, können sie mit Hilfe der Ligandenfeldtheorie gestützt werden. In Tabelle 29.2 sind die Quantenausbeuten der Photoaquotisierung von NH_3 (Φ_{NH3}) und X^- (Φ_X) einer Reihe von Amminchrom(III)-Komplexen zusammengestellt.

Tabelle 29.2. Quantenausbeuten der Photoaquotisierung von NH_3 bzw. en (Φ_N) und X^- (Φ_X) einiger Komplexe.

Komplex	Φ_N	Φ_X
$[Cr(NH_3)_5Cl]^{2+}$	0.36	0.005
trans-$[Cr(en)_2Cl_2]^+$	< 0.001	0.32
trans-$[Cr(NH_3)_4Cl_2]^+$	0.003	0.44
trans-$[Cr(en)_2(NH_3)Cl]^{2+}$	0.34	< 0.01
trans-$[Cr(en)_2F_2]^+$	0.20	0.02
trans-$[Cr(en)_2(NH_3)F]^{2+}$	0.27	0.14

Die beiden Fluorokomplexe gehorchen den Adamson-Regeln nicht, da F^- eine geringere Ligandenfeldstärke als NH_3 hat. Offenbar ist die Ligandenfeldstärke nicht das geeignete Maß für die Bindungsstärke, die im Falle des Fluoroliganden aufgrund seines π-Donor-Charakters höher ist als der Ligandfeldparameter 10 Dq vermuten läßt. Diese Ausnahmefälle bezüglich der Adamson-Regeln haben letztendlich zur Formulierung eines theoretisch besser

---

[84] A. W. Adamson, *J. Phys. Chem.* **1967**, *71*, 798. In dieser Veröffentlichung formulierte Adamson noch eine dritte Regel, nach der die Regeln 1 und 2 bei Anregung in den $^4T_{2g}$-Zustand besser erfüllt sind als bei Anregung in den höherenergetischen $^4T_{1g}$-Zustand. Darauf nimmt er in keiner späteren Arbeit mehr Bezug, da sich die frühen Befunde offenbar als irrig erwiesen haben.

begründeten Modells geführt, auf das in Abschnitt 29.2.2 näher eingegangen wird.

Grundlage der Adamson-Regeln ist die Annahme eines dissoziativen Substitutionsmechanismus, da die Labilität des austretenden Liganden im angeregten Zustand der entscheidende Faktor für den Reaktionsverlauf ist. Die bei der Untersuchung der Photosubstitution an Cr^{III}-Komplexen bestimmten Aktivierungsvolumina sind aber auch durchaus mit einem assoziativen Reaktionsmechanismus in Einklang zu bringen. Das stärkste Argument für einen assoziativen Mechanismus scheint die zum Teil gefundene hohe Stereospezifität der Reaktionen zu sein. Bei der Photoaquotisierung von *trans*-$[Cr(NH_3)_4XY]^{n+}$ (mit Y als Austrittsgruppe) wird beispielsweise ausschließlich *cis*-$[Cr(NH_3)_4X(H_2O)]^{2+}$ gebildet.

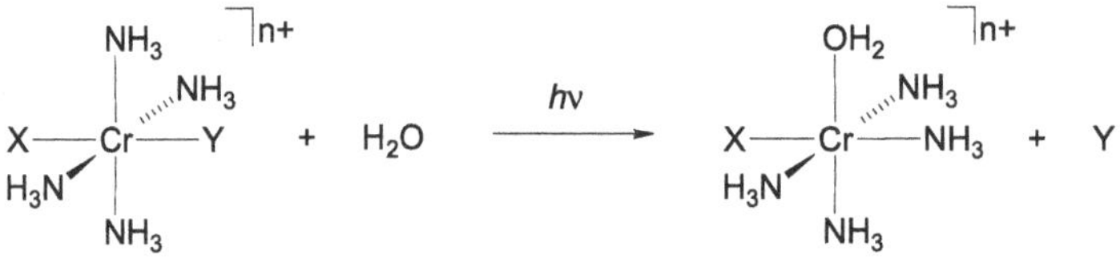

Die Cr^{III}-Komplexe sind im angeregten Zustand offenbar *stereomobil*, und die spezifische Veränderung ihrer Stereochemie deutet auf einen S_N2-artigen Reaktionsmechanismus hin. Aufgrund dieser Beobachtung wurde von Kirk eine *empirische* Regel für die Photosubstitution nach einem *A*- oder I_A-Mechanismus formuliert (*Kirk-Regel*):[85] *Der eintretende Ligand greift stets in einer Position trans zum austretenden Liganden an.* Der als „Kantenverschiebungs-Mechanismus" bezeichnete Reaktionsverlauf ist in Abbildung 29.6 dargestellt.

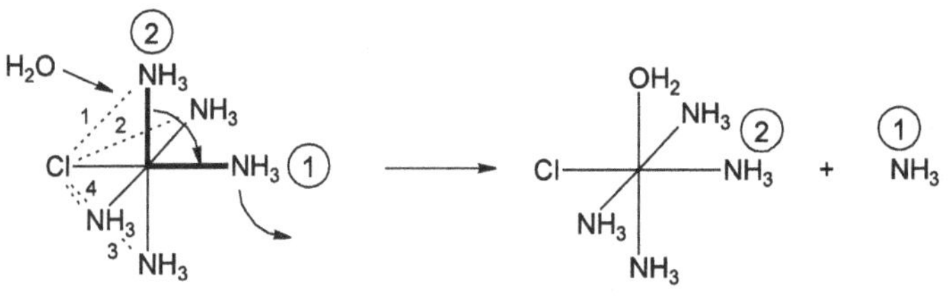

Abb. 29.6. Kantenverschiebungs-Mechanismus bei der Photosubstitution von $[Cr(NH_3)_5Cl]^{2+}$. Wie von den Adamson-Regeln gefordert, wird der Amminligand *trans* zu dem Chloro-Liganden labilisiert. Das angreifende Wassermolekül tritt an einer der vier Oktaederkanten 1–4 auf der entgegengesetzten Seite in die Koordinationssphäre des Komplexes ein. Dadurch wird der Ammin-Ligand 2 in der angegebenen Weise verschoben, und das Wassermolekül nimmt schließlich die Koordinationsstelle *cis* zum Chloro-Liganden ein.

---

[85] A. D. Kirk, *J. Chem. Educ.* **1983**, *60*, 843.

Übungsbeispiel:

Wenden Sie die Adamson- und Kirk-Regeln an, um die Photoaquotisierungs-produkte von cis-[CrF$_2$(NH$_3$)$_4$]$^+$ vorherzusagen.

Antwort:
Aufgrund der Adamson-Regeln werden die Ammin-Liganden *trans* zu den Fluoro-Liganden die bevorzugten Austrittsgruppen sein. Durch Anwendung des Kantenverschiebungs-Mechanismus ergeben sich die folgenden drei Reaktionswege:

Die Kirk-Regel sagt also die Bildung von drei Stereoisomeren, zwei *mer*- und einem *fac*-Isomeren von [Cr(NH$_3$)$_3$(H$_2$O)F$_2$]$^+$ voraus, wobei die *mer*- und *fac*-konfigurierten Komplexe etwa im Verhältnis von 1:1 gebildet werden sollten. Im Experiment wurde allerdings das faciale Isomer nur als geringes Nebenprodukt nachgewiesen, was im Widerspruch zum Kirk-Modell steht.
Dieses Ergebnis ist ein weiteres Beispiel für die Grenzen der beiden empirischen Modelle. Im folgenden Abschnitt wird mit dem Reaktionsmodell von Vanquickenborne und Ceulemans ein theoretisch begründetes Konzept vorgestellt, das die in diesem Abschnitt herausgestellten Ausnahmefälle der Adamson- und Kirk-Regeln erklärt.

29.2.2 Das Modell von Vanquickenborne und Ceulemans

Vanquickenborne und Ceulemans haben ein theoretisches Modell für die Photosubstitution oktaedrischer Komplexe auf der Grundlage des Angular-Overlap-Modells (Teil IV, Kap. 15) entwickelt.[86] Mit Hilfe der e_σ- und e_π-Parameter können *Bindungsindizes I(M-L)* und *I*(M-L)*, die die Metall-Ligand-Bindungsstärken repräsentieren, für den elektronischen Grundzustand und die angeregten Zustände berechnet werden.[87] Der Ligand, dessen Bindung an das Metallzentrum im angeregten Zustand am schwächsten ist [der also den kleinsten Bindungsindex *I*(M-L)* hat], ist demnach labilisiert und wird bevorzugt substituiert (Tabelle 29.3).

Tabelle 29.3. Bindungsindizes *I*(M-L)* (in cm^{-1}) für einige Cr^{III}-Komplexe im niedrigsten angeregten Quartett-Zustand. Die daraus folgende Vorhersage der bevorzugten Ligandensubstitution wird mit dem beobachteten photochemischen Verhalten verglichen.

Komplex	$I^*(M\text{-}L_{ax})$	$I^*(M\text{-}L'_{ax})$	$I^*(M\text{-}L_{eq})$	substit. L	beob.
$[Cr(NH_3)_5Cl]^{2+}$	9300 (Cl$^-$)	8500 (NH$_3$)	11910	(NH$_3$)$_{ax}$	(NH$_3$)$_{ax}$
$[Cr(NH_3)_5NCS]^{2+}$	8950 (NCS$^-$)	8740 (NH$_3$)	11790	(NH$_3$)$_{ax}$	(NH$_3$)$_{ax}$
trans-$[Cr(NH_3)_4(H_2O)Cl]^{2+}$	8260 (H$_2$O)	9050 (Cl$^-$)	12080	H$_2$O	H$_2$O
trans-$[Cr(en)_2Cl_2]^+$	8980 (Cl$^-$)	–	12120	Cl$^-$	Cl$^-$
trans-$[Cr(en)_2F_2]^+$	14960 (F$^-$)	–	11520	en	en

Entscheidend ist, daß nicht die durch die Anregung bedingte Änderung der Bindungsindizes *I*(M-L)* – *I(M-L)* für die Vorhersage herangezogen wird, sondern *I*(M-L)*. Die Betrachtung der Differenz *I* – I*, d. h. der *relativen* Labilisierung der M-L-Bindungen bei photochemischer Anregung, würde zu den gleichen Ergebnissen wie die Adamson-Regeln führen, also im Falle von *trans*-$[Cr(en)_2F_2]^+$ zur falschen Vorhersage der bevorzugten Substitution von F$^-$. Auch wenn also ein Ligand die größte Labilisierung aller Liganden in einem Komplex *relativ* zum Grundzustand erfährt, so kann seine feste Bindung an das Metall im Grundzustand dennoch dazu führen, daß er im angeregten Zustand nicht den *absolut* kleinsten Bindungsindex besitzt. Dies ist z. B. bei den Fluoro-Liganden in *trans*-$[Cr(NH_3)_4F_2]^+$ und *trans*-$[Cr(en)_2F_2]^+$ der Fall, für die zwar *I*(Cr-F) – I(Cr-F)* am größten ist; dennoch

---

[86] L. G. Vanquickenborne, A. Ceulemans, *J. Am. Chem. Soc.* **1977**, *99*, 2208; *Inorg. Chem.* **1979**, *18*, 897; *Coord. Chem. Rev.* **1983**, *47*, 157.

[87] Die Bindungsindizes sind keine guten Näherungen für die thermodynamischen Bindungsenergien, weshalb sie nicht beim Vergleich verschiedener Komplexe herangezogen werden können. Allerdings geben sie die relativen M-L-Bindungsstärken eines Komplexes in einem bestimmten elektronischen Zustand korrekt wieder.

wird der Ligand mit niedrigstem $I^*(M\text{-}L)$, NH_3 bzw. *en*, substituiert. Das hier vorgestellte Modell ist nicht auf Komplexe mit d^3-Konfiguration beschränkt. Betrachtet man beispielsweise den Pentaamminchlororhodium(III)-Komplex $[RhCl(NH_3)_5]^{2+}$ im niedrigsten angeregten Ligandenfeldzustand ^3E_g, so erhält man die folgenden Bindungsindizes $I^*(Rh\text{-}NH_{3(eq)})$ = 19900 cm^{-1}, $I^*(Rh\text{-}NH_{3(ax)})$ = 11400 cm^{-1} und $I^*(Rh\text{-}Cl)$ = 11000 cm^{-1}. Erwarten würde man also die Substitution der Chloro- und, in geringerem Ausmaß, des axialen Ammin-Liganden. Genau dies wird auch im Experiment beobachtet.

Über die theoretische Begründung und Modifizierung der Adamson-Regeln hinaus bietet der ligandenfeldtheoretische Ansatz eine Erkärung für den stereochemischen Verlauf der Substitutionen an oktaedrischen Komplexen. Im Gegensatz zur Kirk-Regel, die zwar einen assoziativen Mechanismus postuliert, aber keine wirkliche Begründung für den Reaktionsverlauf bietet, haben Vanquickenborne und Ceulemans einen Drei-Stufen-Mechanismus vorgeschlagen, dessen stereochemischer Verlauf Orbitalsymmetrie-kontrolliert ist (Abb. 29.7).[88]

Entscheidend für die Stereospezifität der Substitution ist die Tatsache, daß sich das nach der Dissoziation von L gebildete elektronisch angeregte quadratisch-pyramidale Komplexfragment nur in die trigonale Bipyramide mit X in der äquatorialen Position umlagert. Dies kann man anhand von zwei Zustands-Korrelationsdiagrammen für die Umwandlung der C_{4v}-Pyramide (I) in die trigonalen Bipyramiden mit C_{2v} (IIa) und C_{3v}-Symmetrie (IIb) zei-

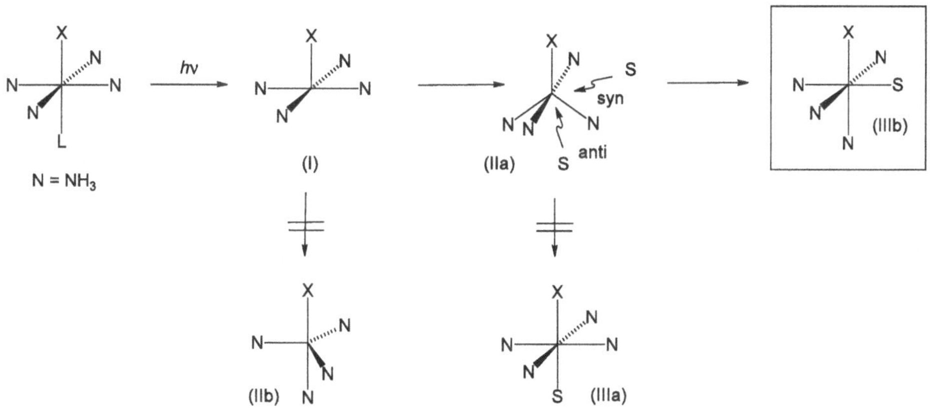

Abb. 29.7. Drei-Stufen-Mechanismus für die stereospezifische Substitution von *trans*-$[Cr(NH_3)_4XL]^{n+}$-Komplexen: Dissoziation des Liganden L mit dem niedrigsten Bindungsindex $I^*(M\text{-}L)$ und Bildung eines quadratisch-pyramidalen Komplexes (I) mit X in der apikalen Position. Umlagerung der quadratischen Pyramide in eine trigonale Bipyramide, wobei nur der Reaktionsweg, der zu Isomer (IIa) mit X in der äquatorialen Position führt, ein symmetrieerlaubter Reaktionsweg ist. Angriff des neuen Liganden S in der *syn*-Position zu X unter Ausbildung des oktaedrischen Komplexes (IIIb); der Angriff in der *anti*-Position ist symmetrieverboten (s.u.).

[88] L. G. Vanquickenborne, A. Ceulemans, *J. Am. Chem. Soc.* **1978**, *100*, 475.

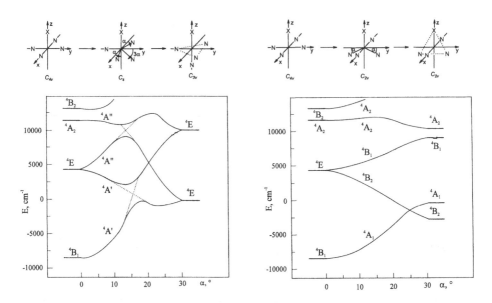

Abb. 29.8. Links: Zustands-Korrelationsdiagramm der Quartett-Zustände für die Umwandlung von quadratisch-pyramidalem $[CrX(NH_3)_4]^{n+}$ in die trigonal-bipyramidale Form, in der der X-Ligand die apikale Position besetzt. Während die Zustände des Edukts durch die Symmetrierassen der Punktgruppe C_{4v} gekennzeichnet sind, gehören die Produktzustände zu C_{3v}. Die Zwischenzustände besitzen nur C_s-Symmetrie (entsprechende Symmetrierassen), was zu starker Wechselwirkung zwischen den $^4A'$- bzw. $^4A''$-Zuständen führt. Rechts: Zustands-Korrelationsdiagramm für die Umwandlung von quadratisch-pyramidalem $[CrX(NH_3)_4]^{n+}$ in die trigonal-bipyramidale Form, in der der X-Ligand die äquatoriale Position besetzt. Hierbei haben die Zwischenformen C_{2v}-Symmetrie.

gen. Zu beachten ist dabei, daß die angeregten $^4T_{2g}$ und $^4T_{1g}$-Zustände der oktaedrischen Symmetrie in einem System mit tetragonaler Symmetrie (wie die quadratische Pyramide) aufspalten in ^4E und $^4B_2$ bzw. $^4A_2$ und ^4E (der $^4E(^4T_{1g})$-Zustand liegt außerhalb des abgebildeten Energiebereichs). Die Reaktionskoordinate ist der Winkel α der konzertiert rotierenden Liganden (Abb. 29.8).

Wie man aus den beiden Zustands-Korrelationsdiagrammen sieht, ist die Umlagerung in die C_{3v}-trigonale Bipyramide ausgehend vom angeregten ^4E-Zustand mit einer erheblichen Aktivierungsbarriere im $^4A''$-Zweig verknüpft, während der $^4A'$-Zweig in den angeregten ^4E-Zustand der C_{3v}-Form übergeht. Hingegen verläuft die Umwandlung in die C_{2v}-Form ohne Barriere und in den elektronischen Grundzustand ($^4B_2$) dieser pentakoordinierten Form ab. Dadurch erklärt sich die Stereospezifität des zweiten Reaktionsschritts der Substitution. In den Korrelationsdiagrammen spiegelt sich aber noch ein weiterer experimenteller Befund wider. Geht man von der quadratisch-pyramidalen Form im Grundzustand ($^4B_1$) aus, so wie dies bei thermischen Substitutionen nach einem dissoziativen Mechanismus der Fall ist, so ist eine Umwandlung in die trigonal-bipyramidale Form unabhängig von deren Substitutionsmuster ein energetisch sehr ungünstiger Prozeß. Das bedeutet, daß der pentakoordinierte quadratisch-pyramidale Komplex im Grundzustand *stereorigide* ist und folglich die thermischen Substitutionen unter *Stereoretention* ablaufen.

Nach der Ligandenabspaltung und der stereospezifischen Umlagerung in die trigonal-bipyramidale Form mit C_{2v}-Symmetrie folgt als dritter Schritt der Angriff des eintretenden Liganden unter Rückbildung des Koordinationsoktaeders. Dabei müssen wir beachten, daß sich der pentakoordinierte C_{2v}-symmetrische Komplex nach der Umlagerung aus der quadratischen Pyramide im *elektronischen Grundzustand* befindet. Der Angriff des eintretenden Liganden kann prinzipiell in *syn*- oder *anti*-Stellung zum äquatorialen X-Liganden erfolgen. In ersterem Fall resultiert ein sechsfach koordinierter Komplex mit C_s-Symmetrie, in letzterem ein Komplex mit C_{4v}-Symmetrie. Die Zustands-Korrelationsdiagramme für diese beiden Prozesse zeigen eindeutig, daß der *syn*-Angriff bevorzugt ist (Abb. 29.9).

Nur der *syn*-Angriff ist energetisch begünstigt und führt direkt zum Grundzustand des hexakoordinierten Produkts. Man kann sich dies auch anhand eines einfachen Orbitalbildes veranschaulichen (Abb. 29.10). Während im Grundzustand der trigonal-bipyramidalen Zwischenstufe das $d_{x^2-y^2}$-Orbital mit einem Elektron besetzt ist, ist das d_{xy}-Orbital unbesetzt. Greift der Ligand von der *anti*-Position aus an, so kommt es zu einer antibindenden Wechselwirkung mit dem halbbesetzten $d_{x^2-y^2}$-Orbital, während sich im Falle des *syn*-

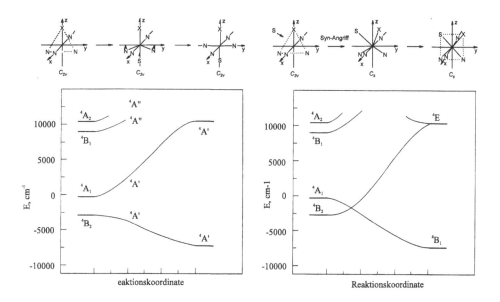

Abb. 29.9. Links: Zustands-Korrelationsdiagramm für einen Angriff des eintretenden Liganden S in *anti*-Stellung zu X. Rechts: Dasselbe für einen Angriff in *syn*-Stellung, wobei der Komplex mit C_s-Symmetrie gebildet wird.

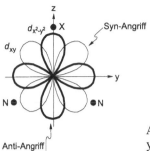

Abb. 29.10.   Die beiden d-Orbitale in der äquatorialen yz-Ebene der trigonalen Bipyramide.

Angriffs eine bindende Wechselwirkung mit dem leeren d_{xy}-Orbital entwikkelt. Die Stereospezifität des Anlagerungsschrittes der Photosubstitution ist also eine Folge eines „Ausweichmanövers" zwischen eintretendem Ligand und einem besetzten Orbital.

Die hier skizzierten Grundprinzipien des Photosubstitutions-Mechanismus nach Vanquickenborne und Ceulemans lassen sich auch auf die Reaktionen von Übergangsmetallkomplexen übertragen, die keine d^3-Elektronenkonfiguration besitzen. Wir haben es also mit Beispielen Orbitalsymmetrie-kontrollierter Photoreaktionen zu tun, deren theoretische Erklärung an die Woodward-Hoffmann-Regeln für pericyclische Reaktionen in der organischen Chemie erinnert.

Übungsbeispiel:

Erklären Sie das Ergebnis der im vorigen Abschnitt diskutierten Photoaquotisierung von cis-[$CrF_2(NH_3)_4$]$^+$ mit Hilfe des Vanquickenborne-Ceulemans-Modells.

Antwort:
Im ersten Schritt wird der Ligand mit dem niedrigsten $I^*(M\text{-}L)$-Wert, ein NH_3-Ligand *trans* zu einem der Fluoro-Liganden, abgespalten, und anschließend erfolgt die Umlagerung der quadratischen Pyramide in die trigonal-bipyramidale Form. Obwohl dieser Komplex eine niedrigere Symmetrie (C_{2v}) besitzt als das oben besprochene Beispiel, so gelten die gleichen Auswahlregeln für die konzertierten Ligandenbewegungen, d. h. es wird nur die trigonale Bipyramide mit *beiden* F-Liganden in äquatorialer Position gebildet. Davon ausgehend können durch Addition von H_2O in der äquatorialen Ebene ausschließlich *mer*-, nicht aber *fac*-Isomere gebildet werden. Genau dies wurde – wie bereits erwähnt – im Experiment gefunden.

29.3 Photoreaktionen von Komplexen in angeregten LMCT- und MLCT-Zuständen

Charge-Transfer(CT)-Übergänge bewirken größere Ladungsverschiebungen zwischen Liganden und Metallatom als LF-Übergänge, was nicht zuletzt dazu führt, daß intramolekulare Redoxprozesse eine häufige Folge solcher elektronischer Anregungen sind. In gleichem Maße kann aber auch die Spaltung von Metall-Ligand-Bindungen oder die Erweiterung der Koordinationssphäre durch Anlagerung eines Nukleophils begünstigt sein. Mit anderen Worten, bei Anregung in CT-Zustände kann unter Umständen eine durchaus ähnliche Reaktivität wie aus LF-Zuständen beobachtet werden, und nicht selten finden Ligandensubstitutionen und Redoxreaktionen parallel statt. In diesem Abschnitt wird deshalb auf einige eher typische Reaktionen von CT-Zuständen eingegangen.

Bei *Ligand-to-Metal-Charge-Transfer(LMCT)*-Übergängen findet eine Verschiebung von Elektronendichte vom Liganden zum Metallzentrum hin statt, wodurch dieses formal reduziert und der Ligand oxidiert wird. LMCT-Übergänge können sowohl in unbesetzte t_{2g}-Orbitale als auch e_g^*-Orbitale (bei Annahme von O_h-Symmetrie der Komplexverbindung) des Zentralatoms erfolgen (Abb. 29.11). Die LMCT-Übergänge in die antibindenden e_g^*-Orbitale sind meist höherenergetisch als die Ligandenfeldübergänge und führen zu einer erheblichen Labilisierung der Metall-Ligand-Bindungen. Allerdings kann die daraus resultierende starke geometrische Verzerrung des Komplexes zu einem Thexi-Zustand führen, dessen Potentialminimum sogar unterhalb dem der LF-Zustände liegt. Insofern ist die Unterscheidung zwischen reaktiven LMCT- und LF-Thexi-Zuständen aufgrund ihrer Energie nicht immer möglich.

Die Änderung der Lage der LMCT-Banden bei Variation der Liganden oder des Metallatoms läßt sich durch die unterschiedlichen *optischen Elektronegativitäten* χ der Metalle und Liganden ausdrücken. Die Energie des Übergangs ist dann im Falle von Übergängen in t_{2g}-Orbitale proportional zur Differenz zwischen den beiden Elektronegativitäten:[89]

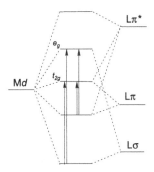

Abb. 29.11. Mögliche LMCT-Übergänge in einem oktaedrischen Komplex.

---

[89] Liegt ein LMCT-Übergang in ein e_g^*-Orbital vor, so muß noch der Wert von Δ_o addiert werden.

$$\tilde{v} = C(\chi_{Ligand} - \chi_{Metall}); \; C = 30000 \; cm^{-1}$$

In Tabelle 29.4 sind die optischen Elektronegativitäten einiger Metalle und Liganden aufgeführt.

Tabelle 29.4.   Optische Elektronegativitäten. Die Werte für die Metalle hängen von der Komplexgeometrie ab, die der Liganden davon, ob der Übergang aus einem σ- oder einem π-Orbital erfolgt.

Metall	O_h	T_d	Ligand	π	σ
Cr^{III}	1.8–1.9		F^-	3.9	4.4
Co^{III}	2.3		Cl^-	3.0	3.4
Ni^{II}		2.0–2.1	Br^-	2.8	3.4
Co^{II}		1.8–1.9	H_2O	3.5	
Rh^{III}	2.3		NH_3		3.3

Übungsbeispiel:

Der MLCT-Zustand niedrigster Energie in [CoCl(NH₃)₅]²⁺ entsteht durch einen Übergang aus dem Cl-π-Orbital in ein Co^{III}-e$_g$-Orbital. Berechnen Sie die Lage der MLCT-Bande im UV-Vis-Spektrum und berücksichtigen Sie dabei den Wert von Δ$_o$ ca. 21000 cm⁻¹.*

Antwort:
$\tilde{v} = \tilde{v} = C(\chi_{Cl^-} - \chi_{Co}III) + \Delta_o = 30000 \; cm^{-1}(3.0 - 2.3) + 21000 \; cm^{-1} = 42000$ cm⁻¹. Die MLCT-Bande wird in Wasser bei 41670 cm⁻¹ beobachtet.

Ein charakteristisches Merkmal der Reaktivität von LMCT-angeregten Komplexen ist wie bereits erwähnt die Konkurrenz zwischen Ligandensubstitutionen und Redoxprozessen. Man kann die Reaktivität zumindest qualitativ anhand einer einfachen Modellvorstellung erklären, dem *Radikalpaar-Modell*. Grundlage dafür bildet die Annahme, daß die als Folge der Besetzung antibindender M-L(X)-Orbitale auftretende starke Verzerrung des Komplexes letztendlich zu einem M-X-Bindungsbruch und der Bildung eines Radikalpaars [L$_n$M·,·L] führt. Dieses kann entweder schnell rekombinieren oder bildet durch Inter System Crossing ein Triplett-Radikalpaar, dessen Rekombination gehemmt ist. Dadurch kann es zur Trennung der Komponenten kommen, was letztendlich einer Redoxreaktion entspricht. Dies wird am Beispiel des MLCT-angeregten Cobalt(III)-Komplexes $[CoCl(NH_3)_5]^{2+}$ deutlich:

$$*[CoCl(NH_3)_5]^{2+} \, (^3LMCT) \longrightarrow \, ^3[Co^{II}(NH_3)_5, \, ^\bullet Cl]^{2+} \longrightarrow Co^{2+}_{aq} + 5\,NH_3 + \, ^\bullet Cl$$

Der entstehende Co^{II}-Komplex ist kinetisch labil und wird rasch aquotisiert.

Die Entstehung eines Radikalpaars kann mitunter zu interessanten Folge- und Rekombinationsreaktionen führen, wie die Photolyse des Glycinato-cobalt(III)-Komplexes deutlich macht:[90]

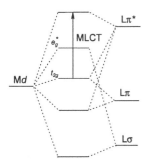

Gut untersucht ist die LMCT-Photochemie von Azido-Komplexen. Während bei den Komplexen der 3d-Metalle die homolytische Abspaltung der N_3-Gruppe der dominierende Prozeß ist, verläuft die photochemische Zersetzung der Komplexe der schweren Übergangsmetalle mit großer Wahrscheinlichkeit über Metallanitren-Zwischenstufen.

$$[(H_3N)_5M-N_3]^{2+} \xrightarrow{\;h\nu_{LMCT}\;} [(H_3N)_5M-N]^{2+} + N_2$$

$$[(H_3N)_5M-N]^{2+} + H^+ \longrightarrow [(H_3N)_5M=NH]^{3+}$$

M = Rh, Ir

Wird bei LMCT-Übergängen die Elektronendichte am Metall erhöht, so ist bei *Metal-to-Ligand-Charge-Transfer(MLCT)*-Übergängen genau das Gegenteil der Fall. Hier erfolgt eine Verschiebung von Elektronendichte vom Metall in die Liganden als Folge der Anregung eines Metall-d-Elektrons in ein unbesetztes Ligandenorbital (Abb. 29.12).

Abb. 29.12. MLCT-Übergang in einem oktaedrischen Komplex.

[90] A. L. Poznyak, V. I. Pavlovski, E. B. Churlanova, T. N. Polynova, M. A. Porai-Koshits, *Monatsh. Chem.* **1982**, *113*, 561.

Langwellige MLCT-Übergänge, die zu Absorptionsbanden im sichtbaren Teil des Spektrums führen, werden an Komplexen beobachtet, in denen das Metall in einer niedrigen Oxidationsstufe vorliegt und der Ligand ein ausgedehntes π-Bindungssystem – und folglich energetisch niedrig liegende π^*-Orbitale – besitzt. Dies ist besonders bei den Komplexen von Fe^{II}, Ru^{II} und Os^{II} mit Bipyridin- oder Phenanthrolin-Derivaten als Liganden der Fall.

Das am intensivsten untersuchte System, das durch MLCT-Übergänge im sichbaren Teil des Spektrums charakterisiert ist, ist der Ruthenium(II)-Komplex $[Ru(bipy)_3]^{2+}$. Durch Absorption bei 450 nm wird der Singulett-MLCT-Zustand erzeugt, der sich rasch durch Inter System Crossing in den längerlebigen Triplett-Zustand (Lebensdauer bei 20 °C: 0.6 µs) umwandelt. Das Besondere an dem MLCT-Zustand ist der Übergang eines Elektrons vom Metall in *einen* der drei bipy-Liganden, in dem es dann für die Lebensdauer des angeregten Zustands „gefangen" ist. Den MLCT-Zustand $*[Ru^{II}(bipy)_3]^{2+}$ kann man daher auch als $[Ru^{III}(bipy)_2(bipy^-)]^{2+}$ formulieren.[91] Durch die Anregung eines Elektrons in ein antibindendes Ligandenorbital wird der Komplex zu einem stärkeren Reduktionsmittel als im Grundzustand. Umgekehrt macht die erhöhte Oxidationsstufe am Ruthenium ihn auch zu einem stärkeren Oxidationsmittel. In Abbildung 29.13 sind die Redoxeigenschaften der Verbindung im Grundzustand und im ^{3}MLCT-Zustand zusammengefaßt. Das große Interesse, das dieser Verbindungstyp beansprucht hat, ist durch seinen möglichen Einsatz als Sensibilisator bei der photochemischen Spaltung von H_2O in H_2 und O_2 begründet.

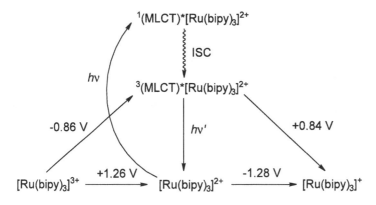

Abb. 29.13. Schematische Übersicht der spektroskopischen, photophysikalischen und elektrochemischen Eigenschaften von $[Ru(bipy)_3]^{2+}$.[92] Absorption von blauem Licht (450 nm) führt zur Bildung des ^{1}MLCT-Zustands, der durch ISC in den Triplett-Zustand relaxiert. Von dort kann er entweder unter orange-roter Phosphoreszenz in den Grundzustand zurückkehren oder oxidiert bzw. reduziert werden.

---

[91] Dem intramolekularen Elektronentransfer zwischen den bipy-Liganden steht eine hohe Schwingungsbarriere entgegen.

[92] A. Juris, V. Balzani, F. Barigelletti, S. Campagna, P. Belser, A. von Zelewski, *Coord. Chem. Rev.* **1988**, *84*, 85.

Photochemische Wasserspaltung mit Bipyridinruthenium-Komplexen[93]

Mit der Nutzung der Sonnenenergie sind viele Hoffnungen auf eine „sichere" und langfristig verfügbare Energiequelle verknüpft. Von besonderem Interesse ist die Umwandlung der Sonnenenergie in eine Speicherform, auf die bei Bedarf zurückgegriffen werden kann. Eine solche Speicherform ist im Prinzip die freie Reaktionsenthalpie einer exergonischen chemischen Reaktion, wie z. B. der kontrollierten Reaktion von H_2 und O_2 zu H_2O mit ΔG^o = -238 kJmol^{-1}. Diese sollte sich durch Sonnenenergie umkehren lassen, sofern ein geeigneter Sensibilisator zur Verfügung steht, der die Strahlungsenergie absorbiert und dann als freie Reaktionsenergie überträgt. Bei pH 7 und Atmosphärendruck sind die Potentiale der Oxidation und Reduktion von Wasser gegeben durch:

$$4\,e^- + 4H_2O \rightarrow 4\,OH^- + 2\,H_2 \quad -0.41\ \text{V}$$
$$2\,H_2O \rightarrow 4\,H^+ + O_2 + 4\,e^- \quad -0.82\ \text{V}$$

Aus dem Redoxreaktionsschema in Abbildung 29.13 ist ersichtlich, daß $[Ru(bipy)_3]^{2+}$ im ^{3}MLCT-Zustand thermodynamisch in der Lage sein sollte, Wasser zu spalten. Kinetische Barrieren führen aber dazu, daß bisher nur die Wasserstoffbildung mit genügend großer Geschwindigkeit abläuft. Das Problem, daß der Reduktionsschritt langsamer als der Zerfall des MLCT-Zustands erfolgt, kann man lösen, indem man einen weiteren Redoxmediator, wie z. B. Methylviologen, einführt:[94]

$$[Ru(bipy)_3]^{2+} \xrightarrow{h\nu} {}^*[Ru(bipy)_3]^{2+}$$

$${}^*[Ru(bipy)_3]^{2+} + MV^{2+} \longrightarrow [Ru(bipy)_3]^{3+} + MV^+$$

$$2\,MV^+ + 2\,H_2O \xrightarrow{Pt} 2\,MV^{2+} + H_2 + 2\,OH^- \qquad \text{(i)}$$

$$4\,[Ru(bipy)_3]^{3+} + 2\,H_2O \longrightarrow 4\,[Ru(bipy)_3]^{2+} + O_2 + 4\,H^+ \qquad \text{(ii)}$$

Elektronen-Rückübertragung (unerwünscht):

$$[Ru(bipy)_3]^{3+} + MV^+ \longrightarrow [Ru(bipy)_3]^{2+} + MV^{2+}$$

In der Tat konnte man auf diese Weise experimentell die Reduktion von Wasser (i) nachweisen, während eine gleichzeitige Oxidation (ii) bisher nicht gelang. Aus diesem Grund muß ein Reduktionsmittel zugesetzt werden (z. B. Na_2S, Et_3N), das die unerwünschte Elektronen-Rückübertragung verhindert. Eine weitere prinzipielle Schwierigkeit ist, daß die Wasser-

---

[93] M. Grätzel (Hrsg.) *Energy Sources through Photochemistry and Catalysis*, Academic Press, New York, **1983**.

[94] Methylviologen ist ein viel verwendeter Redoxmediator in gekoppelten Redoxreaktionen:

$$MV^{2+} = H_3C-\overset{+}{N}\!\!=\!\!\diagdown\!\!\diagup\!\!-\!\!\diagdown\!\!\diagup\!\!-\overset{+}{N}-CH_3$$

spaltung ein Zwei-Elektronen-Redoxprozeß ist, während der Ruthenium-komplex nur ein Ein-Elektronendonor bzw. -akzeptor ist. Daher hat man thermische Hilfskatalysatoren, wie z. B. kolloidales Platin oder RuO_2, als Mehrelektronenüberträger eingesetzt, so daß sich das in Abbildung 29.14 dargestellte Gesamtschema für die photochemische Wasserspaltung ergibt.

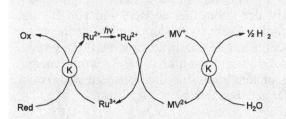

Abb. 29.14. Schema der Wasserphotolyse mit Hilfe des Sensibilisators $[Ru(bipy)_3]^{2+}$, des Redox-mediators Methylviologen und der Elektronen-übertragungskatalysatoren (z. B. Pt, RuO_2).[95]

In jüngerer Zeit wurden statt des homogenen Photosensibilisators $[Ru(bipy)_3]^{2+}$ heterogene Photokatalysatoren auf Halbleiterbasis wie z. B. TiO_2, CdS und GaAs verwendet, die für eine effiziente Ladungstrennung sorgen.[96, 97]

In Komplexen mit drei oder mehr Metallzentren, die durch Brückenliganden verknüpft sind, können Folgen von photochemisch induzierten Elektronen-transfer-Schritten zu Ladungstrennungen über größere Entfernungen führen. Dies ist ein wichtiger Gegenstand der supramolekularen Photochemie,[98] die sich mit solchen Energie- und Ladungs-Transferprozessen beschäftigt und die die z.T. viel komplizierteren Prozesse dieser Art in biologischen Systemen in einfachen künstlichen Modellen untersucht (s. auch Kap. 22.4).

Wie kompliziert die Charge-Transfer-Photophysik in solchen Mehrkern-komplexen sein kann, soll abschließend an einer relativ einfachen Ruthe-nium-Dreikernverbindung verdeutlicht werden.

---

[95] J.-M. Lehn, J.-P. Sauvage, *Nouv. J. Chim.* **1977**, *1*, 449.

[96] A. J. Bard, M. A. Fox, *Acc. Chem. Res.* **1995**, *28*, 141.

[97] Ein System auf der Basis eines Ruthenium-Dreikernkomplexes *und* TiO_2 ist ebenfalls bei der Wasserphotolyse zum Einsatz gekommen und soll sowohl die Wasser-Reduktion als auch die Oxidation katalytisch beschleunigen. Die Wirksamkeit und damit Anwendbarkeit dieser Kombination ist aber noch nicht restlos geklärt: B. O'Regan, M. Grätzel, *Nature* **1991**, *353*, 737.

[98] V. Balzani, F. Scandola, *Supramolecular Photochemistry*, Ellis Horwood, New York, **1991**.

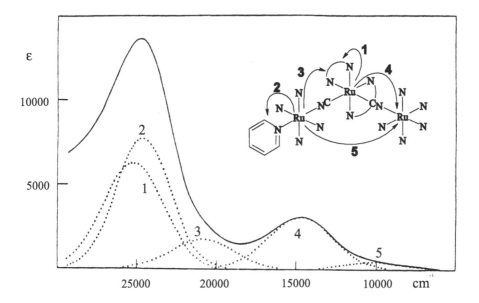

Im Absorptionsspektrum der Verbindung lassen sich die Banden von fünf Charge-Transfer-Übergängen auflösen, die Ru-bipy-MLCT und Ru-Ru-MMCT-Übergängen entsprechen (Abb. 29.15).

Abb. 29.15. Auflösung des Absorptionsspektrums von [(py)NH$_3$)$_4$Ru-NC-Ru(bipy)$_2$-CN-Ru(NH$_3$)$_5$]$^{5+}$. Die Zuordnung wurde aufgrund der spektralen Veränderungen, die bei der selektiven Oxidation oder Reduktion der verschiedenen Molekülbausteine beobachtet wurden, getroffen.

VIII   Metall-Metall-Bindungen in Komplexen[1]

In den letzten Kapiteln dieses Buches werden wir uns mit mehrkernigen Komplexen beschäftigen, in denen mindestens zwei Metallatome durch eine kovalente Metall-Metall-Bindung verknüpft sind.

Die wesentlichen *Lernziele* dieses Abschnitts sind:

1) Das Verständnis der wichtigsten Typen von Komplexen mit Metall-Metall-Bindungen und die Bedingungen an die elektronischen Verhältnisse in den Komplexfragmenten für die Bildung von kovalenten Bindungen zwischen den Metallzentren (Kap. 30).
2) Die Kriterien für das Vorliegen von Metall-Metall-Mehrfachbindungen, die Molekülorbital-theoretische Beschreibung der Metall-Metall-Vierfachbindung und einige sich daraus ergebende Rückschlüsse auf die chemische Reaktivität der entsprechenden Komplexe (Kap. 31).
3) Die Anwendung einfacher Elektronenzähl-Regeln in der strukturellen Systematik von Carbonylclustern.
4) Die Möglichkeit einfacher Analogien zwischen Cluster-Komplexen und Hauptgruppen-Polyederverbindungen im Rahmen des Isolobal-Konzepts.
5) Der Aufbau und die Strukturprinzipien von Clustern mit sehr großen Metallatom-Gerüsten (Kap. 32).

---

[1] Eine aktuelle ausführliche Zusammenfassung findet sich in: F. A. Cotton, R. A. Walton, *Multiple Bonds Between Metal Atoms*, Oxford University Press, Oxford **1993**.

30   Komplexe, die nicht in Alfred Werners Konzept passen: die Grundtypen mehrkerniger Komplexe mit Metall-Metall-Bindung

Wie stark die Vorstellungen Alfred Werners die Molekülchemie der Übergangsmetalle in der ersten Hälfte dieses Jahrhunderts beeinflußten, wird besonders deutlich, wenn man die Entwicklung der Chemie von Mehrkernkomplexen mit Metall-Metall-Bindungen betrachtet. Zwar spielten Mehrkernkomplexe, wie wir in Teil I gesehen haben, eine wichtige Rolle bei der experimentellen Absicherung von Werners Koordinationstheorie. Hierbei wurden die Metallzentren aber immer durch Brückenliganden verknüpft, und eine direkte bindende Wechselwirkung war nicht vorgesehen. Wohl akzeptierte man die Bindung der Atome in einem Metallgitter, eine kovalente Bindung zwischen zwei Metallatomen in einem Molekül wurde hingegen nicht diskutiert.

Die Formulierung von Metall-Metall-Bindungen in Molekülen ist ein schönes Beispiel dafür, wie in zunehmendem Maße nicht mit einem bestehenden Paradigma vereinbare experimentelle Befunde dieses schließlich durch ein neues ersetzen.[2] Der Durchbruch gelang zwischen 1950 und 1960, nachdem

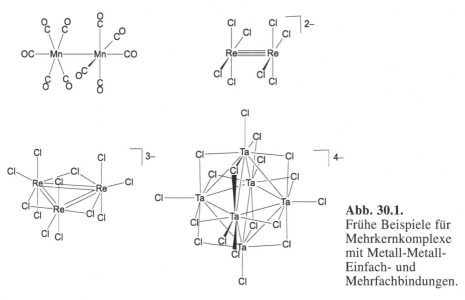

Abb. 30.1.
Frühe Beispiele für Mehrkernkomplexe mit Metall-Metall- Einfach- und Mehrfachbindungen.

[2] Ein kurzer historischer Überblick über die Chemie der Metall-Metall-Bindung findet sich in [1] sowie in: F. A. Cotton, *J. Chem. Educ.* **1983**, *60*, 713 und in: L. H. Gade, *Angew. Chem.* **1993**, *105*, 25. Eine Zusammenfassung der frühen Entwicklung dieses Forschungsgebietes bieten: J. Lewis, R. S. Nyholm, *Sci. Prog. (London)* **1964**, *208*, 557; F. A. Cotton, *Quart. Rev. Chem. Soc.* **1966**, *20*, 389.

die Röntgenstrukturanalyse an „$TaCl_2 \cdot H_2O$" das Vorliegen von Metallatom-Oktaedern mit kurzen Metall-Metall-Abständen ergab (und die Verbindung als [Ta_6Cl_{14}] neu formuliert werden mußte) und die Einkristallstrukturanalyse von $Mn_2(CO)_{10}$ eine direkte, unverbrückte Metall-Metall-Bindung bewies (Abb. 30.1). Kurz darauf wurde die erste Metall-Metall-Mehrfachbindung in der Struktur von [Re_3Cl_{12}]$^{3-}$ formuliert, bevor 1964 erstmals eine *Vierfachbindung* zwischen den Metallatomen in [Re_2Cl_8]$^{2-}$ postuliert wurde.

Wie wir heutzutage wissen, bilden die Übergangsmetalle Komplexe mit Metall-Metall-Bindungen in großer Zahl und Variationsbreite, deren Klassifizierung auf der Basis der d-Elektronenzahl und Gesamtelektronenzahl der verknüpften Übergangsmetallkomplex-Fragmente geschieht. Zur Kennzeichnung solcher Mehrkernkomplexe mit Metall-Metall-Bindungen wird der Begriff *Cluster*, genauer: *Clusterkomplex*, verwendet.[3]

Es gibt vor allem zwei große Klassen von Komplexverbindungen, in denen Metall-Metall-Bindungen häufig beobachtet werden. Dies sind erstens die Halogenokomplexe der d-Elektronen-armen Übergangsmetalle in niedrigen bis mittleren Oxidationsstufen und ihre verwandten Verbindungen mit verbrückenden Oxo- und Thioxo-Liganden (Abb. 30.2).[4] Hier führt also die Kombination von d-Elektronen-armen Metallzentren und π-Donorliganden zu stabilen Systemen mit Metall-Metall-Bindungen.

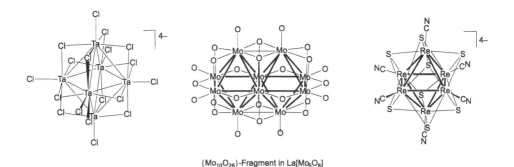

{$Mo_{10}O_{26}$}-Fragment in La[Mo_5O_8]

Abb. 30.2. Beispiele für Metallcluster in Halogeno-, Oxo und Thioxokomplexen der frühen Übergangsmetalle, auch Strukturen oxidischer Festkörper.

---

[3] Nach einem Vorschlag von F. A. Cotton sollte der Begriff *Cluster* nur für Komplexe mit drei oder mehr Metallatomen, die durch Metall-Metall-Bindungen verknüpft sind, verwendet werden. Da die Bindungsverhältnisse in Zweikernkomplexen mit den gleichen Konzepten beschrieben werden, ist der Begriff heutzutage auf alle Systeme mit Metall-Metall-Bindungen ausgedehnt worden. Angesichts der weitverbreiteten Verwendung des Cluster-Begriffs in Physik und Chemie, der im Zusammenhang mit einer Vielzahl unterschiedlicher – auch nichtmolekularer – Aggregate Verwendung findet, sollten die in diesem Kapitel besprochenen Systeme genauer als *Clusterkomplexe* bezeichnet werden.

[4] F. A. Cotton, G. Wilkinson, *Advanced Inorganic Chemistry*, Wiley Interscience, **1988**, S. 1078.

Abb. 30.3. Strukturen einiger Metallcarbonyl-Komplexe mit Metall-Metall-Bindungen.

Die zweite Klasse von Metallkomplexen mit Metall-Metall-Bindungen umfaßt die mehrkernigen Carbonylkomplexe, die große Clusterkomplexe mit sehr unterschiedlichen Molekülstrukturen bilden (Abb. 30.3).[5] Hier liegen d-Elektronen-reiche Zentralatome und π-Akzeptorliganden vor.

Man hat die Existenz dieser beiden Klassen von Clusterkomplexen mit der Tatsache in Verbindung gebracht, daß die Atomisierungsenergien der Übergangsmetalle in der Mitte des d-Blocks ihr Maximum haben, also für Metalle, deren d- und s-Valenzschalen halb gefüllt sind. Diese für die Bindung zwischen Metallatomen günstige Situation wird in Clusterkomplexen durch die Koordination von Liganden mit vorwiegend Donor- oder Akzeptoreigenschaften erreicht. Metallionen mit weniger als 6 Valenzelektronen bilden folglich Clusterkomplexe mit σ- und π-Donorliganden, wie die oben erwähnten Halogeno- und Chalkogenoliganden. Die Cluster der späten Übergangsmetalle sind hingegen vorwiegend durch den π-Akzeptorliganden CO stabilisiert.

In den in Abbildung 30.2 und 30.3 dargestellten Beispielen für Clusterkomplexe sind jeweils gleichartige Komplexbausteine verknüpft. Metall-Metall-Bindungen lassen sich mitunter auch zwischen sehr unterschiedlichen Komplexfragmenten knüpfen. Beispiele hierfür sind die in Abbildung 30.4 gezeigten Mehrkernverbindungen, in denen Komplexfragmente in mittleren oder höheren formalen Oxidationsstufen mit relativ harten Donorliganden an Carbonylmetallate gebunden sind[6] oder Zwei- und Dreikernverbindungen, in denen d-Elektronen-reiche- und d-Elektronen-arme Fragmente über direkte Metall-Metall-Bindungen miteinander verknüpft sind.[7]

---

[5] B. F. G. Johnson, J. Lewis, *Adv. Inorg. Chem. Radiochem.* **1981**, *24*, 225. G. Longoni in *Clusters and Colloids. From Theory to Applications* (Hrsg. G. Schmid), VCH, Weinheim, **1994**, S. 91.

[6] G. Fachinetti, G. Fochi, T. Funaioli, P. F. Zanazzi, *Angew. Chem.* **1987**, *99*, 681; G. N. Harakas, B. R. Whittlesey, *J. Am. Chem. Soc.* **1996**, *118*, 3210. Übersicht: L. H. Gade, *Angew. Chem.* **1996**, *108*, 2225.

[7] S. Friedrich, H. Memmler, L. H. Gade, W.-S. Li, M. McPartlin, *Angew. Chem.* **1994**, *106*, 705; S. Friedrich, L. H. Gade, I. J. Scowen, M. McPartlin, *Angew. Chem.* **1996**, *108*, 1440.

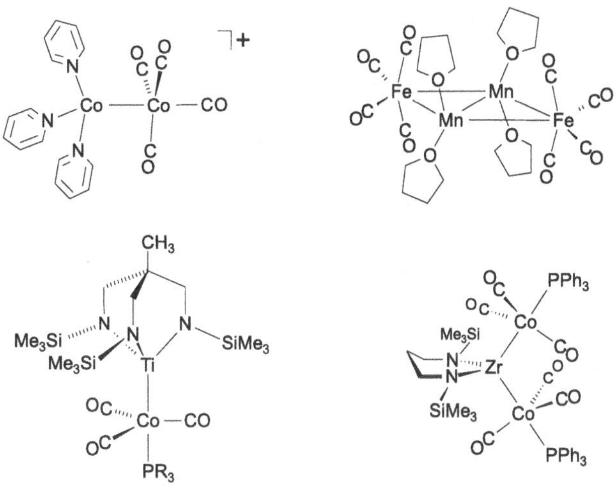

Abb. 30.4. Metall-Metall-Bindungen zwischen elektronisch sehr unterschiedlichen Komplexfragmenten.

30.1 Komplexfragmente und ihre Verknüpfung über Metall-Metall-Bindungen

Die Bindungsverhältnisse in Komplexen mit Metall-Metall(M-M)-Bindung lassen sich qualitativ gut im Rahmen der Einelektronennäherung der Molekülorbitaltheorie verstehen. Dabei geht man von den Komplexfragmenten aus und konzentriert sich zunächst auf die Grenzorbitale der Fragmente. Die für die Metall-Metall-Bindung(en) verantwortlichen Molekülorbitale werden dann durch einfache Symmetriebetrachtungen (im Sinne der LCAO-Methode, s. Kap. 16) konstruiert.

Als Beispiel für einen Zweikernkomplex mit Metall-Metall-Einfachbindung betrachten wir zunächst Decacarbonyldimangan($Mn–Mn$), [$Mn_2(CO)_{10}$], das man sich aus zwei {$Mn(CO)_5$}-Fragmenten aufgebaut denken kann. Die Grenzorbitale eines quadratisch-pyramidalen {$M(CO)_5$}-Fragments lassen

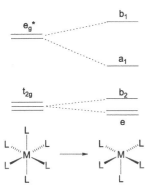

Abb. 30.5. Orbitalkorrelationsdiagramm der Grenzorbitale beim Übergang von einem oktaedrischen [ML_6]-Komplex zu einem quadratisch-pyramidalen {ML_5}-Komplexfragment.

sich leicht aus denen eines oktaedrischen Hexacarbonylkomplexes herleiten. Diese wurden in Kapitel 16 bereits ausführlich diskutiert. Beschränkt man sich nur auf die „Ligandenfeldorbitale", d. h. die Orbitale mit t_{2g}- und e_g-Symmetrie und schwach bindenden bzw. antibindenden Eigenschaften (t_{2g}- und e_g*-Orbitale, s. Abb. 16.2), so kann man das in Abbildung 30.5 dargestellte Orbitalkorrelationsdiagramm konstruieren. Die Entfernung eines Liganden aus dem oktaedrischen Komplex führt im wesentlichen zur energetischen Absenkung eines der e_g*-Orbitale, das im C_{4v}-symmetrischen Komplexfragment $\{M(CO)_5\}$ die Symmetrierasse a_1 besitzt.

Im $\{Mn(CO)_5\}$-Fragment (d^7-Konfiguration) sind die Orbitale, die sich von den t_{2g}-Orbitalen des Oktaederkomplexes herleiten, vollständig und das Metall-Ligand-antibindende a_1-Orbital einfach besetzt. Kombination zweier $\{Mn(CO)_5\}$-Fragmente führt also zu keiner Bindung durch Wechselwirkung der Orbitale mit b_2- und e_g-Symmetrie, die bezüglich der Kernverbindungsachse δ- bzw. π-Symmetrie besitzen. Das σ-Bindungsorbital, das sich von den stark überlappenden a_1-Fragmentorbitalen herleitet, ist nunmehr doppelt besetzt, so daß man im Decacarbonyldimangan-Komplex vom Vorliegen einer Mn-Mn-Einfachbindung sprechen kann (Abb. 30.6).

Die Kristallstrukturanalyse von $[Mn_2(CO)_{10}]$ belegt die Verknüpfung der Metallzentren durch eine Metall-Metall-Bindung [d(Mn-Mn) = 2.93 Å], und aus thermochemischen Untersuchungen ergibt sich eine Mn-Mn-Bindungsdissoziationsenergie von 160 kJmol^{-1}. Ein Vergleich mit der C-C-Dissoziationsenergie in Ethan von 377 kJmol^{-1} zeigt, daß es sich bei der Mn-Mn-Bindung um eine schwache kovalente Bindung handelt.

In Mehrkernkomplexen mit Metall-Metall-Bindungen werden Bindungsmultiplizitäten von bis zu vier beobachtet. Die für die M-M-Mehrfachbindungen in Zweikernkomplexen möglichen Orbitalwechselwirkungen lassen sich

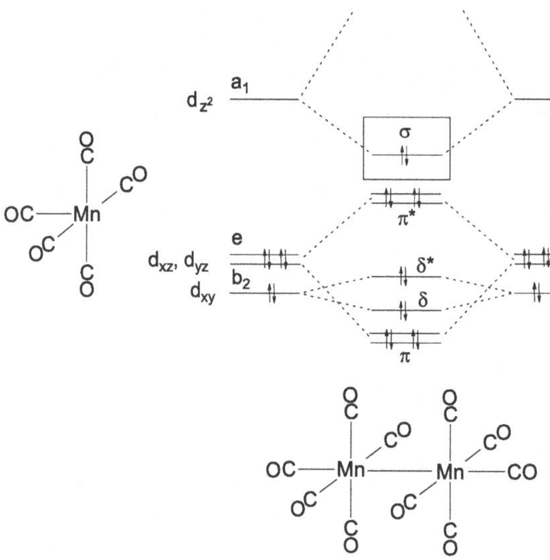

Abb. 30.6. Bildung von $[Mn_2(CO)_{10}]$ aus zwei $\{Mn(CO)_5\}$-Fragmenten.

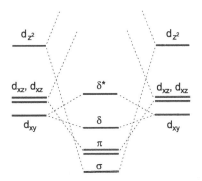

Abb. 30.7. Bindende und antibindende M-M-Molekülorbitale in einem Zweikernkomplex aus zwei $[MX_4]^{n-}$-Einheiten. In der Abbildung ist die relative energetische Anordnung der Orbitale für den Fall M = Mo, X = Cl, n = 2 gewählt.

gut anhand der Kombination zweier quadratisch-planarer $[MX_4]^{n-}$-Fragmente, die senkrecht zur Komplexebene miteinander verknüpft werden, verdeutlichen (Abb. 30.7).

Ausgangspunkt der in Abbildung 30.7 wiedergegebenen Situation sind Metall-d-Orbitale, die im quadratisch-planaren Ligandenfeld aufgespalten sind. Die energetisch hoch liegenden M-X antibindenden $d_{x^2-y^2}$-Orbitale spielen für die Metall-Metall-Bindung keine wesentliche Rolle und werden daher nicht weiter berücksichtigt. Insgesamt bleiben vier M-M-bindende und -antibindende Wechselwirkungen zwischen Grenzorbitalen unterschiedlicher Symmetrie bezüglich der M-M-Achse:

– die σ-Bindung durch die d_{z^2}-Orbitale der Komplexfragmente,
– zwei π-Bindungen durch Überlappung der d_{yz} und d_{xz}-Orbitale,
– eine δ-Bindung, an der die d_{xy}-Orbitale beteiligt sind.

Zusätzlich zu den „konventionellen" Bindungstypen (σ- und π-Bindung) gibt es bei der Kombination zweier Übergangsmetall-Komplexfragmente also prinzipiell die Möglichkeit einer δ-Bindung, wodurch die maximale Bindungsmultiplizität bei geeigneter Elektronenkonfiguration *vier* betragen kann. Auf diesen Fall werden wir in Kapitel 31 noch näher eingehen.

30.1.1 Einfache Elektronenzähl-Regeln für Komplexe mit Metall-Metall-Bindungen

Die angemessene theoretische Beschreibung der elektronischen Verhältnisse in einkernigen Übergangsmetallkomplexen ist, wie in den Kapiteln 14–16 deutlich wurde, ein schwieriges Problem, und Clusterkomplexe lagen bis in die jüngste Zeit außerhalb der Möglichkeiten der verfügbaren ab-initio quantenchemischen Methoden. Um dennoch die strukturelle Systematik solcher Systeme verstehen zu können, vor allem auch die bei gegebener Elektronenzahl zu erwartende Zahl der Metall-Metall-Bindungen vorhersagen zu können, wurde eine Reihe verschiedener Elektronenzähl-Schemata vorgeschlagen, die innerhalb ihres Gültigkeitsbereichs äußerst nützlich sind.

Ausgangspunkt des einfachsten Konzepts ist die *18-Elektronen-Regel*, die an dieser Stelle kurz vorgestellt werden soll. Bei der Diskussion der elektroni-

schen Verhältnisse in Kapitel 14 und 15 gingen wir davon aus, daß die d-Orbitale nur in geringem Maße an der M-L-Bindung beteiligt sind, und damit die
d-Elektronenzahl nicht bestimmend für die Zusammensetzung und Geometrie
eines Komplexes sein muß. Dieses Postulat wurde dann in Kapitel 16 bei der
Diskussion der Bindungsverhältnisse in Carbonylmetallkomplexen aufgegeben. Sind aber die d-Orbitale an der Metall-Ligand-Bindung direkt beteiligt,
so besteht die Valenzschale des Metallatoms insgesamt aus 9 Orbitalen, den
5 (n-1)d-Orbitalen sowie dem ns-Orbital und den drei np-Orbitalen (n =
Hauptquantenzahl des Übergangselements). Dadurch ergeben sich 9 bindende
und nichtbindende sowie 9 antibindende M-L-Molekülorbitale. Die Besetzung aller bindenden und nicht-bindenden Orbitale – mit also insgesamt 18
Elektronen in der Valenzschale – führt zu elektronisch besonders stabilen
Molekülen.[8] Man kann die 18-Elektronen-Regel auf mehrkernige Komplexe
mit Metall-Metall-Bindungen erweitern, wobei gefordert wird, daß diese als
Zweizentren-Zweielektronen-Bindungen beschrieben werden können, und
daß für die einzelnen Komplexfragmente unter Berücksichtigung dieser
M-M-Bindungen die oben formulierte 18-Elektronen-Regel gilt.

„Elektronenzählen" in Komplexen

Es gibt mehrere Möglichkeiten, die Elektronen zu zählen, die die Metall-
atome(ionen) und Liganden zur Valenzschale eines Mehrkernkomplexes
beitragen. Am einfachsten ist es, wenn man annimmt, daß alle Metallatome
und Liganden in der formalen Oxidationsstufe Null bzw. ladungsneutral
vorliegen. Die Gesamtelektronenzahl ergibt sich durch Addition der
Valenzelektronen der Metallatome und der Elektronen, die die Liganden
zu den M-L-Bindungen beisteuern. Die dadurch erhaltene Elektronenzahl
wird dann noch durch die Komplexladung korrigiert. So ist beispielsweise
ein einfachgebundenes Cl-Atom ein Einelektronen-Donor, während es als
μ_2-Brückenligand als Dreielektronen-Donor fungiert, der – im Sinne der
Valence-Bond-Theorie – sein ungepaartes Elektron in eine kovalente
Bindung und eines der einsamen Elektronenpaare in eine dativ-kovalente
Bindung einbringt (Tabelle 30.1).

---

[8] Die 18-Elektronen-Regel kann man auch als Forderung formulieren, daß keine antibindenden Orbitale besetzt werden sollen.

Tabelle 30.1. Elektronenzahlen einiger für die Chemie der Clusterkomplexe wichtiger Liganden. Einfache Koordination wird mit μ_1, verbrückende Koordination mit μ_2 und überdachende Koordination mit μ_3 bezeichnet:

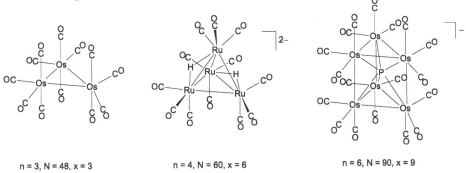

Ligand	Koordinationsform	zu berücksichtigende Valenzelektronenzahl
H	μ_1, μ_2, μ_3	1, 1, 1
F, Cl, Br, I	μ_1, μ_2, μ_3	1, 3, 5
PR_3	μ_1	2
CO	μ_1, μ_2, μ_3	2, 2, 2
SR	μ_1, μ_2, μ_3	1, 3, 5

Bei substituentenfreien Hauptgruppenatomen, die als interstitielle Liganden in größeren Clusterkomplexen vorkommen, nimmt man an, daß alle Valenzelektronen mit zur Stabilisierung des Metallgerüsts beitragen, d. h. die Elektronenzahl bestimmen. Interstitielle C- oder N-Atome(-Liganden) sind also 4- bzw. 5-Elektronen-Donoren.

Mit Hilfe der für Clusterkomplexe erweiterten 18-Elektronen-Regel, für die meist der Begriff *Effective Atomic Number Rule* – kurz: *EAN-Regel* – verwendet wird, läßt sich bei gegebener Komplexformel (d. h. Gesamtvalenzelektronenzahl N und Zahl der Metallzentren n) die Zahl der Metall-Metall-Bindungen x vorhersagen.

$$x = \frac{18n - N}{2} \qquad\qquad (30.1)$$

Damit ergibt sich auch häufig ein Strukturvorschlag, wie anhand der Beispiele in Abbildung 30.8 deutlich wird.

n = 3, N = 48, x = 3   n = 4, N = 60, x = 6   n = 6, N = 90, x = 9

Abb. 30.8. Beispiele für Clusterkomplexe, die mit der EAN-Regel beschrieben werden können.

Übungsbeispiel:

Überprüfen Sie die EAN-Regel anhand der folgenden Cluster und diskutieren Sie die Eindeutigkeit der Beziehung zwischen Elektronenzahl und Clusterpolyeder:
a) $[Ir_4(CO)_{12}]$: Tetraeder; b) $[Os_6P(CO)_{18}]^-$: trigonales Prisma;
c) $[Ni_8(PPh_3)_6(CO)_8]^{2-}$: Würfel.

Antwort:
a) $N = 4 \times 9 + 12 \times 2 = 60$, d. h. $x = (18n - N)/2 = (18 \times 4 - 60)/2 = 6$. Hier sind also 6 Metall-Metall-Bindungen zu erwarten, d. h. ein Polyeder mit sechs Kanten = Tetraeder.
b) $N = 6 \times 8 + 18 \times 2 + 5 + 1 = 90$, da der interstitielle Phosphido-Ligand die Valenzelektronenzahl 5 besitzt, d. h. $x = (18 \times 6 - 90)/2 = 9 =$ trigonales Prisma.
c) $N = 8 \times 10 + 6 \times 2 + 8 \times 2 + 2 = 120$, d. h. $x = (18 \times 8 - 120)/2 = 12$, also ein achteckiges Polyeder mit zwölf Kanten, was in der Tat einer Würfelstruktur entspricht.

An dem letzten Beispiel läßt sich zeigen, daß eine eindeutige Strukturzuordnung auf der Grundlage des Elektronenzählens im allgemeinen nicht möglich ist. So muß ein achteckiges Polyeder mit zwölf Kanten nicht unbedingt ein Würfel sein, sondern kann auch die „Cunean"-Struktur besitzen, wie dies z. B. für den isoelektronischen Clusterkomplex $[Co_8S_2(N^tBu)(CO)_8]$ gefunden wurde.

"Cuban"   "Cunean"

Die EAN-Regel geht davon aus, daß die Metall-Metall-Bindungen als Zweizentrenbindungen formuliert werden können. In einigen Mehrkernkomplexen, vor allem solchen, die Polyeder aus kondensierten M_3-Dreiecken (*Deltaeder*) besitzen, lassen sich die Bindungsverhältnisse durch Annahme von Dreizentren-Zweielektronen-Bindungen über den Dreiecksflächen beschreiben. In solchen Fällen gehören zu einem bindenden Molekülorbital zwei anti-

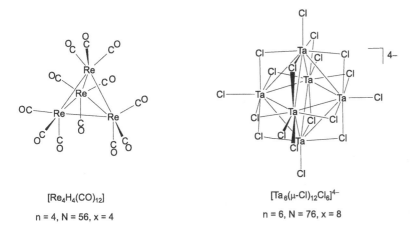

[Re₄H₄(CO)₁₂]

n = 4, N = 56, x = 4

[Ta₆(μ-Cl)₁₂Cl₆]⁴⁻

n = 6, N = 76, x = 8

Abb. 30.9 Clusterkomplexe, die der EAN-Regel (*30.2*) für Deltaeder mit Dreizentren-Zweielektronen-Bindungen über den Dreiecksflächen entsprechen. Die H-Liganden im Re₄-Cluster überbrücken vier Tetraederkanten.

bindende MO's,[9] und da der Ausdruck $18n - N$ im Zähler von (*30.1*) die Zahl der Metall-Metall-antibindenden Orbitale wiedergibt, muß deren 2:1-Verhältnis bei Dreizentren-Zweielektronenbindungen im Nenner entsprechend berücksichtigt werden:

$$x = \frac{18n - N}{4} \qquad\qquad (30.2)$$

Zwei Beispiele für Clusterkomplexe, deren Valenzelektronenzahlen der auf diese Weise modifizierten EAN-Regel (*30.2*) gehorchen, sind in Abbildung 30.9 dargestellt.

Obwohl die EAN-Regel für Cluster der späten Übergangsmetalle[10] mit π-Akzeptorliganden meist gut anwendbar ist, versagt die verallgemeinerte 18-Elektronen-Regel häufig bei ihrer Anwendung auf die Verbindungen der frühen Übergangsmetalle. Deren Metall-Metall-Bindungsvermögen scheint vielmehr durch ihre d-Elektronenzahl bestimmt zu sein, wie anhand der dimeren (d¹)₂-, (d²)₂- und (d³)₂-Komplexe in Abbildung 30.8 deutlich wird. Da Komplexe dieses Typs häufig Brückenliganden besitzen, deren Einfluß auf die Strukturparameter – also auch den Metall-Metall-Abstand – nicht leicht von dem der bindenden Wechselwirkung zwischen den Metallzentren unterschieden werden kann, spricht man in solchen Fällen von der *formalen*

---

[9] Eine *Zweizentren-Zweielektronen-Bindung* wird durch *ein* besetztes bindendes und *ein* unbesetztes antibindendes Orbital beschrieben. Eine *Dreizentren-Zweielektronen-Bindung* wird durch *ein* besetztes bindendes und *zwei* unbesetzte, bei dreizähliger Symmetrie energetisch entartete, antibindende Orbitale beschrieben.

[10] Hiermit sind die Metalle der rechten Hälfte des d-Blocks gemeint.

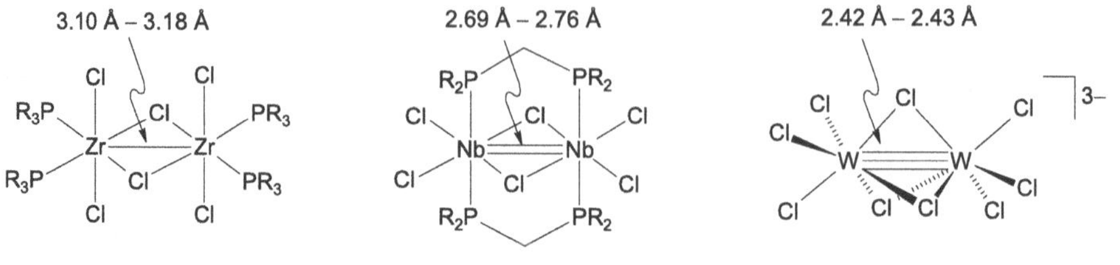

Abb. 30.10. Beispiele für Zweikernkomplexe der frühen Übergangsmetalle, deren M-M-Bindungsordnung durch die d-Elektronenzahl bestimmt wird. Auch wenn die beobachteten Metall-Metall-Abstände stark von den beteiligten Komplexfragmenten (und damit den koordinierten Liganden) abhängen, so läßt sich eine generelle Tendenz zu kürzeren M-M-Bindungen bei steigender Bindungsordnung erkennen. Wir werden darauf noch ausführlicher in Kapitel 31 zurückkommen.

Metall-Metall-Bindungsordnung, die durch die d-Elektronenzahl der Fragmente bestimmt wird.

Bei den in Abbildung 30.10 gezeigten Zweikernkomplexen bestimmt die d-Elektronenzahl die M-M-Bindungsordnung. Auf mehrkernige Moleküle verallgemeinert bedeutet dies, daß aus der d-Elektronenzahl der Komplexfragmente der frühen Übergangsmetalle auf ihre *M-M-Bindungskonnektivität* geschlossen werden kann, wie hier kurz anhand der d^4-Metallkomplexfragmente der Mo^{2+}-, Tc^{3+}- und Re^{3+}-Ionen gezeigt werden soll. Eine Metall-Metall-Konnektivität von vier kann auf folgende Weise erreicht werden:

1) Eine Metall-Metall-Vierfachbindung wie z. B. in $[Re_2Cl_8]^{2-}$:

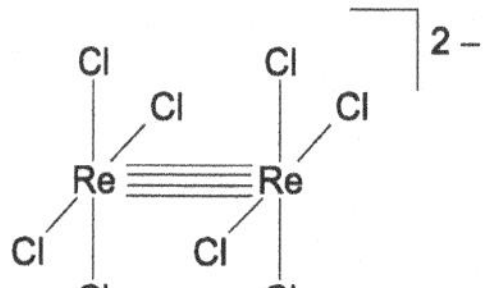

2) Eine M-M-Dreifach- und eine Einfachbindung wie im Vierkernkomplex $[Mo_4Cl_8\text{-}(PEt_3)_4]$:

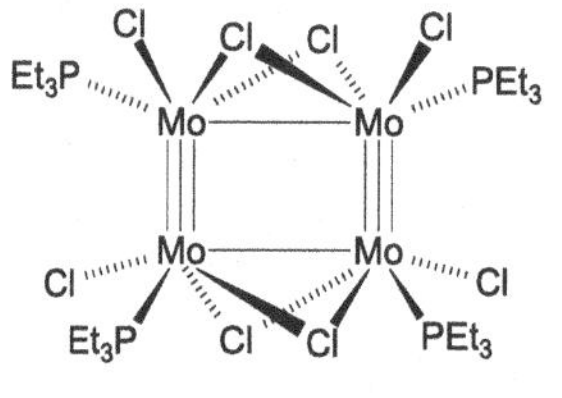

3) Zwei formale M-M-Doppelbindungen, wie im bereits erwähnten Dreikerncluster: $[Re_3Cl_{12}]^{3-}$.

4) Vier Metall-Metall-Einfachbindungen wie z. B. im oktaedrischen Sechskernkomplex $[Mo_6(\mu_3\text{-}Cl_8)Cl_6]^{2-}$:

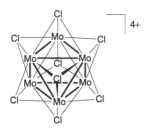

Übungsbeispiel:

Bei der Reduktion von $(Et_4N)_2[TcCl_6]$ mit H_2 in konzentrierter Bromwasserstoffsäure entsteht das Salz $(Et_4N)_2[\{Tc_6(\mu\text{-}Br)_6Br_6\}Br_2]$, das den Cluster $[Tc_6(\mu\text{-}Br)_6Br_6]$ enthält.[11] Eine Röntgenstrukturanalyse ergab die in Abbildung 30.11 wiedergegebene trigonal-prismatische Struktur des Clusters, der sehr unterschiedliche Tc-Tc-Bindungslängen besitzt.

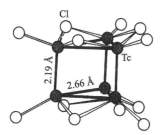

Abb. 30.11. Molekülstruktur des Clusters $[Tc_6(\mu\text{-}Br)_6Br_6]$.

Schlagen Sie – ausgehend von der d-Elektronenzahl der Tc-Fragmente – ganzzahlige formale Bindungsordnungen für die Tc-Tc-Bindungen innerhalb dieses Moleküls vor.

Antwort:
Das Tc_6^{12+}-Clustergerüst des Moleküls besitzt insgesamt 30 d-Elektronen, die in den Metall-Metall-Bindungen lokalisiert sind, d. h. jedes Tc-Fragment kann formal fünf Metall-Metall-Bindungen zu den benachbarten Tc-Zentren ausbilden. Da die Tc-Tc-Bindungslängen innerhalb der Dreiecksebenen identisch sind (2.66 Å), sind für diese Tc-Tc-Bindungen gleiche formale Bindungsordnungen anzunehmen, für die sehr viel kürzeren, unverbrückten Metall-Metall-Bindungen zwischen den Dreiecken des Prismas (2.19 Å) zudem eine höhere Bindungsordnung. Aufgrund dieser Vorüberlegung kann man den Tc-Tc-Bindungen im Clustergerüst die folgenden Bindungsordnungen zuordnen:

---

[11] S. V. Kryuchkov, M. S. Grigor'ev, A. I. Yanovskii, Yu. T. Struchkov, V. I. Spitsyn, *Dokl. Akad. Nauk. SSSR* **1988**, *297*, 867; *Dokl. Chem.* **1988**, *297*, 520.

Diese einfache, auf Elektronenzählen beruhende Betrachtung wird durch eine detailliertere theoretische Untersuchung gestützt.[12]

[12] R. A. Wheeler, R. Hoffmann, *J. Am. Chem. Soc.* **1986**, *108*, 6605.

31 Metall-Metall-Mehrfachbindungen

Wir haben im vorigen Kapitel bereits mehrere Beispiele für Komplexe mit
Metall-Metall-Mehrfachbindungen kennengelernt, deren Bindungsverhältnisse qualitativ durch das Orbitalkorrelationsdiagramm in Abbildung 30.5
wiedergegeben wurden. Die möglichen Formen der d-Orbitalüberlappung
zwischen benachbarten Übergangsmetallatomen sind an dieser Stelle noch
einmal dargestellt (Abb. 31.1).

Geht man vom M_2-Fragment aus, so kann man in einer zu Abbildung 30.5
komplementären Betrachtung zeigen, daß für Komplexe des Typs $[M_2L_8]$, in
denen die $\{ML_4\}$-Fragmente ekliptisch zueinander stehen (so daß eine δ-
Überlappung – wie in Abbildung 31.1 gezeigt – möglich ist), bei einer d-Elektronenzahl pro Metallzentrum von vier die Bildung von Metall-Metall-Vier-
fachbindungen möglich ist (Abb. 31.2). Wie man außerdem erkennt, wird

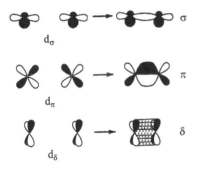

Abb. 31.1. Die Überlappung von d-Grenz-
orbitalen mit σ-, π- und δ-Symmetrie bezüglich der Kernverbindungsachse.

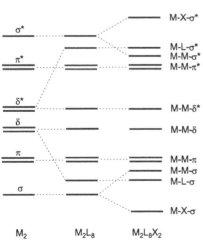

Abb. 31.2. Orbitalkorrelationsdiagramm,
das den Einfluß koordinierender Liganden
auf die Orbitalenergien eines M_2-Fragments
qualitativ verdeutlicht. Im ersten Schritt wird
der $[M_2L_8]$-Komplex mit ekliptischer
Stellung der Liganden gebildet. Der M-M-
bindungsschwächende Einfluß von axial
koordinierenden Liganden wird im zweiten
Schritt des Gedankenexperiments deutlich.[13]

[13] Nach: F. A. Cotton, G. Wilkinson, *Advanced Inorganic Chemistry*, Wiley-Interscience,
New York, **1988**, S. 1088.

bei Koordination axialer Liganden X das bindende M-M-σ-Orbital destabilisiert. Dies sollte zu einer Reduktion der Bindungsstärke führen, wie Strukturuntersuchungen an entsprechenden Systemen auch belegen (s. Abschn. 31.1).

Aus den Orbitaldiagrammen der Abbildungen 30.7 und 31.2 geht das Metall-Metall-Bindungsvermögen der verknüpften Komplexfragmente hervor. Die Bindungsordnung ergibt sich aus der elektronischen Besetzung der M-M-Molekülorbitale. Wie bereits erwähnt wurde, kann die maximale Bindungsordnung von vier durch Besetzung des M-M-σ-Orbitals, der beiden M-M-π-Orbitalen sowie des bindenden M-M-δ-Orbitals bei der Kombination zweier d^4-Komplex-Fragmente erreicht werden. Das klassische Beispiel ist der Dirhenium(III)-Komplex $[Re_2Cl_8]^{2-}$, dessen ekliptische – vom Standpunkt der Ligand-Ligand-Wechselwirkung ungünstige – Struktur zur erstmaligen Formulierung einer δ-Bindung führte.[14]

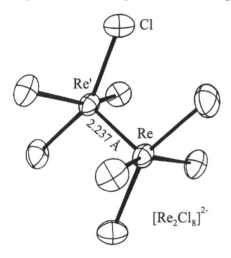

Komplexe mit mehr oder weniger als vier d-Elektronen besitzen somit geringere M-M-Bindungsordnungen. In Tabelle 31.1 ist eine ganze Reihe strukturell verwandter Zweikernkomplexe mit unterschiedlichen Elektronenkonfigurationen und folglich unterschiedlichen M-M-Bindungsordnungen wiedergegeben.

[14] F. A. Cotton, N. F. Curtis, C. B. Harris, B. F. G. Johnson, S. J. Lippard, J. T. Mague, W. R. Robinson, J. S. Wood, *Science* **1964**, *145*, 1305.

Tabelle 31.1. Beispiele von Komplexen mit Metall-Metall-Bindungen, die man sich als durch formale Kombination von d^3 – d^7-Fragmenten gebildet denken kann (Bei den Strukturen mit mehreren Brückenliganden ist nur einer detailliert dargestellt). Im Falle der Verbindungen mit besetzten M-M-antibindenden Orbitalen spricht man auch von *elektronenreichen* Metall-Metall-Bindungen.

Komplex	Elektronen-konfiguration	Bindungsordnung	Bindungslänge, Å
$[Mo\equiv Mo]^{2-}$ (Phosphat-verbrückt, OH)	$\sigma^2\pi^4$	3.0	2.223(2)
$[Mo\equiv Mo]^{3-}$ (Sulfat-verbrückt)	$\sigma^2\pi^4\delta$	3.5	2.167(1)
$[Mo\equiv Mo]^{4-}$ (Sulfat-verbrückt)	$\sigma^2\pi^4\delta^2$	4.0	2.111(1)
$[Re\equiv Re]^{+}$ (Cl, PR_3)	$\sigma^2\pi^4\delta^2\delta^*$	3.5	2.218(1)
$[Re\equiv Re]$ (Cl, PR_3)	$\sigma^2\pi^4\delta^2\delta^{*2}$	3.0	2.241(1)
$[Cl-Ru\equiv Ru-Cl]^{-}$ (Acetat-verbrückt, CH_3)	$\sigma^2\pi^4\delta^2\delta^*\pi^2$	2.5	2.267(2)
$(CH_3)_2CO-Ru\equiv Ru-OC(CH_3)_2$ (C_2H_5-verbrückt)	$\sigma^2\pi^4\delta^2\delta^{*2}\pi^{*2}$	2.0	2.260(3)
$[H_2O-Rh\cdots Rh-OH_2]^{+}$ (Acetat-verbrückt, CH_3)	$\sigma^2\pi^4\delta^2\delta^{*2}\pi^{*3}$	1.5	2.316(2)
$[Rh-Rh]$ (Ph, $PhN\!=\!C\!-\!NPh$, N-verbrückt)	$\sigma^2\pi^4\delta^2\delta^{*2}\pi^{*4}$	1.0	2.389(1)

An dieser Stelle muß darauf hingewiesen werden, daß die klassische Definition der Bindungsordnung auf der Basis der MO-Theorie ihre Gültigkeit nur im Rahmen der Eindeterminanten-Näherung des Hartree-Fock-Modells (Kap. 16) besitzt, die einem Molekülgrundzustand eine wohldefinierte Elektronenkonfiguration zuordnet. Bei allen Systemen, die in diesem Kapitel diskutiert werden, ist diese Näherung für eine quantitative Beschreibung der Moleküleigenschaften unzureichend und ein Modell, daß die Elektronenkorrelation berücksichtigt, notwendig. Auf dieser höheren Näherungsstufe verlieren die strengen halb- oder ganzzahligen Bindungsordnungen ihre Bedeutung. Wenn also von solchen Bindungsordnungen die Rede ist, dann nur zum Zweck einer übersichtlichen näherungsweisen Klassifizierung der Komplexe.

31.1   Strukturelle Kriterien für Metall-Metall-Mehrfachbindungen

Auch wenn die d-Elektronenzahl in einem Mehrkernkomplex das Vorliegen einer Metall-Metall-Mehrfachbindung möglich erscheinen läßt, so bieten doch erst die Strukturdaten der Verbindung eine schlüssige Grundlage hierfür. Meist werden in der Chemie Bindungsordnung und Bindungslängen miteinander in Beziehung gesetzt, und für die Bindungen zwischen den Elementen der zweiten Periode des Periodensystems sind sogar quantitative Korrelationen dieser Art formuliert worden. Dies ist nicht mehr möglich, wenn wir Bindungen zwischen den schwereren Elementen, und vor allem den Übergangselementen betrachten. Hier kann man für vergleichbare Systeme bestimmte Bereiche formulieren, in denen die Strukturparameter, die mit bestimmten Bindungsordnungen verknüpft sind, liegen. Diese Bereiche können durchaus überlappen. So wurden bisher Mo-Mo-Vierfachbindungsabstände im Bereich zwischen 2.037(3) Å – in $[Mo_2\{(2\text{-}C_5H_4N)NC(O)CH_3\}_4]$ – und 2.177(1) Å – in $[Mo_2(NCS)_8]^{4-}$ – in den ekliptisch konfigurierten $[M_2X_8]$-Komplexen gefunden. In Komplexen mit Mo-Mo-Dreifach-Bindungen hat man bisher Metall-Metall-Abstände zwischen 2.167(1) Å – in $[Mo_2(CH_2SiMe_3)_6]$ – und 2.374(1) Å – in $[Mo_2\{CH_3C(CH_2NSiMe_3)_3\}_2]$ beobachtet.

Vergleicht man also die M-M-Bindungslängen von Komplexen mit verschiedenen M-M-Bindungsordnungen, so muß man sich auf sehr nah verwandte Systeme beschränken. Wie in Tabelle 31.1 zu sehen ist, läßt sich dann eine systematische Variation der Strukturparameter in Abhängigkeit von der Bindungsordnung beobachten. Aus der Fülle der Strukturuntersuchungen haben sich die folgenden allgemeinen Befunde ergeben:

– Die Koordination von Brückenliganden, z. B. μ-Acetato-Liganden, führt zu kürzeren M-M-Bindungslängen und höheren M-M-Streckschwingungsfrequenzen.
– Ein Anstieg der Formalladung an den Metallzentren führt zu einer Kontraktion der d-Orbitale und folglich zu einer geringeren Orbitalüberlappung. Dies hat in der Regel größere M-M-Bindungslängen zur Folge.

- Die Molekülorbitale mit δ-Symmetrie haben einen viel schwächeren bindenden und antibindenden Charakter als die σ- und π-Orbitale (s. Abschn. 31.2).
- Wie bereits aus dem Orbitaldiagramm in Abbildung 31.2 hervorging, führt die Koordination von Liganden in den axialen Positionen zu einer Verlängerung der M-M-Bindung.

Übungsbeispiele:[15]

1) Aus den Kristallstrukturen von Salzen der Komplexe $[Tc_2Cl_8]^{3-}$ und $[Tc_2Cl_8]^{2-}$ ergaben sich M-M-Bindungslängen von 2.105(1) Å bzw. 2.151(1) Å. Bestimmen Sie die Elektronenkonfiguration beider Verbindungen und daraus die Tc-Tc-Bindungsordnungen. Interpretieren Sie die Bindungslängen vor diesem Hintergrund!

2) Diskutieren Sie die unterschiedlichen Ru-Ru-Bindungslängen in den beiden folgenden Zweikernkomplexen auf der Grundlage der angegebenen Elektronenkonfigurationen.

	M-M-Bindungslänge, Å	Elektronenkonfiguration
$[Ru_2(mhp)_4]$ [16]	2.235(1)	$\sigma^2\pi^4\delta^2\delta^{*2}\pi^{*2}$
$[Ru_2(PhN_3Ph)_4]$	2.399(1)	$\sigma^2\pi^4\delta^2\pi^{*4}$

Antwort:

1) Die Technetiumkomplexe besitzen folgende Elektronenkonfigurationen und M-M-Bindungsordnungen: $[Tc_2Cl_8]^{3-}$: $\sigma^2\pi^4\delta^2\delta^*$, BO = 3.5; $[Tc_2Cl_8]^{2-}$: $\sigma^2\pi^4\delta^2$, BO = 4.0. Für das Dianion, das die höhere Bindungsordnung besitzt, wurde jedoch eine größere Tc-Tc-Bindungslänge gefunden. Dies kann man qualitativ verstehen, wenn man berücksichtigt, daß die Metallzentren in dieser Verbindung eine höhere Formalladung besitzen und die d-Orbitale stärker kontrahiert sind als in der trianionischen Koordinationseinheit. Die geringere d-d-Orbitalüberlappung führt ungeachtet der höheren Bindungsordnung zu einer Verlängerung der Tc-Tc-Bindung.

2) Beide Komplexe besitzen die formale Ru-Ru-Bindungsordnung von zwei. Da jedoch die π*-Orbitale stärker antibindend sind als die δ*-Orbitale, wird für $[Ru_2(PhN_3Ph)_4]$ mit einer π^{*4}-Konfiguration eine wesentlich längere Ru-Ru-Bindung beobachtet.

---

[15] F. A. Cotton, R. A. Walton, loc. cit., Kap. 10.
[16] mhp = 6-Methyl-2-Hydroxypyridin.

31.1.1   Mo₂- und W₂-Komplexe mit Alkoxy- und Amidoliganden

Die wichtigste Klasse von Zweikernkomplexen mit Metall-Metall-Mehrfach-
bindungen neben den bisher diskutierten Systemen mit tetragonaler Komplex-
symmetrie sind die Dimolybdän- und Diwolframkomplexe der Typs
$[X_3M\equiv MX_3]$ (M = Mo, W; X = OR, NR_2) mit einer M-M-Dreifachbindung.
Aufgrund der Rotationssymmetrie der σ- und π-Bindungen bestimmt die
Ligand-Ligand-Abstoßung die Struktur der Verbindungen, die im Grundzu-
stand eine gestaffelte Anordnung der Amido- bzw. Alkoxyliganden besitzen
(Abb. 31.3).

Die Alkoxymolybdänkomplexe können durch Alkoholyse der entspechen-
den Amidokomplexe erhalten werden, während die entsprechende Reaktion
der Wolframanaloga weniger eindeutig verläuft. Der einzige Hexaalkoxydi-
wolfram-Komplex, der sich in glatter Reaktion durch Alkoholyse von
$[W_2(NMe_2)_6]$ erhalten läßt, ist das Produkt der Reaktion mit *tert*-Butanol,
$[W_2(OtBu)_6]$. Aus diesem lassen sich andere Alkoxykomplexe durch Ligandenaustausch mit den jeweiligen Alkoholen darstellen. Als besonders interes-
sant erwies sich der Komplex $[W_2(OiPr)_6]$, der in Lösung nicht nur im Gleichgewicht mit dem Dimer, einem Wolframvierkernkomplex vorliegt. Auf der
Stufe der Vierkernverbindung findet vielmehr eine Umlagerung der Metall-
Metall-Bindungen und damit ein Austausch der $\{W(OiPr)_3\}$-Fragmente
statt, wie in Abbildung 31.4 gezeigt ist. Dieser Prozeß des „Mischens"
von Komplexfragmenten wird in der Literatur als *Bloomington Shuffle* bezeichnet.[17]

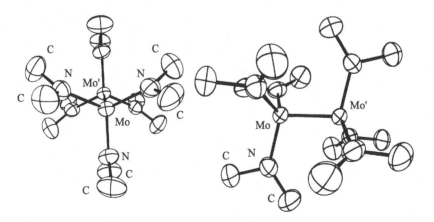

Abb. 31.3.   Molekülstruktur des Zweikernkomplexes $[Mo_2(NMe_2)_6]$ im Kristall.

---

[17] Diese Bezeichnung erfolgte in Anlehnung an die Hochschule, an der dieser Prozeß entdeckt
wurde: Die University of Indiana in Bloomington, Indiana, USA: M. H. Chisholm, D. L.
Clark, M. J. Hampdon-Smith, *J. Am. Chem. Soc.* **1989**, *111*, 574.

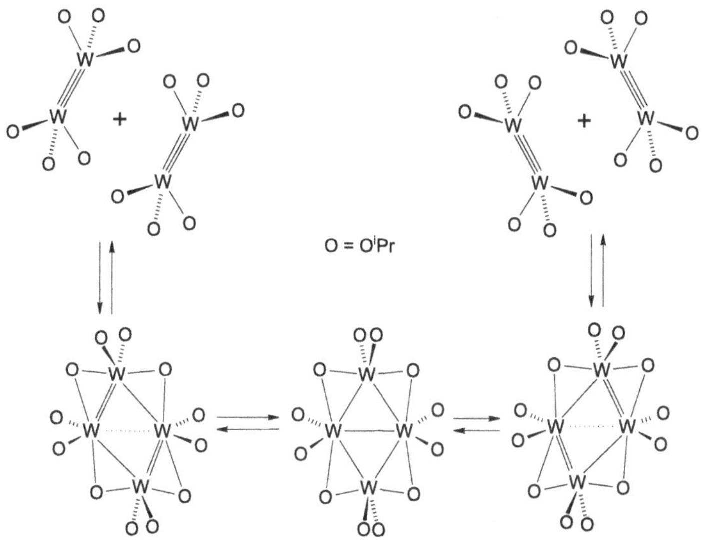

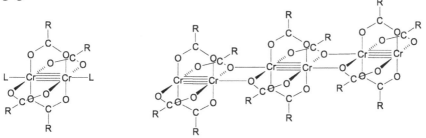

$O = O^iPr$

Abb. 31.4.
Dimerisierung von
$[W_2(OiPr)_6]$ und
Gerüstumlagerung
in $[W_4(OiPr)_{12}]$
(„Bloomington
Shuffle").

31.1.2 *Cr₂-Komplexe mit extrem kurzen Metall-Metall-Bindungen*

Unter den Zweikernkomplexen mit Metall-Metall-Vierfachbindung nehmen die Cr_2-Verbindungen eine Sonderstellung aufgrund der teilweise extrem kurzen Metall-Metall-Bindungen (< 2.0 Å) ein. Vor allem Carboxylatochrom(II)-Komplexe haben eine lange Geschichte. Chrom(II)-acetat wurde erstmals 1844 von Peligot als ein roter kristalliner Feststoff beschrieben, der aus den blauen Lösungen von Cr^{II}-Salzen durch Zugabe von Natrium- oder Kalium-acetat erhalten werden kann.[18] Wie wir heutzutage wissen, handelt es sich dabei um den Zweikernkomplex $[Cr_2(O_2CCH_3)_4(H_2O)_2]$, aus dem man durch Erhitzen die Aqualiganden entfernen kann.[19] Die Strukturen beider Komplexe wurden erst in den 70'er Jahren aufgeklärt und sind in Abbildung 31.5 wiedergegeben.

Abb. 31.5 (a) Allgemeine Struktur eines $[Cr_2(O_2CR)_4L_2]$-Komplexes. (b) Bildung unendlicher Ketten in den Kristallstrukturen von $[Cr_2(O_2CR)_4]_n$.

[18] E. Peligot, *Ann. Chim. Phys.* **1844**, *12*, 528.

[19] G. Brauer, *Handbuch der präparativen anorganischen Chemie*, Bd. 2, Enke, Stuttgart, **1962**.

Von besonderem Interesse sind die Dichrom(II)-Komplexe – wie bereits erwähnt wurde – aufgrund der extrem kurzen Metall-Metall-Bindungen, die für einige ihrer Vertreter gefunden wurden. So wurde für den zentrosymmetrischen Komplex [Cr$_2$(5-Me-2-MeOC$_6$H$_3$)$_4$] ein Cr-Cr-Abstand von 1.830(4) Å bestimmt, der bislang kürzeste in einer Metall-Metall-Bindung.[20]

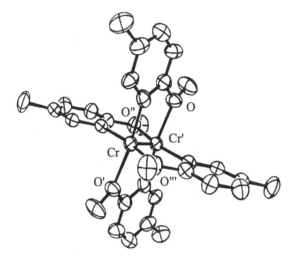

Die Cr-Cr-Bindungen in diesen Komplexen sind Gegenstand mehrerer theoretischer Untersuchungen gewesen, die auf einen hohen Grad an Elektronenkorrelation (Kap. 16) hinweisen. Daher lassen sich die Bindungsverhältnisse auch nicht durch eine einzelne Elektronenkonfiguration wiedergeben. Auch bei geringen Metall-Metall-Abständen besitzt die einer Vierfachbindung entsprechende Konfiguration $\sigma^2\pi^4\delta^2$ zwar das höchste Gewicht, wird aber nicht derart dominierend, daß man von einer wirklichen Vierfachbindung sprechen kann.

31.2 Die δ-Bindung

Die Formulierung einer δ-Bindung in der qualitativen Analyse der Bindungsverhältnisse in [Re$_2$Cl$_8$]$^{2-}$ war vor allem durch die unerwartete ekliptische Stellung der Chloroliganden motiviert worden. Während die Stärke der σ- und π-Komponenten in M-M-Mehrfachbindungen aufgrund der Zylindersym-

---

[20] Diese Verbindung wurde erstmalig von F. Hein und D. Tille publiziert, ohne daß diese aber ihre Struktur erkannten: F. Hein, D. Tille, *Z. Anorg. Allg. Chem.* **1964**, *329*, 72. Das ungewöhnlich niedrige effektive magnetische Moment für eine Chom(II)-Verbindung erklärt sich nach einem Vorschlag der Autoren „aus einer Wechselwirkung benachbarter 3d-Orbitale der beiden Chromatome, deren Abstände nahezu dem entspricht, der im metallischen Zustand vorliegt". Hier wurde eine – für die damalige Zeit – wissenschaftliche Sensation knapp verpaßt, da die geeignete analytische Methode nicht zur Verfügung stand.

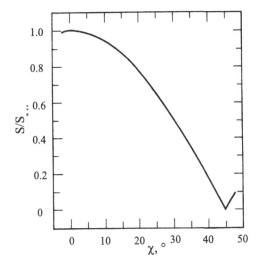

Abb. 31.6 Abhängigkeit der δ-Überlappung vom Torsionswinkel χ, S = Überlappungsintegral (Nach: F. A. Cotton, R. A. Walton, loc. cit.).

metrie der σ- und π-Orbitalüberlappung im wesentlichen unabhängig von dem inneren Torsionswinkel zwischen den beiden Molekülhälften ist, gilt dies nicht mehr für die δ-Bindung. Für diese ergibt sich eine Winkelabhängigkeit der Bindungsstärke, die durch die Überlappung der d_{xy}-Orbitale der Molekülhälften gegeben ist. Definiert man den ekliptischen Zustand als Nullpunkt des Torsionswinkels χ, so ergibt sich das in Abbildung 31.6 wiedergegebene $\cos(2\chi)$-Verhalten für die δ-Überlappung.

Aus der Tatsache, daß die δ-Bindung für den ideal-ekliptischen Fall am stärksten ist, folgt nicht unbedingt, daß diese Geometrie für das Molekül als ganzes energetisch am günstigsten ist. Vielmehr spielen die Ligand-Ligand-Abstoßung sowie – bei Koordination mehrzähniger Liganden – die durch die Ligandengeometrie vorgegebenen strukturellen Randbedingungen eine sehr wichtige Rolle. Dies hat man sich bei einer systematischen Untersuchung einer Reihe von Komplexen des Typs $[Mo_2X_4(\mu\text{-PP})_2]$ (X = Cl, Br; PP = Diphosphane) zunutze gemacht, in denen der Torsionswinkel im Bereich zwischen 0 und 42° variiert wurde.

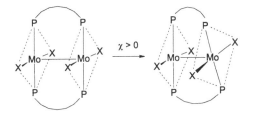

Eine Analyse der Strukturdaten ergab eine Verlängerung der Mo-Mo-Bindungslänge von 0.097 Å beim Übergang von der ekliptischen in die gestaffelte Molekülgeometrie. Dieser Wert stimmt gut mit photochemischen Untersuchungen des angeregten δδ*-Zustands in Komplexen mit M-M-Vierfachbindung überein. In diesem ist die δ-Bindung durch die Anregung in das antibindende Orbital aufgehoben, was zu einer Vergrößerung des Metall-Metall-Abstands im angeregten Zustand von ca. 0.1 Å führt (s. Abschn. 31.3).

31.3 Die Photochemie der δ→δ*-angeregten Zustände

Der elektronische Übergang aus der Grundzustandskonfiguration von $[Re_2X_8]^{2-}$ ($\sigma^2\pi^4\delta^2$) mit der niedrigsten Energie ist der Übergang eines Elektrons aus einem δ-Orbital in ein δ*-Orbital. Dies führt zu einer charakteristischen langwelligen Bande im Absorptionsspektrum im Bereich um ca. 700 nm (Abb. 31.7).

Die δ→δ*-Übergänge sind elektrisch Dipol-erlaubt in Polarisationsrichtung entlang der M-M-Kernverbindungsachse. Allerdings sind sie in der Regel relativ schwach, was auf die geringe Orbitalüberlappung der δ-Orbitale zurückzuführen ist. Durch zeitaufgelöste Absorptionsspektroskopie konnte zudem gezeigt werden, daß die ekliptisch konfigurierten Moleküle $[Re_2Cl_8]^{2-}$ und $[Mo_2Cl_8]^{4-}$ nach der δ→δ*-Anregung einer inneren Rotation unterliegen und in die gestaffelte Form übergehen. Dies ist eine Folge der Aufhebung der δ-bindenden Wechselwirkung durch die Anregung in das δ*-Orbital. Regt man hingegen den δ→δ*-Zustand in Komplexen mit stark raumerfüllenden Liganden – wie z. B. $[Mo_2Cl_4(PnBu_3)_4]$ – an, so ist diese innere Rotation blockiert, und man beobachtet stattdessen bei tiefen Temperaturen eine Emissionsbande, die spiegelbildlich zur Absorptionsbande verläuft (Abb. 31.8).

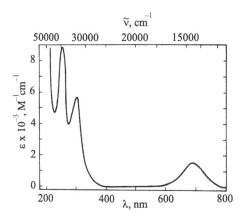

Abb. 31.7. Absorptionsspektrum von $[Re_2Cl_8]^{2-}$.[21]

---

[21] F. A. Cotton, N. F. Curtis, B. F. G. Johnson, W. R. Robinson, *Inorg. Chem.* **1965**, *4*, 326.

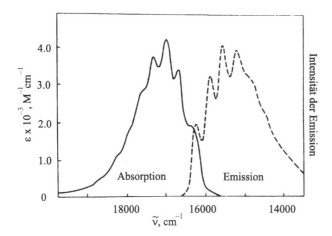

Abb. 31.8. Absorptions-(links) und Emissions-spektrum (rechts) von $[Mo_2Cl_4(PnBu_3)_4]$ (bei 80 K).

Für einige Zweikernkomplexe mit M-M-Vierfachbindung wurde eine interessante Photoreaktivität aus dem $\delta \rightarrow \delta^*$-Zustand gefunden. Ein Beispiel ist die Zweielektronen-Photoreduktion von CH_3I durch $[W_2Cl_4(dppm)]$.[22]

[22] C. M. Partigianoni, D. G. Nocera, *Inorg. Chem.* **1990**, *29*, 2033. Siehe auch: L. H. Gade, *Angew. Chem.* **1995**, *107*, 595.

32   Clusterkomplexe[23]

In den vorigen Kapiteln wurde der Begriff „Clusterkomplex" allgemein im Zusammenhang mit dem Vorliegen von Metall-Metall-Bindungen in Mehrkernkomplexen unter Einbeziehung von Zweikernkomplexen eingeführt. Die von F. A. Cotton ursprünglich gegebene Definition eines Clusterkomplexes – kurz „Cluster" – war allgemeiner gehalten:[24]

Ein Cluster ist ein Molekül, das eine endliche Zahl von Metallatomen enthält, die zu einem wesentlichen Anteil durch Metall-Metall-Bindungen verknüpft sind.

Die Schwierigkeit bei der Anwendung dieser Definition steckt in der Formulierung des „wesentlichen Anteils" der Metall-Metall-Bindungen, der nicht immer einfach zu belegen ist. Im Rahmen dieses Kapitels wird auf die Diskussion solcher Grenzfälle verzichtet und das Vorliegen signifikanter Metall-Metall-Wechselwirkung vorausgesetzt.

In den folgenden Abschnitten werden die in ihrer Einfachheit ästhetischen Beziehungen zwischen den komplexen Metallgerüst-Strukturen von Carbonylmetall-Clusterkomplexen und ihren Valenzelektronenzahlen diskutiert, wie wir sie in ähnlicher Weise im Falle der 18-Elektronen-Regel in Kapitel 30 bereits kennengelernt haben. Ausgangspunkt wird dabei das einzelne, am Cluster-Molekülverband beteiligte Komplexfragment sein, dessen Bindungsvermögen die Gesamtstruktur entscheidend bestimmt.

32.1   Die Isolobal-Analogie

Wie wir bereits in Kapitel 30 festgestellt haben, stellt eine theoretische Beschreibung der Bindungsverhältnisse in Mehrkernkomplexen mit Metall-Metall-Bindungen immer noch eine Herausforderung für die theoretische Chemie dar. Bei Berechnungen von Vielkern-Carbonylclustern wurden die Möglichkeiten der modernen quantenchemischen Methoden ausgeschöpft;[25] diese sind aber bisher zu aufwendig, um systematisch und in vergleichenden Studien angewendet zu werden. Zudem lassen sich die Ergebnisse der dadurch gewonnenen Bindungsanalysen nicht mehr problemlos im Sinne einfacher Bindungsvorstellungen, wie sie den synthetischen Arbeiten zugrunde liegen, interpretieren.

[23] (a) *The Chemistry of Metal Cluster Complexes* (Hrsg.: D. F. Shriver, H. D. Kaesz, R. D. Adams), VCH, Weinheim, **1990**. (b) *Clusters and Colloids* (Hrsg. G. Schmid), VCH, Weinheim, **1994**.

[24] F. A. Cotton, *Quart. Rev. Chem. Soc.* **1966**, 416. Die hier wiedergegebene Definition wurde zur Verbesserung der Verständlichkeit leicht modifiziert.

[25] N. Rösch und G. Pacchioni in *Clusters and Colloids* (Hrsg. G. Schmid), VCH, Weinheim, **1994**, S. 5.

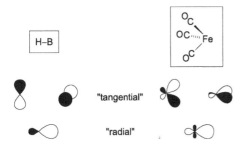

Abb. 32.1. Grenzorbitale der Fragmente {B-H} und {Fe(CO)$_3$}. Für das {B-H}-Fragment ist sp-Hybridisierung, und für das {Fe(CO)$_3$}-Fragment dsp-Hybridisierung der Grenzorbitale gewählt, um die Analogie ihrer Form und Symmetrie zu verdeutlichen.

Aus diesem Grund besitzen einfache, auf Elektronenzählregeln basierende Bindungskonzepte nach wie vor eine große Bedeutung, wie anhand der EAN-Regel bereits gezeigt wurde. Einen allgemeiner anwendbaren Satz von Regeln, die Elektronenzahl und Clusterstruktur miteinander in Beziehung setzen, erhält man, wenn man die Analogie zwischen den Gerüststrukturen von Carbonylclustern und Polyboranen ausnutzt (s. Abschn. 32.2). Grundlage dieses Ansatzes ist die *Isolobal-Analogie* zwischen den {H-B}-Fragmenten der Borane und dem {M(CO)$_3$}-Fragment (M = Fe, Ru, Os).

Man bezeichnet zwei Molekülfragmente als *isolobal*, wenn die Zahl, die Symmetrieeigenschaften und die Elektronenbesetzung ihrer *Grenzorbitale*[26] gleich und ihre Orbitalenergien ähnlich sind.[27]

In Abbildung 32.1 sind die Grenzorbitale des {B-H-}- und der {Fe(CO)$_3$}-Fragments dargestellt. Man erkennt daraus das ähnliche Bindungsvermögen beider Molekülfragmente und die daraus zu erwartende Strukturanalogie von Molekülen, die sie enthalten.

Die Wade-Regeln für Boran-Cluster

Aufgrund der Isolobalität der in Abbildung 32.1 gezeigten Fragmente kann man einen Satz von Regeln für das Elektronenzählen in Clusterkomplexen herleiten, die auf den *Wade-Regeln* für die Polyederstrukturen der Borane basieren. Ausgangspunkt für die Wade-Regeln sind die Boranat-Anionen [B$_n$H$_n$]$^{2-}$, die geschlosssene Polyederstrukturen besitzen und die man auch als *closo*-Verbindungen bezeichnet. Jede der B-H-Bindungen beansprucht eines der vier B-zentrierten Grenzorbitale und zwei Elektronen,

---

[26] Als *Grenzorbitale* bezeichnet man die Orbitale im (energetischen) Grenzbereich zwischen besetzten und unbesetzten Orbitalen eines Molekülfragments. Diese spielen eine wichtige Rolle bei der Bindungsbildung zwischen den Fragmenten.

[27] R. Hoffmann, *Angew. Chem.* **1982**, *94*, 725. Die Isolobalanalogie wurde vor allem formuliert, um die Strukturen von Clusterkomplexfragmenten mit denen isolobal-analoger Kohlenwasserstoff-Fragmente in Beziehung zu setzen und besaß einen erheblichen heuristischen Wert in der präparativen Organometallchemie. Dieser Aspekt geht über den Rahmen dieses Buchs hinaus. Siehe z. B.: F. G. A. Stone, *Angew. Chem.* **1984**, *96*, 85.

so daß drei weitere Grenzorbitale, die mit zwei Elektronen besetzt sind, für die Bindungen innerhalb des B_n-Gerüsts zur Verfügung stehen. Zwei dieser Orbitale, die nicht hybridisierten p-Orbitale in Abbildung 32.1, sind „tangential" und das dritte „radial" zum Clustergerüst ausgerichtet. Ausgehend hiervon lassen sich für den B_n-Käfig 2n tangentiale Molekülorbitale (n bindende und n antibindende MO) und n radiale Molekülorbitale ableiten, von denen eines stark bindend ist und n−1 entweder schwach bindend, nichtbindend oder antibindend sind. Damit ergeben sich insgesamt n + 1 bindende Gerüstorbitale, die 2n + 2 *Gerüstelektronen* (*Skelettelektronen*) enthalten. Berücksichtigt man zudem die B-H-Bindungselektronenpaare, so ergibt sich für die geschlossenschalige elektronische Struktur der *closo*-Borane $[B_nH_n]^{2-}$ eine Valenzelektronenzahl von 4n + 2. Entfernt man ein Boratom aus seiner Eckenposition in einem B_{n+1}-*closo*-Polyeder, so erhält man ein Boran B_nH_{n+4}, das eine offenere *nido*-Struktur und eine Valenzelektronenzahl von 4n + 4 besitzt. Falls zwei Boratome aus einem B_{n+2}-*closo*-Polyeder entfernt werden, erhält man ein Boran mit einer *arachno*-Struktur und einer Valenzelektronenzahl von 4n + 6. Der Zusammenhang zwischen Gerüstelektronenzahl und Clusterstruktur wurde erstmals von K. Wade systematisch formuliert, weshalb man die in Tabelle 32.1 zusammengefaßten Regeln auch als *Wade-Regeln* bezeichnet.

Tabelle 32.1. Zusammenfassung der Wade-Regeln. Dabei gilt: 1) Jede {B-H}-Einheit trägt 2 Skelettelektronen zum Clustergerüst bei; 2) Jedes zusätzliche H-Atom trägt ein Skelettelektron bei; 3) Ionenladungen müssen bei der Bestimmung der Gerüstelektronenzahl mitberücksichtigt werden.

Boran	Zahl der Skelett-elektronenpaare	Zahl der Valenz-elektronen	Strukturtyp[28]	Beispiel
B_nH_{n+2}[29]	n + 1	4n + 2	*closo*	$[B_6H_6]^{2-}$
B_nH_{n+4}	n + 2	4n + 4	*nido*	B_5H_9
B_nH_{n+6}	n + 3	4n + 6	*arachno*	B_4H_{10}

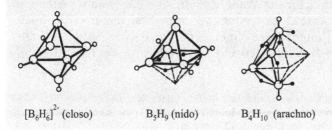

$[B_6H_6]^{2-}$ (closo) B_5H_9 (nido) B_4H_{10} (arachno)

---

[28] Die Strukturtyp-Einteilung bezieht sich streng genommen auf *Deltaeder*, d. h. Polyeder, die aus Dreiecksflächen bestehen.

[29] Bei den binären Boranen wird die *closo*-Struktur nur für die Dianionen beobachtet.

32.2 Die Polyeder-Skelettelektronenpaar(PSEP)-Theorie für Clusterkomplexe[30]

Die EAN-Regel (Kap. 30) läßt sich erfolgreich zum Verständnis der Strukturen niederkerniger Clusterkomplexe heranziehen, sie versagt jedoch bereits bei ihrer Anwendung auf Cluster mit Oktaedergerüsten. So sagt die EAN-Regel beispielsweise für den Komplex $[Os_6(CO)_{18}]$ das Vorliegen von 12 Metall-Metall-Bindungen voraus, weshalb man zunächst auf ein Gerüstoktaeder schließen könnte. Tatsächlich wurde die in Abbildung 32.2 dargestellte zweifach-überdacht tetraedrische Clusterstruktur gefunden. In dieser kann man ebenfalls 12 Os-Os-Zweizentren-Zweielektronenbindungen formulieren. Die Schwierigkeiten bei der Anwendung der EAN-Regel werden aber bereits bei dem Reduktionprodukt dieser Verbindung, dem Clusterdianion $[Os_6(CO)_{18}]^{2-}$, deutlich. Dieses Dianion sollte nur noch 11 Os-Os-Bindungen besitzen, was unvereinbar mit der gefundenen Oktaederstruktur ist.

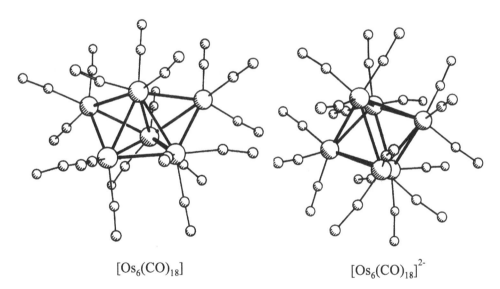

$[Os_6(CO)_{18}]$ $[Os_6(CO)_{18}]^{2-}$

Abb. 32.2 Molekülstrukturen der Clusterkomplexe $[Os_6(CO)_{18}]$ und $[Os_6(CO)_{18}]^{2-}$.[31]

---

[30] D. M. P. Mingos, D. J. Wales, *Introduction to Cluster Chemistry*, Prentice Hall, London, **1990**.

[31] R. Mason, K. M. Thomas, D. M. P. Mingos, *J. Am. Chem. Soc.* **1973**, *95*, 3802. M. McPartlin, C. R. Eady, B. F. G. Johnson, J. Lewis, *J. Chem. Soc., Chem. Commun* **1976**, 883.

Übungsbeispiel:

Bestätigen Sie die oben erwähnte Anzahl der Os-Os-Bindungen in $[Os_6(CO)_{18}]$ und $[Os_6(CO)_{18}]^{2-}$ auf der Grundlage der EAN-Regel.

Antwort:
Die Anzahl der M-M-Bindungen x in einem M_n-Clusterkomplex ergibt sich aus: $x = \frac{1}{2}(18n - N)$. Für $[Os_6(CO)_{18}]$ und $[Os_6(CO)_{18}]^{2-}$ beträgt die Gesamtvalenzelektronenzahl N = 84 bzw. 86. Es gilt daher x = 12 für den Neutralkomplex und x = 11 für das Dianion.

Dieses Beispiel macht deutlich, daß das einfache Konzept der Zweizentren-Zweielektronenbindungen, das der EAN-Regel zugrundeliegt, auf diese Carbonylclusterkomplexe nicht allgemein anwendbar ist und die Bindungsverhältnisse besser durch einen Ansatz mit delokalisierten Gerüstbindungen – ähnlich dem für Borane – beschrieben werden müssen. Einen Ausweg bietet die im vorigen Abschnitt gewonnene Kenntnis der Isolobalität des {B-H}-Fragments mit einem geeigneten Metallcarbonylfragment wie z.B. {M(CO)$_3$} (M = Fe, Ru, Os). Dieses besitzt 6 Valenzelektronen in den Molekülorbitalen der M-CO-Bindungen, 6 Valenzelektronen in nicht-bindenden Metall-zentrierten Orbitalen und 2 Valenzelektronen in den bereits diskutierten Grenzorbitalen. Letztere stehen für die Besetzung der bindenden Gerüstorbitale zur Verfügung.

Eine Vielzahl von Übergangsmetall-Clusterkomplexen mit Gerüststrukturen analog zu denen der *closo*-, *nido*- und *arachno*-Borane sind bis dato synthetisiert und strukturell charakterisiert worden. Für die *closo*-Cluster der Übergangsmetalle M_n erwartet man jedoch eine charakteristische *Cluster-Valenzelektronenzahl* (CVE) von 14n + 2 als Folge der Auffüllung der 5 d-Orbitale der beteiligten Metallatome. Übergangsmetallcluster M_n mit *nido*- und *arachno*-Strukturen mit den entprechenden Valenzelektronenzahlen 14n + 4 bzw. 14n + 6 sind ebenfalls in größerer Zahl charakterisiert worden. Subtrahiert man von der CVE die 12 Valenzelektronen pro Metallzentrum, die nicht an den Bindungen im Gerüst beteiligt sind, so erhält man – wie auch bei den Boranen – die charakteristischen n + 1, n + 2 und n + 3 Skelettelektronenpaare (SEP) für *closo*-, *nido*-, und *arachno*-Cluster.

SEP = CVE – 12n , n = Zahl der Polyederecken

Diese Erweiterung der Wade-Regeln für Borane wird als *Polyeder-Skelettelektronenpaar-Theorie* (kurz: *PSEP*-Theorie) oder auch als *Wade-Mingos-*

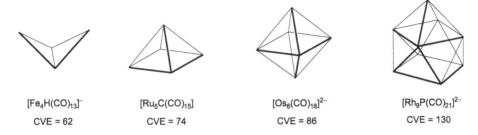

$[Fe_4H(CO)_{13}]^-$	$[Ru_5C(CO)_{15}]$	$[Os_6(CO)_{18}]^{2-}$	$[Rh_9P(CO)_{21}]^{2-}$
CVE = 62	CVE = 74	CVE = 86	CVE = 130

Abb. 32.3   Beispiele für Carbonylcluster (mit ihrer Gesamtvalenzelektronenzahl), die im Einklang mit der *PSEP*-Theorie stehen.

Regeln bezeichnet.[32] In Abbildung 32.3 sind einige Beispiele für Carbonylcluster zusammengestellt, die im Einklang mit der *PSEP*-Theorie stehen.

Tabelle 32.2.   *closo*- und *nido*-Clustergeometrien und ihre charakteristischen Cluster-Valenzelektronenzahlen (CVE) und Zahlen der Skelettelektronenpaare (SEP).

Gerüststruktur	Strukturtyp	CVE	SEP	Beispiel
Tetraeder	*nido*	60	6	$[Ir_4(CO)_{12}]$
trigonale Bipyramide	*closo*	72	6	$[Os_5(CO)_{15}]^{2-}$
Oktaeder	*closo*	86	7	$[Os_6(CO)_{18}]^{2-}$
quadratische Pyramide	*nido*	74	7	$[Ru_5C(CO)_{15}]$
pentagonale Bipyramide	*closo*	100	8	–
dreifach überdachtes trigonales Prisma	*closo*	128	10	–
zweifach überdachtes quadratisches Antiprisma	*closo*	142	11	$[Rh_{10}Sb(CO)_{22}]^{2-}$
überdachtes quadratisches Antiprisma	*nido*	130	11	$[Rh_9P(CO)_{21}]^{2-}$
Ikosaeder	*closo*	170	13	$[Rh_{12}Sb(CO)_{27}]^{3-}$

32.2.1   Die „Überdachungsregel"

Im Gegensatz zu den Boranen wurden in der Übergangsmetall-Komplexchemie Clusterstrukturen beobachtet, in denen die Metallatom-Polyeder durch weitere Komplexfragmente überdacht sind (Abb. 32.4).

Die PSEP-Regeln sind für solche Moleküle wie folgt erweitert worden:[33]

---

[32] D. M. P. Mingos, *Chem. Soc. Rev.* **1986**, *15*, 31.
[33] D. M. P. Mingos, *Nature* **1972**, *236*, 99.

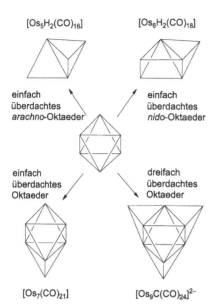

$[Os_5H_2(CO)_{16}]$ $[Os_6H_2(CO)_{18}]$

einfach   einfach
überdachtes   überdachtes
arachno-Oktaeder   *nido*-Oktaeder

einfach   dreifach
überdachtes   überdachtes
Oktaeder   Oktaeder

$[Os_7(CO)_{21}]$ $[Os_9C(CO)_{24}]^{2-}$

Abb. 32.4   Beispiele für Clusterkomplexe mit überdachten Polyedergerüsten.

Ein Clusterkomplex, dessen Metallgerüst ein überdachtes Polyeder ist, besitzt die gleiche Anzahl an bindenden Skelettorbitalen wie das nicht überdachte Polyeder.

Grundlage der Überdachungsregel ist die Tatsache, daß die Grenzorbitale eines überdachenden $\{M(CO)\}_3$-Fragments (Abb. 32.1) die für eine bindende Wechselwirkung mit einem der Polyeder oder ihrer Fragmente geeignete Symmetrie besitzen. Das bedeutet, daß drei Cluster-Valenzorbitale an der Bindung beteiligt sind, und die antibindenden MO's eine zu hohe Energie besitzen, um Elektronen aufnehmen zu können. Überdachende Fragmente tragen also 12 Elektronen zur Cluster-Valenzelektronenzahl bei und keine Gerüstelektronen; folglich bleibt die Zahl der Skelettelektronenpaare (SEP) gegenüber dem Stammpolyeder unverändert.

Das Überdachungsprinzip läßt sich nicht nur auf *closo*-Polyeder anwenden, sondern gleichermaßen auf Cluster, die sich von *nido*- oder *arachno*-Polyedern herleiten. Auf diese Weise lassen sich häufig mehrere Clustergerüste zu einer CVE-Zahl konstruieren. Das „klassische" Beispiel bieten die Os_6-Komplexe $[Os_6(CO)_{18}]^{2-}$, $[Os_6H(CO)_{18}]^-$ und $[Os_6H_2(CO)_{18}]$, die alle 86 Cluster-Valenz-

$[Os_6H(CO)_{18}]^-$ $[Os_6H_2(CO)_{18}]$

Abb. 32.5   Gerüststrukturen der Os_6-Cluster $[Os_6H(CO)_{18}]^-$ (der Hydridoligand überdacht eine der Oktaederflächen) und $[Os_6H_2(CO)_{18}]$ (die Hydridoliganden überbrücken zwei Kanten).[34]

[34] M. McPartlin, C. R. Eady, B. F. G. Johnson, J. Lewis, *J. Chem. Soc., Chem. Commun.* **1976**, 883.

elektronen besitzen. Während das Dianion und der Monohydridocluster eine oktaedrische Gerüststruktur besitzen, ist das Os_6-Gerüst des neutralen Dihydridoclusters eine überdachte quadratische Pyramide (Abb. 32.5).

Man kann bereits aufgrund der Formel eines Clusterkomplexes entscheiden, ob ein überdachter Cluster vorliegen kann oder nicht. Ist die Cluster-Valenzelektronenzahl eines M_n-Clusters geringer als $14n + 2$, so muß ein einfach oder mehrfach überdachter Cluster vorliegen, der sich von einem Polyeder niedrigerer Kantenzahl herleitet. Dabei gilt, daß man für jedes Elektronenpaar weniger als $14n + 2$ ein überdachendes Fragment berücksichtigen muß.

Übungsbeispiel:

Schlagen Sie Gerüststrukturen für die folgenden drei Osmiumcluster unter Berücksichtigung der Überdachungsregel vor: $[Os_7(CO)_{21}]$, $[Os_8(CO)_{22}]^{2-}$ und $[Os_{10}C(CO)_{24}]^{2-}$.

Antwort:
Die drei Cluster besitzen Valenzelektronenzahlen von 98, 110 und 134. Die Elektronenzahlen für M_7-, M_8- und M_{10}-*closo*-Cluster sind nach der $14n + 2$-Regel 100, 114 bzw. 142, d. h. es müssen überdachte Cluster vorliegen. Geht man davon aus, daß die Stamm-Polyeder *closo*-Polyeder sind, so ergibt sich aus den Differenzen zwischen $14n + 2$ und CVE die Anzahl der überdachenden Fragmente.

$[Os_7(CO)_{21}]$: $100 - 98 = 2$, d. h. Oktaeder [{7-1}-Polyeder] mit *einem* überdachenden Fragment;
$[Os_8(CO)_{22}]^{2-}$: $114 - 110 = 4$, d. h. Oktaeder [{8-2}-Polyeder] mit *zwei* überdachenden Fragmenten;
$[Os_{10}C(CO)_{24}]^{2-}$: $142 - 134 = 8$, d. h. Oktaeder [{10-4}-Polyeder] mit *vier* überdachenden Fragmenten.

$[Os_7(CO)_{21}]$ $[Os_8(CO)_{22}]^{2-}$ $[Os_{10}C(CO)_{24}]^{2-}$

Daß sich die Strukturen der drei Cluster von Oktaedergerüsten ableiten, kann man auch durch Berechnung der SEP zeigen: $SEP = CVE - 12n$. In allen drei Fällen ist die SEP gleich 7, was der charakteristischen Zahl für ein Oktaeder entspricht.

Die Überdachungsregel erlaubt keine Vorhersage der relativen Anordnung der überdachenden Fragmente auf dem Grundpolyeder, wie man anhand des Vergleichs der Strukturen der isovalenzelektronischen Clusterkomplexe $[Os_8(CO)_{22}]^{2-}$ und $[Re_8C(CO)_{24}]^{2-}$ sieht.

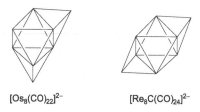

$[Os_8(CO)_{22}]^{2-}$ $[Re_8C(CO)_{24}]^{2-}$

Durch Kombination der Regeln der PSEP-Theorie für einfache Polyeder und der Überdachungsregel lassen sich auch komplizierte Clusterstrukturen vorhersagen und verstehen. Ein besonders lehrreiches Beispiel bietet die in Abbildung 32.6 dargestellte „Matrix" von Osmium-Clusterkomplexen, die sich alle von dem Oktaeder als Stammpolyeder herleiten (*McPartlin-Matrix*); n.b. = nicht beobachtet.[35]

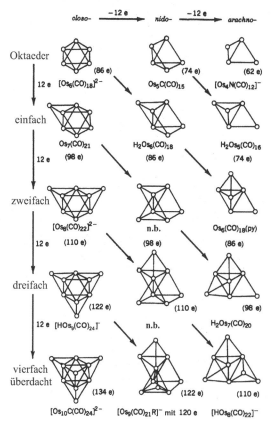

Abb. 32.6 Strukturen und CVE-Zahlen von Osmiumclustern, die man auf eine Oktaeder-Grundstruktur zurückführen kann (*McPartlin-Matrix*). Strukturen mit gleicher CVE-Zahl sind durch die diagonalen Pfeile verknüpft, die andeuten, daß die Entfernung einer Polyederkante bei gleichzeitiger Überdachung des Restfragments die Gesamtvalenzelektronenzahl unverändert läßt.

[35] M. McPartlin, *Polyhedron* **1984**, *3*, 1279.

32.2.2 Kondensierte Polyeder

Die Überdachungsregel ist ein Spezialfall einer allgemeineren Regel, die Clusterstrukturen und Zahl der Skelettelektronenpaare zueinander in Beziehung setzt. Die Gerüste vielkerniger Clusterkomplexe können häufig als *kondensierte Polyeder* aufgefaßt werden. Es liegt daher nahe, zu untersuchen, ob sich aus der SEP der einzelnen Polyeder eine charakteristische Skelettelektronenpaarzahl für das gesamte Clustergerüst ableiten läßt. Für Deltaeder gibt es drei Verknüpfungsarten: 1) über eine gemeinsame Ecke, 2) über eine gemeinsame Kante und 3) über eine gemeinsame Dreiecksfläche (Abb. 32.7).

Für diese Formen der Polyederverknüpfung gilt die *Kondensationsregel*:[36] Die Clustervalenzelektronenzahl (CVE) eines kondensierten Polyeders ist gleich der Summe der Elektronenzahlen der beteiligten Stammpolyeder minus der charakteristischen Elektronenzahl eines gemeinsamen Atoms, eines gemeinsamen Atom-Paars oder einer gemeinsamen Dreiecksfläche. Die charakteristischen Elektronenzahlen der verknüpfenden Elemente ergeben sich aus der EAN-Theorie für einkernige, zweikernige und dreikernige Komplexe mit Metall-Metall-Bindungen zu 18, 34 bzw. 48.

Die Anwendung dieser Regel ist schematisch in Abbildung 32.8 für diese drei Fälle dargestellt.

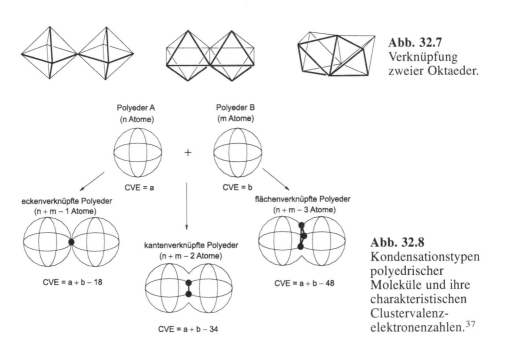

Abb. 32.7
Verknüpfung zweier Oktaeder.

Polyeder A
(n Atome)

Polyeder B
(m Atome)

+

CVE = a

CVE = b

eckenverknüpfte Polyeder
(n + m − 1 Atome)

kantenverknüpfte Polyeder
(n + m − 2 Atome)

flächenverknüpfte Polyeder
(n + m − 3 Atome)

CVE = a + b − 18

CVE = a + b − 34

CVE = a + b − 48

Abb. 32.8
Kondensationstypen polyedrischer Moleküle und ihre charakteristischen Clustervalenz-elektronenzahlen.[37]

---

[36] Eine Begründung der Regel auf der Basis einer Grenzorbitalbetrachtung der verknüpften Fragmente geht über den Rahmen dieses Abschnitts hinaus. Siehe: D. M. P. Mingos, *J. Chem. Soc., Chem. Commun.* **1983**, 706.

[37] D. M. P. Mingos, *Acc. Chem. Res.* **1984**, *17*, 311.

Übungsbeispiele:

1) Zeigen Sie, daß die Überdachungsregel ein Spezialfall der Kondensationsregel für Cluster-Polyeder ist.

2) Überprüfen Sie die Kondensationsregel anhand des Clusterkomplexes $[Ru_{10}C_2(CO)_{24}]^{2-}$.

$[Ru_2C_2(CO)_{24}]^{2-}$

3) Der Clusterkomplex $[Ni_9(CO)_{18}]^{2-}$ besitzt die hier abgebildete Gerüststruktur, die aus einem über eine Dreiecksfläche verknüpften trigonalen Prisma und einem Oktaeder besteht. Leiten Sie die CVE für das trigonale Prisma aus der EAN-Theorie her, und wenden Sie dann die Kondensationsregel an, um die Valenzelektronenzahl des Nickelclusters zu berechnen. Stimmt diese mit der aus der Formel gegeben Elektronenzahl überein?

$[Ni_9(CO)_{18}]^{2-}$

Antwort:

1) Die Überdachung einer Dreiecksfläche eines Polyeders entspricht der Kondensation des Polyeders mit einem Tetraeder über eine gemeinsame Dreiecksfläche: Zu der CVE des Polyeders werden also die 60 Valenzelektronen des Tetraeders addiert und 48 VE des gemeinsamen Dreiecks subtrahiert. Insgesamt erhält man eine Addition von 12 CVE pro überdachendem Fragment, was genau der Überdachungsregel des vorigen Abschnitts entspricht.

2) Für zwei über eine gemeinsame Kante verknüpfte Oktaeder (CVE = 86) gilt:
CVE = $2 \times 86 - 34 = 138$. Wenn man berücksichtigt, daß die beiden interstitiellen Carbidoliganden des Rutheniumclusters je 4 Elektronen zur CVE beisteuern, so ergibt sich auch aus der Formel eine Gesamtvalenzelektronenzahl von 138.

3) Die CVE eines trigonalen Prismas (Zahl der Ecken n = 6) ergibt sich aus der EAN-Regel, wenn man berücksichtigt, daß 9 Metall-Metall-Bindungen (x = 9) vorliegen: CVE = $6 \times 18 - 9 \times 2 = 90$. Aus der Kondensationsregel erhält man für den Ni_9-Komplex: CVE = $90 + 86 - 48 = 128$. Das enspricht dem Wert, den man aus der Formel ermittelt.

Die PSEP-Theorie stößt bei Vielkernclustern an ihre Grenzen, so daß Abweichungen der gefundenen Valenzelektronenzahlen vom Idealwert dort häufiger werden. Der Grund hierfür ist ähnlich wie der beim Versagen der EAN-Regel. Diese ist nicht mehr anwendbar, wenn die bindenden Metall-Metall-Wechselwirkungen in Clusterkomplexen nicht mehr durch lokalisierte Bindungen beschrieben werden können. Die PSEP-Theorie erlaubt hingegen eine delokalisierte Bindungsbeschreibung innerhalb eines Polyeders in Anlehnung an die Wade-Regeln für die höheren Borane.

Die Kondensationsregel setzt implizit voraus, daß diese Polyeder in komplexen Clustergerüsten noch eine „Restidentität" besitzen, daß sich also die Bindungsverhältnisse ausgehend von ihnen beschreiben lassen. Nur solange diese Vorstellung gültig ist, führt dieser Ansatz zum Ziel und wird somit bei sehr großen Clustern, deren Metall-Metall-Bindungen eine vollständig delokalisierte Beschreibung erforden, versagen.[38]

32.2.3 *J. W. Lauhers MO-Theorie für Carbonylmetallcluster*

Eine zu der PSEP-Theorie komplementäre Herleitung der charakteristischen Cluster-Valenzelektronenzahlen basiert auf einer systematischen semiempirischen MO-LCAO-Studie, die von J. W. Lauher an einer ganzen Reihe von Carbonylclustern durchgeführt wurde.[39] Der Ausgangspunkt in diesem theoretischen Ansatz ist das „nackte" Metallgerüst der verschiedenen Cluster, dessen Valenzorbitale das Bindungsvermögen für die Liganden (in diesem Falle CO-Liganden) definieren. Die Grundidee läßt sich auf die Begründung der 18-Elektronenregel für späte Übergangsmetalle in niedrigen Oxidationsstufen zurückführen. Bei den Einkernkomplexen sind die 5 nd-Orbitale, das (n+1)s-Orbital und die drei (n+1)p-Orbitale die Valenzorbitale, die entweder nichtbindend sind oder Bindungselektronen aufnehmen können. Wie bereits in Kapitel 30 erläutert, kommt auf diese Weise die Valenzelektronenzahl von 18 für stabile Systeme zustande. In der gleichen Weise, wie die Grenzorbitalenergien eines einzelnen Metallatoms dessen Bindungsvermögen und folglich

---

[38] Ein Beispiel ist der Clusterkomplex $[Os_{20}(CO)_{40}]^{2-}$, dessen Bindungsverhältnisse qualitativ diskutiert wurden: L. H. Gade, B. F. G. Johnson, J. Lewis, M. McPartlin, H. R. Powell, P. R. Raithby, W.-T. Wong, *J. Chem. Soc., Dalton Trans.* **1994**, 521.

[39] J. W. Lauher, *J. Am. Chem. Soc.* **1978**, *100*, 5305. J. W. Lauher, *J. Am. Chem. Soc.* **1979**, *101*, 2604.

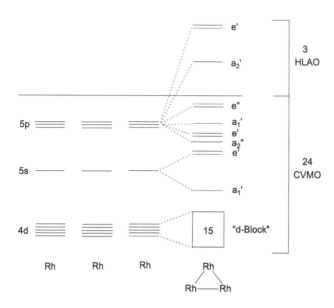

Abb. 32.9. Vereinfachtes Orbitalkorrelationsdiagramm für einen „nackten" M_3-Cluster, in dem die Grenze zwischen Cluster-Valenz-Molekülorbitalen (CVMO) und energetisch hoch liegenden antibindenden Orbitalen (HLAO) durch die horizontale Linie gezeigt ist.

Valenzelektronenzahl bestimmen, so sollten die entsprechenden Orbitalenergien des Clusters ebenfalls für dessen Fähigkeit zur Aufnahme von Elektronen in bindenden und nichtbindenden Orbitalen entscheidend sein. Daher sollte am Beginn der Analyse die Orbitalstruktur des nackten Metallgerüstes stehen. Durch Überlappung der nd-, (n+1)s- und (n+1)p-Orbitale der Metallatome im Cluster lassen sich dessen MO's erzeugen, wobei die Orbitalwechselwirkung zwischen den s- und p-Orbitalen viel stärker ist als zwischen den d-Orbitalen. Das führt neben den bindenden zu stark antibindenden Wechselwirkungen, vor allem zwischen den p-Orbitalen. Diese Metall-Metall-antibindenden Orbitale besitzen folglich eine viel höhere Energie als die anderen Clusterorbitale. Diese Situation ist in Abbildung 32.9 am Beispiel der M_3-Cluster dargestellt.

Das grundlegende Postulat bei der Analyse dieser Orbitalkorrelationsdiagramme ist die Einteilung der Orbitale in solche, die aufgrund ihrer Energie „nicht-bindende" Elektronen aufnehmen können oder als Akzeptororbitale für Ligandelektronenpaare fungieren können, sowie andere, deren Orbitalenergien dafür zu hoch sind. Die als *Cluster-Valenz-Molekülorbitale* (CVMO) bezeichneten Orbitale besitzen Orbitalenergien, die in etwa kleiner oder gleich den p-Orbitalenergien der freien Atome sind, während die energetisch *hochliegenden antibindenden Orbitale* (HLAO) weit oberhalb der p-Orbitalenergie liegen und daher nicht besetzt werden.

An dem in Abbildung 32.9 gezeigten Beispiel erkennt man, daß ein M_3-Cluster 24 CVMO's und drei HLAO's besitzt und folglich eine charakteristische CVE von 48 haben sollte. Dies ist im Einklang mit den Überlegungen der vorigen Abschnitte.

In gleicher Weise läßt sich die Anzahl der CVMO's und folglich die charakteristischen Cluster-Valenzelektronenzahlen für die höherkernigen Cluster bestimmen, wobei – von einigen Ausnahmen abgesehen – Übereinstimmung mit den Ergebnissen der PSEP-Theorie besteht. Die theoretische Begründung des hier vorgestellten Ansatzes hat einige Schwächen, vor allem die Tatsache, daß sich die MO-Energien des Clustergerüsts bei der Koordination der Liganden teilweise stark ändern. Außerdem wird die Dichte der Orbitalenergie-Niveaus bei Vielkernclustern so hoch, daß eine Grenzziehung zwischen CVMO's und HLAO's nicht mehr problemlos möglich ist.

32.3 Vielkern-Cluster und Liganden-stabilisierte Kolloide

Man kann Clusterkomplexe als verallgemeinerten Fall der Komplexe des Werner-Typs (Kap. 2) auffassen, nur daß an Stelle des Zentralatoms(ions) ein Aggregat von Metallatomen, die durch direkte Bindungen verknüpft sind, tritt. Diese Metallgerüste sind – wie in den vorigen Abschnitten gezeigt wurde – Polyeder oder verknüpfte Polyeder, deren Strukturen durch die Valenzelektronenzahlen bestimmt sind. Betrachtet man nun höherkernige Clusterkomplexe mit bis zu einigen Dutzend Metallatomen, so nähern sich die verknüpften Polyeder immer stärker den Packungsformen der Metallatome, die denen im metallischen Festkörper ähnlich sind (Abb. 32.10).

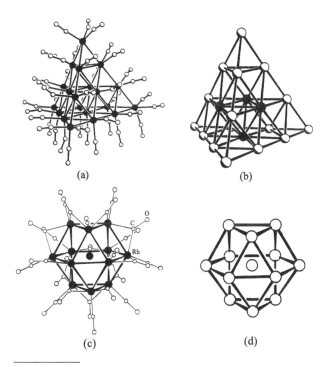

(a)   (b)

(c)   (d)

Abb. 32.10
Der Vielkerncluster $[Os_{20}(CO)_{40}]^{2-}$, dessen CO-Liganden ähnlich wie die chemisorbierten CO-Moleküle auf (111)-Flächen kubisch-dicht gepackter Metalle angeordnet sind.
(a) Molekülstruktur;
(b) das Metallgerüst.[40]
Ein Metallgerüst, das einer hexagonal-dicht gepackten Festkörperstruktur entspricht, wurde in dem Rhodiumcluster $[Rh_{13}H_2(CO)_{24}]^{3-}$ gefunden. (c) Molekülstruktur; (d) das Metallgerüst.[41]

[40] A. J. Amoroso, L. H. Gade, B. F. G. Johnson, J. Lewis, P. R. Raithby, W.-T. Wong, *Angew. Chem.* **1991**, *103*, 107.
[41] V. G. Albano, G. Ciani, S. Martinengo, A. Sironi, *J. Chem. Soc., Dalton Trans.* **1979**, 978.

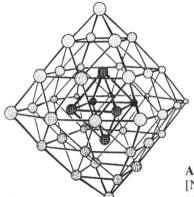

Abb. 32.11 Metallgerüst des Clusterkomplexes $[Ni_{38}Pt_6H_{6-n}(CO)_{48}]^{n-}$ (n = 4, 5), das ein Struktur-modell für eine Heterometall-Partikel darstellt.[43]

Man kann diese Vielkernclusterkomplexe daher als „Metallkristallite" in einer Ligandenhülle betrachten. Vom entgegengesetzten Standpunkt gesehen ähnelt die Liganden-Koordination der Adsorption („Chemisorption") von Molekülen auf Metalloberflächen. Diese Strukturanalogie wird auch als *Cluster-Oberflächen-Analogie* („cluster surface analogy") bezeichnet.[42] Ähnlichkeiten zwischen Clustergerüststrukturen und denen kleiner Metall-partikel findet man auch in heterometallischen Systemen wie z. B. $[Ni_{38}Pt_6H_{6-n}(CO)_{48}]^{n-}$ (n = 4, 5) (Abb. 32.11).

Während es sich bei den hier diskutierten Carbonyl-Vielkernclustern um strukturell vollständig charakterisierte molekulare Komplexe handelt, erreicht man bei noch größeren dicht gepackten Metallgerüsten das Gebiet der Liganden-stabilisierten Kolloide. An dieser Grenze zwischen Clustern und Kolloiden ist eine Reihe bemerkenswerter Substanzen angesiedelt, deren Strukturen clusterähnlich sind, deren molekulare Einheitlichkeit jedoch nicht restlos gesichert ist.

Den antikuboktaedrischen Metallkern im Rh_{13}-Clusterkomplex in Abbildung 32.10 kann man sich als aus einer Rh_{12}-Schale um ein zentrales Metall-atom aufgebaut vorstellen, also als ein einfaches Beispiel für einen Cluster mit „Schalenstruktur". Stellt man sich dieses Strukturprinzip als Bauplan für größere Cluster vor, so erhält man die Reihe kuboktaedrischer bzw. antikuboktaedrischer Systeme in Abbildung 32.12. Diese besitzen mehr oder weniger wohldefinierte Ligandensphären, so daß idealisierte Formulierungen, wie z. B. $[Au_{55}(PPh_3)_{12}Cl_6]$ oder $[Pd_{561}(phen)_{36}O_{200\pm20}]$ möglich sind.[44]

[42] E. L. Muetterties, T. N. Rhodin, E. Band, C. F. Brucker, W. R. Pretzer, *Chem. Rev.* **1979**, *79*, 91. Diese von Muetterties formulierte Analogie bezog sich urprüglich auch auf die Reaktivität der verglichenen Systeme. Dies hat sich experimentell nicht bestätigt.

[43] A. Ceriotti, F. Demartin, G. Longoni, M. Manassero, M. Marchionna, G. Piva, M. Sansoni, *Angew. Chem.* **1985**, *97*, 708.

[44] G. Schmid, *Chem. Rev.* **1992**, *92*, 1709.

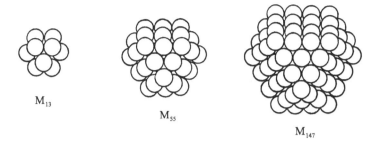

M_{13}

M_{55}

M_{147}

Abb. 32.12 Metallcluster mit idealisierter Schalenstruktur. Diese Packungsform führt zu den „magischen Zahlen"[45] (13, 55, 147, 308, 561, ...) für die Anzahl der Metallatome in geschlossenschaligen antikuboktaedrischen Systemen.

[45] P. Chini, *Gazz. Chim. Ital.* **1979**, *109*, 225.

Anhang

A1 Tanabe-Sugano-Diagramme
der oktaedrischen Komplexe

1. d^2 mit $C = 4.42B$

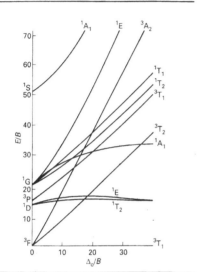

2. d^3 mit $C = 4.5B$

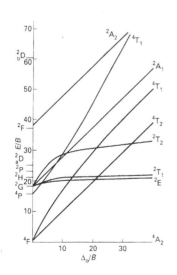

3. d^4 mit $C = 4.61B$

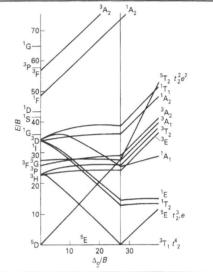

4. d^5 mit $C = 4.477B$

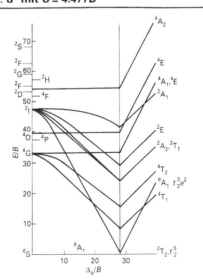

5. d^6 mit $C = 4.8B$

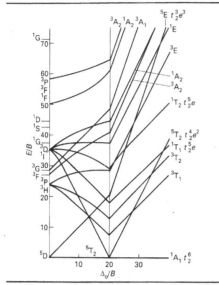

7. d^8 mit $C = 4.709B$

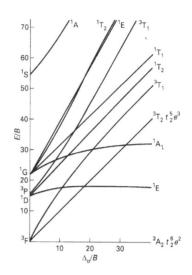

6. d^7 mit $C = 4.633B$

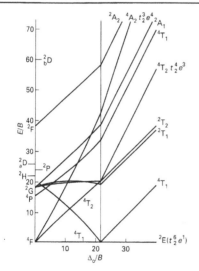

A2   *Charaktertafeln*

Gruppen C_1, C_s, C_i

C_1 (1)	E	$h=1$
A	1	

$C_s = C_h$ (m)	E	σ_h		$h=2$
A'	1	1	x, y, R_z	x^2, y^2, z^2, xy
A''	1	-1	z, R_x, R_y	yz, xz

$C_i = S_2$ (1̄)	E	i		$h=2$
A_g	1	1	R_x, R_y, R_z	$x^2, y^2, z^2, xy, xz, yz$
A_u	1	-1	x, y, z	

Gruppen C_n

C_2 (2)	E	C_2		$h=2$
A	1	1	z, R_z	x^2, y^2, z^2, xy
B	1	-1	x, y, R_x, R_y	yz, xz

C_3 (3)	E	C_3	C_3^2	$\varepsilon = \exp(2\pi i/3)$	$h=3$
A	1	1	1	z, R_z	x^2+y^2, z^2
E	$\begin{Bmatrix} 1 & \varepsilon & \varepsilon^* \\ 1 & \varepsilon^* & \varepsilon \end{Bmatrix}$			$(x, y)(R_x, R_y)$	$(x^2-y^2, xy)(yz, xz)$

C_3 (4)	E	C_4	C_2	C_4^3		$h=4$
A	1	1	1	1	z, R_z	x^2+y^2, z^2
B	1	-1	1	-1		x^2-y^2, xy
E	$\begin{Bmatrix} 1 & i & -1 & -i \\ 1 & -i & -1 & i \end{Bmatrix}$				$(x, y)(R_x, R_y)$	(yz, xz)

Gruppen C_{nv}

C_{2v} (2mm)	E	C_2	$\sigma_v(xz)$	$\sigma'_v(yz)$	$h=4$	
A_1	1	1	1	1	z	$x^2,\ y^2,\ z^2$
A_2	1	1	-1	-1	R_z	xy
B_1	1	-1	1	-1	$x,\ R_y$	xz
B_2	1	-1	-1	1	$y,\ R_x$	yz

C_{3v} (3m)	E	$2C_3$	$3\sigma_v$	$h=6$	
A_1	1	1	1	z	$x^2+y^2,\ z^2$
A_2	1	1	-1	R_z	
E	2	-1	0	$(x,\ y)(R_x,\ R_y)$	$(x^2-y^2,\ xy)(xz,\ yz)$

C_{4v} (4mm)	E	$2C_4$	C_2	$2\sigma_v$	$2\sigma_d$	$h=8$	
A_1	1	1	1	1	1	z	$x^2+y^2,\ z^2$
A_2	1	1	1	-1	-1	R_z	
B_1	1	-1	1	1	-1		x^2-y^2
B_2	1	-1	1	-1	1		xy
E	2	0	-2	0	0	$(x,\ y)(R_x,\ R_y)$	$(xz,\ yz)$

C_{5v}	E	$2C_5$	$2C_5^2$	$5\sigma_v$	$h=10,\ \alpha=72^\circ$	
A_1	1	1	1	1	z	$x^2+y^2,\ z^2$
A_2	1	1	1	-1	R_z	
E_1	2	$2\cos\alpha$	$2\cos 2\alpha$	0	$(x,\ y)(R_x,\ R_y)$	$(xz,\ yz)$
E_2	2	$2\cos 2\alpha$	$2\cos\alpha$	0		$(x^2-y^2,\ xy)$

C_{6v} (6mm)	E	$2C_6$	$2C_3$	C_2	$3\sigma_v$	$3\sigma_d$	$h=12$	
A_1	1	1	1	1	1	1	z	$x^2+y^2,\ z^2$
A_2	1	1	1	1	-1	-1	R_z	
B_1	1	-1	1	-1	1	-1		
B_2	1	-1	1	-1	-1	1		
E_1	2	1	-1	-2	0	0	$(x,\ y)(R_x,\ R_y)$	$(xz,\ yz)$
E_2	2	-1	-1	2	0	0		$(x^2-y^2,\ xy)$

Gruppen C_{nv} (Fortsetzung)

$C_{\infty v}$	E	C_2	$2C_\phi$	$\infty\sigma_v$	$h = \infty$	
A_1 (Σ^+)	1	1	1	1	z	$z^2, x^2 + y^2$
A_2 (Σ^-)	1	1	1	-1	R_z	
E_1 (Π)	2	-2	$2\cos\phi$	0	$(x, y)(R_x, R_y)$	(xz, yz)
E_2 (Δ)	2	2	$2\cos 2\phi$	0		$(xy, x^2 - y^2)$
$\vdots$	$\vdots$	$\vdots$	$\vdots$	$\vdots$		

Gruppen D_n

D_2 (222)	E	$C_2(z)$	$C_2(y)$	$C_2(x)$	$h = 4$	
A	1	1	1	1		x^2, y^2, z^2
B_1	1	1	-1	-1	z, R_z	xy
B_2	1	-1	1	-1	y, R_y	xz
B_3	1	-1	-1	1	x, R_x	yz

D_3 (32)	E	$2C_3$	$3C_2$	$h = 6$	
A_1	1	1	1		$x^2 + y^2, z^2$
A_2	1	1	-1	z, R_z	
E	2	-1	0	$(x, y)(R_x, R_y)$	$(x^2 - y^2, xy)(xz, yz)$

Gruppen D_{nh}

D_{2h} (mmm)	E	$C_2(z)$	$C_2(y)$	$C_2(x)$	i	$\sigma(xy)$	$\sigma(xz)$	$\sigma(yz)$	$h = 4$	
A_g	1	1	1	1	1	1	1	1		x^2, y^2, z^2
B_{1g}	1	1	-1	-1	1	1	-1	-1	R_z	xy
B_{2g}	1	-1	1	-1	1	-1	1	-1	R_y	xz
B_{3g}	1	-1	-1	1	1	-1	-1	1	R_x	yz
A_u	1	1	1	1	-1	-1	-1	-1		
B_{1u}	1	1	-1	-1	-1	-1	1	1	z	
B_{2u}	1	-1	1	-1	-1	1	-1	1	y	
B_{3u}	1	-1	-1	1	-1	1	1	-1	x	

Gruppen D_{nh} (Fortsetzung)

D_{3h} ($\bar{6}m2$)	E	$2C_3$	$3C_2$	σ_h	$3S_3$	$3\sigma_v$		$h = 4$
A_1'	1	1	1	1	1	1		$x^2 + y^2 + z^2$
A_2'	1	1	−1	1	1	−1	R_z	
E'	2	−1	0	2	−1	0	(x, y)	$(x^2 − y^2, xy)$
A_1''	1	1	1	−1	−1	−1		
A_2''	1	1	−1	−1	−1	1	z	
E''	2	−1	0	−2	1	0	(R_x, R_y)	(xz, yz)

D_{4h} ($4/mmm$)	E	$2C_4$	C_2	$2C_2'$	$2C_2''$	i	$2S_4$	σ_h	$2\sigma_v$	$2\sigma_d$		$h = 16$
A_{1g}	1	1	1	1	1	1	1	1	1	1		$x^2 + y^2, z^2$
A_{2g}	1	1	1	−1	−1	1	1	1	−1	−1	R_z	
B_{1g}	1	−1	1	1	−1	1	−1	1	1	−1		$x^2 − y^2$
B_{2g}	1	−1	1	−1	1	1	−1	1	−1	1		xy
E_g	2	0	−2	0	0	2	0	−2	0	0	(R_x, R_y)	(xy, yz)
A_{1u}	1	1	1	1	1	−1	−1	−1	−1	−1		
A_{2u}	1	1	1	−1	−1	−1	−1	−1	1	1	z	
B_{1u}	1	−1	1	1	−1	−1	1	−1	−1	1		
B_{2u}	1	−1	1	−1	1	−1	1	−1	1	−1		
E_u	2	0	−2	0	0	−2	0	2	0	0	(x, y)	

D_{5h}	E	$2C_5$	$2C_5^2$	$5C_2$	σ_h	$2S_5$	$2S_5^3$	$5\sigma_v$	$h = 20, \alpha = 72°$
A_1'	1	1	1	1	1	1	1	1		$x^2 + y^2, z^2$
A_2'	1	1	1	−1	1	1	1	−1	R_z	
E_1'	2	$2\cos\alpha$	$2\cos 2\alpha$	0	2	$2\cos\alpha$	$2\cos 2\alpha$	0	(x, y)	
E_2'	2	$2\cos 2\alpha$	$2\cos\alpha$	0	2	$2\cos 2\alpha$	$2\cos\alpha$	0		$(x^2 − y^2, xy)$
A_1''	1	1	1	1	−1	−1	−1	−1		
A_2''	1	1	1	−1	−1	−1	−1	1	z	
E_1''	2	$2\cos\alpha$	$2\cos 2\alpha$	0	−2	$-2\cos\alpha$	$-2\cos 2\alpha$	0	(R_x, R_y)	(xy, yz)
E_2''	2	$2\cos 2\alpha$	$2\cos\alpha$	0	−2	$-2\cos 2\alpha$	$-2\cos\alpha$	0		

Gruppen D_{nh} (Fortsetzung)

D_{6h} (6/mmm)	E	$2C_6$	$2C_3$	C_2	$3C_2'$	$3C_2''$	i	$2S_3$	$2S_6$	σ_h	$3\sigma_d$	$3\sigma_v$		$h = 24$
A_{1g}	1	1	1	1	1	1	1	1	1	1	1	1		$x^2 + y^2,\ z^2$
A_{2g}	1	1	1	1	-1	-1	1	1	1	1	-1	-1	R_z	
B_{1g}	1	-1	1	-1	1	-1	1	-1	1	-1	1	-1		
B_{2g}	1	-1	1	-1	-1	1	1	-1	1	-1	-1	1		
E_{1g}	2	1	-1	-2	0	0	2	1	-1	-2	0	0	(R_x, R_y)	(xy, yz)
E_{2g}	2	-1	-1	2	0	0	2	-1	-1	2	0	0		$(x^2 - y^2, xy)$
A_{1u}	1	1	1	1	1	1	-1	-1	-1	-1	-1	-1		
A_{2u}	1	1	1	1	-1	-1	-1	-1	-1	-1	1	1	z	
B_{1u}	1	-1	1	-1	1	-1	-1	1	-1	1	-1	1		
B_{2u}	1	-1	1	-1	-1	1	-1	1	-1	1	1	-1		
E_{1u}	2	1	-1	-2	0	0	-2	-1	1	2	0	0	(x, y)	
E_{2u}	2	-1	-1	2	0	0	-2	1	1	-2	0	0		

$D_{\infty h}$	E	$\infty C_2'$	$2C_\phi$	i	$\infty \sigma_v$	$2S_\phi$		$h = \infty$
$A_{1g}\ (\Sigma_g^+)$	1	1	1	1	1	1		$z^2,\ x^2 + y^2$
$A_{1u}\ (\Sigma_u^+)$	1	-1	1	-1	1	-1	z	
$A_{2g}\ (\Sigma_g^-)$	1	-1	1	1	-1	1	R_z	
$A_{2u}\ (\Sigma_u^-)$	1	1	1	-1	-1	-1		
$E_{1g}\ (\Pi_g)$	2	0	$2\cos\phi$	2	0	$-2\cos\phi$	(R_x, R_y)	(xz, yz)
$E_{1u}\ (\Pi_u)$	2	0	$2\cos\phi$	-2	0	$2\cos\phi$	(x, y)	$(xy, x^2 - y^2)$
$E_{2g}\ (\Delta_g)$	2	0	$2\cos 2\phi$	2	0	$2\cos 2\phi$		
$E_{2u}\ (\Delta_u)$	2	0	$2\cos 2\phi$	-2	0	$-2\cos 2\phi$		
$\vdots$	$\vdots$	$\vdots$	$\vdots$	$\vdots$	$\vdots$	$\vdots$		

Gruppen D_{nd}

$D_{2d} = V_d$ ($\bar{4}2\,m$)	E	$2S_4$	C_2	$2C_2'$	$2\sigma_d$		$h = 8$
A_1	1	1	1	1	1		$x^2 + y^2,\ z^2$
A_2	1	1	1	-1	-1	R_z	
B_1	1	-1	1	1	-1		$x^2 - y^2$
B_2	1	-1	1	-1	1	z	xy
E	2	0	-2	0	0	(x, y)	(xz, yz)
						(R_x, R_y)	

Gruppen D_{nd} (Fortsetzung)

D_{3d} ($\bar{3}m$)	E	$2C_3$	$3C_2$	i	$2S_6$	$3\sigma_d$	$h = 12$	
A_{1g}	1	1	1	1	1	1		$x^2 + y^2$, z^2
A_{2g}	1	1	-1	1	1	-1	R_z	
E_g	2	-1	1	2	-1	0	(R_x, R_y)	$(x^2 - y^2, xy)$ (xz, yz)
A_{1u}	1	1	1	-1	-1	-1		
A_{2u}	1	1	-1	-1	-1	1	z	
E_u	2	-1	1	-2	1	0	(x, y)	

D_{4d}	E	$2S_8$	$2C_4$	$2S_8^3$	C_2	$4C_2'$	$4\sigma_d$	$h = 16$	
A_1	1	1	1	1	1	1	1		$x^2 + y^2$, z^2
A_2	1	1	1	1	1	-1	-1	R_z	
B_1	1	-1	1	-1	1	1	-1		
B_2	1	-1	1	-1	1	-1	1	z	
E_1	2	$\sqrt{2}$	0	$-\sqrt{2}$	-2	0	0	(x, y)	
E_2	2	0	-2	0	2	0	0		$(x^2 - y^2, xy)$
E_3	2	$-\sqrt{2}$	0	$-\sqrt{2}$	-2	0	0	(R_x, R_y)	(xz, yz)

Kubische Gruppen

T_d ($\bar{4}3m$)	E	$8C_3$	$3C_2$	$6S_4$	$6\sigma_d$	$h = 24$	
A_1	1	1	1	1	1		$x^2 + y^2 + z^2$
A_2	1	1	1	-1	-1		
E	2	-1	2	0	0		$(2z^2 - x^2 - y^2,$ $x^2 - y^2)$
T_1	3	0	-1	1	-1	(R_x, R_y, R_z)	
T_2	3	0	-1	-1	1	(x, y, z)	(xy, xz, yz)

Kubische Gruppen (Fortsetzung)

O_h ($m3m$)	E	$8C_3$	$6C_2$	$6C_4$	$3C_2$ ($= C_4^2$)	i	$6S_4$	$8S_6$	$3\sigma_h$	$6\sigma_d$	$h = 48$
A_{1g}	1	1	1	1	1	1	1	1	1	1	$x^2 + y^2 + z^2$
A_{2g}	1	1	-1	-1	1	1	-1	1	1	-1	
E_g	2	-1	0	0	2	2	0	-1	2	0	$(2z^2 - x^2 - y^2,$ $x^2 - y^2)$
T_{1g}	3	0	-1	1	-1	3	1	0	-1	-1	(R_x, R_y, R_z)
T_{2g}	3	0	1	-1	-1	3	-1	0	-1	1	(xz, yz, xy)
A_{1u}	1	1	1	1	1	-1	-1	-1	-1	-1	
A_{2u}	1	1	-1	-1	1	-1	1	-1	-1	1	
E_u	2	-1	0	0	2	-2	0	1	-2	0	
T_{1u}	3	0	-1	1	-1	-3	-1	0	1	1	(x, y, z)
T_{2u}	3	0	1	-1	-1	-3	1	0	1	-1	

Ikosaeder-Gruppe

I	E	$12C_5$	$12C_5^2$	$20C_3$	$15C_2$		$h = 60$
A	1	1	1	1	1		$x^2 + y^2 + z^2$
T_1	3	$\frac{1}{2}(1 + \sqrt{5})$	$\frac{1}{2}(1 + \sqrt{5})$	0	-1	(x, y, z) (R_x, R_y, R_z)	
T_2	3	$\frac{1}{2}(1 + \sqrt{5})$	$\frac{1}{2}(1 + \sqrt{5})$	0	-1		
G	4	-1	-1	1	0		
H	5	0	0	-1	1		$(2z^2 - x^2 - y^2,$ $x^2 - y^2, xy, yz, zx)$

Register